철도신호공학

박재영 · 홍원식 · 전병록 공저

동일출판사

:: 머리말 PREFACE

1899년 9월 18일, 우리나라에 철도가 처음 개통된 이후 신호설비는 주로 열차를 안전하게 운행하는 것을 최우선으로 하였다.

그러나 산업 사회의 발달과 함께 수송수요가 급격히 증가함에 따라 열차의 안전운행은 물론 열차의 고속화 및 고밀도화가 절실히 요구되고 있다.

현대의 신호설비는 열차의 안전운행 확보와 운행횟수를 증가하는데 있어 절대적인 기여를 하고 있다.

이처럼 열차의 안전운행과 운행횟수의 증가를 위해서 신호설비는 그 동안 기계 또는 기계와 전기를 병행하던 방식을 전자와 컴퓨터를 응용한 설비로 발전하게 되었다.

이에 따라 현재는 ATS, ABS, CTC, ATC, ATO, ATP, MBS 등의 첨단 설비가 등장함으로써 신호설비는 마치 인체의 신경 조직과도 같은 역할을 하기에 이르렀다.

더욱이 고속철도 시대가 개막되어 KTX 열차가 시속 300 [km/h]로 달릴 수 있도록 제공한 신호설비는 앞으로 더 많은 변화와 발전을 가져오게 될 것임에 틀림없다. 따라서 이러한 신호설비를 건설하거나 관리하는 일은 매우 중요한 일이다.

신호설비의 기능이 미비하면 자칫 대형 사고로 이어질 수도 있는 위험이 있기 때문에 고귀한 인명과 재산상의 피해를 사전에 예방하기 위해서는 완벽한 신호설비의 기능을 구축하는 일이 최우선이다.

필자는 이와 같은 중요한 신호설비를 이해하는데 필요한 기본서가 없어 안타깝게 생각하여 오던 중 철도신호 분야에서 근무 경험과 대학 또는 연수원 등에서 강의한 자료와 국내, 외 여러 저서 등을 참조하여 2001년도에 본서를 출간하게 되었고 이후 신호설비의 발전과 변화에 발맞춰 내용을 대폭 수정, 보완하였을 뿐 아니라 특히 철도신호기술사 등 각종 시험 준비에 참고가 되도록 단원마다 연습문제를 수록하였다.

본서는 대학 교재, 국가기술 자격시험을 준비하는 수험생과 철도, 지하철, 고속철도, 경전철 등의 신호 실무자 그리고 철도신호를 이해하려는 분들을 위하여 유용하도록 노력을 기울였다.

부족한 부분에 대하여는 앞으로 계속 수정, 보완하는데 최선을 다할 것을 약속드리며 독자 여러 분들의 많은 조언과 지도 편달을 바라마지 않는다.

또한 본서가 철도신호를 이해하고 발전시키는데 조금이라도 도움이 될 수 있다면 더없는 기쁨이 될 것이다.

끝으로 이 책을 수정, 보완하여 다시 출간되도록 도와주신 분들과 동일출판사 임직원들께 감사의 뜻을 표한다.

박재영, 홍원식, 전병록

목차 Contents

철도신호공학

Chapter 1

철도신호

1.1 철도신호의 의의

우리나라의 철도는 1899년 9월 18일 경인선 노량진~제물포간의 철도 개통을 첫 시발로 하여 오늘에 이르기까지 꾸준히 성장 발전하여 명실공히 국가의 동맥으로서, 모든 산업의 발달과 국민경제의 발전을 가져오게 하는 원동력으로서 철도의 사명을 다해 오고 있다.

특히 철도수송은 육로에서 운행하는 차량과는 달리 궤도(track) 위를 운행하는 단순한 운행방식을 취하면서도 고속화가 이루어졌으며 운행횟수가 증가함에 따라 광범위하고 매우 복잡한 양상을 띠게 되었다.

이와 동시에 철도에서 사고로 인한 인명 피해와 재산상의 손실을 방지하기 위하여 열차 또는 차량이 안전하게 운행할 수 있도록 여러 가지의 규칙과 신호가 필요하게 되었다.

철도신호란 열차의 운행조건을 제시하여 열차의 진행 가부 및 위험의 유무 등을 알려 주는 것으로 열차 또는 차량운행의 안전을 확보하고 정확성과 신속성으로 수송능률의 향상을 도모하기 위하여 설정한 것이 곧 신호제어설비이다.

신호제어설비는 열차의 안전운행뿐만 아니라 수송능률의 향상을 도모하는데 매우 중요한 역할을 한다. 또한 철도수송에 있어서 수송력의 증강과 경영의 합리화를 이루게 하는 한편 열차속도의 향상, 열차운행의 횟수 및 수송단위의 증가가 급속하게 이루어지는데 기여하고 있다.

무엇보다도 철도수송은 대량수송을 할 수 있다는 특징이 있는데 여기에는 반드시 안전, 정확, 신속, 쾌적함이 뒷받침되어야 한다. 따라서 철도수송에 있어서 가장 중요한 열차의 안전운행을 확보하고 열차소통의 원활을 기하기 위하여 신호제어설비가 필요한 것이다.

1개의 선로에 1개의 열차만이 운행된다면 신호제어설비의 필요성은 그리 큰 문제는 없겠으나 제한된 선로에 다수의 열차를 운행하게 됨으로써 발생하는 사고 즉 선로의 이상이나 선로의 개통 여부, 선행열차의 운행상태 등을 알 수 없는 상태에서 운행한다면 열차의 추·충돌 등과 같은 중대한 운전상의 사고가 일어나게 된다.

그러므로 열차가 진입 또는 진행할 레일 위의 이상 유·무, 선행열차의 레일 점유상태, 분기기의 개통 및 밀착상태 등을 파악하여 하나의 신호로 집약한 다음 기관사에게 운행조건을 제시하여 사고의 예방과 열차의 운용효율을 높일 수 있는 체계를 갖추어야 한다.

최근에는 MBS, ATC, ATP, CTC, 전자연동장치 등 컴퓨터를 이용한 첨단기술의 열차제어시스템이 설치되면서 철도신호의 자동화, 전산화가 이루어지고 있다.

신호제어설비란 신호기장치, 선로전환기장치, 궤도회로장치, 폐색장치, 연동장치, 건널목안전설비, 열차자동정지장치(ATS : Automatic Train Stop), 열차자동제어장치(ATC : Automatic Train Control), 열차집중제어장치(CTC : Centralized Traffic Control), 열차자동방호장치(ATP : Automatic Train Protection), 통신기반열차제어장치(CBTC : Communications Based Train Control), 안전설비 등을 말하며, 열차 또는 차량의 안전운행과 수송능력 향상을 목적으로 설치한 종합적인 시설을 말한다.

1.2 철도신호의 변천

철도신호는 1825년 철도의 발명을 시점으로 영국에서 기마수가 적색 신호기를 휴대하고 열차보다 먼저 출발하여 선로의 이상 유무를 기관사에게 통보한 것을 시초로 기계적으로 신호제어설비를 상호 연관하여 동작되게 하는 수동식 기계신호방식에서 전기 및 공기압력을 응용한 전공계전연동장치를 사용하다가 이 장치의 여러 가지 단점을 보완한 전기연동장치로 발전시켜 최근에는 전자 및 컴퓨터를 응용한 전자연동장치로 확대 운용 중에 있으며 연동장치 이외의 각종 신호제어설비의 기기 구성을 전자회로화 및 컴퓨터화 등 첨단 설비화하여 안전도 확보 및 효율적인 보수를 위하여 최선을 다하고 있다.

1.2.1 철도신호의 탄생

1 수신호

철도 창설 초기 안전운전에 대한 사고는 매우 단순하여 지금까지 도로를 주행하던 마차교통이 레일 위를 기관차가 차량을 견인하는 기차교통(철도)으로 변한 것에 불과하다고 생각하였으므로 특별한 안전시스템을 채용하려고 하지 않았다. 당시 열차는 대부분 주간(晝間)에 운전하고 속도는 약 6~16[km/h]로 신호기를 사용하지 않고 기관사의 주의력에 의한 무신호 가시 운전방식으로도 안전하게 운전할 수 있었다. 그러나 철도는 점차 가장 빠른 수송기관으로 성장하여 속도는 약 48[km/h]를 초과하게 되었고 이에 따른 열차의 안전운행 확보가 문제시되었다.

이에 대한 대책으로 영국 철도회사는 수도 경찰대의 경관을 신호원으로 채용하여 역과 분기 개소에 배치하여 선로전환기 조작, 철도용지 내의 법질서 유지, 선로 횡단자의 단속, 선로 순시 및 진행 열차에 대하여는 기마수가 적색 신호기를 가지고 열차보다 먼저 출발하여 선로의 이상 유・무를 기관사에게 진행, 주의, 정지를 수신호로 표시했다. 이것을 기본으로 '철도신호의 원칙'이 수립되고 신호제어설비를 구축하게 되었다.

그러나 인접 역과의 상호 연락 수단이 전무한 상황에서 폐색시스템조차 불안전한 시간 간격법이었다. 신호원은 분기기 근처에서 전환 업무를 수행하고 선행열차 출발 후 일정 시간 이내에 후속열차가 도착하면 '정지', 일정 시간이 경과하면 '주의' 또는 '진행' 수신호를 현시하였다. 따라서 선행열차의 고장으로 인한 돌발적인 도중 정차 등으로 인한 추돌사고가 빈발하게 되었으나 전신(電信)이 발명되기까지 인접 역과는 협의하지 못하고 시간 간격법 폐색방식을 사용하는 것이 불가피하였다. 그 후 이 수신호는 적색기와 백색기를 사용하는 수기신호로 변하고 상시 현시하는 것이 아니고 열차가 운행할 때에만 현시하였다.

2 신호기

1840년 Great Western 철도에서는 세계 최초로 Isambard Brunel이 고안한 원판, 사각형판 신호기(Dide & crossbar signal)를 상치신호기로 설치하였다.

이 신호기는 65피트(약 19.5[m])의 탑 위에 설치되었으며 사각형판의 길이 8피트(약 2.4[m])로 원거리에서 볼 수 있었다. 그리고 원판과 사각판은 적색으로 도장하고, 적색 원판은 '진행-안전'을 현시하였다. 1836년 2월 창업한 London Greenwich 철도에서는 적색등의 황색 원판을 보이도록 하면 '정지'를, 90도 회전하여 보이지 않도록 하면 '진행'을 현시하였다. 그러나 이 현시에서는 '선로전환기가 정해진 방향으로 전환되어 있음'이나 '구간이 개통되어 있음'을 확인하는 연동의 개념은 도입하지 못하였다. 신호현시방식은 막대판 1개를 사용하여 판이 보일 때 '정지', 보이지 않을 때 '진행'을 의미하는 단조로운 방식이었으나, 날씨 등의 조건으로 신호현시가 보이지 않을 경우 '정지'가 '진행'으로 인식되어 fail-safe 동작이 아니었다. 이러한 문제점을 해결하기 위해 Great Western 철도에서는 '정지'와 '진행'을 모두 현시하는 2현시 방식을 도입하였다. 원판과 사각형판을 사용하여 직사각형판이 표시되었을 때 '정지', 원판이 표시되었을 때는 '진행'을 현시하였다. 이는 운전보안시스템에서 획기적인 발상이었으며 특히 "신호현시가 보이지 않을 때에는 최대의 제한(정지)현시로 간주한다."라는 backup 보안논리를 구성하였다. 이러한 현시방식과 개념이 급속하게 각국 철도의 운전취급에 반영되었다.

1) 완목식 신호기

신호는 그 현시가 간단하고 보는 사람에게 정확하고 신속하게 정보를 전달하여야 하는데, 원형과 직사각형 신호기의 투시거리를 비교해 보면 동일 면적일 경우 직사각형이 매우 우수하며 직사각형은 그 기울기에 따라 신호현시를 명확하게 구별할 수 있다. 1841년 Charles Gregory는 이를 바탕으로 착색한 직사각형판을 사용하여 신호를 현시하는 새로운 신호기구를 고안하였다. 이것이 완목식 신호기의 기원이며 영국 해군에서 Message를 전달하는데 사용한 완목식 통신기에서 착안한 것이다.

이 완목식 신호기의 현시는 수평일 때 완목이 기주에서 가장 멀리 돌출되어 식별이 가장 명확하므로 '정지', 하향 45도는 '주의'를, 완목이 수직일 때를 '진행'으로 하였다. 이는 신호원의 수신호 방식을 그대로 적용한 것으로 이 현시방식의 원칙은 각국 철도에 계승되고 있다.

그 후 기관사들에 의해 "완목의 위치가 수직일 때에는 기주와 일직선이 되어 신호현시가 불명확하다"라는 의견 등으로 완목 위치를 45도 하향 또는 상향으로 하여 '진행'을 현시하도록 변경되었다.

2) 신호등

완목식 신호기는 야간에 사용할 수 없는 단점이 있어 스톡턴 앤 달링턴 철도

(Stockton & Darlington Railway)에서 적색등과 백색등을 사용 '적색등'을 야간의 정지신호로, '녹색 또는 백색등'을 야간의 진행신호로 현시하게 되었다.

그리고 1841년 2월에 영국 버밍엄(Birmingham) 시에서 개최한 영국철도연합회의에서는 각 철도회사마다 서로 다르게 사용하던 신호방식을 "적색은 정지, 녹색은 주의, 백색은 진행의 의미를 표시하는 신호로 한다."로 통일하여 직통운전할 때 발생하는 위험요소를 없앴다.

그 후 백색등은 선로주변에 산재해 있는 민가의 조명등과 오인하기 쉬운 문제점이 있어 점차로 녹색등을 진행신호로 사용하게 되었다.

3) 원방신호기

1840년 런던 시내의 교통은 매우 혼잡하여 그 해결책의 하나로 선로의 노반을 낮추고 그 위를 도로가 횡단하도록 교각을 설치하였다. 그러나 이러한 입체 교차화는 신호기의 투시를 불량하게 하여 하구배 구간에서 기관사가 정지신호를 확인하고 급정차하여도 열차를 신호기 전방에 정지시키는 것은 매우 어려웠다. 이를 해결하기 위해 1946년 London & Croydon 철도는 예고용으로 장내신호기 전방에 다른 신호기의 설치를 고안하였다. 이것이 최초의 원방신호기로 주체신호기가 진행이면 '진행'을, 정지이면 '주의'를 현시하였다.

원방신호기는 장내신호기와 형상을 달리하는 각목형의 완목신호기를 사용하였고, 원방신호기의 설치위치는 대체로 장내신호기에서 약 825[m] 떨어진 지점이었으며, 황색으로 도색한 것은 1925년부터이다.

3 연동기

초창기에는 역구내의 선로전환기와 신호기의 취급리버가 현장에 설치되어 취급할 필요가 있을 때마다 현장에 가서 취급하였다. 이러한 불편을 해소하기 위하여 1843년 영국 Bricklayer's Arms역에 선로전환기와 신호기용 리버를 1개소에 집결한 '리버집중장치'가 최초로 설치되었다. 이 장치에 대한 상세한 것은 알려지고 있지 않으나 매우 간단한 것으로 신호원이 손으로 선로전환기를 조작하고 발로 신호기 리버를 취급하였다고 전해지고 있다.

1853년 John Sayby는 신호기를 도선(wire)으로 원격 제어하는 장치를 고안하여 1856년에 연동기에 대한 특허를 취득하고 Bricklayer's Arms역에 자기가 제작한 연동기를 설치하였다. 이어 1859년 Austin-Chmobers는 1위식 정자로 조작할 수 있는 연동기를 고안하여 Kentish Town역에 설치하였다. 그리고 1879년 Saxfy-Farmer가 제작한 연동기가 미국 뉴저지의 East Newark역에 설치되었는데, 이것은 기계연동기의 효시로 전 세계에 보급되어 열차운전의 안전도 향상에 크게 이바지하였다.

4 궤도회로

1872년 미국의 윌리암 로빈슨(William Robinson)이 처음 발명한 궤도회로는 직류 궤도회로이며 각국의 철도에서 실용화되었다. 일본에서는 1904년에 처음 채용되었으며 우리나라는 서울역 남북부에 제1종 전기기 연동장치로 개량되던 1922년부터 도착 본선에 한하여 교류 궤도회로가 처음 사용된 것으로 보인다. 철도가 직류 전철화됨에 따라 직류 궤도회로는 사용할 수 없게 되었다.

이것을 해결하기 위하여 임피던스 본드와 2원형 교류계전기에 의한 교류 궤도회로로 바뀌게 되었다. 임피던스 본드는 레일을 전차전류의 귀선 및 궤도회로의 두 가지를 중첩하는 것을 가능하게 하였다. 또 이원형 교류계전기의 국부측과 궤도측의 전류 극성을 변경시킴으로써 진행, 주의, 정지의 3위의 조건을 용이하게 얻을 수가 있다. 그래서 전철화 구간에 교류 궤도회로가 채용되게 되었다.

그 이후 교류 전철화를 검토하게 되어 이제까지의 상용주파수에 의한 교류 궤도회로는 사용할 수 없게 되어 직류 단궤조식 83.3[Hz] 궤도회로, Kilocycle(교류코드) 궤도회로 등의 현지시험을 하게 되었다. 고속열차의 신호제어설비로서 차내신호, ATC가 필요 불가결하게 되어 그 실현을 위하여 Kilocycle 궤도회로나 A형 차내경보의 기술을 기반으로 연구되었다. ATC는 신호의 심장부로 전자회로(transistor)를 도입한 점에서 획기적이며 이후 ATC는 각국에서 순차 도입되어 왔다.

궤도회로가 현재와 같이 발전된 요인의 하나는 철도변화 특히 교류 전철화이며 또 하나는 ATC화이다. 전차전류의 귀선을 평등하게 하는 레일을 사용하여 열차검지나 차상으로의 정보전송을 하기 위하여 주파수의 선정, 변조, 전원동기 등 여러 가지 방법이 개발되었다.

또 열차검지 불량을 해결하기 위하여 펄스 궤도회로나 H・DC(고전력 직류), H・AC(고전력 교류) 궤도회로 등이 개발되어 있다.

5 폐색장치

전신(電信)이 최초로 폐색방식에 사용된 것은 시간 간격법을 시행하는 선구의 터널

구간이었다. 간단한 단침식 전신기(單針式 電信機)를 사용하여 터널 내에서 충돌하지 않도록 선행열차가 터널을 통과한 것을 알리려는 목적으로 사용한 것으로 거리간격법을 도입한 것이 최초의 일이다.

그러나 이 방식은 취급이 어려워 확대 사용되지 못하다가, 1874년 Great Western 철도회사의 단선구간인 Norwich-Thorpe 구간에서 발생한 정면 충돌사고를 계기로 하여 1878년 Edward Tyer는 단선구간의 폐색방식이 갖고 있는 불안전한 점을 전자석을 이용하여 폐색취급을 확실하게 하는 토큰 폐색장치를 고안하여 특허를 받았다. 이것이 그 후 전기적으로 쇄정된 단선 폐색장치의 기본 모델이 되어 단선구간에서 열차운전의 안전확보에 사용되었다.

6 계전연동장치

1825년 아마추어 연구가인 William Sturgeon이 연철을 U자로 구부리고 바니시를 도장한 전자석을 처음으로 발명한 후, 1829년에는 Joseph Henry가 바니시를 도장하지 않고 절연 동선을 연철 위에 빈틈없이 감은 강력한 전자석을 제작하였다. Midgael Farady는 2년 후 자기유도(도선이 구성하는 회로의 전류가 변화할 때 회로 내에 기전력이 발생하는 현상)를 발견하였고, 1839년경에는 전자석을 이용한 계전기가 개발되었다.

계전기는 입력신호(미리 정해진 전기량, 물리량)에 의하여 작동되고 전기회로를 제어하는 기능을 가진 장치로, 1926년에는 미국에서 많은 종류의 계전기를 사용하여 신호기와 선로전환기 상호간에 필요한 쇄정관계를 신호제어회로와 선로전환기 동작회로에 직접 실현하는 계전연동장치가 개발되었다.

1.2.2 우리나라 신호제어설비의 발달

우리나라는 1899년 9월 18일 경인선 노량진~제물포 사이에 최초로 철도가 부설됨과 동시에 완목식 신호기가 설치되었다. 그 후 1942년 영등포~대전 사이에 자동폐색신호기가 설치되었고, 또 서울, 영등포, 천안, 조치원역에서는 기계와 전기를 병행한 설비인 제1종 전기기 연동장치를 설치하였다. 1954년에는 대구역 북부에 제2종 전기 갑 연동장치가 신설되었고, 다음해인 1955년에는 대구역 남부에 제1종 전공 계전연동장치를 설치함으로써 기계신호방식에서 점차 전기신호방식으로 발전하게 되었다.

그 후 1961년에 연동폐색방식을 사용하였으며, 1968년 망우~봉양 사이의 31개 역에 열차집중제어장치(CTC)를 설치, 운용함으로써 신호제어설비에 전자기술을 응용하게 되었고, 1969년에는 서울~부산간에 열차자동정지장치(ATS)가 설치되었으며, 1977년에는 수도권 일원에 CTC를 설치하였고, 1991년에는 컴퓨터를 이용한 전자연동장치가 설치됨으로써 한국철도 100년 이상의 역사에서 열차운행의 안전을 담당해 온 신호제어설비의 제어로직의 변화는 기계식, 전기식, 전자식, 컴퓨터에 의한 제어방식으로 발전해 왔다.

1 도시철도 및 경부고속철도 신호제어설비

국내에서 사용하고 있는 철도신호제어설비는 100[km/h]급의 도시철도용, 150[km/h]급의 일반철도 간선용, 250[km/h]급의 준고속철도용, 300[km/h]급의 고속철도용 등으로 사용하고 있다.

도시철도용 신호설비는 대도시(서울, 부산, 대구, 인천 등)에서 운영 중이며, 설비 모두 외국기술에 의존하고 있는 실정이나, 제어로직이 모두 컴퓨터에 의존하는 첨단 설비로 설치되어 있다는 공통점이 있다. 특히 서울지하철은 1974년 1호선이 개통된 이래 1985년에 2, 3, 4호선이 개통되면서 본격적인 지하철 시대를 열었다. 1, 2호선에서 도입되었던 열차운행제어시스템은 기관사의 불안전한 요소를 보완하기 위한 열차자동정지장치(ATS)였고, 3, 4호선에서는 자동화의 개념이 처음 도입되어 자연적인 위해 요소나 인간의 실수로부터 안전을 확보할 수 있는 열차자동제어장치(ATC)가 설치되어 열차사고를 미연에 방지하고 있다.

산업과 경제의 발전에 따라 차원 높은 서비스를 원하는 승객에게 효과적인 서비스를 제공하고, 효율적인 경영을 달성할 목적으로 지하철 5, 6, 7, 8호선(2기 지하철)에서는 가능한 모든 부분을 자동화하여 승객을 만족시키는 한편 열차의 안전한 운행을 도모하며, 운영과 경영의 효율화를 꾀하도록 설계된 컴퓨터 의존형 신호제어설비이다.

현재 운용 중인 경부고속철도용 신호제어설비는 4분 간격으로 시속 300[km/h]로 주행하는 열차의 안전운행 확보가 최대목표이다. 시속 300[km/h]이면 1초에 83[m]를 달리는 초고속열차가 안전하게 운행하기 위하여 신호제어설비의 주요장치는 2중화 또는 3중화하여 신뢰성을 높여서 만일 장비가 어떠한 고장이 발생하더라도 안전한 측으로 기능이 작동하도록 하는 fail-safe 개념으로 시스템이 구성되어 안전성이 확보되어 있다.

표 1-1. 국내 신호제어설비의 현황

구 분	신 호 제 어 설 비
도시철도	· ATS 장치(4현시) : 서울 1, 2호선 · ATC 장치 : 서울 3, 4호선, 과천, 분당, 일산선
	· ATC/ATO 장치 : 부산 1, 3호선 · ATP/ATO 장치 : 서울 5호선, 대구, 광주, 인천
일반철도	· ATS 장치(2/3현시) : 경부선 외의 노선 · ATS/ATP 장치(5현시) : 경부선, 호남선
고속철도	· ATC 장치(TVM 430, UM71) : 경부·호남고속철도

2 열차제어시스템

국내 열차제어시스템의 기술발전은 운행모드와 통신부문의 발전과 그 맥락을 같이 하고 있으며 그림 1-1과 같이 진행되고 있다. 2000년대 이후 무선통신방식을 적용하는 열차제어시스템과 속도프로파일을 적용하는 DTG(Distance to Go) 방식의 ATP시스템이 철도신호 시장을 주도하고 있는 것을 단적으로 보여주고 있다.

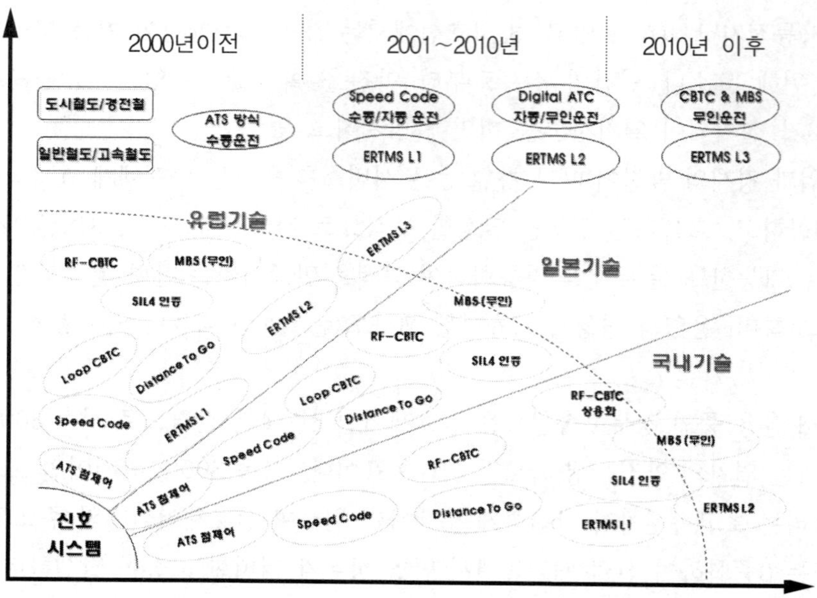

그림 1-1. 철도신호제어설비 기술동향

2000년대 이후 경량전철은 무선통신방식의 열차제어시스템을 구축하고 있으며, 광역도시철도는 DTG방식의 ATP가 대부분을 차지하고 있으나, 우리나라의 신분당선에서 무선통신방식의 열차제어시스템을 처음으로 도입 되었다. 국내 도시철도 운영기관이 현재 검토 중인 신호시스템과 향후 도입을 계획하고 있는 신호시스템은 세계적 추이를 감안하여 대부분 무선통신기술을 적용한 열차제어시스템으로 방향이 확정되고 있는 실정이다.

1.2.3 해외 기술동향

열차제어 및 철도신호 관련 시장만큼 적용되는 기술과 생산되는 설비의 범위가 다양하게 주어지는 분야는 찾아보기 힘들다. 1990년대 후반까지는 Adtranz, US&S, GRS등 주요 공급사가 있었으나, 현재는 세계 철도신호 시장을 6대 메이저 공급사인 Alstom, Transport, Ansaldo Signal, Bombardier, Transportation, Invensys, Siemens mobility, Thales Rail Signalling solutions이 70[%]를 점유하고 있다. 최근에는 중국 시장 규모가 급속히 확대되면서 중국철도 신호회사도 중요한 위치를 차지하고 있다.

세계적인 신호 관련 6개 메이저 기업을 포함한 철도신호 업체는 철도운영기관의 요구사항인 안전성과 운영효율 향상을 충족하기 위해서 신호시스템 또는 열차제어시스템에 대한 기술개발을 지속적으로 수행하고 있다. 무선통신방식을 적용하는 열차제어시스템과 속도프로파일을 적용하는 DTG방식의 ATP시스템이 2000년대 이후 신호시스템 시장을 주도하고 있는 실정이다. 1985년 캐나다 토론토의 Scarborough RT노선에 무선통신기반 열차제어시스템을 처음으로 상업화한 이후 1990년까지 구축된 무선통신기반 열차제어시스템은 Vancouver의 SkyTrain시스템과 Detroit의 people mover가 있으며, 2000년까지는 무선통신기반 열차제어시스템을 7개 노선으로 추가적으로 구축하였다. 2010년까지 50여개의 노선에서 무선통신기반 열차제어시스템의 영업운전이 예상되었다.

1 미국의 기술동향

뉴욕 지하철의 신호시스템은 자동폐색장치를 적용한 지상신호방식을 사용하고 있으며, 연동장치를 중심으로 열차운행에 필요한 열차검지, 열차안전간격 및 여러 가지

제어를 처리한다. 1991년 선로전환기에서 발생한 열차탈선 사고를 조사·분석한 결과 신호시스템은 설계에 맞추어 정상적으로 동작을 하였으며, 신호기 설치와 관제사의 승인 등의 조치방안이 필수적으로 마련되어야 할 것으로 조사되었다. 이런 연유로 최신 신호시스템의 설치에 관한 연구를 실시하여 CBTC를 도입하는 것이 가장 좋은 방안으로 결론이 났으며, 다음과 같은 전략을 마련하였다.

- 20년간의 장기적인 구축기간
- Pilot선(Canarsie선)에 시스템을 시범구축
- 시스템을 표준화하여 시스템 공급자를 다양화 함.

이 같은 전략에 맞추어 3개사를 선정하여 RF를 기반으로 한 CBTC시스템을 Pilot선에서 성공적으로 구축하였으며, 이후 프로젝트를 주도할 기업으로 Siemens를 선정하였다. Siemens의 역할은 상호 운영성을 주도하는 것이며, 나머지 2개사는 Siemens가 제시하는 시스템과 호환성을 갖는 시스템을 구축하는 것이다.

또한 미국은 열차속도를 110[mph]에서 187[mph]로 고속화하여 승객과 화물의 수송용량을 높이기 위한 목적으로 적정 시스템인 PTC(Positive Train Control)시스템을 2015년까지 모든 간선철도에 적용하는 것을 근간으로 하는 the Rail Safety Improvement Act of 2008을 의결하였다. PTC시스템은 각 차량에 GPS 통신장치를 장착하여 현재 위치를 무선통신을 이용하여 중앙역에 전송하고, 중앙역은 각 차량이 어떤 특정 속도로 어느 위치의 선로에서 운영되고 있는지 파악되며 고정설비를 필요로 하지 않아 ETCS Level 2와 비슷한 시스템이다.

PTC시스템의 적용 목적은 열차 간 충돌사고 방지, 열차속도 감시강화, 열차과속에 의한 탈선사고 방지, 선로작업자 및 시설물 보호 등이다. 2009년 9월 로스앤젤레스에서 발생된 열차사고를 조사한 결과 PTC시스템을 적용하였다면 사고발생을 방지하였거나 최소화하였을 것으로 분석되었다.

열차는 GPS 또는 트랜스폰더를 이용하여 열차위치를 확인하고, 열차 이동권한이 설정된 위치까지 주행을 하며, 열차의 현재 상태, 열차의 속도 및 이동권한 위치를 감시한다. 열차속도와 열차 이동권한은 열차의 속도곡선과 열차의 제동곡선을 비교하여 비교된 값을 기반으로 열차가 허용속도 이하로 하락하지 않거나 제동력이 부족하여 정지위치에 정차하지 못할 경우 PTC시스템이 작동하도록 되어 있다.

2 유럽의 기술동향

하나의 유럽이 만들어지면서 산업 및 경제 분야의 통합을 위한 제도적인 장치 마련 또한 활발히 진행되고 있다. 통화 단일화 작업과 회원국간의 비관세 교역 추진 등의 경제적인 제도 마련과 함께 산업분야에서도 무선 휴대폰 통신시스템 표준화(GSM)와 철도신호시스템 표준화(ETCS) 등의 작업이 활발히 진행되었다.

ETCS 프로젝터는 1990년부터 EU의 지원 하에 시작한 유럽의 통합 열차제어시스템 개발 사업을 말한다. 유럽통합을 위해서는 우선적으로 철도, 도로, 해상수송, 항공수송 등의 효율적인 연계가 검토되었고, 철도분야에서는 TRANS-European Network란 국가간 철도망 구축을 목표로 표준화 작업을 전개하였다.

국제철도연합(UIC)은 국제적으로 호환이 가능한 장치를 개발하고자 ETCS 프로젝트를 추진하였다. 기존 명령제어 장치의 국가 운행규정과 기능분석 연구를 시작으로 "기능그룹"은 미래 ETCS를 위한 기능요구사양서(FRS)를 작성하였으며, 개방구조를 목표로 설정하였다. 지상과 열차간의 정보전송은 GSM-R의 무선통신망과 Eurobalis를 사용하며, 기관사 운전석에 있는 기관사 인터페이스 장치의 표준화에도 많은 노력을 투입하였다.

유럽은 ERTMS를 주요 노선에 설치하는 여러 개의 대규모 프로젝트가 진행되고 있으며, 철도관제설비와 전자연동장치의 교체도 이루어지고 있다. 2014년까지 ERTMS/ETCS를 중심으로 시장이 성장하였으며, 이와 동시에 기존 연동장치는 급격히 감소하게 될 것이다.

새로운 기술에 바탕을 둔 CCS(Control and Command System)의 기능통합은 개량과 유지보수 비용과 시스템 설치비용이 절감되지만, 반대로 새로운 시스템의 단위가격이 상승할 것으로 예상된다.

3 아시아의 기술동향

아시아의 경우 고속선, 기존선 및 지하철은 긍정적으로 발전되는 경향을 보이고 있으나, 경량전철은 미미한 실정이다. 중국과 인도는 다양하고 강력한 지하철 프로젝트에 투자함으로 철도시장에 2014년까지 활력을 불어넣고 있다. 시장을 이끌고 있는 중국, 인도, 일본은 신호 분야에서 효율적인 국가산업을 가지고 있으며, 때때로 해외시장으로 진출하여 운영되고 있다.

중국은 일찍부터 유럽이동통신망 GSM을 도입하여 GSM을 자국 내의 철도망에 적용하기 위한 중국열차제어시스템(CTCS : Chinese Train Control System) 체계를 구축하고, 각각의 적용 대상 기술에 따라 Level 0, Level 1, Level 2, Level 3, Level 4로 분류하여 규정화하였다. 이는 네트워크화, 정보화, 지능화, 표준화, 안전설계·평가, 종합시험 및 시운전을 목적으로 추진하였다.

CTCS Level 0과 CTCS Level 1은 기존에 사용 중인 열차신호와 열차운행 제어장치를 대상으로 하며, 불연속제어로 인해서 과속보호기능이 없는 노선은 CTCS Level 0, 연속제어를 통해 과속보호가 가능한 노선은 CTCS Level 1로 정의한다. CTCS Level 0은 120[km/h] 이하에만 적용하며, 지상신호기가 설치되며, CTCS Level 1은 120 ~ 160[km/h]에 적용되며, 선로에는 발리스가 설치되어 있다. CTCS Level 2도 CTCS Level 1의 개념을 적용하여 160[km/h] 이상으로 열차운행을 실행하지만, ETCS Level 1과의 가장 큰 차이점은 가변형 발리스 대신 지상에서 차상으로의 열차운행정보전송이 가능한 디지털 궤도회로 또는 다중정보전송이 가능한 아날로그 궤도회로를 사용한다. CTCS Level 3은 궤도회로를 사용하여 열차점유, 열차분리 등의 기능을 처리하고 발리스를 사용하여 열차 위치정보를 확인하며, GSM-R망을 통하여 열차 이동권한을 전송하고 목표거리 모드를 적용하여 열차의 안전운행을 감시 제어한다. 열차의 최고 운행속도는 300 ~ 350[km/h]이고, 최소운전시격은 3분이다. CTCS Level 4는 안전성을 확보한 무선정보 전송에 근거한 열차제어시스템으로서 궤도회로를 사용하지 않을 수 있으며, RBC와 차상장치가 공동으로 열차위치 추적 및 열차분리 검사를 수행하여 가상폐색 또는 이동폐색 원리를 적용할 수 있는 시스템으로 ETCS Level 3과 동일한 특성을 갖는다.

표 1-2. CTCS와 ETCS Level의 비교

CTCS		ETCS	
Level 0	궤도회로(열차검지) + 지상신호	Level 0	궤도회로 또는 차축계수기(열차검지) + 차상신호(또는 지상신호)
Level 1	기존 궤도회로 + 차상신호		
Level 2	궤도회로(열차운행정보전송) + 발리스(선로변 정보)	Level 1	궤도회로 또는 차축계수기(열차검지) + 발리스(열차운행정보 및 선로변 정보)
Level 3	궤도회로(열차검지) + 발리스(선로변 정보) + GSM-R(열차이동권한)	Level 2	궤도회로 또는 차축계수기(열차검지) + 발리스(열차운행정보 및 선로변 정보) + GSM-R(열차이동권한)
Level 4	발리스(선로변 정보) + GSM-R + 이동폐색	Level 3	발리스(선로변 정보) + GSM-R + 이동폐색

1.3 철도신호제어시스템의 분류

1.3.1 신호방식별 분류

철도신호제어시스템은 열차의 안전한 운행을 확보하기 위한 Back-up 설비로 제어의 중심이 지상신호기에 있느냐 혹은 차량에 있느냐에 따라 지상신호방식과 차상신호방식으로 분류된다.

1 지상신호방식

지상신호방식은 선로변에 장내・출발・폐색・중계・엄호・입환신호기 등과 같은 상치신호기를 설치하고 선행열차의 개통조건이나 전방진로 구성조건에 의해 신호를 현시하면 기관사가 신호현시 여부를 확인한 후 열차운행 가부를 결정하고 열차를 운행하는 방식이다.

지상신호방식의 대표적인 것으로 ATS(Automatic Train Stop) 설비가 있으며 ATS 설비는 자동폐색방식(ABS : Automatic Block System)을 사용하여 지상신호를 현시하며, 신호현시 속도보다 열차 운행속도가 높을 경우 비상으로 제동을 가하는 열차안전 운행설비이다.

열차제어시스템으로 처음 도입된 ATS 장치는 열차의 진입 가부를 나타내는 신호기 조건에 따라 열차를 정지 혹은 수동으로 감속할 수 있도록 한 것으로서 적극적인 열차제어시스템이라 할 수 없고, 지상에 설치된 신호기의 부수적인 기능으로 보아 이를 지상신호방식으로 분류한다.

현재 우리나라 철도에서 일반적으로 사용하고 있는 지상신호방식은 2현시, 3현시, 4현시, 5현시 방식을 사용하고 있으며 이러한 지상신호방식에서는 자동폐색방식(ABS)을 사용함으로써 열차가 고속화되거나 열차운전 빈도가 고밀도화 될 경우 운전속도 향상이나 운전시격 단축에는 한계가 있는 시스템이다.

1) 3현시 신호방식

3현시 신호방식은 진행신호(G), 주의신호(Y), 정지신호(R)를 현시하는 방식으로 주로 단선 철도구간에서 사용하고 있으며 3현시 신호방식에서 사용하는 차내경보 송신장치(ATS)는 점제어식을 사용하고 있어 정지신호에서만 ATS 장치가 동작되도록 하고 있다.

3현시 신호기 설치구간에서 운행하는 열차에 대하여 선별 최고속도인 진행(G)을 현시할 수 있도록 설비하고 주의(Y) 및 정지(R) 신호의 순으로 신호현시 계통이 변화한다.

① 속도제어의 범위

3현시 신호방식은 점제어 방식으로 진행 중인 열차가 해당 정지신호에서 운행할 경우 열차자동정지장치(ATS)에 의하여 5초간 경보 후 기관사의 확인제동 취급이 시행되지 않을 경우 자동적으로 비상제동이 체결되는 것으로 신호현시별 제한속도는 다음 표 1-3과 같다.

표 1-3. 신호현시별 제한속도(3현시)

현시방식	신호현시	제한속도	비 고
3현시	진행(G)	Free	
	주의(Y)	45 [km/h]	
	정지(R)	정지	

② 운행속도 Pattern

3현시 신호방식에서 자동폐색신호 제어구간의 열차 운행속도 Pattern은 그림 1-2와 같다.

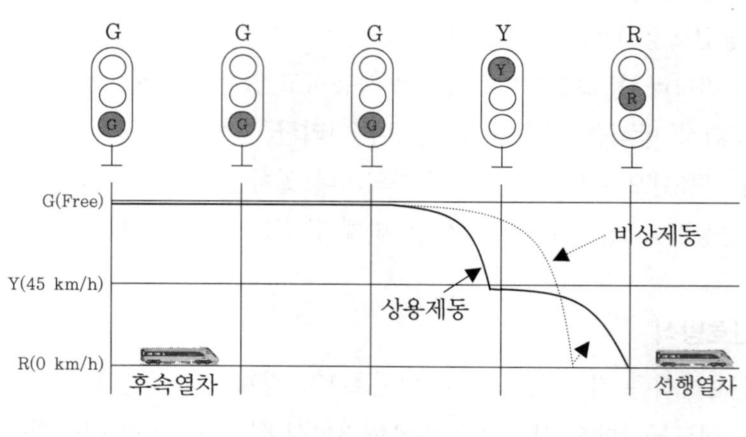

그림 1-2. 3현시 신호구간의 운행속도 Pattern

2) 4현시 신호방식

4현시 신호방식은 주로 수도권 전동차 운행구간에서 사용하는 다등형 4현시 신호방식으로서 선행열차의 운전상황에 따른 후속열차의 운행조건을 지상신호기에 전달하는 방식이다.

기관사의 졸음 또는 이상 상황 발생시에 대비하여 허용속도를 초과하여 운행할 경우 열차의 제동장치를 동작시킬 수 있는 속도조사식의 ATS 장치를 부가하여 안전운행을 확보할 수 있도록 하고 있다.

또한 정상적인 운전 조건하에서 운행 중인 열차는 반드시 해당구간의 최고속도인 진행신호(G)를 현시할 수 있도록 하며 선행열차 운전상황에 따라 감속신호(Y/G), 주의신호(Y), 정지신호(R_1 : 일단정지 후 15[km/h] 이하의 속도로 운행), 절대정지신호(R_0)의 순으로 감속하도록 하고 허용신호기가 아닌 장내 또는 출발신호기는 R_1 신호를 허용하지 않고 R_1, R_0 모두 절대정지신호(R)가 되도록 하고 있다.

① 속도제어의 범위

4현시 신호방식의 속도제어는 R_0, R_1, Y, Y/G에 대한 현시계열에만 속도제어를 하며 만약, 해당 허용속도를 초과하여 운전할 경우 기관사에 의해 제동취급이 시행되지 않을 경우 자동적으로 비상제동이 체결되는 것으로 신호현시별 제한속도는 다음 표 1-4와 같다.

표 1-4. 신호현시별 제한속도(4현시)

현시방식	신호현시	제한속도	비 고
4현시	진행(G)	Free	
	감속(Y/G)	65[km/h]	
	주의(Y)	45[km/h]	
	정지(R_1)	일단정지 후 15[km/h]	
	절대 정지(R_0)	정지	

② 운행속도 Pattern

4현시 신호방식의 신호현시별 운행속도 Pattern은 그림 1-3과 같다.

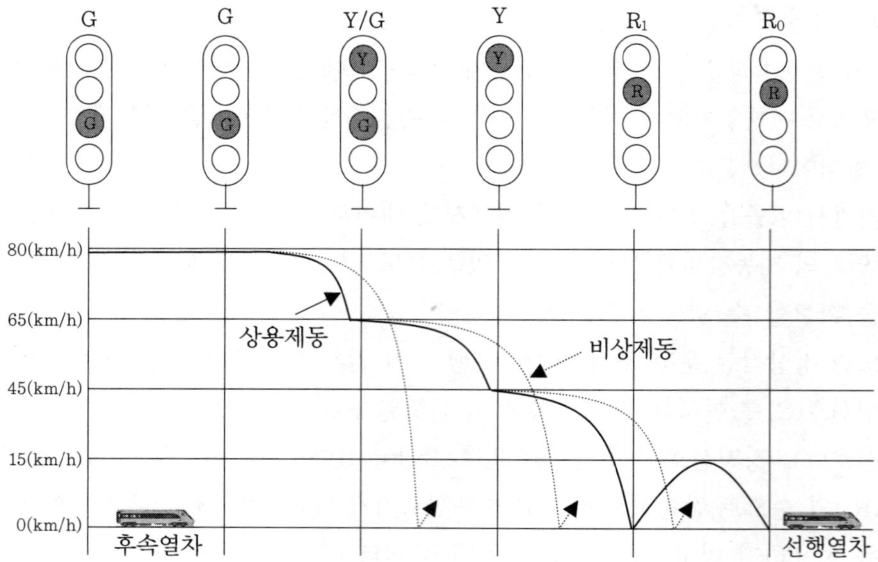

그림 1-3. 4현시 신호구간의 운행속도 Pattern

3) 5현시 신호방식

5현시 신호방식은 고속·고밀도 운행을 요하는 복선 철도구간에 주로 사용하고 있는 방식으로 자동폐색신호기 설치구간에서 운행하는 열차에 대하여 선별 최고속도인 진행(G)을 현시할 수 있도록 설비하고 감속(Y/G), 주의(Y), 경계(Y/Y) 및 정지(R)신호의 순으로 신호현시 계통이 변화한다.

① 속도제어의 범위

5현시 신호방식의 속도제어는 진행신호를 제외한 다음 신호현시에만 열차의 속도제어를 시행하며 만약, 진행 중인 열차가 해당신호의 허용속도를 초과하여 운행할 경우 열차자동정지장치(ATS)에 의하여 5초간 경보 후 기관사에 의한 제동취급이 시행되지 않을 경우 자동적으로 비상제동이 체결되는 것으로 신호현시별 제한속도는 표 1-5와 같다.

표 1-5. 신호현시별 제한속도(5현시)

현시방식	신호현시	제한속도	비 고
5현시	진행(G)	Free	
	감속(Y/G)	105[km/h]	
	주의(Y)	65[km/h]	
	경계(Y/Y)	25[km/h]	
	정지(R)	정지	

② 운행속도 Pattern

5현시 신호방식의 신호현시별 운행속도 Pattern은 그림 1-4와 같다.

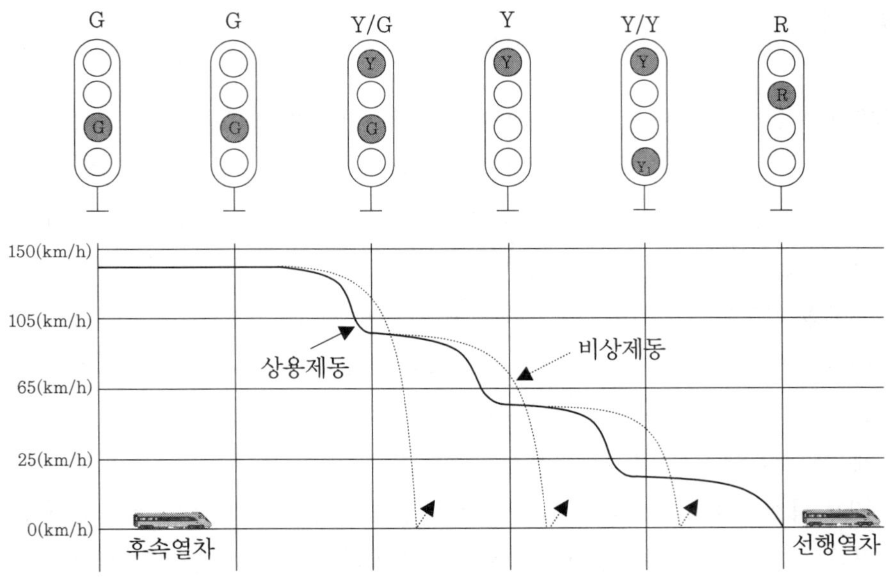

그림 1-4. 5현시 신호구간의 운행속도 Pattern

2 차상신호방식

차상신호방식은 지상에 설치되어 있는 상치 신호장치의 현시조건에 의해 열차가 운행하는 것이 아니라 차내 운전석 전면에 설치되는 차상신호의 현시조건에 의해 열차가 운행하는 방식으로 제동목표지점을 차상컴퓨터가 계산하여 운행할 수 있기 때문에 열차의 속도를 향상시킬 수 있고 운전시격을 단축할 수 있어 선로의 이용효율을 증대시킬 수 있다.

일반철도 및 고속철도 구간에서는 차량이 운행하는 선구의 지상에 설치 및 운용되고 있는 열자자동정지장치(ATS), 열자자동방호장치(ATP)에 대응하는 차상신호장치들이 설치 운영되고 있으며, 도시철도 구간의 차상신호장치는 열차의 안전운행을 지원하는 기능을 담당하고 지상신호장치에서 제한속도 정보를 수신하여 열차를 제어하는 열차자동방호장치(ATP)와 열차의 안전운행을 확보하고 계획된 제어방식에 의하여 효율적으로 자동운전을 할 수 있는 열차자동운전장치(ATO) 등으로 구성되어 있다.

차상신호방식은 차상신호의 송수신 방식, 부가기능 등에 따라 여러 형태가 있으나 점제어 차상신호방식인 ATP 시스템과 연속제어 차상신호방식인 ATC 시스템으로 대별할 수 있다.

1) 점제어 차상신호방식(ATP : Automatic Train Protection)

ATP는 폐색구간 경계지점에 설치한 지상자(balise, beacon 등)를 통하여 열차운행에 필요한 정보 즉 선행열차의 운행위치, 선로의 구배, 곡선 및 열차간 간격, 정거장 내의 선로조건 등 지상의 열차운행 정보를 디지털 방식의 전송경로를 거쳐 차상으로 전송하면 차상의 컴퓨터는 이를 운행 중인 열차의 종별, 열차길이, 제동성능과 종합 비교 분석하여 제동목표거리를 자동으로 연산하여 제어할 수 있는 단제동방식(one-step breaking system)으로써 제어의 중심이 신호기가 아닌 차량에 있기 때문에 차상신호방식으로 분류된다.

ATP 시스템은 기존 지상신호시스템을 철거하지 않고 그대로 두거나 혹은 지상신호기를 이용하면서 차상신호시스템으로 전환하는 것이 가능하므로 기존 시스템과 병행 사용시 ATC시스템에 비해 상대적으로 용이한 측면이 있다.

2) 연속제어 차상신호방식(ATC : Automatic Train Control)

ATC는 선행열차의 위치, 운행진로 등 선로의 제반조건에 따라 속도코드가 레일에 연속하여 제공되며, 후속열차에서 운전 허용속도가 표시되고 허용속도 초과 시 자동으로 감속제어하는 장치이다.

ATC는 ATP 기능에 자동 가속기능과 정위치 정차, 출입문 개폐등 기관사 개입이 거의 필요치 않도록 부가하는 ATO 기능이 있으며, ATP와 마찬가지로 제어의 중심이 차량에 있기 때문에 ATC도 차상신호방식으로 분류된다. 주로 ATC장치는 TGV, IEC 등 고속열차, 지하철 등 운행패턴이 동일하고, 기존 시스템 철거 후 설치해야 하므로 기술 및 비용 측면에서 신설 건설구간에 많이 이용된다.

ATP와 ATC는 형식적으로는 위에서 설명한 바와 같이 구분할 수 있으나 같은 ATP와 ATC라고 하여도 제작회사별로 기능이 상이하고 명칭도 다양하기 때문에 현실적으로 명칭 및 기능만으로는 ATP와 ATC를 구분하기는 어려운 측면이 있는 것은 사실이다.

3 신호방식의 비교

지상신호방식과 차상신호방식의 성능별 및 장·단점을 비교하면 표 1-6, 표 1-7과 같으며, 차상신호방식의 연속제어 ATC 차상신호방식과 점제어 ATP 차상신호방식의 성능별 및 장·단점을 비교하면 표 1-8, 표 1-9와 같다.

ATC 차상신호방식은 경부고속철도 구간과 같이 단일 차종의 고속열차가 운행되는 구간에서는 비교할 수 없이 좋은 시스템으로 향후 새로 건설하는 단일 차종 운행구간에서는 도입의 가능성을 고려할 수 있는 방식이다.

또한 ATP 차상신호방식은 현재 경부선 및 호남선에 구축하고 있는 시스템으로 향후 새로 건설하는 혼합열차 운행구간에서는 도입의 가능성을 충분히 고려할 수 있는 방식이다.

1) 지상신호방식과 차상신호방식의 비교

표 1-6. 신호방식의 성능별 비교

구 분	지상신호방식	차상신호방식
신호확인	· 기상조건에 따른 안개, 우천 시 신호의 확인이 어렵다. · 선로의 형태에 따른 구배와 곡선 등의 선로조건에 따른 신호의 확인이 어렵다.	· 차내에 제한속도 및 신호의 현시가 표시되므로 신호의 확인이 용이하다.
신호의 다현시화	· 최대 5현시로 한정되며 그 이상의 제한속도에는 현시가 불가능하다.	· 선로 제한속도 및 운행속도 패턴에 따라 표시되므로 신호현시의 다변화가 용이하다.
열차제어방식	· 속도의 가·감속 및 제동은 기관사에 의한 수동제어방식	· 연속속도제어방식

구 분	지상신호방식	차상신호방식
신호의 오인	· 기관사에 의한 신호현시 확인 후 가·감속이 이루어지므로 실수에 의한 신호오인 현상이 발생할 수 있다.	· ATC/ATO 설비에 의하여 자동 가·감속이 되므로 기관사는 예비적인 기능을 하며 신호의 오인이 없다.
건축한계	· 신호기를 선로변에 설치해야 하므로 차량 건축한계를 고려해서 설치해야 한다.	· 신호패턴이 차상에 표시되므로 건축한계와 무관하다.
운전능률	· R0, R1간의 정차여유구간이 필요하다.	· 정차 여유구간이 불필요하다.
적 합 성	· 저밀도 운전에 적합	· 고밀도 운전에 적합
경 제 성	· 저가	· 고가

표 1-7. 신호방식의 장단점 비교

구 분	지상신호방식	차상신호방식
장 점	· 설비가 저렴하다. · 지선으로 분기되는 구간이 많고 저속으로 운행되는 구간에 적합한 설비이다.	· 기후조건에 관계없이 신호확인이 가능하여 안전사고를 방지할 수 있다. · ATS/ABS 방식에 비해 안전성과 신뢰성이 높다. · 열차의 표정속도를 향상시킬 수 있다. · 지상신호방식에 비해 운전시격의 단축이 용이하다. · 선로 및 차량 등의 조건만 개선되면 최고속도를 증가시킬 수 있다. (설계속도 350[km/h]까지 사용하고 있음) · 열차운행제어의 자동화를 실현할 수 있다.
단 점	· 정상적인 기후조건에서는 제한된 최고속도로 안전하게 주행할 수 있지만, 눈, 비 안개와 같은 기후의 악조건에서는 감속운행이 불가피하다. · 표정속도 향상 및 운전시격 단축이 차상신호방식에 비해 불리하다. · 차상신호방식에 비해 안전성과 신뢰성이 떨어진다.	· 지상신호방식에 비해 건설비가 많이 소요된다. · 열차운행빈도가 낮고, 저속으로 운행되는 구간에서는 투자비에 비해 실효성이 낮다.
특기사항	· 전 구간 및 전 차량의 차상신호 설비화 전까지는 필수적인 설비이다. · 현재 일반철도 구간에서 사용하고 있는 방식이다.	· 운행 최고속도 약 200[km/h]로 향상시 필요한 신호방식이다. · 현재 도시철도 및 고속철도 구간에서 사용하고 있는 방식이다.

2) ATC와 ATP의 비교

표 1-8. ATC와 ATP의 성능별 비교

구 분		ATC	ATP
안전성		매우 우수함	매우 우수함
확장성	개량 범위	많 음	적 음
	절체작업의 용이성	매우 어려움	단순함
	인접선로의 확장성	낮 음	높 음
	공사 기간	장기간 소요	단기간 소요
경제성(건설비)		많이 소요	적게 소요
유지보수의 편의성		용 이	불 편
시장성		좁 음	넓 음

표 1-9. ATC와 ATP의 장단점 비교

구 분	열차자동제어장치(ATC)	열차자동방호장치(ATP)
장 점	· 연속적인 차상신호 제공으로 안전성과 신뢰성을 확보할 수 있다. · 운전속도 향상과 운전시격 단축으로 선로용량이 증대된다. · 고속열차 차량에 별도의 신호설비를 설치하지 않고 ATC 방식에 의해 운행이 가능하다. · 운행선 구분정보에 의해 차상신호 속도단계가 자동으로 변환한다. · 제동목표거리를 계산하여 운행되므로 안전성과 효율성이 증대한다. · 기기집중 설치에 의해 유지보수가 용이하고 기기 사용수명이 연장되며 장애 복구시간을 단축시킬 수 있다.	· 차량등급이 다른 혼용 운전구간에 적합한 설비이다. · 제동목표거리와 제동목표속도를 계산하며 운행하므로 안전성과 신뢰성을 확보할 수 있다. · 폐색구간 신호설비 장애 시 2개 폐색구간을 1개 폐색구간으로 사용할 수 있어 연속적인 운행이 가능하여 운행효율을 증대시킬 수 있다. · 궤도회로 종류에 상관없이 사용이 가능하고 기존 설비 개량을 최소화할 수 있어 경제적이다. · 연속적인 ATC 설비에 비하여 건설비가 저렴하다.
단 점	· ATC는 전체적인 신호설비를 개량하여야 하므로 건설비가 많이 소요된다.	· 지상정보를 수신할 수 있는 구간이 폐색신호기 설치위치로 한정된 점제어방식으로 연속제어방식에 비하여 운행효율이 감소한다. · 지상설비가 현장에 산재되어 있어 보수가 불편하고 장애발생 시 복구시간이 지연된다.

1.3.2 제어방식별 분류

철도신호제어시스템을 제어방식에 따라 분류하면 Speed Step 방식인 속도중심 제어방식과 거리중심 제어방식으로 나뉘며, 거리중심 제어방식은 정보전송의 연속성의 유무에 따라 DTG(Distance to Go) 방식과 MBS(Moving Block System) 방식으로 나눌 수 있다.

1 속도중심 제어방식

속도중심 제어방식은 지상의 신호기에 의해 단계적으로 속도를 감속하여 안전을 확보하는 방식으로 ATS 설비가 이러한 경우이다. ATS 장치는 보통 기관사가 지상신호기를 현시하고 신호기의 정보에 의하여 순차적으로 속도를 감속하며, 지상신호기가 제한하는 속도 이상의 경우 경고음을 발한 후 비상으로 제동하는 고정폐색(fixed block)식 신호체계이다.

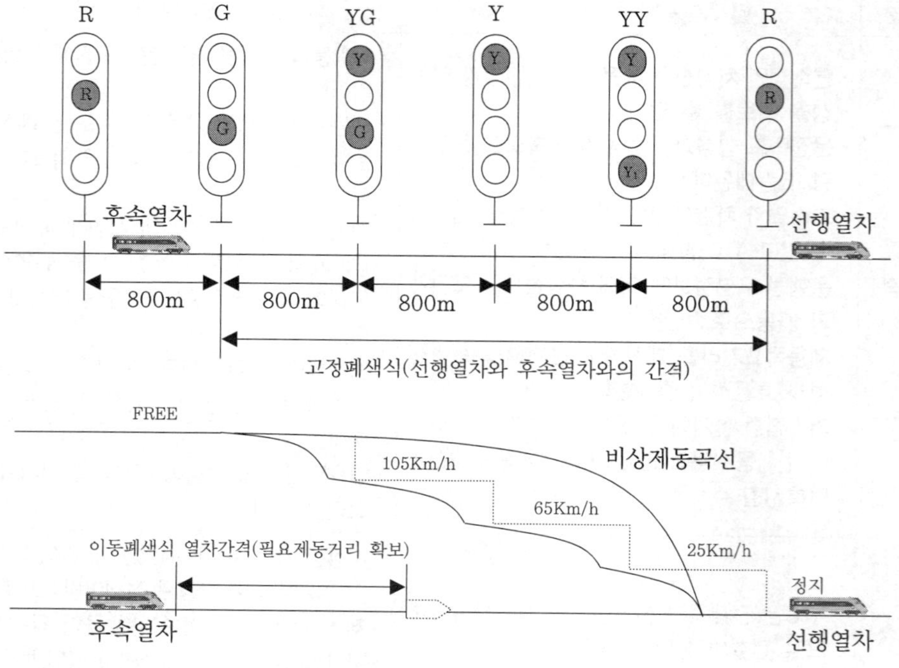

그림 1-5. 속도중심 제어범위의 신호현시체계 및 운전곡선

이러한 신호체계는 안전운행만을 목적으로 열차간 제동거리를 충분히 확보하기 위해 열차간 간격이 길게 된다. 따라서 열차의 운행간격이 길게 되며 이러한 신호체계는 안전운행만을 필요로 하는 시대의 신호체계라고 할 수 있다.

2 거리중심 제어방식

1) DTG(Distance to Go) 방식

속도중심의 제어방식인 speed step 방식과는 달리 거리중심의 제어방식인 DTG 방식은 열차간 제동거리를 기계가 자동적으로 계산하여 제시하여 줌으로써 안전을 확보하는 시스템이며 또한 속도중심의 제어방식에 비해 제동거리가 짧기 때문에 선로를 보다 고밀도로 이용할 수 있는 장점이 있다. 이 방식 역시 고정폐색 단위로 제어되므로 고정폐색식 제어방식이라고 하며 시스템 제작사에 따라 다르지만 ATP 혹은 ATC 장치 모두 여기에 해당한다.

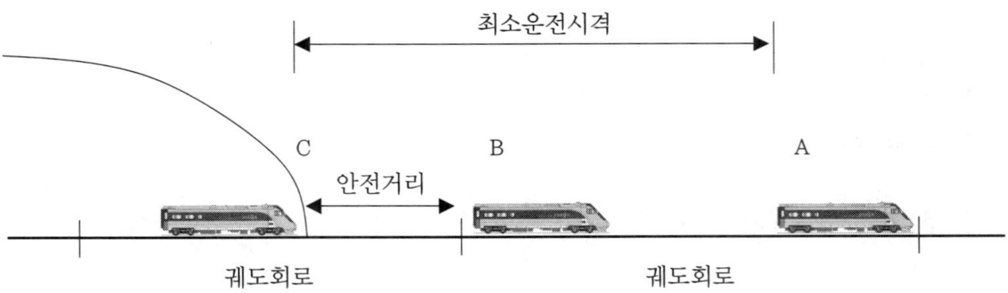

그림 1-6. DTG 방식과 궤도회로의 길이

MBS 방식은 궤도회로를 사용하지 않고 Loop coil 또는 RF(Radio Frequency)를 사용하겠지만 DTG 방식은 여전히 고정폐색과 마찬가지로 궤도회로를 사용하여 선행열차의 위치를 검지하고 있으며, 이는 선행열차 위치검지의 기본 단위가 궤도회로 길이로 이루어진다는 것을 의미한다. 예를 들어 궤도회로 길이가 800[m]이고 열차의 길이가 200[m]라고 가정한다면 200[m] 길이의 열차는 궤도회로 내에서 200[m]만을 점유하고 있건만 열차점유표시는 800[m] 모두를 점유한 것으로 처리하게 되는 것이다. 다만 열차 자신은 800[m] 내의 어느 곳을 주행하고 있는지는 정확히 알 수 있지만(차내 Data base와 Tachometer 이용) 이 정보를 지상으로 송신하지 않음으로 후속열차는 선행열차가 궤도회로 앞단(그림의 A지점)에 있어도 뒷단(그림의 B지점)에 있는 것으로 판단하고 안전거리를 감안한 C 지점에 정지하게 된다.

이 방식은 궤도회로를 사용하고 있지만 ATC 장치처럼 신호기계실에서 레일을 통하여 열차의 주행속도를 송신하는 것이 아니고, 선행열차의 위치정보 만을 송신한다. 이 정보를 수신한 후속열차는 열차 내 Data base에 저장되어 있는 궤도회로 정보와 속도거리계(Tachometer) 및 레이더 속도계 등의 정보를 처리하여 자신의 정확한 주행위치를 파악하고, 선행열차에 대한 안전 제동거리를 연산하여 기준 제동곡선도(Brake Profile)를 작성한다.

이 기준 제동곡선도에 의하여 열차의 제동력을 가감하면서 열차를 정지시킨다. DTG 방식에서는 선행열차의 위치정보와 레일의 특성 등 많은 량의 정보(Data)를 인터페이스하기 때문에 Digital Data 전송방식을 사용하게 된다.

또한 기존의 ATC가 지상으로부터 수신한 속도코드에 의하여 각 구간마다 해당속도로 감속하는 다단계 제동방식이었으나 본 DTG 방식은 일단(一段) 제동방식이다. 고정폐색의 다단계 제동방식(Speed Step 방식)에 비하여 최소운전시격이 단축되는 것을 그림 1-7을 통하여 알 수 있다.

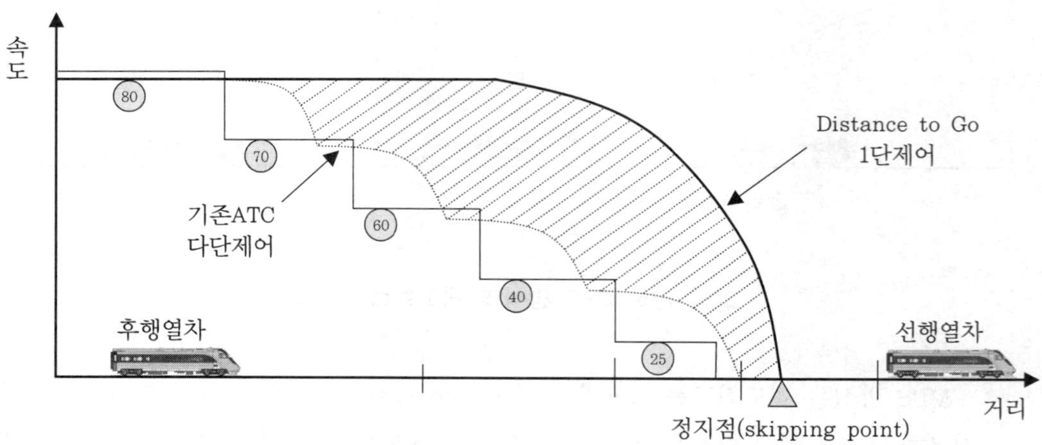

그림 1-7. 다단계 제동방식과 1단 제어방식

그림 1-8의 다이아그램에서 열차가 A1폐색에 있을 때 뒤 쪽의 속도단계는 연속적으로 감속하게 되어 A6 폐색에 열차가 들어오면 감속된 목표속도를 받게 된다.

열차는 A3블록의 끝에서 정지할 때까지 속도 감속은 계속되며 과주여유거리 폐색인 A2폐색(0속도)에 들어가기 전에 정차하게 된다.

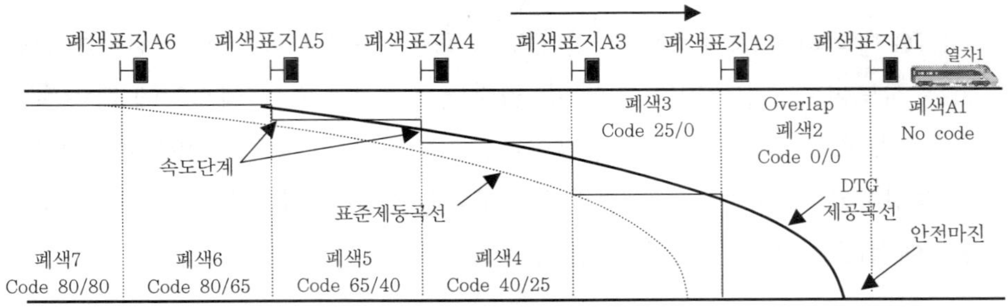

그림 1-8. 속도단계 방식과 DTG 제동곡선 비교

제동곡선은 그림 1-8에서 보이는 것과 같은 표준 제동곡선이다.

제동곡선을 앞으로 한 폐색 이동하는 간단한 질문인 "과주여유구간"을 이동시키는 문제를 생각해 볼 수 있다.

열차는 목표속도를 감속하기 전에 A6 대신에 A5폐색에 더 가까이 진행하여 점유할 수 있다.

그렇다 하더라도 점유된 폐색구간에 근접하기 위해서는 열차에 의해 제동의 정확성과 일정함의 감시가 요구되므로 차상 컴퓨터는 메모리 안에 저장된 선로의 지도를 사용하여 DTG의 정지점을 기반으로 하는 제동곡선 산출이 요구된다.

새로운 곡선은 다이어그램에 굵은선으로 나타내었다.

열차는 A2와 A1폐색 사이의 특정지역에 접근하기 전에 언제나 정차하여야 하기 때문에 에러 허용에 필요한 25[m]의 안전마진이 필요하다.

제동곡선은 승객에게 편안한 정차를 제공하기 위하여 최종 정차지점에서 흔들림 없는 감속을 하여야 한다.

DTG ATP는 속도단계별 시스템보다 여러 가지 장점을 가지고 있다.

그림 1-9에서 알 수 있듯이 선로용량을 증가시킬 수 있고, 제동거리는 주기적인 단계변화를 유지할 필요가 없으므로 궤도회로 숫자를 감소시킬 수 있다.

폐색은 열차에 의해 점유되는 공간이며 더 이상 과주여유구간으로 사용되지 않는다. DTG는 수동운전과 자동운전에 사용할 수 있다.

시스템은 다양하게 열차제동 프로파일용으로 여러 가지 곡선을 제공한다.

이 예는 3가지를 보여준다. 하나는 열차가 반드시 제동하여야 하는 상용제동곡선, 둘째는 기관사에게 경보를 제공하는 경보제동곡선(시스템에 따라 상용제동 적용 또는 소리-시각경보), 셋째는 기관사가 상용제동곡선 내에서 속도를 줄이지 않을 때 비상제동을 위한 비상제동곡선의 생성이다.

DTG 방식의 주요기능은 각 열차 뒤에 과주여유거리로 인해 발생하는 공간을 없애려는 시도이며, 이 공간을 없앨 수 있다면 선로속도와 폐색길이에 따라 20[%]의 선로용량을 끌어 올릴 수 있는 장점이 있다. 이러한 점들을 설계에 반영하여 위험지역을 설정하고 그 후방에 정지점과 안전구역을 설정한 시스템으로 인천1호선, 서울2호선, 대전1호선에서 채택하고 있다.

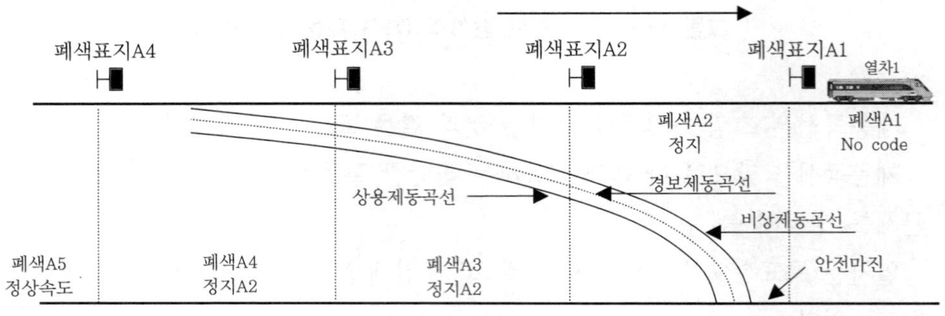

그림 1-9. DTG에서의 상용, 경보, 비상제동곡선

2) MBS(Moving Block System) 방식

이동폐색방식(MBS)은 궤도회로 없이 무선통신을 이용하여 열차운전의 안전을 확보하기 위해 폐색구간이 고정되어 있지 않고 열차위치 및 속도에 따라 폐색구간이 이동하는 방식이다.

선로 상에 운행하는 선행열차의 위치 및 속도정보 등을 지상 무선통신장치를 통해 후속열차가 전송받아 자신의 운행속도에 적합한 목표 제동곡선을 작성하여 제동 목표지점까지 운행한 후 최소 안전거리에서 1단 제동을 하게 된다. 열차간 최소 안전거리는 선행열차와 후속열차의 속도차에 의해 좌우되며 열차위치 및 속도에 따라 폐색구간이 이동하게 된다.

이동폐색방식(MBS) 역시 거리중심의 제어방식이나 이 방식은 운행조건에 대한 정보를 고정폐색 단위가 아닌 연속적으로 수신함으로써 이동폐색방식이라고 하며 DTG 방식에서와 같이 시스템 제작사에 따라 다르기 때문에 ATP 혹은 ATC 장치 모두 가능하다고 할 수 있다.

DTG 방식과 다른 점은 지상으로부터 연속정보를 수신함으로써 열차간 간격을 최소화 할 수 있다. 즉 연속정보를 바탕으로 열차를 가・감속함으로써 DTG 방식에 비해 선로를 보다 고밀도로 이용할 수 있는 것이다.

그림 1-11은 제어방식별 운전시격 단축효과를 비교한 것으로 빗금 친 부분은 바로 위에 제시된 제어시스템에 비해 추가적으로 얻을 수 있는 열차운행 효율(performance gain)을 나타낸다. DTG 방식은 Speed Step 방식에 비해 제동거리가 짧고 곡선형태의 제동이 가능하기 때문에 그 만큼 열차간 거리를 좁힐 수 있어 운전효율을 높일 수 있음을 알 수 있다.

MBS 방식은 선행열차의 정보를 연속적으로 받음으로써 고정폐색 단위로 정보를 수신하는 DTG 방식에 비해 열차간 거리를 최소화 할 수 있기 때문에 보다 더 열차 운전효율을 높일 수 있다는 것을 알 수 있다.

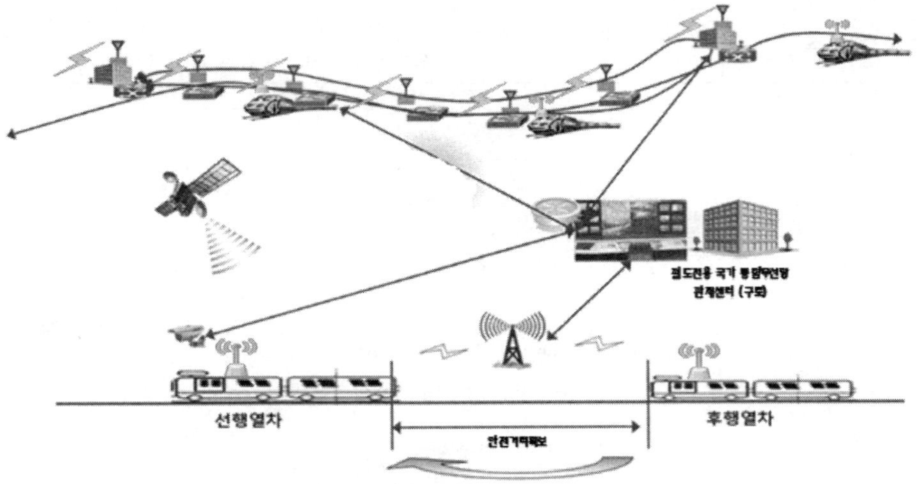

그림 1-10. 이동폐색방식

표 1-10. 이동폐색방식 장단점 비교

구 분	이동폐색방식(MBS)
장 점	· 운전시격 단축 · 표정속도 및 승차감 향상 · 안전성과 신뢰성 향상 · 궤도회로 미설치로 설비 간소화 및 유지보수 절감 · 기존 신호제어설비와 쉽게 혼용 가능
단 점	· 무선통신 설비량 증가 · 설치비 고가 · 초기 투자비 증가 · 기존 기관차 개량 및 신조차 추가 구매 필요

표 1-11. 고정폐색 ATC, DTG와 이동폐색 MBS의 비교

구 분	고정폐색 ATC속도코드	고정폐색 DTG	이동폐색 MBS
신호방식	아날로그 고정폐색	디지털 고정폐색	이동폐색
열차검지	궤도회로 단위	궤도회로 단위	열차길이
열차점유 구간	궤도회로 길이	궤도회로 길이에 영향	열차길이
열차운행 간격	궤도회로 길이	거리연산 간격	열차간 거리 간격
지상→차상간 통신	속도코드 전송(제한적)	연속정보전송, 단방향 통신	무선통신, 양방향 통신
허용속도 연산개소	지상장치에서 연산	차상장치에서 연산	차상장치에서 연산
속도제어	단계식 제어	1단 제어	1단 제어
접근거리	궤도회로 경계점까지 접근운행	궤도회로 경계점부터 접근거리 연산	선행열차 후미부터 접근거리 연산
운전시격	운전시격 단축 불리	운전시격 단축 용이	운전시격 단축 더욱 용이
유지보수	현장설비 다수로 유지보수 곤란	선로상 트랜스폰더 설치로 유지보수 일부 필요	궤도회로 미설치로 유지보수성 향상

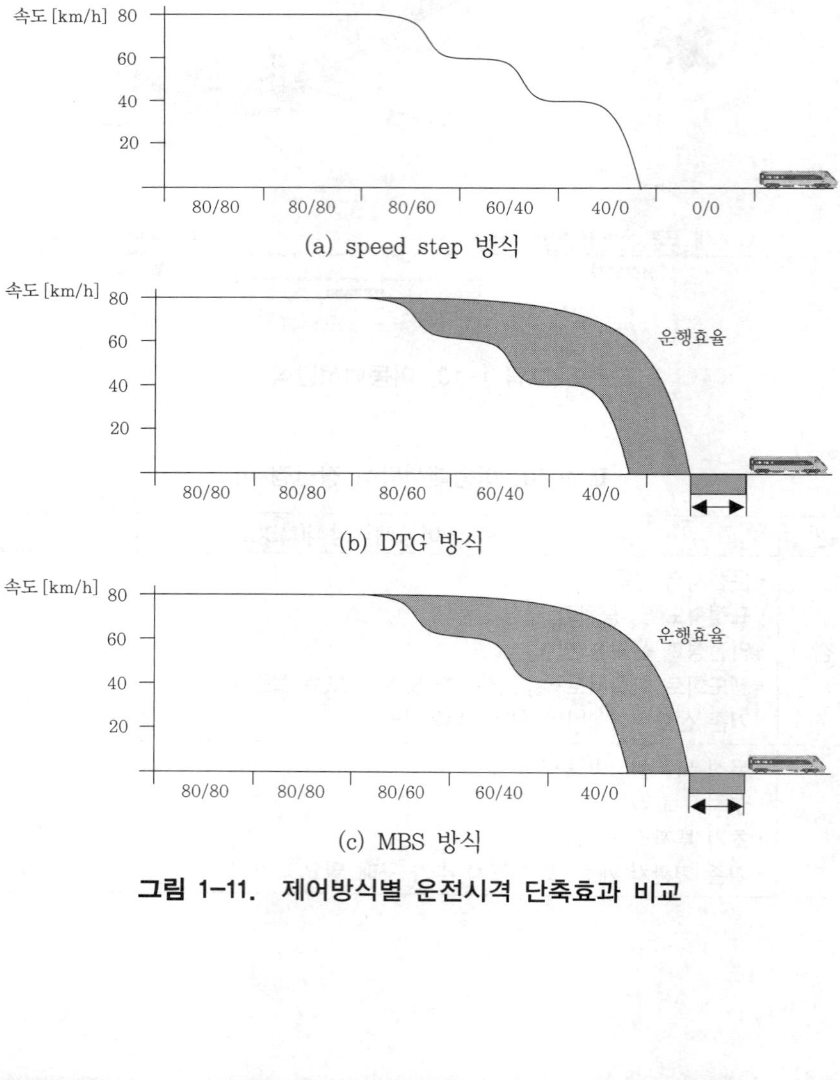

그림 1-11. 제어방식별 운전시격 단축효과 비교

연 / 습 / 문 / 제

1. 신호설비의 의의를 기술하시오.

2. 신호설비를 정의하고 그의 역할을 설명하시오.

3. 자동신호장치의 성능에 대하여 설명하시오.

4. 신호방식 중 지상신호방식과 차상신호방식을 비교 설명하시오.

5. 차상신호방식의 필요성에 대하여 설명하시오.

6. 거리중심 제어에서의 고정폐색방식(distance to go)에 대하여 설명하시오.

7. 고정폐색의 ATC 방식과 distance to go ATC 방식간의 차이점을 기술하시오.

8. 이동폐색방식의 장점과 단점을 기술하시오.

9. 고정폐색방식과 이동폐색방식의 원리 및 운전패턴을 설명하시오.

10. 현재 사용되고 있는 폐색방식인 Speed code, Distance to Go, Moving block의 입력정보와 특징을 기술하시오.

11. 차상신호방식에서 신호현시 단계를 결정하는 방법을 설명하시오.

Chapter

2 신호기장치

신호기장치는 열차 또는 기관사에 대하여 열차의 진행, 정지 및 속도나 진로 등의 운전조건을 제시하여 주는 장치로서 열차의 진행 가·부를 색이나 형상, 소리, 숫자로 표시하여 열차의 안전운행을 확보하는데 그 목적이 있다.

표 2-1. 철도 신호기장치의 예시

형, 색, 음의 구별 / 철도에서 사용하는 신호	형에 의한 것	색에 의한 것	형과 색에 의한 것	음에 의한 것
신 호 (운전 조건을 지시하는 것)	입환신호기 진로표시기	색등식신호기 주신호	완목식신호기 특수신호발광기	발보신호
전 호 (직원의 의지를 표시하는 것)	제동시험전호 (신호기를 사용 않을 때 전철 신호)	이동금지전호 추진운전전호	입환전호	기적(기뢰) 전호
표 지 (장소의 상태를 표시하는 것)	입환표지 차지표지	입환신호기무유도표지 열차표지	선로전환기표지 가선종단표지	

- 철도신호
  - 신호
    - 상치신호기
      - 주신호기 : 장내, 출발, 폐색, 엄호, 유도, 입환신호기
      - 종속신호기 : 중계, 원방, 통과신호기
      - 신호부속기 : 진료표시기, 진로예고기, 진로개통표시기
    - 임시신호기 : 서행예고신호기, 서행신호기, 서행해제신호기
    - 수신호 : 대용수신호, 통과수신호, 임시수신호
    - 특수신호 : 폭음신호, 화염신호, 발보신호, 발광신호
    - 차내신호 : 정지신호, 15신호, 야드신호, 진행신호
  - 전호
    - 출발전호, 대용수신호 현시전호, 입환전호, 전철전호, 비상전호
    - 추진운전전호, 제동시험전호, 이동금지전호, 기적전호
  - 표지
    - 자동식별표지, 서행허용표지, 출발신호기 반응표지, 상치신호기 식별표지, 입환표지, 선로전환기표지, 차량정지표지, 열차정지표지, 차막이(차지)표지, 차량접촉한계표지, 속도제한표지, 기적표지, 궤도회로경계표지, 가선종단표지 가선절연구간표지, 가선절연구간예고표지, 타행표지, 역행표지, 전차선구분표지, 팬터내림예고표지, 팬터내림표지, 팬터올림표지, 장내경계표지 등

철도신호는 모양・색 또는 소리 등으로 열차나 차량에 대하여 운행 조건을 지시하는 신호, 모양・색 또는 소리 등으로 관계직원 상호간에 의사를 표시하는 전호, 모양 또는 색 등으로 물체의 위치・방향・조건 등을 표시하는 표지로 구분한다.

2.1 신호

2.1.1 신호기의 분류

1 구조상 분류

1) 완목식(기계식, arm식) **신호기**

완목식 신호기(arm signal or semaphore signal)는 그림 2-1과 같이 기계 신호구간에 사용하는 신호기로서 직사각형의 완목(arm)을 신호기주에 설치하여 주간에는 완목의 위치, 형태, 색깔에 따라 신호를 현시한다. 완목이 수평일 때는 정지신호를 나타내고, 45°일 때는 진행신호를 나타내며, 야간에는 완목에 달려 있는 신호기등(燈)의 색깔에 따라 정지 또는 진행신호를 현시하는 것으로 주간과 야간에 따라 신호 현시 방법이 다르며 주신호기와 종속신호기에 사용하고 있다.

그림 2-1. 완목식 신호기

2) 색등식 신호기

색등식 신호기(color light signal)는 색에 따라 신호를 현시하는 방법을 말하며 주·야간 모두 신호등(燈)의 색상 및 배치 위치에 따라 신호를 현시하는 것으로서 단등형 신호기와 다등형 신호기가 있다.

① 단등형 신호기

단등형 신호기(search-light type signal)는 그림 2-2 (a)와 같이 등이 1개만 있고 내부에 고정된 전구에 등황색, 적색, 녹색의 색유리가 좌우로 움직여 신호를 현시하는 신호기로서 현재는 사용하지 않는 신호기이다.

② 다등형 신호기

다등형 신호기(multi-unit type signal)는 신호기주(柱)에 등황색, 적색, 녹색등을 수직으로 설치하여 2현시에서 5현시 방식까지 현시하는 신호기이다.

(a) 단등형 신호기

(b) 다등형 신호기

그림 2-2. 색등식 신호기

3) 등열식 신호기

등열식 신호기(position light signal)는 2개 이상의 등(燈)을 한 조로하여 신호를 현시하는 방식을 말하며 배열을 가로, 세로 또는 경사지게 하여 신호현시를 하는 것으로서 유도신호기와 중계신호기 등에 사용하고 있다.

① 유도신호기

유도신호기는 평상시에는 소등되어 정지신호 상태로 있다가 진행신호를 현시할 때에만 2개의 등을 45°로 점등하는 신호기로서 소등 또는 무현시 정위 신호기이다.

② **중계신호기**

중계신호기는 주신호기의 현시를 중계하기 위하여 주신호기의 제어계전기 여자 접점을 사용하여 제어회로를 구성하는 것으로서 유백색등 3개가 동시에 수직으로 현시되면 진행신호, 45°로 경사지게 현시되면 주의(제한)신호 그리고 수평으로 현시되면 정지신호를 나타낸다.

(a) 유도신호기 (b) 중계신호기

그림 2-3. 등열식 신호기

2 조작상 분류

1) 수동신호기

수동신호기(manual signal)는 신호취급자에 의하여 신호리버(lever)를 조작하여 신호를 현시하는 신호기로서 비자동 구간의 완목식 신호기가 이에 해당한다.

2) 자동신호기

자동신호기(automatic signal)는 궤도회로를 이용하여 열차 또는 차량의 궤도 점유 유무에 따라 자동적으로 신호를 현시하는 것으로서 신호취급자가 조작할 수 없는 신호기이다. 자동 폐색구간의 폐색신호기가 이에 해당한다.

3) 반자동신호기

반자동신호기(semi-automatic signal)는 자동신호기와 마찬가지로 궤도회로에 의해 자동으로 신호를 현시할 수도 있으나 신호취급자도 조작할 수 있는 신호기이다. 장내, 출발, 엄호, 유도, 입환신호기가 이에 해당한다.

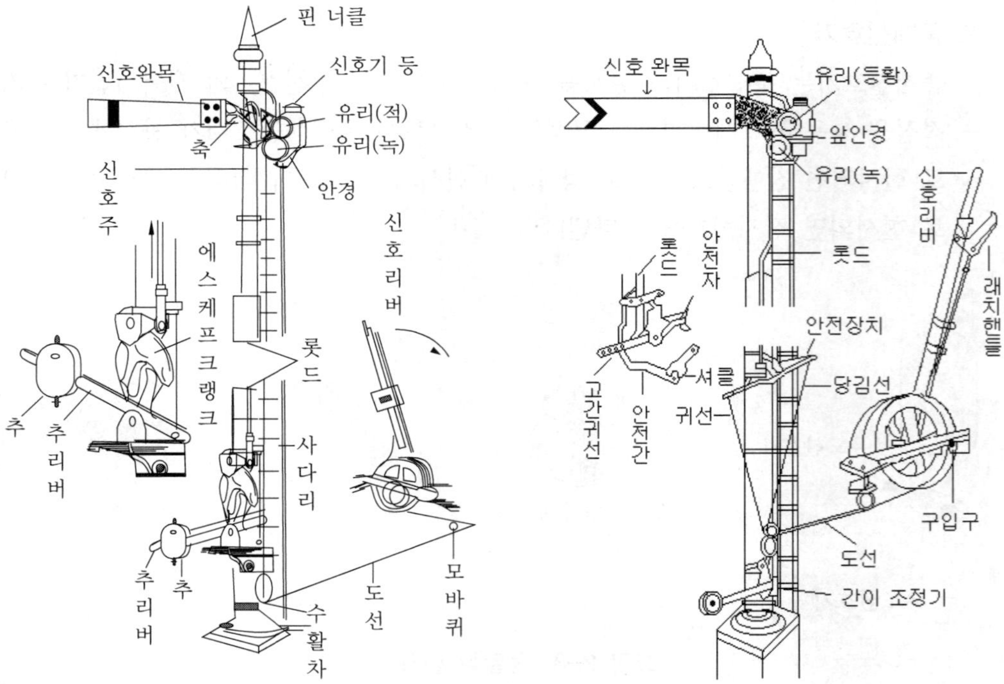

(a) 1선 도선식 신호기 (b) 2선 도선식 신호기

그림 2-4. 수동신호기

3 기능별 분류

1) 상치신호기

상치신호기(fixed signal)는 일정한 장소에서 색등(色燈) 또는 등열(燈列)에 의하여 열차 또는 차량의 운전조건을 지시하는 신호기로서 사용목적에 따라 주신호기, 종속신호기, 신호부속기로 분류한다.

(1) 주신호기

주신호기(main signal)는 일정한 방호구역을 가지고 있는 신호기로서 다음과 같은 종류가 있으며 방호구역이라 함은 신호기에 의해 열차 또는 차량이 운전할 수 있는 구역이다.

① **장내신호기(home signal)**

정거장에 진입하려는 열차에 대하여 신호를 현시하는 신호기이다.

② **출발신호기(starting signal)**

정거장을 진출하려는 열차에 대하여 신호를 현시하는 신호기이다.

③ **폐색신호기(block signal)**

폐색구간에 진입하려는 열차에 대하여 신호를 현시하는 신호기이다.

④ **엄호신호기(protecting signal)**

특히 방호를 요하는 지점을 통과하려는 열차에 대하여 신호를 현시하는 신호기이다.

⑤ **유도신호기(caller signal)**

장내신호기에 정지신호의 현시가 있는 경우 유도를 받을 열차에 대하여 신호를 현시하는 신호기이다.

⑥ **입환신호기(shunting signal)**

입환차량 또는 차내신호폐색식을 시행하는 구간의 열차에 대하여 신호를 현시하는 신호기이다.

(2) 종속신호기

종속신호기(subsidiary signal)는 주신호기가 현시하는 신호의 확인거리를 보충하기 위해 그 외방에 설치하는 신호기이다.

① **중계신호기(repeating signal)**

그림 2-5. 중계신호기의 설치

중계신호기는 그림 2-5와 같이 자동 구간의 장내, 출발, 폐색 또는 엄호신호기에 종속하여 열차에 대하여 주신호기가 현시하는 신호의 중계신호를 현시하는 신호기이다.

② **원방신호기(distance signal)**

원방신호기는 비자동 구간의 장내신호기에 종속하여 주신호기가 현시하는 신호의 예고신호를 현시하는 신호기이다. 주신호기가 정지일 때에는 주의신호를 현시하고, 주신호기가 진행일 때에는 진행신호를 현시한다.

③ **통과신호기(passing signal)**

통과신호기는 출발신호기에 종속하여 정거장에 진입하는 열차에 대하여 신호기가 현시하는 신호를 예고하며, 정거장을 통과할 수 있는지 여부에 대한 신호를 현시하는 신호기이다.

주로 장내신호기의 하위에 설치하여 기계신호 구간의 완목식 신호기에 사용하고 있다.

그러나 비자동 구간의 색등식 장내신호기에 주의신호가 현시되면 정거장에 진입하는 신호이나, 진행신호 현시는 전방의 출발신호기가 진행신호로 현시되어야만 현시되므로 출발신호기의 종속신호이며 통과신호기에 해당한다.

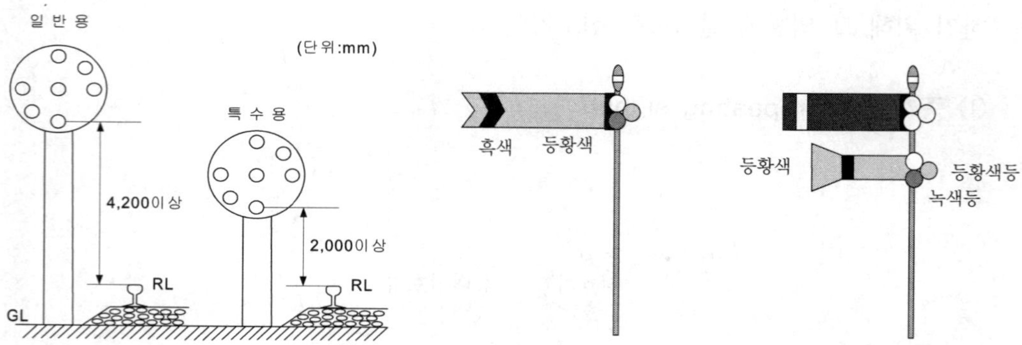

(a) 중계신호기 (b) 원방신호기(화살깃형) (c) 통과신호기(나팔형)

그림 2-6. 종속신호기

(3) 신호부속기

신호부속기(signal appendant)는 주신호기에 부속하여 그 신호기의 지시조건을 보완하는 장치를 말하며 진로표시기(진로선별등), 진로예고기, 진로개통표시기가 있다.

① **진로표시기(진로선별등)**

진로표시기는 장내, 출발, 진로개통표시기 및 입환신호기에 부속하여 열차 또는 차량에 대하여 그 진로를 표시하는 장치이다. 좌진로, 중앙진로, 우진로의 3진로를 표시하는 등렬식과 2진로 이상의 여러 진로를 문자로 표시하는 문자식 진로표시기가 있으며, 3진로 이하에는 등열식 진로표시기를 사용하고 4진로 이상에는 문자식 진로표시기를 사용한다.

② **진로예고기**

진로예고기는 장내, 출발신호기에 종속하여 다음 장내신호기 또는 출발신호기에 현시하는 진로를 열차에 대하여 예고하는 장치이다.

③ **진로개통표시기**

진로개통표시기는 차내신호기를 사용하는 본선구간 선로의 분기부에 설치하여 진로의 개통상태를 표시하는 장치이다.

(a) 등열식 진로표시기 (b) 문자식 진로표시기 (c) 진로예고기 (d) 진로개통표시기

그림 2-7. 신호부속기

2) 임시신호기

임시신호기(temporary signal)는 선로의 상태가 일시 정상운전을 할 수 없는 경우에 그 구역의 바깥쪽에 임시로 설치하는 신호기이며, 다음과 같은 종류가 있다.

① **서행예고신호기(slow speed approach signal)**

서행신호기를 향하여 진행하려는 열차에 대하여 그 전방에 서행신호의 현시가 있음을 예고하는 것으로서 서행신호기 외방 400[m] 이상의 지점에 설치한다. 다만, 선로 최고속도가 130[km/h] 이상 선구에서는 700[m], 지하 구간에서는 200[m] 이상의 지점에 설치한다. 이 경우 터널 내에 설치함으로 인하여 서행예고신호기의 인식을 할 수 없는 경우에는 그 거리를 연장하여 터널입구에 설치할 수 있다.

② **서행신호기(slow speed signal)**

서행운전할 필요가 있는 구간에 진입하려는 열차 또는 차량에 대하여 당해구간을 서행할 것을 지시하는 신호기이다.

③ **서행해제신호기(slow speed release signal)**

서행구역을 진출하려는 열차에 대하여 서행을 해제할 것을 지시하는 신호기이다.

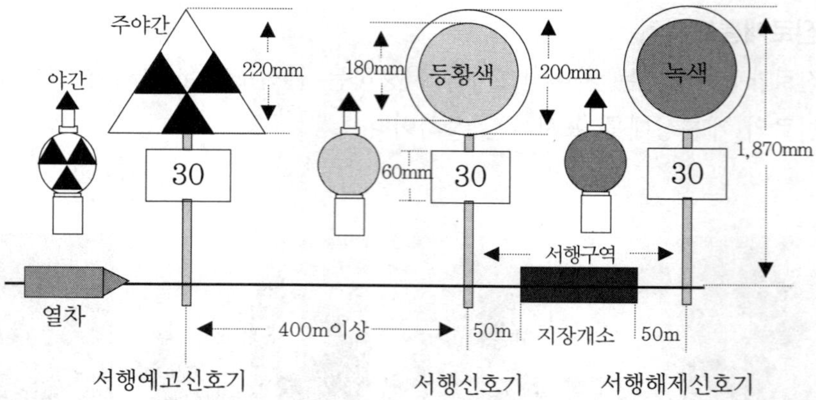

그림 2-8. 임시신호기

3) 수신호

수신호는 고장 또는 기타의 사유로 인하여 장내, 출발신호기 또는 엄호신호기에 진행을 지시하는 신호를 현시할 수 없는 경우에 관계 선로전환기의 개통방향과 쇄정상태를 확인하고 진행 수신호를 현시하는 것을 말하며 대용수신호, 통과수신호, 임시수신호 등이 있다.

① **정지신호**

- 주간 : 적색기. 다만, 적색기가 없을 때에는 양팔을 높이 들거나 또는 녹색기 외의 것을 급히 흔든다.
- 야간 : 적색등. 다만, 적색등이 없을 때에는 녹색등 외의 것을 급히 흔든다.

② **서행신호**

- 주간 : 적색기 및 녹색기를 모아쥐고 머리 위에 높이 교차한다
- 야간 : 깜박이는 녹색등

③ **진행신호**

- 주간 : 녹색기. 다만, 녹색기가 없을 때에는 한 팔을 높이 든다.
- 야간 : 녹색등

4) 특수신호

특수신호(special signal)는 낙석, 낙뢰, 강풍 또는 긴급히 열차를 방호하기 위하여 경계를 필요로 할 때 빛 또는 음향에 의해 신호를 발생하는 장치로서 다음과 같은 종류가 있다.

① **폭음신호**

폭음신호는 기상상태로 정지신호를 확인하기 어려운 경우 또는 예고하지 아니한 지점에 열차를 정지시키는 경우에는 신호뇌관의 폭음으로 정지신호를 현시하는 것을 말한다.

② **화염신호**

화염신호는 예고하지 아니한 지점에 열차를 정지시킬 경우에 신호염관의 적색화염으로 정지신호를 현시하는 것을 말한다.

③ **발보신호(열차방호무선)**

발보신호는 경보음으로 열차 또는 차량을 정지시키기 위한 것으로서 긴급한 상태가 발생했을 때 1[km] 이내의 다른 열차에게 알려주는 장치이다.

④ **발광신호(특수신호발광기)**

발광신호는 건널목 지장, 궤도 불량, 강풍, 지진 등으로 열차를 운행하는 데 있어 경계를 요하는 장소에 평상시에는 소등되어 있다가 경계의 필요가 있을 때 여러 개의 적색등을 순환 점등하여 정지신호를 현시하는 것을 말한다.

5) 차내신호

차내신호는 차내 운전석 전면에 설치되는 차상신호의 현시조건에 의해 열차가 운행하는 방법을 말하며, 차내신호의 종류 및 그 제한속도는 다음과 같다.

① **정지신호**

정지신호는 열차운행에 지장이 있는 구간으로 운행하는 열차에 대하여 정지하도록 하는 신호를 말한다.

② **15신호**

15신호는 정지신호에 의하여 정지한 열차에 대한 신호로서 15[km/h] 이하의 속도로 운전하게 하는 신호를 말한다.

③ **야드신호**

야드신호는 입환차량에 대한 신호로서 25[km/h] 이하의 속도로 운전하게 하는 신호를 말한다.

④ **진행신호**

진행신호는 열차를 지정된 속도 이하로 운전하게 하는 신호를 말한다.

4 운영상 분류

1) 절대신호기(absolute signal)

정거장 구내의 신호기는 그 진로에 열차가 있다든지, 선로전환기가 다른 방향으로 개통되어 있을 때에는 정지신호를 현시해야 하며, 정지신호가 현시되었을 때 열차는 반드시 정지해야 한다.

따라서 열차는 신호기가 진행 또는 주의신호를 현시하거나, 수신호에 의하지 아니하고는 절대로 진행할 수가 없다. 이와 같이 신호기가 정지신호를 현시하였을 경우에 반드시 정지해야 하는 신호기를 절대신호기라 하며 장내, 출발, 엄호, 유도 및 입환신호기가 있다.

2) 허용신호기(permissive signal)

허용신호기는 정지신호가 현시되었다 하더라도 열차가 일단 정지한 다음 제한속도로 신호기 안쪽(내방)으로 진입할 수 있는 신호기를 말하며 자동폐색신호기가 해당한다.

절대신호와 허용신호를 구별하기 위해 허용신호인 자동폐색신호기에는 식별표지가 부착되어 있다.

5 현시별 분류

1) 2위식 신호기

2위식(two-position system) 신호기는 신호기 현시를 정지, 진행 또는 주의, 진행으로 점등하여 주는 것으로 2현시 방법이 있다.

① **정지, 진행**

- 색등식 신호기 : 엄호, 유도, 입환신호기 및 비자동 구간의 출발신호기
- 완목식 신호기 : 장내, 출발, 입환, 유도신호기

② **주의, 진행**

- 원방신호기

표 2-2. 색등식 신호기 신호현시방식

신호현시	진행신호 G	감속신호 YG	주의신호 Y	경계신호 YY	정지신호 R	비 고
2현시		–	–	–	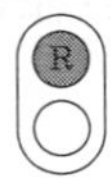	R(적색등) G(녹색등)
3 현시	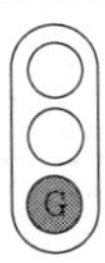	–	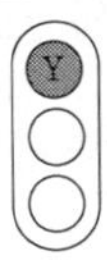	–	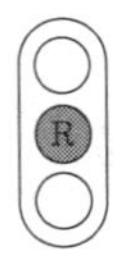	Y(등황색등) R(적색등) G(녹색등)
4 현시	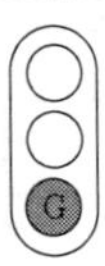	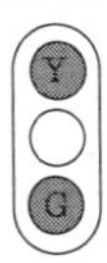	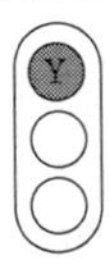	–	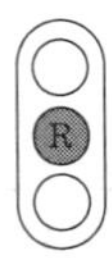	일반철도 수도권
	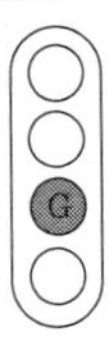		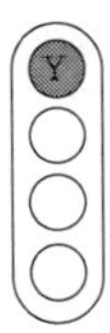		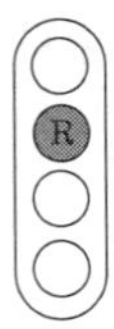	지하철 1호선
5 현시	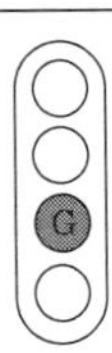		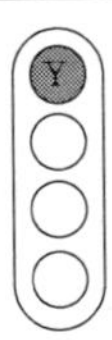	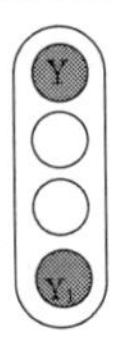	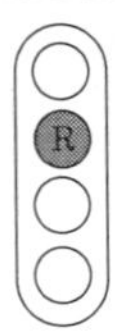	기존 경부선

2) 3위식 신호기

3위식(three-position system) 신호기는 신호기 현시를 정지(Red), 주의(Yellow), 진행(Green) 3색으로 점등시키는 현시 방법이며 3현시, 4현시, 5현시가 있다.

2.1.2 신호현시방식

신호현시방식은 열차의 안전운행을 확보하기 위하여 각 운전상황별, 신호현시체계 그리고 분기기 제한속도 등을 감안하여 일정한 방식을 정하여 운용하고 있으며 자동구간의 지상 신호기는 주로 다등형 색등식 신호기를 사용한다.

1 신호기별 신호현시방식

1) 자동구간 신호현시방식

자동구간의 주신호기(유도, 입환신호기 제외) 신호현시 방식은 다음과 같다.

표 2-3. 자동구간 폐색신호기의 신호현시방식

구 분		신호기5	신호기4	신호기3	신호기2	신호기1
배 선 약 도		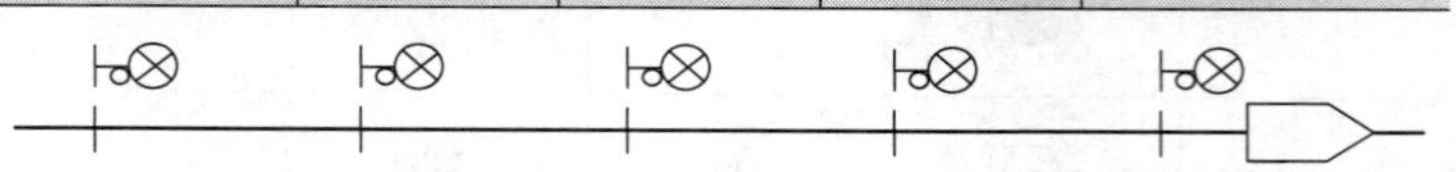				
신호기의 제어방식	3현시	G	G	G	Y	R
	4현시	G	YG	Y	R1	R0
	5현시	G	YG	Y	YY	R

표 2-4. 자동구간 장내, 출발, 엄호, 중계신호기의 신호현시방식

구 분		신호기2	신호기1	착선별	중계	장내	출발	신호기3
배 선 약 도		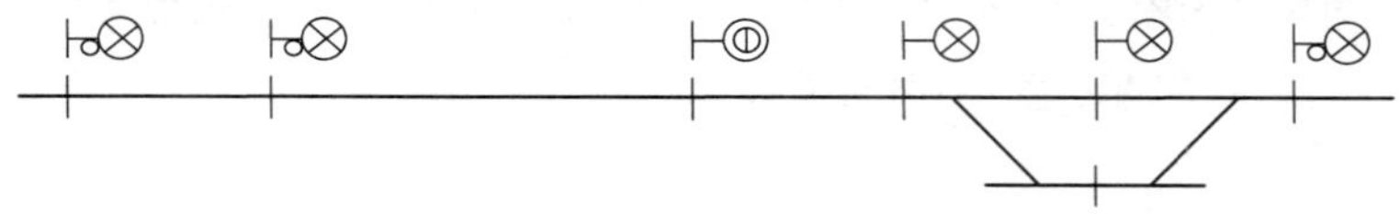						
열차를 통과 시키는 경우	5현시	G	G	직 선	G	G	G	G
		YG	Y	분기선	제한	YY	G	G
	4현시	G	YG	직 선	제한	Y	R	R0
		G	G		G	YG	Y	R1
		G	G		G	G	YG	Y
		G	G		G	G	G	YG
		G	YG	분기선	제한	Y	R	R0
		G	YG		제한	Y	Y	R1
		G	YG		제한	Y	YG	Y
		G	YG		제한	Y	G	YG
	3현시	G	G	직 선	G	G	G	Y
		G	G	분기선	제한	Y	G	Y
정거장에 정지하는 경 우	5현시	YG	Y	직 선 분기선	제한	YY	R	–
	4현시	G	YG	직 선 분기선	제한	Y	R	–
	3현시	G	G		제한	Y	R	–
정거장에 정지하는 경우(복선자동폐색구간)	5현시	G	G	직 선 분기선	G	G	G	–
	4현시	G	G	직 선 분기선	G	G	G	–
장내신호기 바깥쪽에 정지시키는 경 우	5현시	Y	YY	직 선 분기선	R	R	–	–
	4현시	YG	Y	직 선 분기선	R	R	–	–
	3현시	G	Y		R	R	–	–

2) 비자동구간 신호현시방식

비자동구간의 장내, 출발, 중계, 원방신호기의 신호현시방식은 다음과 같다. 다만, 진로표시기를 설치한 원방신호기는 장내신호기가 부본선으로 주의신호를 현시한 경우라도 진행신호를 현시한다.

표 2-5. 통과신호기를 설치하는 경우의 신호현시방식

<table>
<tr><th rowspan="2">구 분</th><th rowspan="2">원방신호기</th><th>장내신호기</th><th rowspan="2">출발신호기</th></tr>
<tr><th>통과신호기</th></tr>
<tr><td>선 로 약 도</td><td colspan="3">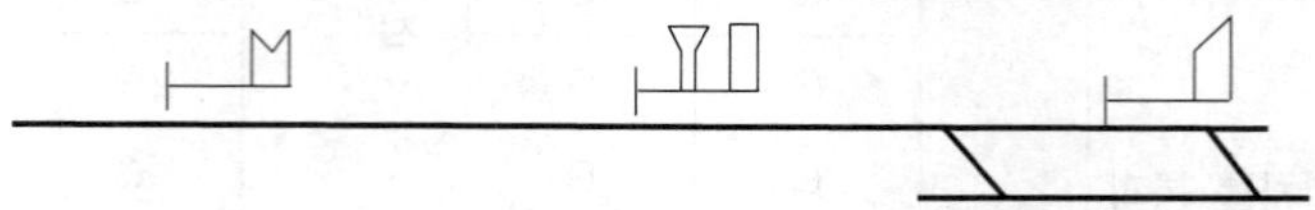</td></tr>
<tr><td rowspan="2">열차를 통과시키는 경우</td><td rowspan="2">G</td><td>G</td><td rowspan="2">G</td></tr>
<tr><td>G</td></tr>
<tr><td rowspan="2">정거장에 정지하는 경우</td><td rowspan="2">G</td><td>G</td><td rowspan="2">R</td></tr>
<tr><td>–</td></tr>
<tr><td rowspan="2">장내신호기 바깥쪽에
정지시키는 경우</td><td rowspan="2">Y</td><td>R</td><td rowspan="2">–</td></tr>
<tr><td>–</td></tr>
</table>

표 2-6. 비자동구간 원방, 장내, 출발신호기의 신호현시방식

<table>
<tr><th colspan="2">구 분</th><th>원방신호기</th><th>장내신호기</th><th>출발신호기</th></tr>
<tr><td colspan="2">선 로 약 도</td><td colspan="3">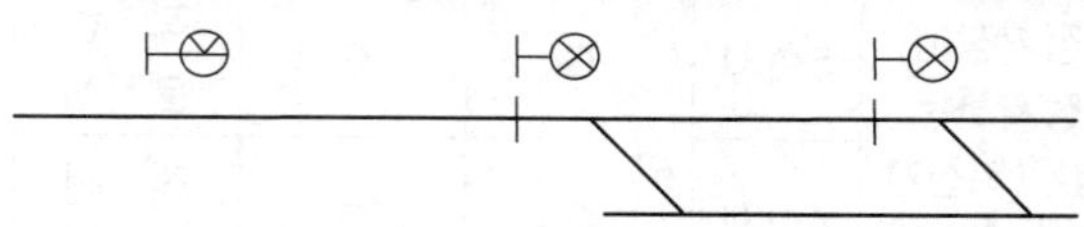</td></tr>
<tr><td rowspan="2">열차를 통과시키는 경우</td><td>주본선</td><td>G</td><td>G</td><td rowspan="2">G</td></tr>
<tr><td>부본선</td><td>Y</td><td>Y</td></tr>
<tr><td rowspan="2">정거장에 정지하는 경우</td><td>주본선</td><td>G</td><td>Y</td><td rowspan="2">R</td></tr>
<tr><td>부본선</td><td>Y</td><td>Y</td></tr>
<tr><td colspan="2">장내신호기 바깥쪽에
정지시키는 경우</td><td>Y</td><td>R</td><td>–</td></tr>
</table>

표 2-7. 비자동구간의 중계, 장내, 출발신호기의 신호현시방식

구 분		중계신호기	장내신호기	출발신호기
선 로 약 도		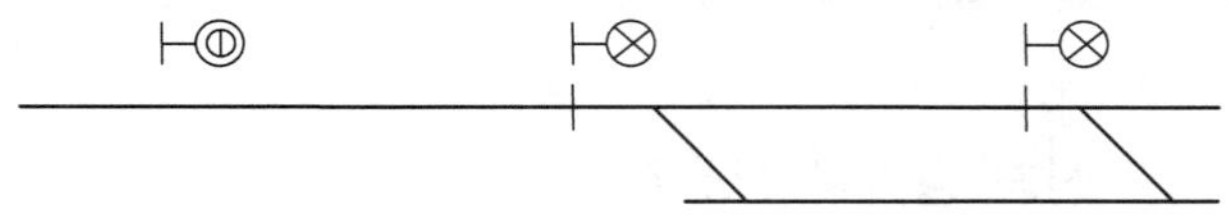		
열차를 통과시키는 경우	주본선	진행	G	G
	부본선	제한	Y	
정거장에 정지하는 경우	주본선	제한	Y	R
	부본선	제한	Y	
장내신호기 바깥쪽에 정지시키는 경우		정지	R	R

2 신호기의 정위

1) 신호기의 정위

① 장내, 출발, 엄호, 입환신호기 : 정지신호 현시

② 유도신호기 : 소등(무현시)

③ 원방신호기 : 주의신호 현시

④ 폐색신호기

- 복선구간 : 진행신호 현시
- 단선구간 : 정지신호 현시

⑤ 복선 자동폐색구간의 장내, 출발신호기

- 주본선에 소속된 것 : 진행신호 현시. 다만, 특별히 지정하거나 폐색방식을 변경하여 대용폐색방식 또는 전령법을 시행하는 경우에는 정지신호 현시
- 부본선에 소속된 것 : 정지신호 현시

⑥ 차내신호기 : 진행신호 현시

2) 정위식 신호기

① **정지 정위식 신호기**

정지 정위식 신호기는 평상시 정지신호를 현시하는 신호기로서 비자동 구간의 장내, 출발신호기와 엄호, 입환신호기가 해당한다.

② **소등(무현시) 정위식 신호기**

소등(무현시) 정위식 신호기는 평상시에는 소등되어 있으며 정거장 도착 본선에 열차를 유도 진입시킬 때에만 신호를 현시하는 신호기로서 유도신호기가 해당한다.

③ **진행 정위식 신호기**

진행 정위식 신호기는 그 신호기의 진로에 열차가 없을 때에는 상시 진행신호를 현시하는 신호기로서 복선 자동 구간의 폐색신호기가 해당한다. 단선 자동 구간의 폐색신호기는 정지 정위식 신호기이며 열차를 운행시킬 때에만 방향 취급버튼 조작으로 진행신호를 현시한다.

④ **주의 정위식 신호기**

주의 정위식 신호기는 평상시에 주의신호를 현시하는 신호기로서 원방신호기가 해당한다.

2.1.3 상치신호기의 설치

상치신호기는 정거장 또는 역간에 설치할 경우에 기관사가 해당 운행선로에 대한 신호 식별을 쉽게 하기 위하여 다음과 같이 설치한다.

① 상치신호기는 그 소속하는 선로의 상부 또는 좌측에 설치하는 것을 원칙으로 한다. 다만, 다음과 같은 경우에는 예외로 한다.
- 선로간격의 부족으로 건축한계를 지장하는 경우
- 전차선로와의 이격거리 확보가 어려울 경우
- 신호기의 확인거리를 확보하기 어려울 경우

② 신호현시가 표 2-8의 확인거리를 확보할 수 있도록 하고 선로의 곡선부, 터널 내, 교량, 노반의 절취부 등은 가급적 피한다.

③ 자동 구간에 있어서는 소정의 운전시격으로 운전할 수 있는 위치로 한다.

④ 신호기의 확인거리에도 불구하고 지형 기타 특수한 경우에는 다음과 같이 설치할 수 있다. 이 경우 선로가 곡선으로 필요한 확인거리에서 확인할 수 없을 경우에는 보완 조치를 한다.
- 열차가 시발하는 선로에 대한 출발신호기는 100[m] 이상으로 한다.
- 전호 이외의 신호기는 200[m] 이상으로 한다. 다만, 유도신호기는 제외한다.

⑤ 신호기를 설치하는 경우에는 전차선 절연구분장치와 신호기와의 관계를 감안하여 운전상 지장이 없는 곳에 설치한다.

⑥ 상치신호기는 동일 방향으로 병행하여 운전하는 선로가 2이상 인접한 경우 동일 지점에 설치할 때에는 선로를 식별할 수 있도록 하며 선로의 배열순으로 한다.

⑦ 정거장에서 열차의 과주에 의해 다른 열차 또는 차량에 지장을 줄 우려가 있을 경우 과주 여유거리 내의 선로전환기와 신호기, 입환신호기 상호간에는 쇄정을 한다.

⑧ 구내 운전을 하는 차량의 과주에 의해 다른 열차 또는 차량에 지장을 줄 우려가 있을 때에는 입환신호기 또는 차량정지표지의 내방에 다음과 같은 설비를 한다.
 - 안전측선
 - 50[m] 이상의 과주여유거리
 - 구내 운전속도 이하로 운행할 때는 안전측선을 생략한다.

⑨ 신호기의 확인거리는 신호기에 접근하는 열차 또는 차량에 승차한 기관사가 어느 일정지점에서 전방 신호기의 신호현시 상태를 정확히 확인할 수 있는 거리를 말하며 신호기별 확인거리는 다음과 같다.

표 2-8. 신호기별 확인거리

신호기 종류	확인거리[m]	비　고
장내, 출발, 폐색, 엄호신호기	600 이상	- 출발신호기의 경우 통과신호 취급을 할 수 없거나 장내 신호기 진입속도를 제한하는 경우에는 200[m] 이상 - 중계신호기가 설치된 경우에는 그 중계신호기부터 주 신호기를 확인할 수 있는 거리 이상 - 해당 폐색구간이 200[m] 이하인 경우 그 길이 이상
수신호등(燈)	400 이상	
입환, 중계, 원방신호기 및 주신호용 진로 표시기	200 이상	
유도신호기 및 입환신호용 진로표시기	100 이상	

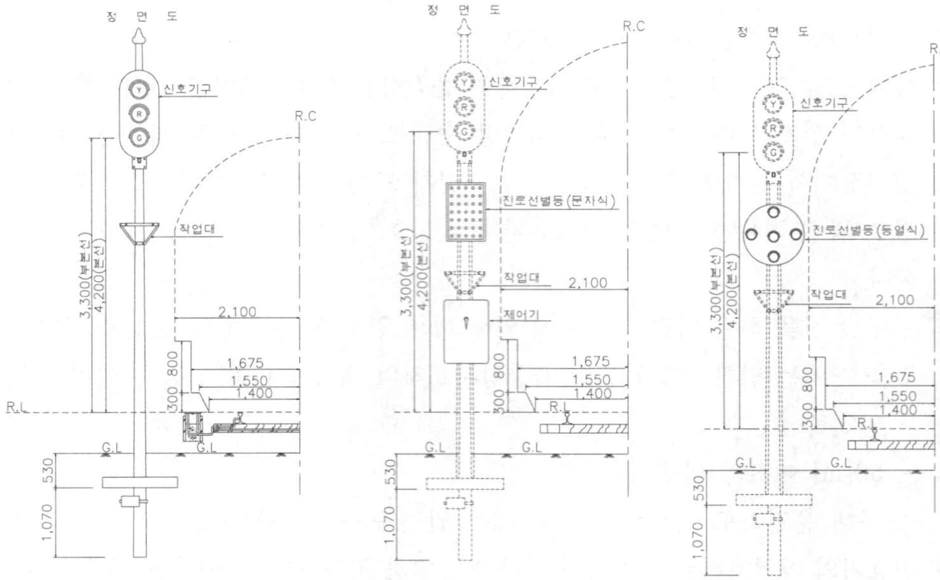

(a) 주신호기 (b) 문자형 진로선별등 부착 (c) 등열식 진로선별등 부착

그림 2-9. 주신호기 설치도

1 장내신호기

1) 장내신호기 설치기준

① 장내신호기는 정거장으로 열차를 진입시키는 선로에 설치하는 신호기로서 다음과 같은 경우에는 예외로 한다.

- 분기설비가 없는 경우
- 선로전환기에 통표쇄정기를 설비하는 경우

② 장내신호기는 1주 1기로하고 진로표시기를 설치한다. 단 부득이한 경우에는 진입선을 구분하여 장내신호기를 2기 이상 설치할 수 있다.

2) 장내신호기 설치위치

① 장내신호기는 최외방 선로전환기(상시 쇄정된 선로전환기는 제외)가 열차에 대하여 대향이 되는 경우에는 그 첨단레일의 선단에서 100[m] 이상의 거리를 확보하여 설치한다. 다만, 장내신호기 내방에 안전측선이 설비된 경우에는 100[m] 이내

로 할 수 있다.

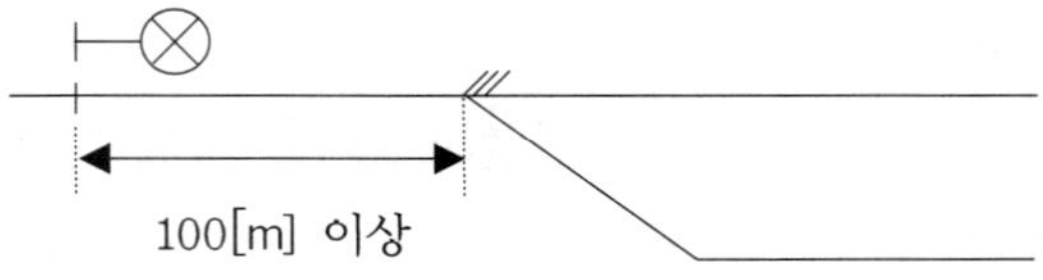

그림 2-10. 선로전환기가 대향일 경우 장내신호기 설치위치

② 최외방 선로전환기가 열차에 대하여 배향이 되는 경우 또는 선로의 교차가 있을 때 이에 부대하는 차량접촉한계표지에서 60[m] 이상의 간격을 두어야 한다.

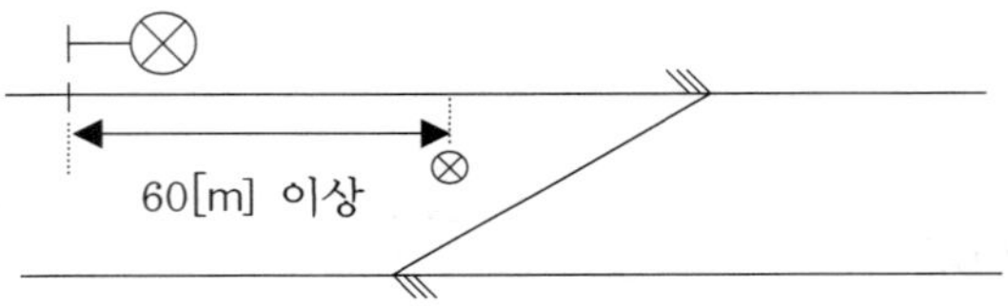

그림 2-11. 선로전환기가 배향일 경우 장내신호기 설치위치

③ 해당 진로에서 피난선 분기기 및 탈선 선로전환기가 설치되어 있는 경우에는 앞의 ②항에 준한다.

④ 앞의 ③항에 해당하지 않는 경우에는 해당 진로상 1급선, 2급선 또는 주요한 3급선에서는 열차의 상시 정차할 구역에서 바깥쪽 100[m] 이상, 그 밖의 선에서는 60[m] 이상의 위치에 설치한다.

⑤ 제2 장내신호기 이하의 장내신호기에 대하여는 그 간격을 단축할 수가 있는데 이에 해당하는 경우에는 다음과 같다.

- 반복선의 경우
- 외방의 신호기에 경계신호기를 현시하는 설비를 하는 경우
- 제2 장내신호기 이하의 장내신호기에 진행을 지시하는 신호를 현시한 후가 아니면 그 외방의 장내신호기에 진행을 지시하는 신호를 현시할 수 없는 설비로 한 경우

⑥ 장내신호기를 동일 지점에 2기 이상 설치하는 경우로 동일 방향에서 병행하는 진입선이 2 이상 있을 경우에는 각각 본선에 대하여 신호기를 같은 높이로 한다.

2 출발신호기

1) 출발신호기 설치기준

① 출발신호기는 정거장에서 열차를 진출시키는 선로에 설치하는 신호기로서 다음과 같은 경우에는 예외로 한다.

- 분기설비가 없는 경우
- 선로전환기에 통표쇄정기를 설비하는 경우

② 동일 출발선에서 진출하는 선로가 2 이상 있을 경우 출발신호기는 1기로 하고 진로표시기를 설치한다. 다만, 부득이한 경우에는 예외로 할 수 있다.

③ 정거장의 서로 다른 출발선이 2 이상 있는 경우 선로의 배열순에 따라 각각 별도로 설치한다. 다만, 주본선에 해당하는 신호기는 부본선에 해당하는 신호기보다 상위로 한다.

2) 출발신호기 설치위치

① 출발신호기는 출발선 최 내방에 대향이 되는 선로전환기가 있을 경우에는 그 첨단레일의 선단 앞으로 설치한다.

② 출발선 최 내방에 배향이 되는 선로전환기 또는 선로 교차가 있는 경우에는 차량접촉한계표지 앞으로 설치한다.

③ 선로전환기 또는 선로의 교차가 없는 경우에는 열차가 정지하는 구역의 전방으로 한다.

④ 위의 해당 항목에도 불구하고 그 위치에 출발신호기를 설치할 수 없을 경우에는 열차정지표지를 설치하고 그 내방에 설치한다.

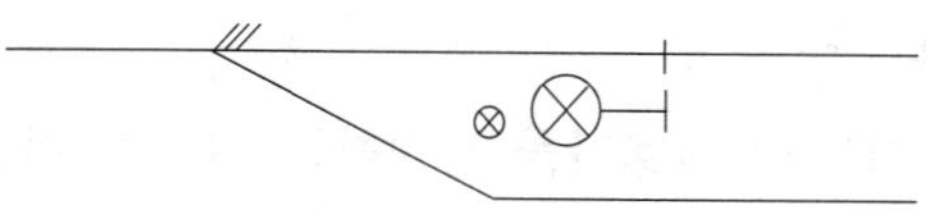

그림 2-12. 선로전환기 배향일 경우 출발신호기 설치위치

3 폐색신호기

1) 폐색신호기 설치기준

① 폐색신호기는 폐색구간의 시점에 설치한다. 다만, 그 시점에 장내신호기 또는 출발신호기를 설치하는 경우에는 폐색신호기를 설치하지 않는다.

② 정거장 구내 동일 선로의 장내신호기에서 출발신호기, 출발신호기와 정거장간 첫 번째 폐색신호기 사이에는 구내 폐색신호기를 설치할 수 있으며, 이 신호기는 장내신호기 또는 출발신호기의 취급에 의해 간접 제어되는 것으로 한다.

③ 폐색신호기 하위에는 폐색신호기 번호를 나타내는 식별표지를 설치한다.

④ 폐색신호기의 번호는 도착역 장내신호기 외방 폐색신호기를 1호로 하고 순차적으로 식별표지에 표기한다. 다만, 구내 폐색신호기는 별도로 정한다.

2) 폐색신호기 설치위치

① 폐색신호기를 설치할 때 궤조절연과의 간격은 그림 2-13과 같이 신호기 외방 2[m], 신호기 내방 12[m] 이내에 설치한다.

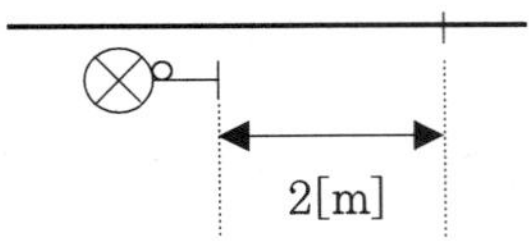

(a) 신호기 외방 설치 시

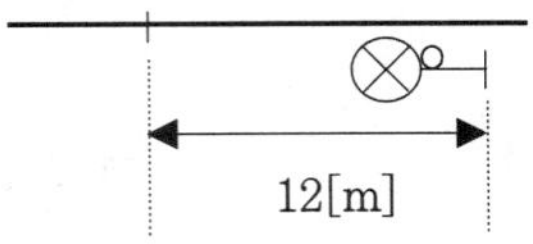

(b) 신호기 내방 설치 시

그림 2-13. 폐색신호기 설치위치

② AF(TI21) 경우에는 그림 2-14와 같이 튜닝유니트 설치위치에서 5[m] 지점에 설치한다.

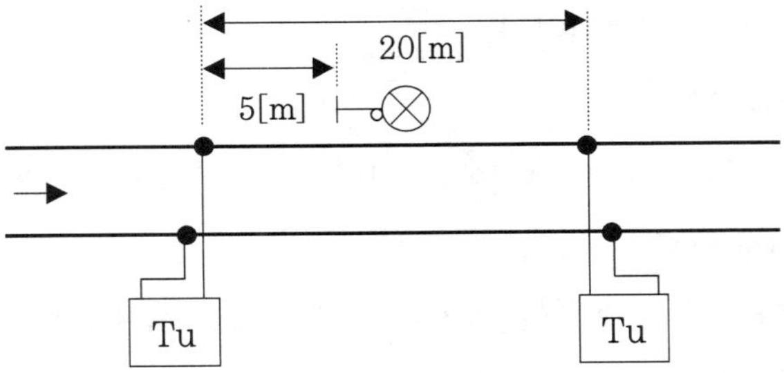

그림 2-14. AF(TI21)에 설치 시 폐색신호기 설치위치

4 엄호신호기

1) 엄호신호기 설치기준

엄호신호기는 정거장 또는 폐색구간 도중에 평면교차분기 또는 기타 특수시설로 인하여 열차방호를 요하는 경우에 설치한다.

2) 엄호신호기 설치위치

① 엄호신호기의 설치위치는 장내신호기의 설치위치에 준하며, 연쇄기준은 장내신호기 및 출발신호기의 기준에 준한다.

② 엄호신호기는 신호현시 조건으로 엄호구간 방호조건과 장내 폐색조건을 삽입한다.

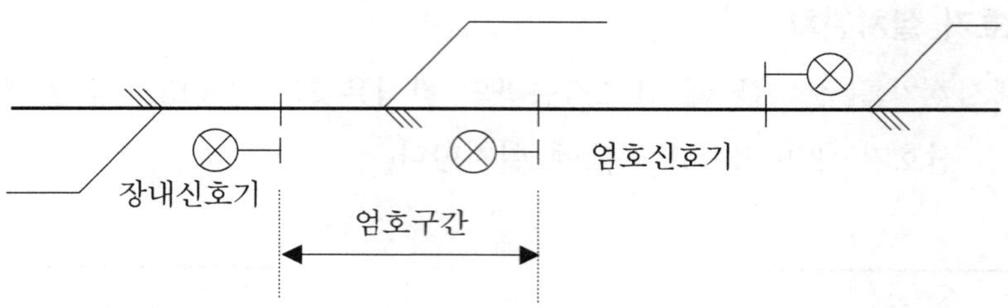

그림 2-15. 엄호신호기의 설치위치

5 유도신호기

1) 유도신호기 설치기준

① 유도신호기는 장내신호기에 진행을 지시하는 신호를 현시할 수 없을 때, 그 신호기의 방호구역에 열차를 진입시키고자 할 경우에 설치한다.

② 동일 선로에서 분기하는 열차의 진로에 대하여 장내신호기가 2기 이상 설치된 경우에는 각각 별도로 설치한다.

2) 유도신호기 설치위치

① 유도신호기는 장내신호기 하위에 설치한다. 단 진로표시기를 설치하고 있는 경우에는 그 상위로 한다.

② 비자동 구간에 유도신호기를 설치하는 경우에는 장내신호기의 방호구역에 궤도회로를 설치한다.

③ 유도신호기는 열차가 그 내방에 진입하였을 때 자동으로 소등되어야 한다.

6 입환신호기

1) 입환신호기 설치기준

① 입환신호기는 구내 운전을 하는 구간의 시점에 설치한다.
② 동일 선로에서 구내 운전을 하는 차량의 진로가 2 이상으로 분기하는 경우에는 1기로 공용할 수 있으며 이 경우에는 진로표시기를 설치한다.
③ 입환표지 하위에 무유도 표시등을 설치하여 입환신호기로 사용한다.

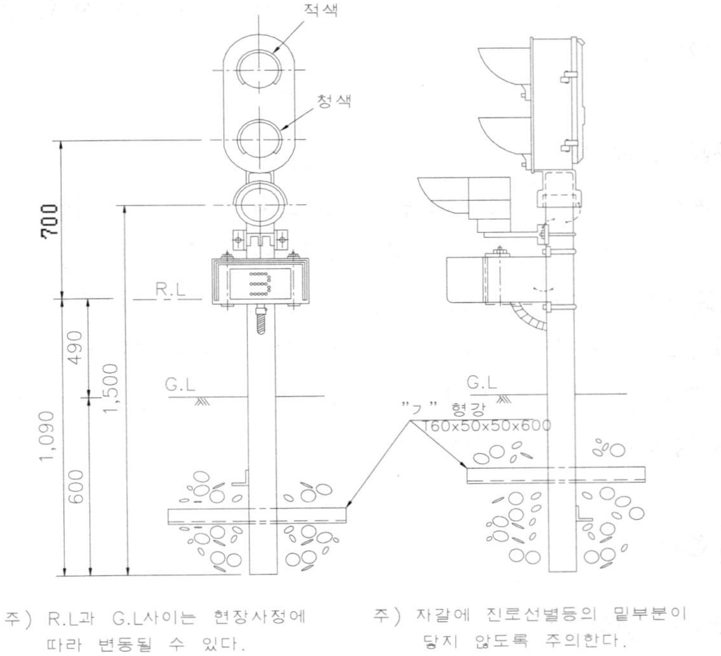

그림 2-16. 입환신호기 설치도

7 입환표지

1) 입환표지 설치기준

① 입환표지는 그 소속하는 선로의 좌측에 설치하는 것으로 한다. 다만, 지형, 기타 특수 사정이 있을 경우에는 예외로 한다.
② ①항에서 규정하는 경우 선로가 2 이상일 경우에는 선로의 배열순으로 각각 따로 설치한다.

③ 입환표지는 색등식과 선로표시식이 있으며 선로표시식의 입환표지는 차량의 인상선군과 입환선군에 대하여 1기로 공용하여 설치하며 선로별 표시등을 포함한다.

2) 입환표지 설치위치

① 입환표지의 설치위치는 동일 선로에서 2 이상의 선로로 분기하는 경우에는 분기기 첨단 끝에서 입환표지까지 12[m] 이상 되도록 설치한다. 다만, 지형 또는 기타의 사정이 있을 경우에는 예외로 한다.

② 2 이상의 선로에서 동일 선로에 진출하는 경우에는 차량접촉한계 내방에 설치한다.

③ 선로표시식 입환표지는 관계되는 인상선군과 입환선군에서 확인할 수 있는 위치에 설치한다.

3) 진로표시기 설치위치

① 입환표지는 동일 선로에서 차량의 입환을 하는 선로가 2 이상으로 분기하는 경우에는 1기로 공용한다. 이 경우에는 진로표시기를 설치한다.

② 입환표지에 부설하는 진로표시기는 입환표지 하위에 설치하며 다음과 같이 한다.
- 차량 도착지점에 따라 해당 선로번호 또는 선로명을 숫자 또는 문자로 표시한다.
- 진로표시기 한 개로 전체 진로를 표시할 수 없을 경우에는 건축한계에 유의하여 병렬로 2기를 설치한다.

8 중계신호기

1) 중계신호기의 설치기준

① 중계신호기는 장내, 출발, 폐색신호기 또는 엄호신호기의 확인거리가 부족할 때 이를 보충하기 위하여 설치한다.

② 중계신호기는 장내신호기 또는 출발신호기가 2기 이상 설치된 경우에는 각각 별개로 설치한다.

2) 중계신호기의 설치위치

① 중계신호기는 주체의 신호기로부터 확인거리를 확보한 지점에 설치한다.

② 반복식 정거장에서 추진 운전하는 열차에 대하는 것은 열차가 정지해야 할 위치의 후방에서 그 중계신호기의 현시를 확인할 수 있는 위치에 설치한다.

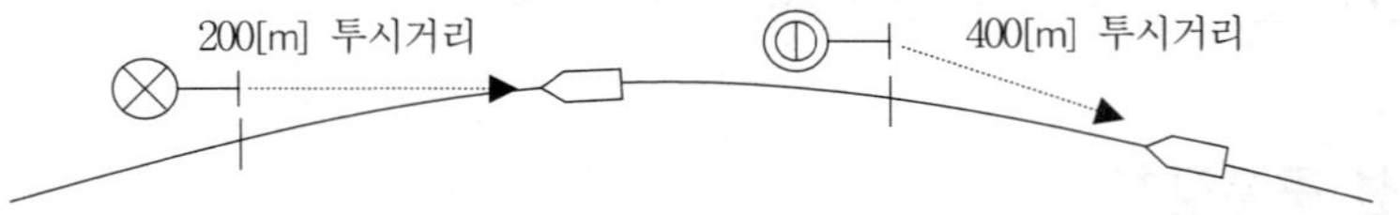

(a) 투시거리가 중단되는 경우 중계신호기 설치위치

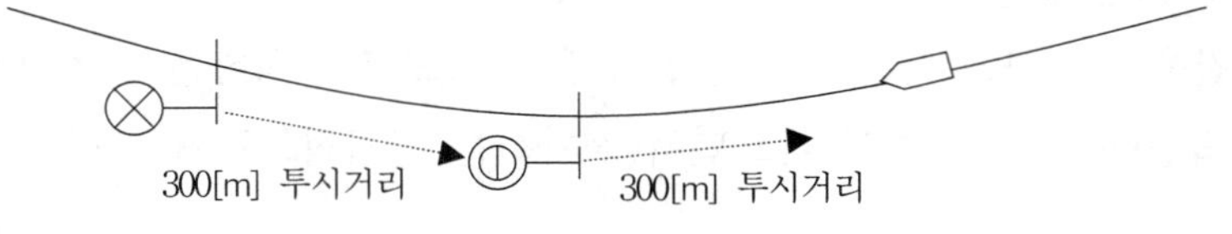

(b) 투시거리가 연속될 경우 중계신호기 설치위치

그림 2-17. 중계신호기 설치위치

9 원방신호기

1) 원방신호기의 설치기준

① 원방신호기는 비자동 구간에 설치된 장내신호기의 확인거리가 부족할 때 이를 보충하기 위하여 설치한다.

② 원방신호기는 장내신호기부터 확인거리를 확보한 지점에 설치한다.

③ 원방신호기는 동일 선로에서 분기하는 열차의 진로에 대하여 장내신호기가 2기 이상 설치되어 있는 경우 1기로 공용할 수 없다. 다만, 진로표시기를 설치한 경우에는 예외로 한다.

2) 원방신호기의 설치위치

원방신호기는 장내신호기의 외방 400[m] 이상의 지점에 설치한다.

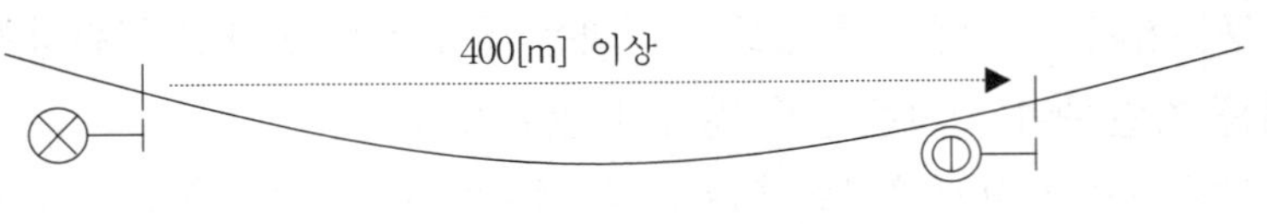

그림 2-18. 원방신호기 설치위치

2.1.4 신호기와 전차선 구분장치와의 관계

1 전차선 구분장치

전차선 구분장치는 전차선의 급전계통을 구분하여 전차선의 일부분에 사고가 발생하는 경우 또는 일상의 보수 작업을 위하여 정전 작업의 필요가 있을 경우 등에 급전정지 구간을 한정하고 다른 구간의 열차 운전 확보를 목적하는 한 설비이다. 팬터그래프의 습동에 지장을 주지 않으면서 전차선을 전기적으로 구분하는 장치이다.

1) 구분장치 설치시 고려사항

① 운전보안 확보, 선로운용, 급전계통 운용 및 보수를 고려하여 설치할 것
② 팬터그래프의 섹션오버에 의한 사고를 방지하기 위해 신호기 위치와의 관계를 고려할 것
③ 섹션 직하에서 팬터그래프가 정지하는 것을 피할 것
④ 상구배, 역 발차지점 부근 등의 역행 구간을 피할 것
⑤ 보수측면에서 작업구간 설정이 쉽도록 곡선, 터널, 교량 위 등을 피할 것

2) 구분장치 설치개소

① 전기차 운전계통에 대응하여 상·하선별 또는 방향별로 구분한다.
② 큰 역구내와 차량기지는 본선구간으로부터 분리하여 계통을 구분한다.
③ 차량기지와 검수고선으로부터 분리하여 계통을 구분한다.
④ 변전소 및 구분소 앞에 설치하며 선로 곡선반경 R = 800[m] 이상, 구배 5[‰] 이하 개소에 설치한다.
⑤ 보호 계전기의 사고 검출 능력에 상응하도록 구분한다.

2 신호기와 전차선 구분장치와의 관계

전차선 구분장치 부근에 신호기를 설치하는 경우에는 전차선 구분장치와 신호기와의 관계를 감안하여 열차운전에 지장이 없어야 한다.

신호기와 전차선 구분장치의 위치가 부적당할 경우 신호기의 정지현시에 의하여 정차한 전기차의 팬터그래프가 섹션 위치에서 정차하게 되면 전기차의 기동 불능 등으로 열차 운전에 지장을 초래하게 된다.

또 정전 작업 또는 사고 복구 작업의 경우 전기차의 팬터그래프가 섹션 위치에 걸쳐 단락되면 전차선의 단선, 용손사고 또는 보수원의 감전사고가 발생한다. 따라서 해당 구간으로 진입하는 전기차를 섹션 전방에서 정차시킬 필요가 있을 경우와 그 설치위치에 전기차가 정차할 가능성이 없는 곳에 설치하여야 한다.

전철 구간에 신호기를 설치하는 경우 전차선 구분장치와의 관계는 다음과 같다.

① 복선구간에서 장내신호기 부근에 설치하는 구분장치는 장내신호기와 일치시키든지 또는 그 내방으로 한다.

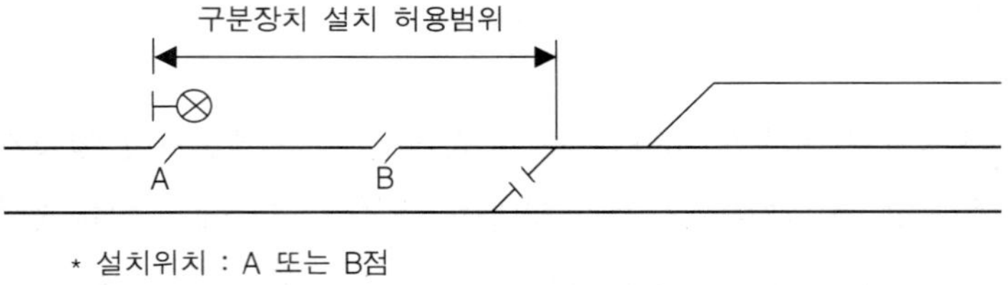

그림 2-19. 복선구간 장내신호기 부근의 구분장치

② 복선구간에서 출발신호기 부근에 설치하는 구분장치는 입환에 사용하는 최외방 선로전환기에서 인상열차 길이에 50[m] 더한 길이 이상의 외방에 설치한다.

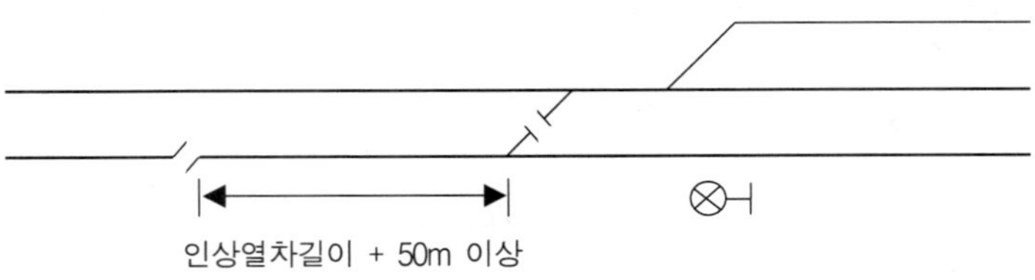

그림 2-20. 복선구간 출발신호기 부근의 구분장치(1)

③ 앞의 각 항의 거리를 정한 경우 구분장치와 그 전방의 폐색신호기까지의 거리가 열차길이 + 50[m] 이하일 때는 폐색신호기의 내방에 설치한다.

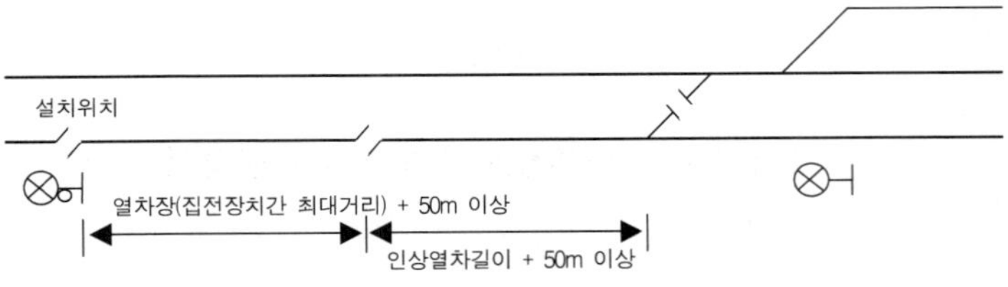

그림 2-21. 복선구간 출발신호기 부근의 구분장치(2)

④ 단선구간에서 장내신호기 부근에 설치하는 구분장치는 장내신호기의 외방에 열차길이 + 50[m] 이상 이격하여 설치한다.

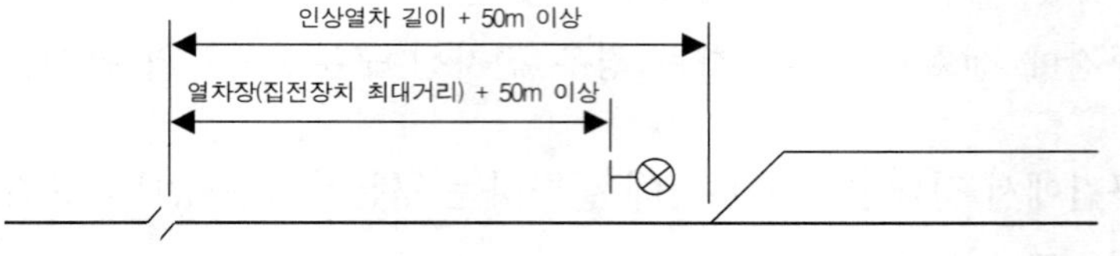

그림 2-22. 단선구간 장내신호기 부근의 구분장치

⑤ 역간의 구분장치(변전소, 구분장소를 포함)는 폐색신호기와 일치시킨다. 다만 단선구간에서 상, 하 폐색신호기의 외방이 중복할 경우에는 반대 방향의 신호기 어느 것에도 열차길이에 50[m] 이상 이격한 외방에 설치한다.

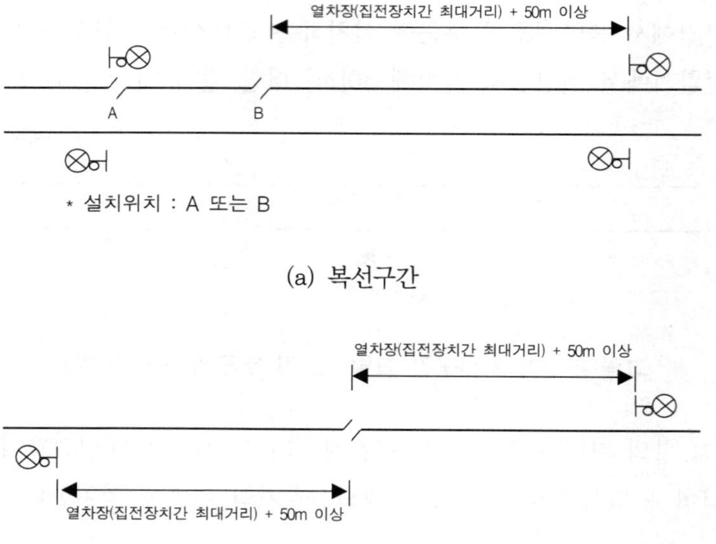

(a) 복선구간

(b) 단선구간

그림 2-23. 폐색신호기 부근의 구분장치

2.2 전호

전호(sign)는 모양·색 또는 소리 등으로 관계직원 상호간에 의사를 표시하는 것을 말하며 다음과 같은 여러 가지의 전호가 있다.

1 출발전호

출발전호는 정거장에서 열차를 출발시키는 경우 역장 또는 차장은 지정된 방식에 따라 출발지시 전호를 해야 한다.

2 대용 수신호 현시전호

대용 수신호 현시전호는 상치신호기의 고장 등으로 이에 대용하는 수신호를 현시할 경우에 사용하는 것이다.

3 입환전호

입환전호는 정거장에서 차량을 입환할 때 수전호 또는 전호기에 의하여 행하는 방식이다.

4 전철전호

전철전호는 선로전환기의 개통 상태를 관계자에게 알려야 할 필요가 있을 경우에 사용하는 것이다.

5 비상전호

비상전호는 위험이 절박하여 열차 또는 차량을 신속히 정차시킬 필요가 있을 때 기관사 또는 차장에게 사용하는 전호이다.

6 추진운전전호

추진운전전호는 열차를 추진으로 운전하는 경우 차장이 열차의 맨 앞에 승무하여 기관사에게 사용하는 전호이다.

7 제동시험전호

제동시험전호는 열차의 조성 또는 분리·연결 등으로 제동기를 시험할 경우에 사용하는 전호이다.

8 이동금지전호

이동금지전호는 차량의 검사 또는 수선 등의 경우에 차량의 이동을 금지하는 전호이다.

9 기적전호

기적전호는 기관차, 동차 등의 기적소리에 의하여 시행하는 전호이다.

2.3 표지

표지(indicator, market)는 모양 또는 색 등으로 물체의 위치·방향·조건 등을 표시하는 것을 말하며 다음과 같은 여러 가지의 표지가 있다.

1 자동식별표지

자동식별표지(automatic discrimination indicator)는 자동폐색구간의 폐색신호기 신호등 아래에 설치하여 폐색신호기가 정지신호를 현시하더라도 일단 정차한 다음 15[km/h] 이하의 속도로 폐색구간을 운행하여도 좋다는 것을 표시한 것으로서 고휘도 반사재를 사용한 백색 원판의 중앙에 폐색신호기의 번호를 표시한 것이다.

자동식별표지에 번호를 부여하는 것은 역과 역 사이에 많은 폐색신호기가 있기 때문에 이를 식별하기 위하여 도착역의 장내신호기 다음 폐색신호기부터 순차적으로 번호를 부여하고 있다.

2 서행허용표지

서행허용표지(slow speed permissive indicator)는 1,000분의 10 이상의 급한 상구배, 그 밖에 특히 필요하다고 인정되는 지점에 위치한 자동폐색 신호기주에 설치한 것으로서 백색 테두리를 한 짙은 남색의 고휘도 반사재 원판 중앙에 백색으로 폐색신호기의 번호를 표시한 것이다.

또 폐색신호기의 정지현시에 따라 열차가 정지하였을 때 열차의 출발이 어렵다고 인정되는 장소의 폐색신호기에 열차가 일단 정지하지 않아도 좋다는 것을 표시한 것이다.

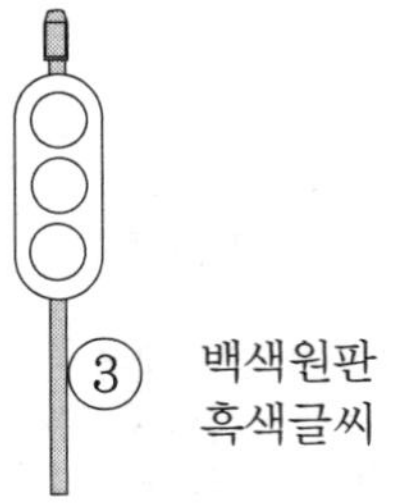

(a) 자동식별표지

(b) 서행허용표지

그림 2-24. 자동식별표지와 서행허용표지

3 출발신호기 반응표지

출발신호기 반응표지(starting signal react indicator)는 승강장에서 역장, 차장 또는 기관사가 출발신호를 확인할 수 없는 정거장에 설치하는 것으로서 3개의 백색등을 45° 사선으로 점등하여 출발신호를 표시하기도 하고 유백색 단등형을 설치하여 사용하기도 한다.

출발신호기가 정지신호를 현시하고 있을 때는 소등되어 있고 진행신호를 현시하였을 때는 점등되어 출발신호기의 현시를 알려준다.

그림 2-25. 출발신호기 반응표지(차장 확인용)

4 상치신호기 식별표지

상치신호기 식별표지(fixed signal identification indicator)는 동종의 상치신호기가 2개 이상 설치되어 있는 장소에서 신호오인 우려개소의 상치신호기에 사용하는 표지로서 자호식등 또는 자호식 야광도료판으로 상치신호기등 하단 1[m] 지점을 기준으로 설치하여 열차에서 확인이 용이하도록 한다.

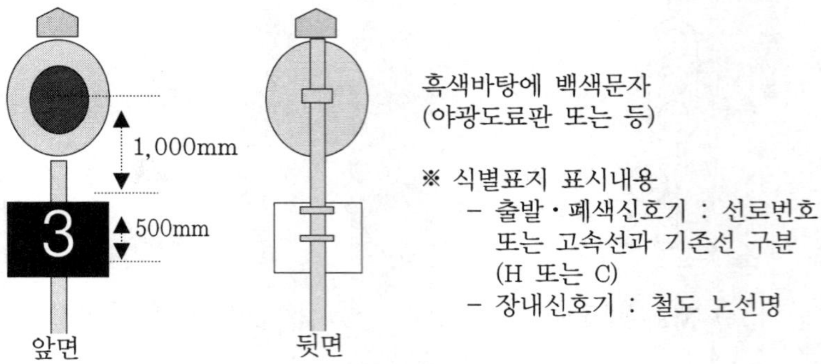

그림 2-26. 상치신호기 식별표지

5 입환표지

표 2-9. 입환표지 및 선로별 표시등 표시방식

종 류		진로개통 안된 때	진로개통 된 때
입환표지	단등식	 적색등 점등	 청색등 점등
	다등식	 적색등 점등	 청색등 점등
선로별 표시등		 소등	 백색등 1개 점등

입환표지(shunting indicator)는 차량의 입환을 하는 선로의 개통 상태를 표시할 필요가 있는 경우에 사용하는 것으로 입환표지에 진행신호가 현시되어도 반드시 수송원의 진행유도가 있어야만 입환표지 안쪽으로 운행이 가능하며 표시방식은 표 2-9와 같다.

6 선로전환기표지

선로전환기표지(switch stand)는 기계식 선로전환기에 설치하여 정위・반위의 개통 방향을 먼 거리에서 확인하기 용이하도록 설치하는 표지로서 본선에는 대형을 측선에는 중형 또는 소형을 설치한다.

표 2-10. 기계식 선로전환기 및 전기연동장치 중 수동전환식 선로전환기 표지

주야간	정 위	모 양	반 위	모 양
주간	앞면 및 뒷면의 중앙에 백색선 1선을 가로로 그린 청색 원판	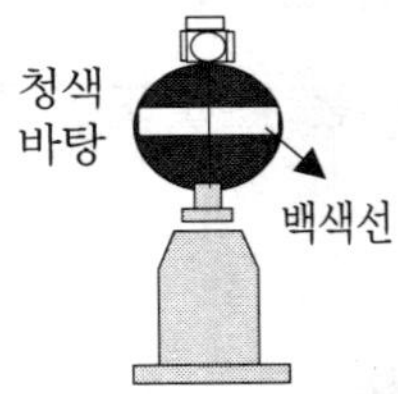	앞면 및 뒷면의 중앙에 흑색선 1선을 V자형으로 그린 화살깃 형의 등황색판	
야간	앞면 및 뒷면에 청색등	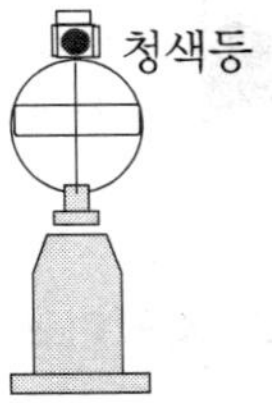	앞면 및 뒷면에 등황색등	

7 차량정지표지

차량정지표지(car stop indicator)는 정거장에서 입환전호를 생략하고 입환차량을 운전하는 경우 운전구간의 끝 지점을 표시할 필요가 있는 지점 또는 상시 입환차량의 정지위치를 표시할 필요가 있는 지점에 설치하는 표지이다.

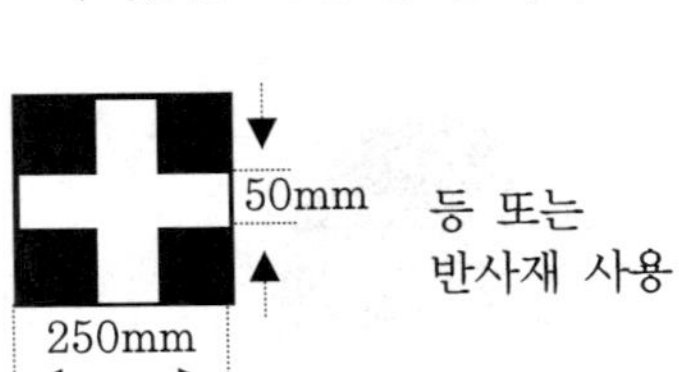

그림 2-27. 차량정지표지

8 열차정지표지

열차정지표지(train stop indicator)는 정거장에서 항상 열차의 정차할 한계를 표시할 필요가 있는 지점에 설치하며 그 선로에 도착하는 열차는 열차정지표지 설치지점을 지나서 정차할 수 없다.

그림 2-28. 열차정지표지

9 차막이(차지)표지

차막이표지(car protection market)는 본선 또는 주요한 측선의 끝 지점에 있는 차막이에 설치하는 표지이다.

그림 2-29. 차막이표지

10 차량접촉한계표지

차량접촉한계표지(car limit post)는 선로가 분기 또는 교차하는 지점에 선로상의 차량이 인접 선로를 운전하는 차량을 지장하지 않는 한계를 표시하기 위하여 설치하는 표지이다.

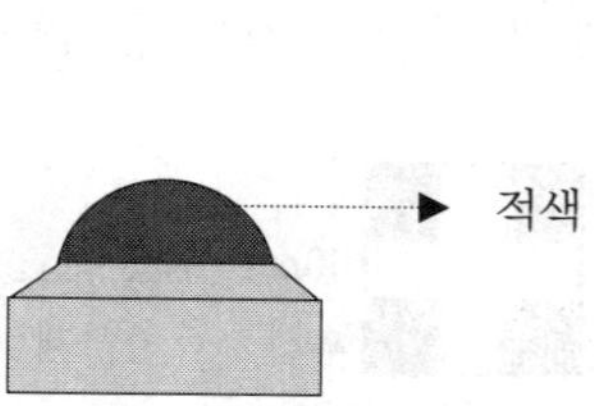

그림 2-30. 차량접촉한계표지

11 속도제한표지

속도제한표지(speed limit post)는 선로의 속도제한을 할 필요가 있는 구역에 설치하는 표지이다.

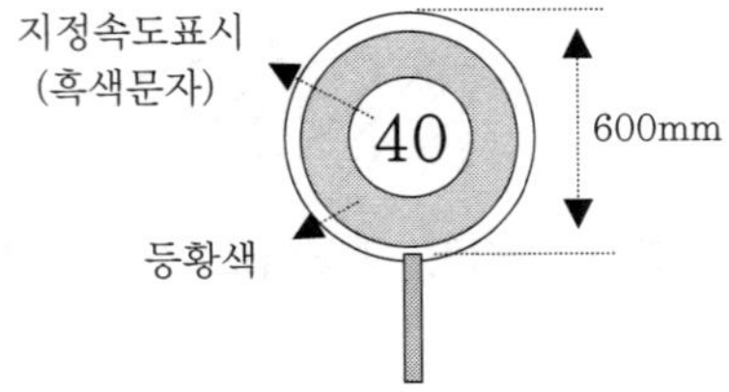

그림 2-31. 속도제한표지

12 기적표지

기적표지(whistle post)는 건널목 · 터널 · 교량 · 깍기 비탈 및 곡선 등으로 전도인식이 곤란한 지점에서 특히 기적을 울릴 필요가 있는 지점에 설치하는 표지이다.

(a) 기적표지　(b) 기적제한표지　(c) 기적제한해제표지

그림 2-32. 기적표지

13 궤도회로 경계표지

궤도회로 경계표지(track circuit boundary post)는 원격제어구간의 자동폐색구간 궤도회로 경계 지점에 운행선로의 좌측에 설치하여 궤도회로의 경계를 표시하는 표지이다.

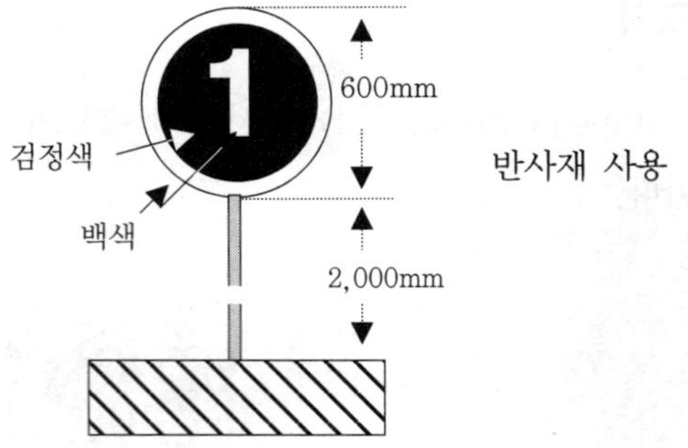

그림 2-33. 궤도회로 경계표지

14 전차선 관계표지

1) 가선 종단표지

가선 종단표지(trolley wire terminal indicator)는 전차선로가 끝나는 지점에 설치하여 가공 전차선로가 끝나는 지점을 알려주는 표지이다.

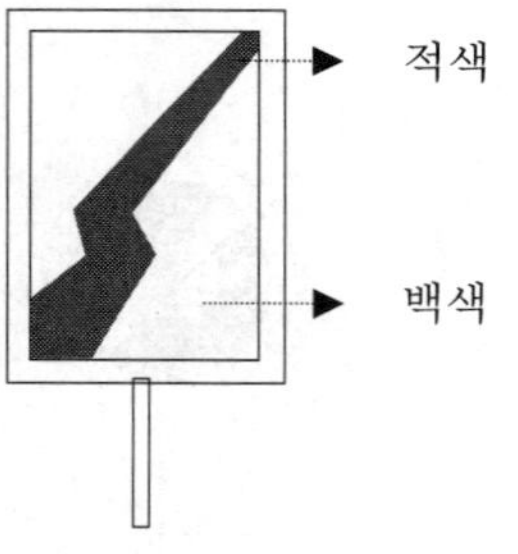

그림 2-34. 가선 종단표지

2) 가선 절연구간표지

가선 절연구간표지(catenary dead-section indicator)는 전차선로의 절연구간을 표시할 필요가 있는 경우 절연구간의 시작지점에 설치하는 표지이다.

(a) 교류용 (b) 교직류용

그림 2-35. 가선 절연구간표지

3) 가선 절연구간 예고표지

가선 절연구간 예고표지(catenary dead-section annunciation indicator)는 가선 절연구간표지 있음을 예고하는 표지로서 가선 절연구간표지 전방 400[m] 이상의 지점에 설치한다.

그림 2-36. 가선 절연구간 예고표지

4) 타행표지

타행표지(coasting post)는 전차선로의 절연구간 전방 150~200[m] 지점에 설치하는 표지로서 교류전원을 사용하는 전차선로의 사이에 설치된 절연구간(교·교 절연구간)의 경우에는 100~200[m] 지점에 설치할 수 있는 표지이다.

5) 역행표지

역행표지(power-running post)는 전차선로의 절연구간을 지난 지점에 설치하는 표지로서 전기차를 운전할 때에 역행표지 설치지점부터는 역행운전을 할 수 있다.

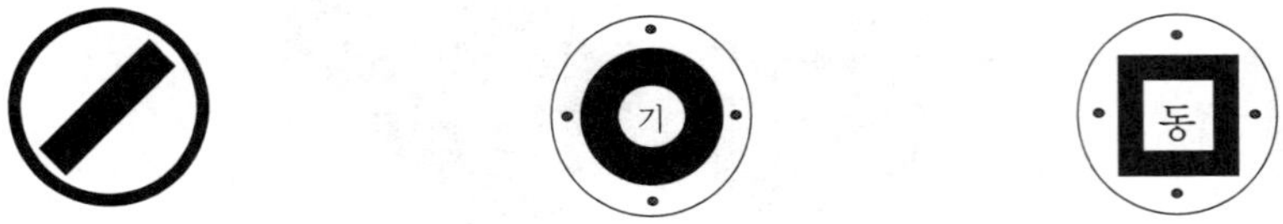

(a) 타행표지 (b) 전기기관차용 역행표지 (c) 전기동차용 역행표지

그림 2-37. 타행표지와 역행표지

6) 전차선 구분표지

전차선 구분표지(pantograph section post)는 급전 구분장치의 시작지점에 설치하는 표지이다.

그림 2-38. 전차선 구분표지

7) 팬터내림예고표지

팬터내림예고표지(pantograph down annunciation indicator)는 전기철도 운행구간에서 보수 작업시 등의 경우 해당지점으로부터 200[m](경부선, 호남선 : 580[m], 고속선 : 1,400[m]) 이상의 지점에 설치하여 전방에 팬터내림표가 있음을 예고하는 표지이다.

8) 팬터내림표지

팬터내림표지(pantograph down indicator)는 전기철도 운행구간에서 보수 작업시 등의 경우 해당지점으로부터 20[m](경부선, 호남선, 고속선 : 200[m]) 이상의 전방에 설치하여 그 구간을 팬터그래프를 내리고 운전할 것을 지시하는 표지이며 팬터내림표 전방 100[m] 지점에 팬터내림보조표지를 설치한다.

9) 팬터올림표지

팬터올림표지는 해당지점으로부터 20[m](전동차 210[m], KTX 500[m]) 이상 후방에 설치하고 팬터그래프를 올리고 운전할 것을 표시한다.

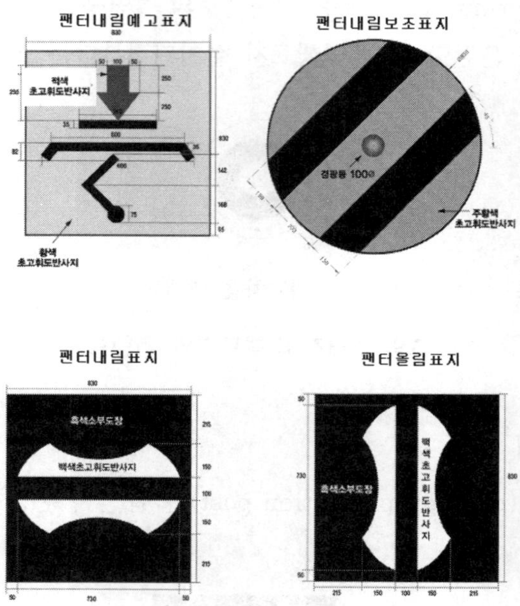

그림 2-39. 팬터내림 및 올림 관련표지류

15 전동차 운행구간의 표지

1) 장내경계표지

장내경계표지는 차내신호 폐색식 시행구간에서 정거장 내로 진입하는 열차에 대하여 장내진로의 경계를 표시하기 위하여 장내진로 시작지점에 설치하는 표지로서 선로 좌측 또는 우측(지하구간의 경우에는 벽면에 설치 가능)에 설치한다.

2) 출발경계표지

출발경계표지는 차내신호 폐색식 시행구간의 정거장 내에서 진출하는 열차에 대하여 출발 진로의 경계를 표시하기 위하여 출발진로 시작지점에 설치하는 표지이다.

3) 폐색경계표지

폐색경계표지는 차내신호 폐색식 시행구간에서 차내신호 폐색구간으로 진입하는 열차에 대하여 폐색구간의 경계를 표시할 경우 폐색구간 시작지점에 설치하는 표지이다.

폐색경계표지는 정거장간 도착역 쪽에서 출발역 쪽으로 향하여 장내경계표지 다음 폐색경계표지를 1호로 하고 이하 순차 다음 번호를 표시하는 것으로 한다.

그림 2-40. 전동차 운행구간의 표지

16 열차제어장치 관계표지

1) ATP · ATS · ATC 경계표지

ATP · ATS · ATC 경계표지는 운행선로 열차제어시스템이 변경되는 구간에 진입하는 열차와 차량에 대하여 그 열차제어시스템 경계지점을 알리는 표지이며 선로 좌측에 설치한다.

2) ATP · ATS · ATC 예고표지

ATP · ATS · ATC 예고표지는 경계표지 전방에서 경계표지 방향으로 운행하는 열차에 대하여 ATP 또는 ATS 예고표지를 경계표지 전방 200[m](연결선 구간 400[m]) 이상 지점 선로 좌측에 설치한다.

(a) ATP · ATS · ATC 경계표지 (b) ATP · ATS · ATC 예고표지

그림 2-41. 열차제어장치 관계표지

17 고속철도 관계표지

1) 고속선과 기존선의 경계표지

고속선과 기존선의 경계를 나타내는 지점에 설치하는 표지이며 기존선 구간에서 고속선 구간으로 진입하는 경계지점에는 고속선 진입표지, 고속선 구간에서 기존선 구간으로 진출하는 경계지점에는 고속선 진출표지를 설치한다.

(a) 고속선 진입표지 (b) 고속선 진출표지

그림 2-42. 고속선과 기존선의 경계표지

2) 폐색경계표지

폐색과 정거장, 폐색과 폐색의 경계를 나타내는 지점에 설치하는 표지이며 정거장 진입 · 진출하기 전 정거장과 정거장 사이 건넘선이 있는 폐색구간을 방호하기 위한 지점에는 절대표지(Np표지), 특수한 시설이 없는 폐색구간을 방호하기 위한 지점에는 허용표지(P표지)를 설치한다.

(a) 절대표지(Np표지)　　(b) 허용표지(P표지)

그림 2-43. 폐색경계표지

3) 고속선 전선표지

고속선 전선표지는 전선작업의 시점 또는 역방향 운전을 시작하는 지점에 설치하는 표지이다.

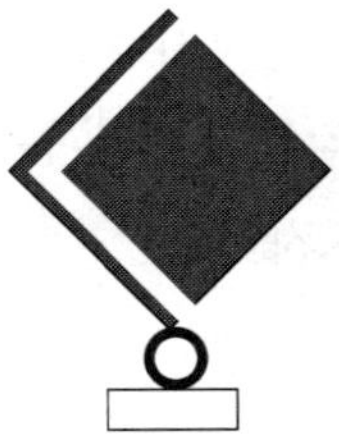

그림 2-44. 고속선 전선표지

4) 끌림물체확인 일단정지 예고표지 및 일단정지표지

끌림물체확인 일단정지 예고표지는 전방에 끌림물체확인 일단정지표지가 있음을 예고하는 표지이며, 끌림물체확인 일단정지표지는 끌림물체검지장치의 동작여부를 확인하기 위해 열차를 일단 정차시킬 지점을 표시하는 표지이다.

(a) 끌림물체확인 일단정지 예고표지　　(b) 끌림물체확인 일단정지표지

그림 2-45. 끌림물체확인 일단정지 예고표지 및 일단정지표지

5) 거리예고표지

거리예고표지는 곡선 등으로 확인거리가 짧은 신호기 또는 표지 앞에 약 100[m] 간격으로 1개 이상 설치하여 거리예고표지와 신호기 또는 표지와의 거리를 표시하는 표지이다.

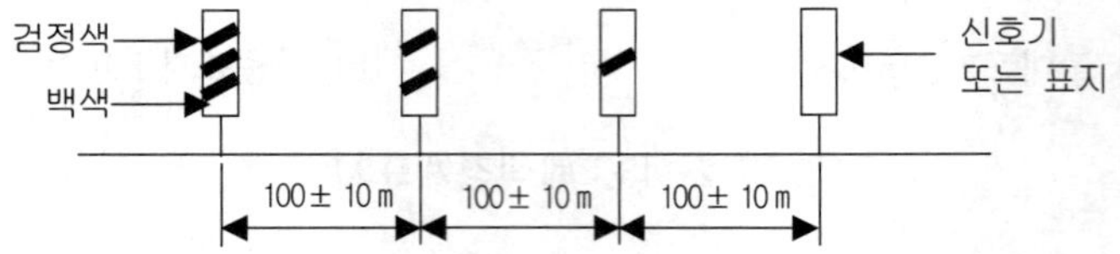

그림 2-46. 거리예고표지

6) 방호스위치표지 및 방호해제스위치표지

방호스위치 표지는 방호스위치의 설치지점을 표시하는 표지이며, 방호해제스위치표지는 지장물검지장치, 끌림물체검지장치의 동작에 의한 정지신호를 해제하는 스위치가 설치된 지점을 표시하는 표지이다.

(a) 방호스위치표지 (b) 방호해제스위치표지

그림 2-47. 방호스위치표지와 방호해제스위치표지

연 / 습 / 문 / 제

1. 철도신호를 정의하고 신호, 전호, 표지에 대하여 설명하시오.
2. 상치신호기의 종류를 들고 이를 설명하시오.
3. 주신호기의 종류와 설치방법 그리고 기능을 설명하시오.
4. 종속신호기의 종류를 들고 설명하시오.
5. 절대신호와 허용신호의 의의를 설명하고 그의 예를 제시하시오.
6. 임시신호기의 종류를 들고 기능을 설명하시오.
7. 특수신호(Special Signal)의 개요와 종류를 열거하고 설명하시오.
8. 신호설비 절체 작업시 수신호등의 설치기준과 설치방법에 대하여 설명하시오.
9. 상치신호기의 설치기준에 대하여 설명하시오.
10. 장내신호기의 설치위치와 설치방법 및 건축한계와의 관계를 설명하시오.
11. 폐색신호기의 설치위치에 대하여 기술하시오.
12. 입환표지의 설치위치에 대하여 설명하시오.
13. 엄호, 유도, 원방, 중계신호기의 설치기준과 설치위치에 대하여 설명하시오.
14. 신호기의 정위와 신호기의 확인거리에 대하여 기술하시오.
15. 전차선 구분장치와 신호기와의 위치에 대하여 설명하시오.
16. 교류전기철도의 구분장치 설치위치 및 고려사항에 대하여 설명하시오.
17. LED 색등신호기에 대하여 개요, 특징, 구성, 주요 기능 및 성능으로 구분하여 설명하시오.

Chapter 3

선로전환기(전철기)장치

3.1 선로 일반

선로란 열차 또는 차량을 운행시키기 위한 전용통로를 말한다. 또, 협의로서 궤도, 노반, 선로 측구 및 이것들을 부대하는 모든 설비만을 가리켜 선로라고도 한다.

3.1.1 선로

1 선로

선로(roadway, permanent)라 하면 차량을 운행하기 위한 궤도(track)와 이를 지지하는 토공, 터널의 노반(roadbed) 또는 인공구조물로 구성된 시설을 말한다. 노반을 조성하는 기준이 되는 면을 시공기면이라 하며 토공구간에서 궤도중심으로부터 한쪽 비탈머리까지의 시공기면의 폭은 열차풍에 대한 유지보수 요원의 안전거리 확보와 안전지대 및 통로 확보를 기준으로 가능한 한 넓게 하는 것이 바람직하나 너무 넓게 하면 용지폭의 증대는 물론 건설비가 증가하고 배수면적이 크게 되어 유리하지 않으며, 옹벽상면이 시공기면과 같을 때는 옹벽의 두께는 별도로 추가하여야 한다.

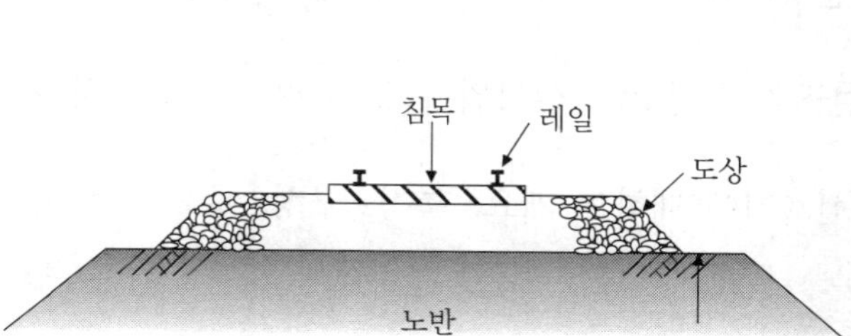

그림 3-1. 선로의 구성

1) 궤도

궤도는 레일 · 침목 및 도상과 이들의 부속품으로 구성되며 그림 3-1과 같이 견고한 노반 위에 도상을 정해진 두께로 포설하고 그 위에 침목을 일정간격으로 부설하여 침목 위에 두 줄의 레일을 소정 간격으로 평행하게 체결한 것으로 시공기면 이하의 노반과 함께 열차하중을 직접 지지하는 중요한 역할을 하는 도상 윗부분을 총칭하여 궤도라고 하며 구비조건은 다음과 같다.

① 열차의 충격하중을 견딜 수 있는 재료로 구성되어야 한다.
② 열차하중을 시공기면 이하의 노반에 광범위하게 균등하게 전달할 것
③ 차량의 동요와 진동이 적고 승차감이 좋게 주행할 수 있을 것
④ 유지보수가 용이하고, 구성재료의 교환이 쉬울 것
⑤ 궤도틀림이 적고, 열화 진행이 완만할 것
⑥ 차량의 원활한 주행과 안전이 확보되고 경제적일 것

(1) 레일

레일은 차량의 하중을 침목과 도상을 통하여 넓게 분포시키면서 차륜이 탈선하지 않도록 하고 신호용 궤도회로의 전류, 전차선 전류의 통로를 형성한다.

레일의 크기는 1[m]당 중량[kg]으로 표시하며 우리나라에서는 주로 37kg, 50kg, 60kg 레일이 사용되고 있으며, 경부 본선용 레일로는 50kgN, 60kg 레일을 주로 사용하고 교량 · 터널 등의 취약구간은 60kg 레일을 기본으로 한다.

레일은 길이에 따라 25[m] 길이의 레일을 정척레일(standard rail)이라 하고, 이보다 짧은 레일은 단척레일(shorter rail), 레일 여러 개를 용접하여 25~200[m]로 만든 것은 장척레일(longer rail), 200[m] 이상 되는 레일을 장대레일(long rail)이라 한다.

레일의 접속부를 이음매(joint)라고 부르는데 이음매는 레일의 보수가 많아지고 차량에 동요를 일으켜 승차감을 해치는 등 궤도의 최대 약점이라 할 수 있어 레일이 길면 길수록 좋겠으나 운반 및 보수 작업상의 제한이나 온도의 높낮이에 따른 신축 등의 이유에 의해 길이를 제한할 수밖에 없다.

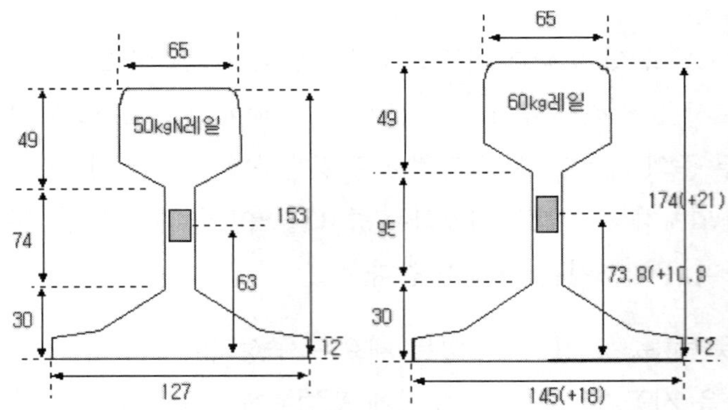

그림 3-2. 레일 단면도

(2) 침목

침목은 레일을 소정위치에 고정시키고 지지하며, 레일을 통하여 전달되는 차량의 하중을 도상에 넓게 분포시키는 역할을 하는 것으로서 구비조건은 다음과 같다.

① 레일과의 견고한 체결에 적당하고 열차하중을 지지할 수 있을 것
② 강인하고 내충격성 완충성이 있을 것
③ 면적이 넓고 동시에 도상 다지기 작업이 편리할 것
④ 도상저항(침목의 종・횡 이동)에 대한 저항이 클 것
⑤ 재료 구입이 용이하고 가격이 저렴할 것
⑥ 취급이 간편하고 내구연한이 길 것

(3) 도상

도상(ballast)은 레일 및 침목으로부터 전달되는 차량 하중을 넓게 분산시키고 침목을 일정한 위치에 고정시키는 기능을 하는 자갈 또는 콘크리트 등의 재료로 구성된 구조 부분을 말하며 그 역할은 다음과 같다.

① 레일 및 침목으로부터 전달되는 하중을 널리 노반에 전달할 것
② 침목을 탄성적으로 지지하고, 충격력을 완화해서 선로의 파괴를 경감시키고 승차감을 좋게 할 것
③ 침목을 소정위치에 고정시키는 경질이고 수평 마찰력(도상저항)이 클 것
④ 궤도틀림 정정 및 침목 갱환작업이 용이하고 재료공급이 용이하며 경제적일 것

2 설계속도

설계속도는 해당 선로를 설계할 때 기준이 되는 상한속도를 말하며 초기 건설비가 급격히 늘어나지 않는 범위 내에서 가급적 높게 결정하는 방안이 바람직하며 이는 타 교통수단과의 경쟁에서도 유리한 점이 있다. 설계속도를 결정하기 위한 정책 결정 과정은 다음과 같은 단계를 거칠 수 있다.

① 여객 및 화물에 대한 교통수요 분석을 실시하여 속도수준과 수송수요와의 관계, 즉 속도별 여객 및 화물수요의 변화추이 등을 고려한다.
② 속도 수준별 비용분석을 실시하며 보상비를 포함한 초기 건설비용, 운영비 및 차량구입비 등을 구분하여 산정한다. 이때, 설계속도와 관련있는 선형 요소는 평면 및 종단 선형, 궤도의 중심간격 및 시공기면의 폭 등을 포함하며 이외에도 구조물, 궤도 및 전차선 등의 관련 사항을 종합적으로 고려하여야 한다.

3 궤간

궤간이란 레일의 윗면으로부터 14[mm] 아래 지점에서 양쪽 레일 안쪽간의 가장 짧은 거리를 말하며, 세계 각국 철도에서 제일 많이 사용되고 있는 궤간은 1,435[mm]로서 이것을 표준궤간(standard gauge)이라 하고 이보다 좁은 것을 협궤(narrow gauge), 넓은 것을 광궤(broad gauge)라 한다. 실제 궤간은 표준궤간에 슬랙과 공차를 고려한 범위 내에 있어야 한다.

3.1.2 곡선

1 곡선반경

철도선로는 가능하면 직선으로 계획하여야 하나 지형과 각종 지장물 등으로 인해 방향이 전환되는 지점에서 곡선을 삽입하여야 한다. 곡선은 보통 원곡선을 사용하며 일반적으로 곡선반경 R로 표시한다. 곡선반경은 향후 속도상승, 운전 및 선로 보수 측면을 고려하여 선형 제약조건이 허락하는 범위에서 가능한 한 크게 한다.

선로의 곡선반경은 열차의 속도와 균형캔트에 따라 다음 식으로 구한다.

$$R = 11.8 \frac{V^2}{C_{eq}} \tag{3-1}$$

여기서, C_{eq} : 설정캔트[mm]

V : 열차최고속도[km/h]

R : 곡선반경[m]

일반적으로 곡선부에서 통과열차의 속도와 선로상태가 일정하지 않으므로, 고속 및 저속열차에 대한 불균형과 승객의 승차감, 그리고 현장 실정을 고려하여 최대운행속도(V_{max})에 대해 균형캔트(C_{eq}) 이하로 조정하여 캔트를 설정한다. 따라서 최대운행속도(V_{max})와 곡선반경(R)은 일반적으로 식 (3-2)와 같이 설정캔트(C)와 부족캔트(C_d)로 나타낼 수 있으며, 최소운행속도(V_{min})와 곡선반경은 식 (3-3)과 같이 설정캔트(C)와 초과캔트(C_e)로 정의할 수 있다.

$$R = \frac{11.8\,V_{max}^2}{C + C_d} \tag{3-2}$$

$$R = \frac{11.8\,V_{min}^2}{C - C_e} \tag{3-3}$$

그러므로 곡선반경은 열차의 운행속도와 설정캔트(C), 부족캔트(C_d) 및 초과캔트(C_e)의 한계값에 따라 다음과 같은 관계식이 만족되도록 결정된다.

$$\frac{11.8\,V_{max}^2}{C + C_d} \le R \le \frac{11.8\,V_{min}^2}{C - C_e} \tag{3-4}$$

2 완화곡선

열차가 직선으로부터 원곡선으로 이어지거나 서로 다른 반경의 곡선이 이어질 때에는 캔트의 차이가 발생하게 되므로 이를 제거하여 열차가 안전하고 원활하게 통과되게 하기 위하여 캔트를 점차 줄여주어야 한다.

이와 같은 구간에서 부족캔트가 있을 경우 불평형 횡가속도의 값이 급격히 변화하게 되어 승차감을 현저히 저하시키고 탈선의 위험을 가져오게 되므로 곡률이 서서히 변화하는 특별한 곡선을 삽입하여야 한다. 이러한 곡선을 완화곡선(transition curve)이라 한다.

완화곡선은 직선과 원곡선의 교점에서 곡선반경이 무한대(∞)에서 해당 원곡선의 반경까지 변화하게 되며, 완화곡선의 종류로는 3차 포물선(cubic parabola), 클로소이드(clothoid) 곡선, S형 곡선, Bloss형 곡선, 코사인 곡선, 사인반파장 곡선 등 다양한데 그 기본이 되는 것은 시공성 및 유지보수성을 고려하여 3차 포물선으로 곡률을 0에서부터 $1/R$ 까지 직선으로 변화시키는 방법이다.

아울러 완화곡선에서는 슬랙도 캔트와 동일한 방법으로 체감되어야 한다. 그림 3-3은 완화곡선의 개념 및 완화곡선들 중에서 3차 포물선을 예로 나타낸 것이다.

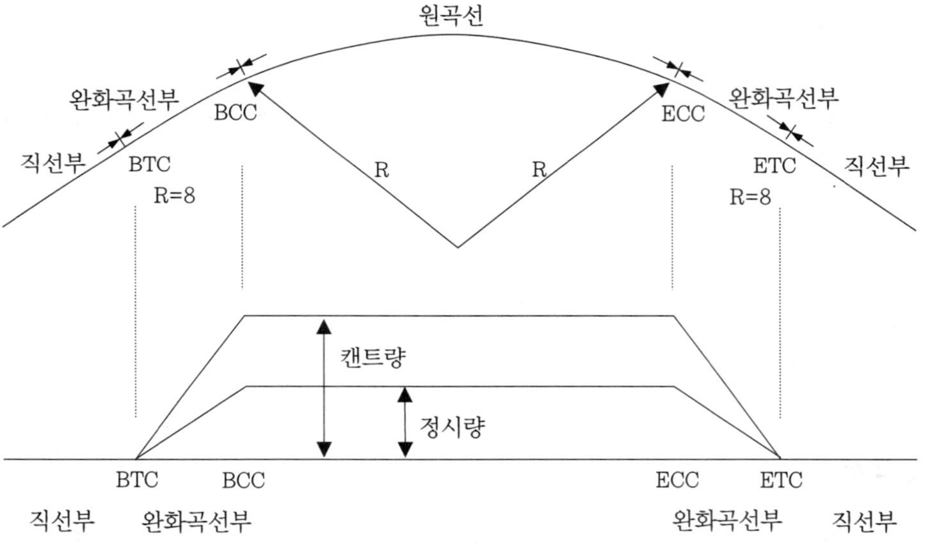

그림 3-3. 완화곡선의 개념

3 직선 및 원곡선의 최소길이

급격한 직선과 곡선의 연결은 승차감이 저하된다. 특히 횡방향 불평형 가속도 변화에 의해 열차의 좌우 움직임을 일으키는 가진진동수와 차량의 고유진동수와 일치하게 되면 공진에 의해 열차의 동요가 커지고 승차감이 급격히 저하된다. 따라서 열차의 좌우 움직임을 일으키는 가진진동수가 차량의 고유진동수보다 작도록 원곡선과 직선의 최소길이를 설정해야 한다.

$$f = \frac{1}{T} = \frac{V_{max}}{3.6\,L} < f_n = \frac{1}{T_n} \tag{3-5}$$

여기서, f, T : 열차의 좌우 움직임을 일으키는 가진진동수[Hz]와 가진주기[sec]

f_n, T_n : 차량의 고유진동수[Hz]와 진동주기[sec]

V_{max} : 최대운행속도[km/h]

L : 원곡선 또는 직선구간의 길이[m]

따라서 원곡선 또는 직선의 최소길이는 다음과 같이 주어진다.

$$L > T_n \frac{V_{max}}{3.6} \tag{3-6}$$

차량의 고유주기를 다소 여유있게 보아 1.8초로 적용하였을 때 직선 및 원곡선의 최소길이는 다음 식과 같다.

$$L = 0.5\,V \tag{3-7}$$

여기서, L : 직선 및 원곡선의 최소길이[m]

V : 설계속도[km/h]

4 종곡선

선로 기울기의 변화점에서는 그 점에서 통과열차에 충동을 주어 승차감을 불쾌하게 할뿐더러 열차 좌굴현상으로 차량탈선의 우려가 있으므로 그림 3-4의 점선과 같은 종곡선을 삽입하여 열차운행의 원활과 안전을 기한다.

선로의 기울기 변화가 크면, 차량의 연직방향 가속도가 증가되어 승차감을 악화시키며, 윤중의 감소에 의하여 탈선을 초래할 우려가 있다. 또한 차량의 상하방향 동요에 의한 변위로 인하여 건축한계와 차량한계의 확보에 영향을 줄 수 있다. 뿐만 아니라 차량의 전후방향으로 인장력과 압축력이 크게 발생되어 연결기의 파손위험이 발생할 수 있으므로 이러한 악영향을 완화시키기 위하여 기울기의 변화점에 종곡선을 설치한다.

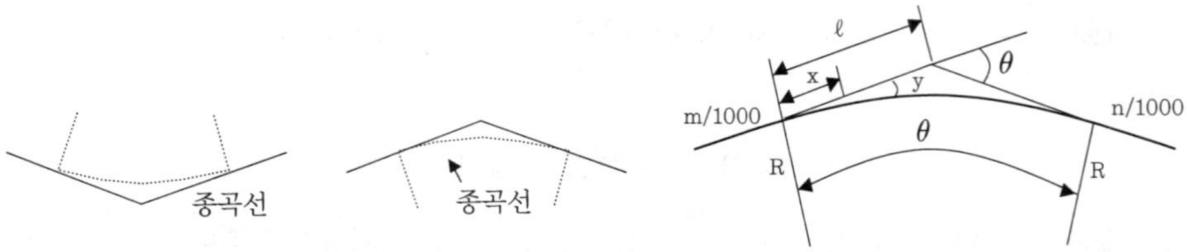

그림 3-4. 종곡선

3.1.3 선로의 기울기(구배)

선로의 기울기는 구배(grade)라고도 하며 선로의 종방향 선형에 있어서의 높이 변화를 의미하는 것으로 일정구간을 기준으로 시점부보다 종점부의 위치가 높을 경우에는 상향 기울기(상구배)로, 시점부보다 종점부의 위치가 낮을 경우에는 하향 기울기(하구배)로 정의한다.

선로의 기울기는 최소 곡선반경보다도 수송력에 직접적인 영향을 줌으로 가능한 한 수평에 가깝도록 하는 것이 좋으나 수평으로 하면 큰 토공과 장대터널을 필요로 하게 되어 건설비가 많이 소요된다. 우리나라에서는 수평거리 1,000에 대한 고저차로 천분율[‰]을 사용하고 10/1,000 또는 10[‰]로 표기한다.

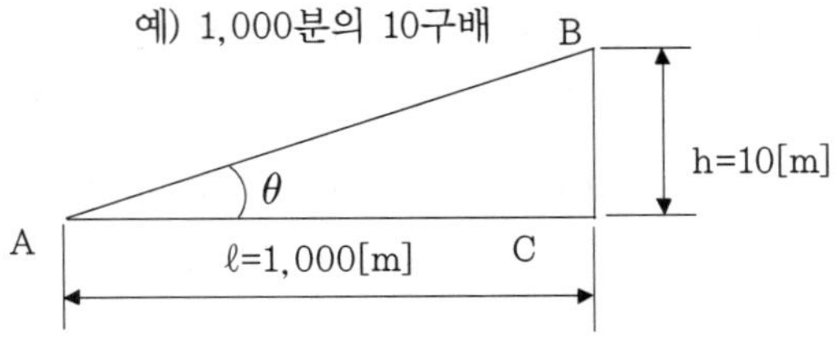

※ AB 양지점의 고저차를 거리차로 나눈 값의 천분율 = 10/1,000 × 1,000 = 10[‰]

그림 3-5. 선로의 기울기(구배)

1) 선로의 기울기 산정

① 본선의 기울기는 설계속도에 따라 다음 표 3-1의 값 이하로 한다.

표 3-1. 본선의 기울기

설계속도 V(킬로미터/시간)		최대 기울기(천분율)
여객전용선	$250 < V \leq 350$	35(1),(2)
여객화물 혼용선	$200 < V \leq 250$	25
	$150 < V \leq 200$	10
	$120 < V \leq 150$	12.5
	$70 < V \leq 120$	15
	$V \leq 70$	25
전기동차전용선		35

② 본선의 기울기 중에 곡선이 있을 경우에는 본선의 기울기에서 식 (3-8)에 의하여 산출된 환산기울기 값을 뺀 기울기 이하로 한다.

$$G_c = \frac{700}{R} \tag{3-8}$$

여기서, G_c : 환산기울기[‰]

R : 곡선반경[m]

③ 정거장의 승강장 구간의 본선 및 그 외의 열차 정차 구간 내에서의 선로의 기울기는 2[‰]이하로 한다. 다만, 열차의 분리 또는 연결을 하지 않는 본선으로 전기동차 전용선인 경우에는 10[‰]까지, 그 외의 선로인 경우에는 8[‰]까지 할 수 있으며, 열차를 유치하지 아니하는 측선은 35[‰]까지 할 수 있다.

④ 종곡선간 직선선로의 최소길이는 설계속도에 따라 다음 값 이상으로 한다.

$$L = 1.5V/3.6 \tag{3-9}$$

여기서, L : 종곡선 간 같은 기울기의 선로길이[m]

V : 설계속도[km/h]

2) 선로의 기울기 종류

① **최급 기울기**

열차 운전 구간 중 가장 몰매 심한 선로의 기울기

② **제한 기울기**

기관차의 견인정수를 제한하는 선로의 기울기이며 반드시 최급 기울기와 일치하는 것은 아니다.

③ **타력 기울기**

제한 기울기보다 심한 기울기라도 그 연장이 짧은 경우에는 열차의 타력에 의하여 이 선로의 기울기를 통과할 수가 있다.

④ **표준 기울기**

열차운전 계획상 정거장 사이마다 조정된 선로의 기울기로서 역간에 임의・지점 간의 거리 1[km]의 연장 중 가장 급한 선로의 기울기로 조정된다.

⑤ **가상 기울기**

선로의 기울기에서 운전하는 열차의 베로시티 헤드(velocity head)의 변화를 선로의 기울기로 환산하여 실제의 선로의 기울기에 대수적으로 가산한 것을 말하며 열차운전・시분에 적용된다.

3.1.4 슬랙과 캔트

1 슬랙

차량이 곡선을 통과하는 경우 차량이 안전하고 원활하게 주행하기 위해서는 차축이 곡선의 중심을 향하고 있는 것이 바람직하다. 그러나 곡선부에 차량이 주행할 때는 차량의 차축 중에 2축 또는 3개의 차축이 대차에 강결되어 고정된 프레임으로 구성되어 있다.

따라서 이 차량이 곡선을 통과할 경우는 전후 차축의 위치이동이 불가능할 뿐 아니라 플랜지(flange)가 있어 원활한 통과가 어렵고 차축의 한쪽 또는 양쪽 모두가 궤도 진행방향과 직각이 될 수 없다. 차륜은 레일과 어떤 각도로 접촉하면서 진행하게 되는데 차축의 간격이 클수록 차륜이 레일에 닿는 각도가 크게 된다. 만약 각도가 크게 되면 원활한 주행이 어렵게 되며 그 결과 차량의 동요, 횡압이 증대하며 보수 측면에 있어서도 궤간 및 줄 틀림의 증가와 레일마모에도 영향을 주게 된다.

이러한 영향을 최소화하기 위해서는 곡선부에서는 곡선반경의 대소에 따라서 궤간을 확대하여야 한다. 이와 같이 차량이 곡선구간의 선로를 원활하게 통과하도록 바깥쪽 레일을 기준으로 궤간을 넓히는 것을 슬랙(slack)이라 하고, 이 넓히는 량을 슬랙량이라고 한다.

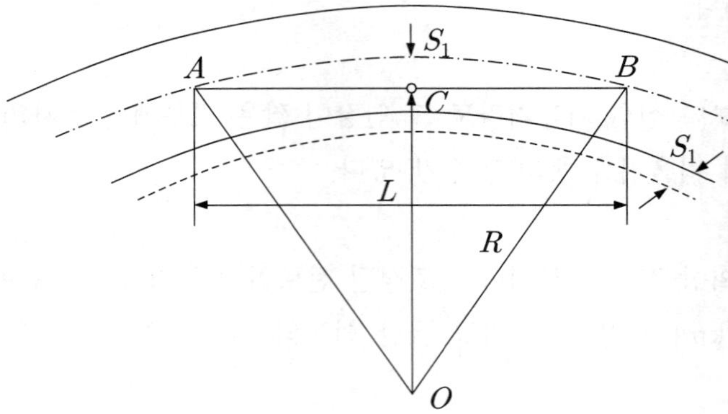

그림 3-6. 슬랙의 산정

위 그림에서 A, B는 고정축거의 중심점, C, L, R, S_1은 현의 중심점, 고정축거[m], 곡선반경[m] 및 편의(偏倚)량이다. 위 그림에서 차량중심과 선로중심과의 최대 편의는 A, B 점의 중앙인 C점에서 발생한다. 이 편의량을 S_1이라 하면,

$$\overline{AC}^2 = \overline{AO}^2 - \overline{CO}^2 \tag{3-10}$$

여기서, $\overline{AC} = \frac{L}{2}$, $\overline{AO} = R$, $\overline{CO} = (R - S_1)$을 대입하면,

$$\left(\frac{L}{2}\right)^2 = R^2 - (R - S_1)^2 , \quad \frac{L^2}{4} = 2RS_1 - (S_1)^2$$

이다. 또한 S_1^2은 RS_1에 비하여 매우 작으므로 무시할 수 있다. 그러므로

$$S_1 = \frac{L^2}{8R} \tag{3-11}$$

이다. 위 식은 이론적으로 구한 슬랙량이다. 3축차인 경우에는 고정축거 사이의 최

대편의는 $\overline{AB}$의 중앙에서 생기지 않고, $\overline{AB}$의 3/4 위치에서 생긴다고 가정하여 고정축거를 길게하여 슬랙량을 구할 수 있다. 슬랙량 산출식에서 고정축거를 디젤기관차 7000대를 기준하여 3.75[m]로 정하였는데, 곡선부를 열차가 주행할 경우에 차륜과 레일의 접촉점이 차륜의 플렌지에 의해 앞 축에서는 좀 더 앞에, 뒤 축에서는 좀 더 뒤에 접촉점이 생기는 것을 고려하여 축거에 0.6[m]를 연장하여 계산하고 고정축거 $L = 3.75[\mathrm{m}] + 0.6[\mathrm{m}] = 4.35[\mathrm{m}]$로 하여 위 식에 대입하면,

$$S_1 = \frac{L^2}{8R} = \frac{4.35^2}{8R} = \frac{2.365}{R}[\mathrm{m}]$$

$$\fallingdotseq \frac{2,400}{R}[\mathrm{mm}] \qquad (3-12)$$

이다, 따라서, 슬랙량의 기본공식은 현장실정을 고려하여 다음과 같이 선정된다.

$$S = \frac{2,400}{R} - S' \qquad (3-13)$$

여기서, S : 슬랙[mm]
R : 곡선반경[m]
S' : 조정치

2 캔트

열차가 곡선을 통과하는 경우 열차에서 발생하는 원심력이 곡선외측으로 작용하기 때문에 다음과 같은 현상이 발생한다.

① 승객의 몸이 곡선외측으로 쏠림에 따른 승차감 저하
② 외측 레일에 열차의 중량과 횡압 증가에 따른 궤도의 보수량 증가
③ 곡선외측으로 열차의 전복 위험 증가

이러한 원심력에 의한 악영향을 방지하기 위하여 차량이 곡선구간을 원활하게 운행할 수 있도록 안쪽 레일을 기준으로 바깥쪽 레일을 높게 부설하는 것을 캔트(cant)라고 하며, 높여 주는 량을 캔트량이라 한다.

1) 균형캔트

캔트는 선로의 곡선반경과 곡선구간을 주행하는 열차의 속도에 따라 정해진다. 열차가 반경 R[m]의 곡선을 속도 V[km/h]로 통과하는 경우 궤도면이 캔트 C만큼 기울어져 있다고 하면 열차중심에 작용하는 곡선외측으로 발생하는 원심력과 중력 및 이들의 합력($\overline{OR}$)과 그 합력($\overline{OR}$)에 의해 생기는 궤도면에 평행한 횡가속도 성분 p는 다음과 같다.

$$p = \overline{MR} = \frac{V^2}{R} - \frac{C}{G}g \tag{3-14}$$

여기서, p : 횡가속도[m/s^2]
R : 곡선반경[m]
V : 열차속도[km/h]
g : 중력가속도[m/s^2]
C : 균형캔트[mm]
G : 레일의 좌우 접촉간 거리[mm]

열차속도 V에 대해서 횡가속도 p가 0일 경우, 즉 원심가속도와 중력가속도와의 합력이 궤도중심을 향하는 가장 바람직한 상태가 되는 때의 캔트를 균형캔트(C_{eq}) 또는 평형캔트라 하며, 이때의 열차속도 V를 균형속도라 한다.

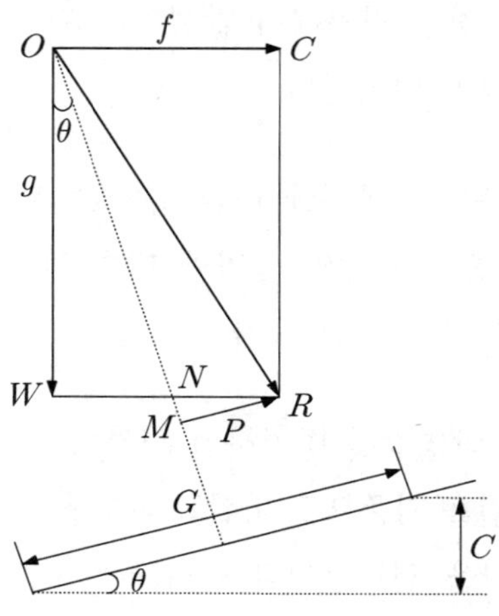

그림 3-7. 균형캔트

$$0 = \frac{V^2}{R} - \frac{C_{eg}}{G} g \qquad (3\text{-}15)$$

$$C_{eg} = \frac{GV^2}{gR} \qquad (3\text{-}16)$$

이 식에서 중력가속도 $g = 9.8[\mathrm{m/sec^2}]$, 레일의 좌우 접촉점간 거리 $G = 1{,}500$ [mm]라 하면,

$$C_{eq} = \frac{1500(\mathrm{mm}) \times V(\mathrm{km/hr})^2}{9.8(\mathrm{m/sec^2}) \times 3.6^2 \times R(\mathrm{m})} \approx 11.8 \frac{V^2}{R} \qquad (3\text{-}17)$$

2) 설정캔트

일반적으로 곡선부에서 통과열차의 속도와 선로상태가 일정하지 않으므로, 다음 식과 같이 고속 및 저속열차에 대한 불균형과 승객의 승차감, 그리고 현장실정을 고려하여 캔트를 조정하도록 조정치 즉, 부족캔트 C_d을 두어 설정캔트를 결정한다. 따라서 균형캔트 C_{eq}는 설정캔트 C와 부족캔트 C_d의 합이다.

$$C = 11.8 \frac{V^2}{R} - C_d \qquad (3\text{-}18)$$

여기서, C : 설정캔트[mm]
V : 열차속도[km/h]
R : 곡선반경[m]
C_d : 부족캔트[mm]

3) 초과캔트

곡선구간에서 열차의 최대운행속도($V_{\max}$)와 최소운행속도($V_{\min}$) 사이에는 일반적으로 큰 차이가 있을 수 있다. 이 경우 다음과 같은 초과캔트가 발생할 수 있으며 110[mm]를 초과하지 않도록 하여야 한다.

$$C_e = C - 11.8 \frac{V_{\min}^2}{R} \qquad (3\text{-}19)$$

여기서, C_e : 초과캔트[mm]

C : 설정캔트[mm]

V : 최소운행속도[km/h]

R : 곡선반경[m]

분기기 내 곡선, 그 전 후의 곡선, 측선과 그 밖에 캔트를 부설하기 곤란한 개소에 있어서 열차의 주행 안전성을 확보한 경우에는 캔트를 두지 않을 수 있다.

3.1.5 건축한계와 차량한계

1 건축한계

철도차량은 고속도 주행이므로 그 통로에 접근하여 건축되는 각종 구조물과 주행하는 차량과의 상간에는 상당한 여유를 두어 주행차량의 동요에 대하여서도 위험이 없도록 하여야 한다. 따라서 엄중한 공간의 제한을 설정하여 운전의 안전을 기한다.

건축한계(construction gauge)는 열차 및 차량이 선로를 운행할 때 주위에 인접한 건조물 등이 접촉하는 위험성을 방지하기 위하여 일정한 공간으로 설정한 한계를 말한다. 여기에서 건조물이란 정거장・사무실・창고 및 주택 등의 건축물 및 각종 시설물 등을 말하며 건축한계 내에는 건조물을 설치할 수 없다. 다만, 가공전차선 및 그 현수장치와 선로보수 등의 작업상 필요한 일시적 시설로서 열차운행에 지장이 없을 경우에는 설치할 수 있다.

1) 직선구간의 건축한계

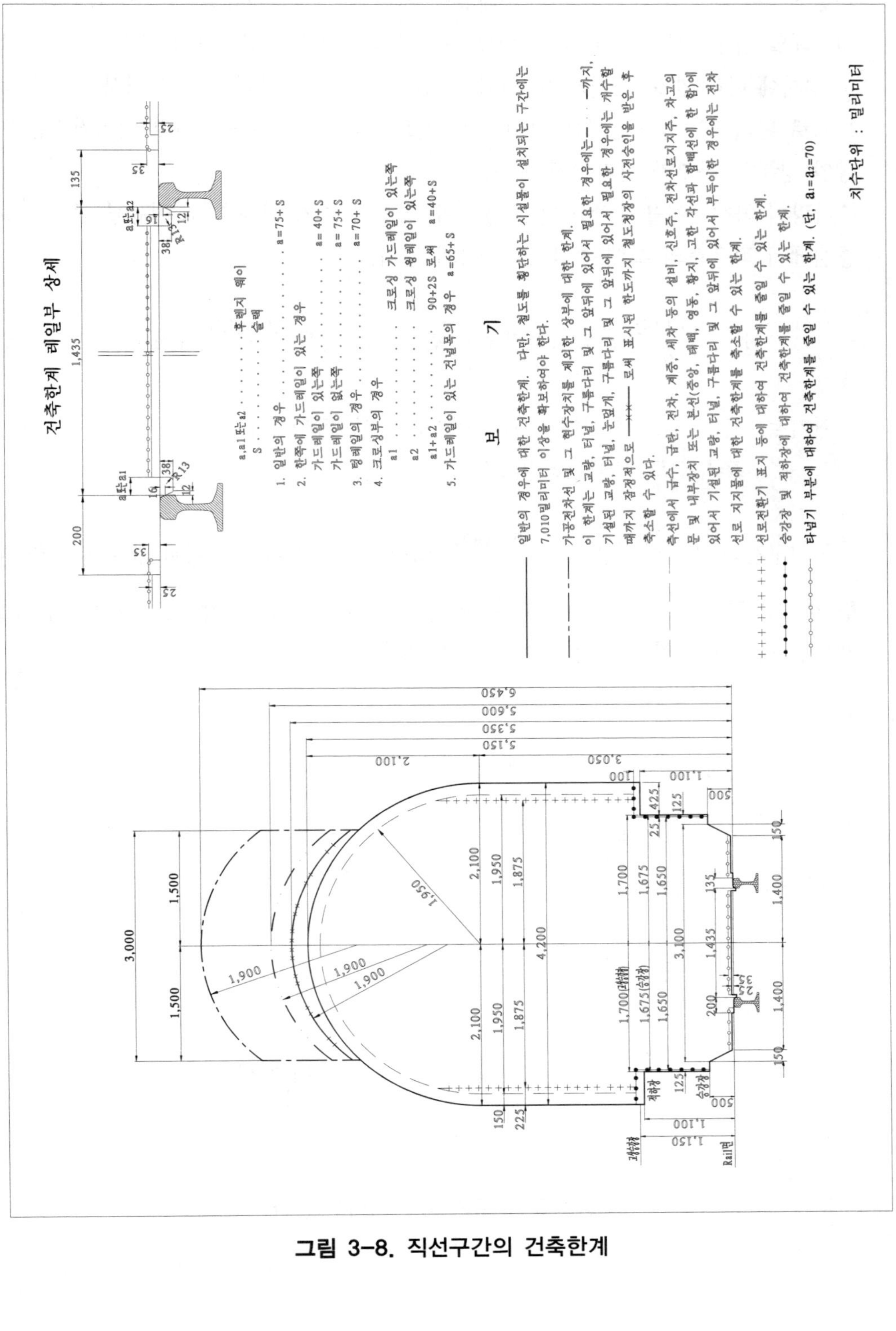

그림 3-8. 직선구간의 건축한계

2) 곡선구간의 건축한계

곡선에서는 캔트가 설치되며 내측레일을 기준으로 외측레일을 상승시키게 되므로 내측레일 정점부를 기준하여 내측으로 경사된다. 이때 곡선구간의 건축한계는 차량의 경사에 따라 캔트량만큼 경사되어야 하나, 실제 구조물의 시공은 경사시킬 수 없으므로 편의되는 양만큼 확대하여 주되 선로중심에서 구조물까지의 이격거리는 차량의 상부와 하부가 달라지게 된다.

차량이 곡선구간을 안전하게 주행할 수 있도록 하기 위해 다소 여유를 주어 선로중심에서 좌우측의 확대량(W)은 다음과 같다.

$$W = \frac{50,000}{R}[\text{mm}] \ (\text{전기동차 전용선인 경우 } \frac{24,000}{R}[\text{mm}]) \tag{3.20}$$

여기서, W : 선로 중심에서 좌우측으로의 확대량[mm]

R : 선로의 곡선반경[m]

곡선구간의 건축한계는 $W = \frac{50,000}{R}$[mm]으로 산출된 확대량과 캔트에 의한 차량 경사량 및 슬랙량을 더하여 확대하여야 한다. 다만, 가공전차선 및 그 현수장치를 제외한 상부에 대한 한계는 이에 따르지 않을 수도 있다.

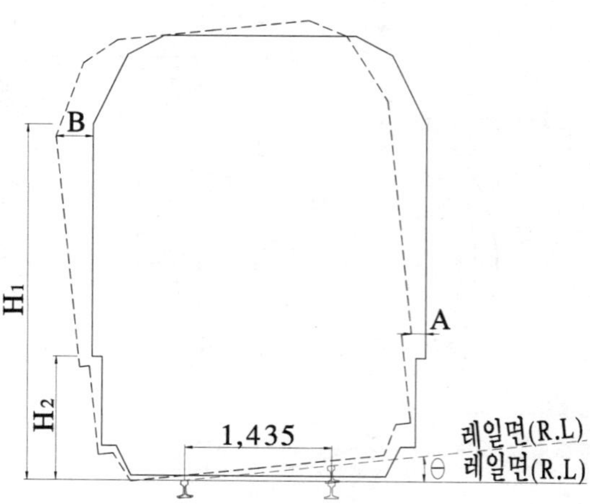

그림 3-9. 캔트에 의한 차량의 경사

3) 곡선구간 건축한계 확대량 체감방법

① 완화곡선의 길이가 26[m] 이상인 경우 : 완화곡선 전체 길이에서 체감

② 완화곡선의 길이가 26[m] 미만인 경우 : 완화곡선 및 직선구간을 포함하여 26[m] 이상의 길이에서 체감

③ 완화곡선이 없는 경우 : 곡선 시·종점으로부터 직선구간으로 26[m] 이상의 길이에서 체감

④ 복심곡선의 경우 : 곡선반경이 큰 곡선에서 26[m] 이상의 길이에서 체감

2 차량한계

차량한계(car gauge)는 철도차량의 안전을 확보하기 위해 궤도 위에 정지된 상태에서 측정한 철도차량의 길이·너비 및 높이의 한계를 말한다. 차량의 어떠한 부분도 이 한계에 저촉되는 것을 일절 허용하지 않는 한계로서 건축한계보다 좁게하여 차량과 철도시설물의 접촉을 방지하고 있다.

1) 차량한계의 예외

① 차륜의 범위 이내에 있는 차량부분인 경우

② 정차 중 개폐하는 차량의 문이 열려있는 경우

③ 제설장치, 기중기 및 기타 특수장치를 사용하고 있는 경우

2) 직선구간의 차량한계

① 일반차량 구체한계 : 폭 3,400[mm] × 높이 4,500[mm]

② 열차표지에 대한 한계폭 : 3,600[mm]

③ 전기차 집전장치를 편 경우 옥상장치에 대한 한계높이 : 6,000[mm]

3) 곡선구간의 차량한계 확대

직선구간의 차량한계에 $W = \frac{50,000}{R}$[mm]으로 산출된 확대량과 캔트에 의한 차량 경사량 및 슬랙량을 더하여 확대하여야 한다.

4) 곡선구간 차량한계 확대량 체감방법

① 완화곡선의 길이가 26[m] 이상인 경우 : 완화곡선 전체 길이에서 체감

② 완화곡선의 길이가 26[m] 미만인 경우 : 완화곡선 및 직선구간을 포함하여 26[m] 이상의 길이에서 체감
③ 완화곡선이 없는 경우 : 곡선 시·종점으로부터 직선구간으로 26[m] 이상의 길이에서 체감
④ 복심곡선의 경우 : 곡선반경이 큰 곡선에서 26[m] 이상의 길이에서 체감

3.1.6 궤도의 중심간격

궤도의 중심간격은 직선구간의 경우 차량한계의 최대 폭과 차량의 안전운행 및 유지보수 편의성 등을 감안하여 정하고, 곡선구간의 경우 곡선반경에 따라 건축한계 확대량에 상당하는 값을 추가하여 정한다. 이에 따라 다음과 같이 궤도중심간격을 정하고 있다.

① 정거장 외의 구간에서 2개의 선로를 나란히 설치하는 경우에 대하여 설계속도가 200[km/h]를 넘는 경우 4.8[m] 이상, 150[km/h]를 넘는 경우 4.3[m] 이상, 그 이하는 4.0[m] 이상으로 하고, 궤도의 중심간격이 4.3[m] 미만인 3개 이상의 선로를 나란히 설치하는 경우에는 서로 인접하는 궤도의 중심간격 중 하나는 4.3[m] 이상으로 한다. 실제 설계속도가 350[km/h]를 초과하는 경우에는 차량교행시 압력 및 열차풍 등을 고려하여 정한다.
② 정거장(기지 포함) 안에 나란히 설치하는 궤도의 중심간격은 4.3[m] 이상으로 하고, 6개 이상의 선로를 나란히 설치하는 경우에는 5개 선로마다 궤도의 중심간격을 6.0[m] 이상 확보하여야 한다. 특히 고속철도 전용선의 경우에는 통과선과 부본선간의 궤도중심간격을 6.5[m]로 정하여 안전성을 확보한다. 그러나 고속철도 전용선내 통과선과 부본선 사이에 방풍벽 및 안전시설 등이 설치되어 있는 경우에는 안전장치가 확보되어 있는 경우로 간주하여 궤도의 중심간격을 신축적으로 정할 수 있다.

3.1.7 유효장

유효장이란 정거장 내 인접 선로 열차 및 차량 출입에 지장을 주지 아니하고 열차를 수용할 수 있는 해당 선로의 최대 길이를 말하며 일반적으로 선로의 유효장은 차량접촉한계표지간의 거리를 말한다.

1 유효장의 길이

1) 본선 유효장

① 선로 양단에 차량접촉한계표지가 있는 경우에는 양 차량접촉한계표지 사이
② 출발신호기가 있는 경우에는 차량접촉한계표지에서 출발신호기 위치까지
③ 차막이가 있는 경우에는 차량접촉한계표지 또는 출발신호기에서 차막이 연결기받이 전면 위치까지

2) 측선 유효장

① 양단에 분기기가 있는 경우에는 전후 차량접촉한계표지 사이
② 선로 끝에 차막이가 있는 경우에는 차량접촉한계표지에서 차막이 연결기받이 전면까지

2 유효장의 산정

본선 유효장은 선로 구간을 운행하는 최대 열차길이에 따라 정해지며 최대 열차길이는 선로의 조건, 기관차 견인정수를 고려하여 유효장을 결정한다. 여객열차보다 화물열차 길이가 길어 화물열차를 표준으로 하며 유효장의 산정식은 다음과 같다.

$$E = \frac{\ell \cdot N}{an + (1-a)n'} + L + C \qquad (3\text{-}21)$$

여기서, E : 유효장
ℓ : 화차 1량의 평균길이
N : 기관차 견인정수
a : 영차률
n : 영차의 평균 환산량수

n' : 공차의 평균 환산량수
L : 기관차 길이
C : 열차 전후 여유길이

여객 전용선 및 전동차 전용선로는 차량 편성수에 의해서 정해진다. 단, 전기동차나 디젤동차 전용선로에서는 기관차 길이를 제외한다.

$$E = \text{여객열차 길이} + \text{기관차 길이} + C \tag{3-22}$$

여기서, C : 공주 여유거리(5[m])+제동 여유거리(5[m])+출발신호 주시거리(10[m])

3.1.8 분기기

분기기(turnout)란 하나의 선로를 두 개의 방향으로 나누는 설비를 말하며, 두개의 텅레일(tongue rail) 끝을 뾰족하게 한 가동레일의 포인트(point or switch)부, 두 개의 선로가 동일 평면에서 교차하는 크로싱(crossing)부, 포인트와 크로싱 중간의 리드(lead)부 등으로 구성되어 있다.

정거장 구내에는 많은 분기기가 복잡한 구조로 설치되어 있는데 가동 부분의 작용도 까다로워 열차를 운행하는 데 있어 가장 취약개소로서 사고 발생률도 매우 높은 편이다.

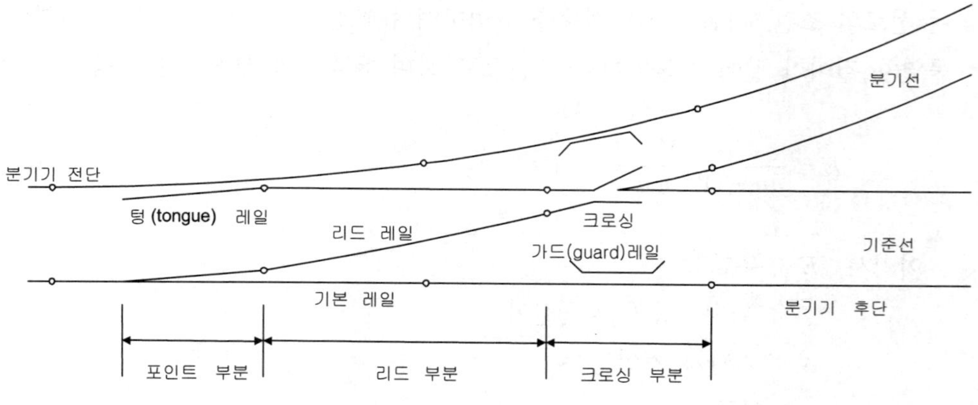

그림 3-10. 분기기

1 분기기의 종류

1) 보통 분기기

① **편개 분기기(simple turnout)**

직선 궤도에서 좌측 또는 우측의 적당한 각도로 궤도가 벌어진 형상으로 분기되는 것이며, 가장 일반적인 기본 형식으로 되어 있다.

② **양개 분기기(symmetrical turnout or curve turnout)**

직선 궤도에서 좌우 양측으로 같은 각도로 벌어진 형상으로 분기되는 것이며, 주로 기준선과 분기선의 사용조건이 같은 경우에 적합하다.

③ **직분 분기기(unsymmetrical split turnout)**

직선 궤도에서 좌우가 다른 각도로 나뉘어 벌어진 형상의 분기기이다.

④ **내방 분기기(turnout on inside of a curve)**

곡선 궤도에서 원의 중심 쪽으로 분기하는 분기기이다.

⑤ **외방 분기기(turnout on outside of a curve)**

곡선 궤도에서 원의 중심에 대하여 반대 쪽으로 분기하는 분기기이다.

2) 특수 분기기

① **승월 분기기(runover type turnout(or switch))**

분기선이 본선에 비하여 중요하지 않은 경우 또는 분기선을 사용하는 횟수가 드문 경우에 분기선 레일에 진입하려는 차륜은 "텅레일"상의 특수 레일에 의하여 본선 레일을 타고 넘어가도록 된 구조를 갖는 분기기이다.

② **복 분기기(double turnout)**

2틀의 분기기를 약간 물리어 중합시킨 구조의 분기기로 한 궤도에서 다른 두 궤도로 분기시키기 위한 분기기이다.

③ **삼지 분기기(three throw turnout)**

한 궤도에서 다른 두 궤도로 분기시키기 위하여 2틀의 분기기를 중합시킨 구조의 특수 분기기이며, 복 분기기와 마찬가지로 야드 등에서 분기기군 부분의 길이를 단축할 목적으로 사용된다.

이들의 복 분기기와 삼지 분기기는 2선의 분기기를 합체하여 3선으로의 분기를 가능하게 한 것이다.

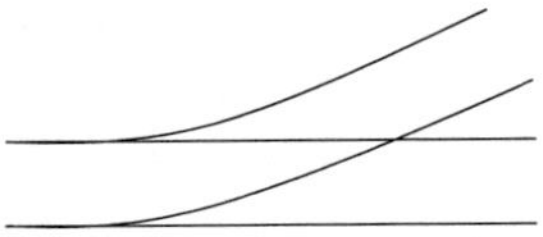

(a) 편개 분기기

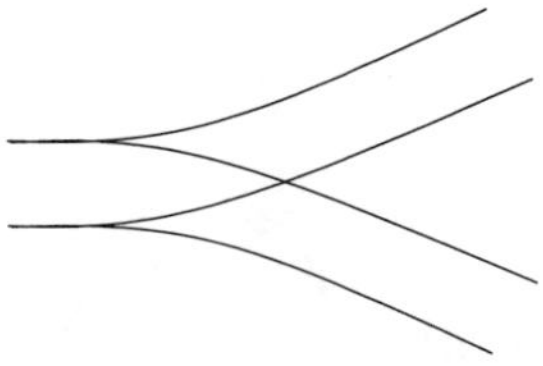

(b) 양개 분기기

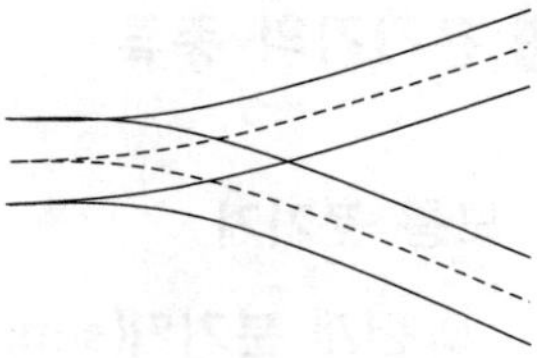

(c) 직분 분기기

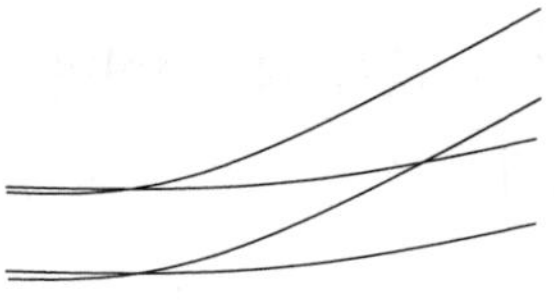

(d) 내방 분기기

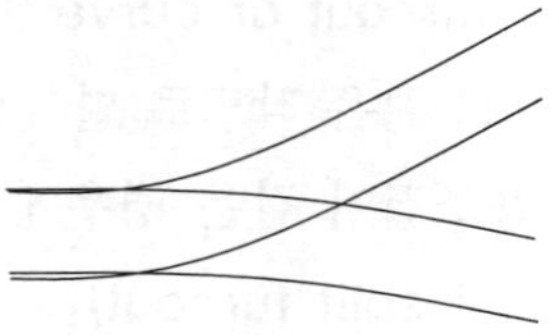

(e) 외방 분기기

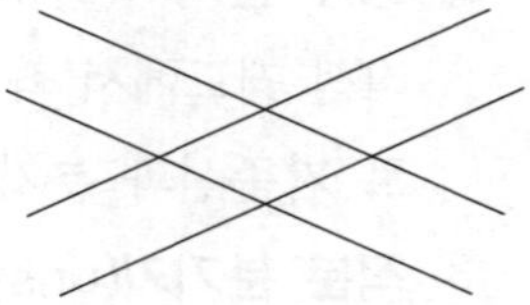

(f) 다이아몬드 크로싱

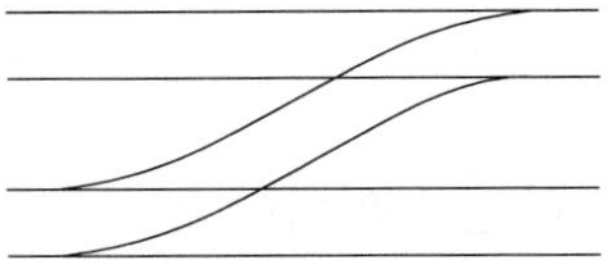

(g) 건넘선

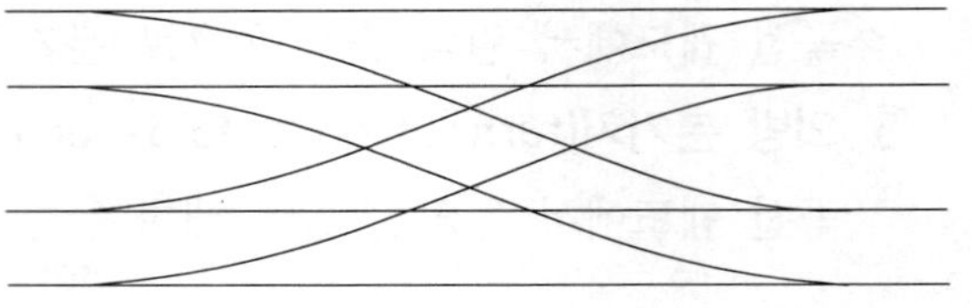

(h) 시셔스 크로스 오버

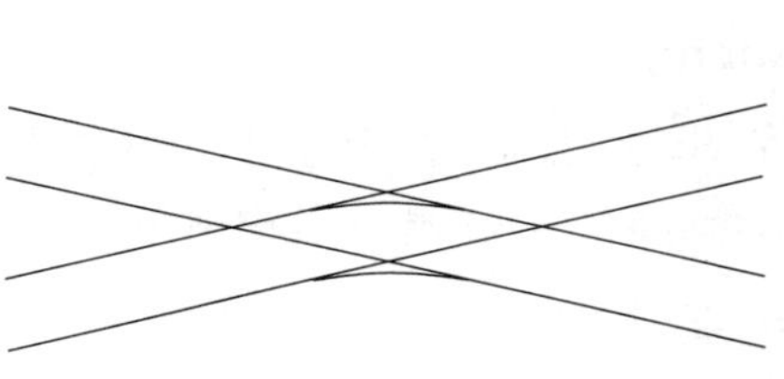

(i) 싱글 슬립 스위치

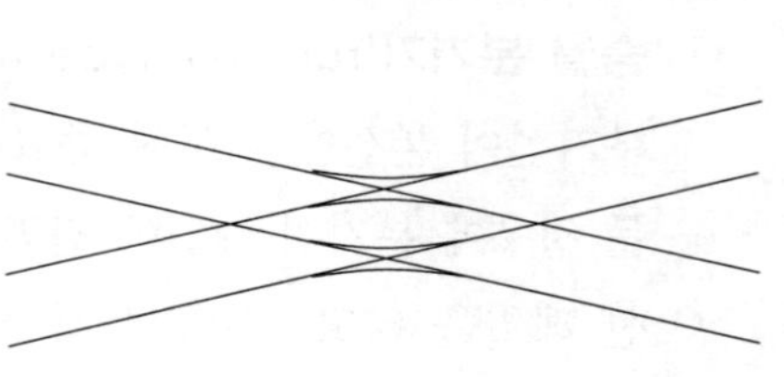

(j) 더블 슬립 스위치

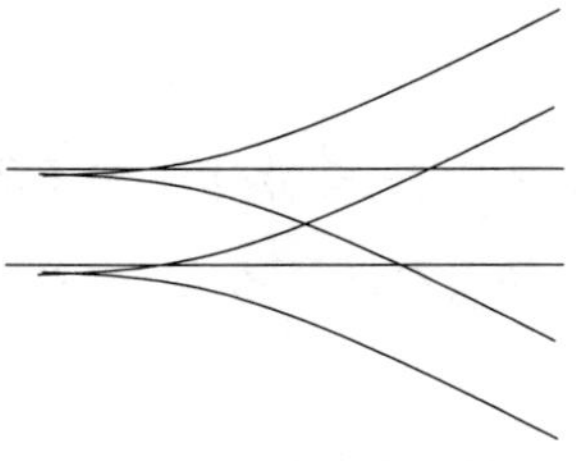

(k) 삼지 분기기

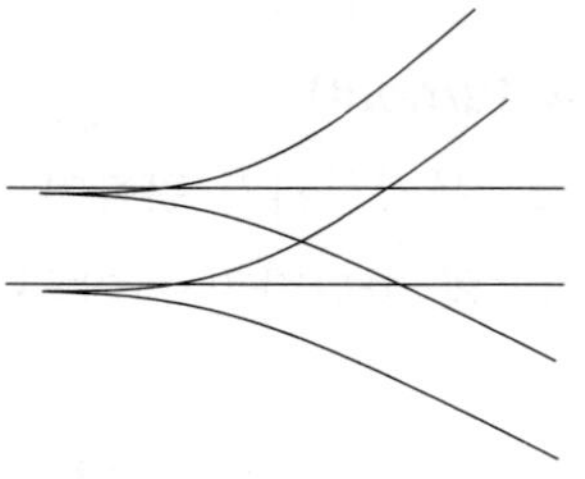

(l) 복 분기기

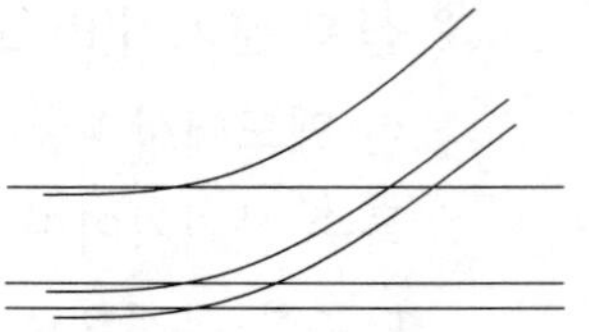

(m) 3선식 분기기

그림 3-11. 분기기의 종류

④ **다이아몬드 크로싱(diamond crossing)**

두 궤도가 동일 평면에서 교차하는 경우에 이용되는 장치로서 2조의 보통 크로싱과 1조의 K자 크로싱으로 구성되며, K자 크로싱은 고정식과 가동식이 있다. 교차의 번수가 8번 이상에서는 구조상 무유도 상태로 방호할 수 없게 되기 때문에 가동식을 이용한다.

⑤ **싱글 슬립 스위치(single slip switch)**

다이아몬드 크로싱 내에서 좌측 또는 우측의 한 쪽에 건넘선을 붙여 다른 궤도로 이행할 수 있는 구조의 특수 분기기이다.

⑥ **더블 슬립 스위치(double slip switch)**

다이아몬드 크로싱 내에서 좌, 우측의 양방향에 건넘선을 붙여 다른 궤도로 이행할 수 있는 구조의 특수 분기기이다.

⑦ **건넘선(crossover)**

근접하는 두 궤도간을 연결하기 위하여 2조의 분기기와 이것을 접속하는 일반 궤도로 구성되는 부분을 가리킨다.

⑧ **시셔스 크로스 오버(scissors crossover)**

2조의 건넘선을 교차시켜 중합시킨 것으로 4조의 분기기와 1조의 다이아몬드 크로싱 및 이것을 연결하는 일반 궤도로 구성되어 있다. 근접하는 두 궤도가 인접하여 평행하며, 4조의 분기기가 같은 번수의 편개 분기기인 시셔스 크로스 오버를 표준 시셔스 크로스 오버라 칭하고, 이 조건 이외의 것을 특수 시셔스 크로스 오버라 한다.

⑨ **3선식 분기기**

일본에서 궤간이 다른 두 궤도가 병용되고 있는 궤도에 이용된다.

2 탄성 분기기

관절형 분기기는 포인트부와 리드부를 힐 상판에서 볼트로 연결한 구조로 열차 통과시 충격이 발생하여 열차진동 및 소음발생, 열차 파손 가속화 등 문제점이 있다.

탄성 분기기는 기존 관절형 분기기의 이음매부를 없애고 전환성이 용이하도록 개발된 분기기로서 텅레일과 리드레일을 통으로 열처리 특수 가공하여 고강도, 고탄력성으로 제작한 분기기이다.

열차의 고속・고밀도화에 따라 힐부에서 발생되는 충격으로 인한 열차진동 및 소음 감소로 승차감이 향상되며, 체결력을 확보하여 안전도 증가 및 열차 안전 운행에 기여하고 있어 확대 설치되고 있다.

3 노스 가동 분기기

노스 가동 분기기는 크로싱 번호가 큰 분기부(일반적으로 F18번 분기 이상)에서 사용하는 분기기로서 분기각이 적고 리드 곡선반경이 커서 열차속도 제한을 없애고 승차감을 높일 수 있으므로 주로 고속열차 운행구간 및 기존선과 고속선의 연결선 구간에 사용되고 있다. 노스 가동 분기기와 일반 분기기의 특성은 표 3-2와 같다.

(a) 노스 가동 분기기

(b) 일반 분기기

그림 3-12. 노스 가동 분기기와 일반 분기기

표 3-2. 노스 가동 분기기와 일반 분기기의 특성

구 분	노스 가동 분기기	일반 분기기
크로싱 번호	F18 이상	F8~F15
열차 통과속도	80[km/h] 이상	22~55[km/h]
분기기 길이	68[m] 이상	26~47[m]
구 성	고망간 크래들 및 크로싱 노스레일	볼트에 의한 조립식 또는 망간크로싱
포 인 트	탄성 포인트	관절식 또는 탄성포인트
선 형	포인트에서 크로싱 후단까지 일정한 곡율 유지	리드부만 곡선
안 전 성	안전성 및 승차감 좋음	선로 취약부로 열차진동이 많음

4 크로싱

크로싱(crossing)이란 분기기에서 궤간선이 서로 교차하는 부분으로 V자형 노스레일과 X자형 윙레일로 구성되어 있다.

1) 크로싱 번호

크로싱은 그림 3-13과 같이 각도를 가지는데 각도의 크기에 따라 크로싱 번호(crossing number)도 달라진다.

예를 들면 ab가 1[m]이 되는 지점에서 cd간의 거리가 8[m]이면 8번 크로싱, 12[m]이면 12번 크로싱이라 한다.

그리고 분기기를 통과하는 열차의 속도는 리드 곡선 및 입사각, 크로싱 번호 등에 따라 영향을 받게 되는데 크로싱 번호에 따른 편개 분기기 및 양개 분기기의 곡선반지름과 제한속도는 표 3-3과 같다.

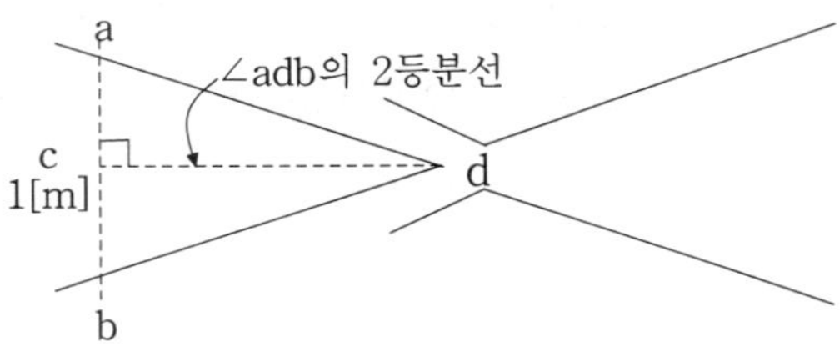

그림 3-13. 크로싱 번호

표 3-3. 분기기 번호와 제한속도

분기기의 번호	지상구간				지하구간	
	편개		양개		편개	양개
	곡선반지름[m]	속도[km/h]	곡선반지름[m]	속도[km/h]	속도[km/h]	속도[km/h]
8	145	25	295	40	25	35
10	245	35	490	50	30	45
12	350	45	720	60	40	55
15	565	55	1,140	70	–	–

표 3-4. 고속철도용 분기기의 기술규격

분기기의 번호	길이 [m]	통과속도 [km/h]	선 형	곡선반경 [m]	포인트	크로싱	사용 침목
18.5	67.97	90	원곡선 (크로싱 포함)	1,200	탄성포인트 (용접)	재질 : 망간강 구조 : 노스가동 이음부 : 용접	PC침목
26	91.95	130		2,500			
46	154.20	170	원곡선+완화곡선	3,500-∞			

2) 크로싱의 종류

① **고정 크로싱(rigid frog or rigid crossing)**

크로싱의 각부가 고정되어 윤연로(flange way)가 고정되어 있는 것으로 차량이 어떤 방향으로 진행하든 결선부(gap of gange line)를 통과하여야 하므로 차량의 진동과 소음이 크고 승차감이 좋지 않다.

② **가동 크로싱(movable frog)**

가동 크로싱은 크로싱의 최대약점인 결선부를 없게 하여 레일을 연속시켜 차량의 충격, 동요, 소음 등을 해소하고, 승차감을 개선하여 고속열차 운행의 안전도 향상을 도모한다.

5 대향과 배향

분기기는 열차의 통과 방향에 따라 그림 3-14와 같이 대향 선로전환기와 배향 선로전환기로 나뉘는데 대향 선로전환기의 경우에는 첨단의 밀착이 불량한 즉 불밀착의 경우 열차가 탈선할 우려가 있다.

1) 대향

열차가 분기를 통과할 때 그림 3-14 (a)와 같이 분기기 전단(前端)으로부터 후단(後端)으로 운행할 경우를 대향(facing)이라 한다.

2) 배향

진행하는 열차가 분기기 후단으로부터 전단으로 운행할 때를 배향(trailing)이라 하며 열차 안전 면에서 배향 분기는 대향 분기보다 안전하고 위험도가 적다.

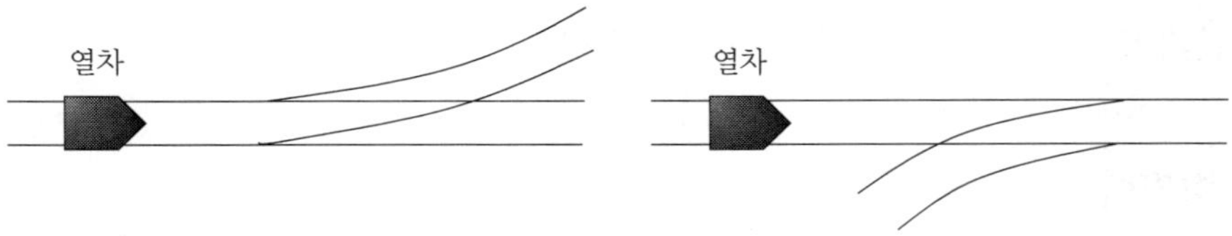

(a) 대향 (b) 배향

그림 3-14. 대향 및 배향 선로전환기

3.1.9 궤도에 작용하는 힘

궤도에 작용하는 힘은 차륜에서 직접 레일에 전달되는 외력뿐만 아니라 기온변화에 따라 레일 자신의 온도응력이 원인이 되기도 하며 레일에 수직한 수직력, 레일 방향 직각으로 작용하는 횡압, 레일에 평행한 축 방향력이 있다.

궤도에 작용하는 응력을 저하하기 위해 자갈도상을 콘크리트 도상으로 하는 궤도의 견고한 구조화와 레일 중량화 등을 들 수 있다.

1 수직력(윤중)

차륜이 레일에 작용하는 수직 방향의 힘

① 곡선 통과시 차량 전향 횡방에 따른 수직력
② 곡선 통과시 불평형 원심력에 따른 수직력
③ 차량 동요 관성력의 수직 성분
④ 레일면 또는 차륜답면의 부정에 기인한 충격력

2 횡압

차륜으로부터 레일에 작용하는 횡 방향의 힘

① 곡선 통과시 차량 전향에 의한 횡압
② 곡선 통과시 불평형 원심력에 의한 횡압
③ 차량 동요에 의한 횡압

④ 궤도틀림에 의한 횡압
⑤ 분기기 및 신축이음매 등에서의 충격력

3 축 방향력

레일 길이 방향으로 작용하는 힘

① 레일 온도변화에 의한 신축력
② 제동 및 시동 하중
③ 구배 구간에서 차량중량의 점착력을 통해 전후로 작용

3.1.10 복진 및 분니 현상

복진이란 열차 주행과 온도 변화의 영향으로 레일이 전후 방향으로 이동하는 현상을 말하며 레일 체결장치가 불충분할 때는 레일만 밀리고, 체결력이 충분할 때는 침목까지 이동하여 궤도가 파괴되는 장력이 발생한다.

분니현상은 반복되는 열차진동으로 인해 도상표면으로 물과 세립분이 분출되는 현상을 말한다.

1 복진

1) 복진의 원인

① 열차의 견인과 제동에 따른 차륜과 레일간 마찰
② 열차 주행시 레일 파상진동(레일 전방 이동)
③ 차륜이 레일단부 타격(레일 전방 이동)
④ 온동 상승에 따른 레일 신장으로 중간부분 상승(레일 전방 이동)
⑤ 기관차 및 전동차의 구동륜 회전에 의한 반작용(레일 후방 이동)

2) 복진이 일어나는 개소

복진이 일어나는 개소는 일정치 않으며 불규칙적으로 발생한다.

① 열차 방향이 일정한 복선 구간

② 급한 하향 기울기(하구배)
③ 분기부와 곡선부
④ 도상이 불량한 곳
⑤ 열차 제동횟수가 많은 곳
⑥ 교량 전후의 궤도 탄성 변화가 심한 곳
⑦ 운전속도가 큰 선로구간

3) 복진 방지 대책

① 레일과 침목간의 체결력 강화
② 레일 앵커 설치
③ 침목과 도상간의 마찰저항 증대

2 분니 현상

분니 현상으로 인하여 궤도 틀어짐, 침하, 도상 노반 연약화, 승차감 저하, 철도사고 유발 등을 일으킬 수 있으며 분니의 종류는 도상분니와 노반분니로 분류한다.

① 도상분니 : 열차 하중에 의하여 세립화된 도상자갈
② 노반분니 : 노반토

표 3-5. 분니의 원인 및 대책

분니의 원인		대책
도상분니	마모된 세립분	풍화에 강한 재료 사용
	열차 탄분, 오물	세립분 적은 재료 사용
노반분니	배수 불량	우수, 지하수 침투 방지
	재료 불량	도상 유지 관리

3.1.11 열차 탈선

탈선이란 열차가 선로를 벗어나는 것을 말하며 탈선의 종류에는 다음과 같다.

1 탈선의 종류

① **궤간 내 탈선**

궤간이 넓어 차륜이 궤간 내에 떨어지는 탈선을 말하며 레일 체결장치의 지지력 부족 등에서 발생한다.

② **타오르기 탈선**

attack 각이 플러스 상태에서 차륜은 레일을 향하여 진행하고 차륜 플랜지가 레일 견부를 회전하여 올라타는 탈선을 말한다.

③ **미끄러져 오름 탈선**

attack 각이 마이너스 상태에서 차륜에 횡압이 작용하여 차륜과 레일간의 마찰력이 약해 차륜이 레일을 미끄러져 오르는 탈선을 말한다.

④ **뛰어오름 탈선**

차륜이 레일과 충돌하여 뛰어 오르는 탈선을 말하며 궤도의 큰 줄틀림, 연결부의 각도 꺽임 등에서 발생한다.

2 탈선계수

탈선계수는 탈선에 대한 안전성 평가지표로서 Q/P로 사용된다. Q는 횡압(차륜이 레일에 횡방향으로 작용하는 힘)이며 P는 윤중(차륜이 레일에 수직으로 작용하는 힘)을 말한다. Q가 커지고 P가 적어질수록 즉, 탈선계수 Q/P가 클수록 탈선 가능성은 높아진다.

표 3-6. 탈선의 원인 및 대책

탈선의 원인	대책
차체의 사행동	조향대차 사용
주행장치의 구조적 파손	초음파 및 자분탐상 이용 등 관리철저
대차 부품의 낙실	배장기, 충격흡수장치 설치
차륜 플랜지의 마모	차륜 플랜지 두께 관리 철저
궤간틀림 및 줄틀림	궤간틀림, 줄틀림 발생시 조기 보수
하구배 비상제동	전자흡착 레일 브레이크 사용
곡선구간 속도초과	속도제한 및 운전규제
풍속초과, 신호모진	안전설비, ATO 또는 ATC 시스템 적용

3.2 선로전환기의 개요

선로전환기(전철기)란 차량 또는 열차 등의 운행선로를 변경시키기 위한 기기로서 분기기의 방향을 변환시키는 장치이다.

선로전환기는 해당진로로 전환시키는 전환장치, 열차가 통과 중이거나 잘못 취급할 경우 도중에 전환되지 못하도록 하는 쇄정장치, 전환상태를 표시 및 원격제어를 위한 표시장치로 구분되며, 사람의 손으로 직접 움직이는 방식과 전기적 장치로 쇄정되어 움직이는 방식이 있으며, 선로가 분기되는 본선 및 주요측선에는 운행하는 열차의 안전확보와 효율성을 위하여 연동장치를 설치하고, 연동장치에 연쇄되어 동작시키기 위하여 전기선로전환기를 설치한다.

또한 전기선로전환기는 전기(전자) 연동장치역, 원격제어구간 및 필요한 개소에 설치하며, 본선 연동장치에 연동되지 않은 측선 또는 차량기지의 수동전환 분기부에서 열차안전 및 입환 능률을 향상시키기 위해 차상선로전환장치를 사용하고 있다.

고속철도 구간에서는 분기기 리드부의 길이가 길어 높은 전환력과 밀착력을 보유하고 안전성이 높은 노스 가동형 선로전환기인 MJ81형과 하이드로스타(HYDROSTAR) 선로전환기를 사용하고 있다.

3.2.1 선로전환기 일반사항

1 안전측선과 탈선 선로전환기

안전측선은 정거장 구내에서 2개 이상의 열차가 동시에 진입 시 과주로 인한 열차접촉 또는 충돌사고를 방지하기 위해 설치하는 측선이다. 열차가 교행하는 장소에서 그림 3-15의 (a)와 같이 열차가 정차(과주)여유거리를 지날 경우, 반대 방향에서 진입하는 열차와 충돌할 우려가 있으므로 그림 (b)와 같이 안전측선을 설치하여 열차의 충돌을 방지해야 하며 안전측선의 끝에는 차막이표지를 설치하여 쉽게 정차할 수 있도록 하고 있다.

탈선 선로전환기는 공간 확보 등의 이유로 안전측선을 설치하지 못할 경우 텅레일만 설치하고 리드부 및 크로싱부를 설치하지 않는 분기기를 말한다.

유사시 탈선은 되더라도 대형 열차 충돌을 방지하는데 목적이 있고, 완전한 분기기 구성은 되지 못하고 첨단의 전환 기능만 가지고 있다.

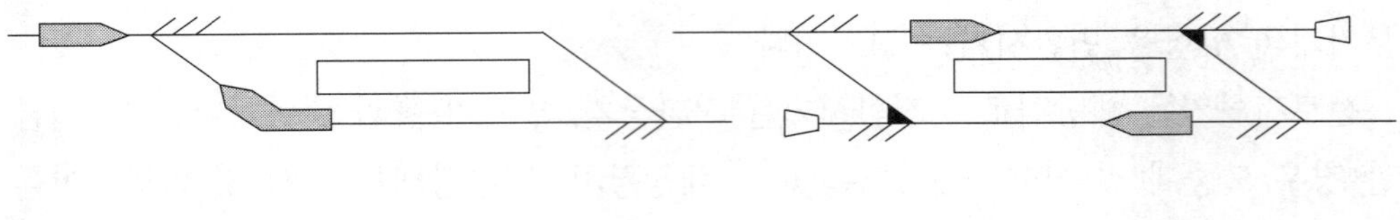

(a) (b)

그림 3-15. 안전측선

2 선로전환기의 정위 결정법

선로전환기(전철기)가 항상 개통되는 방향을 정위(normal position)라 하고 그 반대 방향을 반위(reverse position)라 하는데 정위(定位) 결정법은 표 3-7과 같다.

표 3-7. 선로전환기 정위 결정법

① 본선과 본선 또는 측선과 측선의 경우에는 주요한 방향	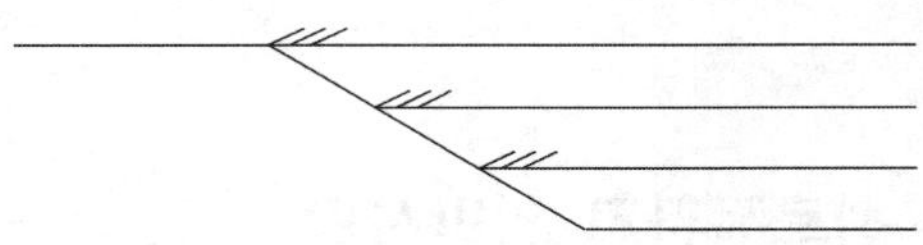
② 단선에 있어서 상・하본선은 열차가 진입하는 방향	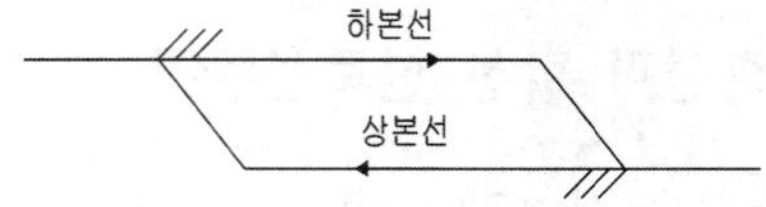
③ 본선과 측선과의 경우에는 본선의 방향	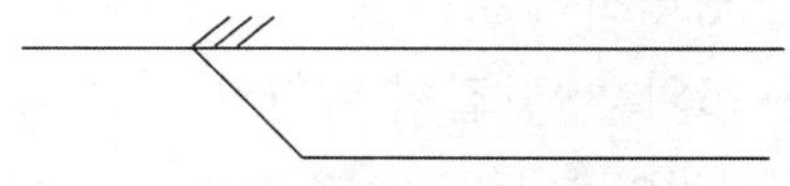
④ 본선 또는 측선과 안전측선(파난선 포함)의 경우에는 안전측선의 방향	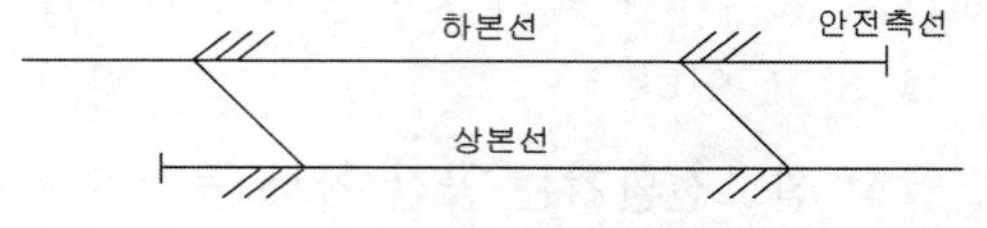

⑤ 탈선 선로전환기는 탈선시키는 방향	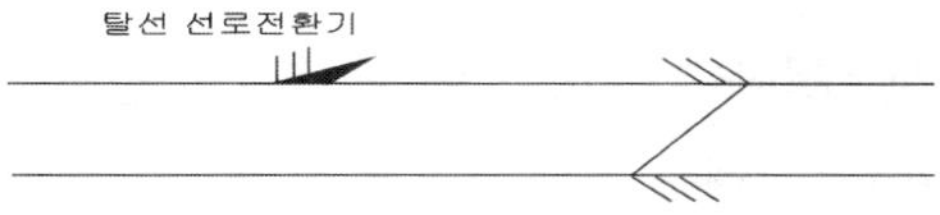

3 선로전환기의 표시

선로전환기 쇄정간 덮개에 표시하는 정, 반위 표시는 텅레일이 기본레일에 붙는 쪽을 기준으로 정위 방향을 N, 반위 방향을 R로 표기하며, 번호 부여는 신호기와 연동되어 있는 선로전환기의 가장 바깥쪽으로부터 정거장 중심을 향하여 순차적으로 부여하되 기점 쪽은 21호부터 50호까지, 종점 쪽은 51호부터 100호까지 부여하고 기점 쪽에서 50호가 넘는 경우에는 10호부터 시작한다.

쌍동 또는 삼동 선로전환기는 그 선로전환기를 1조로 하여 1개의 번호를 붙이되 바깥쪽으로부터 기계선로전환기는 '가', '나', '다'의 부호를, 전기선로전환기는 'A', 'B', 'C'의 부호를 순차적으로 부여한다.

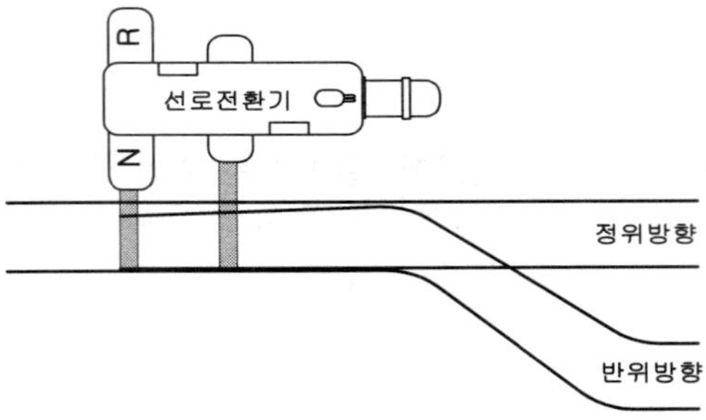

그림 3-16. 선로전환기의 방향 표시

4 선로전환기의 종류 및 선정조건

1) 선로전환기 종류

① 일반철도 : NS형, NS-AM형, MJ-81형, 기계식 선로전환기 등

② 고속철도 : MJ-81형, 하이드로스타, S700K 등

2) 선정시 고려사항

선로전환기 선정 시에는 도상 조건 및 분기기의 종류에 적합한 기종을 선택하여야 하며 고려사항은 다음과 같다

① 기능 및 동작의 정확성
② 열차 운행에 적합한 전환력과 밀착력의 보유와 안전성
③ 기온 급변에 대한 안정성
④ 부품의 모듈화와 시공의 용이성
⑤ 설치 공간과 보수의 용이성

3.3 선로전환기의 종별

3.3.1 구조별 분류

1 보통 선로전환기

보통 선로전환기(point switch)는 텅레일이 2본 있고 좌, 우 2개의 분기에 사용하는 선로전환기이다.

2 탈선 선로전환기

탈선 선로전환기(derailing point)는 열차 또는 차량의 과주 시 중대한 사고 발생이 우려되는 장소에서 열차 또는 차량을 탈선시킬 목적으로 설치하는 선로전환기이다.

3 가동 크로싱부 선로전환기

가동 크로싱부 선로전환기(movable frog point)는 크로싱부의 노스레일이 첨단부의 텅레일과 동일한 시간 내에 좌, 우로 움직일 수 있도록 사용하는 선로전환기로 주로 고속선에서 #18번 이상 분기기에 사용한다.

4 삼지 선로전환기

삼지 선로전환기(three throw point)는 텅레일이 4본 있고 좌, 중, 우 3개의 분기기에 사용하는 선로전환기이다.

3.3.2 전환수에 의한 분류

1 단동 선로전환기

단동 선로전환기는 1개의 취급버튼에 의해 1대의 선로전환기를 전환하는 것을 말한다.

2 쌍동 선로전환기

쌍동 선로전환기는 1개의 취급버튼에 의해 2대의 선로전환기를 전환하는 것을 말하며, 쌍동 선로전환기의 구성조건은 다음과 같다.

① 평행하는 두 선로간에 건널 수 있도록 된 분기기
② Y선인 경우 본선에서 진행 방향으로 유치선에 진입하도록 한 2개의 분기기
③ 안전측선과 탈선 선로전환기는 다른 선과 평행하게 한 2개의 분기기

3 삼동 선로전환기

삼동 선로전환기는 1개의 취급버튼에 의해 3대의 선로전환기를 전환하는 것을 말한다.

3.3.3 사용력에 의한 분류

1 수동 선로전환기

수동 선로전환기(manual switch)는 사람의 힘에 의해 전환되는 선로전환기이다.

2 스프링 선로전환기

스프링 선로전환기(spring switch)는 대향열차에 대해서는 스프링(spring)의 압력으로 밀착을 확보하고, 배향으로 통과하는 경우에는 스프링을 눌러 텅레일을 할출하여 통과 후에는 스프링의 힘에 의해 자동으로 복귀되는 선로전환기이다.

3 동력 선로전환기

동력 선로전환기(switch machine)는 전기 및 압축공기의 힘에 의해 전환되는 선로전환기이다.

3.4 기계선로전환기

선로전환기를 전환하는 데 있어서 첨단레일을 연결간에 연결시키고 이 연결간을 인력에 의해서 움직이는 수동식 전환장치를 기계선로전환기라 한다.

3.4.1 기계선로전환기의 종류

1 추병 선로전환기

추병 선로전환기(weighted point)는 주로 측선에 사용하는 선로전환기로서 선로전환기의 첨단은 추의 무게에 따라 이동하므로 밀착력이 약하고 기본레일과 첨단레일이 벌어지는 경향이 있어 역구내 경량 분기기에만 일부 사용하고 있다.

2 핸들부 선로전환기표지

핸들부 선로전환기표지(switch stand with ratch handle)는 전환력을 많이 필요로 하지 않는 선로전환기의 전환장치로서 몸체에 부착되어 있는 핸들을 돌려서 선로전환기를 전환하고 핸들을 표지대의 홈에 넣어 선로전환기를 쇄정하는 구조로 되어 있다.

정반위 표시는 낮에는 몸체에 붙어있는 표지의 모양(정위 : 원형, 반위 : 화살깃형)

으로 표시하고 야간에는 등의 색깔(정위 : 청색, 반위 : 등황색)로 표시한다.

3 전철리버

전철리버(lever)는 전환력이 큰 곳에 설치하여 보안도를 높인 기계선로전환기로 1개의 리버로 1대의 선로전환기를 전환시키는 전철단동기(single point lever)와 1개의 리버로 2대의 선로전환기를 전환시키는 전철쌍동기(coupled point machine)가 있다.

정반위 표시는 낮에는 몸체에 붙어있는 표지의 모양(정위 : 원형, 반위 : 화살깃형)으로 표시하고, 야간에는 등의 색깔(정위 : 청색, 반위 : 등황색)로 표시한다.

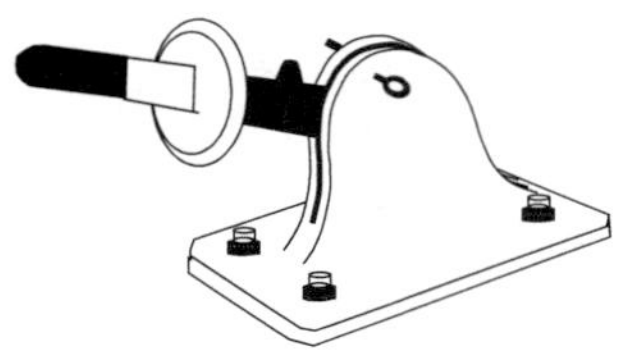

(a) 추병 선로전환기

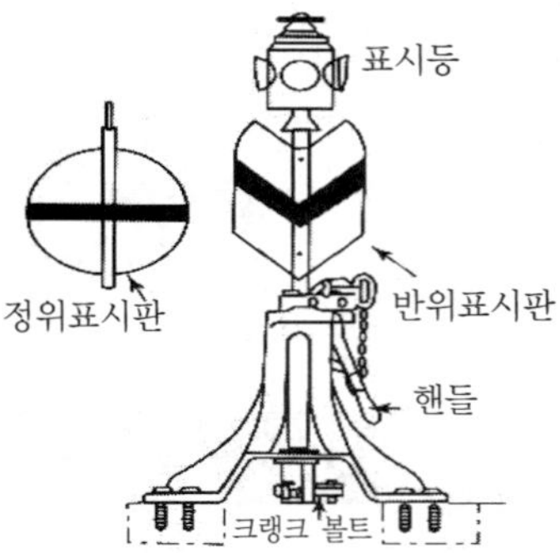

(b) 핸들부 선로전환기표지

(C) 전철리버

그림 3-17. 기계선로전환기

3.4.2 전도장치

전도(傳導)장치는 전철리버의 동작을 선로전환기에 전달해 주는 장치로서 다음과 같은 것들이 있다.

1 철관

철관(pipe)은 전도장치에 사용되는 것으로서 안지름이 32[mm]의 강관이 사용되며 철관접속이 불완전하면 이완 또는 탈락 등으로 인하여 리버의 동작에 지장을 초래하게 되어 중대한 사고의 원인이 되므로 철관접속에 특히 유의하여 설치한다.

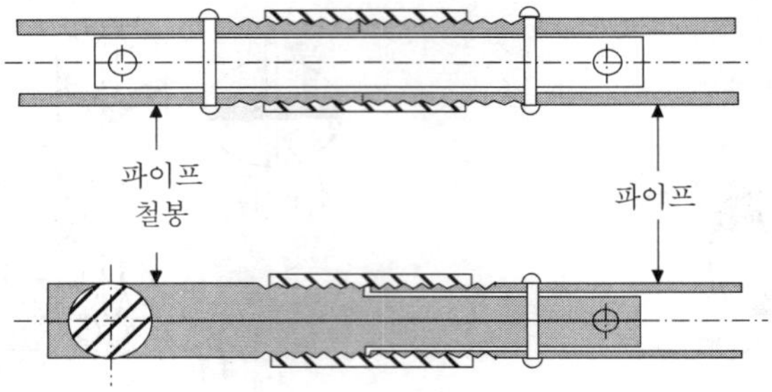

그림 3-18. 철관접속

2 철관도차(導車)

철관도차는 철관을 지지하고 철관이 움직일 때 상하, 좌우의 움직임을 방지해 주며 마찰저항을 적게하여 철관의 동작을 원활하게 한다. 일반적으로 3[m]마다 철관도차(pipe carrier)를 설치한다.

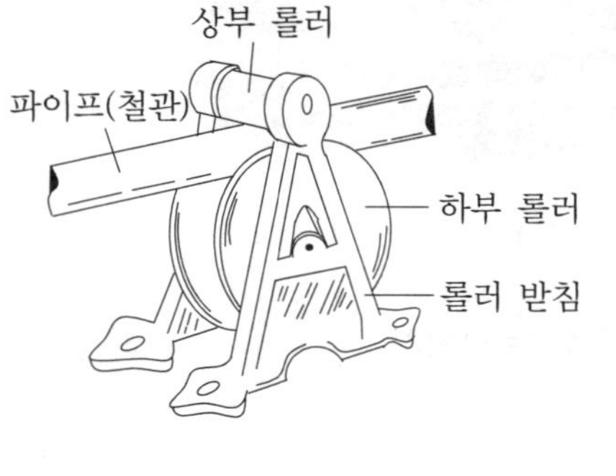

그림 3-19. 철관도차

3 죠와 턴버클

죠(jaw)는 철관과 크랭크, 전철간 등의 연결부분에 사용한다.

죠에는 거리조정이 되지 않는 솔리드죠(solid jaw)와 조정이 가능한 스크류죠(screw jaw)가 있으며, 스크류죠에 부착되어 거리조정에 사용되는 장치를 턴버클(turn buckle)이라 한다.

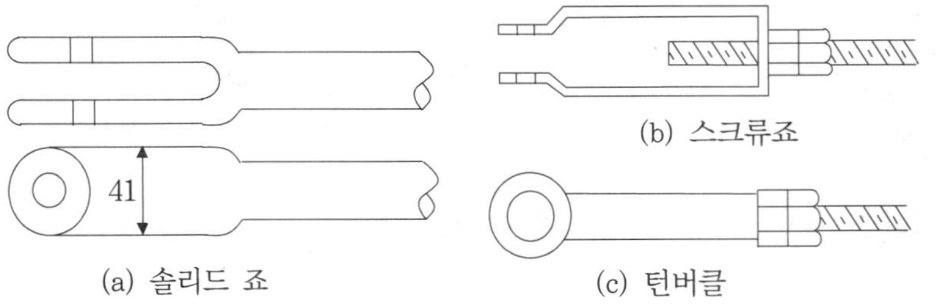

그림 3-20. 죠와 턴버클

4 크랭크류

크랭크(crank)는 철관의 움직이는 방향을 변경하기 위해 사용하는 것이다. 사용목적에 따라 여러 가지가 있으며 받침은 튼튼한 콘크리트 기초 위에 부착시켜 유동을 방지하고, 크랭크의 양 끝은 죠에 의해서 철관에 연결되어 있다.

1) 스트레이트 크랭크

철관의 운동 방향을 축의 방향으로 회전하며, 철관이 외부의 온도 변환에 의해 균형적으로 신축하여 파이프의 무리를 자동적으로 조정하기 위하여 사용한다.

2) 직각 크랭크

철관을 직각 방향으로 변경하는 장치에 사용한다.

3) 조절 크랭크

직각 크랭크와 같이 철관의 방향을 변경하는 동시에 한쪽 암측에는 콘넥터가 있어 이것을 움직이면 암의 길이가 변해 동정을 증감시킨다. 이러한 조절장치는 쌍동기, 전환쇄정 위치의 직전에 사용한다.

4) 레디알 암

1개의 축을 중심으로 회전하는 1개의 크랭크로 철관의 방향을 150°까지 변하게 하는 데 사용한다.

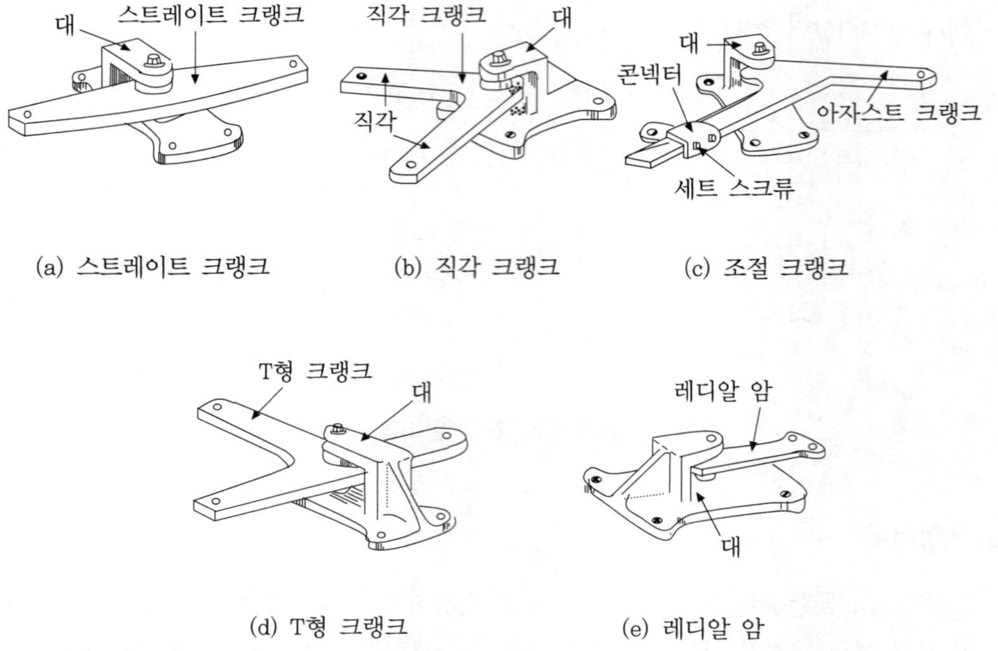

그림 3-21. 크랭크의 종류

5 밀착조절간

첨단레일의 동정(stroke) 및 밀착조정은 크랭크 로드로 가감할 수 있으나, 일반적으로 밀착조절간(switch adjuster)이 사용되고 있다.

밀착조절간의 슬리브 너트를 적당히 가감함으로써 쉽게 텅(tongue)레일의 밀착을 확보할 수 있다.

3.4.3 전환쇄정장치

전철리버를 전환하면 전도장치를 통하여 분기기의 첨단레일을 전환하여 기본레일에 밀착시킨 다음 열차나 차량의 진동 등에 견딜 수 있도록 쇄정하는 장치를 전환쇄정장치(switch and lock movement)라 한다. 전환쇄정장치는 여러 가지의 간 및 쇄정자 등으로 구성되어 있다.

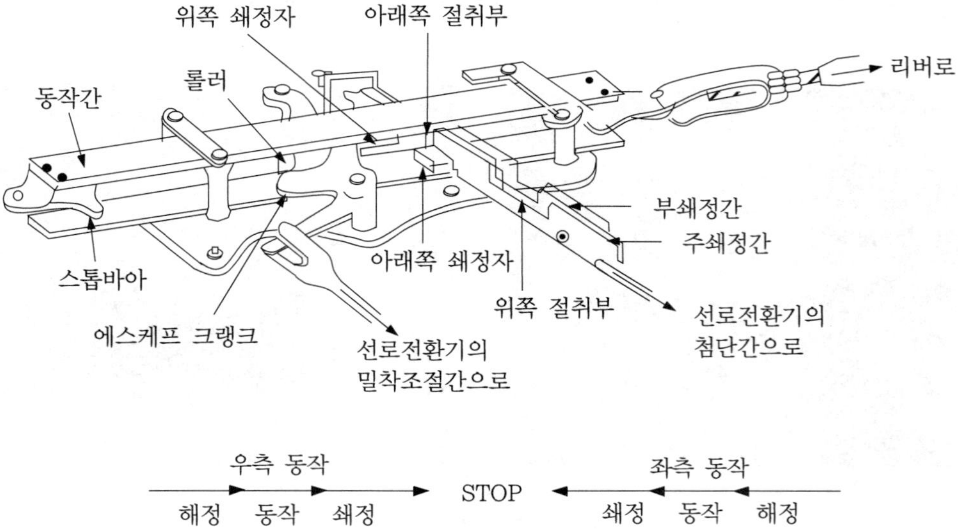

그림 3-22. 전환쇄정장치

3.5 전기선로전환기

원거리에 설치한 선로전환기와 사용 횟수가 많은 선로전환기를 하나하나 인력으로 전환한다는 것은 매우 어려울 뿐만 아니라 동작의 확인도 불확실하므로 이와 같은 불편과 결점을 보완하기 위하여 전기선로전환기를 사용하고 있다. 전기선로전환기는 전환장치와 쇄정장치로 구성되며 이와 같이 선로전환기의 전환 및 쇄정 과정을 전기적인 힘인 전동기(motor)에 의한 것이 전기선로전환기(전철기)이다.

3.5.1 NS형 전기선로전환기

NS형 전기선로전환기는 AC 110/220[V] 단상 60[Hz]를 정격으로 사용하고 있는 전기선로전환기로서 과부하 또는 전동기 공회전 시 전동기를 보호하기 위하여 마찰클러치를 사용하고 있다.

현재 일반철도 구간에서 많이 사용하고 있는 전기선로전환기로 높은 신뢰성과 안전성이 있으나 마찰클러치를 사용하므로 온도변화에 민감하여 주기적인 보수점검을 요하며, 주물에 의한 중량물 구조로 된 전기선로전환기이다.

그림 3-23. NS형 전기선로전환기

1 NS형 전기선로전환기의 구성

전기선로전환기는 제어장치, 전동기, 전환부, 쇄정부, 표시장치, 외함 등으로 구성되어 있다.

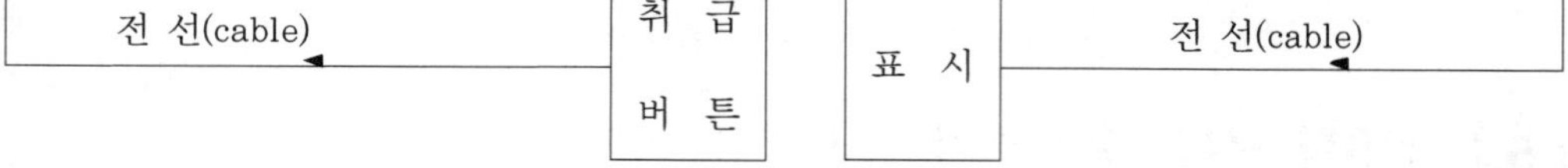

그림 3-24. NS형 전기선로전환기 동작 계통도

1) 취급버튼

취급버튼은 전기선로전환기의 전동기로 유입하는 전원을 개, 폐하는 스위치로서 전기 연동장치의 종류에 따라 개별 제어버튼과 일괄 제어버튼으로 분류할 수 있다.

NS형 전기선로전환기는 조작반상의 취급버튼에 의해 직접 전환할 수 있으나 전동기에 흐르는 대전류의 제어에 불편할 뿐만 아니라 원거리의 경우에는 전압 강하가 우려되므로 선로전환기 내부에 제어계전기를 설치하고 취급버튼에 의해 제어계전기를 여자시킨 다음 여자접점에 의해 전원을 전동기로 공급한다.

또 현장점검을 쉽게 하기 위하여 수동 취급버튼을 설치하여 전환하도록 되어 있다.

2) 제어계전기

제어계전기(switch box or switch circuit controller)는 삽입형으로서 유극 2위식 자기유지형 계전기이며 정격 동작전압은 DC 24[V], 전류는 120[mA]이고 코일저항은 200[Ω]이다.

제어계전기는 전원의 방향에 따라 +, −(정위, 반위) 측으로 동작하며 한번 동작하면 전원이 차단되어도 영구자석이 되어 전원의 극성이 반대로 공급될 때까지 동작방향을 계속 유지하고, 열차통과 시 충격(10[g] 정도)에 대하여 전환 동작하지 않는다.

3) 전동기

전동기(motor)는 콘덴서 기동형 단상 유도전동기로서 2상 4극으로 기동력이 크고 정격전압의 80[%]에서도 동작이 확실하게 이루어져야 하고 베어링은 밀봉형 볼 베어링(ball bearing)을 사용하므로 급유가 필요 없는 구조이다.

콘덴서 기동형 단상 유도전동기는 기동권선(보조권선)에 직렬로 콘덴서를 접속하여 시동 시에는 주권선과 기동권선 및 콘덴서에 전류가 흐르다가 기동이 되면 기동권선과 콘덴서를 분리하고 주권선만으로 운전하는 전동기이다. 주권선과 기동권선에 흐르는 전류의 위상차가 약 90도가 되어 기동전류가 작고 기동토크가 크며 역률이 좋아 소음이 적다.

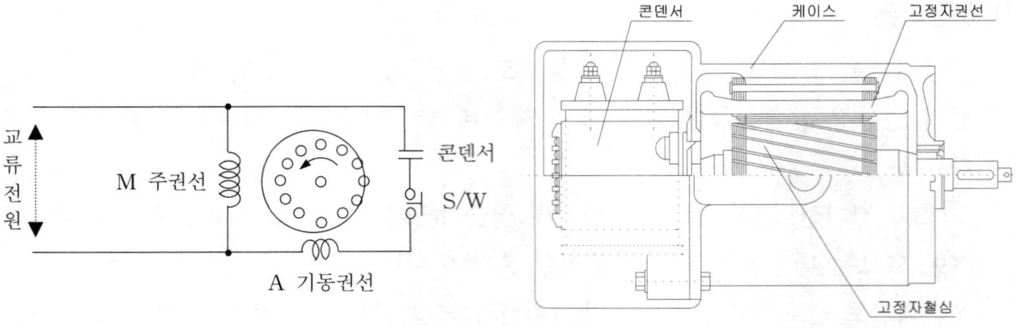

그림 3-25. 전동기(콘덴서 기동형)

① 선로전환기용 전동기 구비조건

- 기동토크 및 견인력이 클 것
- 속도제어가 용이하며, 넓은 속도범위에서 능률이 좋을 것
- 전원전압의 변동에 대한 영향이 적을 것
- 병렬운전시 부하의 불평형이 적을 것
- 중량과 용적이 크지 않을 것

② 전동기와 콘덴서의 동작관계

전동기의 기동 시 사용되는 콘덴서는 운전 중에 회로가 단선이 되면 전동기는 계속 회전하여 7~9[A]의 전류가 흐르고 일단 정지 후에는 기동할 수 없으며 이때는 약 11[A]의 전류가 흐른다.

운전 중 콘덴서가 단락이 되면 전동기는 정지하고 35[A]의 전류가 흘러 전동기의 손상을 방지하기 위해 퓨즈는 용단되며 일단 정지 후에는 기동할 수 없다.

③ 공회전

선로전환기 첨단에 다른 물질이 끼었을 때 또는 선로전환기와 첨단간의 취부위치가 틀리거나 쇄정간 홈과 쇄정자가 불일치하면 전환로라는 쇄정 개시 상태로 정지하여 동작하지 않으므로 회로제어기도 원상태가 되어 전동기는 회전을 계속한다.

이와 같이 공회전이란 선로전환기가 전환 도중 방해를 받았을 때 전동기가 계속 회전하는 현상을 말하며 마찰클러치에서 발생하는 열에 의해 기내 온도가 상승할 뿐 아니라 전동기도 최대전류로 회전하게 되어 장기간 공회전할 때는 전동기가 소손될 위험성이 생기므로 선로전환기의 불일치에는 각별히 유의하여야 한다.

4) 마찰클러치(마찰연축기)

클러치는 전동기의 회전력을 전달하고 전동기가 회전 또는 정지할 때 기어(gear)에 충격을 주지 않도록 관성을 흡수하는 역할을 한다. 과부하 또는 전환 도중에 방해를 받았을 때 전동기를 보호하기 위하여 설치하는 것으로서 NS형 전기선로전환기는 마찰클러치(friction clutch)가 사용되고 있다.

마찰클러치는 특수 그리스가 봉입된 다중 합판식 클러치로 회전 마찰판과 고정 마찰판을 서로 겹쳐 스프링으로 눌러 마찰 회전력을 전달하는 방식으로서 쉽게 회전력을 가감할 수 있다.

마찰클러치 내부에는 그리스가 충전되어 있으며 이 그리스는 온도에 의해 점도가 변화하여 관성 흡수력이 변하게 된다. 전동기 내부는 주변온도에 따라서 -20[℃]~+60[℃] 정도로 온도 변화가 심하다. 따라서 1년에 2회 정도 마찰클러치의 조정이 필요하며 조정 시기는 겨울과 여름의 초기에 적당하다. 설치 후에도 클러치의 조정을 위해서 동작간에 동작을 방해하여 클러치를 습동시키고 이때의 습동전류를 측정하는 것이 간편하고 정확하다. 여름철에 기온이 높아지면 전환력이 약해지게 되므로 클러치를 조이는 경향이 있으나 겨울철에 풀지 않고 사용하면 클러치의 관성 흡수력이 적어져서 전환치차 정지 시에 일어나는 충격을 전환로라, 로라핀, 모터축 등이 쉽게 손상되는 요인이 된다.

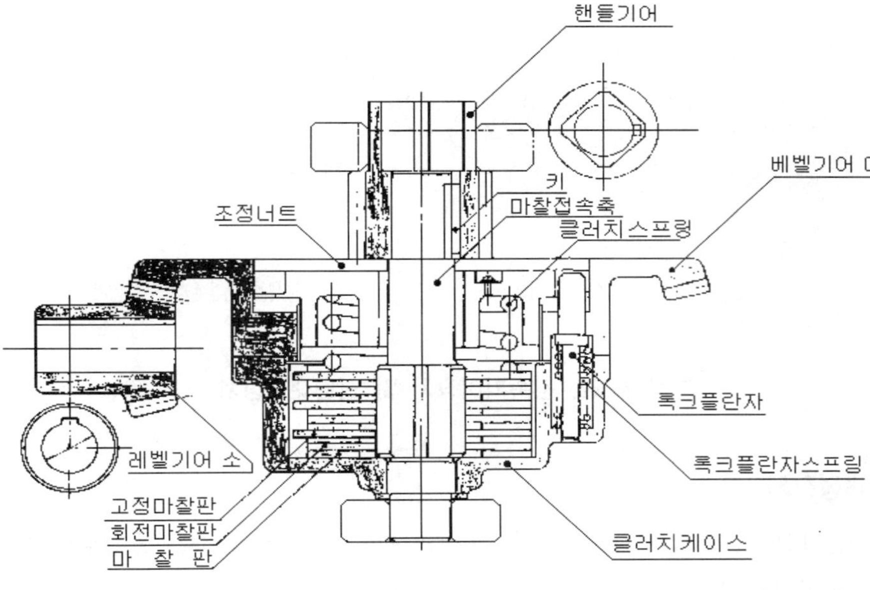

그림 3-26. 마찰클러치

클러치의 조정요령은 다음과 같다.

① 외함 뚜껑을 열고 수동핸들을 삽입한 다음 동정의 최종단으로부터 여러 번 뒤로 돌린다.
② 조정너트의 쇄정판이 들여다보이는 홈을 조정용 삽입공에 맞추고 조정봉을 삽입하여 쇄정판을 누른다.
③ 전환력을 세게 할 때는 화살표 방향으로, 전환력을 약하게 할 때는 화살표 반대 방향으로 수동핸들을 돌린다.

5) 감속기어장치

전동기는 회전수가 많으므로 3개의 기어(gear)를 사용하여 강한 회전력을 감속하거나 전달하기 위하여 설치한 것이다.

1단은 베벨기어이며 2, 3단은 평기어이다. 3단은 전환기어라고 하며 베어링은 밀봉형 볼 베어링을 사용하고 있으므로 급유가 필요 없다.

1단의 베벨기어의 축에 마찰클러치와 수동핸들 삽입용 소켓이 부착되어 있는데 각 기어축은 수직축으로 되어 있어 다른 물질이 끼이게 되는 위험률이 적다.

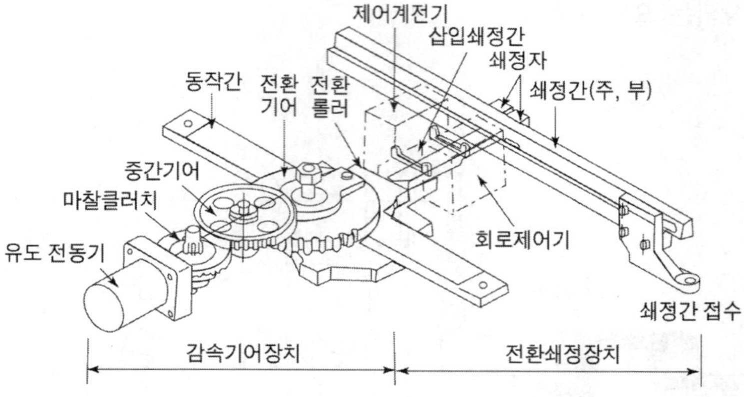

그림 3-27. 감속기어장치 및 전환쇄정장치

6) 전환쇄정장치

NS형 전기선로전환기의 해정, 전환, 쇄정의 세 가지 작용을 하는 동작부로서 전환기어(gear)가 1회전하는 동안 하부 롤러(roller)에 의하여 삽입된 쇄정간의 쇄정자를 해정하고 동작간을 움직여 첨단레일(tongue rail)을 전환시킨 다음 삽입된 쇄정간으로 동작간 및 쇄정간을 쇄정한다.

선로전환기의 외력을 직접 받으므로 충분한 강도가 필요하며 쇄정자와 쇄정간의 동작은 정밀을 요한다.

7) 회로제어기

전환쇄정장치가 동작을 완료하면 전동기를 정지시키고 선로전환기가 소정의 위치로 전환한 것을 확인하기 위하여 바(bar)의 중앙에 있는 4개의 조정볼트가 회로제어기(circuit controller)의 정자를 교대로 작용시켜 회로제어기를 동작시키며 동작이 끝난 다음에는 전동기 전원을 차단하여 표시회로(indication circuit)를 구성한다.

8) 표시회로

선로전환기가 동작을 완료한 다음 회로제어기의 구성 접점에 따라 계전기실 표시계전기를 동작시켜 선로전환기의 정위, 반위 또는 전환 중의 상태를 정확히 표시하게 된다.

9) 밀착검지기

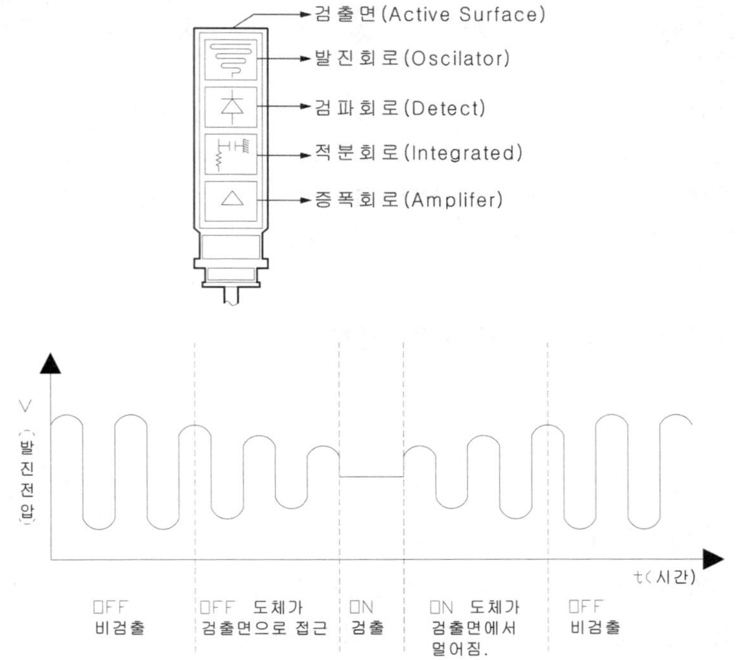

그림 3-28. 밀착검지기 및 발진파형

기본레일과 텅레일의 밀착상태를 검지하기 위한 장치로 마이크로 스위치를 이용한 방식과 기계적인 접촉부를 없애고 무 접촉으로 물체를 검지하는 센서방식 등이 있다.

현재 일반철도에서는 근접센서방식을 사용하고 있으며 밀착검지기는 LC로 조합된 고주파 자계 중심에 금속물체가 접근하면 전자유도 현상에 의하여 금속에 와전류가 흐르며 이 와전류 I와 고유저항 R에 의하여 I^2R의 에너지 손실이 생긴다. 이에 따라 검출부 발진코일의 임피던스 변화로 발진상태를 유지할 수 없게 되어 발진 정지 또는 발진 진폭의 감소가 발생된다. 이 발진부의 발진에너지 변화량을 검출하여 출력 신호를 발생하는 원리를 응용한 것이다.

2 NS형 전기선로전환기의 주요제원

NS형 전기선로전환기의 주요제원은 표 3-8과 같다.

표 3-8. NS형 전기선로전환기의 주요제원

구 분	동작범위[mm]		정격전압		정격(운전) 전류	전환 시간	최대 전환력	중 량
	동작간	쇄정간	전 환	제 어				
성 능	185	130~185	AC 105/220[V] 단상 60[Hz]	DC 24[V]	7.5[A] 이하	6[sec] 이하	300[kg]	330[kg]

* 전환시간이란 표시계전기 접점이 개방되면서부터 선로전환기가 전환하고 표시계전기의 접점이 구성되기까지의 시간을 말하며, NS형 전기선로전환기는 6[sec] 이하이다.

3 NS형 전기선로전환기의 배선 및 설치

1) 배선

표시전원 입력은 현장 접속함을 거쳐 선로전환기 단자판 N4(R3과 common) 단자에 ⊕전원을 공급하고 10번(8번과 common) 단자에 ⊖전원을 공급한다.

N4 단자의 ⊕전원은 제어계전기 N4, C4 구성접점을 거쳐, 회로제어기 9, 5번 접점을 통하여 선로전환기 단자판 5번(3번과 common) 단자에 도착되어 신호계전기실로 인가된다.

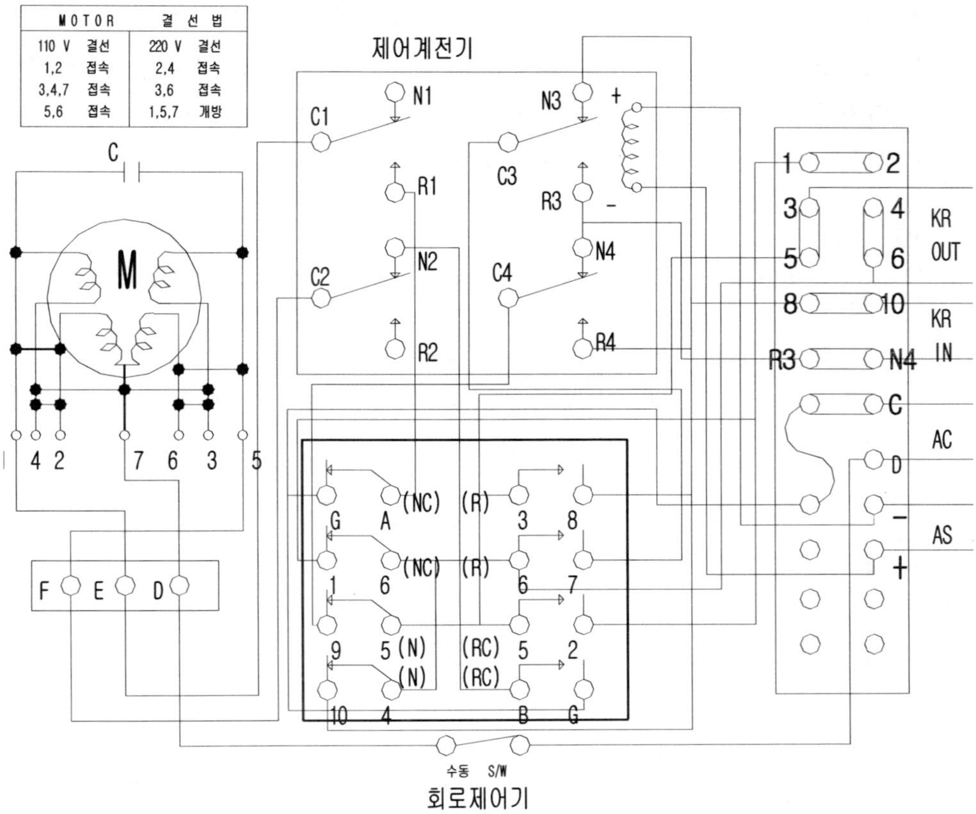

그림 3-29. NS형 전기선로전환기 기내 배선도

⊖ 표시전원은 회로제어기 10, 4번 접점 구성을 확인하고 단자판 4번(6번과 common) 단자에 공급되어 신호계전기실로 인가되어 정위(N방향)상태를 표시한다.

신호조작반에서 해당 선로전환기를 반위(R방향)로 연동 또는 단동 취급하면 제어계전기 동작으로 N4, C4로 가던 ⊕ 표시전원은 차단되고 제어계전기 R3, C3 접점, 회로제어기 7, 6번 접점을 통하고, ⊖ 표시전원은 회로제어기 8, 3번 접점을 통하여 표시전원을 정위(N방향) 때와 반대로 극성이 바뀌어 신호계전기실로 인가된다.

단자판 1, 2번 common은 전기선로전환기의 회로제어기 접점이 반위 또는 정위로 구성하기 전(전환중, 불일치)에 표시회로를 구성하지 못하도록 방지하기 위한 단락회로이다.

① **밀착검지기 개소 단동결선** : 대향에서 왼쪽 방향으로 개통("–" 방향)
열차가 대향에서 보아 왼쪽(–) 방향으로 갈 때 신호계전기실 또는 접속함에서 표시전원(KR, DC24[V])이 나올 때 ⊕전원은 선로전환기 13번 단자에, ⊖전원은 14번 단자에 연결되고, 밀착검지기 케이블 1, 3, 4는 선로전환기 13번 단자에, 2, 5, 6번은 선로전환기 14번 단자에 연결된다.

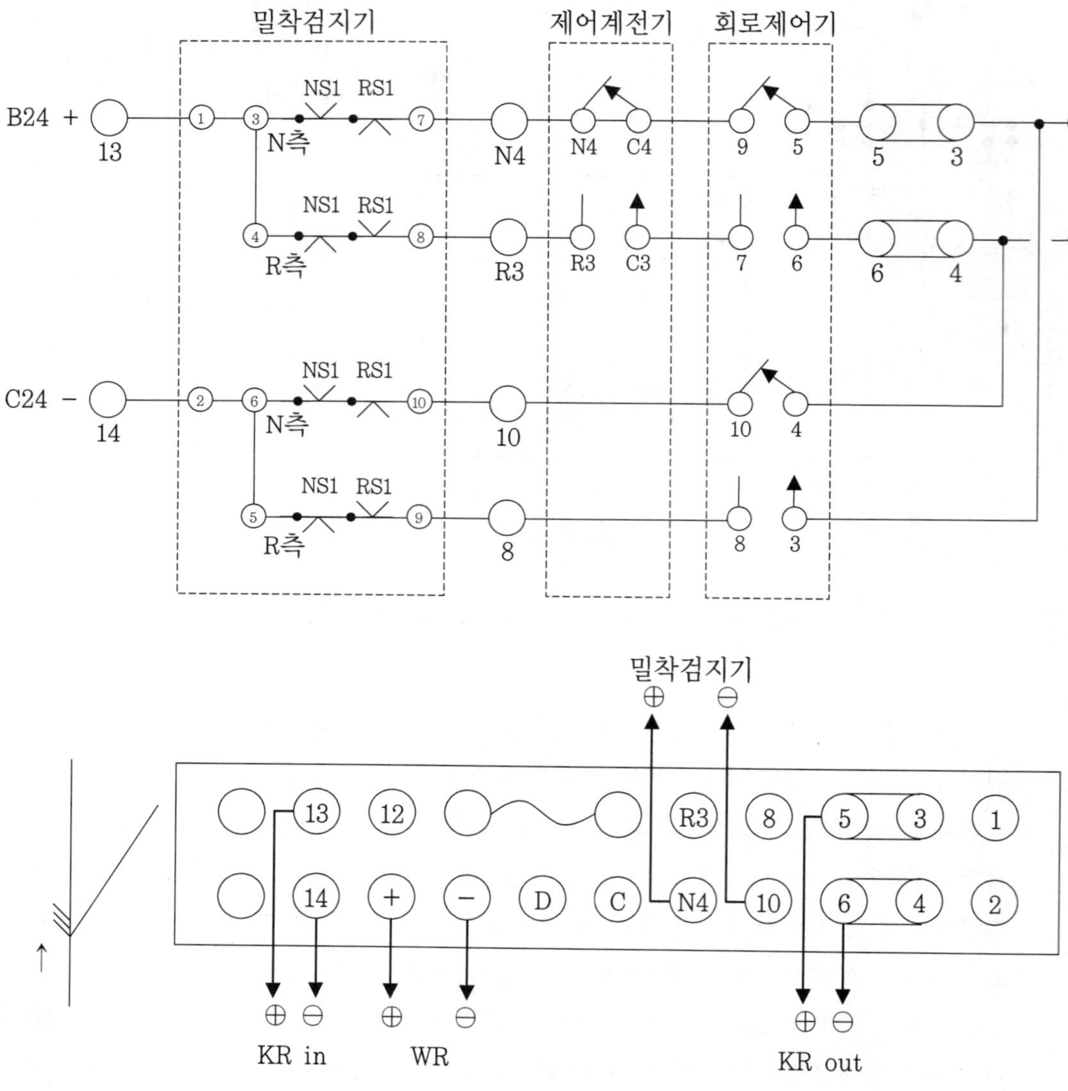

그림 3-30. NS형 전기선로전환기 단동결선도("–" 방향)

밀착검지기가 밀착을 검지하여 밀착검지기 케이블 7번은 ⊕, 10번은 ⊖로 전원이 나와서 선로전환기 N4 단자에 ⊕, 10번 단자에 ⊖로 제어계전기와 회로제어기에 연결되고, 선로전환기 6번 단자에 ⊖, 5번 단자에 ⊕전원이 나와서 신호계전기실로 들어간다.

WR전원은 (−) 단자에 ⊖전원이, (+) 단자에 ⊕전원이 인가되어 제어(WR)계전기는 대향에서 보아 모터 쪽으로 동작된다. 밀착검지기가 정위(N방향)일 때 표시전원 ⊕는 밀착검지기 제어부 콘넥터 3번에 연결되어 NS1 여자접점, RS1 낙하접점을 거쳐 콘넥터 7번에서 선로전환기 N4 단자에 ⊕ 표시전원이 인가되고, 표시전원 ⊖는 밀착검지기 제어부 콘넥터 6번에 연결되어 NS1 여자접점, RS1 낙하접점을 거쳐 콘넥터 10번에서 선로전환기 10 단자에 ⊖ 표시전원이 인가된다.

밀착검지기가 반위(R방향)일 때는 표시전원 ⊕는 밀착검지기 제어부 콘넥터 4번에 연결되어 NS1 낙하접점, RS1 여자접점을 거쳐 콘넥터 8번에서 선로전환기 R3 단자에 ⊕ 표시전원이 인가되고, 표시전원 ⊖는 밀착검지기 제어부 콘넥터 5번에 연결되어 NS1 낙하접점, RS1 여자접점을 거쳐 콘넥터 9번에서 선로전환기 8 단자에 ⊖ 표시전원이 인가된다.

② **밀착검지기 개소 단동결선** : 대향에서 오른쪽 방향으로 개통("+" 방향)
열차가 대향에서 보아 오른쪽(+) 방향으로 갈 때 신호계전기실 또는 접속함에서 표시전원(KR, DC24[V])이 나올 때 ⊕전원은 선로전환기 13번 단자에, ⊖전원은 14번 단자에 연결되고, 밀착검지기 케이블 1, 3, 4는 선로전환기 13번 단자에, 2, 5, 6번은 선로전환기 14번 단자에 연결된다.

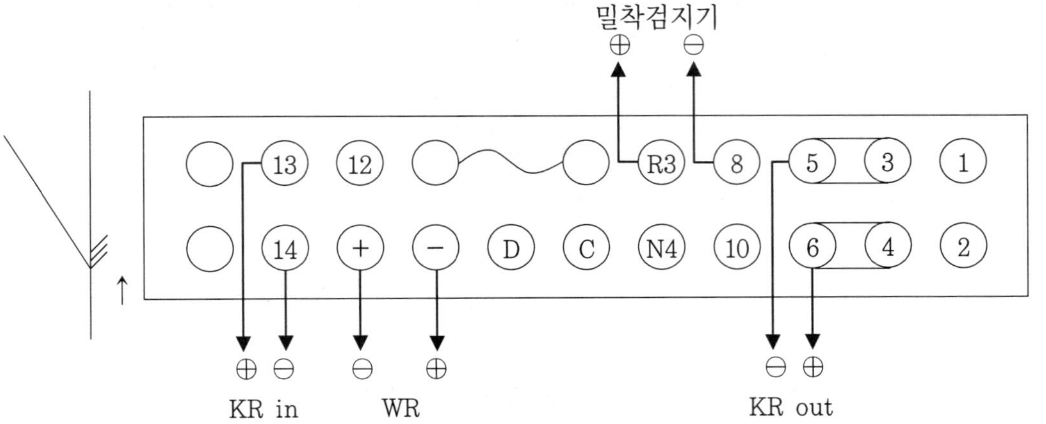

그림 3-31. NS형 전기선로전환기 단동결선도("+"방향)

밀착검지기가 밀착을 검지하여 밀착검지기 케이블 8번은 ⊕, 9번은 ⊖로 전원이 나와서 선로전환기 R3 단자에 ⊕, 8번 단자에 ⊖로 제어계전기와 회로제어기에 연결되고, 선로전환기 5번 단자에 ⊖, 6번 단자에 ⊕전원이 나와서 신호계전기실로 들어간다.

WR전원은 (–) 단자에 ⊕전원이, (+) 단자에 ⊖전원이 인가되어 제어(WR)계전기는 대향에서 보아 모터 쪽으로 동작된다.

③ **밀착검지기 개소 쌍동결선** : 대향에서 왼쪽 방향으로 개통("–" 방향)

신호계전기실 또는 접속함에서 선로전환기간 케이블 결선방법은 단동결선(–방향)과 동일하며 표시전원은 선로전환기 A호에서 N4⊕, 10⊖번 단자로 들어가 5⊕, 4⊖번 단자로 나온다. 선로전환기 B호에서는 밀착검지기 3⊕, 6⊖번호와 N4⊕, 10⊖번 단자로 연결되고, 5⊕, 6⊖번 단자로 나와서 신호계전기실로 들어간다.

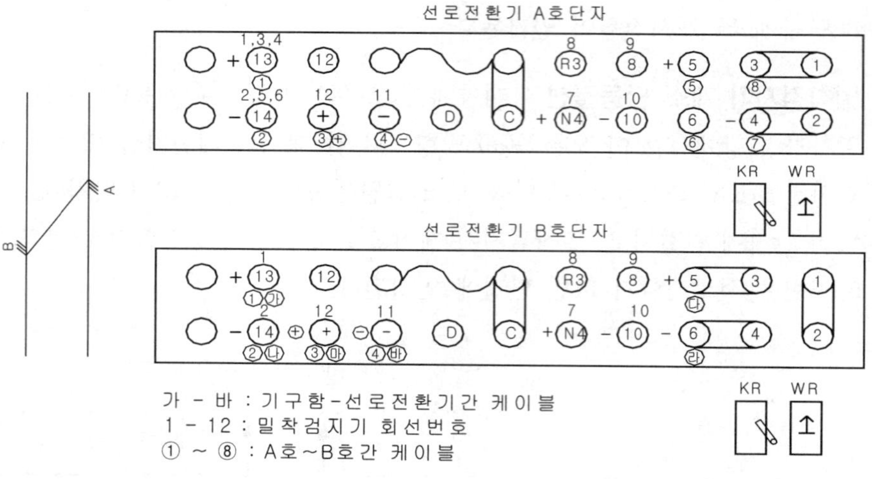

밀착검지부케이블 번호	5	4	6	3
단자번호	8	R3	10	N4
A–B간 케이블 번호	⑧	⑥	⑦	⑤
			–	+

(단자반)

그림 3–32. NS형 전기선로전환기 쌍동결선도("–" 방향)

④ **밀착검지기 개소 쌍동결선** : 대향에서 오른쪽 방향으로 개통("+" 방향)
신호계전기실 또는 접속함에서 선로전환기간 케이블 결선방법은 단동결선("+" 방향)과 동일하며 표시전원은 선로전환기 A호에서 R3⊕, 8⊖번 단자로 들어가 6⊕, 3⊖번 단자로 나온다. 선로전환기 B호에서는 6⊕, 5⊖번 단자로 나와서 신호계전기실로 들어간다.

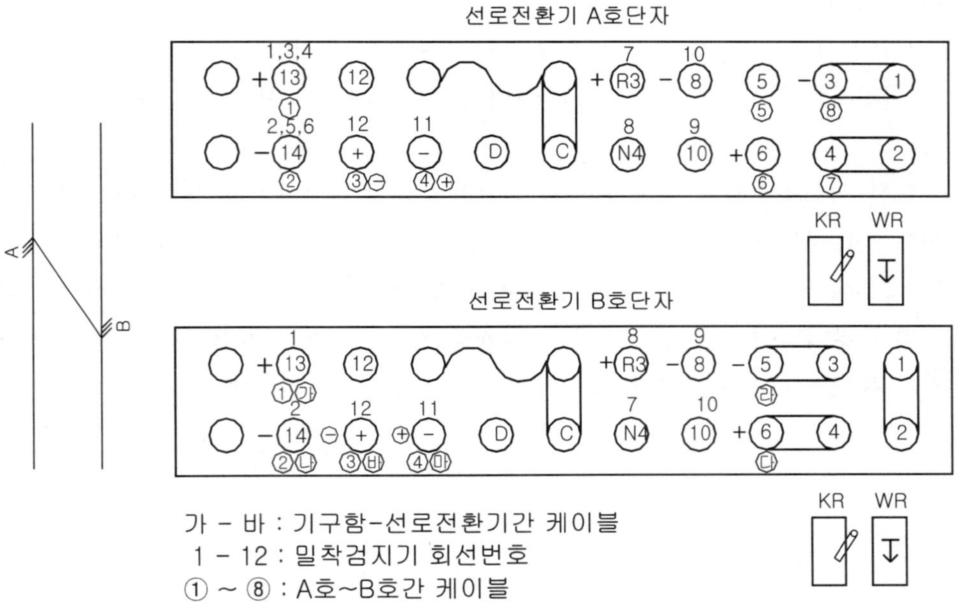

밀착검지부케이블 번호	5	4	6	3
단 자 번 호	8	R3	10	N4
A-B간 케이블 번호	⑧	⑥	⑦	⑤

− +
(단자반)

그림 3-33. NS형 전기선로전환기 쌍동결선도("+" 방향)

2) 설치

전기선로전환기는 보수점검 및 구내 작업상 안전한 위치이면 궤도의 좌우 어느 쪽으로나 설치할 수 있으나 보통 대향으로 보아 왼쪽에 설치한다.

설치측 레일두부의 내측에서 선로전환기 중심까지의 거리는 1,200[mm]를 표준으로 하고 침수방지용 깔판이 설치된 선로전환기는 분기부 철차번호에 따른 값을 더한다.(#8 : 345[mm], #10 : 270[mm], #12 : 224[mm], #15 : 198[mm]) 또한 열차가 진동하더라도 흔들리지 않도록 침목 위에 고정시킨다.

선로전환기를 대향 왼쪽에 설치할 경우에는 부쇄정간을 위쪽에 주쇄정간을 아래쪽에 오도록 하며 오른쪽에 설치할 경우에는 이와 반대로 주쇄정간이 위쪽에 부쇄정간이 아래쪽에 오도록 한다.

선로전환기를 기본레일과 평행으로 놓고 외함의 움직임을 방지하기 위하여 4개소의 취부위치에 주의하여야 하며 본체의 구멍과 침목의 구멍이 일치하도록 하여야 한다.

또한 밀착조절간과 접속간을 접속하여 밀착을 조정하는데 선로전환기에 무리한 힘이 가해지는가를 알기 위하여 수동핸들로 전환하여 확인하여야 하며 취부 당시에는 각부에 틀림이 생길 우려가 있으므로 쇄정간의 쇄정홈 부분에 주의하여야 한다.

편개 분기기에서는 직선 레일에, 양개 분기기는 분기 각도의 2등분선에 선로전환기가 평행하도록 하고 밀착조절간이 직각이 되도록 설치한다.

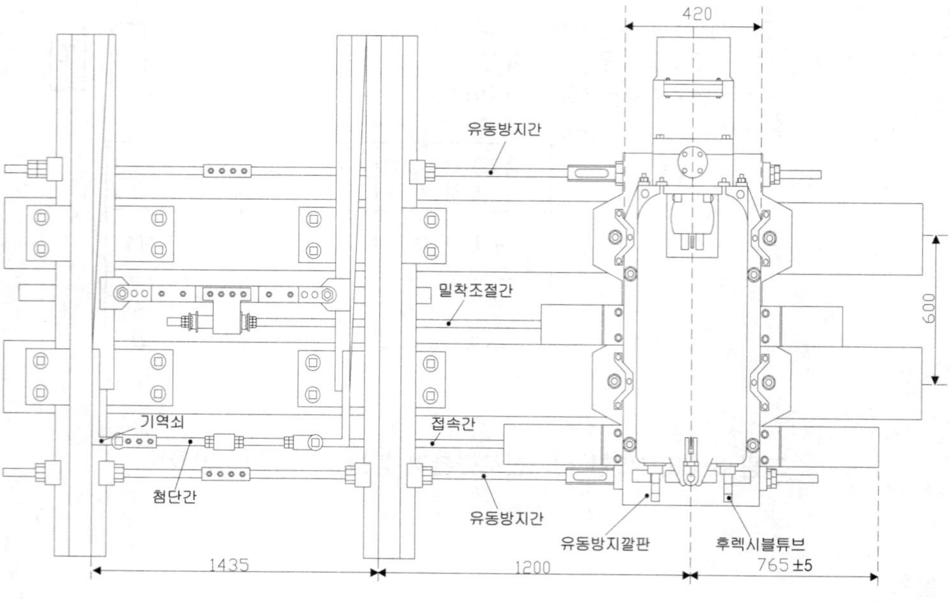

그림 3-34. 전기선로전환기 설치도

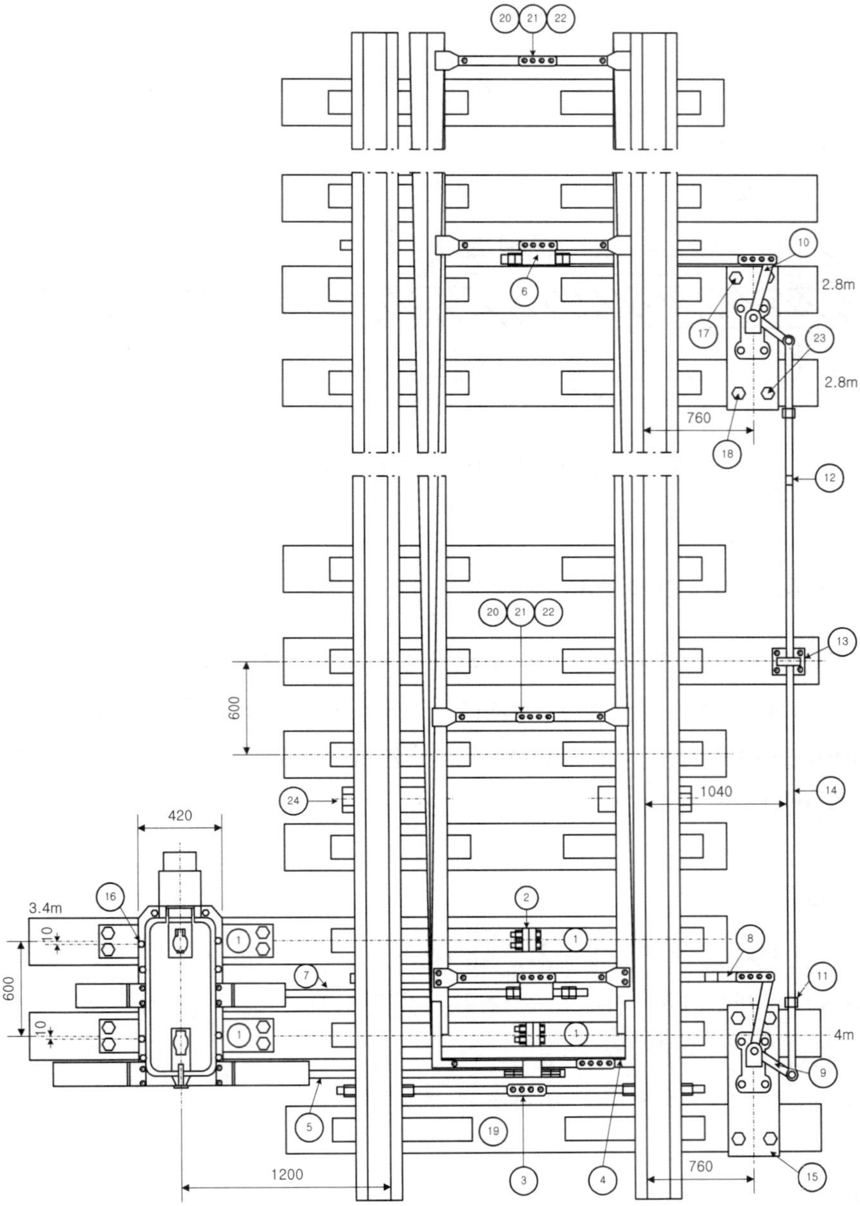

1. 깔판	2. 상판용절연	3. 레일간격간	4. 기역쇠	5. 접속간
6.7. 밀착조절간	8. 절연링구	9. 직각크랭크	10. 아자스트크랭크	11. 죠
12. 스크류죠	13. 파이프캐리어	14. 신호철관	15. 깔판	16.17.18. 체결볼트
19. 번호찰	20. 궤간절연	21. 접속판	22. 볼트	23. 볼트, 너트
24. 전철감마기				

그림 3-25. 전기선로전환기 설치도 50N(16#, 20#)

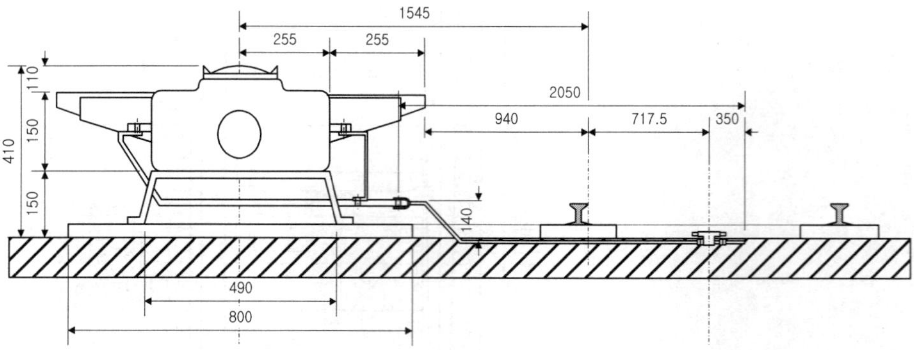

그림 3-36. 침수방지용 전기선로전환기의 설치도

4 선로전환기 기능감시장치

선로전환기 기능감시장치는 일반철도 구간의 선로전환기 동작상태를 실시간으로 감시할 수 있는 원격감시시스템을 말하며, 선로전환기 주요설비를 실시간 감시하고 누적데이터를 이용하여 고장추이 분석 및 사전 예측진단을 통한 효율적인 유지보수 및 사고를 예방하기 위한 장치이다.

1) 주요기능

① 선로전환기 동작 및 장애상태 실시간 감시
② 표시 및 제어전원, 전동기 AC전압·전류 실시간 감시 및 검측 분석
③ 전환시간 및 전환횟수 측정
④ 누적 데이터를 이용하여 변화추이 분석

2) 특성

① 현장설비(센서모듈)

선로전환기 동작상태를 자동으로 검측하여 검측 데이터를 데이터 수집장치로 전송한다.

② 데이터 수집장치

현장설비(센서모듈)로부터 수집한 데이터를 주기적으로 데이터 집중장치로 전송한다.

③ **데이터 집중장치**

수집된 데이터를 데이터베이스에 저장하여 데이터를 분석하고 예측진단하며 유지보수 모니터를 통해 선로전환기 동작 및 장애상태를 표출한다.

④ **종합관리서버**

전기설비 기술지원시스템과 연계하여 선로전환기 장애상태를 확인한다.

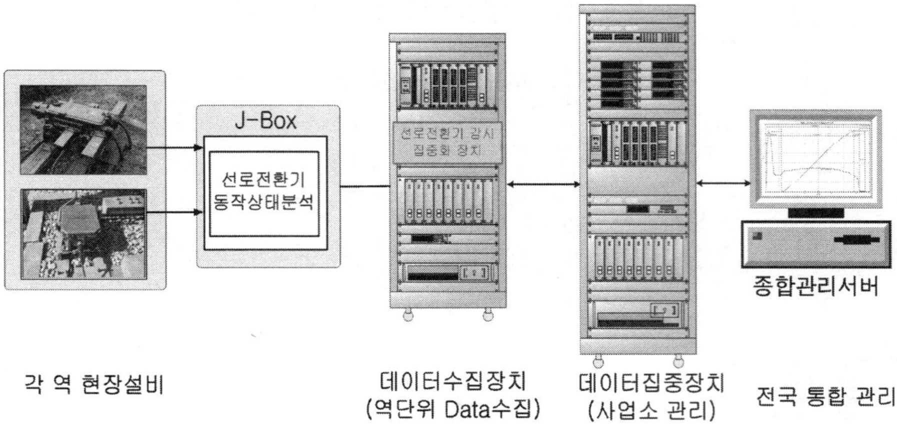

그림 3-37. 선로전환기 기능감시장치의 구성

3.5.2 NS-AM형 전기선로전환기

NS-AM형 전기선로전환기는 기존의 NS형 전기선로전환기의 문제점인 온도변화에 민감한 마찰클러치를 전자(마그네틱)클러치화 한 것으로 그리스 충전의 필요가 없으며, 과부하 또는 전환 도중 방해를 받을 시 모터를 보호할 수 있는 구조로 되어 있다.

또한 전환 종료 시 충격을 흡수하고 기구의 반전을 억제하며 전달토크가 안정되어 있으므로 조정이 필요 없게 되어 주변환경에 의한 장애요인 예방과 무보수화로 장치의 안전성과 신뢰성을 향상시킨 무보수형 전기선로전환기로 최근에 많이 사용되고 있다.

전자클러치는 영구자석을 이용한 비접촉 구조로 입력측에는 마그네틱을 출력측에는 히스테리시스제로 마주 보게 한 구조이다. 입력측과 출력측의 회전차에 의해 발생하는 소용돌이 모양의 전류에 의해 전달토크가 발생한다.

그림 3-38. NS-AM형 전기선로전환기

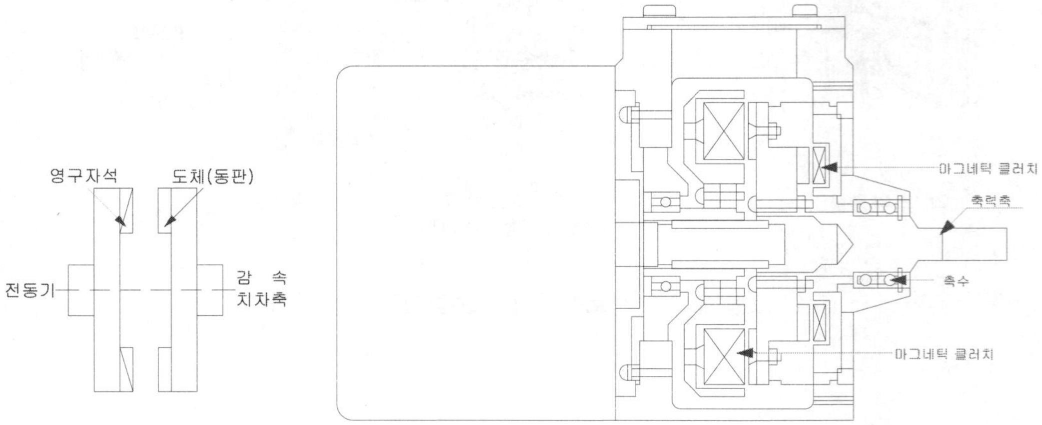

그림 3-39. 전자클러치 구조

1 NS-AM형 전기선로전환기의 주요제원

NS-AM형 전기선로전환기의 주요제원은 표 3-9와 같다.

표 3-9. NS-AM형 전기선로전환기의 성능

구 분	부하[kg]		전환시간[sec]		운전전류 [A]	슬립전류 [A]	최대전환력 [kg]	전 압 [V]
	시작	종료	105[V]	84[V]				
성 능	100	500	7 이하	8 이하	8.5 이하	16 이하	400	정격전압 220

3.5.3 MJ81형 선로전환기

노스 가동형 MJ81형 선로전환기는 프랑스의 알스톰(Alstom)사에서 개발하여 프랑스 고속철도 TGV와 경부고속선 및 기존선/고속선 연결선에서 사용하고 있는 전기선로전환기이다.

경부, 호남고속철도와 기존선/고속선의 연결선에 접속되는 분기기(F26번 이상)는 건넘선의 길이가 길어 많은 전환력을 필요로 하고, 고속열차가 통과하므로 기온변화나 첨단반발에 의한 영향을 받지 않는 노스 가동형 MJ81형 선로전환기를 사용하고 있다.

MJ81형은 AC 220/380[V] 3상을 사용하여 동작전류가 적게 소요되면서도 전환력이 큰 장점이 있다.

그림 3-40. 노스 가동형 선로전환기(MJ81형)

1 MJ81형 선로전환기의 주요제원

MJ81형 선로전환기의 주요제원은 표 3-10, 표 3-11과 같다.

표 3-10. MJ81 선로전환기의 성능

구 분	주위온도	사용전원	동 정	비 고
성 능	−30[℃]∼+70[℃]	3상 60[Hz] 220/380[V]±10[%]	110∼260[mm] (조절가능)	

표 3-11. MJ81 선로전환기의 제원

<table>
<tr><th rowspan="2">치 수</th><th rowspan="2">하 중
(리버 포함)</th><th colspan="3">부하(동정 110~260[mm])</th><th rowspan="2">정격전류
(부하 200[kgf]시)</th><th rowspan="2">내전압</th></tr>
<tr><th>구분</th><th>정격</th><th>최대</th></tr>
<tr><td rowspan="2">길이 : 700[mm]
폭 : 476[mm]
높이 : 215[mm]</td><td rowspan="2">91[kgf]
±5[%]</td><td rowspan="2">3상용</td><td rowspan="2">200[kgf]
이상</td><td rowspan="2">400[kgf]
이상</td><td>220[V]시 3.0[A] 이하</td><td rowspan="2">2,000[V]
60[Hz] 1[분]</td></tr>
<tr><td>380[V]시 2.0[A] 이하</td></tr>
<tr><td>전 환 시 간</td><td colspan="6">5[sec] 이하</td></tr>
<tr><td>최대 소비전류</td><td colspan="6">4.8[A] 이하</td></tr>
</table>

3.5.4 하이드로스타 선로전환기

하이드로스타 선로전환기는 유압모터 구동형 선로전환기로서 전기모터에서 발생하는 기계적인 힘을 유압력으로 변환하여 분기기의 동작, 전환, 쇄정, 감시시스템을 유압식으로 하는 선로전환기이다.

1 하이드로스타 선로전환기의 주요제원

하이드로스타 선로전환기의 주요제원은 표 3-12와 같다.

표 3-12. 하이드로스타 선로전환기의 주요제원

구 분	최대전환부하 [kg]	전환시간 [sec]	동작전류 [A]	동정 [mm]	최대전환력 [N]	사용전압 [V]
성 능	2,940	6 이하	3.7/6.4	160 이하	5,000~30,000	3ϕ 380[V] AC

(a) 첨단부 (b) 크로싱부

그림 3-41. 하이드로스타 선로전환기

3.5.5 침목형 전기선로전환기

침목형 전기선로전환기는 스웨덴 Bombardier(구 Adtranz)에서 개발한 무보수화 개념의 전기선로전환기로 첨단밀착 및 쇄정검출 기능을 보유하고 있으며 선로 내(중앙)에 설치할 수 있는 구조로 현재 유럽철도 및 부산지하철 2호선에서 사용하고 있다.

1 침목형 전기선로전환기의 주요제원

침목형 전기선로전환기의 주요제원은 표 3-13, 표 3-14와 같다.

표 3-13. 침목형 전기선로전환기의 성능

구 분	주위온도	사용전원	동정	비 고
성 능	-40[℃] ~ +70[℃]	1[Φ] 220[V] ± 10[%] 60[Hz] 3[Φ] 220[V] ± 10[%] 60[Hz]	60 ~ 160[mm]	

표 3-14. 침목형 선로전환기의 제원

치 수	하 중 (리버 포함)	부하(최대동정 260[mm])			정격전류 (부하 200[kgf]시)	내전압
		구분	정격	최대		
길이 : 3,000[mm] 폭 : 300/400[mm] 높이 : 200[mm]	400[kgf]	1상용 3상용	200[kgf] 이상	1,000[kgf] 이상	220[V]시 2.5[A] 이하	2,000[V] 60[Hz] 1[분]
전 환 시 간	3~5[sec]					
최대 소비전류	1,320/390[VA]					

3.5.6 차상선로전환장치

차상선로전환장치는 조차장 구내 및 입환 전용선이 있는 역 구내에서 선로전환기를 신호취급소의 조작반에서 전환하는 복잡성을 피하기 위하여 배향운전의 경우에는 차량의 차륜에 의해 레일스위치를 밟으면 자동 전환되고, 대향으로 운전할 때는 진행 중인 열차 위에서 수송원 또는 열차승무원이 조작리버를 취급하여 분기기를 전환하는 전기선로전환기이다.

그림 3-42. 차상선로전환장치

1 차상선로전환장치의 제원

차상선로전환장치의 제원은 표 3-15와 같다.

표 3-15. 차상선로전환장치의 제원

동작범위 [mm]	정격전압[V]		운전전류 [A]	전환시간 [A]	전환력 [kg]	전동기
	전 환	제 어				
185~210	AC 110/220 단상 60[Hz]	DC 24	105[V] : 13.5 이하 220[V] : 6.5 이하	2 이하	350	CONDENSER 단상유도전동기 (출력 750[W])

2 차상선로전환장치의 구조

1) 차상선로전환기

차상선로전환기는 대향으로 쇄정을 하고 있으며 배향 시에는 할출이 가능한 구조로 되어 있다. 제어방식으로는 차상전환장치용, 계전연동용으로 사용할 수 있으며 차상전환장치용에는 전동기 상부에 차상선로전환기의 전환방향을 표시하는 개통방향표시등을 붙일 수 있고 계전연동용에는 개통방향표시등 없이 사용할 수 있는 구조로 되어 있다.

2) 개통방향표시등

차상선로전환기의 전동기 상부에 붙어 있는 삼위 전환방향을 나타내는 표시등으로 색은 다음과 같이 정해져 있다.

① 차상선로전환기가 대향으로 개통되어 있을 때 : 청색
② 차상선로전환기가 배향으로 개통되어 있을 때 : 등황색
③ 차상선로전환기가 전환도중일 때 : 적색점멸(좌우의 첨단레일이 불밀착일 때)

표 3-16. 개통방향표시등의 표시

포인트 조건	리버표시등	개통방향표시등			
		대향에서 봄		배향에서 봄	
정 위	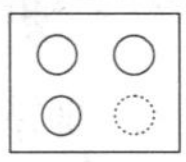	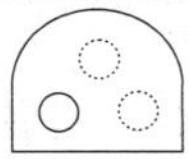	청색	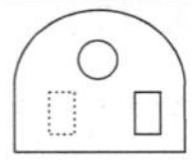	등황색
전환동작 중 (포인트불밀착)	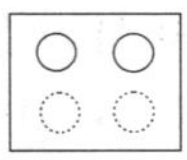	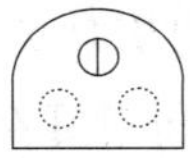	적색점멸	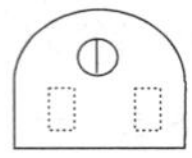	적색점멸
반 위	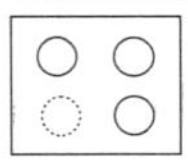	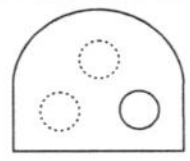	등황색	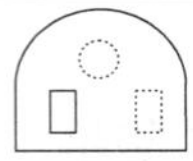	등황색
차량궤도구간 진 입	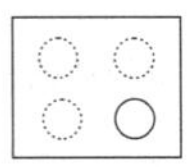	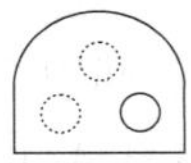	등황색	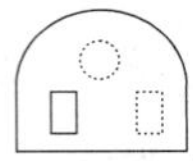	등황색
궤도구간 진출	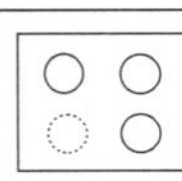	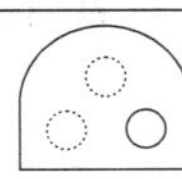	등황색	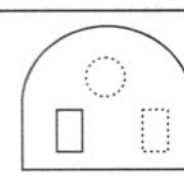	등황색

3) 조작리버(리버표시등부)

차상에서 조작리버를 좌, 우로 당김으로서 전기회로가 구성되며 진행방향으로 분기기를 전환시키는 장치이다. 조작리버는 조작 후 직립으로 자동 복귀되는 구조이다.

4) 레일스위치

배향운전의 경우 열차의 차륜이 배향측 레일에 설치된 레일스위치를 밟으면 전기회로가 구성되어 원하는 진행방향으로 분기기를 전환하는 장치이다.

5) 제어유니트

차상전환장치 제어에 필요한 계전기, 전원장치, 기타 부품 등을 신호기구함에 수용

한 것으로 분기기 1조분을 제어하는 단동용과 분기기 2조분을 제어하는 쌍동용 2종류가 있다.

6) 설치용품

밀착조절간 2본과 연결간 1조가 있으며 연결간은 좌우의 첨단레일에 연결하고, 말착조절간은 차상선로전환기와 연결간을 연결하여 전환력을 전달한다.

3 차상선로전환장치의 조작 방법

1) 대향운전할 경우

차상에서 분기기의 개통방향표시를 볼 수 있으므로 진행방향과 다를 때 조작리버를 조작하여 진행방향으로 차상선로전환기를 동작시켜 개통방향표시등에 의하여 전환을 확인하고 진입해야 하며 조작방법으로는 리버표시등 및 개통방향표시등 확인 → 조작리버 조작 → 선로환기 개통방향표시등 확인 → 진입의 순으로 한다.

2) 배향운전할 경우

차량의 진행에 의해 차륜이 배향측 레일스위치의 리버를 밟으면 분기기의 개통방향이 다를 때에만 분기기는 자동 전환한다.

3) 반복운전할 경우

배향으로부터 반복운전할 경우는 궤도회로 구간을 지나 차량이 조작리버 위치를 지나갈 때까지 조작리버 취급에 의해 개통방향표시등을 확인 후 진입해야 한다.

4) 이선으로부터 후속운전할 경우

후속차량은 다른 차량이 완전히 궤도회로 구간을 통과할 때까지 기다리고 그 후 확인하고 진입해야 한다.

5) 도중전환방지

차량이 궤도회로 구간에 있을 때는 차상취급 또는 배향측 레일스위치를 조작해도 분기기는 전환되지 않는다. 단, 차상선로전환기의 전환도중에 차량이 들어온 경우는 전환방향으로 밀착할 때까지 동작한다.

6) 수동전환일 경우

정전 시 또는 고장 등으로 개통방향표시등이 소등되어 있을 때는 차상선로전환기에 붙어 있는 수동전환핸들로 필요한 방향으로 전환할 수 있다.

4 차상선로전환장치의 설치

차상선로전환기는 해당 궤도회로 구간 내에 차량이 있을 때 작동하지 않도록 하며 전환 시분은 2초 이내로 하고 조작리버는 차상선로전환기로부터 대향방향 40[m] 지점, 레일스위치는 배향방향 40[m] 지점에 설치한다.

조작리버와 개통방향표시등은 해당 선로전환기 번호를 알 수 있도록 표지판을 설치하거나 주기를 기입하며 개통방향표시등은 차상선로전환기에 이상이 있을 경우 적색등이 점멸하고 수동전환핸들을 취급하는 중에는 전동기에 전원이 입력되지 않아야 한다.

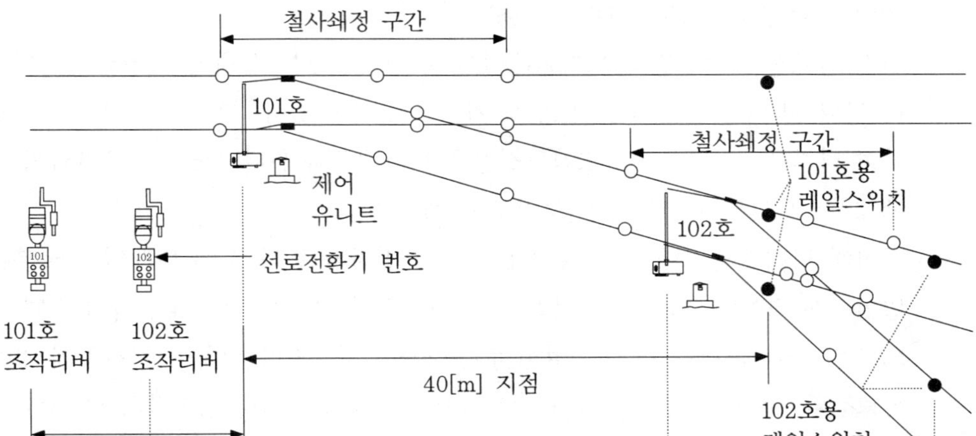

그림 3-43. 차상선로전환장치 설치기준

3.5.7 선로전환기의 유지보수

신호제어설비 중 선로전환기는 열차 안전운행에 가장 취약한 장치이다. 따라서 선로전환기는 정·반위 밀착상태와 주·부 쇄정의 확인 및 각종 할핀, 죠핀, 볼트류의 탈락, 마모, 균열 등이 있는지 육안으로 주기적으로 확인하여야 한다. 또 설치상태는 기본레일과 선로전환기가 직각상태를 유지하여야 하고 전환시험을 하였을 경우 동작 시 각각의 간류가 일체의 유동 없이 전환되어야 한다.

1 선로전환기의 밀착

선로전환기(전철기)의 밀착이란 텅레일(tongue rail)이 압력에 의해 기본레일과 접하고 있는 상태를 말한다. 일반 선로전환기의 텅레일과 기본레일의 밀착의 압력은 밀착조절간(switch adjuster)의 6각 너트(nut)를 적당히 조정하여 압력을 가하고 있으며 이러한 밀착의 세기를 밀착도라고 한다.

① **일반 선로전환기(NS형, NS-AM형)**

일반 선로전환기의 밀착은 기본레일이 움직이지 않는 상태에서 1[mm]를 벌리는데 정위, 반위 균등하게 100[kg]을 기준으로 하고 있다. 그리고 밀착조절간에 의하여 밀착을 조정할 경우 밀착조절간은 브라겟트와 통나사 6각 너트부와의 사이에 3[mm] 이상의 조정범위를 갖도록 해야 한다.

이때 텅레일의 밀착이 지나치게 약하면 열차가 통과 중에 텅레일의 끝부분이 벌어지게 되거나, 자갈이나 철편 등의 이물질이 끼이게 되어 불밀착이 되면 대향으로 열차를 운행할 경우에 탈선의 우려가 있다. 또한 밀착이 지나치게 강하면 선로전환기에 무리가 발생하여 각부의 마모가 촉진되거나 접속간의 핀, 전환로라축 등의 수명이 단축되어 전환불능의 고장이 발생하기 때문에 신중을 기하여야 한다.

② **MJ81형 선로전환기**

고속분기용 선로전환기 MJ81형의 밀착 간격은 1[mm] 이하로 유지하고 최초 설치 시에는 0.5[mm] 이하로 한다. 밀착 간격이 기준 값을 초과했을 때는 조정 철편을 삽입하여 조정할 수 있으며 삽입하는 조정 철편의 두께는 2.5[mm]×6개 또는 한쪽에 7.5[mm]가 넘지 않도록 한다.

간격간에 설치된 각 밀착검지기의 접점은 기본레일과 텅레일이 6[mm] 이내 이격 시에는 2개의 접점이 모두 구성되고, 7[mm] 이격 시에는 2개의 접점 중 반드시 하나의 접점이 구성되지 않아야 하며, 8[mm] 이상 이격 시에는 2개의 접점이 모두 낙하되어야 한다.

③ **하이드로스타**

첨단부 선단쇄정장치의 기본레일과 텅레일의 밀착 간격은 1[mm] 이하로 유지하고, 크로씽부 선단쇄정장치의 윙레일과 노스가동레일의 밀착 간격은 2[mm] 이하로 유지한다.

첨단부 밀착검지기의 접점은 기본레일과 텅레일이 5[mm] 이내 이격 시에 표시회로가 구성되고, 6[mm] 이상 이격 시에는 표시회로가 구성되지 않아야 한다.

크로싱부 밀착검지기의 접점은 윙레일과 노스가동레일이 2[mm] 이내 이격 시에 표시회로가 구성되고, 3[mm] 이상 이격 시에는 표시회로가 구성되지 않아야 한다.

텡레일에 설치된 밀착검지기의 정지 핀에서 가이딩 피스 간의 거리는 3±1[mm]를 유지하고, 첨단부 밀착검지기(IE2010)의 경우는 15±1[mm]로 유지한다.

2 선로전환기의 전환과 쇄정장치

① **일반 선로전환기**

선로전환기 전환과 쇄정은 기본레일의 유동이 없는 상태에서 텅레일의 연결간 붙인 부분과 기본레일과의 사이에 두께 5[mm]의 철편을 넣어서 전환하였을 때 전기선로전환기는 정위 또는 반위를 표시하는 접점이 구성되지 않아야 하고, 기계선로전환기는 기계리버를 취급하였을 때 쇄정이 되어서는 안 되며 또한 추병 선로전환기는 손잡이가 완전하게 정위 또는 반위로 떨어져서는 안 된다.

그리고 쇄정자와 쇄정간 홈과의 간격은 좌우 균등하게 하고 합한 치수가 전기선로전환기는 4[mm], 전환쇄정기 및 통표쇄정기는 3[mm] 이하여야 하며 쇄정자와 쇄정간 홈의 모서리는 둥글게 마모되기 전에 보수하여야 한다.

② **MJ81형 선로전환기**

쇄정장치의 취부볼트와 C 크램프 간에 있는 코니컬 와샤의 간격은 1 [mm]로 하고, 텅레일 밀착 시에 접점 조정 게이지(6~7[mm])의 6[mm] 부분은 핑거에 삽입되어야 하고 7[mm] 부분은 삽입되지 않아야 한다.

접점이 구성되는 순간에 'C' 헤드와 쇄정장치의 겹치지 않는 부분은 13~

26[mm]로 하고, 휘어지거나 손상된 핑거의 재사용은 금한다.

선로전환기 전환 제어 시 클램프 내 롤러가 쇄정에서 해제될 때부터 표시 확인이 되지 않아야 하며, 축이 완전 이동하여 롤러가 반고정 시 전환표시가 확인되어야 한다. 또한 롤러가 반고정 되면 제어전원이 차단되어야 한다.

쇄정장치를 설치할 때는 텅레일의 신축을 감안하여야 하며 20[℃] 를 기준으로 했을 때 취부볼트가 이동 여유공간의 중심에 위치하여야 한다.

③ 하이드로스타 선로전환기

첨단부 선단쇄정장치에 있어서 기본레일과 텅레일 사이에 1[mm] 철편을 넣었을 때 쇄정표시부에 쇄정이 표시되어야 하고, 2[mm] 철편을 넣었을 때 쇄정이 표시되지 않아야 한다.

중앙쇄정장치의 경우 2[mm] 철편 삽입 시 쇄정, 3mm 철편 삽입 시 쇄정이 표시되지 않아야 한다. 크로씽부의 경우에는 3mm 철편을 넣어었을 때 쇄정표시부에 쇄정이 표시되어야 하고, 4[mm] 철편을 넣었을 때 쇄정이 표시되지 않아야 한다.

쇄정표시부는 첨단부 선단쇄정장치와 중앙쇄정장치의 경우 텅레일이 개방된 쪽에 쇄정이 표시되어야 하며, 크로씽의 경우에는 텅레일이 밀착된 쪽에 쇄정이 표시되어야 한다.

3 선로전환기의 유지보수 및 관리

① NS형 전기선로전환기

NS형 전기선로전환기의 전동기 슬립 전류는 마찰클러치가 미끄러지기 시작하여 1분 이상 경과한 뒤 측정하였을 때 8.5[A] 이하를 유지하여야 한다. 다만, 작동전류의 1.2배 이하가 되지 않도록 한다.

작동 시분은 6초 이하로 하고, 쇄정자와 쇄정간 홈과의 간격은 좌우 균등하게 하여 합한 치수가 4[mm] 이하로 하고 쇄정자와 쇄정간 홈의 모서리는 둥글게 마모되기 전에 보수하여야 한다.

마찰클러치는 여름과 겨울 초기(봄, 가을) 연 2회 조정한다. 다만, 밀봉형클러치는 불량 발생 시 조정한다.

수동핸들부는 투입하였을 때에는 완전하게 접속되고, 개방하였을 때는 진동 등으로 접속되지 않아야 한다.

② NS-AM형 전기선로전환기

NS-AM형 전기선로전환기의 전동기 슬립 전류는 마찰클러치가 미끄러지기 시작하여 1분 이상 경과한 뒤 측정하였을 때 15[A] 이하를 유지하여야 한다. 다만, 작동전류의 1.2배 이하로 되지 않도록 한다.

작동 시분은 7초 이하로 하고, 전환종료 시 역회전이 생기지 않아야 한다. 기타 사항은 NS형 전기선로전환기에 준한다.

③ MJ81형 선로전환기

MJ81형 선로전환기 전환시간은 5초 이하이고, 수동/자동 제어 레버를 "자동"위치로 했을 때는 모터로만 제어되고 수동 작동레버에 의한 전환이 이루어지지 않아야 하며, "수동"위치로 했을 때는 모터 전원 공급 회로가 차단되고 수동 작동레버에 의한 전환이 이루어져야 한다.

수동/자동 제어 레버가 "자동" 위치에 있을 때 그 잠금장치는 "잠금"에 있어야 한다. 텅레일 전환에 따른 분기기의 전환력은 400[daN]을 초과하지 않아야 한다.

위치 확인용 +48[V] 코드 전압 측정은 10,000[Ω/V] 메타에 의하고, 할핀의 재사용은 금하며 기어 및 마찰개소에는 적정한 주유를 하여야 한다.

④ 하이드로스타 선로전환기

하이드로스타 선로전환기의 전환시간은 6초 이하이다. 다만, 크로씽의 홀딩다운 디바이스 해정시간은 2초 이하여야 한다.

수동/자동 제어 레버를 어느 위치에 두더라도 모터에 의해 제어되고, “좌” 또는 “우” 위치로 했을 때만 수동 작동레버에 의한 전환이 이루어져야 한다. 다만, 이 경우라도 모터에 의해 제어될 경우 수동으로의 전환은 이루어지지 않아야 한다.

선로전환기 동작장치의 유압 압력은 20[℃]에서 2[bar]를 유지하여야 하고, 온도에 관계없이 최대압력은 4[bar]를 넘지 않도록 하여야 한다.

선로전환기 동작장치의 유압 압력이 0.5[bar] 이하로 떨어졌을 때 모터전원은 차단되어야 한다.

⑤ 차상선로전환장치

차상선로전환기는 해당 궤도회로 구간 내에 차량이 있을 때에는 작동하지 않도록 설비하고, 전환 시분은 2초 이내로 하여야 한다.

전동기의 슬립전류는 마찰클러치가 미끄러지기 시작하여 1분 이상 경과한 후 측정하였을 때 AC 220[V] 용은 6.5[A], AC 105[V] 용은 13.5[A] 이하이어야 한다. 다만, 작동전류의 1.2배 이하로 하여서는 안된다.

차상선로전환기 내 롤러는 스토퍼의 단면에 완전히 밀착하여야 하며, 단자판은 기름 등이 묻지 않도록 청결하여야 한다.

4 각부의 조정

① 죠핀과 죠핀구멍과의 마모량

죠핀은 선로전환기와 각종 간류를 연결할 때 구멍에 끼우는 핀으로 손가락으로 밀어낼 수 있을 정도로 되어야 하며 죠핀과 죠핀구멍과의 마모량은 1[mm] 이하로 하여야 한다.

② 히루볼트의 조정

히루볼트는 텅레일이 움직일 수 있도록 관절작용을 하는 부분으로 선로전환기가 정위 개통 시에는 반위측, 반위 개통 시에는 정위측을 조정하여야 하며 히루볼트 1, 2위를 조정할 때 너무 꼭 조이지 말고 볼트가 유동하지 않을 정도로 조정하여야 한다.

텅레일의 유간이 없으면 반발의 원인이 될 수 있으므로 유간을 확보하여야 한다.

연 / 습 / 문 / 제

1. 철도 궤도구조를 형성하는 요소를 설명하시오.
2. 분기기의 종류와 탄성분기기에 대하여 설명하시오.
3. 노스가동분기기와 일반분기기의 특성을 비교 설명하시오.
4. 크로싱 번호를 설명하시오.
5. 안전측선의 설치목적과 설치개소에 대하여 설명하시오.(15-10)
6. 표준궤간에 대하여 설명하시오.
7. 철도선로에 있어서 Slack과 Cant에 대하여 기술하시오.
8. 궤도중심간격에 대하여 기술하시오.
9. 건축한계 및 차량한계에 대하여 설명하시오.
10. 완화곡선에 대해서 설명하시오.
11. 유효장(Effective Length of Track)을 결정하는 방법에 대하여 설명하시오.
12. 선로의 설계속도를 결정하기 위한 고려사항에 대하여 설명하시오.
13. 궤도의 복진(CREEPING)이란 무엇이며 복진이 발생하기 쉬운 개소와 복진의 주된 원인에 대해 기술하시오.
14. NS-AM형 전기선로전환기에 대하여 개요, 특성, 동작원리, 기능, 성능으로 구분하여 설명하시오.
15. 선로전환기를 구조상으로 분류하고 간단하게 설명하시오.
16. 선로전환기의 정, 반위는 무엇이며 정위결정법에 대하여 설명하시오.
17. 교류 NS형 전기선로전환기의 동작계통도를 그리고 각 기기의 기능과 역할에 대하여 설명하시오.

18. 전기선로전환기의 마찰클러치와 전자클러치에 대하여 설명하시오.

19. 선로전환기의 전환력과 밀착력에 대해서 설명하시오.

20. 고주파 발진형 유도성 근접센서를 응용한 선로전환기 첨단밀착검지기의 동작원리에 대하여 설명하시오.

21. 선로전환기에 사용되는 밀착검지기의 이중계에 대하여 설명하시오.

22. 선로전환기의 효율적인 유지보수와 선제적 장애예방시스템을 구현하기 위한 선로전환기 기능감시장치에 대하여 설명하시오.

23. 전기선로전환기 전환 중 콘덴서 회로 단선되었을 경우 전동기의 동작을 기술하시오.

24. 전기선로전환기의 유지보수에 대하여 쓰시오.

25. 전기선로전환기 공회전에 대하여 설명하시오.

26. 경부고속선 1단계구간에 사용된 MJ81 선로전환기와 2단계구간에 설치된 하이드로스타(Hydrostar) 선로전환기의 특성과 주요 기능을 비교하여 설명하시오.

27. 전기선로전환기 관련 차상전환장치의 개요, 구조, 조작방법 및 설치에 대하여 설명하시오.

28. 신호설비의 설계 시 선로전환기 장치의 검사기준을 설명하시오.

29. 전기선로전환기 관련 차상전환장치의 개요, 구조, 조작방법 및 설치에 대하여 설명하시오.

Chapter 4

궤도회로장치

4.1 궤도회로의 개요

궤도회로(track circuit)는 레일을 전기회로의 일부로 이용하여 회로를 구성하고 그 회로에 열차가 진입하게 되면 차축에 의해서 양쪽 레일의 전기적인 회로가 단락함에 따라 열차 또는 차량의 점유 유·무를 검지하여 신호기, 선로전환기, 연동장치 등 신호기기를 직접 또는 간접으로 제어할 목적으로 궤도에 설치된 전기회로이다.

이러한 궤도회로가 제공하는 열차 검지정보는 열차의 운행위치, 선로전환기의 쇄정상태, 열차의 간격조정과 운행예고, 건널목 안전설비의 경보 제어조건 등 다양하게 이용된다.

궤도회로는 1869년에 미국의 윌리암 로빈슨(William Robinson)이 발명하여 오늘에 이르고 있으며 궤도회로가 발명됨으로써 신호설비에 일대 획기적인 발전을 가져왔다.

열차의 유·무를 검지하여 신호기를 자동적으로 제어시키므로 소극적이었던 신호설비는 적극적으로 되어 선로용량의 증대, 열차횟수의 증가 등 열차 운행 능률의 향상에 큰 공헌을 하였으며 또 경제적인 면에서도 많은 이득을 가져왔다.

4.2 궤도회로의 원리

궤도회로의 원리는 그림 4-1과 같이 레일을 적당한 구간으로 구분하여 인접 궤도회로와 전기적으로 절연하기 위하여 경계구간에 궤조절연을 설치하고, 궤도회로 내의 레일이음매 부분의 접속저항을 작게 하기 위하여 레일본드(bond)로 접속한 다음 송전측에는 전원을, 착전측에는 궤도계전기(TR : Track Relay)를 연결하여 전기회로를 구성한 것이다.

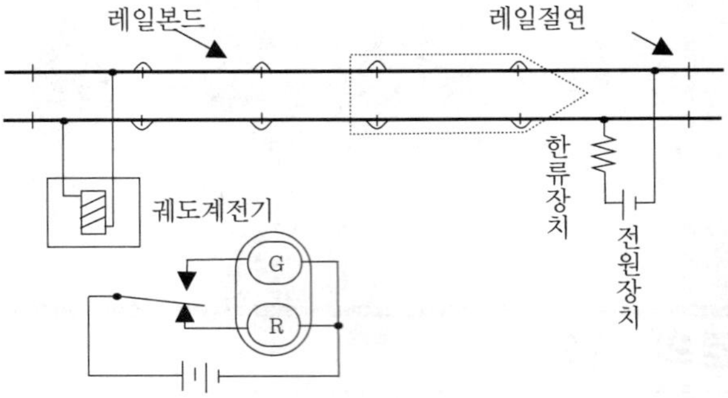

그림 4-1. 궤도회로의 원리

궤도회로 내에 열차가 없을 때에는 전원으로부터 흐르는 전류에 의하여 계전기가 여자(勵磁)되고, 궤도회로 내에 열차가 진입하면 차축에 의하여 전기회로가 단락되어 계전기는 무여자(無勵磁)되며, 레일이 절손되거나 궤도회로 자체가 고장 났을 때에도 계전기는 무여자된다.

또 신호기는 궤도계전기의 여자접점을 통할 때에는 진행을 지시하는 녹색등이 현시되고 무여자접점을 통할 때에는 열차를 정지시키는 적색등이 현시되는데 이것은 열차에 의하여 자동적으로 제어된다.

4.3 궤도회로의 구성기기

궤도회로의 구성기기는 종류에 따라 차이가 있으나 전원장치, 한류장치, 궤조절연, 레일본드, 점퍼선 및 궤도계전기로 구성되어 있다.

1 전원장치

전원장치(power supply equipment)는 각 궤도회로의 송신단에 설치하는 것으로서 직류 궤도회로에서는 정류기와 축전지를 사용하고 교류 궤도회로에서는 궤도변압기, 주파수변환기, 송신기 등이 사용되고 있다.

그림 4-2는 정전발생 시 선로상의 열차운행상태를 확인하거나 감시하기 위하여 교류전원을 직류전원으로 정류하여 축전지를 부동충전(floating charge)방식으로

연결하여 사용한다.

일반적으로 직류 궤도회로에서 사용하는 정류기로는 2/4[V], 1[A] 또는 5[A]용을 사용하고 축전지는 연축전지(lead battery) 또는 니켈-카드뮴(Ni-Cd) 축전지를 사용하는데 용도에 따라 2[V], 4[V]로 구분하여 사용하고 있다.

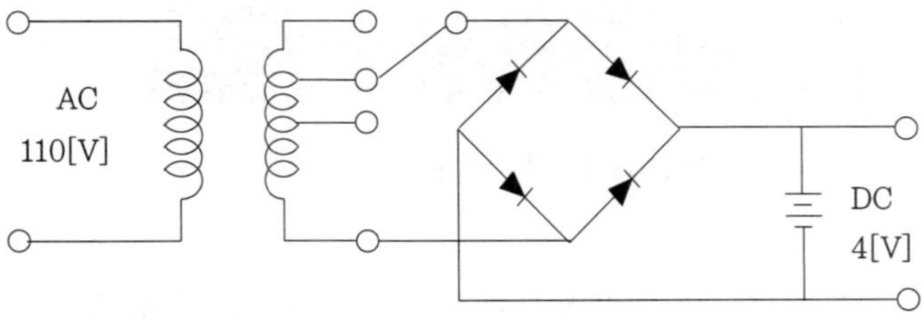

그림 4-2. 부동충전방식

2 한류장치

한류장치(current limiting equipment)는 열차의 차축에 의하여 궤도회로의 전원을 단락하였을 때 직류 궤도회로에서는 전원장치에 과전류가 흐르는 것을 제한하고 전압을 조정하기 위해서 설치하고, 교류 궤도회로에서는 2원형 궤도계전기의 회전 역률의 위상을 조정해주는 중요한 역할을 한다.

이러한 한류장치는 직류 궤도회로에서는 가변저항기(저항자)가 사용되고 교류 궤도회로에서는 저항 또는 리액터가 사용되고 있다.

3 궤조절연

궤도회로는 레일을 사용하여 전기회로를 구성하는 것이므로 인접 궤도회로와 전기적으로 절연하기 위하여 궤조절연(insulation rail joint)을 사용한다.

궤조절연은 레일 이음개소에 삽입하는 것이므로 기계적 강도가 커야 하고 선로상태, 기후의 변동 등에 의하여 파괴되거나 탈락, 균열되지 않고 수명이 길어야 한다. 궤조절연은 이음매판이나 볼트 등의 철물에 더하여 절연체 이음매판으로 구성되어 있다. 또한 절연체 이음매판의 강화나 레일 장대화의 요구에 맞추어 레일과 이음매판을 강력한 접착제를 이용하여 접착한 접착식 절연레일이 개발되어 실용화되어 있다.

그림 4-3. 궤조절연(접착식)

궤조절연의 위치는 신호기, 열차정지표지 및 차량접촉한계표지 등의 위치와 일치하여야 하나 지형, 건축한계, 레일길이 등으로 궤조절연과 일치시키기가 어렵다.

따라서 신호기, 열차정지표지, 차량정지표지 등의 경우 신호기 내방은 정거장 구내에서는 그림 4-4 (a)와 같이 6[m], 정거장 외에는 12[m] 이내, 외방은 2[m] 이내에 궤조절연을 설치한다.

차량접촉한계표지의 경우는 그림 4-4 (b)와 같이 내방으로 유효장에 지장이 없는 범위에 설치한다.

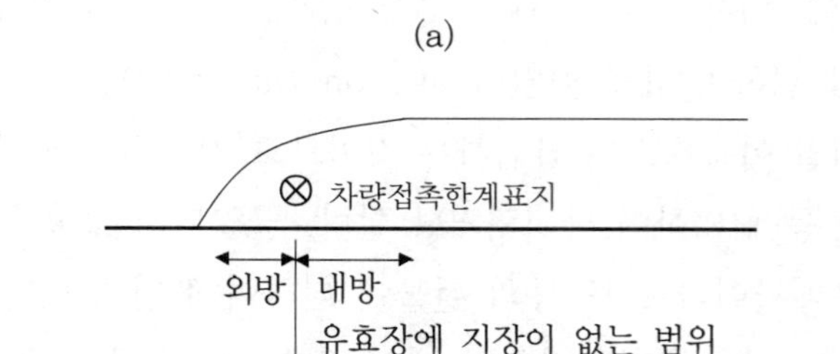

(a)

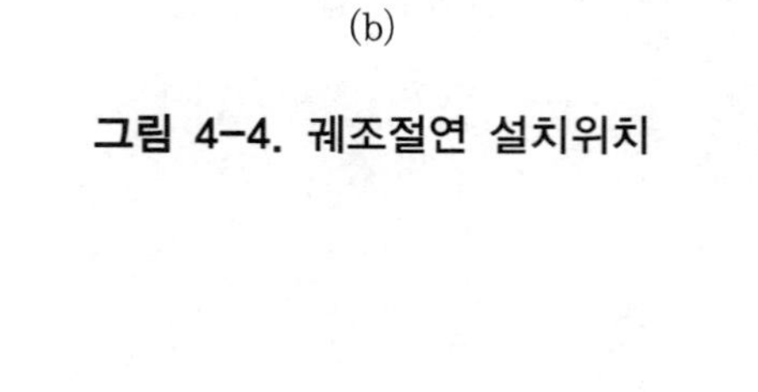

(b)

그림 4-4. 궤조절연 설치위치

4 레일본드

레일에 전류가 잘 흐르게 하려면 레일이음매 부분을 볼트만으로 결합해서는 완전한 전기회로를 구성할 수가 없으므로 레일이음매 부분의 전기저항을 적게 하기 위하여 레일 상호간을 본드(bond)로 연결시킨다.

전철구간에서는 귀선전류가 흐르게 되므로 수백[A]의 전류를 안전하게 흐르게 하기 위하여 단면적이 큰 레일본드(rail bond)를 사용한다.

또한 전차선 회로의 귀선저항을 감소시키기 위한 목적으로 좌·우 레일 또는 인접 궤도회로와의 사이를 접속시키는 크로스(cross) 본드 등도 사용되고 있다.

5 점퍼선

궤도회로의 어느 한 곳으로부터 떨어진 동일 극성의 다른 레일 상호간을 접속시키는 전선을 점퍼선(jumper wire)이라 한다.

궤도회로에 점퍼선을 설치하는 방법에 따라 직렬법, 병렬법, 직·병렬법 등으로 구분하고 있으나 직렬법이 안전도가 가장 높으며 병렬법이나 직·병렬법은 안전도가 다소 떨어지는 방법이다.

1) 직렬법

직렬법은 그림 4-5와 같이 직렬로 연결할 수 없는 분기기의 크로싱 부분과 중간구간을 제외하고 레일절손 검지가 용이하여 안전도가 가장 높은 방식이다.

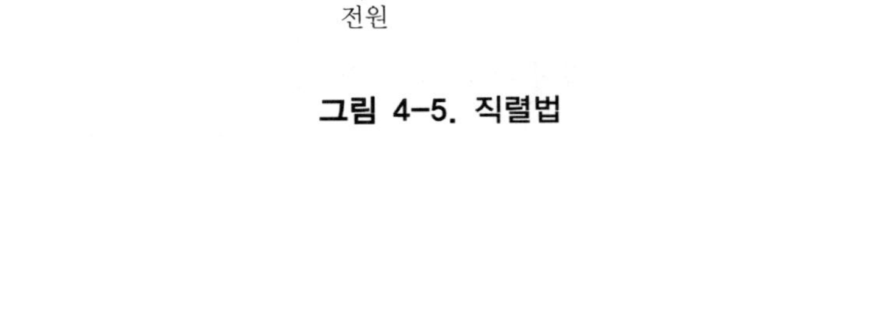

그림 4-5. 직렬법

2) 병렬법

병렬법은 그림 4-6과 같이 병렬 분기기의 궤도회로 구간은 점퍼선을 이용하여 주궤도에 병렬로 연결된다. 병렬법은 궤도회로의 레일길이가 짧은 장점은 있으나 병렬 연결구간에서 본드선이 탈락되거나 단락감도가 저하될 경우 열차가 점유하여도 검지를 못하는 경우가 발생할 수 있어 직렬법에 비하여 안전도가 낮은 방식이다.

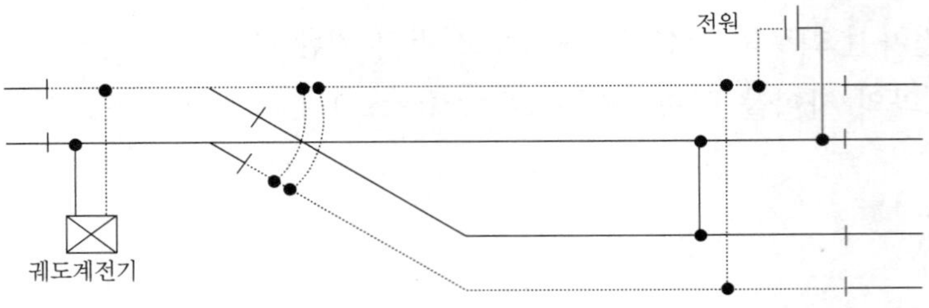

그림 4-6. 병렬법

3) 직·병렬법

직·병렬법은 역 구내의 복잡한 분기구간과 같은 특별한 경우에 사용되며 그림 4-7과 같이 직렬법과 병렬법을 혼합하여 사용하는 방법이다.

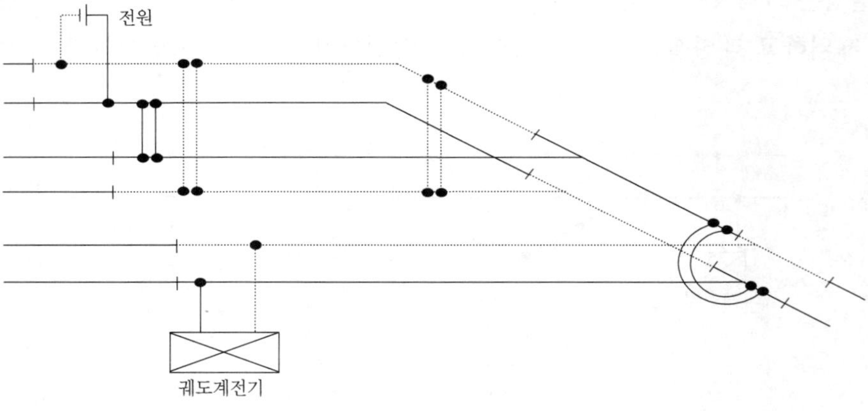

그림 4-7. 직·병렬법

6 궤도계전기

궤도계전기(track relay)는 궤도회로(track circuit) 내에 흐르는 전류나 주파수의 유·무에 따라 궤도회로상의 열차 또는 차량의 유·무를 검지하는 기기이다. 이러한 궤도계전기의 동작에 의해 신호기의 신호 현시를 변경시키거나 또는 열차 통과 중의 선로전환기를 전환할 수 없도록 쇄정하는 조건을 제공하는 등 매우 중요한 역할을 한다.

1) 궤도계전기의 요건

궤도계전기는 그 구성, 성능에 대해서는 특히 다음과 같은 요건이 필요하다.

① 동작이 확실할 것

궤도계전기는 여자(勵磁)전류(궤도전류)가 다소 변동하여도 확실히 여자되어야 하고 궤도회로가 단락되었을 때도 정확하고 신속하게 무여자되어야 한다.

② 다른 전기회로에 영향을 미치지 않을 것

궤도상이나 선로주변에는 각종 전기시설이 근접되어 있거나 공용되어 있으므로 이들 시설의 영향에 의해 오동작하지 않아야 한다.

③ 궤도계전기 제어구간의 길이가 길고 소비전력이 적을 것

궤도회로를 구성시키는 구간의 길이는 가급적 긴 것이 바람직하다. 제어구간의 길이가 짧으면 중계 궤도회로를 구성해야 하는 등의 불편이 있다. 이 때문에 소비전력이 적은 궤도계전기가 바람직하다.

2) 궤도계전기의 종류

궤도계전기를 사용 전원에 따라 구분하면 직류형으로는 무극 궤도계전기, 유극 궤도계전기 및 궤도 연동계전기가 있고 교류형으로는 1원형 궤도계전기 및 2원형 궤도계전기가 있다.

무극 및 바이어스 궤도계전기는 여자전류의 유무에 따라 동작하는 것으로서 건널목 안전설비, 연동장치 등의 궤도회로장치에 사용되고 있으며, 유극 궤도계전기는 영구자석이 있어 여자전류의 유무에 따라 동작하는 접점과 극성에 따라 구성되는 두 종류의 접점을 가지는 3위식 계전기로 초창기 자동폐색장치에 사용하였다.

교류 1원형 궤도계전기는 직류 무극 궤도계전기에 상응하는 것으로 1조의 코일을 가지고 있는데 여자전류의 유무에 따라 동작한다. 또 교류 2원형 궤도계전기는 2조의 코일이 있어 코일의 위상차에 따라 동작하는 것으로 국부코일과 궤도코일로 구성되어 있다.

4.4 궤도회로의 종별

궤도회로는 사용전원과 회로구성 방법 및 궤조절연 방법 등에 따라 다음과 같이 분류한다.

4.4.1 사용전원에 의한 분류

1 직류 궤도회로

직류 궤도회로(DC track circuit)는 직류전원을 이용한 궤도회로로서 궤도계전기는 직류 궤도계전기를 사용한다.

직류 궤도회로의 전원은 정전에 대비하여 부동식(浮動式) 충전(floating charge) 방식이 사용되고 있는데 이것은 평상시에 축전지에 충전된 전원을 정전이 되었을 때 사용하기 위한 것이다.

또 궤도회로 이 외에도 건널목 안전설비 등의 확실한 교류전원의 확보가 어려운 지역에서 신호설비의 안정을 도모하기 위하여 사용하고 있다.

2 교류 궤도회로

교류 궤도회로(AC track circuit)는 교류전원의 무정전 확보가 가능한 지역인 비전철구간이나 직류 전철구간에서 많이 사용한다.

그림 4-8과 같이 사용주파수에 따라 50[Hz] 또는 60[Hz]를 사용하는 상용 주파수방식과 25[Hz] 또는 30[Hz]를 사용하는 분주 궤도회로방식 및 100[Hz] 또는 120[Hz]를 사용하는 배주 궤도회로방식 등이 있다.

교류 궤도회로의 특징은 가동부분이나 트랜지스터 등이 없으므로 수명이 길고 신뢰성이 높으며 제어구간이 길고 보수하기가 쉽다.

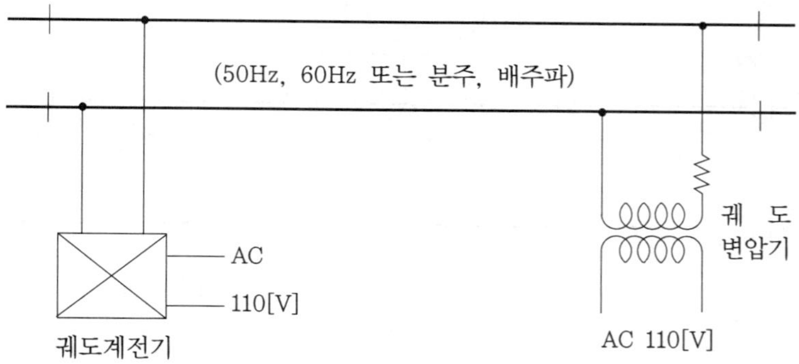

그림 4-8. 교류 궤도회로도

1) 고전압 임펄스 궤도회로

교류 전철구간에 있어서 귀선레일 사이에 발생하는 전압을 궤도계전기로 차단시킨다는 것은 절대값이 신호전압에 비하여 크기 때문에 곤란하다.

교류 전철구간의 궤도회로는 전차선의 주파수나 전압이 걸려도 잘못된 동작이 없어야 하고 평상시 여자에도 지장이 없도록 해야 한다. 이를 위해서 신호전원은 전철 주파수와 다른 주파수를 사용해야 하고 또 궤도회로에 걸리는 귀선회로의 유도전압을 줄이기 위하여 방호장치가 필요하다.

교류 전철구간에서 대표적으로 사용되는 궤도회로는 고전압 임펄스 궤도회로가 있다.

고전압 임펄스 궤도회로장치(high voltage impulse track circuit)는 프랑스 국철(SNCF)에서 개발, 사용하기 시작한 설비로 교류 25,000[V] 전철구간에 주로 사용되며 복궤조 궤도회로에서 전차선의 귀선전류(전기차 전류)는 레일을 통하여 변전소로 흘려보내고 신호전류는 임피던스 본드에서 차단하여 궤도회로의 기능을 하는 것으로 비전철구간에서도 사용이 가능하다.

전차선과 팬터그래프와의 이선, 낙뢰 등의 발생으로 궤도회로에 이상전압의 유기 시에도 절연내력이 크므로 신호설비 보호효과가 높으며 초퍼, VVVF차량 운행 시에도 내방해 특성이 크므로 오동작이 발생하지 않는 장점이 있다.

이 설비는 DC 임펄스를 사용하므로 송, 수신거리에 따른 전압강하가 거의 발생하지 않으며 1개 궤도회로의 소비전력이 50~60[VA] 정도로 비교적 작아 에너지 절감효과가 크며 우천 시에도 자갈 누설저항의 변화가 적어 안정성이 우수하고 장애발생 시 고장지점 발견이나 부품의 교환이 용이하다.

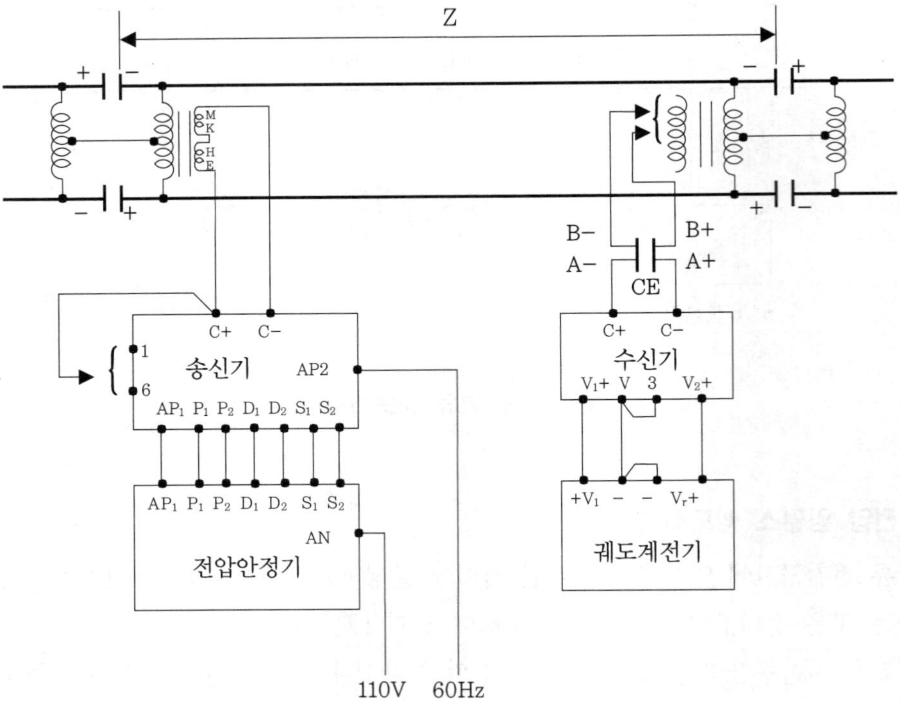

그림 4-9. 고전압 임펄스 궤도회로도

(1) 장치의 구성

고전압 임펄스 궤도회로장치는 전압안정기, 송신기, 수신기, 임피던스 본드(송신 또는 수신단), 궤도계전기로 구성되어 있다.

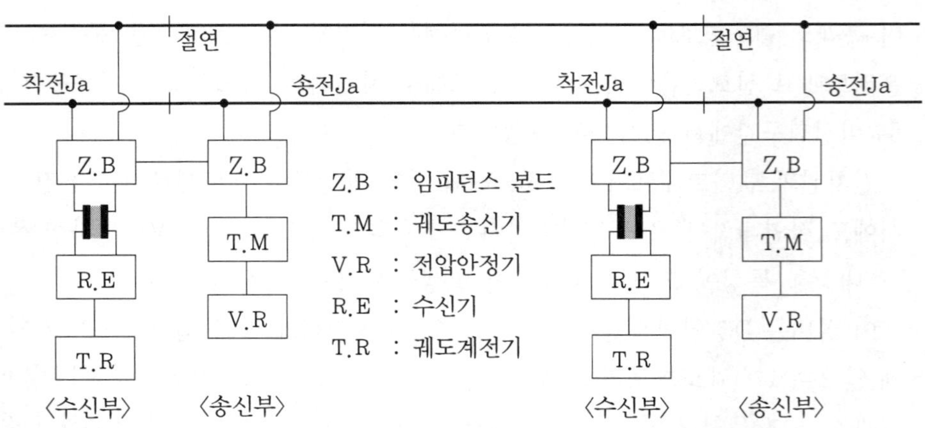

그림 4-10. 임펄스 궤도회로 구성도

① 전압안정기

송신기에 정격의 AC전원을 안정되게 공급하기 위한 장치이며 입력전압은 110[V] 및 220[V]를 공용으로 사용할 수 있으며 입력전압 변동 시 출력전압 변동은 다음과 같다.

표 4-1. 전압안정기의 출력전압 변동

구 분	입력전압[V]	출력 P_1, P_2 단자전압	출력 D_1, D_2 단자전압
110 결선시 220V 결선시	90~120[V] 200~230[V]	40~60[V]	400~600[V]

② 송신기

송신기는 정류부, 제어부, 송신부로 구성되는데 정류부는 제어부, 송신부에 정격 DC전원을 공급하는 장치이다.

또한 송신부는 제어부의 R.C충전 및 방전회로 동작에 의해 일정한 간격(180펄스/분±5[%])으로 동작되는데 임피던스 본드를 통해서 정펄스와 부펄스(3:1)로 구성되는 비대칭 파형의 임펄스를 궤도로 송신한다.

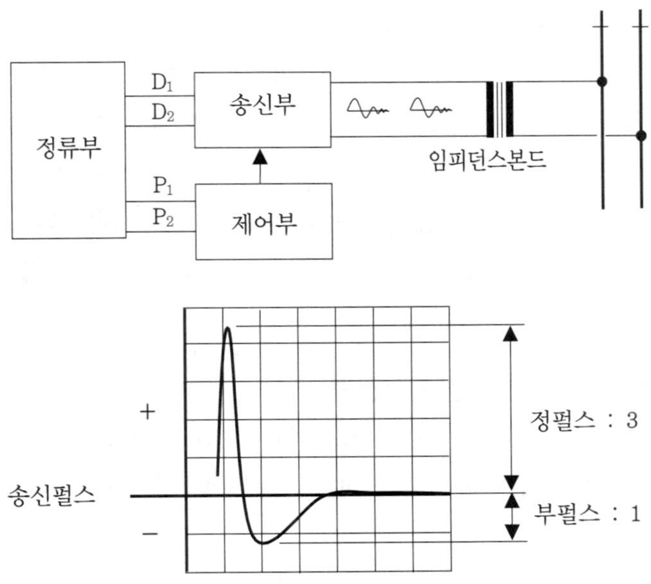

그림 4-11. 송신기 구성도 및 임펄스 파형

③ **수신기**

임피던스 본드로부터 수신된 비대칭 파형의 임펄스는 그림 4-12와 같이 궤도계전기를 동작시키기 위한 적정 비율의 파형인 V_1 및 V_2로 나타나게 된다.

인접 궤도회로와의 송, 수신 파형은 상호 반대가 되도록 접속되기 때문에 인접 궤도회로와의 궤조절연이 파괴될 경우 정, 부펄스가 대칭이 되므로서 궤도계전기는 낙하된다.

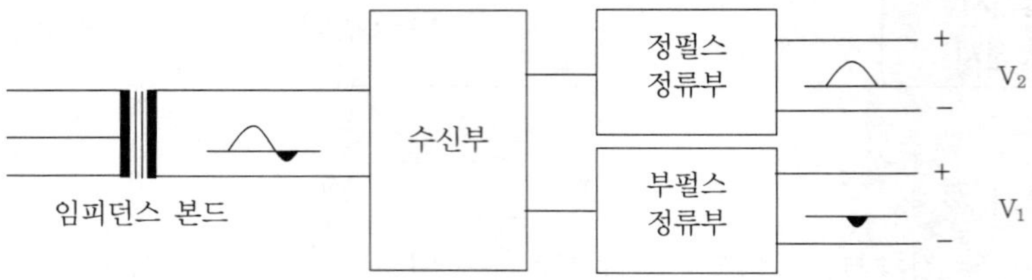

그림 4-12. 수신기 구성도

④ **임피던스 본드**

궤도회로를 구분하는 각 절연개소의 임피던스 본드는 전차선의 귀선전류를 흐르게 하고 인접 궤도회로에 신호전류의 흐름을 막는 역할을 한다.

또한 임피던스 본드에 흐르는 전차선 귀선전류의 허용범위는 평상시 200[A], 피크시 800[A]를 흘릴 수 있는 구조로 되어 있으며 궤도회로의 동작구조를 바꾸지 않으면서 전차선 귀선전류의 연속성을 확보하기 위하여 궤조절연 개소에 임피던스 본드의 중성점에 있는 넓은 단면적의 중성바를 사용한다.

대부분의 경우 중성바 권선은 변성기를 구성하기 위하여 두껍지 않은 동판을 사용한다.

㉮ **임피던스 본드와 전차선 귀선전류**

각 임피던스 본드의 중성바 권선의 양단은 각 레일에 각각 연결되어 있으며 인접한 궤도회로에 속하는 두 임피던스 본드의 중성점에서 모두 분리되어 있다.

전차선 귀선전류 I는 2개의 전류로 나누어지는데 이들은 I/2가 각 레일에 흐르고 반대 방향에 있는 각 임피던스 본드의 반 권선 2개 즉, N/2 권선에 흐를 경우와 거의 동일하다.

직류 전차선 구간은 2개의 반 권선으로 전차선 귀선전류가 흐를 때 약 0.001[Ω] 정도의 매우 낮은 저항을 갖는다. 또 교류 전차선 구간에서는 2개의 반 권선에 의해 발생한 자속은 거의 0으로 임피던스 저항의 크기와 순서가 동일하다. 2가지 경우 모두 귀선전류는 큰 전압강하가 없이 임피던스 본드 중성점을 통해 유절연 궤도회로에 흐른다.

두 개의 레일이 레일의 연결이나 대지와 관련된 절연 차이 또는 레일의 재질 차이 등 전기적 특성이 불평형을 이루는 경우에는 한쪽 레일의 강도는 다른 한쪽보다 크다. 이 경우 임피던스 본드에서 발생한 자속은 0이 아니므로 임피던스 본드가 포화되어 궤도계전기가 낙하된다. 또 귀선전류와 관련된 고조파로 인하여 임피던스 본드 2차 권선에 유도가 발생하는 등 궤도회로 동작에 방해를 받을 수 있다. 따라서 궤도회로 각 레일의 전차선 귀선전류의 값은 대략 같으며 약 10[%] 정도의 불평형은 허용할 수 있다.

궤도회로 전류는 동일한 방향으로 2개의 레일과 각 임피던스 본드의 중성바 권선을 순환하면서 높은 임피던스의 역할을 한다. 2차 권선은 임피던스 본드를 궤도회로 주파수에 맞추거나 궤도회로 신호를 송신 또는 수신하는데 사용한다.

그림 4-13과 같이 전차선전류는 변전소까지 회로가 구성되어 있고 신호전류는 1개의 궤도회로 내에만 전류가 흐른다. 전차선전류는 코일의 반반씩 반대 방향으로 흐르므로 철심은 자화하지 않으나 신호전류는 코일이 감겨진 방향으로만 흐르므로 임피던스 본드의 저하를 가져온다.

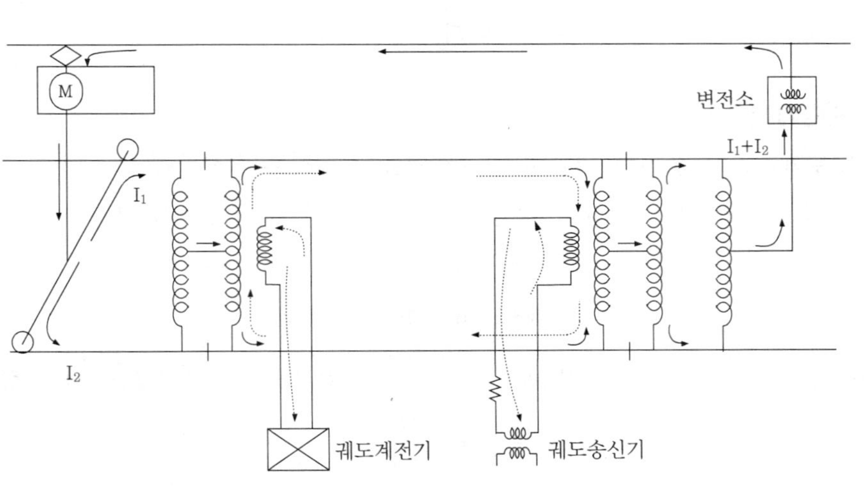

그림 4-13. 임피던스 본드의 원리

임피던스 본드는 계전기에 충분한 전류를 공급하여 변동을 적게 하기 위하여 도상 자갈의 누설 임피던스에 비해 적은 값으로 신호전류에 대하여 영전위의 중성점을 상호 접속하여 인접 궤도회로에 서로 영향을 받지 않게 한다.

㉯ 구조 및 특성

내철의 성층 철심에 1차 코일과 2차 코일이 감겨져 있어 1차 코일은 2개로 나누어져 각 코일에 흐르는 귀선전류에 의해서 발생되는 자속이 서로 상쇄되도록 배치되어 있다. 도체로서는 평각 구리선이 사용되고 권수는 5~10회 정도이다.

2차 코일은 평형의 구리선으로 권수는 1차 코일과 동일한 권수이며 1차 코일 사이에 삽입한다. 3차 코일을 설치하여 콘덴서를 접속하는 경우도 있다.

철심에는 전차선전류의 불평형 전류에 의하여 리액턴스가 변화하거나 포화하지 않게 공간을 두었는데 그 사이에는 화이버를 삽입하여 부착하였다. 일반적으로 변압기와 같이 열을 방지하기 위하여 변압기유를 사용하기도 한다.

임피던스 본드를 궤도에 접속할 때에는 전차선전류의 전류량에 적합한 충분한 굵기의 점퍼선을 사용하여야 한다.

임피던스 본드 좌우 1차 코일에 전차선전류가 평형으로 흐를 때에는 좌우의 자속은 완전히 상쇄되지만, 점퍼선의 접속 불량이나 탈락으로 귀선전류가 평형으로 유지되지 않으면 자화로 인하여 리액턴스가 저하되어 궤조간의 신호전압이 떨어져 궤도계전기가 무여자되는 경우도 있다. 또 임피던스는 불평형 전류뿐만 아니라 궤도회로의 신호전압 크기에 따라 변화하며 위상각은 불평형 전류가 0[A]일 때 약 80[°]이다.

⑤ 궤도계전기

궤도계전기는 동작에 필요한 직류전원을 공급하는 수신기에 연결되어 충분한 진폭 및 정확한 비대칭파를 가진 펄스 인가를 확인하여 동작한다.

표 4-2. 궤도계전기의 특성

권선저항[Ω±10%]		동작전류[mA]		낙하전류[mA]		낙하시간[ms]	접점수
V_1	V_2	V_1	V_2	V_1	V_2	500 미만	4B4F
6,700	24,000	3.0 이하	1.2 이하	1.2 이상	0.5 이상		

2) 상용 주파수 궤도회로

직류 전철화 구간용으로 개발된 방식으로 50[Hz] 또는 60[Hz]의 상용전원을 그대로 사용하므로 이와 같은 명칭이 붙었다. 궤도회로의 구성은 전자기기를 주체로 하고 있기 때문에 신뢰도가 높고 특성이 안정되어 있다.

궤도계전기에는 교류 2원형을 사용하기 때문에 궤도전압 외에 동일 주파수의 국부 전압을 주어 이 전압 상호간의 위상을 조정한다.

궤도회로의 길이는 누설 컨덕턴스의 변동이 0.5~0.1[s/km]인 범위 내에서는 약 1,400~1,500[m], 단락감도는 조정이 가능한 0.06[Ω] 이상으로 규정되어 있다. 그러나 레일 표면이 대기 오염 등으로 반도체 피막이 발생하기 때문에 궤도계전기의 궤도코일에 직렬저항을 삽입하여 궤도회로의 착전단 레일전압을 3.5~4.5[V]로 하여 열차검지 성능을 개선하고 있다. 궤도계전기는 역 중간의 경우 2원 3위형을 사용하며, 역 구내에서는 2원 2위형을 사용한다.

3) 분배주 궤도회로

분배주 궤도회로는 송전단의 분주기에 의해 상용 주파수를 1/2의 주파수로 변화하여 레일로 송전하고, 착전단에는 배주기를 사용하여 원래의 주파수로 되돌아가는 형으로 되어 있다. 따라서 궤도계전기는 상용 주파수 궤도회로와 같은 것을 사용한다.

궤도회로의 제어길이는 누설 컨덕턴스의 변동이 0.5~0.1[s/km]의 범위에서는 약 2,000[m]이며 이때의 단락감도는 0.06[Ω] 이상으로 정해져 있다.

교류 방해특성의 최대치는 40[A]로 그 이상의 방해에 대해서는 과전류 검지기가 동작하여 궤도계전기의 궤도측을 단락하여 오동작을 방지하고 있다.

궤도회로의 기기 설치방법에는 분산식과 기기실에 집중하는 집중식이 있다.

4) 분주 궤도회로

분주 궤도회로는 송전측에서 상용 주파수를 1/2 주파수로 변환하여 신호전류로서 송전하지만 분배주 궤도회로와는 달리 송전 주파수로 착전측의 궤도계전기에 전압을 인가한다.

역 구내의 궤도회로의 전원을 집중하기 위하여 분주기를 대형화하여 1역 구내에 3대를 1조로 하여 설치하고 궤도, 국부, 예비로 나누어 사용한다. 또 착전측에는 궤도회로에서 유입된 방해전압을 억제하기 위해 계전기변압기(relay trans(filter 부착))를 설치한다.

궤도회로의 제어길이는 누설 컨덕턴스의 변동이 0.5~0.1[s/km]인 범위에서 약 500[m]로 이때의 단락감도는 0.06[Ω] 이상으로 정해져 있다.

교류 방해특성은 분배주 궤도회로와 같이 최대 40[A]로 그 이상의 방해에 대해서는 과전류 검지기가 동작하여 궤도계전기의 궤도측을 단락하여 오동작을 방지한다. 궤도계전기는 고압 임피던스 계전기로 정격은 25[Hz](20[V]) 와 30[Hz](24[V])이다. 또한 궤도회로 기기는 기기실에 집중한다.

3 정류 궤도회로

정류 궤도회로(commutation track circuit)는 교류를 정류한 맥류를 전원으로 사용하는 것으로서 궤도계전기는 직류계전기를 사용하는데 여기에는 전파 정류식과 반파 정류식이 있다. 정류 궤도회로는 특별한 목적으로만 사용하는 궤도회로 방식이다.

4 코드 궤도회로

코드 궤도회로(code track circuit)는 궤도에 흐르는 신호전류를 소정 횟수의 코드(부호)수로 단속하고 이 코드(code)전류가 코드계전기를 동작시킨 다음 복조기를 통하여 정규의 코드수일 때에만 코드반응계전기를 동작시키는 궤도회로이다.

이것은 궤도회로 제어거리의 증대, 궤도 단락감도의 향상 및 미소한 전류에 의한 오동작을 방지해 주는 특징이 있다.

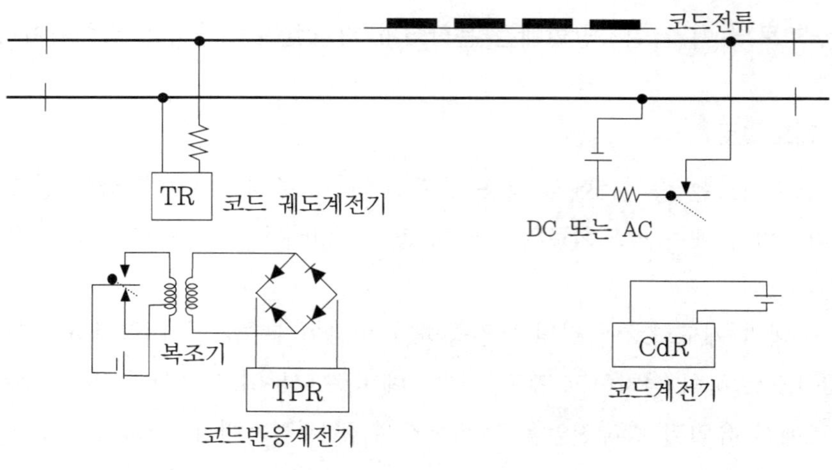

그림 4-14. 코드 궤도회로도

제어방식으로는 무극코드를 사용하는 방식과 유극코드를 사용하는 두 가지 방식이 있다.

5 AF 궤도회로

AF(Audio Frequency) 궤도회로장치는 사람의 귀로 들을 수 있는 16~20,000[Hz]대의 가청 주파수를 사용하는 것으로 열차가 고속으로 운행하여 속도가 200[km/h]를 넘어서게 되면 기관사의 투시거리에는 한계가 있어 지상신호는 사용할 수 없게 되며 전방 열차와의 운행간격, 제동거리 등을 차상으로 직접 전달할 수 있는 차상설비를 갖추어야 한다.

AF 궤도회로장치는 차상신호용으로 가장 적합한 형태의 궤도회로 설비로 시스템의 설계방식에 따라 여러 가지 형태로 나눌 수 있다. 최근에는 디지털 신호기술의 발달로 열차운행 및 제어정보를 코드화하여 차량과 현장설비간에 유도무선을 사용하여 정보를 전송하는 방식으로 기술변화의 추이를 보이고 있다.

AF 궤도회로는 단순한 열차 검지기능뿐만 아니라 전방열차와의 운행간격, 해당열차의 지시속도, 차량 운행정보를 차상장치에 전달하고 제동장치에 직접 연결하여 신호를 무시하고 진입하는 열차를 자동으로 감속하거나 정지하게 하므로 열차 안전운행을 확보할 수 있다.

1) 장치의 구성

AF 궤도회로장치는 주파수 발생부인 송신부, 케이블의 전달특성 개선을 위한 동조유니트, 해당 궤도회로 주파수 공진설비인 커플링 유니트, 매칭 트랜스, AF 본드(AC용 임피던스 본드, DC용 미니본드), 감시부와 수신부로 구성된다.

(1) DC용 AF 궤도회로

DC 1,500[V] 전철구간인 무절연 궤도회로에 사용하는 AF 궤도회로 구성은 그림 4-15와 같다.

(2) AC용 AF 궤도회로

AC 25,000[V] 전철구간의 복궤조 절연구간의 궤도회로에 사용하며 궤도회로 구성은 그림 4-16과 같다.

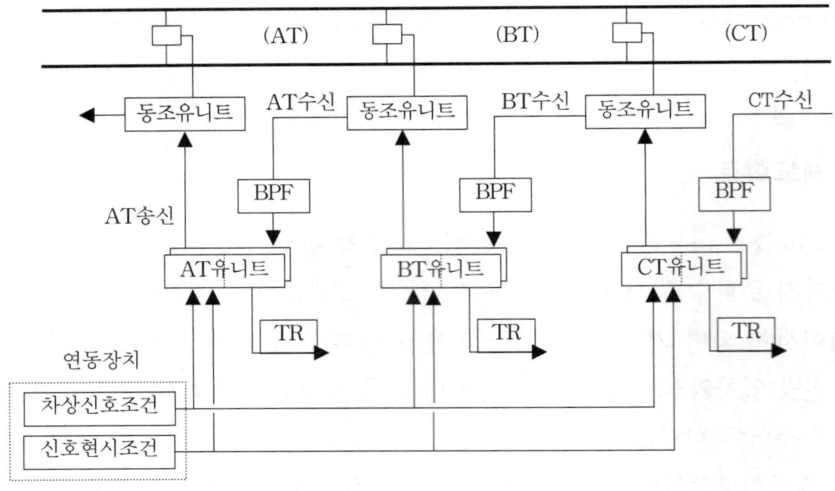

그림 4-15. DC용 AF 궤도회로 구성도

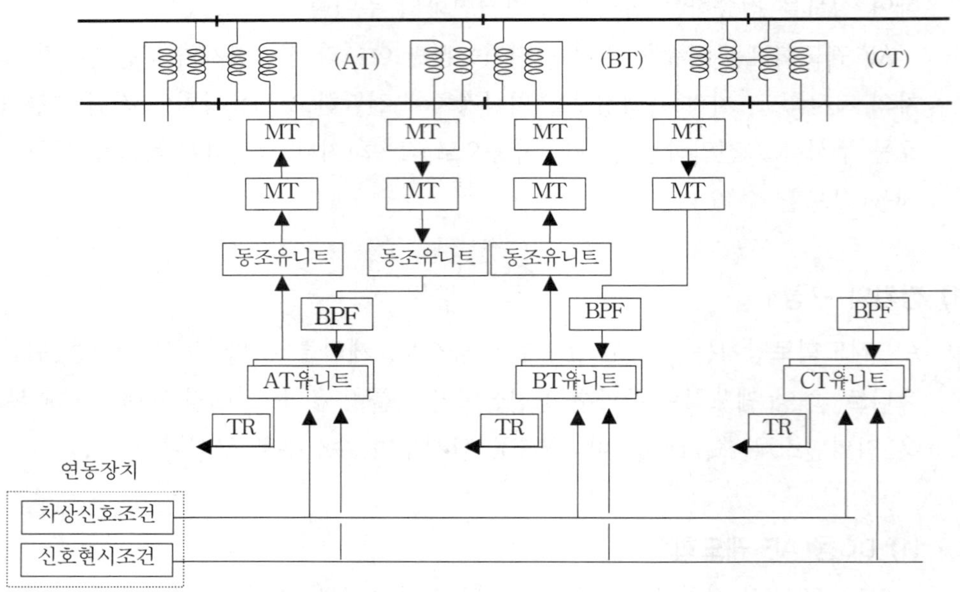

그림 4-16. AC용 AF 궤도회로 구성도

2) 장치별 기능

① 송신부

송신부는 열차검지주파수(F1~F4)와 신호현시조건에 따른 구형파의 지시속도 코드 주파수를 발진하며, 변조와 증폭과정을 거쳐 임피던스 본드로 신호를 전달한다.

열차검지주파수 및 차상신호주파수 발진부와 입렵된 신호를 코드화하는 코드 발생부로 구성되며 1칩 프로세서의 채용으로 구성이 간단하고 자기진단 기능을 갖는다.

② **동조 유니트(TU : Tuning Unit)**

송신부에서 발생된 주파수는 케이블을 통하여 현장 궤도회로에 전송되는 것으로 이때 케이블은 L성분을 갖게 되므로 튜닝 유니트에서는 콘덴서 즉 C값을 조정하여 정전용량을 보상하므로 출력된 주파수의 전송효율을 높이는 효과가 있다.

③ **커플링 유니트(CU : Coupling Unit)**

커플링 유니트는 해당 궤도회로에서 특정한 2개의 열차검지주파수와 차상신호주파수를 통과시키며, 불필요한 주파수는 차단하는 특성을 갖는 필터회로로 LC 조합회로로 구성되며 해당 주파수에서 공진하므로 무절연 궤도회로 구성의 기본이 되고 AF 미니본드 내부에 수용되며 AC 궤도회로에서는 사용하지 않는다.

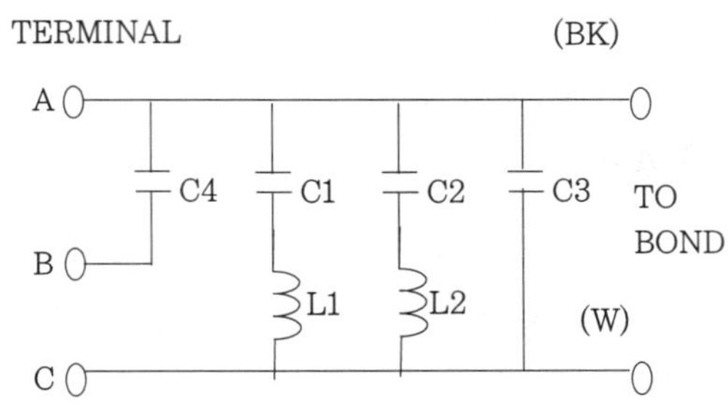

그림 4-17. 커플링 유니트 회로도

④ **매칭 트랜스(정합 변성기, MT : Matching Transformer)**

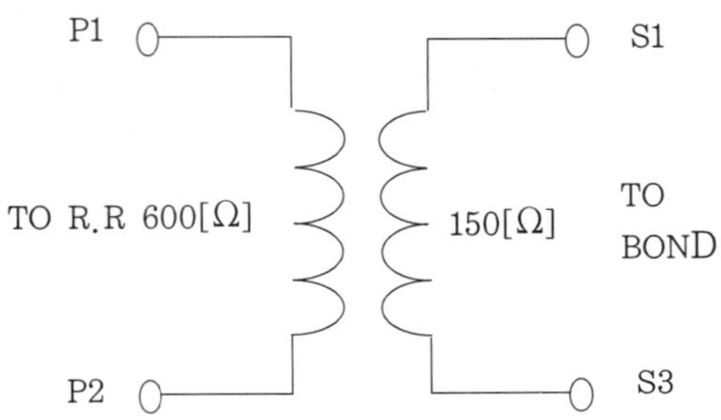

그림 4-18. AC 전철구간용 정합 변성기 회로도

케이블의 전달특성 개선용으로 변성비는 4:1로 1차측에는 600[Ω], 2차측에는 150[Ω]의 임피던스 값을 갖는다. AC 전철구간에서는 송, 수신부에 각각 2개씩 사용하며 절연 변압기 역할을 하기도 하며 부하회로의 임피던스 매칭용으로 사용한다.

⑤ **감시부**

송신카드, 수신카드는 자체 감시회로(watch-dog)를 가지고 있어 자체 고장진단을 시행하며 출력을 감시카드로 전달하므로 감시부에서는 송신카드나 수신카드 고장 시 절체계전기를 동작시켜 예비계로 절환을 지시한다. 절체는 순간적으로 이루어지며 예비계에서 주계로 전환 시는 반드시 reset을 시행하여야 한다.

⑥ **수신부**

레일을 통하여 수신된 주파수와 송신부에서 실선으로 송신된 정보를 비교한 후 정류 증폭하여 궤도계전기를 구동하기 위한 DC 7.5[V] 전원을 출력한다.

궤도회로를 통하여 수신된 주파수는 외부의 BPF를 통과하여 노이즈(noise)를 제거하며 수신부의 감쇄기에서 적당한 크기로 감쇄하여 증폭기로 입력하므로 외부 노이즈는 완전히 제거된다.

3) ATC-AF 궤도회로의 특징

ATC-AF 궤도회로는 열차의 위치를 알기 위한 종래의 궤도회로 설비에 열차자동제어장치의 지상설비로서 전방 궤도가 열차운행에 지장이 없을 때 전동차 운행에 필요한 운전명령 기능을 수행하고 있다.

(1) 궤도회로 송신

- 발진 PCB에서 열차검지주파수와 신호현시 체제에 관련된 지시속도에 상당하는 구형파의 코드주파수를 발생한다.
- 송신 PCB에서는 열차검지주파수를 코드주파수에 따라 on-off 변조 증폭한 송신 출력을 튜닝 유니트와 커플링 유니트를 거쳐 송신측 임피던스 본드로 전달한다.
- 무절연 구간에서 AF 궤도회로는 궤도 경계지점에서 송수신을 위하여 임피던스 본드, 케이블, 커플링 유니트, 튜닝 유니트 등을 두 개의 궤도회로가 공유하도록 설계되어 있다. 이들 궤도회로 송수신 분리 및 간섭 배제는 커플링 유니트와 수신 PCB의 저역 여파기가 담당한다.

(2) 궤도회로 수신

- 수신측 임피던스 본드, 커플링 유니트, 튜닝 유니트를 경유하여 도달된 궤도회로

주파수는 수신 PCB로 입력된다.

- 수신 PCB는 수신신호에 대하여 해당 궤도회로 주파수에 동조하는 저역 여파기로 전차선 귀선전류 리플(ripple), 쵸파측 잡음 주파수 및 애매한 모든 잡음을 극소화 시켜 신호 간섭을 배제하며 증폭과 복조 과정에서 송신된 코드주파수와 동일한 주파수에 수신 신호의 크기 요소를 첨가한 형태의 코드주파수를 재생한다.
- 수신 동기 정류 PCB, 발진 PCB로부터 송신된 코드주파수를 입력받아 수신 재생된 코드주파수를 비교하여 두 개의 코드주파수가 동일하고 위상이 일치하면 동기 정류가 이루어지고 수신 재생 주파수 파형의 크기에 비례하는 동기 정류 전압이 발생하며 수신 레벨이 충분히 커서 동기 정류 전압이 일정한 값 이상이 되면 계전기 구동회로를 작동하여 궤도계전기를 여자시킨다.

① 열차검지

궤도회로 내방에 열차가 진입하면 차축에 의한 궤도회로 단락으로 수신 신호가 격감하여 궤도계전기가 낙하한다.

이러한 현상은 반드시 차량뿐만 아니라 레일 절손, 절연 파손이 발생할 때도 궤도계전기가 낙하한다.

무절연 구간의 궤도회로에 열차가 진입할 때 경계지점 이전의 일정구간에서 미리 궤도회로가 낙하하는데 이런 현상을 사전단락(pre-shunt)이라 하고, 열차가 궤도회로를 벗어날 때 일정구간에서는 계속해서 낙하상태를 유지하는 현상을 사후단락(post-shunt)이라 하며, 이 구간의 설계 최대치는 40[ft]로 되어 있으나 실제는 그보다 훨씬 짧다.

② 기계실 경계 궤도회로

궤도회로의 송신부와 수신부가 분리되어 있는 기계실 경계 궤도회로의 구성은 송신부와 수신부는 동일하나 수신 동기 정류 PCB에 필요한 송신된 코드주파수의 중계가 필요하다.

전송잡음과 간섭을 적게 하기 위하여 별도의 송, 수신 중계 특성을 가진 중계용 PCB를 사용한다. 이 PCB는 한 장의 PCB에 별도의 송신과 수신회로를 각각 갖추고 있으며 필요한 기능을 선택 사용할 수 있다.

(3) 차상신호 전송

열차방향이 정상 운행방향이라고 할 때 차상신호는 궤도회로 전면에서 열차 선두를 향하는 임피던스 본드를 통하여 송신되어야 한다.

차상신호는 열차가 해당 궤도회로를 점유하고 있을 동안에만 열차 선두차의 첫 번째 차축 전면에 있는 pick-up 코일을 통하여 차상장치로 전달된다.

① **차상신호 전송조건**

차상신호 인가회로는 다음과 같은 조건이 만족될 때 AF 궤도회로의 송신 PCB에 차상신호 전송을 위한 전원이 공급된다.

- 열차가 해당 궤도회로를 점유했을 때
- 열차가 점유한 궤도회로에서 전방의 궤도회로 사이에 해당 구간의 최저 신호현시가 가능한 안전제동거리가 확보되고
- 폐색구간 및 연동구간에서 선로전환기, 신호기 등이 신호현시 조건에 이상이 없고
- 비상 정지신호 취급이 없을 때 차상신호 전송을 위한 전원이 송신 PCB에 공급된다.

비상 정지제어는 제어구간 내의 모든 열차에 대하여 정지 명령을 내릴 수 있다. 평상시 비상 정지계전기(EMS)는 여자상태(fail-safe)이며, 차상신호 인가회로의 작동을 허락한다.

안전제동거리는 운행 중인 열차에 제동 상황이 부여되었을 때 최악 조건의 공주시간과 제동률 및 선로조건에 따라 계산된 제동거리를 말하며 모든 구간의 모든 운행속도에서 열차운행이 안전제동거리 이상의 여유거리를 확보한 상태로 이루어지면 열차 충돌 등 사고의 미연방지 및 열차 안전운행의 목적을 달성할 수 있다. 자동폐색구간에서의 모든 신호현시는 이 기본원리에 기초를 두고 있으며 열차운행간격에 따라 다소 조정되어진다. 차상신호 인가회로는 그 구간에 주어진 최저 신호현시에 대한 안전제동거리 요소가 포함된 것이다.

② **차상신호 발진**

송신 PCB상에서 990[Hz]를 발생하여 해당 궤도회로에 송신한다.

③ **지시속도 코드선별**

지시속도 코드선별은 연동장치로부터 코드선별회로에 의하여 결정된 조건을 받아서 이를 CPU에서 다시 확인 검사하고 해당 속도코드를 변조 증폭하여 차상신호 발생회로(cab enable) 조건이 만족되면 궤도에 송신한다.

송신 PCB상에서 차상신호 인가조건과 차상신호 전송주파수를 지시속도 코드주파수에 의해 변조 증폭하여 열차검지주파수와 함께 임피던스 본드를 통하여 레일로 송신한다.

④ **루프코일**

본선의 분기구간과 기지의 PF 궤도회로 일부에는 차상신호의 공급 또는 운행 전 ATC 시험을 위하여 현장 궤도의 일정구간에 임피던스 본드를 포함한 루프코일(loop coil)을 부설하게 된다.

루프코일의 제어는 AF 궤도회로의 송신부만 필요로 하며 열차검지주파수를 제외하면 모든 회로는 AF 궤도회로 구간과 동일하나 송신 PCB 내부에 스위치가 있어 스위치를 CAB쪽으로 설정하면 cab code 송신만 할 수 있고 TD쪽으로 설정하면 열차검지만 송신한다.

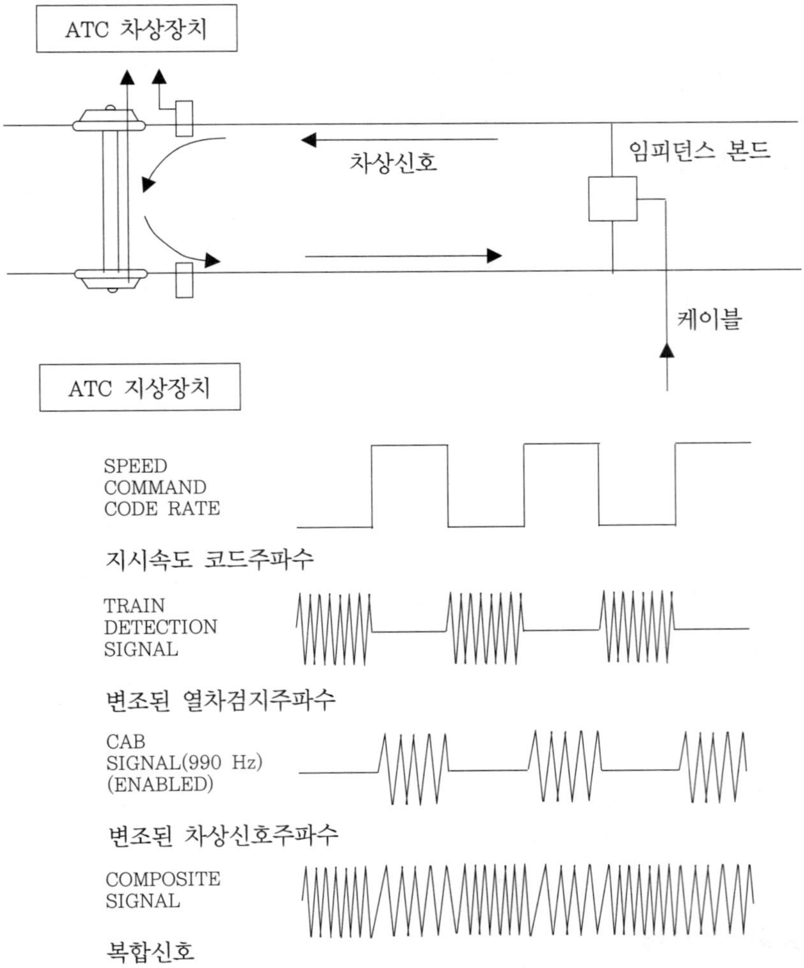

그림 4-19. AF 궤도회로 출력 주파수 모양

(4) 제원 및 정격

① 열차검지주파수

- F1 : 1,590[Hz] ± 10[Hz]
- F2 : 2,670[Hz] ± 10[Hz]
- F3 : 3,870[Hz] ± 10[Hz]
- F4 : 5,190[Hz] ± 10[Hz]

② 차상신호주파수 : 990[Hz] ± 10[Hz]

③ 지시속도 코드주파수

- C_1 : 3.2[Hz] ± 2[%] [Yard Mode(25[km/h])]
- C_2 : 5.0[Hz] ± 2[%] [25[km/h]]
- C_3 : 6.6[Hz] ± 2[%] [40[km/h]]
- C_4 : 8.6[Hz] ± 2[%] [60[km/h]]
- C_5 : 10.8[Hz] ± 2[%] [70[km/h]]
- C_6 : 13.6[Hz] ± 2[%] [80[km/h]]
- C_7 : 16.8[Hz] ± 2[%] [Yard Cancel]
- C_8 : 20.4[Hz] ± 2[%] [예비]

④ 송신기

- 최대 출력 : 25[W]
- 출력 임피던스 : 0.13～0.8[Ω]

⑤ 수신기 대역폭

- 반송주파수 : 최대 70[Hz]
- 지시속도코드 : 모든 코드에서 ±0.1[Hz] 이하

⑥ 궤도계전기 출력

- 정격전압 : DC 7.5[V]
- 코일저항 : 280[Ω]
- 동작시간 : 150～450[ms]
- 낙하시간 : 250[ms] 이하

4) TI21 궤도회로의 특징

TI21 궤도회로장치는 AF 궤도회로장치의 한 종류로서 교류 또는 직류 전철구간에서 무절연식 궤도회로로 구성되며 1,549～2,593[Hz] 범위 내의 8종류 가청주파수를 사

용한다.

8개의 공칭주파수는 단선과 복선 및 복복선에 따라 1개의 쌍은 각 궤도별로 사용되며 각 궤도에서 주파수는 교대로 사용된다. 무절연이므로 역간의 궤도회로에 설치하여 사용한다.

TI21 궤도회로는 송신기, 수신기, 튜닝 유니트, 전원공급장치, 궤도계전기로 구성하며 궤도회로는 무절연형이고 인접 궤도회로의 전기적 분리는 두 개의 동조 유니트를 사용하여 20[m] 궤도의 인덕턴스를 동조시킴으로써 구성할 수 있다.

표 4-3. TI21 궤도회로에 사용하는 주파수

궤 도	사용주파수	기 사	
궤도 1	F1 : A 1,699 ± 17[Hz] 이내	복선인 경우	상선 AB
	F2 : B 2,296 ± 17[Hz] 이내		하선 CD
궤도 2	F3 : C 1,699 ± 17[Hz] 이내		
	F4 : D 2,593 ± 17[Hz] 이내	복복선인 경우	상1선 AB
궤도 3	F5 : E 1,549 ± 17[Hz] 이내		하1선 CD
	F6 : F 2,146 ± 17[Hz] 이내		상2선 EF
궤도 4	F7 : G 1,848 ± 17[Hz] 이내		하2선 GH
	F8 : H 2,445 ± 17[Hz] 이내		

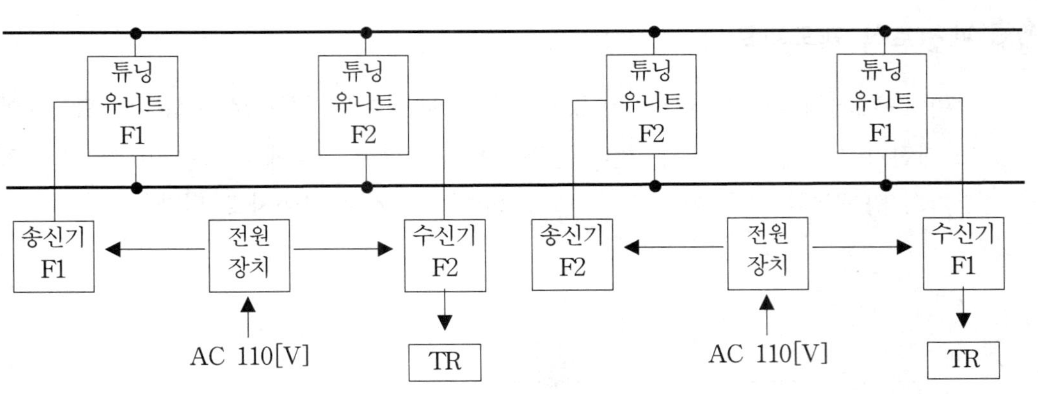

그림 4-20. TI21 궤도회로 구성도

4.4.2 회로 구성방법에 의한 분류

1 개전로식 궤도회로

그림 4-21과 같이 전기회로가 개방되어 계전기에 전류가 흐르지 않다가 열차가 궤도에 진입함으로써 차축을 통하여 전류가 흘러 궤도계전기가 여자하도록 되어 있는 방식을 개전로식(normal open system) 궤도회로라 한다.

이 방식은 전력이 적게 드는 장점이 있으나 전원의 고장, 회선의 단선, 레일의 절손 등 기기가 고장 났을 때에는 열차를 검지할 수 없는 위험성이 있기 때문에 안전도가 떨어져서 특별한 경우 이외에는 사용하지 않고 있다.

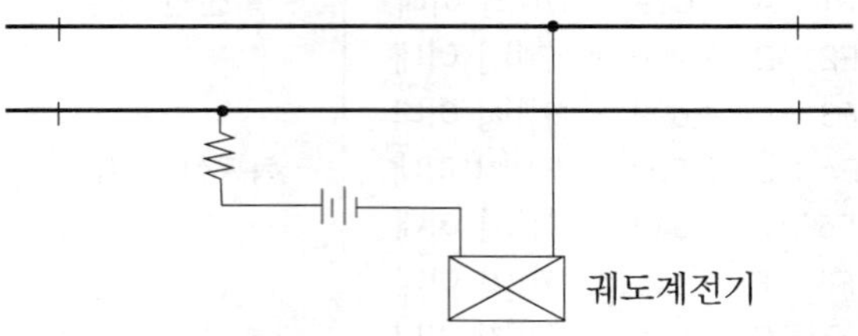

그림 4-21. 개전로식 궤도회로

2 폐전로식 궤도회로

그림 4-22와 같이 폐전로식(normal close system)은 폐회로로 구성되어 평상시에도 계전기에 전류가 흐른다. 열차가 궤도에 진입하면 차축에 의하여 단락되므로 계전기의 양 끝에는 전류가 흐르지 않게 되며 계전기는 무여자로 된다.

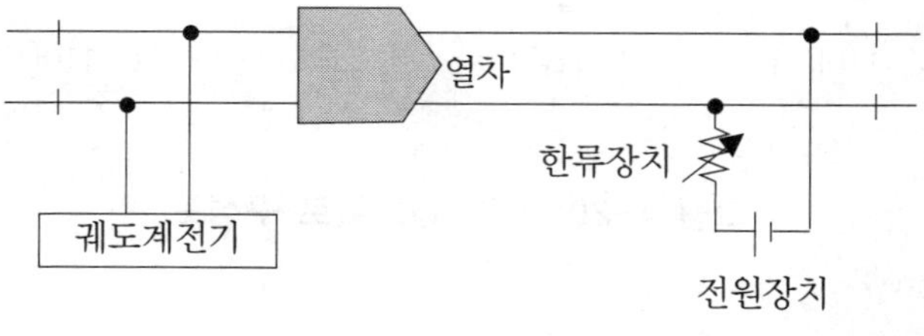

그림 4-22. 폐전로식 궤도회로

폐전로식은 회로에 항상 전류가 흐르고 있기 때문에 전력이 많이 소비되는 단점이 있으나 전원의 고장, 회선 및 레일의 단선 그 밖에 기기가 고장 났을 때에도 계전기는 무여자 상태가 되어 안전한 방향으로 동작하므로 신호설비에서는 폐전로식이 많이 이용되고 있다.

4.4.3 궤조절연 유무 및 설치방법에 의한 분류

1 유절연 궤도회로

유절연 궤도회로는 레일의 전기적 연속성을 방해하고 이음매판의 기계적인 강도를 확보하여야 한다. 그러나 열차에 의한 반복적으로 기계적인 부하를 가했을 때 유절연 궤도회로는 고장의 요인이 된다.

유절연 궤도회로는 기계적, 전기적으로 약하고 장대 용접레일을 설치 시 절연위치에 맞추어 설치하기가 곤란하며 중량품인 임피던스 본드가 궤도 가까이에 설치되어야 하는 단점이 있다.

1) 단궤조식 궤도회로

단궤조식 궤도회로(single rail insulation type track circuit)란 그림 4-23과 같이 궤도회로를 구성하는 궤도의 한쪽만을 절연하는 방식으로서 전철구간에서 한쪽 궤도에 귀선전류를 흘리기 위해서 사용하고 있다.

이 방식은 복궤조식보다 궤조절연수가 적으며 임피던스 본드를 사용하지 않으므로 설치비가 적게 드는 이점은 있으나 절연되지 않은 쪽의 레일이 절손될 경우에는 계전기가 잘못 동작할 우려가 있다.

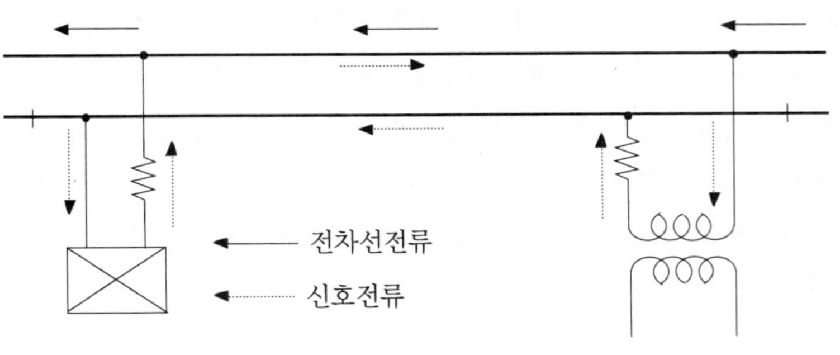

그림 4-23. 단궤조식 궤도회로

궤조절연이 불량일 때는 인접 궤도의 전류가 유입되어 동작 불량 등의 장애를 일으키는 등 전기적으로 어려운 점이 있으므로 제한된 구간에서만 사용되고 있다.

2) 복궤조식 궤도회로

복궤조식 궤도회로(double rail insulation type track circuit)란 그림 4-24와 같이 궤도회로를 구성하고 있는 양쪽의 레일을 절연하는 방법으로서 일반적으로 많이 쓰이는 방식이다.

전철구간에 이 방식을 사용할 때에는 전차선전류와 신호전류를 구분하기 위하여 임피던스 본드를 설치해야 하므로 설치비가 많이 소요되나 단궤조식에서와 같은 결점이 없으므로 전철구간이나 비전철구간에 널리 사용되고 있다.

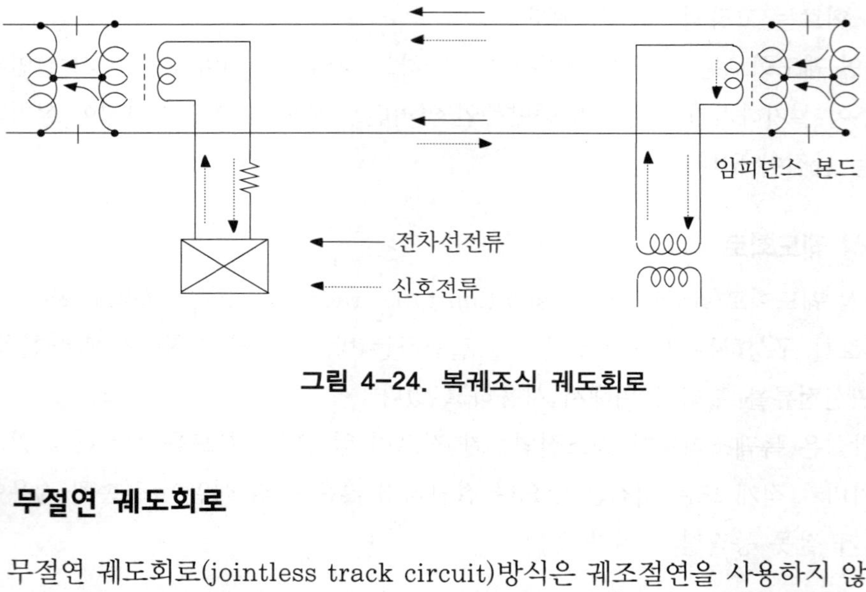

그림 4-24. 복궤조식 궤도회로

2 무절연 궤도회로

무절연 궤도회로(jointless track circuit)방식은 궤조절연을 사용하지 않고 직접 레일에 주파수를 흘려 궤도 임계점에서 상호 주파수에 대한 공진회로를 이용한 궤도회로인데 그림 4-25는 무절연 궤도회로의 구성도를 나타낸 것이다.

지금까지는 장대레일로 연결되는 선로에서 궤도회로를 구성하기 위해서 궤도회로 경계선마다 궤조절연을 설치하기 위하여 레일을 절단해야 하는 불합리한 점이 있었으나 오늘날에는 레일을 절단하지 않는 무절연 궤도회로가 개발되어 편리하게 이용되고 있다.

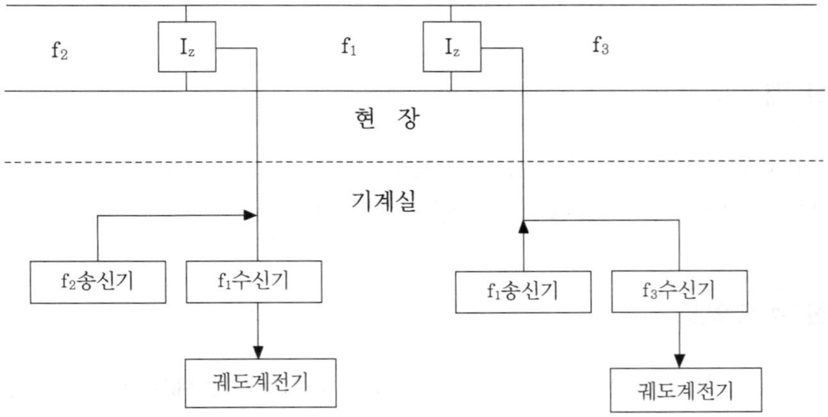

그림 4-25. 무절연 궤도회로 구성도

무절연 궤도회로의 등가회로는 그림 4-26과 같이 구성할 수가 있는데 1T의 궤도회로 내의 양 레일은 인덕턴스(inductance) L_1, L_2와 저항 R_1, R_2의 결합이고 2T의 궤도회로 내의 양 레일은 인덕턴스 L_3, L_4 및 저항 R_3, R_4의 결합으로 구성되어 있다.

즉 RL 구성회로에 LC 결합으로 된 임피던스 레일본드(impedance rail bond)에서 LC 공진에 의하여 궤도의 송·수신 주파수별로 해당 주파수를 선별하게 되어 있다.

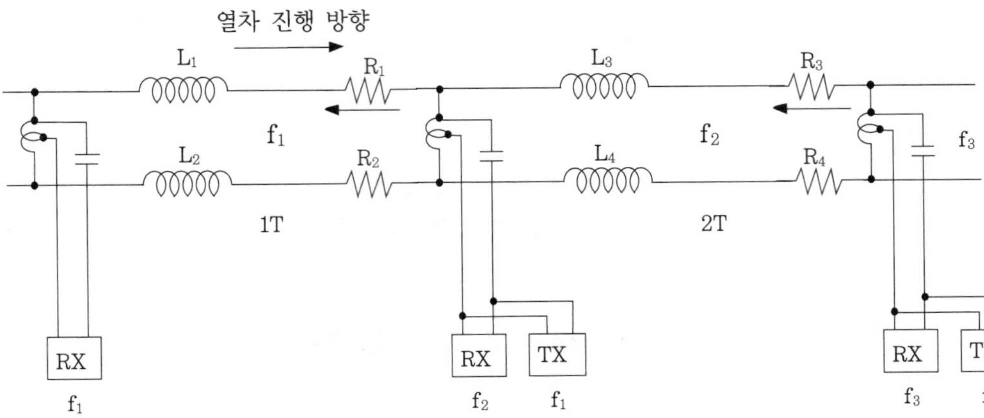

그림 4-26. 무절연 궤도회로의 등가 회로

4.4.4 궤도회로의 제어계전기 조사에 의한 분류

1 2위식 궤도회로

2위식 궤도회로(two position type track circuit)란 그 궤도회로 구간 내의 열차의 유・무만을 조사하는 기능을 갖고 있는 방식이다.

2 3위식 궤도회로

3위식 궤도회로(three position system track circuit)란 해당구간 내의 열차의 유・무와 전방의 궤도회로에 대해서도 열차의 유・무를 조사하는 기능을 가지고 있는 방식이다.

그림 4-27에 있어 우측은 2위식, 좌측은 3위식으로 송전방법과 계전기를 달리하고 있다. 보통 2위식에서는 극성을 갖지 않는 2위의 계전기를 사용하고 3위식에서는 극성을 갖는 3위의 계전기를 사용하고 있다. 송전방법은 전방의 궤도회로 조건을 받아 송전전류의 극성을 변환시킨다.

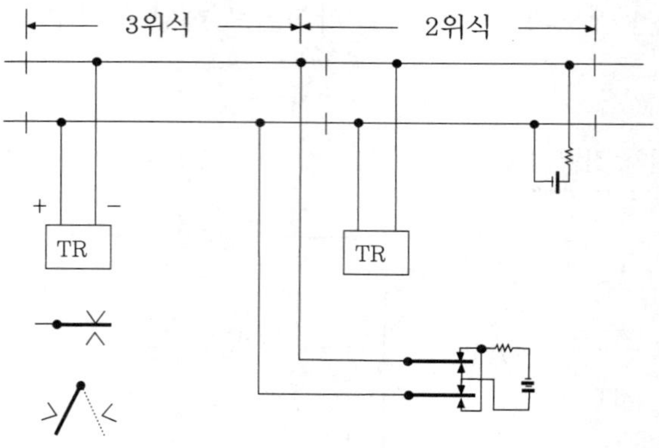

그림 4-27. 3위식 및 2위식 궤도회로

4.5 궤도회로의 특성

4.5.1 궤도회로의 전기적 특성

궤도회로의 전송회선은 그림 4-28과 같이 회로의 연속적인 기본형태로 볼 수 있다.

r과 L은 궤도회로의 직렬변수이고 R_i와 C는 병렬변수이다. 이 형태는 대지와 관련되어 두 레일이 같은 형태로 절연되는 경우에 적용되며 이를 궤도회로가 평형을 이루었다고 한다.

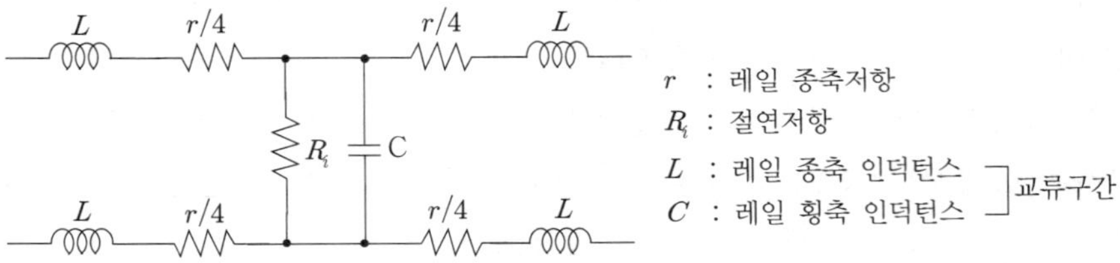

그림 4-28. 궤도회로 이론적 형태

1 직류 궤도회로

직렬저항 r은 레일저항 값을 가리키며 60[kg]형 레일의 경우 약 0.04~0.08[Ω/km]이다.

절연저항 R_i는 궤도회로의 길이와 반비례된다. 또 길이 L의 궤도회로의 절연저항은 $R_o[\Omega/\text{km}] = \frac{R_i}{L}[\Omega/\text{km}]$로 R_o는 수[Ω/km]부터 수백[Ω/km]까지 다양하다.

일반적으로 [km]당 절연저항은 궤도회로를 조정할 때 고려하는 값인 2[Ω/km]보다 작아서는 안 된다.

2 교류 궤도회로

교류 궤도회로에서는 표피효과에 의해 주파수가 증가할 때 직렬저항 값이 증가한다. 직류에서의 r값은 0.04~0.08[Ω/km]이나 교류에서는 50[Hz]일 경우 0.15[Ω/km],

2,000[Hz]일 경우 1.2[Ω/km]로 증가된다.

절연저항 R_i와 [km]당 절연저항 R_o는 직류에서의 값과 동일하다. 직렬 인덕턴스 L은 주로 궤도회로가 루프회로를 형성하기 때문에 생기는 것으로 그 값은 1~2[mH/km] 정도이다.

3 누설 컨덕턴스

송전단의 레일 사이에 송출된 전력은 레일의 전압강하나 자갈의 누설에 의하여 감쇠되면서 수전단에 도달한다.

그 감쇠의 정도는 궤도회로의 종류와 상태, 사용하는 기기의 특성, 조정상태 등에 의하여 차이가 나며 또한 변하게 된다. 예를 들면 도상이 비나 눈에 의하여 수분을 함유하면 누설 컨덕턴스가 증가하여 감쇠가 늘고, 궤도계전기의 전압이 낮아진다. 그 반대로 건조하면 전압이 상승한다.

누설 컨덕턴스는 레일간의 누설전류를 흐르게 하는 「누설저항」으로 그림 4-29에 표시한 바와 같이 저항과 같은 도식 기호이다. 그러나 수치적으로는 저항과는 전혀 다른 「전류가 통하기 쉬운」방법으로 표현한다.

즉 누설 컨덕턴스가 작으면 누설저항은 크고, 누설 컨덕턴스가 크면 누설저항은 작다.

누설 컨덕턴스의 단위는 S(지멘스)/km, 누설저항의 단위는 Ω(옴)· km이다.

그림 4-29는 모두 궤도회로를 나타낸 것으로 선로의 방향에는 레일저항 R과 레일 인덕턴스 L이 있으며 침목방향에는 누설 컨덕턴스 G와 정전용량 C가 있지만, 보통 C는 무시할 수 있고, 직류인 경우는 L과 C는 불필요하다.

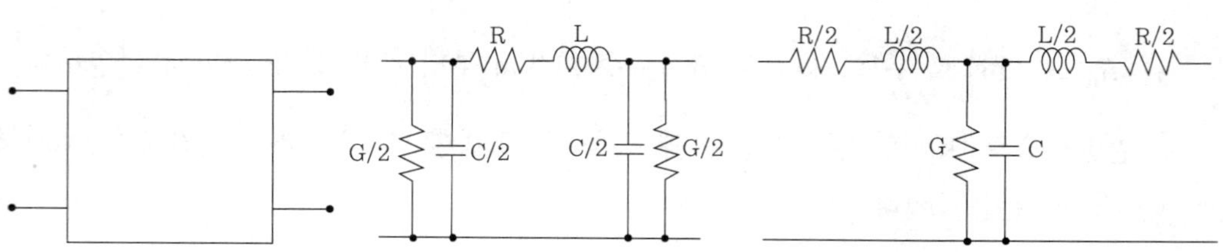

그림 4-29. 궤도회로의 등가회로

그림 4-30은 누설 컨덕턴스의 실측 예를 도상의 종류나 그 표면 상태별로 표시한 것으로 상당히 넓은 범위에 분포하며 변화 폭이 큰 것을 알 수 있다.

분진 지역, 누수가 현저한 터널 안의 궤도회로는 보수상 주의를 필요로 한다.

또한 장마 때에 이슬이 맺히는 긴 터널 안에서는 레일의 연결부를 덮는 먼지나 brake 가루, 기관차의 모래 등이 수분을 함유하여 누설 컨덕턴스가 증가하는 경우가 있다.

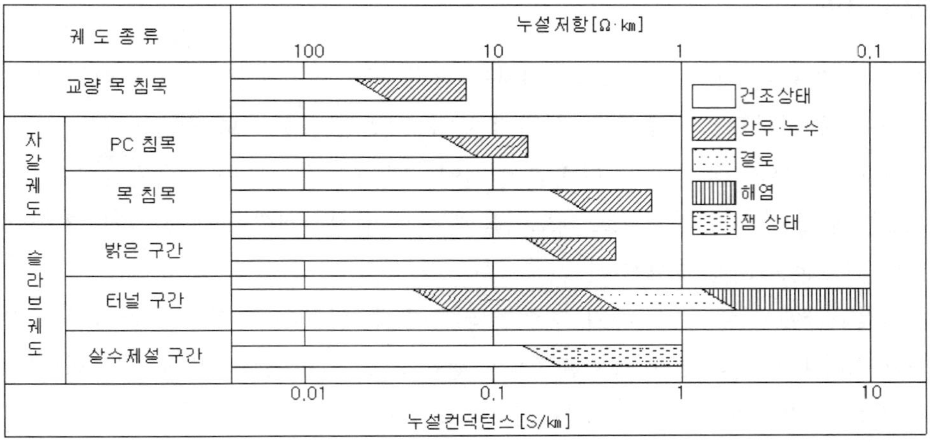

그림 4-30. 각종 궤도의 누설 컨덕턴스와 그 변동

4 감쇠특성

송전단의 전압은 레일의 전압강하나 레일간의 누설에 의해 약해지면서 궤도계전기 쪽으로 전해진다. 이와 같이 줄어드는 것을 감쇠라 한다.

그림 4-29의 등가회로에서 직류 궤도회로에서는 누설 컨덕턴스 G의 값이 클수록 감쇠하며, 상용·분주·분배주·AF 등의 궤도회로에서는 레일 임피던스 Z의 값이 클수록 감쇠한다.

레일 임피던스는 교류 주파수와 거의 비례하므로 주파수가 높을수록 감쇠가 현저하며, AF 궤도회로인 경우는 수전단의 전압이 송전단의 몇 분의 1 또는 몇십 분의 1로 감쇠한다.

표 4-4. 날씨 변동에 따른 임피던스의 변화

구 분	날 씨		비고
	계속해서 건조	호우·장마·눈	
누설 컨덕턴스	작음(0.01~0.1[S/km])	커짐(0.3~1[S/km])	
누설 저항	큼(100~10[Ω·km])	작아짐(3~1[Ω·km])	
감 쇠 량	적음	많아짐	
궤도계전기 전압	높음	낮아짐	

5 궤도저항

레일이음매판이 설치된 궤도회로에서는 직렬저항(r)이 이음매판 표면적의 전기저항에 의해 증가하므로 이를 감소시키기 위해 레일간을 본드로 연결한다.

궤도에 전류가 잘 흐르게 하려면 레일이음매 볼트만으로는 완전한 전기적인 접속회로를 구성할 수가 없으므로 궤도이음매 부분의 전기저항을 적게 하기 위하여 궤도 상호간을 본드로 연결시킨다.

전철구간에서는 귀선전류가 흐르게 되므로 수 100[A]의 전류를 안전하게 흐르게 하기 위하여 단면적이 큰 레일본드를 사용하고 그 밖의 구간에서도 궤도회로의 특성에 맞는 단면적의 레일본드 또는 신호본드를 사용한다. 또한 전차선 회로의 귀선저항을 감소시키기 위한 목적으로 좌우 궤도 또는 인접 궤도회로와의 사이를 접속시키는 크로스 본드를 사용한다.

표 4-5. 각 궤도회로별 본드류

구 분		레일본드	신호본드	크로스본드	귀선점퍼	신호점퍼	첨단점퍼	기 사
직류 전철	AF궤도회로	55mm^2×2	55mm^2×2	115mm^2×2	115mm^2×2	55mm^2×2	55mm^2×2	
	귀 선 측	55mm^2	〃	〃	〃			
교류 전철	고전압임펄스 궤도회로	25mm^2×2		95mm^2×2	95mm^2×2		25mm^2×2	
	AF궤도회로	25mm^2×2		〃	〃		〃	무절연 궤도회로는 95mm^{2}로 한다.
	귀 선 측	25mm^2×1		〃	〃			
비전철	직류궤도 직류바이어스		25mm^2×2			25mm^2×2	25mm^2×2	
	AF궤도회로	25mm^2×2	25mm^2×2			25mm^2×2	25mm^2×2	

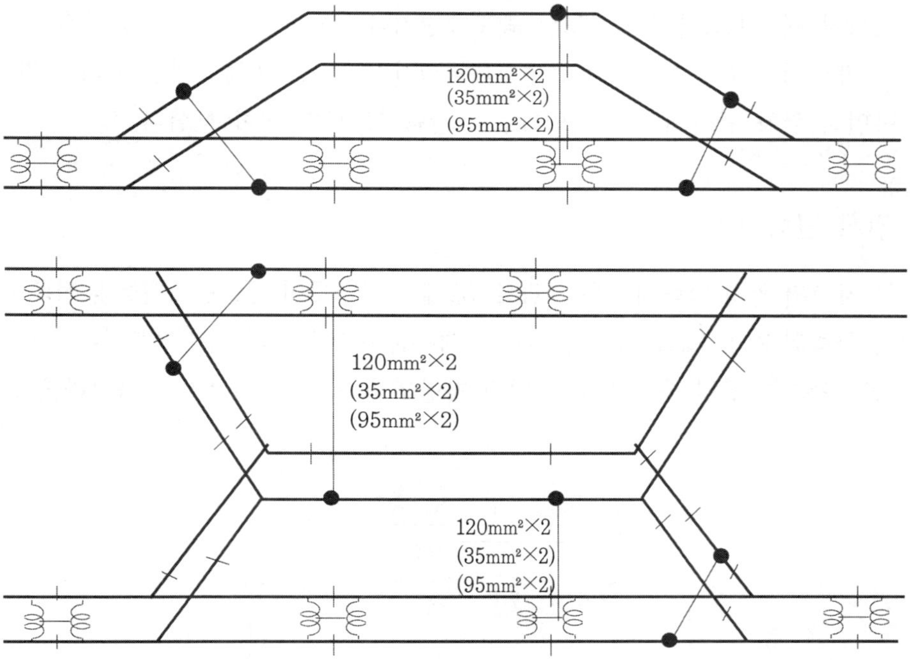

(a) 크로스 본드의 설치도

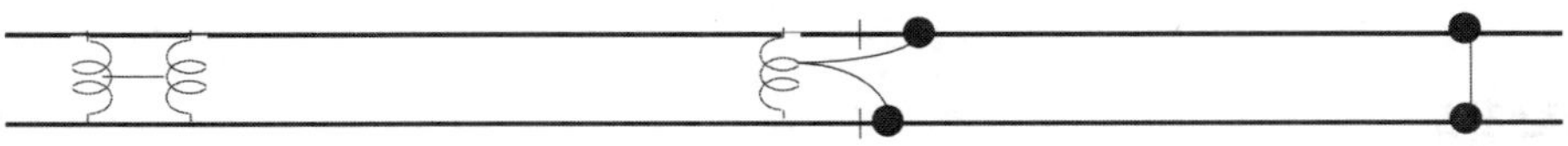

(b) 무궤도구간의 크로스 본드 설치도

그림 4-31. 크로스 본드 설치도

4.5.2 단락

1 열차 단락저항과 단락감도의 관계

열차의 단락저항과 궤도회로의 단락감도는 전혀 다른 것이지만, 때때로 혼동해서 사용되므로 주의해야 한다. 열차의 단락저항은 레일면의 접촉저항을 포함한 열차측의 전기저항이며 열차 대신에 그 장소의 레일 사이를 저항기로 단락시켰을 때에 열차 단락시의 수신점 전압이 되는 저항값으로 열차의 운전상태, 레일면의 상태, 레일간 전압 등에 따라 그 값이 다르다.

한편 궤도회로의 단락감도는 궤도계전기를 낙하시킬 수 있는 단락저항의 최댓값 즉 궤도회로의 열차검지 성능에 관한 평가척도이며 조정상태에 따라 크게 변한다. 당연히 열차 단락저항이 궤도회로의 단락감도보다 작아야 한다.

2 열차 단락저항

한 차축의 열차 단락저항은 그림 4-32에 나타나듯이 레일면 2개소의 접촉저항 R_k와 한 차축의 저항 R_a로 이루어지나 그 대부분은 레일면의 접촉저항이다. 차축이 복수라도 단순한 병렬 구성은 되지 않고 차량의 동요 등도 관계하여 복잡하게 변화한다.

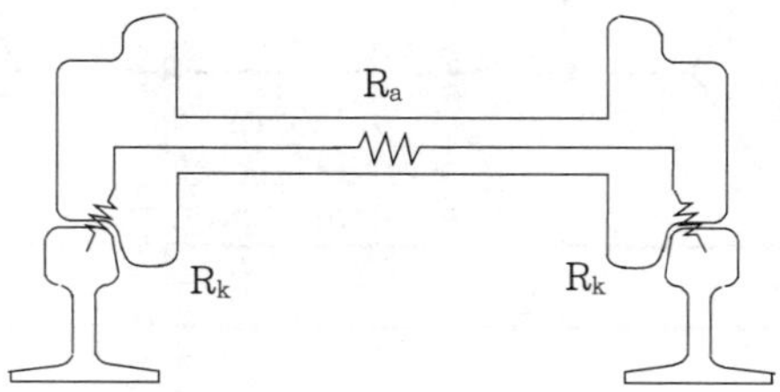

그림 4-32. 열차 단락저항의 요소

3 단락감도

단락감도는 궤도회로 기능의 양부를 판단할 목적으로 궤도회로 내의 임의의 레일 사이를 저항으로 단락하여 궤도계전기의 여자상태를 시험하는 것이다.

폐전로식에 있어서는 궤도계전기의 무여자접점이, 개전로식에 있어서는 여자접점이 접촉하려할 때의 최대 단락저항 값으로 표시한다.

1) 단락감도의 계산

단락감도는 이론적으로 높을수록 좋으나 너무 높으면 근소한 전압강하에도 궤도계전기가 낙하하게 되어 동작이 불안하게 되므로 자갈 누설저항의 변동에 주의하여야 한다.

궤도회로 내의 임의의 점 X에 있어 단락감도 R_m은 다음 식으로 표시한다.

$$R_m = \frac{1}{(F-1)G} = \frac{1}{(\frac{V_{UP}}{V_{DN}}-1)G} \qquad (4\text{-}1)$$

여기서 F : 동작전압/낙하전압[V]

G : X점에서 본 회로 전체의 어드미턴스[℧]

V_{UP} : 계전기 동작전압[V]

V_{DN} : 계전기 낙하전압[V]

2) 단락감도의 기준

궤도회로 단락감도는 그 궤도회로를 통과하는 열차에 대하여 다음과 같은 기준 이상을 확보하여야 한다.

- 임피던스 본드, AF 궤도회로(TI21형 제외)구간 : 맑은 날 0.06[Ω] 이상
- 기타 구간 : 맑은 날 0.1[Ω] 이상

3) 단락감도의 측정

- 직류 궤도회로의 경우 : 송전단 레일 위
- 교류 궤도회로의 경우 : 착전단 레일 위
- 병렬 궤도회로의 경우 : 위 두 경우 이외의 병렬부분의 끝 레일 위

4) 단락감도의 향상법

어떤 조정상태에서 궤도계전기를 낙하시킬 수 있는 레일간 단락저항의 최댓값이 단락감도이다. 통상 사용하는 단위는 [Ω]이며 단락감도를 높이기 위해서는 다음과 같은 조정방법이 효과적이다.

- 필요 이상의 전압을 궤도계전기에 공급하지 않는다.
- 송전단과 수전단의 임피던스를 될 수 있는 한 높인다.
- 단락시 위상 변화를 이용한다.

① 직류 궤도회로의 경우

- 레일을 용접, 장대 레일화하여 전압강하를 없앤다.
- 송전전압을 증가하고 궤도저항자의 저항치를 많게 한다.
- 궤도계전기에 직렬로 저항을 삽입하고 반위접점으로 단락한다.

② 교류 궤도회로의 경우

- 레일을 용접, 장대 레일화하여 전압강하를 없앤다.
- 송전전압을 증가하고 한류장치의 저항 또는 리액터를 증가한다.

- 궤도계전기에 직렬로 저항 또는 리액터를 삽입한다.
- 위상을 적당히 하여 열차 단락시의 회전역률을 최대 회전역률에서 이동시킨다.

4.5.3 궤도회로의 불평형

1 불평형

복궤조 궤도회로는 좌우 2개의 레일이 전기적으로 평형을 이루는 것이 필요하다. 평형한 궤도회로에서는 그림 4-33과 같이 신호전류는 좌우 역방향으로 동일한 크기로 흐르며, 전동차 전류는 좌우 같은 방향으로 동일한 크기로 흐른다. 그런데 불평형한 궤도회로에서는 좌우 레일에 흐르는 전류의 크기가 다르기 때문에 신호전류는 구간 밖으로 유출되고 전동차 전류는 임피던스 본드의 임피던스를 저하시키거나 레일 사이에 노이즈를 발생시키며 임피던스 본드 자체에 불평형이 있으면 그것도 포함된다.

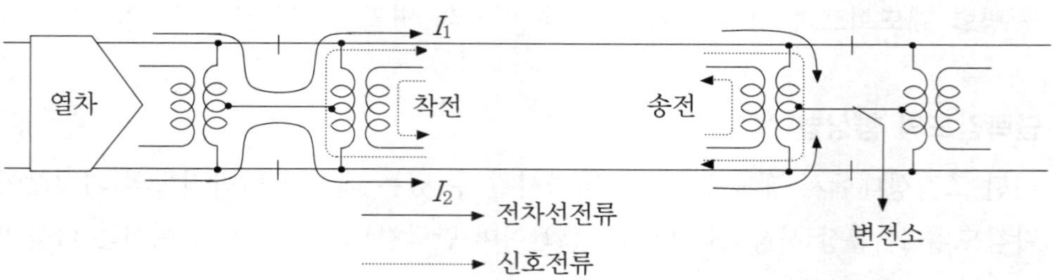

그림 4-33. 궤도회로의 레일전류의 흐름 방향

불평형 정도를 정량적으로 표현하고자 하는 경우에는 다음 식에서 정의되는 불평형률을 사용한다.

$$U_B = \frac{|I_1 - I_2|}{I_1 + I_2} \times 100 \qquad (4\text{-}2)$$

여기서, U_B : 불평형률[%],

I_1, I_2 : 각 레일의 전류

예를 들면 그림 4-34 (a)는 완전한 평형 상태이나 (b)는 525[A]와 475[A]이기 때문에 불평형 상태이다. 불평형률 U_B를 위 식으로 계산하면 5[%]가 된다. 이 불평형 상태는 (c)와 같이 475[A]의 평형전류와 50[A]의 편측전류의 중첩이라 생각할 수 있다.

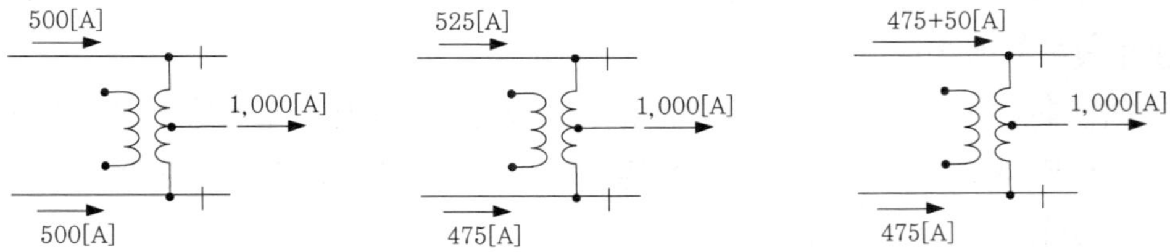

(a) 500[A]와 500[A]에서 평형 (b) 525[A]와 475[A]에서 불평형 (c) 한쪽에 불평형 성분 50[A]

그림 4-34. 레일전류의 평형상태와 불평형상태

2 불평형 전류의 영향

1) 궤도계전기 전압의 저하

그림 4-35는 임피던스 본드의 설명도이다. (a)에 나타나듯이 1차측 반coil a-n과 b-n에 직류 또는 교류 전동차 전류 I_{an}, I_{bn}이 흐르면 철심 내에 서로 역방향의 자속 Φ_{an} 과 Φ_{bn}이 가능하다. 전동차 전류가 평형 즉 $I_{an} = I_{bn}$인 경우는 자속 Φ_{an}과 Φ_{bn}은

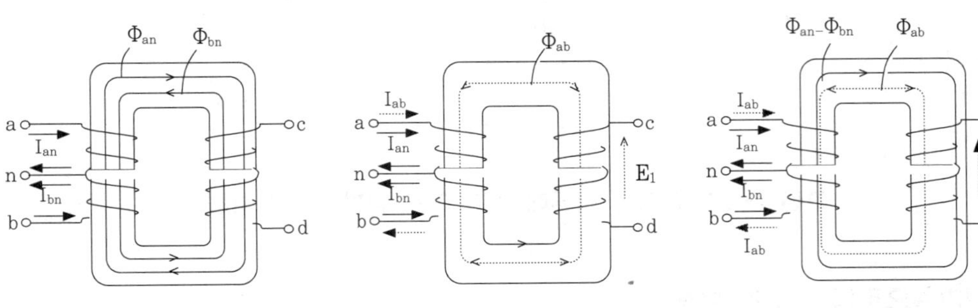

(a) Φan과 Φab은 역방향 (b) 정상적인 트랜스 작용 (c) 불평형 자속이 중첩

그림 4-35. 임피던스 본드의 전류와 자속

서로 밀어내고 (b)와 같이 교류 신호에 대해 정상적인 트랜스 작용을 하지만 불평형인 경우는 자속의 차 $\Phi_{an} - \Phi_{bn}$ 이 (c)와 같이 남고 그것이 신호전류 I_{ab}에 의한 자속 Φ_{ab}에 중첩한다.

임피던스 본드에 사용되고 있는 철심은 자속밀도가 지나치게 커지면 자기적으로 포화하는 성질이 있고, 철심이 포화하면 여자 임피던스(임피던스 본드 자체의 임피던스)가 저하되어 정상적인 변압기로서의 기능을 발휘하지 못하여 궤도계전기의 전압이 낮아지게 된다.

또한 불평형이 발생하면 전동차 전류에 포함된 교류성분이 임피던스 본드의 변압기 작용에 의해 2차측으로 유기되어 발생하는 노이즈가 신호설비에 나쁜 영향을 미치게 된다.

그림 4-36은 여자 임피던스가 직류인 불평형 전류에 의해 감소하는 것을 나타내는 특성의 예이다. 불평형 전류가 정격전류의 20[%]를 넘으면 여자 임피던스는 정격치 0.5[Ω]의 반 정도로 저하한다.

특히 단락 불량 대책인 공진 콘덴서를 사용하고 있는 궤도회로에서는 여자 임피던스의 변동에 따른 영향이 크므로 주의가 필요하다.

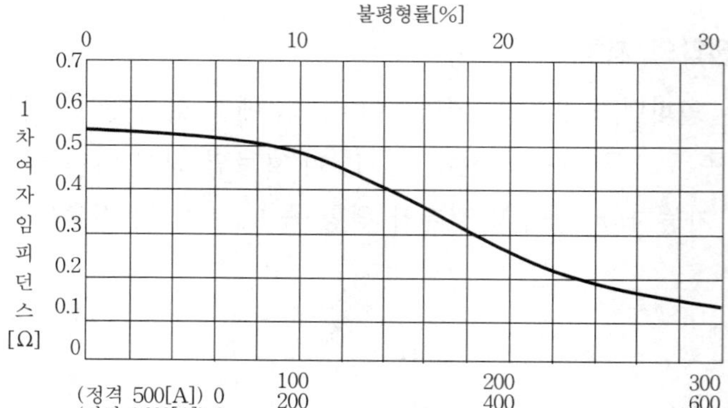

그림 4-36. 불평형 전류에 의한 여자 임피던스의 저하

2) 기기측으로의 노이즈 발생

전동차 전류에 교류성분이 포함되어 있어 궤도회로에 불평형이 있으면 그 교류성분이 임피던스 본드의 트랜스 작용에 의해 2차측으로 옮겨져 노이즈가 발생하며 궤도회로에 나쁜 영향을 미친다. 이와 같은 이유로 직류 전동차가 Notch가 on된 순간에 궤도계전기의 동작에 문제가 되는 경우가 발생한다. 입력부에 여과기(filter)가 있는 분배주 궤도회로는 특히 그 영향이 강하기 때문에 시소계전기를 사용해서 부정 동작을 방지한다.

3 불평형의 실태

1) 레일 절손

레일 절손이나 송착 리드선이 탈락하면 수신 레벨(level)은 저하하나 궤도계전기가 반드시 낙하한다고는 할 수 없다. 그 이유는 그림 4-37 (a)에 나타나듯이 전류가 다른 계전기나 대지를 우회하기 때문이다. 이를 고려해서 상·하선간의 크로스 본드의 간격은 두 개의 궤도회로 이상 떨어지지만 저주파의 짧은 궤도회로에서는 우회회로의 임피던스가 부족하여 낙하전압 이하가 되지 않는 일이 있다. 그러나 그와 같은 경우라도 열차가 진입하면 그림 4-37 (b) 혹은 (c)에 나타나듯이 열차와 건전(健全)측단 사이는 평형상태가 되고 궤도계전기는 낙하한다. 만약 2개소에서 절손하면 열차의 점유를 검지할 수 없는 부분이 생긴다.

또한 전동차 전류는 임피던스 본드의 1차측 편측 코일에만 흐르기 때문에 임피던스가 포화하고 커다란 노이즈가 2차측에 발생한다.

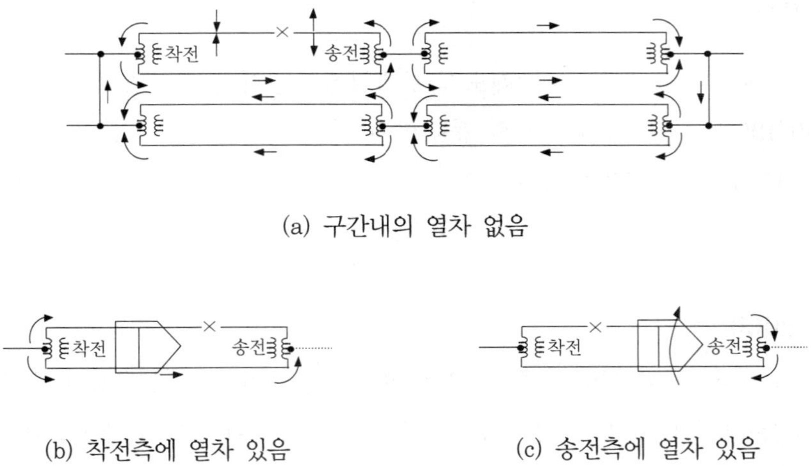

(a) 구간내의 열차 없음

(b) 착전측에 열차 있음

(c) 송전측에 열차 있음

그림 4-37. 레일 절손 시 신호전류

2) 편측 레일의 지락

레일을 조이고 있는 볼트(bolt)는 절연되어 있지만 절연이 파괴되어 교량의 철빔 등에 전류가 흐르면 레일이 지락(대지로 단락)하는 불평형 상태가 되어 레일 절손의 경우와 거의 같은 결과가 된다. 크로스 본드가 레일의 바닥과 접촉하여 불평형하게 된 경우도 있다.

3) 기타

긴 편측 가드레일에 의한 불평형이나 임피던스 본드의 구조적인 불평형이 전동차의 Notch on, Notch off 시에 노이즈를 발생시켜 분배주 궤도회로에 영향을 주는 경우도 있다.

4.5.4 내 노이즈 특성

1 전동차 전류에 포함되는 노이즈 성분

1) 직류 변전소의 리플

직류 변전소는 3상 교류를 직류 1,500[V]로 변환하여 가선에 공급하나 그때에는 다음과 같은 주파수의 전압이 흐른다.

① 300/360[Hz]의 배수 : AF 궤도회로 대역에서는 1[A] 정도의 레일전류가 흐른다.
② 100/120[Hz] : 3상 교류측의 불평형에 기인하는 리플이 10[A] 정도이다.
③ 50/60[Hz] : 정류회로에 불평형이 있으면 발생하는 것으로 3[A]가 흐른 경우가 있다.

2) 초퍼 제어차

초퍼(chopper) 제어차는 가선전압을 싸이리스터 초퍼에 의해 일정한 주파수로 단속하여 직류 모터에 주고 그 통전시간의 비율을 가감하여 속도를 제어한다. 단속 주파수 220[Hz]의 3상식은 660[Hz]로서 배수 또는 단속 주파수 300[Hz]의 2상식은 배수인 600[Hz]가 노이즈 주파수가 된다.

3) 일반 교류 전동차

교류 전철구간을 주행하는 전동차는 가선의 교류를 power 다이오드나 싸이리스터에 의해 직류로 변환하고 직류 모터를 회전시킨다. 그 때에 50/60[Hz]의 고주파가 발생하며 레일에 흐른다. power 다이오드에 의한 고주파는 주로 홀수째이지만 싸이리스터의 경우는 짝수째도 포함하여 속도에 따라 변화한다. 이전에는 시험 차량이 25[Hz]를 발생한 일이 있다.

4) VVVF 인버터 제어차

VVVF(Variable Voltage Variable Frequency) 인버터(inverter) 제어차는 가변전압 가변주파수형의 인버터를 사용하여 직류전력을 교류전력으로 가변하여 3상 농형 유도전동기를 구동하는 제어차로 주 전동기가 소형 경량으로 보수성과 신뢰성이 높고 소비전력이 절감되는 이점이 있다. VVVF 제어차는 그 원리상 초퍼 제어차와 비슷하지만 제어과정에서 발생하는 주파수가 초퍼 제어차와 같이 일정하지 않고 10[Hz] 부근에서 가청주파수(300～3,000[Hz])까지 두루 존재하므로 고조파 잡음이 궤도회로에 영향을 줄 수 있다.

그 원인으로는 VVVF 차량에서 발생하는 신호주파수 대역 부근의 노이즈가 귀선전류에 포함되어 흡상선에 인접한 궤도회로의 2차측에 유기되어 신호주파수에 간섭을 일으켜 궤도회로가 불안정하게 된다. 그러므로 누설전류가 없도록 하여 귀선전류의 불평형이 발생하지 않도록 하고 차량에서 발생하는 노이즈를 최소화하며, 궤도회로의 수신부 특성을 조정하여 잡음에 민감하지 않도록 하여야 한다.

4.6 전철구간의 궤도회로

전기철도에는 직류전철과 교류전철방식이 있으며, 우리나라의 경우 지하철은 대부분 직류방식이고 국철은 대부분 교류방식을 이용하고 있다.

4.6.1 전차선전류에 의한 영향

1 궤도회로에 미치는 영향

귀선전류를 같이 사용하는 궤도회로에서는 전차선전류와 동일한 상용 주파수를 사용할 수 없으므로 순간적인 이상전류에 있어서도 안정이 되도록 하기 위하여 궤도회로의 설비비가 비싸진다.

2 흡상변압기 및 흡상선 설치에 의한 영향

유도장애를 줄이기 위하여 흡상변압기 및 흡상선을 설치하는데 레일에 흐르는 전차선전류는 흡상선의 위치에서 최대가 되므로 궤도회로에 미치는 영향도 이 위치에서 최대가 된다.

3 과도전압 및 전류에 의한 영향

과도현상에 의한 이상전압 및 전류 중에서 접지나 단락사고에 의한 경우는 수초 이내에 변전소의 차단기에서 차단되어야 한다. 그러므로 그 시간 내에 신호기가 부정동작을 하지 않도록 고려해야 하며 기관차 운행전류의 이상전류에 대해서도 검토해야 한다.

4.6.2 신호기기의 유도방해

1 정전유도

정전유도란 일반적으로 전계 내에 정전용량을 가진 어떤 도체를 놓았을 때 그 도체에 전압이 유기되는 현상을 말한다. 도체에 유기된 전압을 정전유도전압이라 하고 도체를 접지했을 때 도체를 통해서 대지로 흐르는 전류를 정전유도전류라 하며 정전유도는 그림 4-38과 같다. 그림 4-38의 (a)에서 기유도체의 충전전압을 V_0, 피유도체의 대지 정전용량을 C, 기유도체와 피유도체의 상호 정전용량을 C'라 하면 유기되는 유기전압 V는 다음과 같다.

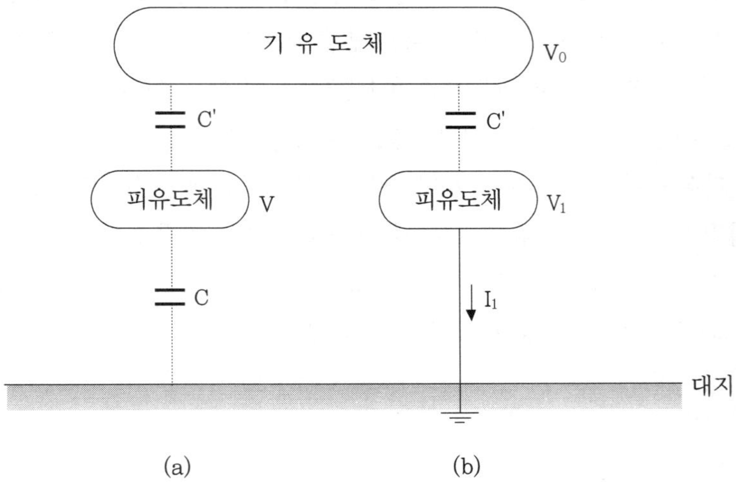

그림 4-38. 정전유도

$$V = \frac{C' \cdot V_0}{(C' + C)} \tag{4-3}$$

또 그림 4-38의 (b)와 같이 피유도체가 접지되어 있는 경우에는 정전유도전류 I_1 이 흐르며 I_1은 다음 식으로 나타낼 수 있다.

$$I_1 = \omega C \cdot V \tag{4-4}$$

단, $\omega = 2\pi f$, f =주파수이며 접지저항은 무시한다.

이상 두 가지 식에서 유도전압은 주파수에 관계가 없으나 유도전류는 주파수에 비례한다.

교류 전차선 가까이에 신호기가 설치되어 있다면 전차선과 신호기는 하나의 콘덴서 회로가 구성되어 신호기에 전압이 유기되므로 접지 등을 고려해야 한다.

2 전자유도

전자유도란 공간 중의 어떤 도체에 전류가 흘렀을 때 그것에 근접하고 있는 상호 인덕턴스를 가진 도체에 전압이 유기되는 현상을 말한다. 도체에 유기된 전압을 전자유도전압이라 하고 전류를 전자유도전류라 하며 전자유도는 그림 4-39와 같다. 예를 들어 기유도체를 고압선, 피유도체를 신호선이라 했을 때 고압선의 1선 지락전류를 I, 신호선과의 상호 인덕턴스를 M[H/m], 평행 길이를 ℓ[km]라 하면 신호선에 유도되는 전압 $V = J\omega MI\ell$이다. 단, $\omega = 2\pi f$이다.

이 전자유도에 의해 신호선에 발생하는 유도전압에는 전차선 지락 고장전류에 의한 위험전압이나 부하전류에 함유된 고조파에 의한 잡음전압이 있는데 이것은 작업자의 감전이나 신호선의 절연파괴 및 전자카드의 오동작의 원인이 되므로 전철구간의 궤도회로는 특별히 방호 대책을 고려해야 한다.

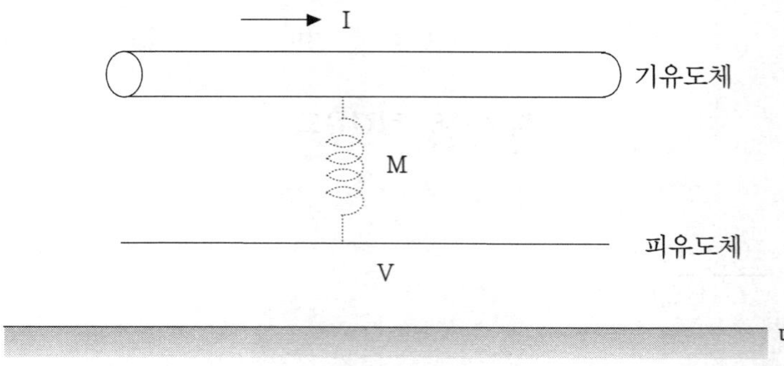

그림 4-39. 전자유도

4.6.3 고조파

1 고조파의 정의

고조파(harmonic wave)란 60[Hz] 기본 주파수의 정수배의 주파수를 갖는 전압 또는 전류로 이것을 포함한 전압과 전류는 그림 4-40과 같이 고조파를 포함하지 않는 경우의 정현파에 비하여 일그러진 파형으로 된다.

고조파는 통상 제5고조파라든가 제7고조파라는 식으로 불리고 있는데 이것은 기본 주파수의 5배라든가 7배의 주파수를 지닌 것을 나타낸 것이다.

일반적으로 제3고조파 이상의 홀수차 고조파가 현저한 영향의 요인이다. 최근 싸이리스터의 발달에 따라 이를 사용하게 되고 대용량화됨에 따라 교류 측에서 여러 가지 문제가 발생되고 있어 고조파가 주는 영향을 충분히 고려하여야 한다.

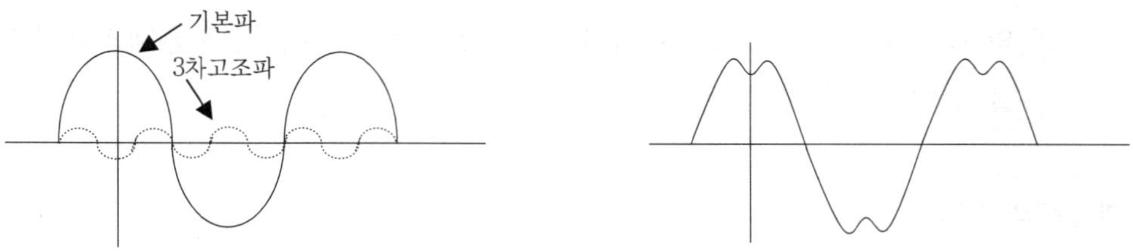

(a) 기본파와 3차고조파 (b) 합성파

그림 4-40. 고조파의 파형

2 고조파의 원인

전력계통의 전압과 전류파형을 일그러뜨리는 원인이 되는 고조파의 발생은 다음과 같다.

① 정류기나 변환기 등 싸이리스터 반도체 소자를 사용하는 기기
② 아크로의 비선형 부하특성을 지닌 기기
③ 변압기 철심의 자기포화에 의한 것

이 중에서 싸이리스터를 사용한 변환기 및 아크로 대용량화가 문제가 되고 있으며 이들 기기의 공급 시에는 고조파에 대한 영향을 검토하여야 한다.

3 고조파 경감대책

1) 발생원측의 대책

① 전력변환장치의 정류회로를 개선하기 위해 PWM(Pulse Width Modulation) 제어 방식을 채택하여 고주파수화

② 전력변환장치의 다상화
- 싸이리스터 제어장치에 의하여 펄스수 증대
- 복수대의 전력변환장치간의 위상차 이용

③ 고조파를 흡수하는 방법
LC 필터를 설치하여 리액터와 콘덴서로 직렬 공진회로를 구성하여 고조파를 흡수한다.

④ 액티브 필터

임의의 파형을 발생할 수 있는 인버터를 이용하여 고조파 전류를 제거하기 위한 전류를 전력계통에 주입한다.

2) 계통측의 대책

배전계통의 왜율을 저감시키는 방법으로 배전선의 저항, 리액턴스를 저감시켜 공급점의 단락용량을 크게 한다.

그러나 계통 단락용량의 증가대책에 대해서는 전력계통의 특성에 따라 고려하여야 한다.

3) 피해 기기측의 대책

① 고조파 장해를 받는 기기의 내량 증가

- 콘덴서의 경우 콘덴서를 포함하는 계통의 임피던스가 용량성이 되어 유입되는 고조파 전류가 증대하여 장애가 발생하므로 직렬 리액터를 부설하여 유도성으로 하여 장애를 줄인다.
- 직렬 리액터의 용량을 증가하면 고조파 내량은 증가한다.

② 피해가 증가되는 계기, 전자기기는 절연 변압기를 설치하여 계통에서 분리시킨다.

4) 예비 전원설비의 고조파 대책

① 정보기기와 컴퓨터 부하에 대한 UPS는 출력특성에서 고조파 왜율이 5[%] 이하인 PWM 인버터를 채택한다.

② 전원배선은 파형 일그러짐을 고려하여 전압강하의 여유가 있도록 설계한다.

4.6.4 직류 전철구간의 전식

전식(電蝕)은 직류 전철구간의 전동차 운전전류에 의해 레일전위가 상승되면서 대지로 전류가 일부 누설되어 전해(電解)작용이 발생하여 철이 부식되는 현상을 말한다. 이러한 누설전류로 인하여 궤도부품이나 지중 매설물의 전식현상은 시설물 관리의 어려운 점으로 나타나고 있어 대책이 필요하다.

1 전식 발생의 현황

전식이 발생되는 곳은 전철측과 매설관측으로 구분한다. 전철측은 레일 및 궤도부품, 선로전환기 고정볼트, 차량기지 부근의 구조물 등이 있으며 매설관측은 가스관, 수도관, 송유관 등의 매설 철관류를 들 수 있다. 이전에는 통신이나 전력케이블 등의 연피케이블의 전식이 많았으나 피복케이블 사용 등으로 전식 예방이 많이 되고 있다.

1) 전철측

① 레일 및 부속품

레일 및 스파이크(spike) 볼트 등의 전식은 긴 터널 내에서 발생하는 경우가 더 많으며 그림 4-41은 그 발생 상태이다. 또한 터널 이외에 건널목 부근에서도 발생한다.

이러한 전식은 레일 전위가 높고('+'측), 레일의 누설저항이 작은 곳에서 주로 발생한다.

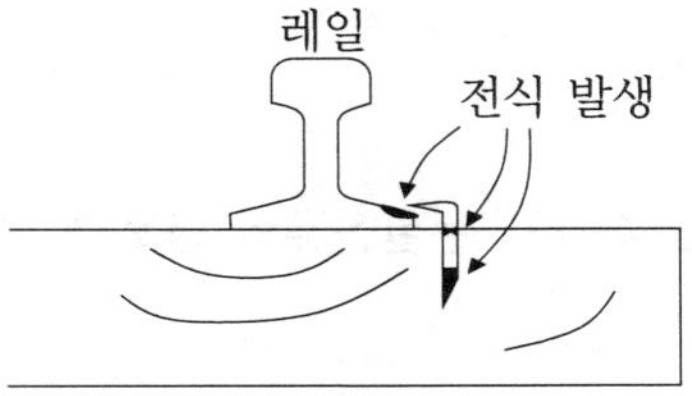

그림 4-41. 레일 스파이크 볼트의 전식 예

② 선로전환기 고정볼트

그림 4-42와 같이 침목 속의 선로전환기 고정볼트에서도 전식이 발생한다.

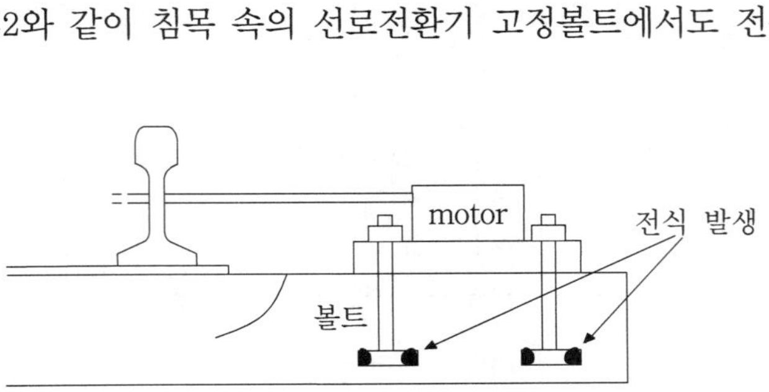

그림 4-42. 선로전환기 고정볼트의 전식

③ **차량기지 부근**

차량기지 내에서는 비교적 단기간에 배관류(공기관, 수도관 등)에 구멍이 생기거나 불꽃 등으로 급격한 전식이나 장애가 발생한다.

2) 매설관측

가스, 수도관, 송유관 등의 전식은 이전에는 그림 4-43 (a)와 같이 선로 부근에 집중되고 있었으나 배관류의 도장이 잘되어 그림 4-43 (b)와 같이 선로 부근에서 유입된 전류가 선로에서 먼 쪽으로 유출되어 전식 전위를 발생시키는 밀어내는 전류에 의해 전식이 발생되고 있다.

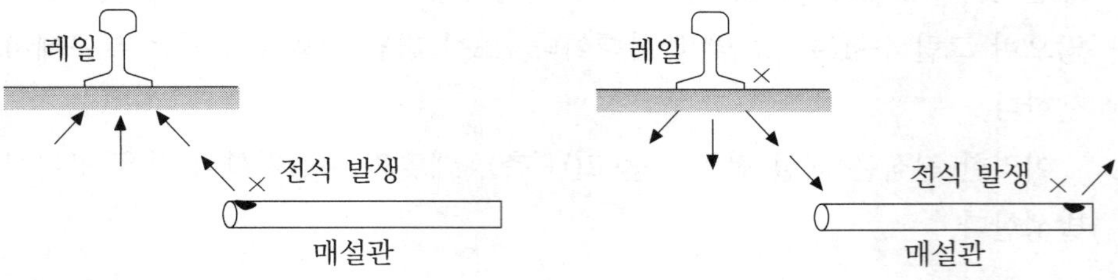

(a) 레일 부(負) 전위의 경우 (b) 레일 정(正) 전위의 경우

그림 4-43. 누설전류의 경로와 전식

2 전식의 발생원인

1) 레일전위

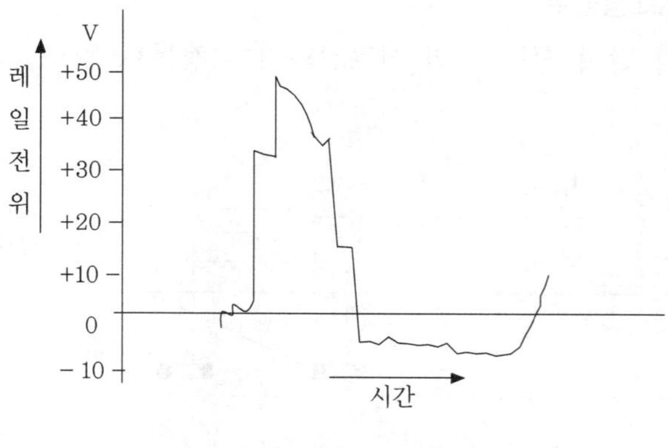

그림 4-44. 레일전위 시간 경과별 변화 예

레일전위(레일과 대지간의 전위차)는 그림 4-44와 같이 시간과 더불어 정부(正負)로 변화한다. 이 값은 선로정수(레일의 유도저항 및 누설저항), 부하 위치와 그 전류, 변전소 문제 및 부하 분담의 비율 등에 의하여 복잡하게 변화한다.

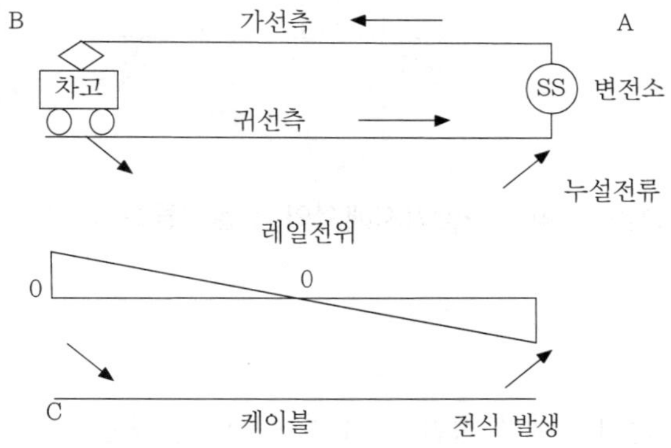

그림 4-45. 직류전철 귀선회로와 레일전위 분포

2) 누설전류

레일에서의 누설전류 I는

$$I = V/W\,[\mathrm{A/km}] \tag{4-5}$$

여기서, V : 레일전위[V], W : 레일 누설저항[Ωkm]

따라서 V=50[V], W=10[Ωkm]이라면 누설전류 I=5[A/km]로 된다. 누설저항 W의 값은 1[km]당 1~100[Ω]으로 평균 10[Ω] 정도였으나 최근에 도상(道床)의 상태가 좋아짐에 따라 높게 나타난다. 이 때문에 일반 개소의 누설전류는 대단히 적어졌으나 터널 내, 건널목, 차량기지 등의 부분적으로 누설저항이 작은 곳에 전식이 발생하고 있다.

이것은 도상이 부분적으로 습해서 누설전류가 많아지기 때문이다. 차량기지의 경우는 그림 4-46과 같이 접지저항이 작은 건물과 레일이 전기적으로 접촉되어 큰 누설전류가 흘러서 불꽃(spark)이 발생하거나 배관류에 급격한 전식이 생기고 건물 기초나 pit 등이 전식으로 이어지는 경우가 있다.

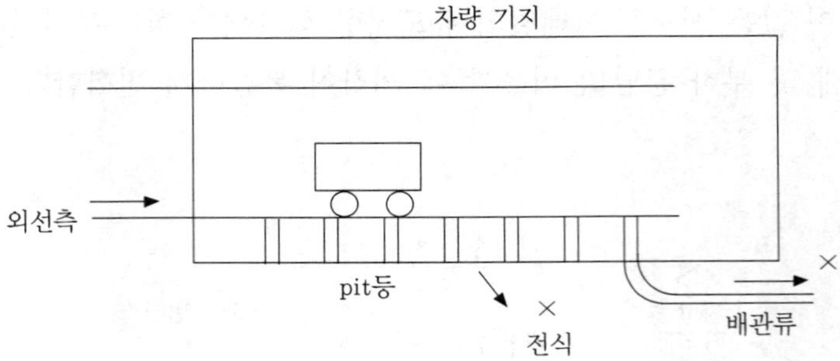

그림 4-46. 차량기지에서의 누설전류와 전식

3) 전해작용

그림 4-47에서와 같이 3개의 철판 A, B, C를 땅속 또는 수중에 넣고 A를 전원의 +측, B를 무접속, C를 -측에 접속하였을 때 일정시간 경과 후의 극판의 상황은 다음과 같이 된다.

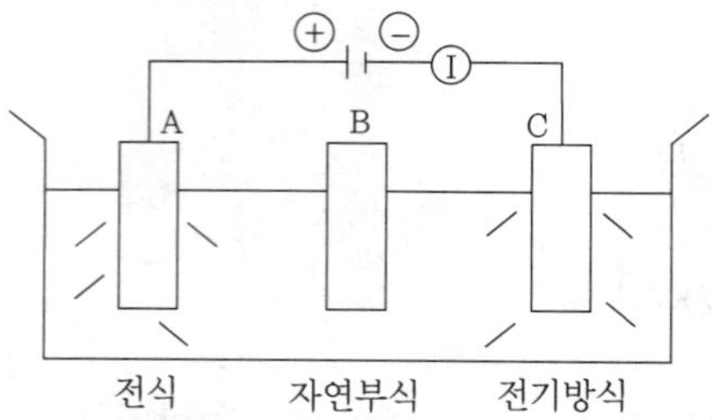

그림 4-47. 전식의 원리도

A는 심하게 부식되고 B는 녹이 발생하며 C는 부식되지 않는다. 이 때문에 A를 전식(電蝕), B를 자연부식(自然腐食), C를 전기방식(電氣防蝕)의 상태라 한다.

즉 철판에서 땅속 또는 수중으로 전류 I가 유출되면 전식이 발생하며 그 양 W는 farad의 법칙에 의하여

$$W = i \cdot z \cdot t[\mathrm{g}] \tag{4-6}$$

여기서, z : 전기화학당량

t : 시간

로 된다. 철의 경우 1[mA]의 전류가 1년간 계속하여 유출하였을 때 9.13[g]를 용해한다.(1[mA]에 의해 1년간에 9.13[g], 약 1.2[cc]) 예로 레일 하부의 일부분에서 1년간 연속해서 10[mA]를 유출하였을 때에는 12[cc]의 철이 전식한다. 이와 같이 선로전환기 고정볼트 하부에서 10[mA]가 유출하였을 때 1년간에는 두부가 손실되는 계산이 된다.

3 전식 방지대책

레일에서의 누설전류에 의한 전식을 방지하려면 근본적으로 누설전류가 없도록 누설저항을 크게 하여 전체적으로 감소시킬 수 있으나 부분적인 문제에 대해서는 상황에 따른 대책이 필요하다.

1) 레일측

원리로는 레일전위를 저하시키고 누설저항을 크게 한다. 레일전위를 작게 하려면 레일본드 등에 의해 전차선 귀선저항을 작게 하고 변전소 간격을 줄인다. 또 도상이 건조하면 누설저항이 크게 된다.

① **터널 내**

터널 내는 누수 등에 의해 도상이 습하여 전식이 발생하므로 근본적으로 누수 방지가 필요하다.

② **선로전환기 고정볼트**

레일전위가 볼트에 미치지 않도록 절연물을 삽입하는 방법도 있다.

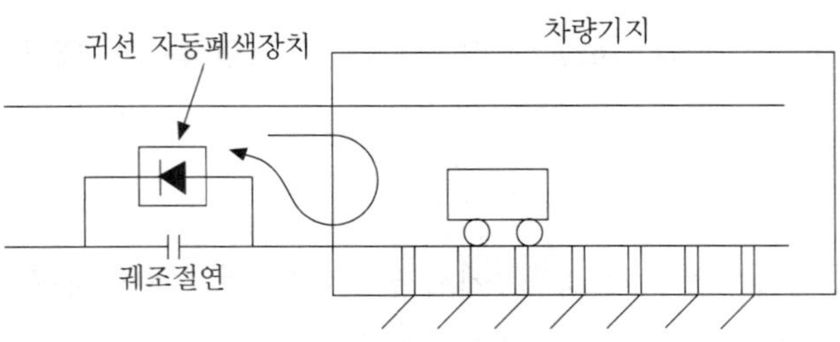

그림 4-48. 전식방지용 귀선 자동폐색장치

③ **차량기지 부근**

차량기지에서는 전철귀선이 접지저항이 작은 구조물과 접촉되지 않도록 하는 것이 제일 좋은 방법이다.

2) 매설관측

매설관도 최근에는 플라스틱 또는 플라스틱 피복이 되어 전식의 양은 감소하고 있으나, 반면 고압 가스관 등은 높은 방식 기준에 의하여 오히려 엄격하게 규제하고 있다. 전식 방지대책으로는 선택 배류법(選擇 排流法)과 강제 배류법(强制 排流法)을 외부전원에 의한 전기 방식법과 병행하여 사용하고 있다.

① **선택 배류법**

그림 4-49와 같이 매설관과 레일간을 전기적으로 접속하여 매설관의 전식을 방지하는 방법으로 레일전위가 부(負)일 때만 전기가 통하도록 도중에 방향성을 갖도록 한 장치(선택 배류기)와 전류 제한용 저항기를 삽입한다. 궤도회로 구간에서는 임피던스 본드 중성점에 접속하여야 하며 또 배류기에 의한 크로스 본드 회로가 생기지 않도록 하여야 한다.

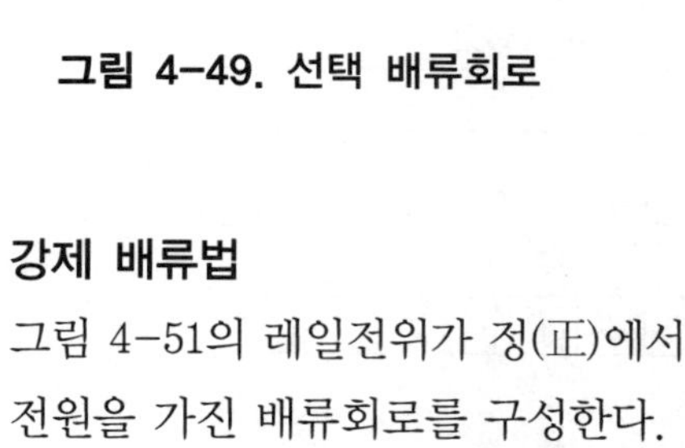

그림 4-49. 선택 배류회로

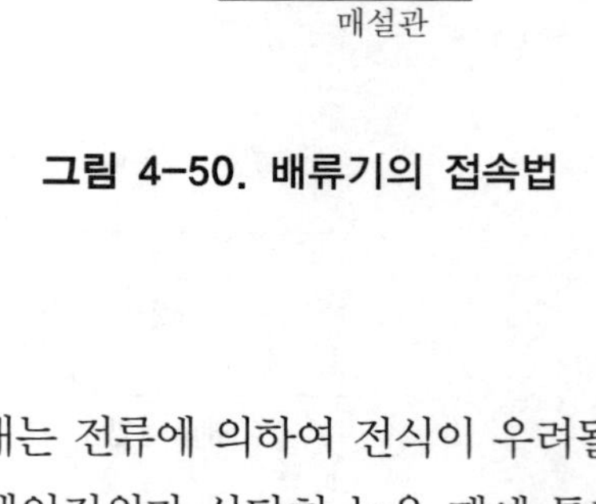

그림 4-50. 배류기의 접속법

② **강제 배류법**

그림 4-51의 레일전위가 정(正)에서 밀어내는 전류에 의하여 전식이 우려될 때는 전원을 가진 배류회로를 구성한다. 이때 레일전위가 상당히 높을 때에 통과하므로 출력전압은 이 전압보다 높은 전압이 사용되고 있다. 또 레일전위가 시간에 따라 변동하기 때문에 일반적으로 정 전류형이 사용되고 있다.

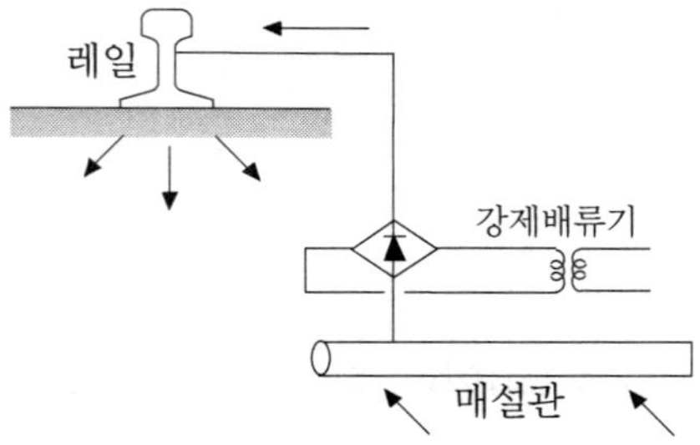

그림 4-51. 강제 배류회로

③ **외부전원에 의한 전기 방식법**

매설관의 전식을 방지하기 위하여 그림 4-52와 같이 양극에서 대지로 전류를 흘려서 이 전류를 관으로 유입시키는 방법을 외부전원에 의한 전기 방식법이라 한다.

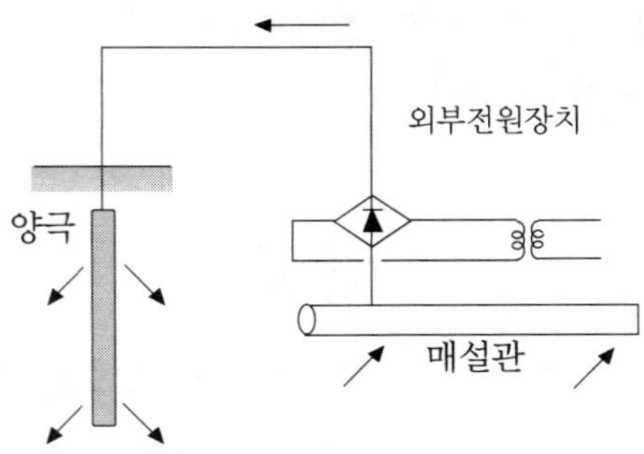

그림 4-52. 외부전원에 의한 전기방식회로

④ **기타**

선로가 단선의 경우에는 매설관의 전위와 레일전위와의 관계는 비교적 단순하지만 복선 이상의 경우는 각각의 레일에서 누설전류가 서로 간섭하므로 하나의 선로 배류기만으로는 대처되지 못하는 경우가 있다. 이때 상하선간의 크로스 본드가 유효하다(특히 회생제동에 의한 부전위에 대하여).

4.7 궤도회로의 사구간

4.7.1 사구간

궤도회로의 사구간(dead section)이라 함은 궤도회로를 구성하는 궤도의 일부분에 열차가 점유하여도 궤도계전기가 낙하하지 않는 구간을 말하며 선로의 분기 교차지점, 크로싱 부분, 교량 등에 있어서는 좌우의 레일 극성이 같게 되어 열차에 의한 궤도회로의 단락이 불가능한 곳이 생기게 되는 구간을 사구간이라 한다.

사구간의 길이는 7[m]를 넘지 않도록 해야 하며 7[m]가 넘는 곳에서는 사구간 보완회로를 구성해야 하며 사구간이 1,210[mm] 이상인 경우 사구간 상호 또는 다른 궤도회로와는 15[m] 이상 이격하여야 한다.

역구내 분기부는 모터카 등 짧은 차량 운행으로 궤도계전기가 순간적으로 여자할 경우 부정동작이 될 수 있어 이 경우 사구간의 길이를 3[m] 미만으로 한다.

부정동작 우려가 있을 경우 시소계전기로 완방시간 2초 정도를 삽입하여 궤도계전기를 늦게 낙하시킬 필요가 있다.

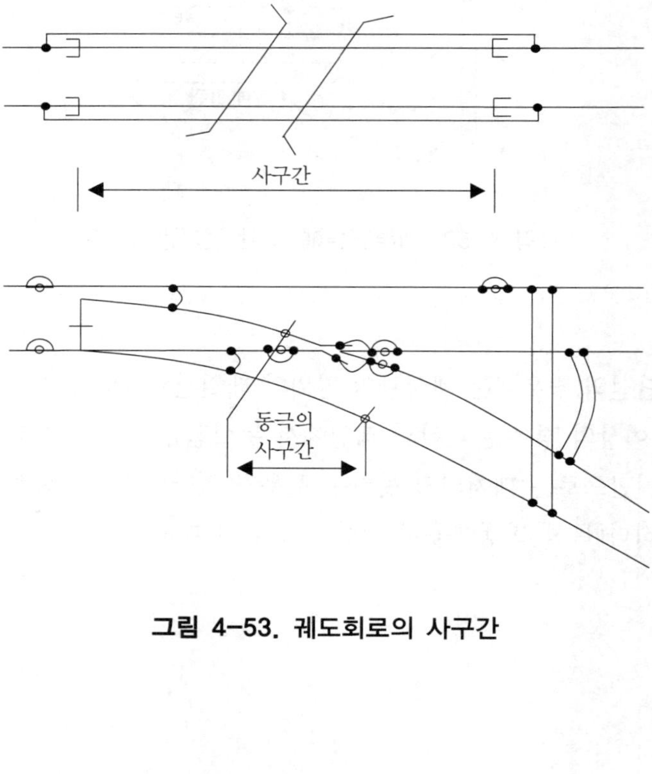

그림 4-53. 궤도회로의 사구간

4.7.2 사구간 보완회로

사구간 보완회로는 1량 이상의 차량이 완전히 들어 갈 수 있는 사구간이 발생하는 구간에 설치하는 특별한 궤도회로 구성방법이다.

사구간을 포함하는 궤도회로의 양단에 짧은 복귀회로와 자기유지회로를 설치하고 있는 것이 특징으로 차량이 진입하면 궤도계전기는 낙하하고 차량이 사구간에 빠져도 자기유지회로가 차단하고 있기 때문에 궤도계전기는 복귀되지 않는다.

또한 차량의 최후부 차축이 복귀회로를 통과할 때 이 차축을 통하여 전류를 보내 궤도계전기를 동작시켜 자기유지되도록 구성한다. 만약, 정전 시에는 궤도계전기가 낙하되어 자기유지회로가 차단되지만 정전회복 후 자동으로 복귀시키는 회로로 구성되어 있다.

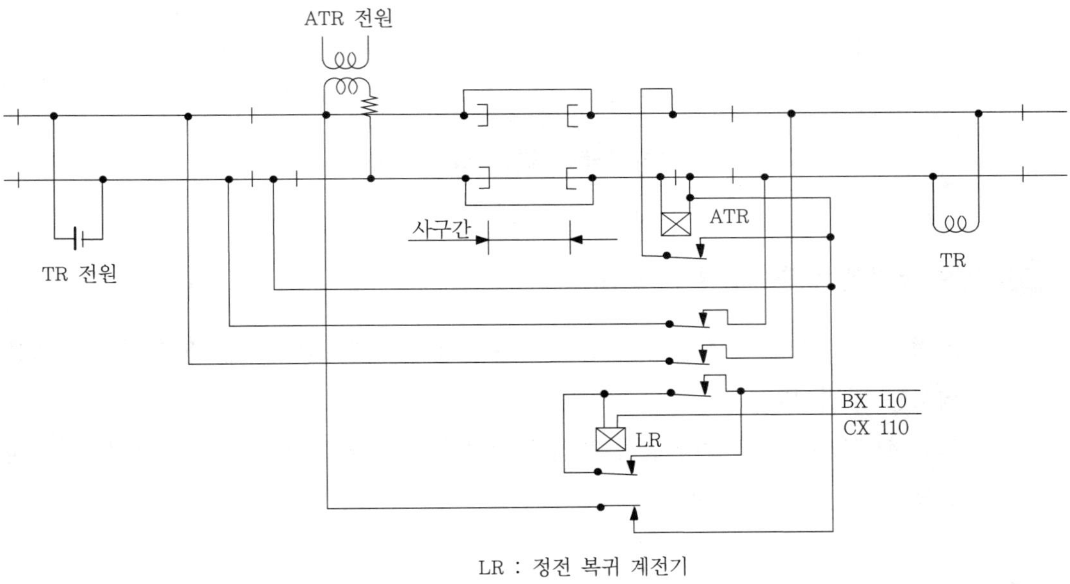

그림 4-54. 사구간 보완 회로

4.8 궤도회로의 극성

궤도회로의 극성은 레일절연이 파손된 경우 또는 인접 궤도회로와의 사이에 궤조절연을 단락하였을 때에는 궤도계전기가 낙하되어 안전측으로 동작하도록 인접 궤도회로와의 극성을 서로 다른 극성으로 구성하여야 한다.

또한 임펄스 궤도회로의 송신기 및 송전 임피던스 본드의 연결은 극성을 정확하게 맞추어야 하며 AF 궤도회로는 인접하는 궤도회로 또는 병행하는 궤도회로 상호간에 사용하는 주파수가 다르게 설비하여야 한다.

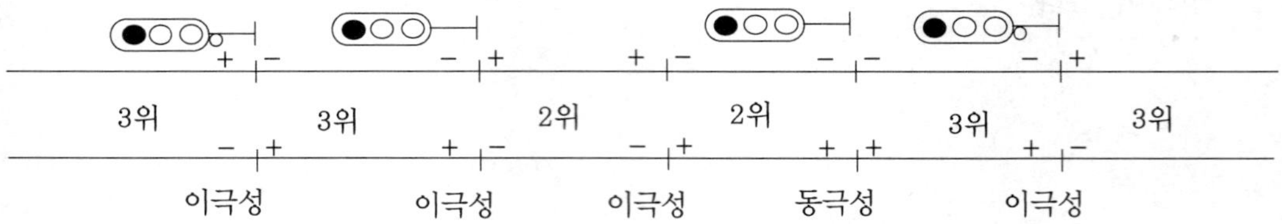

그림 4-55. 궤도회로의 극성

1 절연파괴에 의한 극성 시험법

궤조절연을 단락하고 인접 궤도회로의 송전전류로 궤도계전기를 동작시켜 극성을 시험하는 방법이다.

그림 4-56의 (a)와 같이 양쪽 절연을 단락했을 때 궤도계전기는 45° 또는 무여자 접점으로 되는 것이 좋다.

2 전압계에 의한 극성 시험법

그림 4-56의 (b)와 같이 한쪽 궤조절연을 단락하고 다른 쪽 궤조절연간의 전압 E_2와 송전 전압 E_1을 측정하여 극성을 알 수 있다. $E_2 < E_1$이면 동극성이고, $E_2 > E_1$이면 이극성이다.

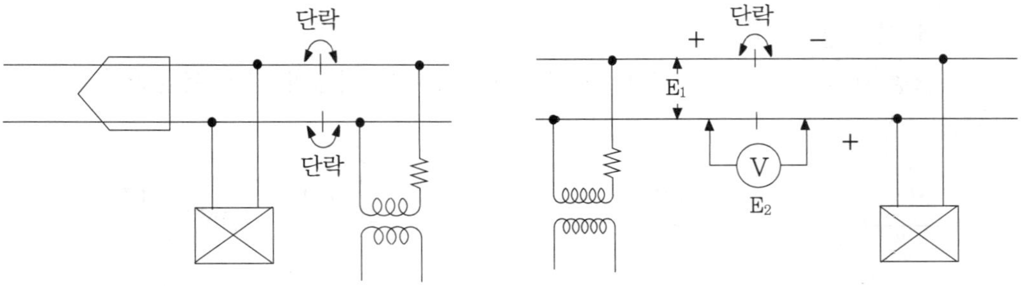

(a) 절연파괴에 의한 극성 시험　　　(b) 전압계에 의한 극성 시험

그림 4-56. 궤도회로의 극성 시험

4.9 궤도회로의 분할과 명칭

1 궤도회로의 분할

① 궤도회로는 장내, 출발, 중계, 폐색, 입환신호기(입환표지 포함) 등의 위치에서 분할한다.

② 도착선에 대해서는 차량접촉한계 내측으로 한다. 단, 장내신호기에서 출발신호기까지의 사이에 선로전환기가 없는 경우에는 분할하지 않는다.

③ 도착선의 유효거리 이내에 선로전환기가 있는 경우에는 그 선로전환기를 포함하는 궤도회로를 설치할 수 있다.

④ 차량을 유치하는 선로 및 차량이 대기하는 선로에 대해서는 필요에 따라 구간을 분할하여 열차운전 및 입환작업에 지장이 없도록 한다.

⑤ 선로전환기를 포함하는 구간의 분할은 다음에 의하고 최소의 궤도회로수로 하여 구내작업에 지장이 없도록 설치한다.

- 동시 운전작업이 될 수 있도록 분할한다.
- 열차운전 및 입환작업의 빈도에 따라 진로구분쇄정을 하고 구분마다 궤도회로를 분할한다.

⑥ 구내 본선 및 입환선군 또는 인상선군과 연결되는 측선은 궤도회로를 구성한다.

⑦ 건널목 경보장치의 제어 및 궤도회로의 제어길이 등 부득이한 경우에도 궤도회로를 분할할 수 있다.

⑧ 쌍동 이상의 선로전환기 및 시셔스의 경우에는 다음과 같이 분할한다.

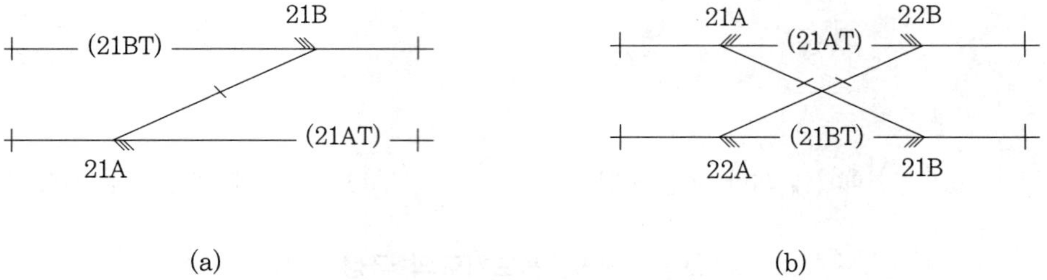

그림 4-57. 궤도회로의 분할

2 궤도회로의 명칭

궤도회로의 명칭은 아래와 같이 번호와 기호의 끝에 T를 붙인다.

1) 정거장구내

① 도착선의 본선이나 측선인 궤도회로는 역사 쪽으로부터 정해진 선로번호로 한다.

② 도착선의 궤도회로를 2개소 이상으로 분할하는 경우는 번호 또는 기호 끝에 1, 2, 3을 붙인다.

③ 궤도회로 내 선로전환기가 설치되어 있을 경우에는 그 선로전환기(선로전환기가 2대 이상 있을 경우는 그 중 가장 앞선 것)와 같은 번호 또는 기호를 붙인다.

④ 기타는 진로선별 취급버튼 명칭과 지점 명칭을 사용한다.

2) 정거장간

① 조작반에 표시되는 궤도회로가 표시와는 달리 현장 사정상 다수의 궤도회로로 구성되어 있을 경우에는 기점을 기준으로 A, B, C 등 알파벳순으로 명기한다.

② 자동구간에서의 접근궤도명은 해당 폐색궤도명을 비자동구간에서는 장내신호기 명칭을 붙인다.

연 / 습 / 문 / 제

1. 신호설비를 설계할 때 사용되는 궤도회로의 종류를 기술하고 사용되는 이유를 설명하시오.

2. 궤도회로장치를 구성하는 주요기기를 들고 절연과 무절연 궤도에 대해서 설명하시오.

3. 궤도회로의 한류장치에 대하여 설명하시오.

4. 궤조절연의 설치위치에 대해서 설명하시오.

5. 분기기를 포함하고 있는 궤도회로를 구성법에 따라 직렬법, 병렬법, 직·병렬법으로 구분하여 그림을 그린 후 설명하고, 궤도계전기가 갖춰야 할 요건에 대하여 설명하시오.

6. 궤도회로장치에 있어서 폐전로식(normal close system) 궤도회로장치를 사용하는 이유에 대하여 설명하시오.

7. 고전압 임펄스 궤도회로에 대하여 설명하시오

8. 임피던스 본드의 사용목적, 원리, 구조 및 특성에 대하여 설명하시오.

9. 고전압 임펄스 궤도회로와 전차선 흡상선의 관계를 기술하시오.

10. 임피던스 본드에 있어서 자기포화 현상을 설명하고 대책을 기술하시오.

11. AF 궤도회로장치의 특징 및 구성에 대하여 논하시오.

12. 무절연식 궤도회로에 사용되는 주파수가 f_1 및 f_2가 있다. 간단한 회로를 구성하고 설명하시오.

13. AF 궤도회로장치에 있어서 Pre-shunt와 Post-shunt에 대하여 설명하고 이들을 비교하시오.

14. AF(Audio Frequency) 궤도회로 장치에 대하여 방식(Mini bond, S-bond, Tuning Unit)별로 구분하여 설명하시오.

15. 전기철도 구간에 사용하는 S본드의 전기적 절연원리에 대하여 설명하시오.

16. 궤도회로의 전기적 특성에 대하여 설명하시오.

17. 전기철도에서 레일의 전기적 역할과 부작용 및 대책을 기술하시오.

18. 전철화 구간에서 궤도회로의 불평형 전류의 발생원인은 무엇이며, 불평형율(%)을 산출하시오.

19. 궤도회로장치에서 불평형 전류의 영향인 궤도 전압강하와 노이즈 발생에 대해서 설명하시오.

20. 교류 전철구간에서 전차전류가 신호설비에 미치는 영향과 대책을 기술하시오.

21. 신호기기의 유도방해에 대하여 설명하시오.

22. VVVF제어차량 운행시 신호장치 궤도회로제어주파수에 미치는 영향과 유도장애 방지 대책에 대하여 설명하시오.

23. 궤도회로의 단락감도와 조정 및 향상법에 대하여 설명하시오.

24. 궤도회로의 사구간에 대하여 설명하시오.

25. 궤도회로의 사구간(dead section)이 발생하는 원인과 사구간의 허용범위 및 보호대책을 설명하시오.

26. 궤도회로 분할과 명칭에 관하여 쓰시오.

Chapter 5

폐색장치

5.1 폐색장치의 개요

열차를 안전하면서도 신속하게 운행하기 위해서는 항상 선행열차와 후속열차가 일정한 간격을 유지하면서 운행하여야 한다. 이를 위해서는 역과 역 사이에 일정한 거리의 폐색구간을 설정하고 1개 폐색구간에는 1대의 열차만이 운행될 수 있도록 하여야 한다. 그리고 폐색구간은 2대 이상의 열차를 동시에 운전시키지 않기 위하여 정한 구간을 말하며 자동구간에서는 신호기 상호간, 비자동구간에서는 장내신호기와 인접 장내신호기간을 말한다. 그리고 선행열차와 후속열차가 일정한 간격을 두고 운행하는 방법으로는 시간 간격법(time interval system)과 공간 간격법(space interval system)이 있다.

시간 간격법은 선행열차가 출발한 후 일정 시간이 경과하면 후속열차를 출발시키는 방법으로 선행열차가 운행 중 불의의 사고로 도중에 정차할 경우 열차 추돌사고 등 위험한 상황이 발생할 우려가 많아 폐색장치 고장 발생 시 통신이 두절되는 등 극히 이례적인 상황이 아니면 사용하지 않는 방식이다.

공간 간격법은 여러 가지 폐색방식을 사용하여 선행열차와 후속열차의 안전한 정지여유거리를 확보하며 운행될 수 있으며, 열차 운행간격을 조밀하게 하고 열차 운행횟수를 증가시켜 선로용량을 증대시키는데 폐색장치의 역할이 지대하다.

5.1.1 열차 운행방식

1 고정폐색방식

고정폐색방식(fixed block system)은 일반철도 구간에서 많이 사용되고 있는 방식으로 역과 역간을 열차 운전시격에 적합하도록 1구간 또는 여러 개의 구간으로 분할하고 신호현시별 속도 단계를 설정하여 폐색구간의 열차 점유 상태에 따라 지정된 신호현시 패턴으로 운전하는 단계별 속도코드 전송방식(STP : speed step command)이다.

2 차상제어거리 연산방식

차상제어거리 연산방식(Distance to Go system)은 지상자(비콘 또는 발리스 등) 또는 궤도회로를 통해 선행열차의 운행위치에 관한 신호정보를 차상 신호장치가 수신하여 차상 컴퓨터에 의해 목표속도와 제동 소요거리 등을 연산하여 선행열차와의 안전한 제동여유거리를 유지하며 운전하는 방식으로 고정폐색구간이나 이동폐색구간 모두에서 사용할 수 있는 폐색방식이다.

3 이동폐색방식

이동폐색방식(Moving Block System)은 1개 폐색구간에 1개 열차라는 고정폐색구간의 개념이 없이 선행열차와 후속열차 상호간의 위치 및 속도를 무선신호 전송매체에 의하여 파악하고 차상 컴퓨터에 의해 열차 스스로 운행간격을 조정하는 폐색방식이다.

열차 운행방식에 대한 속도 pattern의 비교는 그림 5-1과 같다.

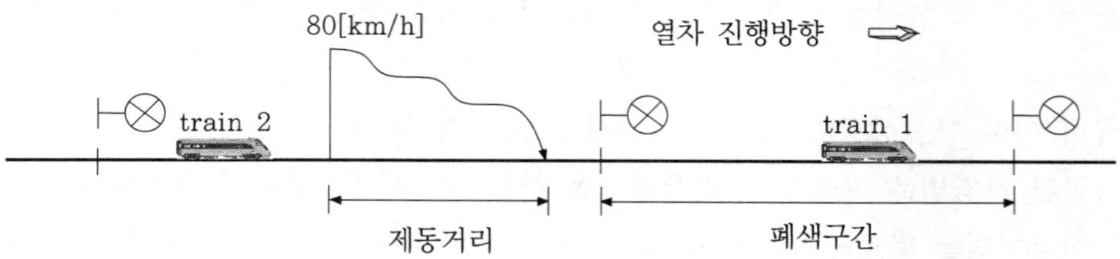

(a) 고정폐색방식

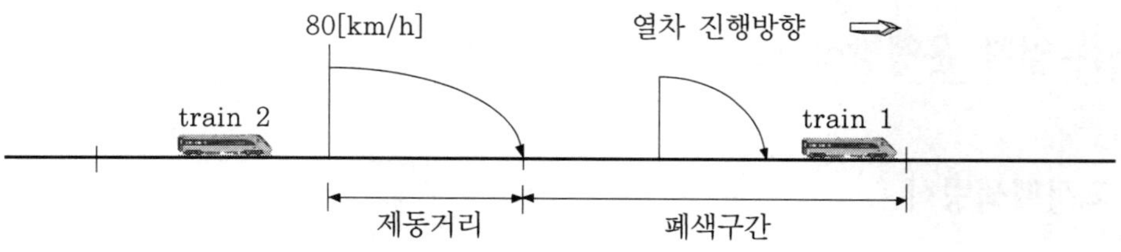

(b) 차상제어거리 연산방식

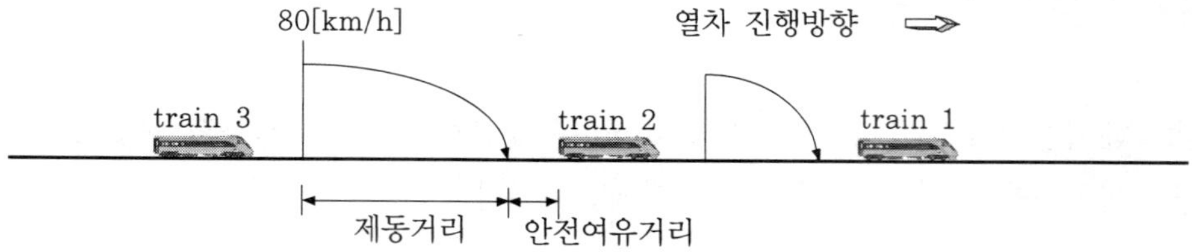

(c) 이동폐색방식

그림 5-1. 속도 pattern의 비교

5.2 폐색방식의 종류

열차의 안전을 제일 우선으로 고려하여 선로의 상태, 수송량의 많고 적음에 따라 폐색방식이 결정된다. 폐색방식에는 다음과 같은 종류가 있다.

5.2.1 상용폐색방식

1 복선구간

① 자동폐색식(automatic block system)
② 연동폐색식(controlled manual block system)
③ 차내신호폐색식(cab signalling block system)

2 단선구간

① 자동폐색식(automatic block system)
② 연동폐색식(controlled manual block system)
③ 통표폐색식(tablet instrument block system)

5.2.2 대용폐색방식

대용폐색방식(substitute block system)은 상용폐색방식을 사용할 수 없을 때에 상용폐색방식을 대신해서 사용하는 폐색방식이다.

① 복선운전을 하는 경우 : 통신식

② 단선운전을 하는 경우 : 지도 통신식, 지도식

5.2.3 시계운전에 의한 방법(폐색준용법)

시계운전에 의한 방법(폐색준용법)은 신호기 또는 통신장치의 고장 등으로 상용 또는 대용폐색방식을 시행할 수 없는 경우에도 열차를 운전할 필요가 있는 경우에 한하여 시행하는 것을 말한다.

① 복선운전을 하는 경우 : 격시법, 전령법
② 단선운전을 하는 경우 : 지도 격시법, 전령법

5.3 폐색방식별 작동 원리

5.3.1 상용폐색방식

1 통표폐색식

통표폐색식은 단선운행 폐색구간의 양쪽 역에서 서로 전기적으로 쇄정된 통표폐색기를 설치하고 양쪽 역의 합의에 따라 폐색수속을 완료하면 열차를 출발시키고자 하는 역에 설치된 통표폐색기에서 1개의 통표를 인출하여 폐색구간을 운행하는 열차의 기관사가 휴대하고 폐색구간을 운행하는 방식이다.

이 방식은 단선 기계연동장치 구간에서만 사용하고 있는데 1구간의 역간에는 1개의 통표만 인출될 수 있어(2개 인출은 불가능) 인출된 통표는 양쪽역 중 어느 역의

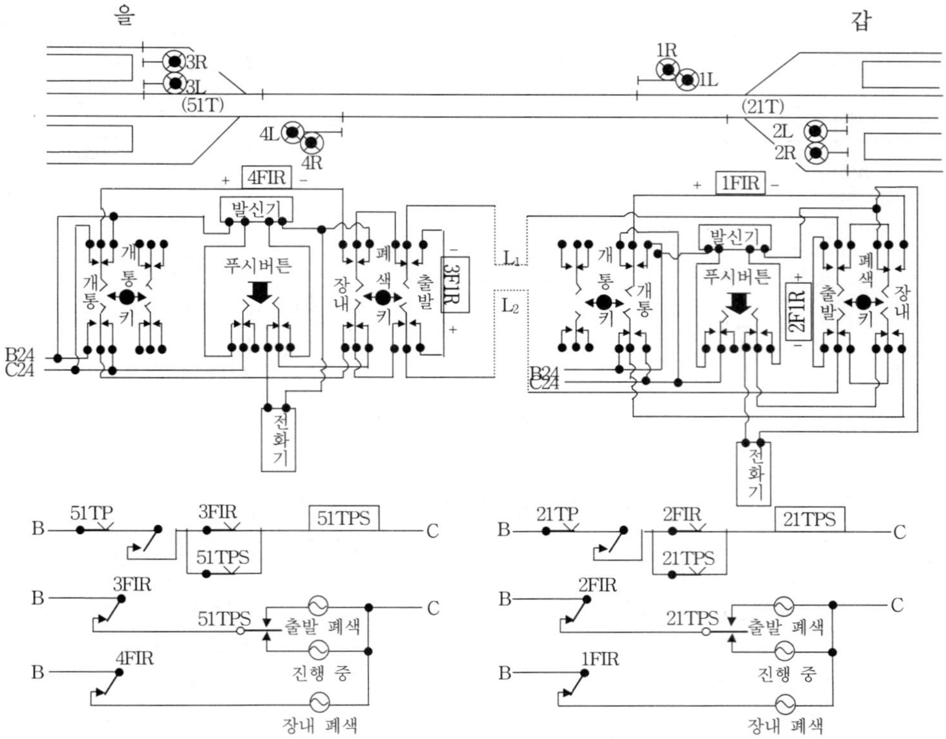

그림 5-4. 복선구간의 연동폐색기 원리 설명도

고 있으므로 표시등도 계속 점등된다. 21TPS 여자접점을 출발신호 제어회로에 삽입함으로써 출발신호기와 폐색기를 연동한다.

열차가 출발하여 21TR이 무여자되면 21TPS도 무여자되므로 출발폐색 표시등도 진행중 표시등으로 변경되어 개통되기 전에는 재차 출발신호기에 진행 표시가 되지 않는다. 즉 진행중일 때에는 21TPS가 무여자되므로 신호제어가 불가능하며 개통 수속이 완료되면 폐색용 계전기는 반위(45°)로 동작하므로 재차 폐색수속을 하지 않는 한 21TPS는 여자하지 않는다.

2) 연동폐색장치의 취급 표시

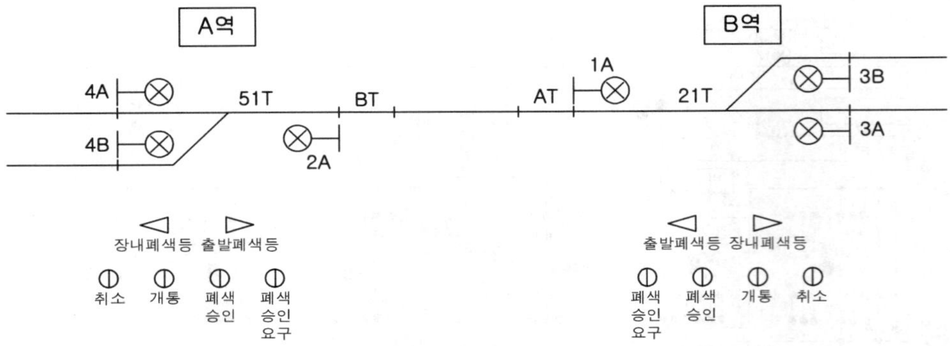

그림 5-5. 단선 연동폐색장치의 표시

표 5-1. 연동폐색장치의 취급 및 표시

운행상태	A 역	역 간	B 역
정 상 운행시	① 폐색승인 요구버튼 누름 ⇒ 출발폐색등 황색 점멸 ④ 출발폐색등 황색 점등 ⑤ 출발신호기 진행현시 ⑥ 열차 출발 ⇒ 51T점유 ⇒ 출발신호 정지 ⑦ 51T, BT 동시점유 ⇒ 출발폐색등 적색 점등 ⑪ 폐색승인 요구버튼 누름 ⑫ 출발폐색등 소등	열차운행	② 장내폐색등 황색 점멸 ③ 폐색승인버튼 누름 ⇒ 장내폐색등 황색 점등 ⑧ AT, 21T 동시점유 ⇒ 장내폐색등 적색 점등 ⑨ 열차도착 ⑩ 개통취급버튼 누름 ⑬ 장내폐색등 소등
열차운행 취 소 시	① 출발신호기 정지현시 ④ 폐색승인 요구버튼 누름 ⑤ 출발폐색등 소등		② 장내신호기 정지현시 ③ 폐색취소버튼 누름 ⑥ 장내폐색등 소등
열차운행 중 퇴행시	② 열차퇴행 (BT, 51T) ③ 열차퇴행확인계전기 동작 ⑤ 폐색승인 요구버튼 누름 ⑥ 출발폐색등 소등		① 장내신호기 정지현시 ④ 폐색취소버튼 누름 ⑦ 장내폐색등 소등

주) 전원 송전으로 폐색계전기를 동작시켜 폐색을 이루는 방식에서는 황색등 점멸은 제외하고 양역 취급 시 동시에 버튼을 취급하여야 함.

3 자동폐색식

자동폐색식은 폐색구간에 설치한 궤도회로를 이용하여 열차의 진행에 따라 자동으로 폐색 및 신호가 동작하는 방식으로서 자동신호장치가 필요하다.

자동신호장치란 궤도회로를 사용하여 열차에 의해 자동으로 제어되는 신호장치를 말한다. 앞에서 설명한 자동폐색신호기가 이에 해당하는데 이를 자동신호기라 한다.

자동폐색식은 그림 5-6과 같이 폐색구간 시발점에 설치된 폐색신호기는 열차가 그 구간에 있을 때에는 정지신호를 현시하지만 열차가 없을 때에는 주의신호 또는 진행신호를 현시하도록 되어 있다. 이와 같이 신호와 폐색은 일원화되어 있으므로 인위적인 조작이 불가능하며 역 상호간에 신호기를 설치하게 되므로 폐색구간을 쉽게 분할할 수 있다.

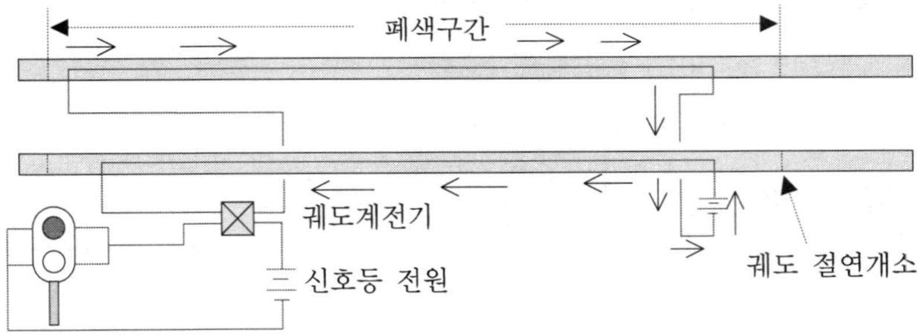

(a) 폐색구간에 열차가 없는 경우

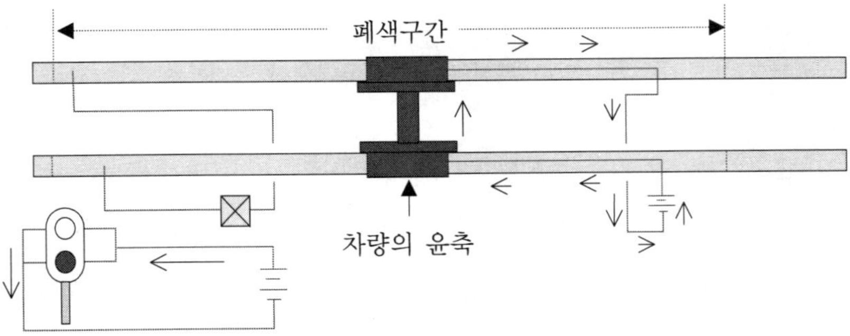

(b) 폐색구간에 열차가 있는 경우

그림 5-6. 자동폐색식의 동작원리

1) 제어방식

자동폐색식은 복선과 단선구간에 따라 제어방식이 다르다.

① 복선구간

복선구간의 자동폐색식은 열차방향이 일정하므로 대향열차에 대해서는 고려할 필요가 없으며 후속열차에 대해서만 신호를 제어한다.

② 단선구간

단선구간의 자동폐색식은 대향열차와의 안전을 유지하기 위하여 방향쇄정회로를 설치하여 방향쇄정회로를 취급하지 않을 때의 모든 폐색신호기는 정지신호를 현시하게 되지만, 방향쇄정회로를 취급하면 취급 방향의 폐색신호기는 진행신호를 현시하고 반대 방향의 신호기는 정지신호를 현시한다. 즉 대향열차에 대해서는 역과 역 사이가 1폐색구간이 되고 후속열차에 대해서는 자동폐색신호기에 의하여 폐색구간이 복선구간과 같이 분할하게 된다.

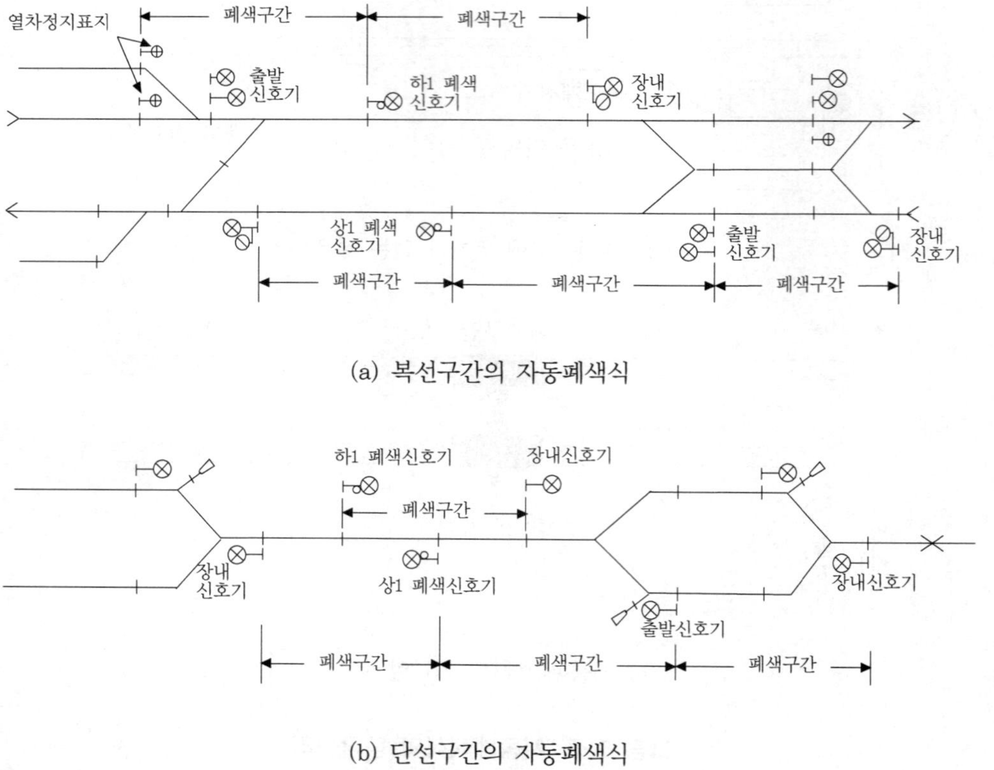

(a) 복선구간의 자동폐색식

(b) 단선구간의 자동폐색식

그림 5-7. 자동폐색식

2) 자동폐색장치의 취급 표시

① 단선 자동폐색식

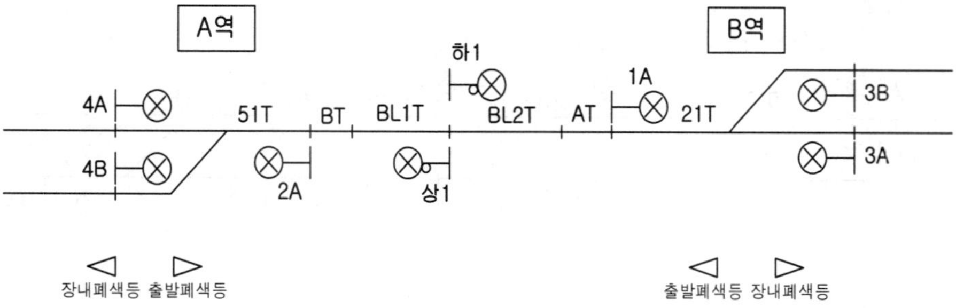

그림 5-8. 단선 자동폐색장치의 표시

표 5-2. 단선 자동폐색장치의 취급 및 표시

운행상태	A 역	역 간	B 역
정 상 운행시	① 출발신호기 취급 ③ 출발폐색등 황색 점등 ④ 열차출발 ⇒ 51T점유 ⇒ 출발신호 정지 ⑤ 51T, BT 동시점유 ⇒ 출발폐색등 적색 점등 ⑥ BL1T점유, 51T,BT여자 ⑨ 출발폐색등 소등	⑦ BL2T 점유, BL1T 여자 ⑧ 하1폐색 정지현시	② 장내폐색등 황색점등 ⑩ AT,21T 점유 ⑪ 장내폐색등 적색점등 ⑫ AT여자⇒ 장내폐색등 소등
열차운행 취 소 시	① 출발신호기 정지현시 ⑤ 출발폐색등 소등		② 장내신호기 정지현시 ③ 폐색 취소버튼 누름 ④ 장내폐색등 소등

주) 신호원격제어장치 설치구간의 제어역과 피제어역간 자동폐색식은 단선 자동폐색식에 준한다.

② 복선 자동폐색식

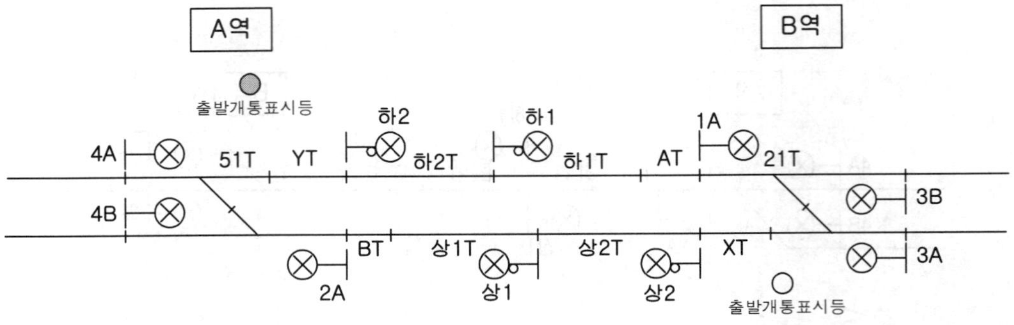

그림 5-9. 복선 자동폐색장치의 표시

표 5-3. 복선 자동폐색장치의 취급 및 표시

A 역	역 간	B 역
① 출발신호기 취급	② 전방폐색구간 확인	
③ 출발개통표시등 황색 점등		
④ 열차 출발 ⇒ 51T점유 ⇒ 출발신호 정지		
⑤ 51T, YT 동시점유		
⑥ 하2T 점유	⑦ 하2폐색 정지현시	
⑧ YT 여자		
⑨ 출발개통표시등 소등	⑩ 하1T 점유	
	⑪ 하1폐색 정지현시	⑫ 열차 구내진입

4 차내신호폐색식

차내신호폐색식은 ATC 구간에서 선행열차와의 간격 및 진로의 조건에 따라 차내에 열차 운전의 허용지시속도를 나타내고 그 지시속도 보다 낮은 속도로 열차의 속도를 제한하면서 열차를 운행할 수 있도록 하는 방식을 말한다.

차내신호의 지시속도를 초과 운전하거나 정지(stop)신호가 있을 때 또는 ATC 자동장치가 고장이 발생하면 자동으로 제동이 작동하여 열차는 정지하게 된다.

5.3.2 대용폐색방식

1 통신식

통신식은 복선구간에서 사용하는 대용폐색으로 폐색구간 양쪽 정거장에 설치된 폐색 전용 직통 전화기를 사용하여 양역 역장이 폐색수속을 한 후에 열차를 운행시키는 방식이다.

폐색수속은 열차를 보내는 역장이 열차를 받는 역장에게 '○○열차 폐색' 이라고 통고하면 열차를 받는 역의 역장은 '○○열차 폐색승인'이라고 응답하며, 열차가 도착한 후에 개통 취급은 열차를 받는 역의 역장이 보낸 역의 역장에게 '○○열차도착' 이라고 하면 열차를 보낸 역의 역장은 '○○열차 도착승인'이라 하고 폐색수속을 마친다.

2 지도 통신식

지도 통신식은 단선구간에서 사용하는 대용폐색방식으로 복선구간의 통신식에 대한 수속을 하고 신중을 기하기 위하여 지도표를 발행하여 운행 열차의 기관사에게 휴대하도록 하는 방식을 말한다.

3 지도식

지도식은 열차 사고 또는 선로 고장 등으로 현장과 최근 정거장간을 1폐색구간으로 하고 열차를 운전하는 경우로서 후속열차 운전의 필요가 없을 때에 한하여 시행하는 단선구간 대용폐색방식으로 이때에도 지도 통신식에서와 같이 지도표를 발행하여 시행하는 방식이다.

5.3.3 시계운전에 의한 방법(폐색 준용법)

1 격시법

격시법은 복선구간에서 사용하는 폐색 준용법으로 일정한 시간 간격으로 열차를 취급하는 방식이며 평상시 폐색구간을 운전하는데 요하는 시간보다 길어야 하며 선행

열차가 도중에 정차할 경우에는 그 정차시간과 차량고장, 서행, 기후 불량 등으로 지연을 예상할 때는 지연 예상시간을 가산하여야 한다.

2 지도 격시법

지도 격시법은 폐색구간 한쪽의 정거장 역장이 적임자를 파견하여 상대역의 역장과 협의한 후 열차를 운행시키는 방식이다.

3 전령법

전령법은 폐색구간을 운전하는 열차에 전령자를 동승시켜 열차를 운행시키는 폐색 준용법의 일종이다.

5.4 5현시용 자동폐색장치(ABS)

5.4.1 개요

복선 폐색구간에서 사용되는 자동폐색장치(ABS : Automatic Block System)는 폐색구간 내의 폐색신호기와 역간 궤도회로 및 ATS 등이 연결되어 열차의 진행에 따라 폐색신호기의 현시를 자동으로 제어하며 역 구내 연동장치와 연결되어 폐색신호기의 자동제어 기능을 수행하는 장치이다.

신호현시는 5현시(정지, 경계, 주의, 감속, 진행)의 체계로 현시하도록 되어 있고 각 신호조건에 따라 차상 속도조사식 ATS장치(S-2)의 제어기능도 부가되어 있다.

장치의 구성은 궤도회로, 신호제어 및 주파수 송·수신 유니트로 이루어지며 이를 위한 전원설비는 600[V] 트랜스를 내장하여 역 구내측으로부터 전원공급을 받아 각종 필요한 전원을 트랜스 2차측에 공급한다. 정전이나 부분적인 송전선로 장애 시를 대비하여 전원공급을 2중계화하여 자동 절체회로를 구성하였으며, 신호제어 및 감시 기능을 연동시키기 위하여 주파수 송·수신을 통신케이블로 각 유니트간 및 역간으로 연결되도록 설비하고 이러한 모든 기기와 배선을 기구함 내부에 랙을 설치하여 조립 및 배선을 한 것이다.

5.4.2 구성

장치의 구성은 기구함, 랙, 제어계전기부, 주파수 송·수신부, 궤도회로 용품, ABS용 보안기, 전원부로 이루어지며 현장의 입력전원에 따라 AC 110/220[V]용과 AC 600[V]용으로 구분하며 D5AT1(600[V])와 같이 형별 기호 뒤에 사용전압을 표기한다.

궤도회로 형태에 따라 크게 바이어스 궤도회로, 임펄스 궤도회로, AF 궤도회로로 구성하며 용도에 따라 다음과 같이 분류한다.

표 5-4. 자동폐색장치 용도별 분류

구 분	형별 기호	용 도
바이어스 궤도회로	D5BT1	복선용, 5현시, 바이어스 궤도계전기 1개 사용
임펄스 궤도회로	D5IT1	복선용, 5현시, 임펄스 궤도계전기 1개 사용
AF 궤도회로	D5AT1	복선용, 5현시, 궤도반응계전기 1개 사용

1 전원장치

폐색구간에서는 전선로 손실을 줄이기 위해 AC 600[V] 또는 AC 220[V]을 사용한다. 따라서 랙 프레임(rack frame)을 반드시 접지시켜야 하며 점검 및 보수 시에는 안전사고에 각별히 주의하여야 한다.

1) 전원 절체회로

전원케이블(power cable) 사고 시의 정전에 대비하여 두 개의 모선(상선 및 하선)을 수용하고 주전원(main power) 정전 시에는 자동적으로 AC 보조계전기(MC : Magnetic Contactor)가 낙하하여 보조전원(auxiliary power)으로 절체되고 보조전원 사용 중에 주전원이 다시 공급되면 절체기는 자동으로 주전원으로 동작한다.

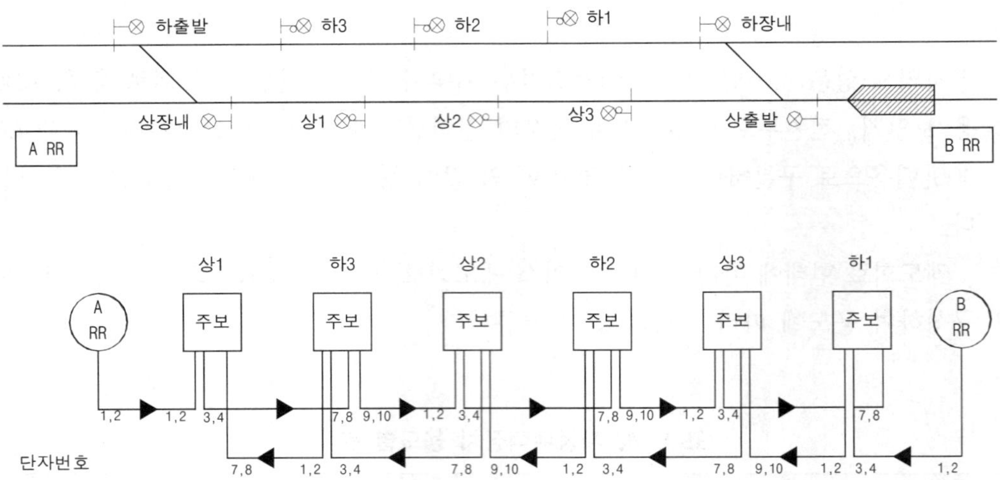

그림 5-10. 폐색전원 계통

2) 전원 공급회로

주 변압기 정격용량은 1.5[KVA] 입력전원에 따라 AC 110/220[V]용과 AC 600[V]의 2가지 형태가 있다.

전원입력은 AC 110/220[V]±10[V]용과 AC 600[V]±30[V]가 유지되어야 하고 주 변압기(main power transformer)에는 여러 개의 권선이 있으므로 입력 및 출력전압에 따라 약간씩 조정할 수 있다.

2 궤도회로

궤도회로 용도에 따라 바이어스 궤도회로, 임펄스 궤도회로, AF 궤도회로 장치를 이용하여 자동폐색장치를 구성한다.

1) 바이어스 궤도회로(D5BT1)

바이어스 궤도회로는 DC Bias 궤도회로로 구성하고 송, 착전측에 송, 수신 쵸크(choke)가 설치되어 있으며 바이어스 궤도회로 구성방법은 단궤조 또는 복궤조 방식으로 구성이 가능하고 인접 궤도와는 극성이 반드시 이극이 되도록 하여야 한다.

하나의 폐색장치는 자기 궤도의 착전회로(궤도계전기)와 후방궤도의 송전회로를 함께 수용하고 있다.

즉 착전회로의 궤도계전기 TR이 동작되는 극성과 송전회로의 극성이 서로 다른 극이 되도록 결선해야 한다. 기기측 결선은 고정되어 있으므로 궤도측(현장) 결선을 조정한다. 즉, 단자대 52, 53, 54, 55번의 상단에서 조정한다.

(1) 송전측

송전측은 궤도송신변압기(Tr2), 정류부(Gr4 : diode), 한류저항(R5 : 저항자) 및 송신 쵸크(Dr1)로 구성되며 자동폐색에서는 전방 신호기의 현시 상태에 따라서 후방 신호기의 현시가 제어되므로 궤도송전은 열차 진행과 반대 방향으로 이루어져야 한다.

송전측 궤도보안기(AR1) Arrestor는 낙뢰 등으로 인한 이상전압으로부터 송전측 손상을 방호하고 200[V]에서 방전을 개시한다.

쵸크(송신 쵸크 : Dr1)는 열차 점유 시의 유도전압이나 전차선 귀선전류의 유입을 억제하는 기능을 갖는다. 또한 Dr1은 한류저항 R5(10[Ω]/25[W])와 함께 열차 점유 시의 송전전류를 제한하며 궤도회로 단락 시 과전류로부터 송전단의 기기를 보호한다.

(2) 착전측

착전측에도 역시 보안기(AR2)와 쵸크(수신 쵸크 : Dr2)가 설치되어 이상전압이나 유도전압, 전차선 귀선전류로부터 궤도계전기(TR)를 보호한다.

궤도계전기는 DC 바이어스식 궤도계전기이기 때문에 반드시 11번 단자에 +, 12번 단자에 −를 인가해야 동작하고 역방향으로는 동작전압의 8배 이상을 인가해야만 동작될 수 있다.

DC 바이어스식 궤도계전기의 정격치는 표 5-5와 같다.

따라서 착전측의 전압조정은 전원 전압변동률을 감안하여 정격치에 10[%]를 가산 $1.42 \times 1.1 = 1.56$[V]로 조정하는 것이 가장 적당하다.

표 5-5. DC 바이어스식 궤도계전기의 정격

정격전압	동작전류	낙하전류	권선저항	접점수
1.42[V]	65.5[mA]	45.7[mA]	17.9[Ω]	2F1B

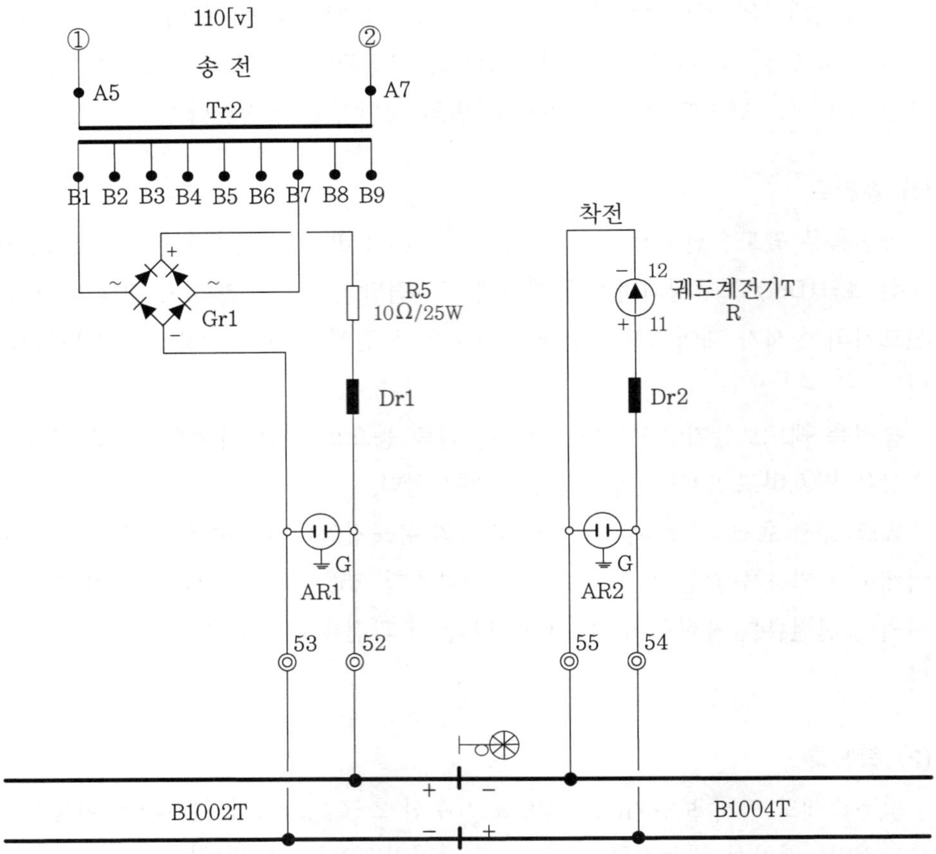

그림 5-11. 바이어스 궤도회로 구성도

그림 5-11과 같이 현장 결선을 송신과 수신이 이극이 되도록 하여 궤도계전기(TR)의 여자, 무여자를 확인한다.

2) 임펄스 궤도회로(D5IT1)

임펄스 궤도회로 구성방법은 복궤조 방식으로 구성이 가능하며 인접 궤도와는 극성이 반드시 이극이 되도록 하여야 하며 송전측과 착전측으로 구성되어 있으므로 송전측은 열차 진행 방향과 반대 방향으로 이루어지도록 하여야 한다.

하나의 폐색장치는 자기 궤도의 착전회로(궤도계전기)와 후방궤도의 송전회로를 함께 수용하고 있다.

즉 착전회로의 궤도계전기 TR이 동작되는 극성과 송전회로의 극성이 서로 다른 극이 되도록 결선해야 한다.

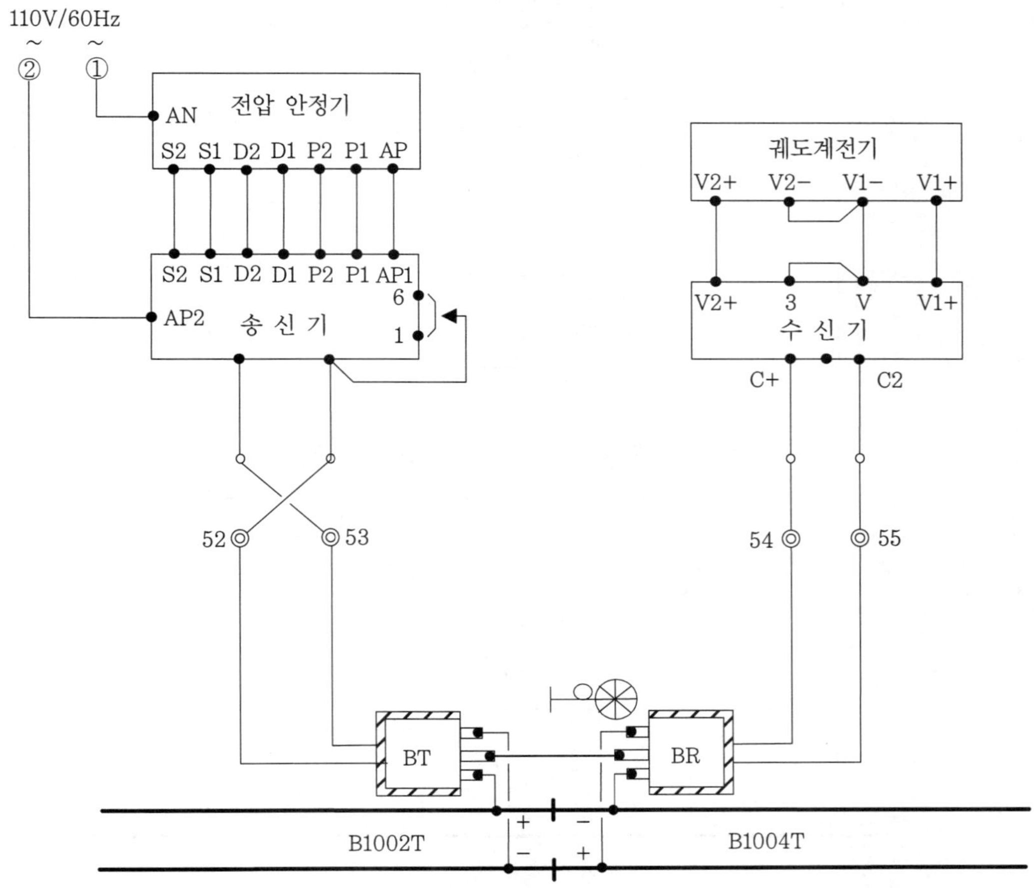

그림 5-12. 임펄스 궤도회로 구성도

기기측 결선은 고정되어 있으므로 궤도측(현장) 결선을 조정한다. 즉, 단자대 52, 53, 54, 55번의 상단에서 조정한다. 그림 5-12와 같이 현장 결선을 송신과 수신이 이극이 되도록 하여 궤도계전기(TR)의 여자·무여자를 확인한다.

3) AF 궤도회로(D5AT1)

AF 궤도회로장치는 궤도회로 기능이 내장되어 있지 않고 단지 궤도회로 인터페이스용 궤도반응계전기만 내장되어 있다.

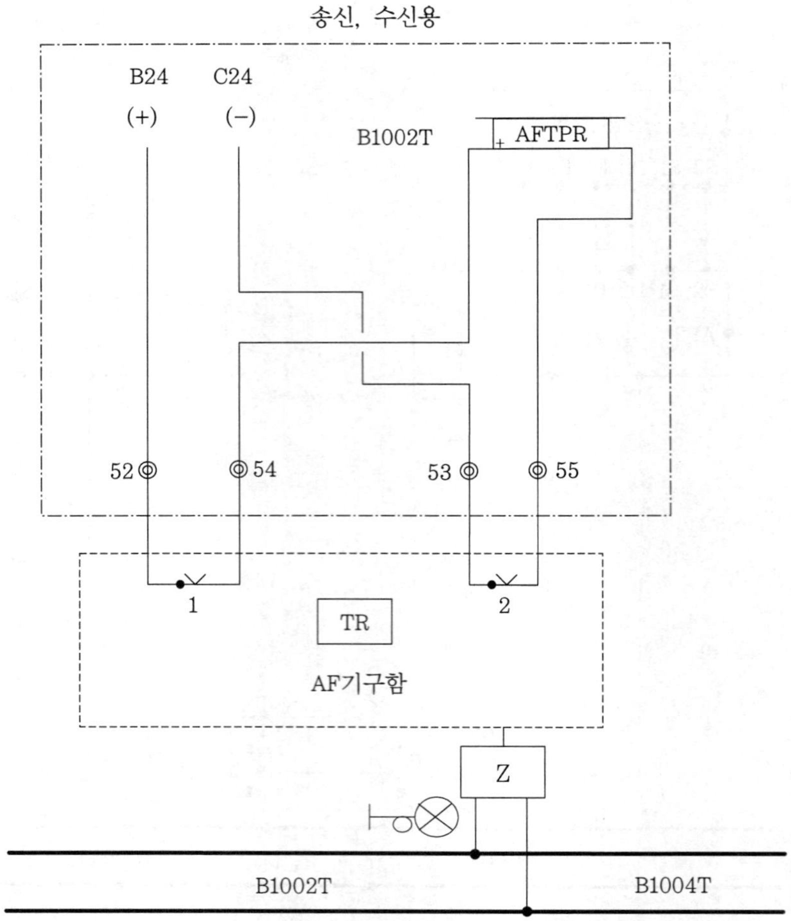

그림 5-13. AF 궤도회로 구성도

기기측 결선은 고정되어 있으므로 궤도측(현장) 결선을 조정하여야 한다. 즉, 단자대 52(B24 +), 53(C24 −) 단자에서 전원 DC 24[V]가 출력되어 현장 AF 궤도회로장치의 궤도계전기(TR) 접점 1번, 2번을 경유하여 궤도반응계전기와 54(B24 +), 55(C24 −) 단자를 통해서 연결되어, AF 궤도계전기와 AF 궤도반응계전기(AFTPR)는 동일하게 동작한다.

단자대의 52(+), 53(−) 단자가 표시된 극성대로 전압이 출력되므로 54(+), 55(−) 단자의 극성이 일치되도록 전원 측정용 기기를 사용하여 현장 결선을 연결한다.

5.4.3 동작회로

자동폐색장치의 제어에 필요한 동작회로의 특징은 다음과 같다.

① 신호제어에 있어서 가장 중요하고 기본이 되는 궤도회로는 반응계전기회로로 구성되며 역간 궤도회로는 주로 직류 바이어스 궤도회로, 고압 임펄스 궤도회로, AF 궤도회로 등이 설비된다. DC 바이어스식은 기능면으로 무극 궤도계전기이므로 단순한 열차 유무를 확인하는 조건으로 사용된다.

② 신호제어를 5단계로 하기 위해서는 궤도회로만으로 전, 후방신호기와 현시체계를 연동시킬 수 없으므로 주파수를 송・수신하여 전방신호기의 상태 감시, 후방신호기로 정보송신, 궤도점유 및 접근정보 송신, 신호기의 고장표시정보 송신 등의 다양한 기능의 주파수 송・수신회로가 직접 연결되어 신호제어, 궤도회로 표시, 고장감시의 기능을 제어한다.

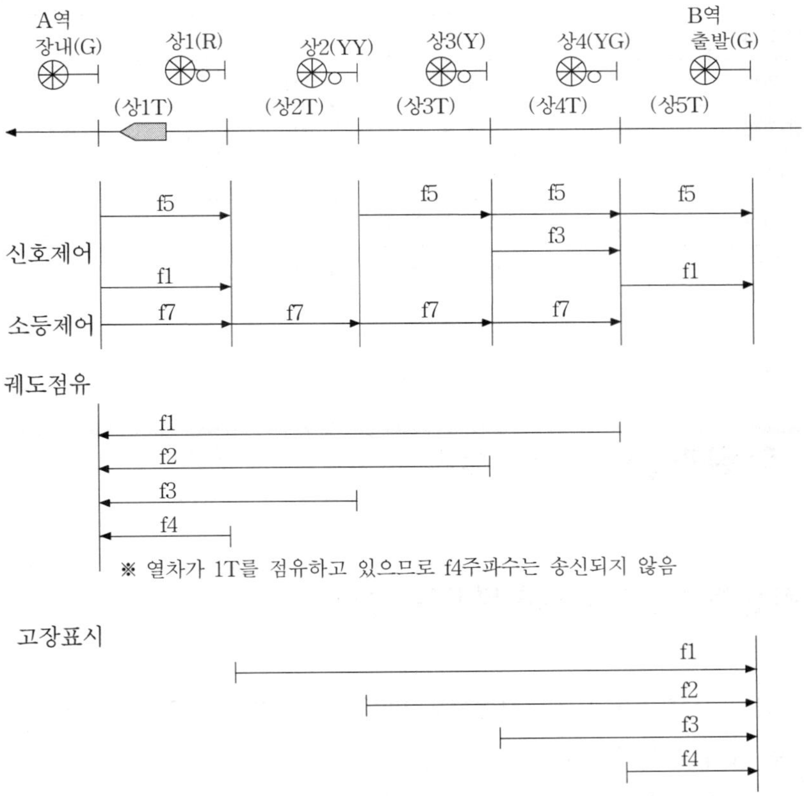

그림 5-14. 주파수 송・수신 계열도

③ ATS 제어회로가 있고 부수적으로 등화관제 훈련 시 주파수 카드만 삽입하여 역 구내 또는 CTC 관제실에서 신호등의 전원을 차단시킬 수 있는 회로로 구성되어 있다.

④ 복선 자동폐색식은 열차 방향이 일정하므로 반대 방향 열차에 대해서는 고려치 않고 후속열차에 대해서만 신호를 제어하고, 단선 자동폐색식은 반대 방향 열차와의 안전을 유지하기 위하여 방향쇄정회로를 설치하여 방향쇄정회로를 취급하지 않으면 폐색신호기는 정지신호를 현시하게 된다.

표 5-6. 송·수신 주파수

송신(수신)카드	주 파 수	주파수[KHz] ±20[Hz]	송신(수신)카드	주 파 수	주파수[KHz] ±20[Hz]
T(R)701	f1	0.625	T(R)710	f10	3.125
T(R)702	f2	0.875	T(R)711	f11	3.625
T(R)703	f3	1.125	T(R)712	f12	4.125
T(R)704	f4	1.375	T(R)713	f13	4.625
T(R)705	f5	1.625	T(R)714	f14	5.125
T(R)706	f6	1.875	T(R)715	f15	5.625
T(R)707	f7	2.125	T(R)716	f16	6.125
T(R)708	f8	2.375	T(R)717	f17	6.625
T(R)709	f9	2.625	T(R)718	f18	7.125

5.5 자동폐색신호기의 설치

5.5.1 자동폐색신호기 설치위치의 선정

자동폐색식 시행구간에 폐색신호기를 많이 설치하면 폐색구간을 단축시켜 운전시격을 짧게 하기 때문에 많은 열차를 운행할 수가 있다.

일반적으로 후속열차의 운행을 원활히 하기 위하여 항상 진행신호 현시로 운행할 수 있게 한다. 그러므로 2개 구간 개통까지의 운행시간(T)이 그 구간의 최소운전시격(T_R)보다 짧게 하는 지점에 폐색신호기를 설치하게 된다.

설치위치의 선정에 있어서는 그림 5-15와 같이 거리-시간 곡선을 이용하고 최소운전시격 T_R(T_R〉T)를 만족시켜야 한다.

신호기 사이를 운행하는 시간 t와 같게 곡선 반지름, 터널, 교량 등의 지장물 유·무를 검토하고 신호기 설치위치로서 적합한지를 현지 조사한 다음 선정해야 한다.

실제로는 동일 선로에 고속열차, 저속열차, 전동차 혹은 여객과 화물열차 등과 같은 운행 속도가 각각 다른 열차가 운행되고 있으므로 신호기를 설치할 위치 선정이 매우 복잡하나 고속열차 다음에 저속열차를 주의신호로 출발시키고 있다.

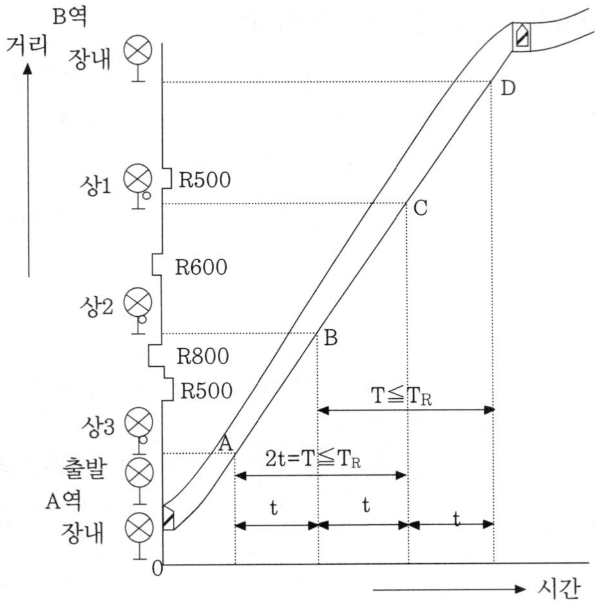

그림 5-15. 자동신호기 설치위치의 선정

5.5.2 신호기 설치위치의 결정

1 설치위치 결정에 관한 자료

1) 운전시격

선구내를 주행하는 열차의 종별, 역 구내의 배선 상황 등에 유의하여 열차 다이아로부터 운전간격을 구하고 이를 역간마다 결정한다.

2) 열차길이

대상으로 하는 열차의 길이

3) 신호현시를 확인하기 위한 필요한 한계거리

선행열차의 후부가 한 개의 신호기를 통과한 직후 외방 2(경우에 따라서는 외방 3)의 신호기의 현시가 진행신호로 변한다. 이때 후속열차가 제동을 걸지 않고 외방 2의 신호기에 접근할 수 있는 한계를 구한다. 3현시인 경우에는 계획속도에서 45[km/h]로 감속하는데 요하는 거리는 다음에 의한다. 다만, G현시를 지나서 Y현시로 접근하는 경우이며 구배는 없는 것으로 한다.

표 5-7. 신호현시를 확인하기 위한 필요한 거리

종　　별	최고속도 [km]	공주시분 [sec]	제동거리 + 공주거리 = 필요한 거리[m]
여객열차 (예 8량 편성)	95	7	330 + 185 = 515
전기동차	95	2(4)	330 + 50 = 380
전동차열차 (예 6량 편성)	95	6.3	340 + 165 = 505
화물열차 (예 40량 편성)	65	8.5	245 + 155 = 400

4) 신호현시가 변화하는데 필요한 시분

열차가 어느 신호기 내방에 진입했을 때 후방 2의 신호현시가 Y로부터 G로 변화하는데 필요한 시분으로 한다. 일반적으로 1초 이내로 하고 여유를 감안하여 2초로 한다. 따라서 시간 t_1으로 주행하는 거리 ℓ_1은 다음과 같이 주어진다.

$$\ell_1 = t_1 \times V \tag{5-1}$$

단, V[m/sec]는 열차속도로 한다.

2 신호기 설치위치 선정방법

1) 도면 작성

① 종축에 거리, 횡축에는 운전시분으로 하여 정거장 상호간의 열차계획 운전속도에 의해 열차의 최전부와 최후부의 궤적(軌跡)을 나타낸 속도곡선을 그린다.

② 속도곡선의 종축측에 구배 및 곡선을 기입한다.

③ 장내신호기 및 출발신호기의 위치를 기입한다.

2) 설치위치를 구하는 방법

① 하행 장내신호기(P역)를 기준으로 하여 종축에 ℓ_6을 잡아 이를 D점으로 한다.

② D점에서 횡축 방향으로 T를 잡아 최후부의 운전곡선과의 교점을 구해 이를 E점으로 한다.

③ E점에서 종축에 내린 수직선과 종축과의 만나는 점을 F로 하고 F에서 ℓ_1'만을 잡은 점이 하행 1 폐색신호기에 대하는 가상점 G이다. 이는 P정거장 하행 장내에서 본 두구간 전방의 신호기이다.

④ 같은 방법으로 상행 폐색신호기에 대하는 가상점 J를 구한다.

⑤ 단선 자동폐색구간에서는 상, 하 신호기를 1개소에 설치하는 것이 경제적이기 때문에 G~J의 중간점에서 K를 설치 예정 위치로 한다. (그림 5-16)

⑥ 현지 입회 : 운전 관계자와 설치위치를 현지 조사하여 확인한다.

- 곡선, 구배, 터널 등 확인거리를 지장하거나 설치위치가 어려운 장소를 피하여 운전시격에 만족하도록 한다.
- 투시거리는 실측하여 기록하여야 한다.
- 기타 궤도회로 절연위치 및 설치방법의 양부 등의 관련 시공사항을 검토한다.
- 향후 예상되는 신호기 지장 유・무, 증설 선로 및 그 밖에 지장을 주는 위치를 검토한다.

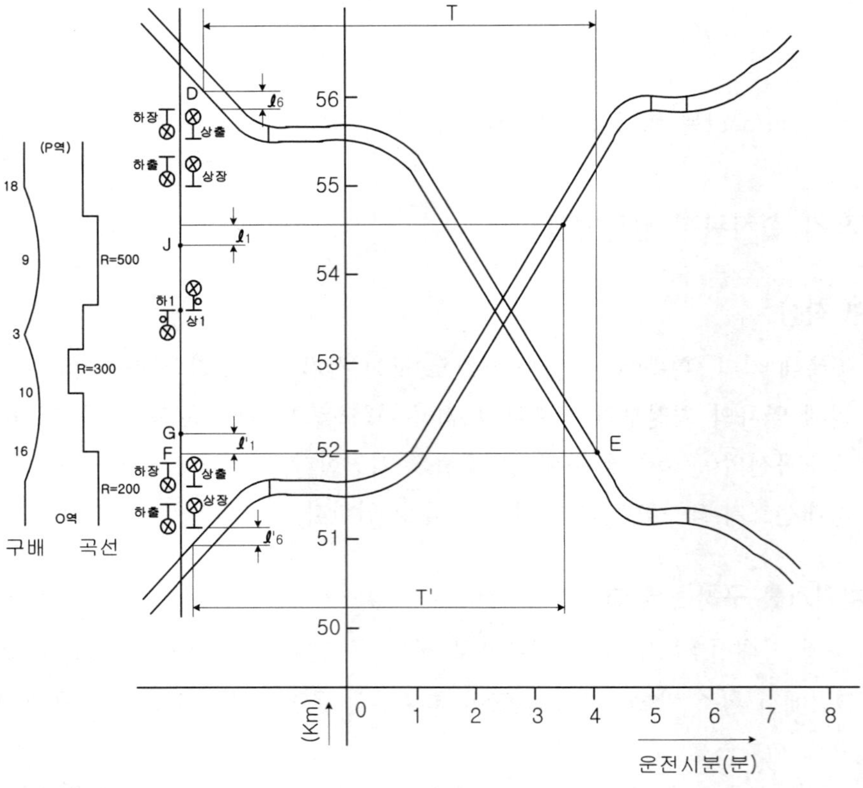

그림 5-16. 단선 자동폐색신호기 설치 위치

5.6 운전일반

5.6.1 열차저항

열차가 출발 또는 주행하고 있을 때는 항상 추진 방향과 반대 방향으로 저항이 작용한다. 이와 같이 열차의 운행을 방해하려는 힘을 일반적으로 열차저항(train resistance)이라고 한다.

열차저항은 출발저항, 주행저항, 구배저항, 곡선저항 등이 있다. 열차저항의 단위는 차량 중량 1ton당 kg으로 나타내며 보통 중량에 비례한다.

1) 열차저항에 영향을 주는 인자

① **선로상태**

선로의 기울기(구배) 경사도, 곡선반경의 대소, 레일형태, 침목 배치수, 도상 두께, 선로 보수상태 등이 있다.

② **차량상태**

차량구조, 차량 보수상태, 윤활유 종류, 기온에 따른 감마유의 점도변화 등이 있다.

1 출발저항

정지하고 있는 차량이 움직여 출발하려고 할 때에는 정차 중에 차축의 굴림대와 베어링 사이의 유막(油膜)이 끊어져 금속이 서로 직접 접촉하고 있으므로 그 사이에 큰 마찰저항이 생긴다. 그러나 일단 출발하면 곧바로 윤활유가 공급되어 유막이 형성됨에 따라 마찰저항이 급격하게 감소한다. 이렇게 열차가 평탄하고 직선인 선로에서 움직이는데 생기는 저항을 출발저항(starting resistance)이라고 한다.

출발저항은 열차속도 3[km/h] 전후에서 최소치를 가지고 이후 속도의 증가에 따라 증가하게 된다. 이때 증가되는 저항은 주행저항으로 통용하게 된다. 출발저항은 기온, 정차시간에 따라 다소 영향을 받으며 열차종류 및 동력차의 종류, 운전상태에 따라 다르다.

2 주행저항

주행저항(running resistance)은 열차가 주행할 때 열차 진행 방향과는 반대로 작용하는 모든 저항을 총칭하여 말하며 다음과 같은 요인에 의하여 발생하고 출발 후의 주행저항은 그림 5-17과 같은 형상으로 된다.

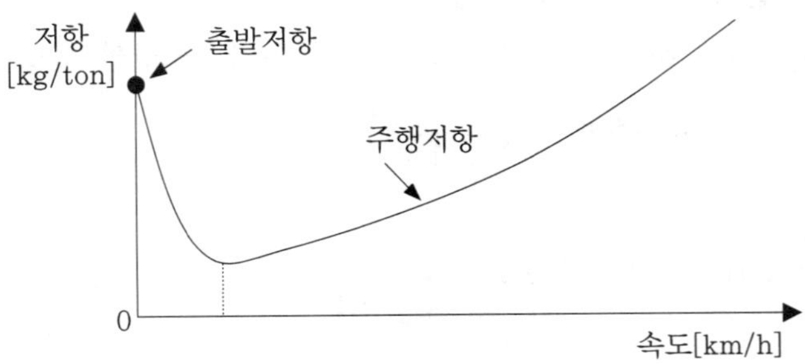

그림 5-17. 주행저항

1) 주행저항 발생원인

① 기계저항

② 속도저항

③ 차축과 차수간의 마찰저항

④ 차륜과 레일간의 마찰저항

⑤ 차량 동요에 의한 저항 : 운전속도가 높게 되면 차량의 전후, 좌우, 상하 등의 동요가 생기는데 이 때문에 생기는 저항이다.

⑥ 공기저항 : 열차가 주행할 때 전면에는 공기와 마찰하고 후부에는 진공을 생기게 하면서 운행하게 되는데 이 공기로 인한 저항을 공기저항이라고 한다.

⑦ 터널저항 : 열차가 터널 내를 주행할 때 터널 내 풍압 변동에 의하여 공기저항이 크게 되며 이 증가하는 공기저항을 터널저항(tunnel resistance)이라 하며 단면 형상의 크기, 터널길이, 열차속도 등에 따라 달라진다.

3 구배저항

열차가 구배선을 통과할 때 주행저항 이외에 여분의 견인력이 필요하게 되는데 이 저항을 구배저항(grade resistance)이라 한다. 구배저항은 중력에 의하여 생기므로 그 크기는 열차의 중량과 구배 경사에 정비례하여 증감한다.

열차의 운행 방향에 따라 상구배와 하구배가 있으며 역간의 1[km]의 거리에 임의의 2점간의 직선의 구배 중 최급 상구배를 그 역간의 표준 상구배, 최급 하구배를 그 역간 표준 하구배라 부르고 이 두 가지를 표준구배라 한다.

구배저항은 상구배의 저항치에 (+), 하구배 저항치에 (−)의 부호로 구별하며 기호는 rg[kg/ton]이고, 전체 구배 저항치의 기호는 Rg[kg]를 사용하여 구분한다.

그림 5-18에서 구배선상 임의의 2점간의 거리(AB)에 수직거리(BC)를 제한 값 즉 $\sin\theta$로 되나 실제 구배의 θ가 큰 값이 아니므로 $\sin\theta \fallingdotseq \tan\theta$로 본다. 그러므로 열차 중량을 W[ton]라고 하면 $W\sin\theta \fallingdotseq W\tan\theta$로 된다. $\tan\theta$를 선로의 구배로 표시하는 단위인 천분율로 표시하면 $g\text{‰} = \frac{g}{1,000}$이다.

$$Rg = W\sin\theta \fallingdotseq W\tan\theta = W \times \frac{g}{1,000} \qquad (5-2)$$

ton당 구배저항으로 나타내면

$$rg = \frac{Rg}{W} = \frac{W}{W} \times \frac{g}{1,000} = g‰ \qquad (5-3)$$

구배저항은 구배량 g[‰]를 그대로 구배저항[kg/ton]에 적용한다.

예를 들어 구배량 11[‰]에 대하여 구배저항 11[kg/ton]으로 계산하고 그와 반대로 −11[‰]에 대하여는 −11[kg/ton]으로 계산한다.

일반적으로 구배저항은 열차가 구배선을 중력 가속도에 저항하여 올라갈 때 발생하는 것으로서 해당 노선이 하구배일 경우에는 −값의 구배저항을 받는 것으로 한다.

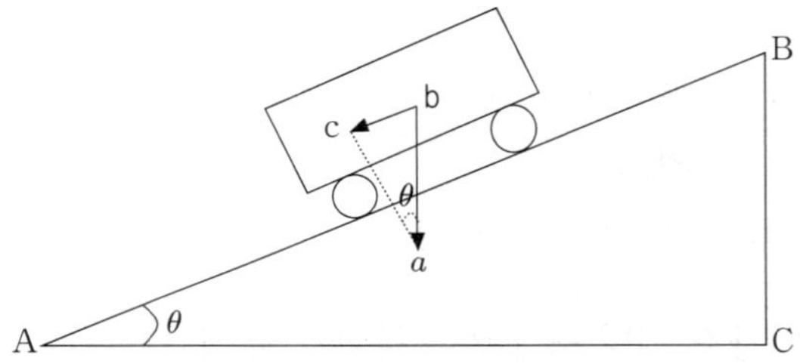

그림 5-18. 구배저항

4 곡선저항

열차가 곡선부를 통과할 때 원심력에 의하여 차륜과 레일간에 마찰저항 및 내·외궤의 레일 길이의 차이로 인한 마찰 등이 생기는데 이들 저항을 총칭하여 곡선저항(curve resistance)이라 한다. 곡선저항은 곡선반경, 캔트, 슬랙, 대차의 구조 특히 고정축거, 레일의 마찰 및 운전속도 등에 따라 다르며 다음과 같은 발생요인이 있다.

① 원심력에 의한 차륜답면과 레일간의 회전마찰
② 외측 궤조와 내측 궤조와의 길이차에 의한 궤조와 외측 차륜간의 활동마찰
③ 차량의 수직축을 중심으로 회전하는데 발생하는 마찰

이상과 같은 요인으로 발생된 곡선저항은 다음 식과 같다.

① 4축 2대차 모리슨 산식방법(일반적)

$$r_C = \frac{1,000 \times f \times (G + L)}{R} \text{[kg/ton]} \qquad (5-4)$$

여기서, r_C : 곡선저항[kg/ton]

f : 레일과 차륜간의 마찰계수(0.154~0.25, $f=0.2$)

G : 궤간[mm]

L : 평균 고정축거(2.2[mm])

R : 곡선반경[m]

② 기울기 구간에 곡선 중첩시 보정기울기 환산방법

$$r_C = \frac{k}{R}[\text{kg/ton}] \fallingdotseq \frac{700}{R}[\text{kg/ton}] \tag{5-5}$$

여기서, r_C : 곡선저항[kg/ton]

R : 곡선반경[m]

k : 상수로서 약 700 정도

곡선저항은 열차가 해당 곡선부를 통과할 때에는 +값의 저항을 받는 것으로 계산한다. 구배구간 $R=700$[m] 이하 곡선이 있을 때에는 곡선저항에 해당하는 기울기만큼 최급기울기를 완화한다.

5 가속도저항

정지하고 있는 열차가 견인력을 발휘하여 출발 후 어떤 속도에 도달하기까지는 출발저항, 주행저항, 구배저항, 곡선저항 등 열차저항에 반하여 가속하여야 한다. 이 때 저항과 견인력이 일치하면 등가속 운동을 하게 되며, 이 등가속 운동에서 가일층 속도를 가속하려면 여분의 견인력이 필요하게 되는데 이 여분의 견인력을 필요로 한 저항을 가속도저항(inertia resistance)이라고 한다. 열차속도를 가속하는 경우의 저항력도 일단 가속도저항으로서 열차저항 중에 보통 포함되지만, 엄밀한 의미에서의 저항이라고는 할 수 없다.

1) 차륜 직결부분의 가속에 필요한 힘

가속에 필요한 가속력을 운동의 법칙으로부터 구할 수 있다.

$$F = m \cdot a[\text{N}] \tag{5-6}$$

여기서, F : 가속에 필요한 힘

m : 열차의 질량, $\frac{W}{g} = \frac{\text{열차중량}}{9.8}$[kg]

a : 가속도[m/sec^2]

열차중량을 W[ton]이라 하면

$$F = \frac{1,000\,W}{9.8} \cdot a = 102\,Wa \quad (5-7)$$

따라서 1ton당 열차를 가속하는데 필요한 견인력 f[kg]은

$$f = \frac{F}{W} = 102a\,[\text{kg/ton}] \quad (5-8)$$

가속도의 단위는[km/h/sec]일 때 열차가 필요한 견인력 F은

$$F = \frac{1,000\,W}{9.8} \times \frac{1,000}{3,600} a = 28.35\,Wa\,[\text{kg/ton}] \quad (5-9)$$

열차중량 1톤당 필요한 견인력(힘)은

$$f = \frac{F}{W} = 28.35\frac{Wa}{W} = 28.35a\,[\text{kg/ton}] \quad (5-10)$$

2) 회전부분 회전속도 가속에 필요한 힘

차량의 차륜, 차축, 전동기 등에는 회전부분이 있어 회전부분의 회전속도 가속에 필요한 견인력은 직결부분을 가속하는데 필요한 견인력보다 커진다.

즉, 차축 중량 W가 어느 정도 증가한 것과 같은 결과로 증가분의 중량을 Wg[ton]라 하면

$$Wg = XW,\ Wg/W = X \quad (5-11)$$

여기서, Wg : 증가분 중량, 등가중량, 관성중량[ton]

X : 회전부분의 관성계수

W : 열차중량[ton]

차량의 실효중량은

$$W + Wg = W + XW = (1 + X)W[\text{ton}] \tag{5-12}$$

열차의 실제 견인에 필요한 견인력(힘)은

$$F = 28.35(1 + X)Wa[\text{kg/ton}] \tag{5-13}$$

로 된다.

5.6.2 열차제동 및 열차속도

1 열차제동

주행열차를 소정위치에 안전하게 정차시키려면 열차가 가진 운동에너지를 어떤 방법으로 소비하는 제동작용이 필요하게 되는데 이 제동작용을 하는 장치를 제동장치라 한다.

열차의 제동력은 제동관 압력의 대소, 제동관 직경, 제동 배율, 마찰계수 등에 따라 증가 또는 감소한다. 차륜과 제륜자간의 마찰력이 차륜과 레일간의 마찰력(점착력)보다 크면 차륜은 레일과 접촉부에 활주(skid)하고 제동효과는 감쇠되며 또 차륜 노면에 찰상(flat)이 생기게 된다.

제동력의 한도는 점착력과 크기가 동등하거나 다소 적어야 한다. 즉 점착력≥제동력 이어야 한다.

$$W \cdot \mu = B \cdot F \tag{5-14}$$

여기서, W : 제동축상의 중량
μ : 마찰계수
B : 제륜자 압력
F : 차륜과 제륜자간의 마찰계수

1) 점착력

차륜과 레일간에 생기는 마찰력을 말하며 차륜이 레일에서 미끄러지지 않고 회전을 계속할 수 있는 것은 점착력 때문이며 점착력을 설정하는 요소인 점착계수는 접촉하는 레일면의 상태에 따라 변한다.

$$\text{점착력} = \text{점착계수} \times \text{동륜상 중량} \tag{5-15}$$

2) 최대 제동력

제동력이 점착력을 초과하는 경우 활주가 발생하고 점착계수가 감소하며 제동거리가 길어지게 되며 차륜 노면이 레일과 마찰에 의하여 평면으로 되어 찰상을 입게 된다. 이와 같이 찰상이 생기기 전 상태의 제동력을 최대 제동력이라 한다. 즉 마찰력과 동일한 제동력이 최대 제동력이 된다.

3) 제동거리

제동은 열차가 가진 운동에너지를 제륜자와 차륜간의 마찰력에 의하여 열에너지로 변화시키는 과정을 말한다.

이 운동에너지를 열에너지로의 변환은 제동을 체결하기 시작하여 열차가 정지하기까지 사이에 일어나게 된다. 이 에너지를 열에너지로 변환하는 사이에 주행한 거리를 제동거리라 한다. 즉 제동거리는 열차가 정지할 때까지의 거리를 말하며 제동가속도(제동을 수배할 때의 속도)의 자승에 비례하고 열차의 중량에 비례하게 된다.

4) 공주거리 및 공주시간

제동변을 제동위치로 옮겨 제동이 작용하기까지의 주행거리를 공주거리라 하며 그 소요시간을 공주시간이라 한다.

공주거리와 공주시간의 기초 계산은 제동 개시의 열차속도를 V[km/h]라고 하면 1초간에 주행거리는 $\frac{V \times 1,000}{3,600} = \frac{V}{3.6}$가 되므로 공주거리 S_1은

$$S_1 = \frac{V}{3.6} \times t[\text{m}] \tag{5-16}$$

여기서, S_1 : 공주거리[m]

V : 제동 초속도[km/h]

t : 공주시간[s]

5) 실제동거리

실제동거리는 열차가 정지하기 위하여 감속하는 동안 주행한 거리로서 정의되며 그 식은 다음과 같다.

$$S_2 = \frac{4.17V^2}{10k_m \cdot f_m + r_g + r_c} [\mathrm{m}] \tag{5-17}$$

여기서, S_2 : 실제동거리[m]

k_m : 제동률[%]

f_m : 평균 마찰계수[%]

r_g : 구배저항[kg/ton]

r_c : 곡선저항[kg/ton]

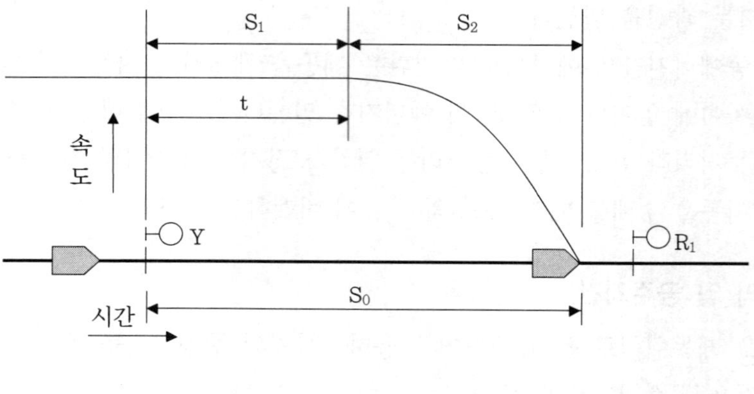

V : 열차의 초속도[km/h] t : 공주시분[s]
S_0 : 전제동거리[m] S_1 : 공주거리[m] S_2 : 실제동거리[m]

그림 5-19. 제동거리

2 열차속도

열차속도를 나타내는 방법에는 여러 가지가 있으며 열차속도의 종류는 다음과 같다.

1) 최고속도

운전 중에 낼 수 있는 최고의 속도로 기관차의 성능, 견인 중량, 선로상태에 따라 좌우되며 열차 종별이나 궤도 구조 등에 의하여 제한된다.

2) 평균속도

열차의 주행거리를 각 역의 정차시간을 제외한 실제 주행시간으로 나눈 속도를 말한다.

예를 들어 A역과 B역 사이를 일정한 속도로 주행했다고 가정할 때 같은 시간에 B역에 도달하는 속도를 평균속도라 한다.

$$\text{A·B 역간의 평균속도} = \frac{A \cdot B\ \text{역간의 거리[km]}}{A \cdot B\ \text{역간의 주행시간[h]}} \qquad (5\text{–}18)$$

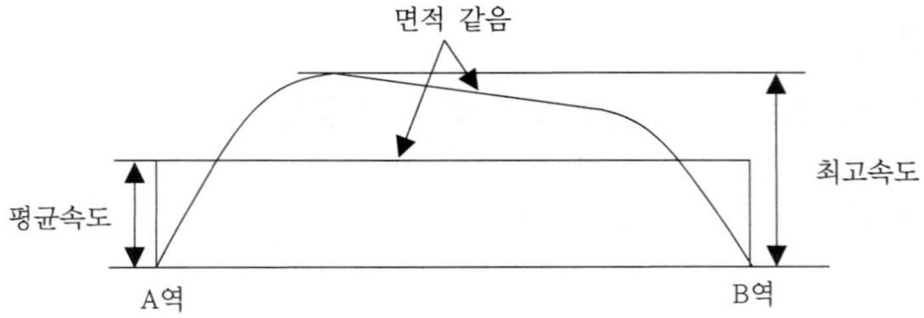

그림 5-20. 평균속도

3) 표정속도

시발역에서 종착역까지의 전거리를 소요시간으로 나눈 것으로 정차시간도 포함한 것이다.

$$\text{표정속도} = \frac{\text{구간거리[km]}}{\text{정차시분을 포함한 구간소요시간[h]}} \qquad (5\text{–}19)$$

일반적으로 표정속도를 향상시키는 것은 운전시분을 단축시키는 방법이 된다. 물론 최고속도를 높이는 것이 좋은 방법이겠지만 여기에는 한계가 있으므로 정차 시분을 단축하든지 정차역의 수를 줄이는 방법이 사용된다.

급행열차가 보통열차보다 정차역 수가 적은 것은 바로 이 표정속도를 높이기 위해서다.

4) 균형속도

견인력과 열차저항이 같은 속도를 말하며 등속도 주행할 때의 속도이다.

5) 제한속도

열차운전의 안전을 확보하기 위해 여러 가지 조건으로 제한하는 속도이며 설계속도, 차량종류, 제동축 배열, 하구배 등으로 제한된다.

3 과주여유거리

과주여유거리(overlap)는 차량 제동성능 저하, 기관사 과실 등의 이유로 열차가 정지위치를 초과하여 정지하더라도 이로 인한 사고를 방지하기 위하여 설정한 여유거리를 말한다.

1) 과주여유거리 산출

① 본선의 유효장(객차 전용선 및 전동차 전용선)

$$\text{도착열차 최대길이} + C(20[m]) \tag{5-20}$$

여기서, C : 공주여유거리(5[m]) + 제동여유거리(5[m]) + 신호주시거리(10[m]) 합계
* 대피선, 착발선, 도착선도 본선 유효장에 준함

- 화물열차의 과주여유거리 : 20[m](전후 각 10[m])
- 여객열차의 과주여유거리 : 4량 편성 이하는 10[m], 5량 편성 이상은 2 0[m]

② ATC 구간의 정거장

ATC 속도제어 구간의 정거장에서는 과주여유거리 대신에 절대정지 구간을 설치한다.

절대정지 구간은 승강장 전단에서 차량접촉한계표지간의 거리를 말하며 그 구간의 거리는 다음 식으로 구한다.

$$S = \frac{V_1}{3.6}t + \frac{V_1^2 - V_2^2}{7.2\beta} \tag{5-21}$$

여기서, S : 실제동거리[m]
V_1 : 초속+오차 2[km/h]
V_2 : 종속−오차 2[km/h]
t : 공주시간[sec] (ATC 및 제동 작동시분 4초)
β : 감속도[km/h/s], (3km/h/s)

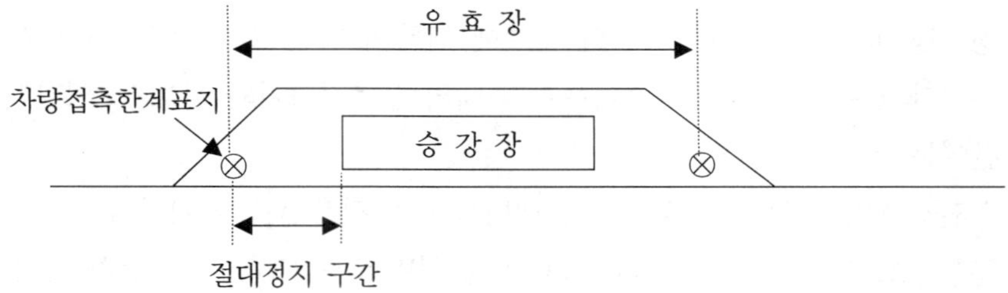

그림 5-21. ATC 구간의 절대정지 구간

2) 방호대책

① 도착지점 외방 선로전환기 쇄정

해당 진로의 신호 취급 시 선로전환기는 해당 방향으로 전환 쇄정하고 진로구성 표시는 하지 않는다.

② 도착지점 내방 선로전환기 쇄정

과주여유거리 내의 선로전환기가 쇄정되지 않았을 경우 신호기는 진행신호를 현시하지 않아야 하며, 열차가 완전히 도착하여 진로쇄정구간의 모든 구분진로가 해정된 후 해정되어야 한다.

③ 단서조건에 의한 쇄정

단서조건[51단 4A] 만족 시에는 해당 신호기의 신호취소와 재취급을 할 수 있어야 하며, 신호취소를 선택하면 진로가 해정되고 다시 취급하면 신호가 현시되어야 한다.

단서조건[51단 4A] 불만족 시에는 해당 신호기는 정지신호를 현시하고 진로의 상태는 변함이 없어야 한다.

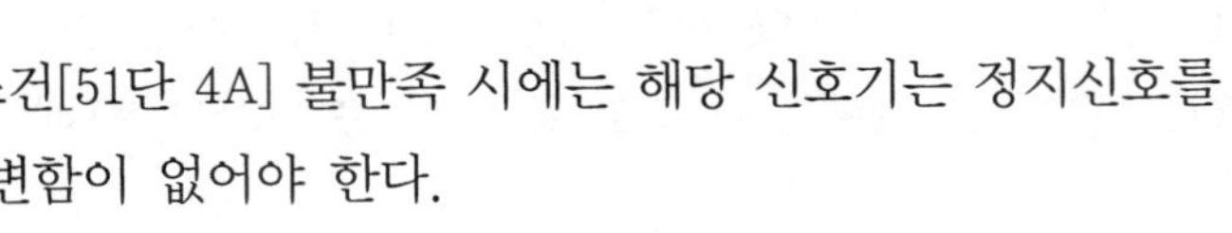

진로방향	쇄 정	신호제어
1A→1DN	21, ([51단4A])	XT, 21AT, 1T

그림 5-22. 단서조건에 의한 쇄정조건

3) 열차 과주에 대한 설비

① 정거장에서 열차 또는 차량의 과주에 의하여 다른 열차 또는 차량에 지장을 줄 우려가 있는 경우에는 과주여유거리 내의 선로전환기와 신호기, 입환신호기 상호간에는 쇄정을 한다.

② 입환신호기 또는 열차정지표지 내방에는 안전측선을 설치한다.

③ 입환신호기 또는 열차정지표지 내방에 일반열차 200[m], 전동차 150[m]의 과주여유거리를 설치한다.

④ 구내 운전속도 이하로 운전 시에는 안전측선 및 과주여유거리를 생략할 수 있다.

⑤ 외방 신호기는 경계신호가 현시되도록 설비한다.

5.6.3 운전선도와 열차 다이아

1 운전선도

열차의 운전상태, 운전속도, 운전시분, 주행거리, 전기 소비량 등의 상호관계를 열차 운행에 수반하여 변화하는 상태를 역학적으로 도시한 것을 운전선도(run-curve diagram)라고 한다. 운전선도는 주로 열차운전계획에 사용하여 신선 건설, 기존선 전철화, 동력 차종 변경, 선로의 보수 및 개량 시 역간 열차 운전시분을 설정하여 열차운전에 무리가 없도록 하는 외에 동력차의 성능 비교, 견인정수의 비교, 운전시격의 검토, 신호기의 위치결정, 사고조사, 선로 개량계획 등의 자료가 된다.

운전선도에는 기준 채택 방법에 따라 시간기준과 거리기준 운전선로가 있으며 시간기준 운전선로는 시간을 횡축으로 하고 종축에 속도, 거리, 구배, 전력량을 표시하여 작도한다.

거리기준 운전선도는 거리를 횡축으로 하고 종축에 속도, 시간, 전력량 등을 표시하여 작도한 것으로 열차의 위치가 명료하고 임의 지점의 위치에 운전속도와 소요시간을 구하는데 편리하여 운전선도라 함은 보통 이 거리기준 운전선도를 말한다.

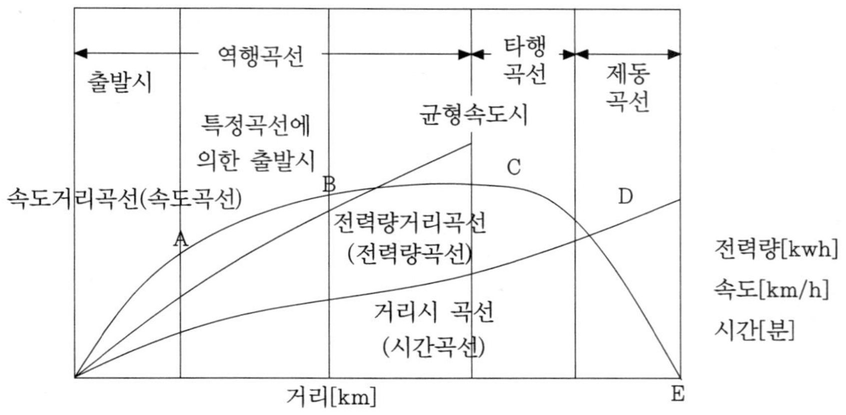

그림 5-23. 거리기준 운전선도

1) 속도-거리 곡선

특정의 기관차가 어떤 값의 견인 중량을 견인하여 실제의 선로상을 주행할 때에 출발하고부터 목적역에 도착하기까지의 속도의 변화 상태를 거리에 맞추어 도시한 것이 속도-거리 곡선(speed-distance curve)이다. 이 곡선은 가속력 곡선을 이용하여 작도할 수가 있다.

2) 시간-거리 곡선

실제 선로상을 운전하는 경우에 주행거리와 소요시간의 관계를 도시한 것을 시간-거리 곡선(time-distance curve)이라 부른다.

3) 전력 소비량 곡선

속도-거리 곡선을 그리는 일에 가속력 곡선과 선로상태를 이용한 것과 같은 모양으로 전력 소비량 곡선은 전력-속도 곡선과 속도-거리 곡선을 이용하여 그릴 수 있다.

전력은 전압이 일정한 경우 전류에 비례하므로 전력은 전류로 나타내어도 좋다. 따라서 각 속도마다의 전류가 알려지면 전력-속도곡선이 그려지는 것으로 전류는 노치의 바꿈, 주행속도 및 기관차의 특성 곡선에 의하여 변화하며 기관차 형식마다 미리 그림 5-24와 같은 전력-속도 곡선과 전력 소비량곡선이 그려진다.

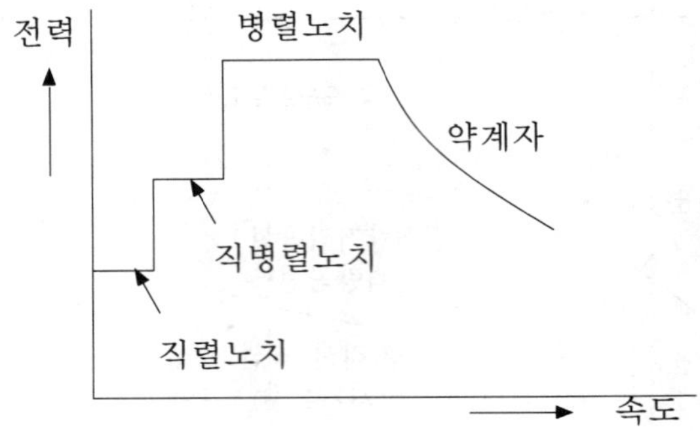

그림 5-24. 전력-속도 곡선

운전선도를 사용목적에 따라서는 계획 운전선도, 실제 운전선도, 가속력 선도, 선로의 기울기별 속도 곡선도로 분류된다.

(1) 계획 운전선도

동력차 견인력과 열차저항의 관계에서 열차운전 속도의 결정, 운전시분의 사정, 연료 소비량 및 전력 소비량 결정 등 주로 운전계획에 사용한다.

(2) 실제 운전선도

운전 실적을 기초로 하여 운전속도의 시분, 전동기의 종류, 전차선 전압, 전력 소비량 등을 도시한 것으로 동력차의 조정 기준에 따라 작도한 것이며 특히 기준 운전 선로라고도 한다.

(3) 가속력 선도

열차의 속도를 높이기 위한 동력차 인장력과 이를 방해하는 열차저항과의 차이가 가속력으로 표시된다.

(4) 선로의 기울기별 속도 곡선도

동력차의 가속력과 각종 선로의 기울기(구배)의 속도와의 관계를 역행, 타행별로 속도 곡선을 작도한 것으로 간접 작도법의 운전선도를 작성할 때 기초 자료가 된다.

2 열차 다이아

열차 다이아(DIA : train diagram)는 열차의 운전계획 및 운전관리에 사용되며 열차계획에서는 구체적인 열차를 설정하는데 열차가 달리는 상황을 알 수 있도록 시간적 추이에 의한 열차운행 상태를 일목요연하게 사선으로 나타낸 운행도표이다.

열차 다이아는 세로축에 거리, 역을 가로축에 시간의 눈금을 나타내는 것이 일반적이며, 열차가 달리는 궤적을 사선으로 기입한다.

열차 다이아는 열차운전 계획 및 운전정리를 위한 열차운행 시간을 표시하며, 열차 시각표로 표시할 수 없는 역간의 시간적 궤적을 명확하게 표시하여 주며, 사고, 재해, 열차지연 등 전후 열차관계 및 대향열차의 상황을 파악할 수 있게 된다.

1) 열차 다이아의 종류

① 1시간 눈금 다이아

시각 간격이 1시간 단위로 시각 개정 시 구상 검토 초안용 및 장기 열차계획, 차량운용 계획 등에 사용한다.

② 10분 눈금 다이아

시각 간격이 10분 단위로 열차횟수가 많은 선구에서 1시간 눈금 대신으로 사용한다.

③ 2분 눈금 다이아

시각 간격이 2분 단위로 열차계획의 기본 다이어이며, 시각 개정이나 임시열차계획 등 정확한 시각 기입이 필요할 때 사용한다.

④ 1분 눈금 다이아

시각 간격이 1분 단위로 주로 열차 밀도가 높은 전동차 전용구간에서 사용한다.

2) 열차다이어 작성시 중점사항

① 열차운전시간
② 타 열차와의 경합(고속, 화물, 통근열차 대피관계)
③ 열차 상호간의 속행 간격
④ 타 선구와의 접속관계
⑤ 야간 선로보수작업 시간관계
⑥ 역 설비(착발선, 대피선)
⑦ 회차운행

3) 열차다이아 작성시 고려사항

① 열차 상호간 지장이 없고 선로용량 범위 이내일 것
② 수송수요에 적합할 것
③ 작은 열차지연에는 탄력성이 있을 것
④ 제반조건에 적합할 것

4) 열차다이어 기재사항

① 열차선과 열차번호
② 표준 상향 기울기(상구배)와 하향 기울기(하구배)
③ 역간거리와 기점거리
④ 역명과 종류
⑤ 폐색방식의 종류와 선수
⑥ 전철화 구간 및 변전소 위치
⑦ 선로명칭 및 본선의 유효장
⑧ 대피 또는 교행가능 여부
⑨ 작성개소 및 정리번호
⑩ 실시연월일 및 개정번호

3 열차모의 시운전

열차모의 시운전(TPS : Train Performance Simulation)은 선로에 임의 차량 주행시 운행시간 해석을 통해 운행 소요시간을 예측하는 프로그램이다.

차량 성능특성과 에너지 특성에 대한 시뮬레이션을 통해 철도 건설시 차량용량 및 노선의 적성을 검토하여 검토대상 차량 및 노선의 최적화, 최적의 운전조건을 선정할 수 있게 한다.

열차모의 시운전에 필요한 자료로 차량분야는 기본사양, 편성제원, 견인력, 제동성능, 주행저항 등이 있으며, 선로분야는 구간별 선로의 기울기(구배) 및 곡선, 정거장, 정차시간 등, 속도분야는 선로의 기울기 및 곡선에 따른 선로 제한속도 등이 있다.

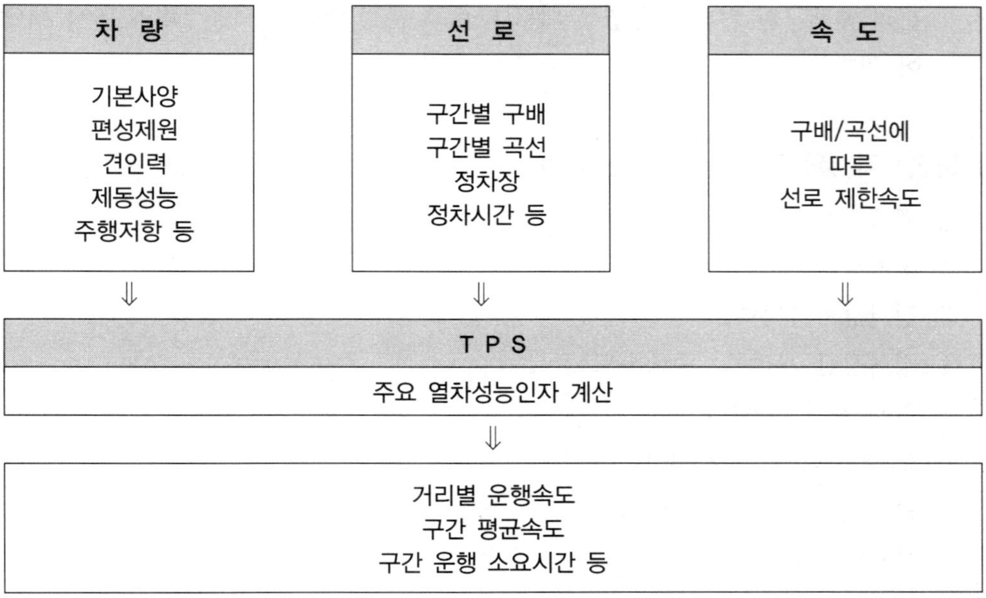

그림 5-25. TPS 흐름도

5.6.4 운전시격

한 선로에서 선행열차와 후속열차 사이의 상호 운행 간격 시간을 운전시격(head way)이라 하는데 그 최소값을 최소운전시격이라 한다.

선로를 유용하게 사용하려면 그 선로에 가능한 한 많은 열차를 운행시켜야 하고 열차와 열차와의 출발간격을 최소로 해야 한다.

1) 구간별 운전시격

① **통표폐색식 구간**

통표폐색식에서는 두 정거장 사이가 1폐색구간이 되므로 이 구간이 개통되지 않으면 다음 열차는 출발할 수 없게 된다. 그러므로 최소운전시격은 정거장의 거리에 따라 크게 좌우된다.

② **자동폐색식 구간**

자동폐색식을 시행하는 구간에서는 역간에 자동폐색신호기를 설치하면 신호기와 신호기 사이가 1폐색구간이 되므로 운전시격을 단축시킬 수 있다. 자동폐색식구간의 폐색구간 거리는 선별로 서로 다르고 운행 열차의 제동거리에 따라 제한되어 있다.

2) 운전시격 결정에 영향을 주는 요인

① 폐색장치의 성능
② 정거장의 배선
③ 정거장의 직선화
④ 정거장간 거리 및 주행속도
⑤ 열차의 가·감속도
⑥ ATO 운전 및 정차시간
⑦ 승무원의 이동 및 교대시간
⑧ 종단역 입환시간

선행열차와 후속열차 상호간의 최소운전시격은 운전시격도에 의하며, 실제 운전할 수 있는 최대 총 열차횟수는 신호기의 간격, 신호현시계통, 착발선수, 차량성능, 정차시분 등을 감안하여야 한다.

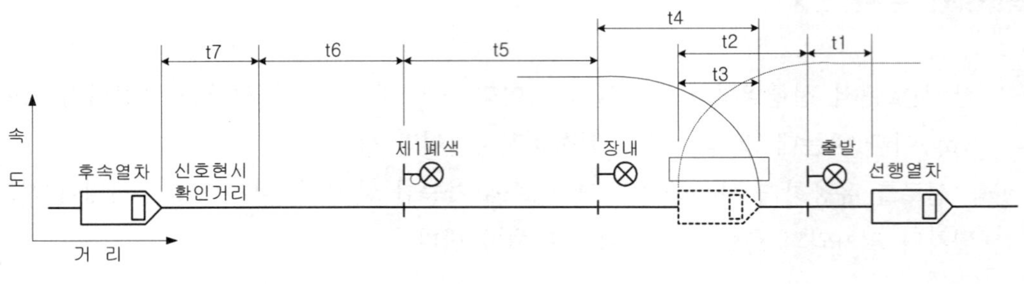

그림 5-26. 최소운전시격

예 1선 착발의 경우로 3현시인 경우 최소운전시격은 착발선이 1개 선로이고 선행열차가 출발신호기를 지난 시점을 유념하여 최소운전시격도는 시간곡선에 의한 최소운전시격의 조사도에 표시한 바와 같고 이때의 최소운전시격(T_R)은 다음 식에 의해 표시된다.

$$T_R = t_1 + t_2 + t_3 + t_4 + t_5 + t_6 + t_7 \tag{5-22}$$

t_1 : 신호현시가 변화하는 시분

t_2 : 선행열차가 발차 후 그 후부가 출발신호기의 내방에 진입할 때까지의 시분
t_3 : 정차시분
t_4 : 열차의 앞부분이 장내신호기의 내방에 진입 후 정차할 때까지의 시분
t_5 : 열차가 후방 제1폐색신호기와 장내신호기와의 사이를 주행하는 시분
t_6 : 열차가 계획속도에 의해 제1폐색신호기의 신호현시 (이 경우 주의신호 45[km/h]) 로 감속하는데 요하는 거리를 계획속도로 주행하는 시분)
t_7 : 승무원이 신호현시를 확인하고 제동할 때까지의 시분(약 3초)

열차는 상시 진행신호를 확인하면서 운전해야 하기 때문에 후속열차가 그림 5-26의 위치 즉 폐색신호기의 확인지점에 도착한 시점에 선행열차는 출발신호기 내방에 진입하고 장내신호기, 폐색신호기의 신호현시도 변화하지 않으면 안 된다. 따라서 그림 5-27에 표시한 바와 같이 선행열차에 이어서 후속열차의 시간곡선을 작성하여 최소운전시격(T_R)을 정한다.

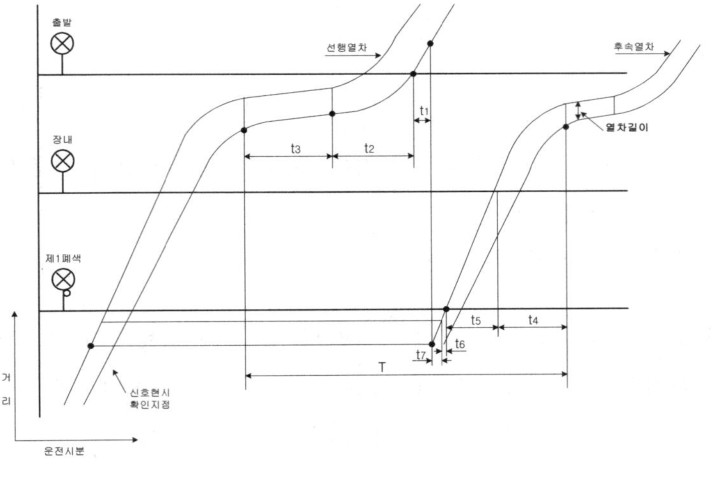

그림 5-27. 시간곡선에 의한 최소운전시격의 검토

1 3현시 폐색구간의 최소운전시격

그림 5-28과 같이 역 사이에 설치된 3위식 자동폐색구간에서 항상 진행신호로 운행하는 경우의 최소운전시격은 다음과 같다.

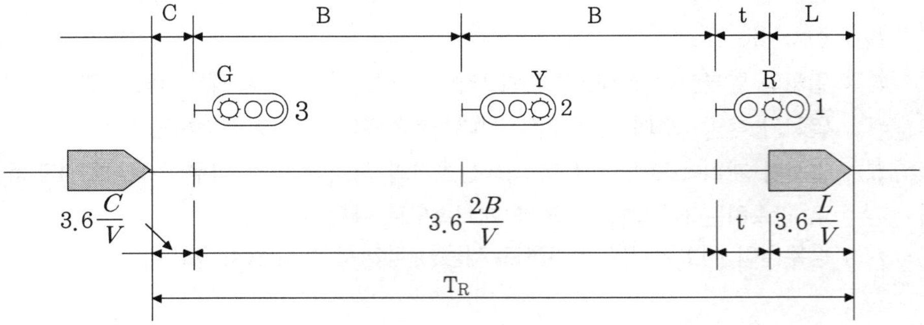

그림 5-28. 자동신호 3현시 구간의 운전시격

$$T_R = \frac{2B+L+C}{\frac{1{,}000\times V}{3{,}600}} + t = 3.6\times\frac{2B+L+C}{V} + t \tag{5-23}$$

여기서, T_R : 열차 사이의 최소운전시격[sec]

B : 폐색구간의 길이[m]

L : 열차길이[m]

C : 신호현시 확인에 요하는 최소거리[m]

t : 선행열차가 1의 신호기를 통과할 때부터 3의 신호기가 진행신호를 현시할 때까지의 시간[sec]

V : 열차속도[km/h]

또 폐색구간의 길이와 그 구간을 운행하는 열차의 제동거리와의 관계는 $B=b+k$가 된다. 여기서 b는 제동거리[m], k는 안전제동 여유거리[m]이다. 따라서 이것을 식 (5-23)에 대입하면 최소운전시격 T_R은 다음과 같이 된다.

$$T_R = \frac{3.6}{V}\{2(b+k)+L+C\}+t \tag{5-24}$$

1) 최소운전시격 산출

자동폐색신호 3현시 구간은 3번→2번→1번의 3개 자동폐색신호기가 설치된 폐색구간에 있어서 선행열차가 3번→2번→1번의 신호기를 통과한 후 3번 신호기가 R, Y에서 G현시로 변환되고, 후속열차가 3번 신호기에 접근하여 G현시를 확인한 지점과 후속열차간의 거리를 주행시간으로 환산한 것이 이 구간의 최소운전시격이 된다.

즉, 선행열차가 1번 신호기를 통과한 후 정지하고 있다고 가정하고 후속열차는 3번 신호기를 최고속도 G로 통과하고 2번 신호기에 접근하여 Y현시를 확인, 신호기 외방에서 감속하여 45[km/h] 이하로 통과한 후 계속하여 1번 신호기에 접근하여 1번 신호기가 정지(R)를 현시하고 있는 것을 확인하고 상용제동을 사용하여 1번 신호기 외방에 정지할 수 있는 안전여유거리를 포함한 총 거리를 주행한 시간이라고 정의할 수 있다.

식 (5-23)을 인용하여 3현시 구간의 최소운전시격 T_R을 산출하여 보면 다음과 같다.

단, 적용 조건으로는

- 선로는 평탄구간으로서 곡선, 상하 구배가 없는 것으로 한다.
- 이 구간을 주행하는 열차의 최고속도(V)는 100[km/h] 이하로 한다.
- 신호 확인거리(C)는 500[m] 이상으로 한다.
- 제동거리(b)의 제동률은 2.8[km/h/s] 이상으로 한다.
- 안전제동여유거리(k)는 8V/3.6으로 한다.
- 신호현시 변환시간(t)은 10초 이내로 한다.
- 열차장은 200[m] 이내로 한다.

① 제동거리(b)의 산출

3현시 구간에 있어서 제동 또는 감속거리는 다음 두 가지로 구분된다.

- Y → 정지 : 45[km/h] → 0[km/h]

$$: \text{제동거리} + \text{여유거리} = \frac{V^2}{7.2\times\beta} + \frac{8V}{3.6} = \frac{45^2}{7.2\times 2.8} + \frac{8\times 45}{3.6} = 200[\text{m}]$$

- G → Y : 100[km/h] → 45[km/h]

$$: \text{제동거리} + \text{여유거리} = \frac{100^2}{7.2\times 2.8} - \frac{45^2}{7.2\times 2.8} + \frac{8\times 45}{3.6} = 496[\text{m}]$$

② 폐색구간(B)의 길이

각 폐색구간 길이는 안전제동거리인 496[m]가 확보되어야 하며 신호현시 확인거리가 500[m] 이상이어야 하는 조건임으로 1개 폐색구간의 기본적인 거리는 결과적으로 600[m]이면 된다.(여유거리 100[m] 포함) 이러한 조건을 식에 대입하면

$$T_R = \frac{3.6}{V}[2B + L + C] + t$$
$$= \frac{3.6}{100}[2 \times 600 + 200 + 500] + t = \frac{3.6}{100} \times 1{,}900 + 10\text{초}$$
$$= 78.4 ≒ 80\text{초}(1\text{분 } 20\text{초})$$

이 구간의 최소운전시격 T_R은 1분 20초로 계산된다.

2 4현시 폐색구간의 최소운전시격

그림 5-29에 나타낸 바와 같이 4현시 자동폐색구간의 운전시격은 3현시 구간의 최소운전시격과 같은 방법으로 다음과 같다.

$$T_R = \frac{3.6}{V}(3B + L + C) + t \tag{5-25}$$

여기서 2B=(b+k)라 하면 다음과 같이 된다.

$$T_R = \frac{3.6}{V}\left\{\frac{3}{2}(b+k) + L + C\right\} + t \tag{5-26}$$

n현시식 자동폐색구간의 운전시격은 다음과 같다.

$$T_R = \frac{3.6}{V}\left\{\frac{n-1}{n-2}(b+k) + L + C\right\} + t \tag{5-27}$$

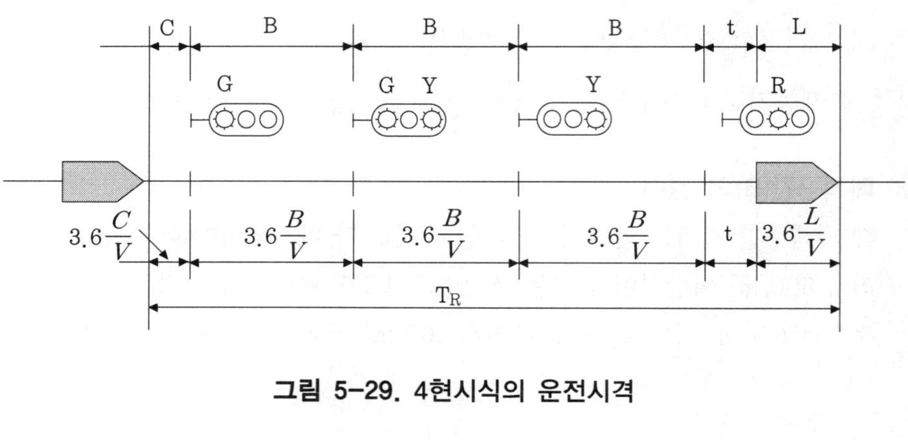

그림 5-29. 4현시식의 운전시격

단, $(n-2)B = b+k$이다. 따라서 $n \to \infty$ 라면 $\frac{n-1}{n-2} \fallingdotseq 1$이 되므로

$$T_R = \frac{3.6}{V}(b+k+L+C)+t \text{ 가 운전시격의 극한값이다.} \quad (5\text{–}28)$$

그러나 4현시식 이상의 자동폐색식으로서 신호기를 많이 설치하여 신호현시를 복잡하게 하더라도 운전시격은 비례하므로 최소가 되지 않는다.

3 정거장에 진입할 때의 최소운전시격

그림 5–30에서와 같이 정거장에 진입할 경우의 운전시격을 구해 보면 다음과 같다.

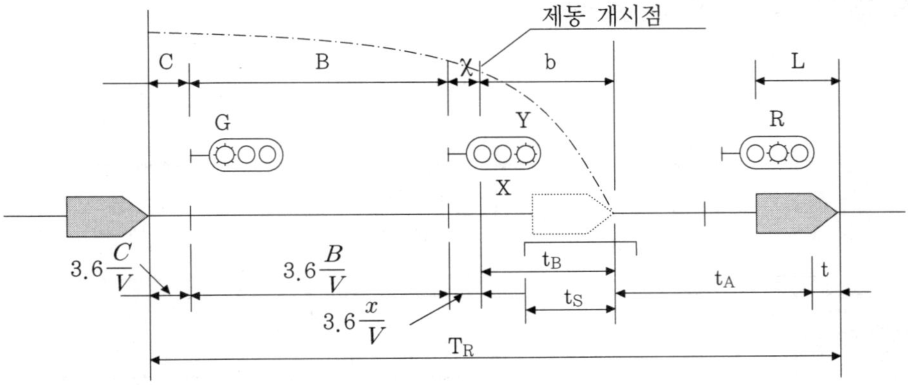

그림 5–30. 정거장에 진입할 때의 운전시격

여기서, T_S : 정거장에 있어서의 운전시격[sec]
C : 신호현시의 확인 최소거리[m]
B : 폐색구간의 길이[m]
χ : 제동개시지점과 장내신호기간의 거리[m]
장내의 내방은 (+) 부호, 외방은 (–) 부호
t_B : 제동시간[sec]
t_S : 정차시간[sec]
t_A : 열차가 출발하여 출발신호기를 넘을 때까지의 시간[sec]
t : 신호현시가 변화하는데 필요한 시간[sec]

$$T_{S1} = 3.6 \times \frac{C+B+\chi}{V} + t_B + t_S + t_A + t \quad (5\text{–}29)$$

4 정거장에서 진출할 때의 최소운전시격

정거장에 진입할 때의 최소운전시격에서와 같은 방법으로 정거장으로부터 열차가 출발할 경우의 운전시격은 그림 5-31과 같다.

t_y를 출발신호기를 넘어서 속도 V가 될 때까지의 시간이라 하면 이 경우의 최소운전시격은 다음과 같다.

$$T_{S2} = \frac{3.6}{V}(C + \chi + L + B - Y) + t_B + t_S + t_A + t_y + t \qquad (5\text{-}30)$$

이들 식으로부터 명확히 역 사이의 최소운전시격에 의해서 정거장에 발착하는 경우의 운전시격 T_S가 약간 크게 되어 어떤 선로구간의 운전시격은 큰 정거장의 운전시격보다 크게 제한을 받는다.

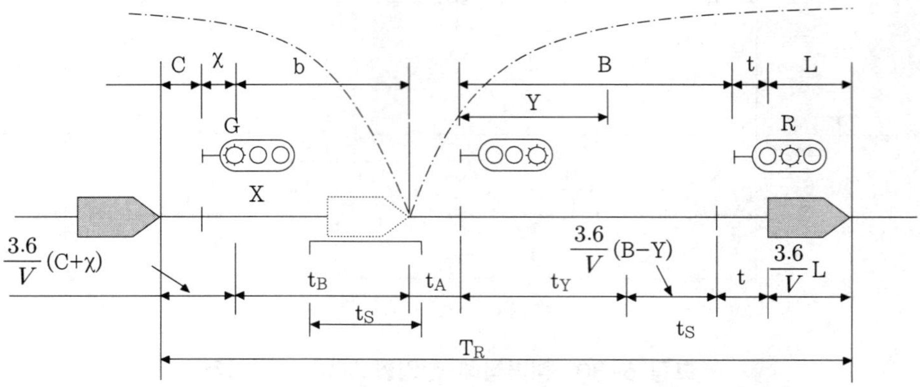

그림 5-31. 정거장에 진출할 때의 운전시격

5 ATC 차상신호구간의 최소운전시격

ATC 차상신호장치는 고속에서도 열차를 안전하고 고밀도로 운행시킬 수 있는 설비로 250[km/h] 이상의 고속도로 운행되기 때문에 제동거리 또한 상당히 길어진다. 제동거리는 열차의 감속 성능에 좌우되는 요소이며 길어진 제동거리에서도 고밀도 운행을 위해서는 적절한 폐색구간 구분이 필수적이다.

1) 폐색분할

폐색분할을 시행하는 목적은 최소운전시격을 확보하는데 있다. 가장 효율적인 폐색구간 분할은 상위속도 V_1에서 하위속도 V_2까지 감속시키는 거리와 V_2에서 다음 하위속도 V_3까지 감속시키는데 소요되는 거리가 거의 비슷하게 결정되는 것이다.

이를 관계식으로 나타내면 식 (5-31)과 같다.

$$V_2 = \sqrt{\frac{V_1^2}{2} + (V_1 - \sqrt{\frac{V_1^2}{2}}) \times t \times \beta} \tag{5-31}$$

여기서, V_2 : 단계별 하위속도[km/h]

V_1 : 단계별 상위속도[km/h]

t : 공주시간(ATC에서 일반적으로 3초 이하)

β : 열차의 감속도[km/h/s]

폐색분할의 다른 방법으로는 열차의 감속 성능에 의한 제동 곡선표에 의하여 속도코드를 정하는 것이 있다.

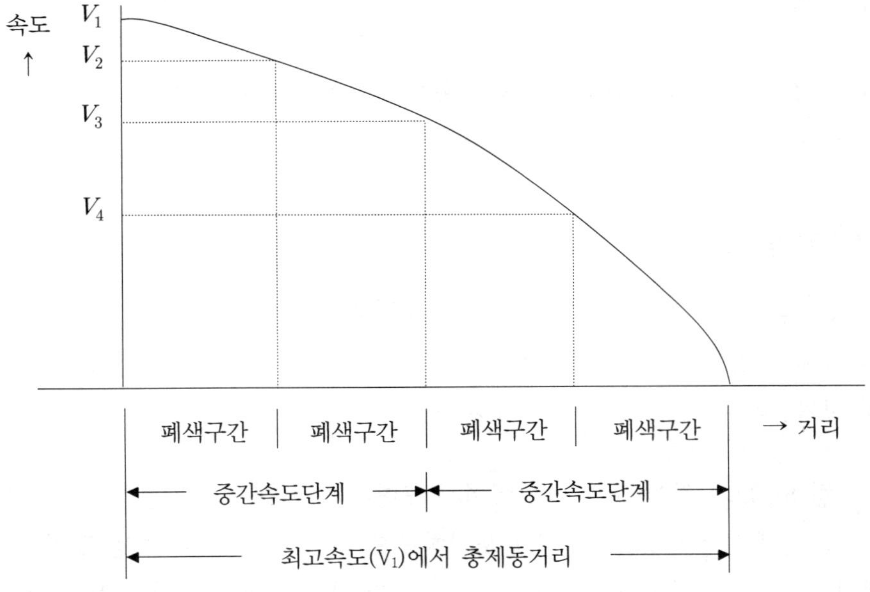

그림 5-32. 폐색구간 분할

그림 5-32에서 보듯이 최고속도 V_1에서 정차하는데까지 소요되는 제동거리의 약 1/2 구간을 V_3로 선정하고 V_3와 V_1사이, V_3와 정지지점 사이를 2등분하여 V_2와 V_4의 속도단계를 지정해준다. 이렇게 함으로 각 속도단계별 감속 소요거리는 같아지게 되어 어떤 상황의 열차운전에도 적용할 수 있는 기본적인 폐색분할이 되는 것이다. 이러한 기본 속도단계 외에 승차감 향상, 선로조건에 따른 감속 요인 등에 대비하여 필요한 속도단계를 추가하는 것이 바람직하다.

2) ATC 구간의 최소운전시격

ATC 구간에서의 최소운전시격 산출은 n현시식 자동폐색구간의 운전시격 산출식을 적용시킬 수 있다. 단, ATC 구간에서 달라지는 요소는 신호기 투시거리가 불필요하고 공주시간 또한 많이 단축될 수 있다는 것이다. 이러한 요소들을 고려하여 보면 다음 식 (5-32)와 같이 된다.

$$T_R = \frac{3.6}{V}\left\{\frac{3}{2}(b+k)+L\right\}+t \tag{5-32}$$

5.6.5 운전시격의 단축방안

최소운전시격을 단축하여 선로 이용률을 최대한으로 높이기 위해서는 다음과 같은 방법들이 있다.

1 신호제어측면

① 차내연산방식 도입 등 신호시스템 현대화
② 기존 고정폐색시스템인 경우 폐색구간 분할
③ 정거장에서 도착선의 상호 사용

그림 5-33과 같이 정거장에 있어서 도착선을 2개로 하고 선행열차 A가 1번선에 도착하면 후속열차 B는 2번선에 도착하도록 한다. 이와 같이 하면 정거장에 진입할 때의 최소운전시격의 산출식에서 t_S, t_A, t 의 항에는 아무 관계가 없고 대신 21호 선로전환기를 전환하여 신호를 현시할 때까지의 시간 t_P 를 가산하고 이 경우의 최소운전시격 Ts 는

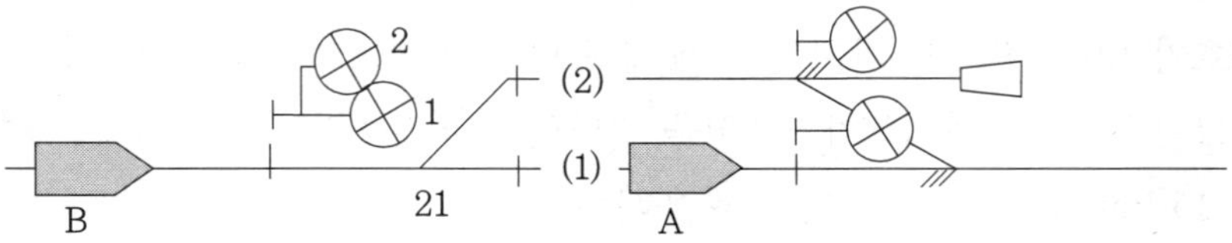

그림 5-33. 도착선의 상호 사용에 의한 방법

$$T_S = 3.6\frac{C+B+\chi}{V} + t_B + t_P \tag{5-33}$$

가 되어 운전시격의 단축에 효과적이다.

④ 유도신호기의 사용

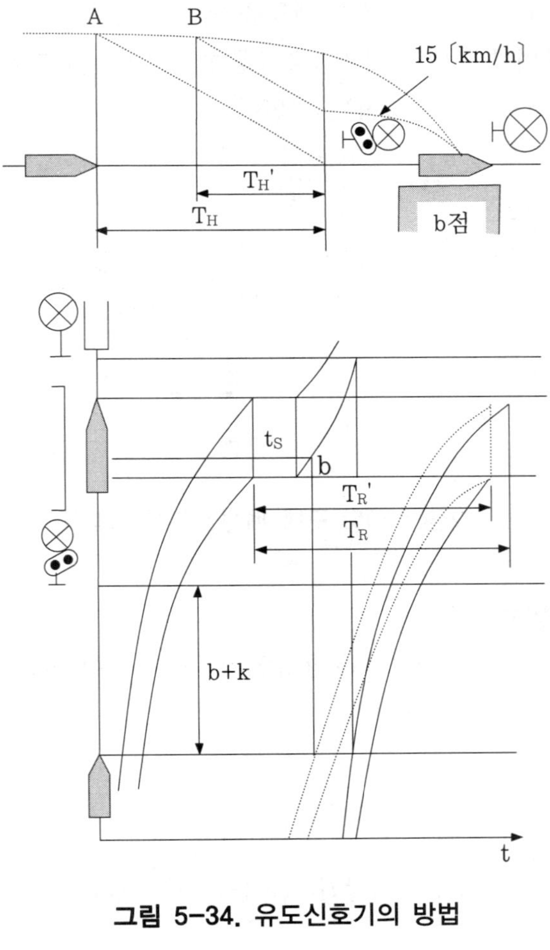

그림 5-34. 유도신호기의 방법

운전시간의 단축면에서는 별 효과가 없으나 열차운행이 복잡하고 열차를 장내 신호기 앞에 정차할 기회를 적게 함으로써 여객에게 편의를 줄 수 있다.

그림 5-34는 선행열차가 b점을 지나면 장내신호기에 유도신호를 현시하고 시속 15[km/h] 이하로 진입을 허용하는 방법이다.

T_H가 T_H'로 적어질 경우에 운전시격 T_R이 T_R'로 단축된다.

그러나 15[km/h]의 제한속도의 주행시간 및 감속 운전시간이 많은 경우에는 여객에게는 편리하나 운전시격의 단축에는 별 효과가 없다.

⑤ 구내 폐색신호기 설치

그림 5-35와 같이 정거장의 장내와 출발신호기간에 폐색신호기를 설치하여 정거장 진입 시 최소운전시격 산출식에서 t_A가 t_A'로 줄여 운전시격을 단축하는 방법이다.

그림 5-35와 같이 폐색신호기를 설치하여 이 신호기와 신호기 4L과의 거리를 주의신호 45[km/h]의 속도에서 제동을 체결한 경우의 제동거리 이상으로 하여 선행열차의 후미가 구내의 폐색신호기를 넘어서면 신호기 4L은 주의신호를 현시하게 하여 운전시격을 단축하는 방법이다.

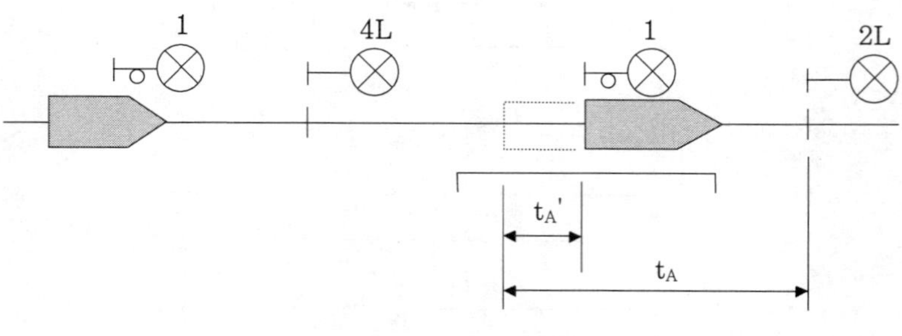

그림 5-35. 구내 폐색신호기 방법

⑥ 타임 시그널 방법

타임 시그널 방법은 선행열차와 후속열차와의 간격이 제동거리에 상당하도록 신호기를 많이 설치하는 것이다.

2 차량측면

① 동력차의 가·감속 성능이 향상된 고성능 동력차 사용 : 가속도를 높여 일정 폐색

구간 운전을 단축시키고 제동거리를 짧게 하여 정차시간을 단축할 수 있다.

② 열차의 경량화

③ 승하차 출입문 증설 및 출입문 확대 등을 고려한 열차 정차시간 단축

④ 종단 회차역의 자동 입환시스템 도입

3 선로측면

① 곡선 및 구배선로의 완화

② 고속화 분기기로 개량 등 분기기 통과속도 향상

③ 승강장 직선화 및 PSD 설치

5.6.6 선로 이용률

열차운전은 수요특성 및 선로보수 등에 따라 유효 운전시간대가 제약되어 실제 이용 가능한 총 열차회수와 계산상 가능한 열차회수에는 차이가 있다.

$$\text{선로 이용률} = \frac{\text{실제용량}}{\text{한계용량}} = \frac{\text{임의 선구의 사용상 가능한 총 열차횟수}}{\text{임의 선구의 계산상 가능한 총 열차횟수}} \quad (5\text{–}34)$$

선로 이용률은 설정열차의 사명이나 선로보수 등으로부터 55~75%(단선구간은 60[%], 복선구간은 60~75[%])를 취하여 표준 60[%]로 한다.

선로 이용률을 인위적으로 늘리면 선로용량은 늘어나지만 유지보수 시간 등의 확보가 어렵게 되고, 너무 줄이면 열차운영 계획이 효율적이지 못하게 된다. 따라서 해당 선구의 성격 및 기능에 맞도록 선구별로 특성에 따라 선로 이용률을 결정하여 이용 가능한 열차회수를 산정하는데 사용한다.

선로 이용률에 영향을 주는 인자로는 선구 물동량의 종류에 따른 성격, 주요 도시로부터의 시간과 거리, 여객열차와 화물열차의 횟수비, 열차의 시간별 집중도, 인접역간 운전시분의 차, 열차횟수, 인위적 및 기계적 보수시간, 열차운전의 여유시분 등이 있다.

5.6.7 선로용량

선로용량이란 선로상에 운행할 수 있는 1일의 최대 열차횟수를 말하는데, 선로용량을 향상시키기 위해서는 자동폐색신호기의 증설, 정거장에서의 분기부 통과속도의 향상, 차량성능(가·감속도)의 향상, 종단역에서의 입환을 위한 선로배선 등 최소운전시격 단축을 통해 향상시킬 수 있으므로 신호설비의 개량이 필수적이다.

선로용량 산정시 고려사항으로는 역간거리 및 운행시간, 구내배선 및 대피시설의 설치가부, 폐색방식 및 신호현시체계, 열차운전시분 및 유효시간대, 열차운전 여유시간, 열차속도 및 각 열차별 속도차, 열차종별 순서 및 배열, 선로시설 보수시간 등이 있다.

1 단선구간의 선로용량

$$N = \frac{1,440}{T+C} \times f \tag{5-35}$$

여기서, N : 역 사이의 선로용량[열차횟수 1일]

T : 역 사이의 평균 열차운행시간[분]

C : 폐색취급시간[분]

통표폐색식일 경우의 폐색취급시간은 보통 2분 30초를 사용하고 자동폐색식일 경우에는 1분 30초를 사용하는데 f는 선로 이용률로서 보통 0.6이다.

선로용량의 계산은 수송력이 증가함에 따라 단선 통표폐색식을 단선 자동으로 할 것인지, 선로를 증설하여 복선 자동으로 할 것인지를 결정하는 데 중요한 역할을 한다.

위 계산식에 있어서 T시간과 C시간을 줄이면 선로용량(N)이 높아지는 것을 알 수 있다.

역간 거리가 긴 경우에는 교행을 위한 신호장의 설치로 T시간을 줄이고 자동폐색장치, CTC 장치의 성능을 개선하여 폐색취급시간 C를 줄이는 것이다.

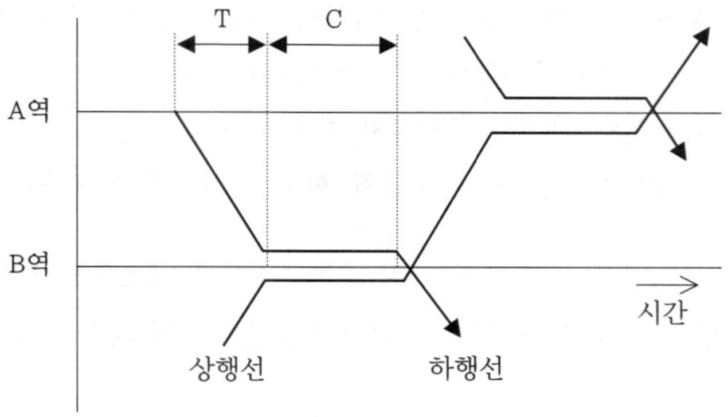

그림 5-36. 단선구간 선로용량

2 통근 전동차 구간의 선로용량

통근 전동차 구간에는 고속열차와 저속열차의 구분이 없으므로 고속열차를 대피하므로 지연되는 시분을 고려할 필요가 없게 된다.

통근 전동차 구간의 열차운행은 러시아워라는 특정 시간대에 최대 수송력을 가지고 있는 것이 특징이다.

$$N = \frac{1,440}{h} \times f \qquad (5-36)$$

여기서, h : 최소운전시격[분]

f : 선로 이용률(0.6~0.75)

3 복선구간의 선로용량

$$N = \frac{1,440}{hv + (r+u+1)v'} \times f \qquad (5-37)$$

여기서, f : 선로 이용률(0.6이 원칙)

h : 속행하는 고속열차 상호 운전시격(일반적으로 4~6분)

r : 정거장에 선착한 저속열차와 후착한 고속열차간에 필요한 최소운전시격(일반적으로 3~4분)

u : 정거장을 선발하는 고속열차와 후발하는 저속열차간에 필요한 최소운전시격(일반적으로 2.5분이 원칙)

v : 고속열차 회수비(고속열차 회수 / 편도열차 회수)

v′ : 저속열차 회수비(저속열차 회수 / 편도열차 회수)

복선구간의 선로용량은 고속열차와 고속열차간의 최소운전시격 그리고 고속열차에 대한 저속열차의 대피시간이 포함된 최소운전시격에 의하여 결정된다고 할 수 있다.

식 (5-37)에서 h=6분, r=4분, u=2.5분을 대입하면 v=0일 때 N(편도) = 115회, v=1일 경우 N=144로 되어, 일반적으로 속도종별이 다른 열차가 운행되고 있는 선로구간 사이의 선로용량은 왕복 230~288회 정도로 계산된다.

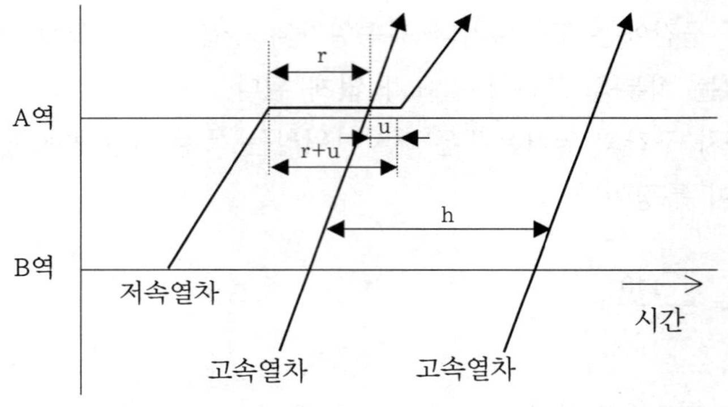

그림 5-37. 복선구간 선로용량

연 / 습 / 문 / 제

1. 폐색장치의 설치의의와 사용되는 두 가지의 기본원리 및 단, 복선에 사용될 수 있는 종류를 기술하시오
2. 연동폐색방식의 특징을 기술하시오.
3. 폐색운전방식의 종류와 내용을 설명하시오.
4. 자동폐색신호구간에서 신호기의 위치선정에 대하여 기술하시오.
5. 열차저항의 종류를 들고 이에 대하여 기술하시오.
6. 열차의 주행저항에 대하여 설명하시오.
7. 전동차 운행에 따른 열차저항을 종류별로 설명하고, 실제운전 시 가속 감속에 적용될 합산 열차저항 계산방법을 설명하시오.
8. 열차운행의 표정속도 대하여 기술하시오.
9. 열차의 가속도에 대하여 기술시오.
10. 운전선도(run-curve)의 의의와 시간/거리기준 운전선도에 관하여 설명하시오.
11. 운전시격을 설명하고 시격을 결정하는 공식을 설명하시오.
12. 최소운전시격을 계산하는 방법을 설명하시오.
13. 자동폐색신호 3현시 구간의 최소운전시격을 산출하고 설명하시오.
14. 4현시 폐색구간의 최소운전시격을 구하시오.
15. 3현시 운전구간에서 정거장에 진입할 때의 최소운전시격을 산출하시오.
16. 3현시 운전구간에서 정거장에서 진출할 때의 최소운전시격을 산출하시오.
17. 고속화 운전(200[km/h])에서의 폐색구간에 대하여 설명하시오.

18. 선로 이용률을 최대한으로 높이기 위하여 최소운전시격을 단축하는 방법에는 어떠한 것이 있는지 예를 들고 설명하시오.

19. 단선구간 및 복선구간에서의 선로용량을 구하시오.

20. 통근 전동차구간의 선로용량 선정방법을 설명하시오.

21. 열차운행 최고속도 100km/h, 평균폐색구간 1,000m의 5현시 복선 자동폐색구간에서의 선로용량을 산출하시오. (단, 화물열차의 운행최고속도는 80km/h이며 여객열차와 화물열차의 운행비율은 7:3, 선로이용율은 70%로 한다.

Chapter 6

연동장치

6.1 연동장치의 의의

연동장치(interlocking)는 신호기, 선로전환기, 궤도회로 등의 제어 또는 조작을 일정한 순서에 따라 상호 쇄정하는 장치를 말하며, 열차의 운행과 차량의 입환작업을 안전하고 신속하게 수행하기 위하여 신호기, 선로전환기, 궤도회로 등의 신호설비를 기계적, 전기적으로 연쇄하거나 또는 컴퓨터 소프트웨어에 의한 데이터베이스화하여 로직을 상호 연쇄하여 열차에 대한 진로 취급이나 신호설비 취급 시 오동작이나 부정 동작을 방지하도록 구성한 장치이다.

정거장 구내는 많은 선로들이 분기되어 있고, 열차의 도착과 출발 및 입환 등을 하기 위하여 빈번한 선로전환기를 전환시키고 신호기를 조작하게 된다.

그러나 운전 취급자의 주의력에만 의존하여 빈번하고 복잡한 운전 취급을 시행할 경우 중대한 열차 사고가 발생할 우려가 있고 운전 정리 및 작업 능률도 떨어지게 된다. 따라서 선로전환기나 신호기 등 신호설비들의 조작을 잘못한다 하더라도 일정한 순서나 절차에 의해서만 동작하도록 하고 인위적인 조작이 잘못된 경우에는 신호설비를 쇄정하여 취급되지 않도록 연쇄하여 어떤 경우에도 사고가 발생되지 않는 Fail-Safe를 기본으로 한 장치를 연동장치라 한다.

6.2 쇄정과 연쇄

6.2.1 연쇄의 의의

연쇄(chain interlock)는 정거장 구내에서 열차의 도착, 출발 혹은 차량의 입환 등 복잡한 작업을 하는 경우 관계있는 신호기, 입환표지 및 선로전환기 등의 기기 상호간에 일정한 순서에 의해 직접 또는 간접으로 서로 쇄정 관계를 갖도록 하는 것이다.

이와 같이 신호기, 입환표지 및 선로전환기 등을 전기적 또는 기계적으로 동작하지 않도록 잠금장치(쇄정)를 하는 것을 쇄정(lock)이라 말하며 기기 상호간 일정한 순서에 의해서만 동작되도록 한다.

1 정위쇄정

그림 6-1에서 장내신호기 A와 B의 진로가 상호 대향으로서 A와 B가 동시에 진행신호가 현시되면 열차 충돌과 같은 중대한 사고가 발생한다.

이와 같은 사고를 방지하기 위하여 A또는 B중 한쪽의 신호기를 반위(진행)로 하였을 때에는 다른 한쪽의 신호기는 반위로 할 수 없도록 정위(정지)로 쇄정하는 것을 정위쇄정이라 한다.

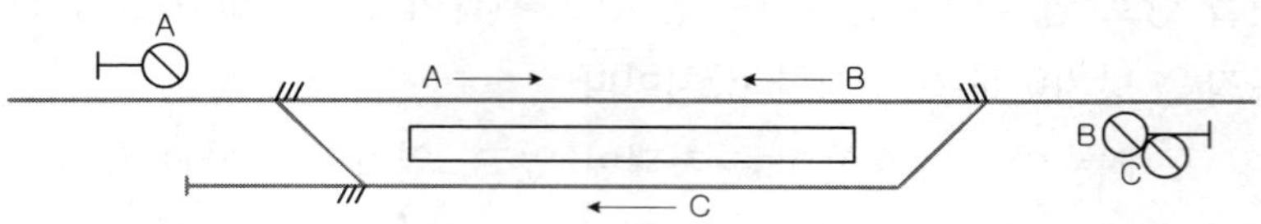

그림 6-1. 정위쇄정

2 반위쇄정

그림 6-2에서 A신호기가 반위(진행)로 될 때 51호 선로전환기가 정위로 되면 안전측선쪽으로 열차가 진입하여 사고가 발생하게 된다.

이와 같이 A신호기를 반위로 하려면 51호 선로전환기는 반위로 전환되어야 하고 신호기가 반위로 되었을 때는 51호 선로전환기를 반위로 쇄정되어야 하는 것을 반위쇄정이라 한다.

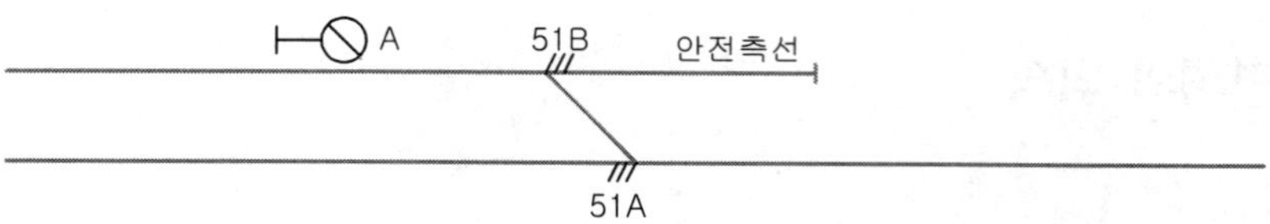

그림 6-2. 반위쇄정

3 정반위쇄정

그림 6-3에서 11호 입환표지는 A 또는 B방향으로 진로를 구성할 수 있다. A방향으로 입환표지를 반위로 할 때는 21호 선로전환기는 정위에서 쇄정되어야 하고, B방향으로 입환표지를 반위로 할 때는 21호 선로전환기는 반위에서 쇄정되어야 하는 것을 정반위쇄정이라 한다.

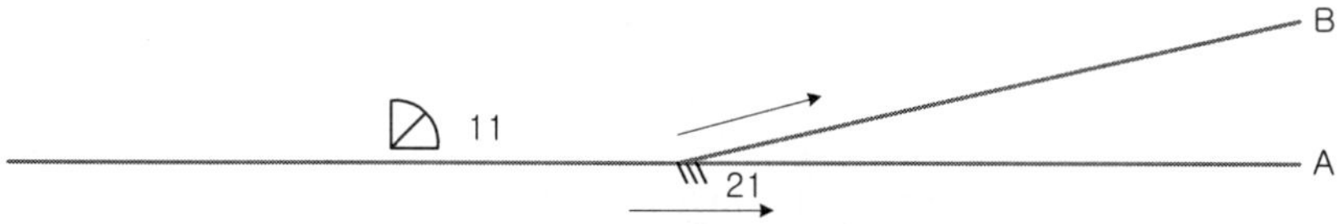

그림 6-3. 정반위쇄정

4 조건부쇄정

그림 6-4에서 신호기 1A 또는 1B가 1번선 또는 2번선으로 진로를 확보하기 위해서는 선로전환기 21호의 진로에 따라 정해진다. 즉 21호 선로전환기가 정위일 때는 23호 선로전환기가 정위에 있어야 하며 21호 선로전환기가 반위일 때는 22호 선로전환기가 정위에 있어야 한다. 이러한 쇄정을 조건부쇄정이라 한다.

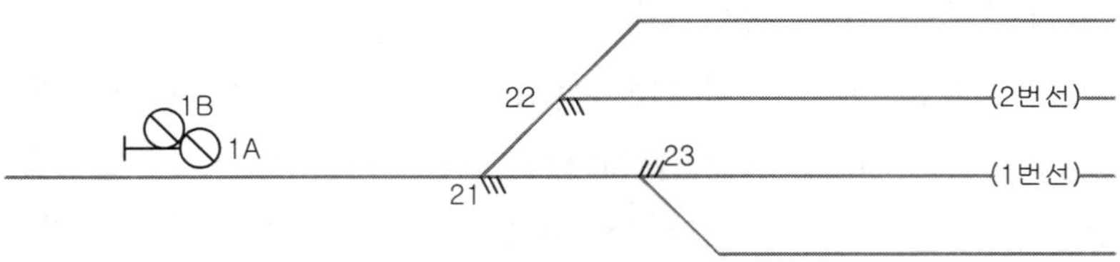

그림 6-4. 조건부쇄정

6.2.2 연쇄의 기준

1 신호기 상호간의 연쇄

신호기 상호간에 연쇄를 하지 않고 열차를 운전하게 되면 중대사고가 일어나기 때문에 상호 연쇄를 하여야 한다. 신호기 상호간, 신호기와 입환표지간 또는 입환표지 상호간에 연쇄를 하여야 한다.

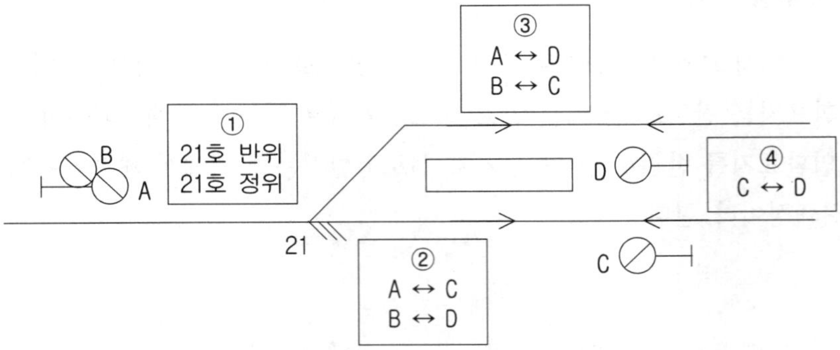

그림 6-5. 신호기 상호간 쇄정

1) 신호기 A와 B의 연쇄

신호기 A는 21호가 정위 시에 진행신호가 현시되고, 신호기 B는 21호가 반위 시에 진행신호가 현시되므로 신호기 A 또는 B는 21호 선로전환기에 의하여 간접 쇄정된다.

2) 신호기 A와 C 또는 B와 D간의 연쇄

신호기 A와 C 또는 B와 D는 해당 진로가 대향이므로 한 개의 신호기가 진행을 현시하면 다른 신호기는 진행을 현시할 수 없도록 쇄정하여야 한다.

3) 신호기 A와 D 또는 B와 C간 연쇄

신호기 A의 진행신호로 열차가 21호 선로전환기를 통과 중 D신호기에 진행이 현시되어 진입되는 열차가 정지위치를 지나서 계속 진행하면 사고가 발생되므로 신호기 A와 D는 쇄정하여야 하며 신호기 B와 C도 같은 이유로 쇄정을 한다.

4) 신호기 C와 D간의 연쇄

신호기 C와 D의 진행현시에 의하여 2개 열차가 동시 진입 중 정지위치를 지나서 계속 진행할 경우 사고가 발생하므로 양쪽 신호기간에는 쇄정을 하여야 한다. 다만, 과주여유거리 이상으로 위험이 없을 경우에는 쇄정을 생략할 수 있다.

2 신호기와 선로전환기간의 연쇄

열차가 정거장 구내에 진입 또는 진출할 경우 신호기의 취급버튼을 반위로 하면 그 진로의 관계 선로전환기가 정당한 방향으로 전환한 다음 진행신호를 현시하게 된다. 따라서 신호기와 선로전환기 사이에 취급의 순서가 있고 또 신호기 취급버튼에 의해 선로전환기를 쇄정하기 때문에 연쇄 관계가 성립된다.

신호기와 선로전환기 사이의 연쇄는 신호기의 진로에 대한 선로전환기를 정당한 방향으로 전환되고 쇄정할 뿐만 아니라 진로 외의 선로전환기에 있어서도 다른 열차 또는 차량이 진입할 우려가 있는 선로전환기는 위험이 없는 방향으로 신호기와 연쇄 관계를 구성하여야 한다.

그림 6-6에서 신호기 A는 1번선, 신호기 B는 2번선으로 진입할 수 있는 신호기이다. 22호 선로전환기를 정위로 전환하면 진로가 1번선으로 개통되고 신호기 A의 취급버튼을 반위로 하면 22호 선로전환기는 정위로 쇄정된다.

신호기 B의 진로상에 있는 선로전환기 22호 반위, 23호 정위로 하고 진로 외의 선로전환기 21호를 정위로 하여 신호기 B 취급버튼을 반위로 하면 선로전환기 22, 23, 21호가 현재의 상태에서 쇄정된다. 또한 선로전환기 22호가 반위로 쇄정되어 있을 때 신호기 A의 취급버튼을 반위로 하여도 다른 진로이므로 진로 구성이 안 되며 선로전환기 21호가 반위로 쇄정되어 있을 때 신호기 B의 취급버튼을 반위로 하여도 진로 구성이 되지 않는다.

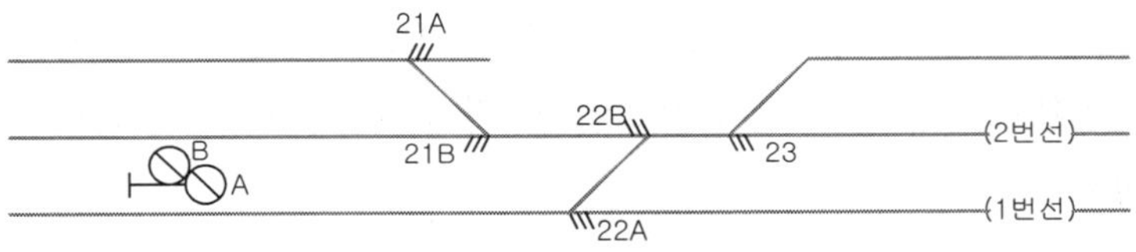

그림 6-6. 신호기와 선로전환기의 연쇄

3 선로전환기 상호간의 연쇄

신호기 및 입환표지 등을 사용하여 열차를 운전하는 경우는 관계 선로전환기를 정당한 방향으로 개통하고 쇄정하므로 열차가 안전하게 운전할 수 있는 진로가 확보된다.

그러나 신호기 또는 입환표지를 사용하지 않고 열차 운전 또는 차량을 입환하는 경우에는 각 선로전환기를 단독으로 취급하는 경우가 되기 때문에 취급자가 잘못 취급하면 사고를 일으킬 우려가 있다.

선로전환기를 취급한다는 것은 전환된 방향으로 열차를 운전한다는 것이므로 이 선로전환기와 근접하고 있는 다른 선로전환기가 정위 또는 반위로 있지 않으면 안 되는 것도 있다.

이와 같은 경우 취급버튼을 집중하여 선로전환기에 연쇄를 붙여서 오취급의 위험을 방지한다.

그림 6-7과 같이 선로전환기 21, 22호가 근접하고 있을 때 선로전환기 22호를 반위로 하는 것은 A→B 또는 B→A간에 진로를 설정하기 위한 것으로 21호 선로전환기는 정위에 있지 않으면 안 되므로 22호 선로전환기를 반위로 하였을 때에 21호 선로전환기를 정위로 쇄정한다.

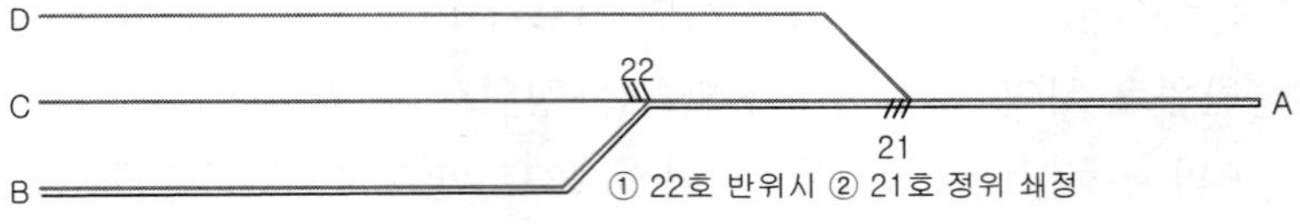

그림 6-7. 선로전환기 상호간의 쇄정 Ⅰ

그림 6-8과 같이 21호 선로전환기를 반위로 하는 것은 A→B 또는 B→A간에 진로를 설정하기 위한 것으로 22호 선로전환기를 정위 또는 반위 어느 쪽으로도 전환할 수가 있다면 반위에서는 위험이 따르므로 정위에 있지 않으면 안 된다. 또한 22호 선로전환기를 반위로 하는 것은 A→C 또는 C→A간에 진로를 설정하기 위한 것으로 21호 선로전환기는 정위에 있지 않으면 안 된다. 따라서 이 두 선로전환기간에는 정위로 쇄정한다.

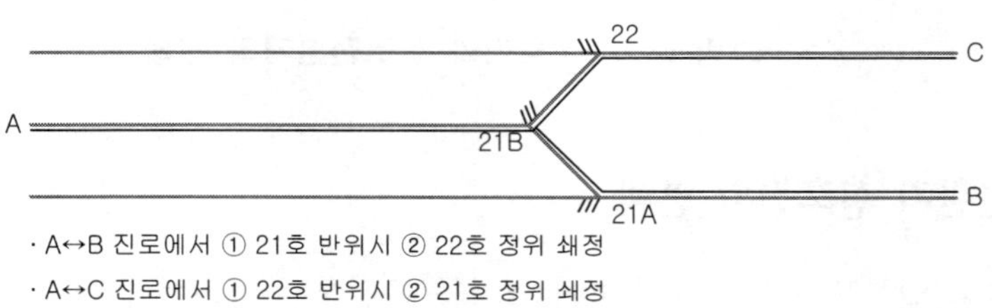

그림 6-8. 선로전환기 상호간의 쇄정 Ⅱ

그림 6-9에서 22호 선로전환기가 반위일 때 A→D 또는 D→A간에 진로를 설정하기 위한 것으로 21호 선로전환기는 정위로 쇄정한다. 또한 21호 선로전환기가 반위일 때 B→C 또는 C→B간에 진로를 설정하기 위한 것으로 22호 선로전환기는 정위로 쇄정한다.

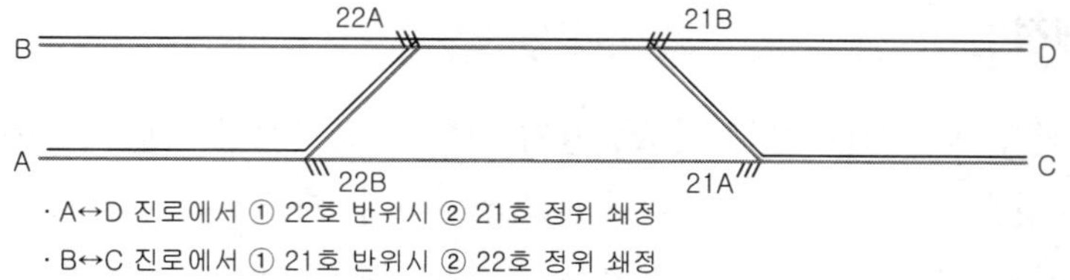

그림 6-9. 선로전환기 상호간의 쇄정 Ⅲ

6.2.3 쇄정방법

쇄정하는 방법에는 크게 기계쇄정과 전기쇄정의 두 가지 방법이 있다.

1 기계쇄정법

기계쇄정법은 쇄정을 하는 리버의 스트로우크 사이에 다른 리버의 운동을 저지하기 위하여 기계적으로 쇄정하는 방법을 말한다.

그림 6-10은 기계식 신호기와 선로전환기 쇄정의 한 보기로서 신호리버가 정위일 때에는 그림 (a)와 같이 신호간이 전철간의 운동을 방해하지 않도록 되어 있으나 신호리버가 반위일 때에는 그림 (b)와 같이 신호간에 의해 전철간을 정위 또는 반위의 위치에서 쇄정하도록 되어 있다.

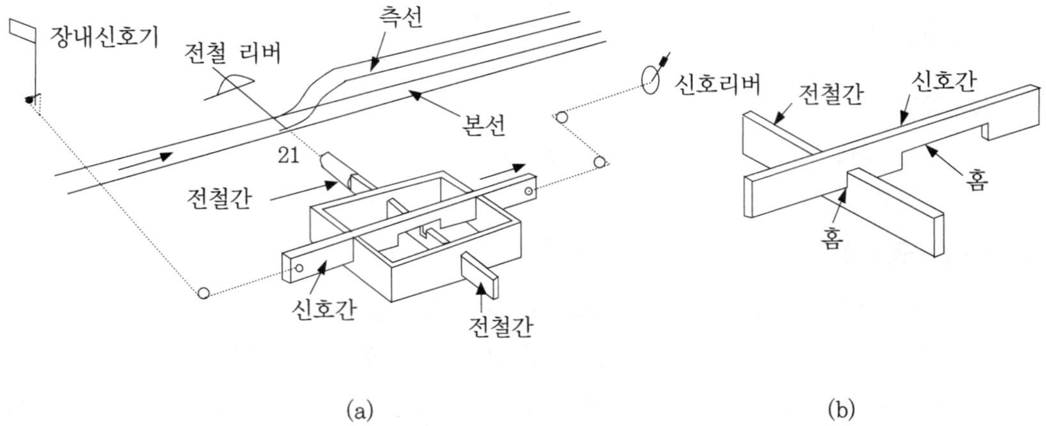

그림 6-10. 기계쇄정법

2 전기쇄정법

열차안전 운행상 신호기와 선로전환기 사이에 전기적인 방법에 의하여 쇄정이 이루어지는 것을 전기쇄정법(electric locking)이라 한다.

전기적인 쇄정법의 활용에 따라 쇄정 범위도 증대되고 열차의 유·무와 신호기, 선로전환기 등이 관련된 궤도회로를 전기쇄정법에 적용함으로써 획기적인 안전도의 향상을 기대하게 되었다.

계전기의 동작에 의하여 쇄정을 하는 전기연동방식은 여러 가지 종류의 전기쇄정법을 조합하여 응용한 것이다.

1) 철사쇄정

철사쇄정(detector locking)이라 함은 선로전환기가 있는 궤도회로를 열차가 점유하고 있을 때 그 선로전환기를 전환할 수 없도록 하는 것을 말하며 다음의 선로전환기에는 철사쇄정을 한다.

① 전기선로전환기
② 전기(전자)연동장치에서 본선과 측선의 중요한 선로전환기

2) 진로쇄정

진로쇄정(route locking)이라 함은 열차가 신호기 또는 입환신호기에 진행을 지시하는 현시에 의해 그 진로에 진입한 경우 관계 선로전환기가 있는 모든 궤도회로를 통과할 때까지 그 진로를 쇄정하는 것을 말하며 다음 구간의 신호기와 입환신호기에는 진로쇄정을 한다.

① 자동구간
② 진로 내에 전기선로전환기를 설비한 비자동구간

3) 진로구분쇄정

진로구분쇄정(sectional route locking)이라 함은 열차가 신호기 또는 입환신호기에 진행을 지시하는 신호현시에 의해 그 진로에 진입하였을 경우 관계 선로전환기 등을 전환할 수 없도록 쇄정하고 열차가 선로전환기가 설치된 궤도회로 구간을 통과하였을 경우에 그 궤도회로 내의 선로전환기를 해정하는 설비를 말한다.

4) 접근쇄정

접근쇄정(approach locking)이라 함은 다음과 같은 경우 해당 진로의 선로전환기 등을 전환할 수 없도록 하는 것을 말한다.

① 신호기에 진행을 지시하는 신호를 현시하고 신호기의 외방 일정구간에 열차가 진입하였을 경우
② 열차가 신호기의 외방 일정구간에 진입하고 나서 신호기에 진행을 지시하는 신호를 현시하였을 경우

또한 접근 궤도회로가 구성된 신호기 및 입환신호기에는 접근쇄정을 한다. 다만, 접근 궤도회로가 구성되어 있어도 열차의 제동거리를 확보하지 못할 경우에는 보류쇄정으로 한다.

접근 궤도회로는 신호기 외방에 열차 제동거리와 여유거리를 더한 거리 이상으로 하며 본선의 궤도회로는 해당 신호기 또는 입환표지의 접근 궤도회로로 이용할 수 있다. 그리고 접근쇄정의 해정은 다음의 경우에 한다.

① 접근 궤도회로에 열차가 없을 경우에는 즉시 해정
② 열차가 있을 경우 그 신호기 내방에 진입하였을 때 또는 해당 신호기에 정지신호를 현시하고 나서 정해진 시분 경과 후
③ 접근쇄정의 해정시분은 다음과 같이 설정한다.
  - 장내신호기 90초±10[%]
  - 출발신호기, 입환신호기(입환표지 포함) 30초±10[%]
  - 고속철도 3분

5) 보류쇄정

보류쇄정(stick locking)이라 함은 신호기 또는 입환표지에 일단 진행을 지시하는 신호를 현시한 후 열차가 그 신호기 또는 입환신호기의 진로에 진입하든가 또는 신호기 외방 접근궤도에 열차의 점유 유・무에 관계없이 신호기나 입환신호기에 정지신호를 현시한 후 상당 시분이 경과할 때까지 진로 내의 선로전환기 등을 전환할 수 없도록 하는 것을 말하며 접근쇄정을 시행하지 않는 경우에는 보류쇄정을 설비한다. 그리고 보류쇄정의 해정시분은 접근쇄정의 해정시분에 준한다.

6) 시간쇄정

시간쇄정(time locking)이라 함은 갑과 을의 취급버튼 상호간에 쇄정하는 갑의 취급버튼을 정위로 복귀하여도 을의 취급버튼은 일정 시간이 경과할 때까지 해정되지 않는 것을 말하며 다음의 선로전환기 등에는 필요에 따라 시간쇄정을 설비한다.

① 진로 내의 선로전환기로 진로쇄정을 설비할 수 없는 선로전환기
② 진로 내의 선로전환기가 열차도착 전 해정될 수 있는 선로전환기
③ 과주여유거리 내의 선로전환기

7) 폐로쇄정

폐로쇄정(closed circuit locking)이라 함은 출발신호기와 입환신호기를 소정의 위치에 설비할 수 없는 경우 열차 및 차량정지표지에서 출발신호기와 입환신호기까지의 궤도회로 내에 열차가 점유하고 있을 때 취급버튼을 정위로 쇄정하는 것을 말하며 다음의 신호기에는 폐로쇄정을 설비한다.

① 출발신호기를 소정의 위치에 설치할 수 없는 관계로 그 위치에 열차정지표지를 설비한 경우
② 지형 기타 사유로 인하여 신호기 취급자로부터 열차 또는 차량의 유무를 확인하기 곤란한 신호기

8) 조사쇄정

조사쇄정(check locking)이라 함은 장내 진로를 취급할 때 장내에 진입하는 열차가 그 전방에 있는 출발신호기의 정지를 무시하고 과주할 경우를 감안하여 안전확보를 위해 출발신호기 전방 일정거리 내에 있는 선로전환기를 안전측으로 개통하고 쇄정하는 것을 말한다.

9) 표시쇄정

표시쇄정(indication locking)이라 함은 정지정위인 신호기가 정지로 복귀되어 그 표시가 확인될 때까지 관계진로가 쇄정되는 것을 말한다.

6.3 계전기

6.3.1 계전기의 구조

계전기(relay)는 신호장치에서뿐만 아니라 각 분야에서 여러 가지 목적으로 사용되는데 이것은 신호설비에 없어서는 안 될 매우 중요한 역할을 하는 것이다.

계전기란 전자석이나 트랜지스터를 이용하여 전기적인 중계 작용을 하는 전동식 스위치장치로써 일반적으로 작은 입력 전류 변화에 의하여 주회로의 차단이나 접속을 변환시키는 것을 말한다. 이와 같은 역할을 하기 위하여 1차 회로의 전류로 동작하는 부분과 1차 회로의 동작에 따라 2차 회로를 개폐하는 접점을 구비해야 한다.

그림 6-11과 같이 코일에 전류가 흐르면 자력이 발생하여 접극자를 흡인한다. 접극자가 흡인되면 이것으로 접점 가동편(C)을 밀어 준다.

계전기의 접점은 고정편과 가동편으로 되어 있는데 전류가 흐르지 않을 때에는 가동편은 하부 고정편에 접촉되어 있고, 전류가 흐르고 있을 때에는 가동편은 하부 고정편에서 떨어져서 상부 고정편으로 접촉하게 되어 있다.

전자석에 전류를 흐르게 하여 계전기를 동작시키는 것을 "계전기를 여자한다"라고 한다. 따라서 접점도 위치에 따라 상부 접점, 하부 접점이라 하지 않고 계전기가 여자되었을 때 접촉하는 접점을 여자접점 또는 정위접점이라 하고 계전기가 무여자하였을 때 접촉하는 접점을 무여자접점 또는 반위접점이라 한다.

계전기의 형태에 있어서 정·반위접점 6조를 NR6, 정반위접점 4조를 NR4, 정위접점 4조를 N4, 반위접점 4조를 R4로 나타낸다.

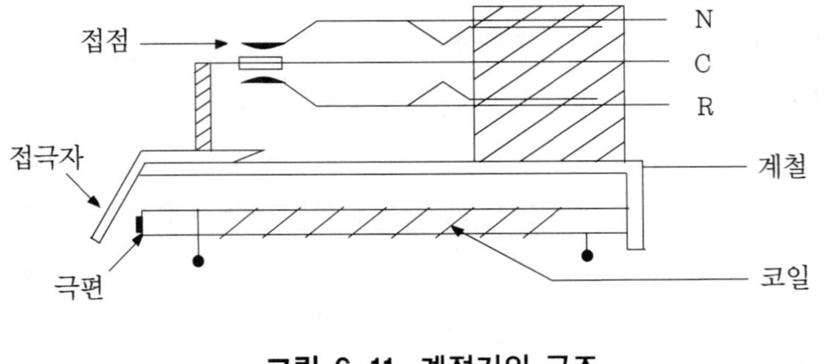

그림 6-11. 계전기의 구조

이상은 2위식 계전기에 대한 것이며 이와는 달리 계전기에 영구자석이 있는 유극 계전기에 있어서는 여자되었을 때 여자전류의 방향에 따라 접극자가 흡인 또는 반발하는 작용을 하여 두 가지 접점을 구성할 수가 있다. 즉 무여자일 때에는 접점이 구성되지 않고 여자되었을 때 구성되는 접점은 정반위접점으로 3위식 동작을 한다. 유극 3위계전기에서 흡인되었을 때 구성되는 접점을 정위접점, 반발되었을 때 구성되는 접점을 반위접점이라 한다. 특히 무여자일 때 접점이 구성되지 않는다.

계전기는 자기가 접속되어 있는 전기회로의 상태를 다른 전기회로에 중계하는 것이다. 따라서 그림 6-12와 같은 계전기의 작용도에 있어서 R1을 1차 회로의 계전기라 하고 R2, R3, …, Rn을 2차, 3차, …, n차 회로의 계전기라 한다.

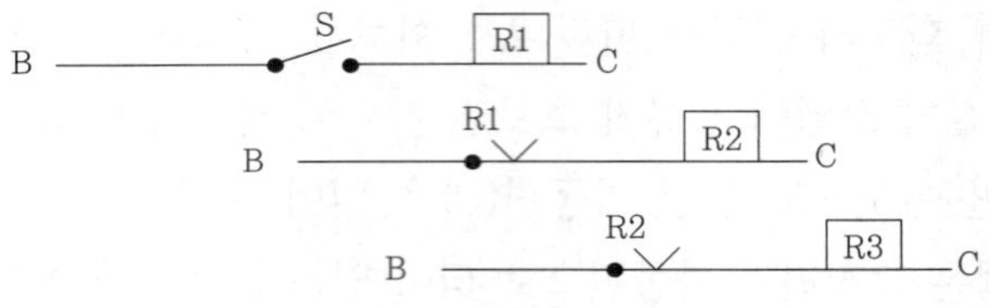

그림 6-12. 계전기의 작용도

2차 회로의 계전기는 1차 회로의 계전기 R1의 접점에 의해서 개폐되고 3차 회로의 계전기는 2차 회로의 계전기 R2에 의해서 제어되는 것과 같이 순차적으로 많은 회로가 그 앞의 계전기의 접점에 의하여 제어된다. 따라서 1차 회로의 스위치만 넣으면 동시에 많은 회로를 제어할 수가 있다.

계전기회로를 이용하면 서로 다른 장소나 계통의 조건들을 쉽게 하나의 동작회로로 집약할 수 있다.

같은 전기회로를 조작하는데 있어서도 실내의 전등을 점등할 때 스위치를 넣는 것과 같이 직접 사람의 손으로써 개폐하는 방법을 직접 제어법이라 하고 자동신호기를 궤도회로에 의하여 간접적으로 제어하는 방법을 간접 제어법 또는 계전기 제어법이라 한다.

그림 6-13은 계전기 이용법의 한 보기로서 전동기를 운전하려 할 경우 그림 (a)는 계전기를 사용하지 않고 직접 제어하는 방법을 나타낸 것이고 그림 (b)는 계전기에 의해서 중계되는 간접 제어방식을 나타낸 것이다. 그림 (a)에서는 스위치를 넣으면 전류가 흘러 전동기가 회전하게 된다. 그림 (b)에서는 스위치를 넣으면 계전기가 여

자되어 접점이 구성되고 이 접점에 의하여 전동기가 회전하게 된다.

제어할 기기에 대전류를 흘려야 할 경우에는 큰 전압강하가 발생하므로 비경제적이나 계전기를 사용하면 기기가 있는 현장에서 계전기를 동작시킬 수 있는 작은 전원만 있으면 되므로 전력손실이 매우 적어 경제적이다.

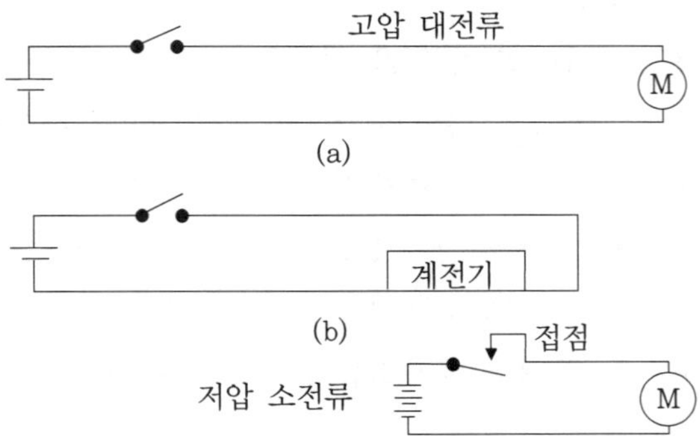

그림 6-13. 계전기 이용법

6.3.2 신호용 계전기의 종류

신호용 계전기에는 직류전원으로 동작하는 직류계전기와 교류전원으로 동작하는 교류계전기가 있다.

직류계전기는 여자전류의 유·무로써 단순히 동작하는 무극계전기와 여자전류의 극성에 따라서 +, −, 무전류의 3위식으로 동작하는 유극계전기가 있다. 교류계전기는 가동 플레이트에 생기는 와전류를 이용하여 플레이트를 회전시켜서 접점을 움직이는 방식의 계전기로서 여자전류의 유·무에 의해 단순히 동작하는 1원형과 2조의 코일을 갖고 양 코일의 여자전류의 위상차로 3가지 위치에서 동작하는 2원형이 있다.

표 6-1. 신호용 계전기의 종류

계 전 기	종 류
직류계전기	유극계전기, 무극계전기
교류계전기	1원형계전기, 2원형계전기

① **선조계전기** : 가장 널리 사용되는 일반적인 직류계전기로서 보통 복수의 정위(N) 접점과 반위(R)접점을 갖는다.

② **완방계전기** : 여자전류가 끊어진 후 얼마간 시간(시소)이 경과된 후부터 N접점이 낙하하는 계전기이다.

③ **완동계전기** : 여자전류가 흐르고서부터 N접점이 닫힐(접촉함) 때까지 다소간 시소를 갖는 계전기이다.

④ **자기유지계전기** : 정위로 되어 있을 때에 여자전류를 끊더라도 그때까지의 상태를 유지하고 반위로 여자전류를 흘리면 R접점이 on으로 되어 그 후 여자전류를 끊더라도 그 상태를 유지하는 자기유지형의 계전기이다.

⑤ **시소계전기** : 무여자일 때는 상시 R접점 on, N접점 off이며 여자전류를 흘리면 흐른 순간부터 접점이 반전할 때까지 미리 설정한 시소(예를 들어 15초, 60초 등)를 갖는 계전기이다. 반대로 여자전류를 끊으면 곧바로 접점은 무여자의 상태로 되돌아온다.

⑥ **궤도계전기** : 궤도회로의 수전단에 접속하여 열차 검지용으로 쓰이는 계전기로서 궤도회로의 전원 종별에 따라 교류용, 직류용이 있다.

⑦ **저전압계전기** : 전원 전압의 부족을 검출하는 목적으로 사용되고 있다.

표 6-2. 계전기의 규격

품 명	접점수	정 격		사용전압[V]	비고
		전류[mA]	선륜저항[20℃]		
직류 무극 궤도계전기	NR6	125	4	0.5	
직류 유극 궤도계전기	NR4/NR4	150	4	0.6	
직류 무극 선조계전기	NR6	20	500	10	
직류 유극 선조계전기	NR4/N4R4	120	200	24	
직류 궤도 연동계전기	NR2/NR2	125	4	0.5	
직류 단속계전기	NR2	50	200	10	
삽입형 직류 무극 선조계전기	NR4/N4R4	120	200	24	
삽입형 자기유지계전기	NR4/N2R2	80	300	24	
삽입형 직류 완방계전기	NR6	170	140	24	
삽입형 직류 유극 3위계전기	NR4/N4R4	120	200	24	

6.3.3 계전기의 기본회로

계전기는 논리회로를 구성하는 주요한 기기로서 계전기의 기능, 논리회로 및 기본 결선방법은 다음과 같으며 계전기의 접점 표기법은 전기연동장치의 결선도에 사용하고 있는 표기법으로 일반 전기심벌과 서로 같은 목적으로 사용되는 접점 표기 방법이다.

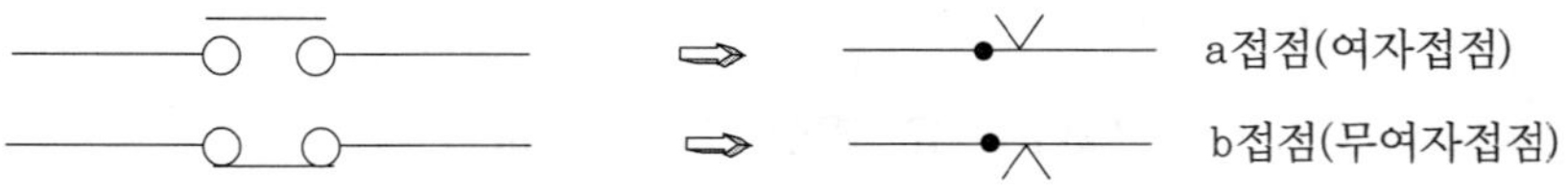

그림 6-14. 계전기의 접점 표기법

1 계전기의 기능

① 여자에 소요되는 전압, 전류의 값보다 상당히 큰 값의 회로를 개폐하는 능력을 갖는다.

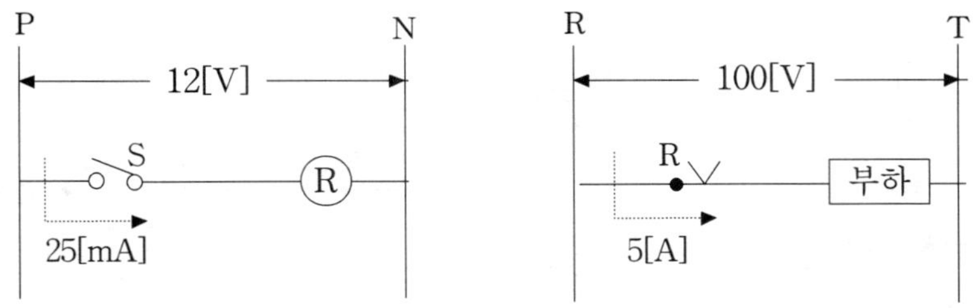

그림 6-15. 계전기의 기능 Ⅰ

② 한 번의 신호로 몇 개의 회로를 동시에 개폐할 수 있다.

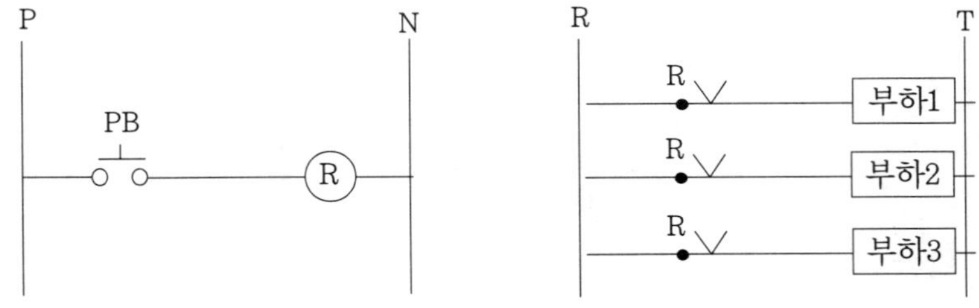

그림 6-16. 계전기의 기능 Ⅱ

③ 여자접점 밖에 없는 스위치를 등가적으로 낙하접점을 가진 스위치로 변환하는 기능을 갖는다.

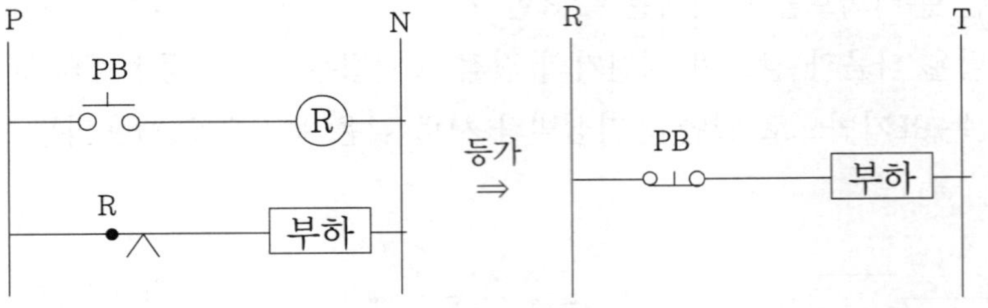

그림 6-17. 계전기의 기능 Ⅲ

④ 여러 개의 계전기를 조합하여 판단 기능을 가지는 논리회로를 만들 수 있다.

2 계전기의 논리회로

1) AND 회로

여러 개의 입력이 모두 부여되었을 때 출력이 얻어지는 회로를 말한다.

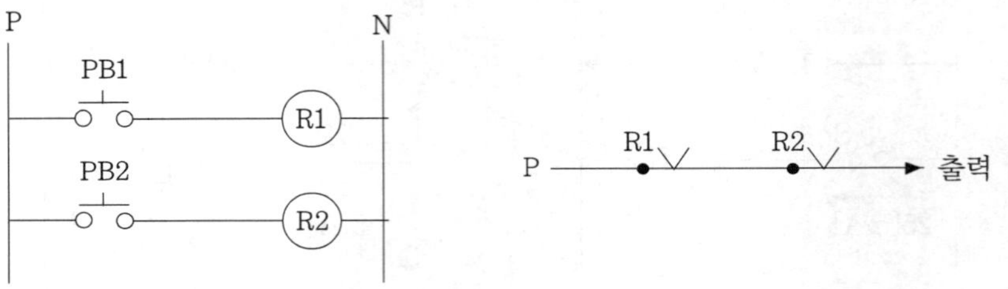

그림 6-18. AND 회로

2) OR 회로

여러 개의 입력 중 어느 하나라도 부여되면 출력이 얻어지는 회로를 말한다.

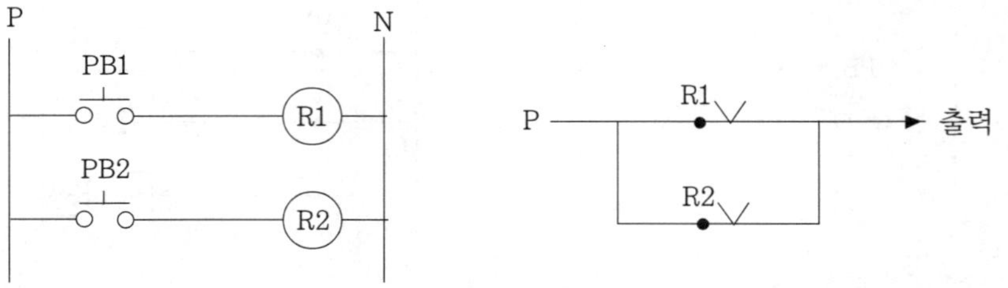

그림 6-19. OR 회로

3) NOT 회로

입력을 부정한 출력을 얻을 수 있는 회로를 말한다.

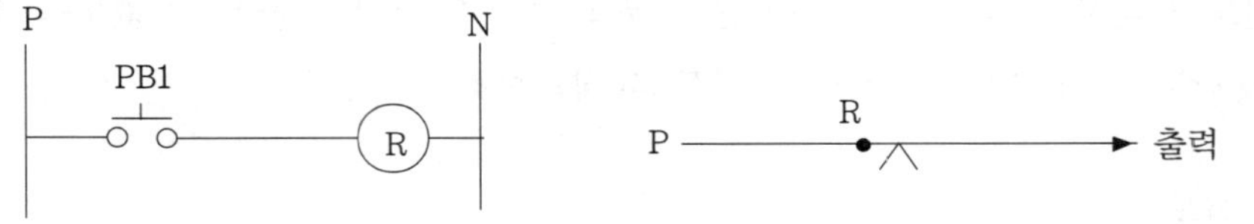

그림 6-20. NOT 회로

3 자기유지회로

그림 6-21에서 PB1을 한번 누르면 그 후 손을 떼어도 계전기는 자기접점을 통하여 여자를 계속한다. 낙하접점을 가진 스위치 PB2를 누르면 자기유지가 해제된다. 이와 같이 한번 동작된 회로가 취급한 상태를 원래대로 하여도 정해진 다른 값이 입력되기 전까지 계속 동작하고 있는 것을 자기유지회로라 한다.

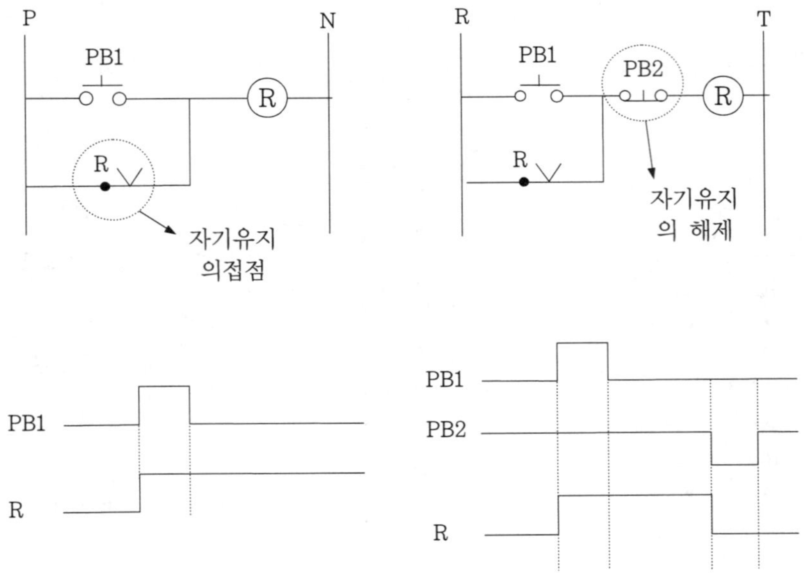

그림 6-21. 자기유지회로

4 우선회로

1) 쇄정회로

우선도가 높은 쪽의 회로를 누르면 다른 회로가 열려서 작동할 수 없도록 하는 것을 "쇄정한다."라고 하며 이러한 회로를 쇄정회로라 한다.

2) 우선회로

회로의 동작에 있어 우선도를 갖도록 하는 회로를 말한다.

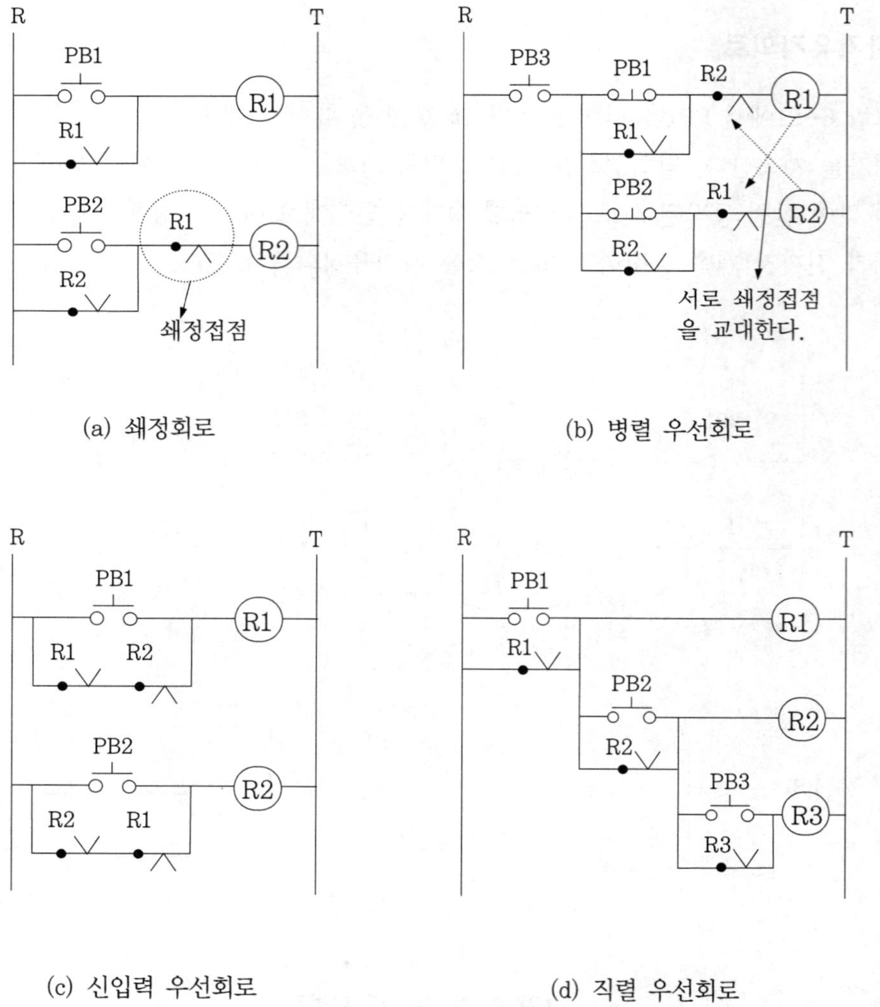

그림 6-22. 우선회로

(1) 병렬 우선회로

어느 쪽이나 먼저 on으로 조작된 쪽에 우선도가 부여되는 회로를 말한다.

(2) 신입력 우선회로

항상 뒤에 부여된 입력(새로운 입력)이 우선되는 회로를 말한다.

(3) 직렬 우선회로

전원측에 가까운 회로의 우선 순위가 가장 높고 전원측 스위치로부터 차례대로 조작되지 않으면 동작을 하지 않는 회로를 말한다.

5 타이머 시소계전기

어떤 시간차를 두어 접점의 개폐 동작을 할 수 있는 것으로 동작 형식에 따라 한시동작형과 한시복귀형이 있다.

1) 타이머 시소계전기의 종류

(1) 한시동작형

전압이 인가되면 일정시간이 경과 후 접점이 닫히고(또는 열리고) 전압을 끊으면 바로 접점이 열리는(또는 닫히는) 것으로 on-delay-timer라고도 한다.

(2) 한시복귀형

전압이 인가되면 바로 접점이 닫히고(또는 열리고) 전압을 끊으면 일정시간 경과 후 접점이 열리는(또는 닫히는) 것으로 off-delay-timer라고도 한다.

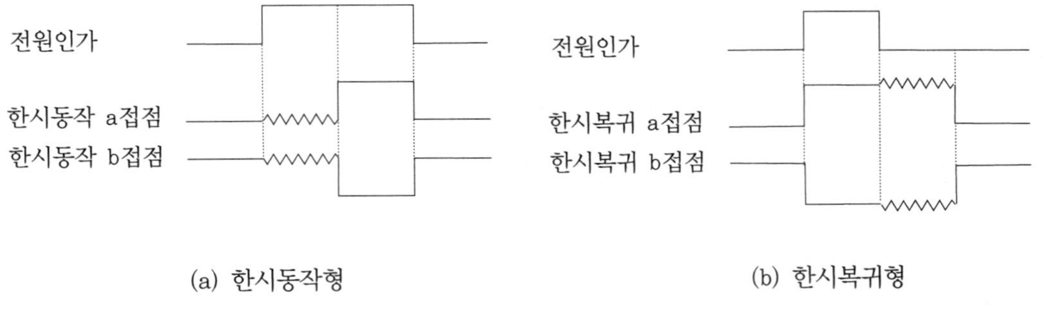

그림 6-23. 타이머 시소계전기

2) 타이머 시소계전기의 동작회로

(1) 지연 동작회로

스위치를 누르면 일정 시간(타이머 설정 시간)후에 동작하는 회로를 말한다.

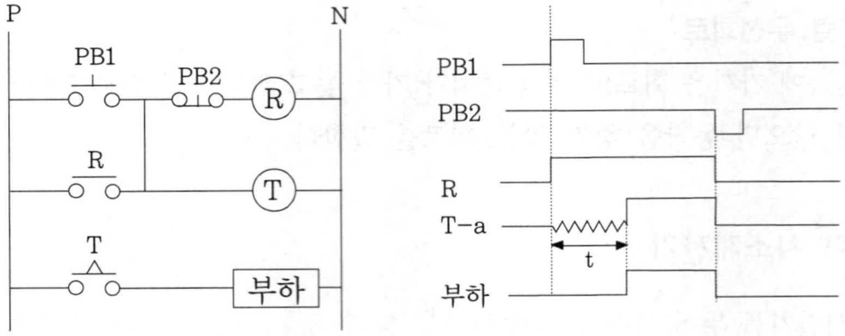

그림 6-24. 지연 동작회로

(2) 일정시간 동작회로

스위치를 누르면 바로 동작하고 일정시간 후 정지하는 회로를 말한다.

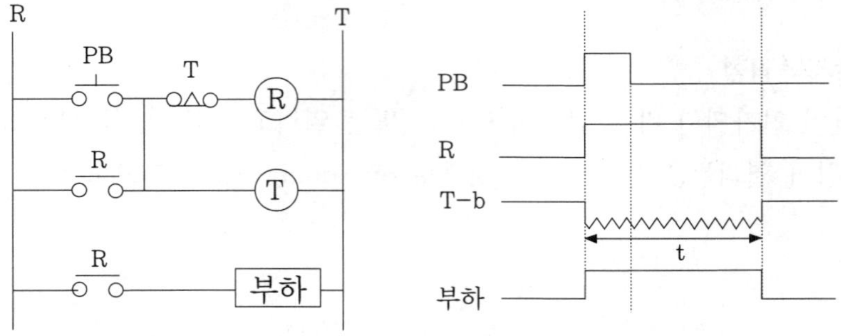

그림 6-25. 일정시간 동작회로

6.4 기계연동장치

기계연동장치는 비교적 열차 운행 횟수가 적은 구내에 설비되고 신호기와 선로전환기 상호간의 쇄정은 기계연동기에 의해 행해지며 신호리버 상호간의 쇄정은 신호리버에 취부되어 있는 돌출 꼭지(말)를 이용하여 리버연쇄를 행하는 것이다.

그림 6-26은 제일 간단한 기계연동장치의 설명도로서 신호기는 완목식으로 이것에 철사를 연결하여 신호 취급소에 설치한 신호리버에 의해 취급하고 기계선로전환기는 현장에 설치되어 있는 전철간과 신호간이 쇄정되도록 구성되어 있다. 장내신호기는 선로전환기 21호가 정위일 때 리버를 반위로 취급할 수 있으며 신호리버가 반위로 되면 연동기의 신호간이 전철간의 홈에 들어가서 선로전환기를 쇄정한다.

표 6-3. 기계연동기의 종류와 성능

종 류	성 능
갑 1 호	신호기 1기와 선로전환기와의 쇄정
갑 2 호	신호기 2기와 선로전환기와의 쇄정
갑 3 호	신호기 3기와 선로전환기와의 쇄정

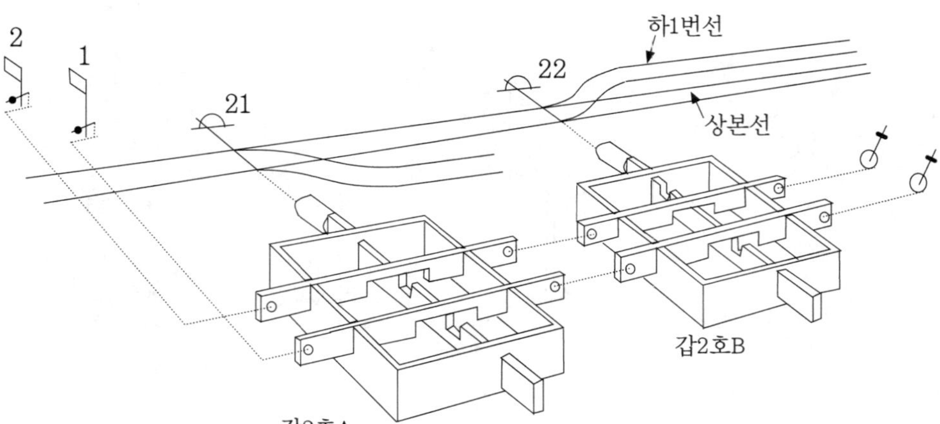

그림 6-26. 갑2호 연동기

① 장내신호기는 선로전환기 21호가 정위가 아니면 신호리버를 반위로 취급하지 못하도록 일정한 취급 순서를 정하여 오취급을 방지하고 있다.

② 장내신호기를 반위로 하면 21호 선로전환기는 정위로 쇄정되고 열차가 운행 중에 있을 때는 그 상태를 유지하고 장내신호기를 복귀하지 않는 한 선로전환기를 반위로 전환하지 못하도록 쇄정하고 열차의 진로를 확보하고 있다.

③ 21호 선로전환기는 장내신호기가 정위에 있을 때만 반위 또는 정위로 전환할 수 있다.

그리고 신호기 리버 상호간의 쇄정은 쇄정용의 돌출 꼭지(말)에 의하는 것이 보통이다.

리버연쇄는 그림 6-27과 같이 리버의 드럼에 있는 구멍과 리버대에 취부한 돌출 꼭지(말)가 작용하여 쇄정을 하는 것으로 한쪽의 리버를 당기면 드럼은 회전하고 리버 회전에 의해 돌출 꼭지(말)는 다른 쪽의 리버 드럼의 구멍에 삽입되어 그 리버를 쇄정하는 것이다. 떨어진 정자 상호간에는 꼭지와 꼭지를 연결하는 쇄정용 막대기를 사용하여 쇄정시킨다.

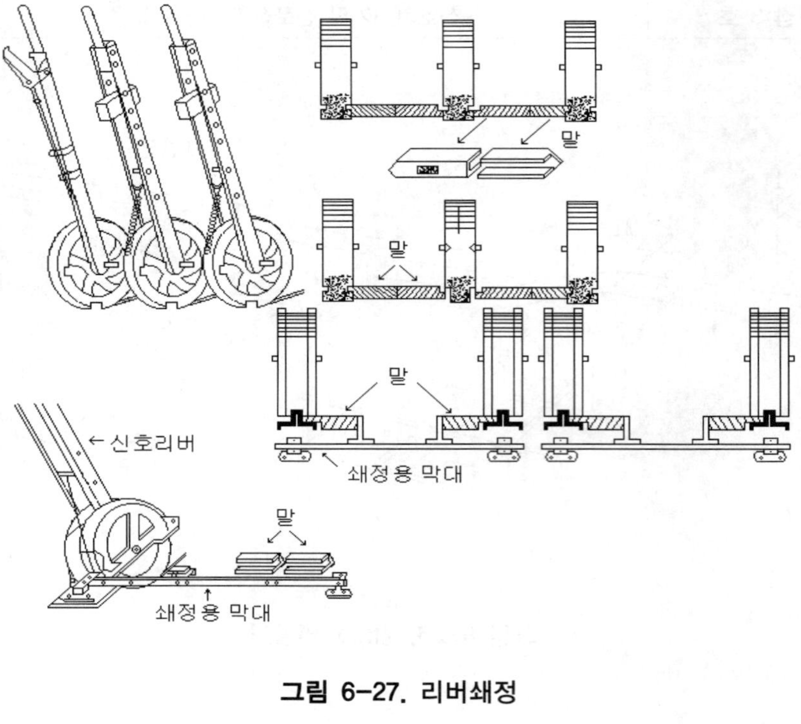

그림 6-27. 리버쇄정

6.5 전기연동장치

전기연동장치는 신호기, 입환표지, 선로전환기 등의 정자 또는 진로선별 취급버튼을 집중시키고 상호간의 연쇄를 계전기군에 의하여 전기적으로 행하도록 하는 장치를 전기연동장치라 하고 다음과 같이 분류한다.

6.5.1 전기연동장치의 분류

진로를 제어하는 방법으로서 전기연동장치를 분류하면 다음과 같은 세 종류가 있다.

1 진로선별식

진로수가 많은 대규모의 정거장 구내에서 진로정자식을 사용하면 신호정자의 수가 많아져 취급이 복잡해지므로 이것을 간소화하고 확실하게 진로를 구성할 수 있는 진로선별식이 사용되고 있다. 이 방식은 조작반상의 신호기 지점에 설치된 출발점 취급버튼과 도착선 지점에 설치된 도착점 취급버튼의 조작에 의해 진로를 선별한 후 진로상의 모든 선로전환기를 제어(진로개통)하고 쇄정하여 신호기에 진행신호를 현시하는 것이다. 즉 선로 배선과 유사한 진로선별회로의 진로선별계전기에 의해 진로를 결정하고 그 후에 선로전환기 단위로 설치한 선로전환기 선별계전기에 의해 선로전환기를 총괄 제어하는 방식이다.

2 진로정자(리버)식

진로정자식은 계전연동기의 신호정자에 의해 진로상의 각 선로전환기를 동시에 전환하여 진로를 구성하는 방식이다.

진로정자식은 각 진로마다 1개의 정자를 두고 이 정자를 취급하면 진로상의 모든 선로전환기는 정해진 방향으로 개통되며 진로를 지장하는 다른 진로와의 쇄정을 계전기의 동작에 의해 쇄정한 다음 그 진로의 신호를 현시하는 것이다.

3 단독정자(리버)식

단독정자식은 계전연동기에서 진로상의 선로전환기를 전철정자에 의해 개별 전환한 후 신호정자의 조작으로 진로를 구성하는 방식이다.

구내 배선이 간단하고 신호기의 진로가 적은 경우에는 단독정자식 또는 진로정자식으로 충분하나 큰 구내에서와 같이 배선이 복잡하면 진로정자식으로는 정자수가 많게 되어 조작이 불편해진다.

이와 같은 경우에는 진로선별식으로 조작반상의 정자 조작에 의해 진로를 결정하는 방법이 사용된다. 진로선별식은 조작이 매우 쉬우므로 숙련된 기술자를 필요로 하지 않는다. 그리고 단독정자식은 중간 역의 본선 선로전환기 등을 동력화한 장소에서 많이 사용하고 있는 방식이다.

6.5.2 전기연동장치 동작 계통도

조작반에서 신호기 취급버튼과 도착점 취급버튼을 동시에 누르면 선별계전기 CR과 NR 또는 RR이 동작하고 해당 선로전환기에 전환명령이 전달된다.

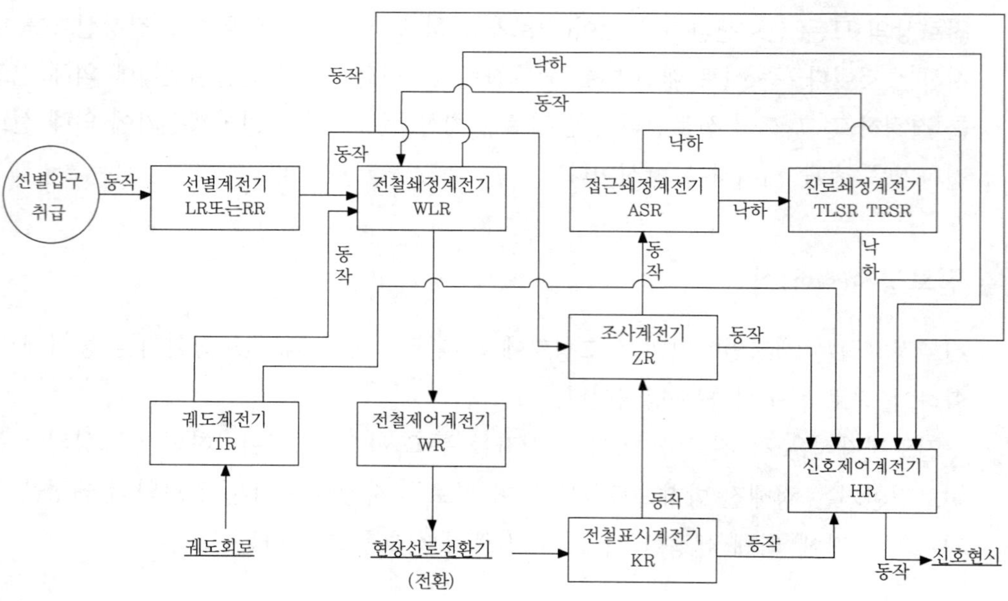

그림 6-28. 전기연동장치 동작 계통도

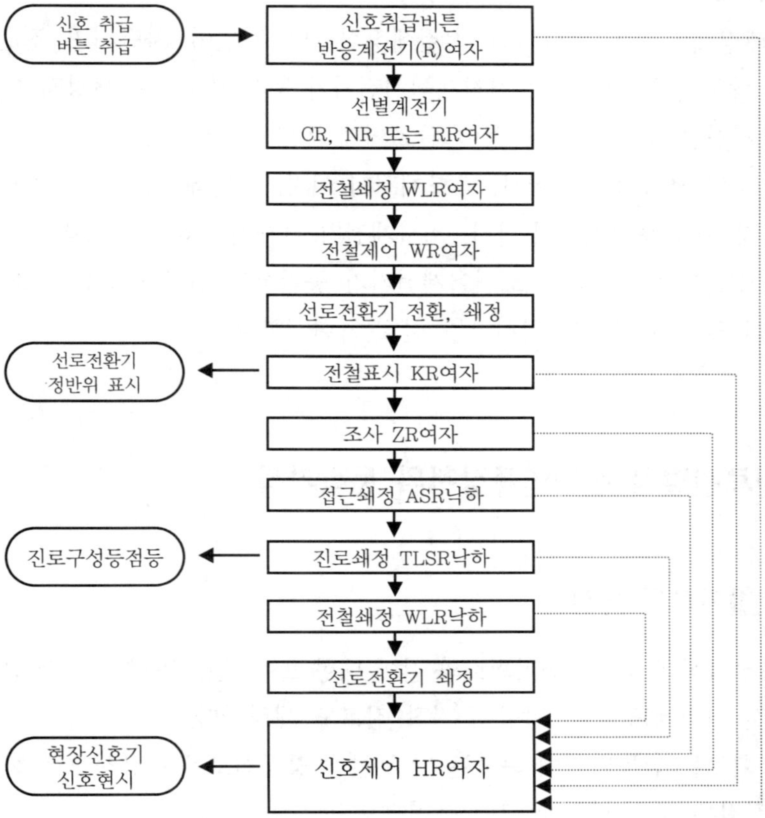

그림 6-29. 전기연동장치 동작 흐름도

이때 선로전환기가 전환되면 위험하므로 관계 궤도회로 내에 열차 또는 차량이 없는 것을 확인하는 궤도계전기 TR이 여자되어 있어야 하고 해당 진로를 지장하는 다른 진로가 구성되지 않아야 된다. 따라서 관계 진로쇄정계전기 TRSR 또는 TLSR이 여자되어 있어야 하며 이러한 조건이 만족되면 전철쇄정계전기 WLR이 여자한다.

전철쇄정계전기(WLR)가 여자하면 그 조건에 의하여 전철제어계전기 WR이 소정의 방향으로 동작하고 그에 의하여 현장 선로전환기에 있는 전철제어반응계전기가 여자되어 선로전환기가 전환된다. 선로전환기가 완전히 전환되어 쇄정이 되면 전철표시계전기 KR이 정위 또는 반위로 여자하게 된다.

진로에 해당된 관계 선로전환기가 모두 취급된 방향으로 전환되면 조사계전기 ZR이 여자되고 평상시 여자되어 있는 접근쇄정계전기 ASR이 낙하되어 진로쇄정계전기인 TLSR 또는 TRSR이 낙하된다.

진로쇄정계전기가 낙하하면 전철쇄정회로의 전원이 차단되며 전철쇄정계전기 WLR이 낙하한다. 그러므로 전철제어계전기가 동작 못하도록 쇄정되고 현장 선로전환기도 전환할 수 없도록 쇄정이 완료되게 된다.

이와 같이 선별계전기 여자, 궤도계전기 여자, 전철쇄정계전기 낙하, 전철표시계전기 여자, 접근쇄정계전기 낙하, 조사계전기 여자에 의하여 최종적으로 신호제어계전기인 HR이 동작된다. 신호제어계전기가 동작하면 현장에 있는 신호기에 전원이 공급되어 열차에 진행을 지시하는 신호를 현시한다.

6.5.3 진로선별식 전기연동장치의 동작과정

1 진로선별회로의 특징

① 진로정자식의 정자계전기회로와 같이 대향 또는 같은 방향의 지장 진로를 쇄정하는 것 이외에도 다른 방향의 지장 진로도 쇄정한다.

② 선별회로는 연동범위에 속하는 각 부분에 망상회로를 사용하므로 회로에 삽입되는 접점은 많은 진로에 같이 쓰이므로 접점의 절약을 도모할 수가 있으며 장애 발생 횟수를 감소시킬 수도 있다.

③ 진로선별에 있어서는 지장 진로의 선별 여부를 조사하며 지장 선로의 선별회로를 차단함으로써 안전도를 향상시킬 수 있다.

④ 선로전환기의 전환은 선별회로에 설치한 전철선별계전기에 의하여 이루어지므로 전철제어회로를 간소화할 수 있다.

이 회로에는 전철선별계전기, 진로선별계전기, 푸시버튼 반응계전기 등이 접속되어 있으며 이들 계전기는 진로가 선별되지 않을 때에는 무여자가 되고 진로가 선별될 때에는 여자가 된다. 전철선별계전기에는 선로전환기를 정위로 전환하는 정위전철선별계전기와 반위로 전환하는 반위전철선별계전기가 있다.

또 선별회로에는 우행회로와 좌행회로가 있는데 우행진로를 선별할 때에는 최초의 우행선별회로에 의해서 지장 진로가 선별되지 않는 것을 확인한 다음 도착점 계전기를 여자시킨다. 이것을 '가는회로'라 한다.

다음에 좌행선별회로에 의하여 전철선별계전기를 선별 여자하고 지장 선별회로를 차단한다. 이것을 '오는회로'라 한다. 또 좌행진로를 선별하는 데에는 좌행선별회로로부터 선별을 시작하여 진로를 설정하는 것이다.

2 진로선별계전기의 설치법

진로선별계전기(CR)는 선로전환기의 정위 배향에 설치하여 신호 취급버튼을 조작하면 전원에 의하여 직접 여자하도록 되어 있고 여자한 진로선별계전기의 여자접점을 통하여 전방 회로에 전원을 공급하는 한편 무여자접점을 반위 쪽에 삽입하여 전류가 반대 방향으로 흐르지 못하도록 진로를 구분하는 회로를 말한다.

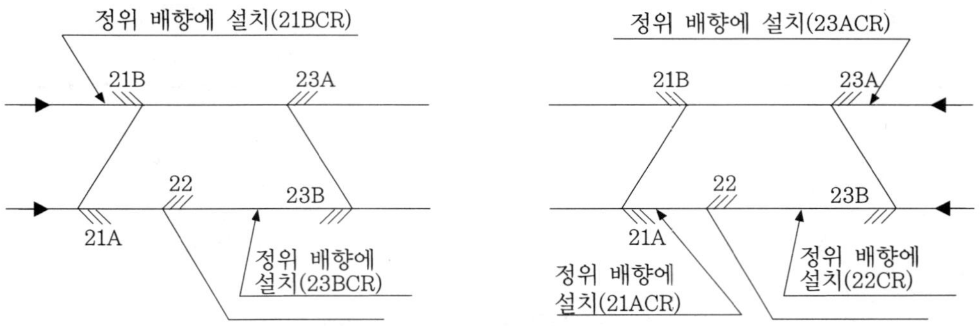

(a) 우행회로 (b) 좌행회로

그림 6-30. 진로선별계전기의 설치법

3 전철선별계전기의 설치방법

전철선별계전기(NR, RR)는 도착점 계전기의 여자조건에 따라 도착점에 가까운 것으로부터 순차적으로 시발점 쪽을 향하여 일정한 순서로 여자하도록 설치한다.

전철선별계전기의 설치방법은 다음과 같이 한다.

① 정위전철선별계전기(NR)는 진로선별계전기(CR)와 병렬로 설치한다.

② 2개의 선로전환기가 서로 배향 쪽으로 인접하고 있어 전철선별계전기를 같이 쓰고 있을 때에는 제어조건에 양쪽의 진로선별계전기의 여자조건을 삽입해야 한다.

③ 반위전철선별계전기(RR)는 선로전환기가 단동일 경우 NR의 반대쪽에 설치한다. 쌍동일 때에는 어느 쪽이라도 좋으나 좌행, 우행 양 진로의 부하전류가 균형이 되게 설치한다.

일반적으로 연동도표의 오른쪽이 상행일 때에는 우행회로에, 왼쪽이 상행일 때에는 좌행회로에 설치한다.

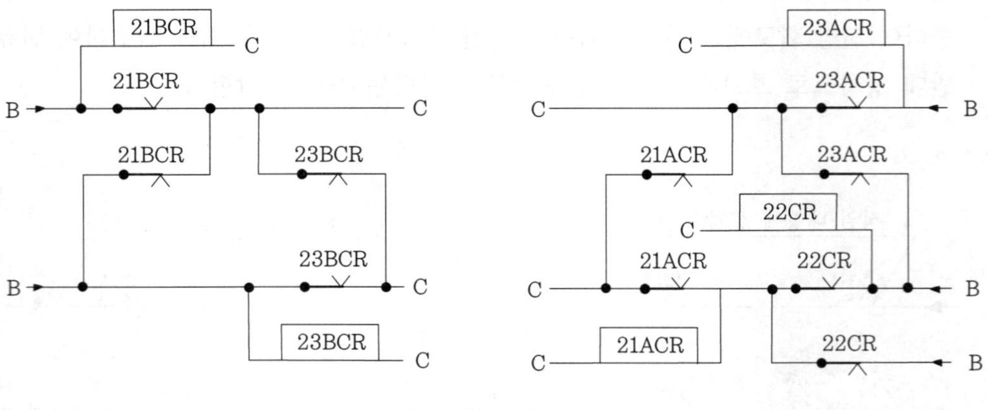

(a) 우행회로 (b) 좌행회로

그림 6-31. 진로선별계전기의 결선 방법

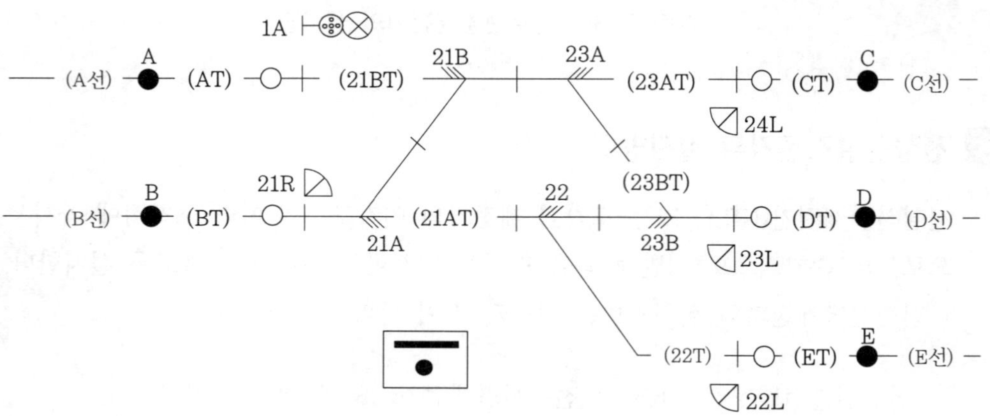

(전기연동장치)

명 칭	진로방향	취급버튼			쇄정	신호제어 및 철사쇄정	진로(구분)쇄정	접근 또는 (보류)쇄정	
		출발점		도착점					
장 내 신호기	AT→CT	1A		C	21 23 [24L]	21BT 23AT CT	(21BT) (23AT)	AT	90초
	AT→DT			D	21 ㉓ [23L]	21BT 23AT 23BT DT	(21BT) (23AT) (23BT)		
입 환 표 지	BT→CT	21R		C	㉑ 23 [24L]	21AT 21BT 23AT	(21AT) (21BT) (23AT)	BT	30초
	BT→DT			D	21 22 23 [23L]	21AT 22T 23BT	(21AT) (22T) (23BT)		
	BT→ET			E	21 ㉒ [22L]	21AT 22T	(21AT) (22T)		
	ET→BT	22L		B	㉒ 21 [21R]	22T 21AT	(22T) (21AT)	ET	30초
	DT→AT	23L		A	㉓ 21 [1A]	23BT 23AT 21BT	(23BT) (23AT) (21BT)		
	DT→BT			B	23 22 21 [21R]	23BT 22T 21AT	(23BT) (22T) (21AT)	DT	30초
	CT→AT	24L		A	23 21 [1A]	23AT 21BT	(23AT) (21BT)		
	CT→BT			B	23 ㉑ [21R]	23AT 21BT 21AT	(23AT) (21BT) (21AT)	CT	30초

명 칭	형 별	번 호	철사쇄정
전 기 선로전환기	쌍 동	21	21AT 21BT
	단 동	22	22T
	쌍 동	23	23AT 23BT

그림 6-32. ○○역 연동도표

4 진로선별회로

그림 6-33에서와 같이 신호 취급버튼 1AR를 반위로 하면 취급버튼 접점이 자기유지되고 다른 진로는 선별이 되지 않은 상태이므로 A점의 도착점 반응계전기 APR는 무여자된다.

다음에 반위전철선별계전기 21RR의 무여자접점에 의해서 21호 선로전환기 반위의 진로가 선별되지 않은 것을 확인하여 진로선별계전기 21BCR를 여자하여 21BCR의 여자조건으로 선별할 진로 1AR의 선별회로를 구성하고 1AR의 지장 진로인 21R→C의 선별회로를 차단하여 21R의 진로를 쇄정한다.

따라서 23호 선로전환기에 있어서는 모든 진로가 선별되지 않는 조건이므로 반위전철선별계전기 23RR의 무여자접점을 통해서 C 도착점으로 가며 반위로 선별하는 회로는 23ACR, 23ANR의 무여자접점과 21BCR의 여자접점, $\frac{22}{23}$BNR, 23BCR의 무여자접점을 통하여 D 도착점을 향하여 진출한다.

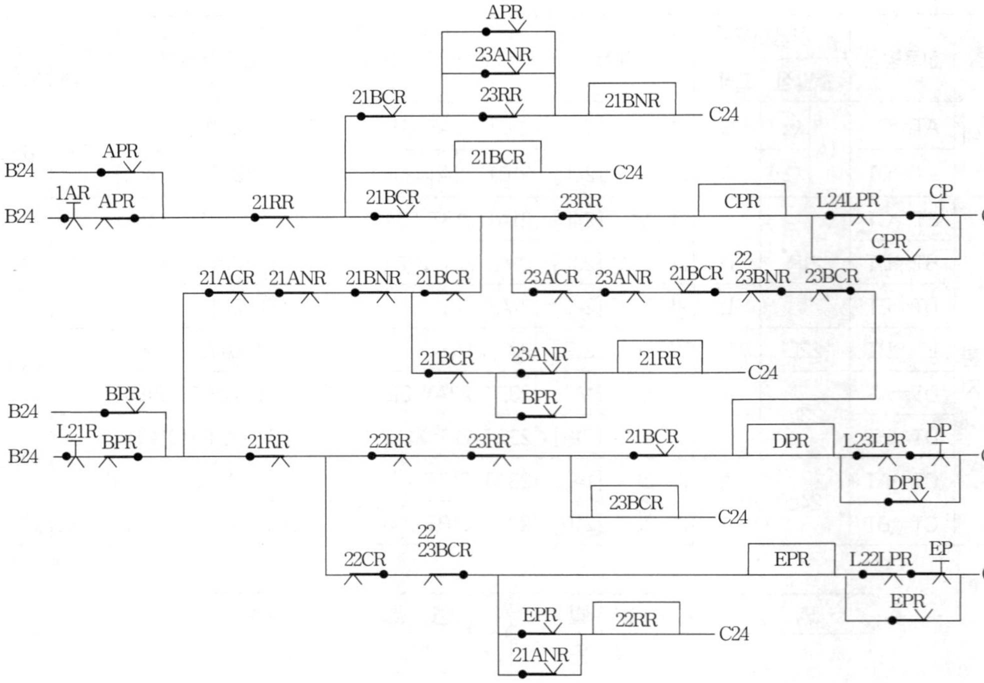

그림 6-33. 우행진로선별회로

여기서 D 도착점으로 향하는 선별회로에 삽입된 21BCR의 여자접점을 사용하는 목적은 1AR로부터 21 정위, 23 반위로 D 도착점으로 가는 진로는 선별되지만 21R로부터 21 반위로 D 도착점으로 가는회로의 선별이 되지 않도록 하기 위한 것이다. 만일 이러한 진로가 설정된다면 이것과 병행 진로인 1AR→C의 진로를 설정하는 것이 불가능하기 때문이다.

여기서 도착점 취급버튼 DP를 눌러서 접점을 구성하면 입환표지 23L의 신호 취급버튼은 정위로 있어 L23LPR 무여자접점이 접속되고 도착점 취급버튼 DP의 접점이 구성되어 있으므로 DPR이 여자하여 D 도착점의 선별이 이루어진다.

DPR이 여자하였다는 것은 1AR→D의 진로 설정을 하여도 좋다는 뜻이므로 이에 따라 진로의 선로전환기를 전환하게 된다. 도착점 계전기 DPR이 여자하면 진로상의 선로전환기를 도착점에 가까운 것부터 순차적으로 전환하여 진로를 구성한다.

진로를 구성하기 위해서는 선로전환기의 전철선별계전기를 여자시켜야 하는데 DPR의 여자접점을 통하여 좌행진로선별회로에 전원을 공급하는데 따라 선별계전기의 선별이 시작된다.

좌행진로선별회로의 가는회로는 DPR이 여자하고 있으므로 좌행진로선별회로에 DPR의 여자접점을 통하여 ⊕전원을 공급하며 DPR의 무여자접점을 개방하여 23L 진로를 쇄정한다.

23호 선로전환기 개소의 23BCR, $\frac{22}{23}$BNR, 23ANR, 23ACR 모두 무여자가 되어 이 접점을 통하여 선로전환기의 반위 쪽 선별회로는 앞으로 나아가는 동시에 DPR의 여자접점을 통하여 반위전철선별계전기 23RR이 여자되고 23호 선로전환기에 반위 전환을 지시한다.

23RR의 여자조건에 따라 23B 선로전환기의 정위 쪽 선별회로를 동시에 차단하여 24L의 진로를 쇄정하므로 23ANR는 여자하지 않으며 23호 선로전환기의 반위선별 회로만이 확보된다.

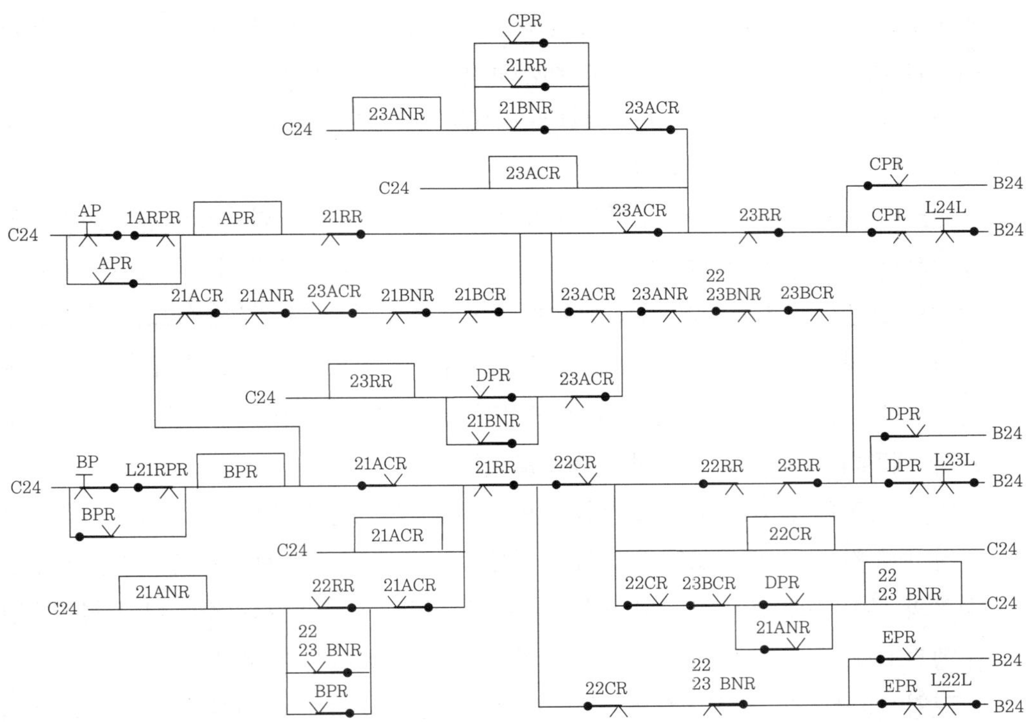

그림 6-34. 좌행진로선별회로

여기서 좌행진로선별회로의 종단부를 보면 21RR는 무여자가 되므로 회로는 앞으로 나아가 신호 취급버튼 1AR의 자기유지로 1ARPR이 여자되어 있으므로 도착점 취급버튼 AP를 눌러도 1ARPR 무여자접점 때문에 APR은 여자하지 않으므로 1AR→D의 선별회로가 유지된다.

앞에서는 좌행회로의 23RR이 여자하였으나 우행진로선별회로는 23호가 정위회로에서 23RR의 무여자접점을 개방하여 C 도착점의 진로를 쇄정하고 있다.

21B 선로전환기를 정위로 전환시키는 21BNR는 23RR이 여자하고 있으므로 우행회로에서 이미 여자한 21BCR의 여자접점과 23RR의 여자접점을 통해서 2BNR를 여자시켜 21호 선로전환기에 정위 전환을 지시한다. 이와 같이 무여자접점을 개방하여 먼저 여자하고 있는 21BCR와 같이 21R로부터의 진로를 쇄정한다.

반위전철선별계전기 21RR의 회로에 21BCR의 무여자접점을 삽입하지 않으면 우행진로선별회로에 있어서 1AR→C의 진로선별이 끝나 23ANR이 여자하였을 때 신호취급버튼 21R이 반위로 되어 있다면 21RR의 회로가 구성되어 21BCR의 회로를 차단하여 1AR→C의 선별회로를 차단할 우려가 있으므로 이것을 방지하기 위하여 21BCR이 여자하고 있을 때에는 21RR은 여자하지 않도록 되어 있다.

이상과 같이 진로선별이 완료되었을 때에는 설정한 진로의 선별회로는 완전히 구성되어 지장 진로는 쇄정된다.

진로선별계전기는 망상회로에서 회로의 진로를 선별하는 역할을 하는 것이다. 우행회로의 진로를 선택하여 지장이 없는 것을 확인한 다음 좌행회로의 선로전환기를 진로의 방향으로 전환시켜 지장 회로를 쇄정하면서 같은 회로로 돌아오는 것으로 오는회로를 정확하게 만들지 않으면 안 된다. 따라서 우행회로가 정위 배향으로 될 때 진로선별계전기는 여자하고, 회로가 도착점으로 향하여 연장됨에 따라 반위 쪽의 진로를 쇄정하여 좌행회로를 정위 쪽으로 설정한다.

또 분기점을 반위 배향으로 통할 때에는 무여자가 된 상태로 그 회로를 도착점에 연장하여 정위 쪽의 진로를 쇄정하여 좌행회로에서 반위 쪽으로 설정한다. 또 선별회로의 분기점에 있어서 정위 또는 반위전철선별계전기를 여자하여 다시 불필요한 우행진로가 구성되지 않도록 진로의 한정을 하기 위하여 사용한다.

전철선별계전기는 진로상의 선로전환기를 어느 방향으로 전환할 것인지를 결정하여 설정된 진로가 다른 진로에 사용되지 않도록 쇄정하는 것으로서 선로전환기를 정위로 전환하기 위한 정위전철선별계전기(NR)와 반위로 전환하기 위한 반위전철선별계전기(RR)가 있다.

정위전철선별계전기 및 반위전철선별계전기는 '가는회로'에서 도착점 반응계전기가 여자한 다음 해당 진로의 도착점에 가까운 것으로부터 순차적으로 여자하는 것이므로 도착점에 가까운 전철선별계전기 여자접점을 삽입한다. 즉, 1AR→D 방향 시 도착점에 가까운 순서는 23PR, 21BNR이 되므로 DPR 여자로 21RR이 여자되고 21RR 여자접점으로 21BNR이 여자된다.

도착점 반응계전기는 진로를 취급하였다는 것과 지장 진로가 설정되지 않았다는 것을 말하며 여자접점을 사용하여 선로전환기의 전환 및 진로의 조사, 신호제어에 사용되고 있다.

5 전철제어회로

1) 전철쇄정계전기(WLR)

전철제어계전기 21WR는 전기선로전환기의 전환 방향을 지시하는 중요한 계전기이다.

진로가 설정되어 진로쇄정을 할 준비가 되어 진로쇄정계전기가 무여자상태가 되거나 철사쇄정이 걸려 궤도계전기가 무여자상태가 되면 전철제어회로를 차단하게 된다. 그러므로 21WLR은 무여자로 되고 21WR 코일 양 끝을 제어회로 전류로부터 차단하며 전철제어계전기 21WR에는 다른 전원으로부터 혼촉 등으로 인한 잘못된 동작을 방지하기 위하여 21WLR의 무여자접점을 삽입한다. 즉 전철쇄정계전기는 선로전환기를 전환할 경우에만 여자하고 평상시에는 무여자상태가 되어 선로전환기를 쇄정하는 계전기이다.

2) 전철제어회로의 개요

① 취급버튼 반응계전기 또는 전철선별계전기의 여자접점에 의해서 선로전환기를 제어하는 목적과 진로쇄정계전기, 궤도계전기 등의 무여자접점으로 회로를 차단하여 선로전환기를 쇄정하는 두 가지 목적이 있다. 선로전환기의 전환은 전철단독 취급버튼의 조작에 의해서 전환할 수 있도록 되어 있다.

② 전철쇄정계전기는 항상 무여자상태이고 취급버튼계전기 또는 전철선별계전기의 여자조건에 의해서 회로가 구성되어 여자된다.

전철쇄정계전기가 여자하는 것은 진로를 구성할 때뿐이며 평상시에는 무여자상태가 되어 전철제어계전기에 흐르는 전류를 차단하고 있으며 신호 취급자의 정당한 전환 이외에는 여자하지 못하도록 되어 있다.

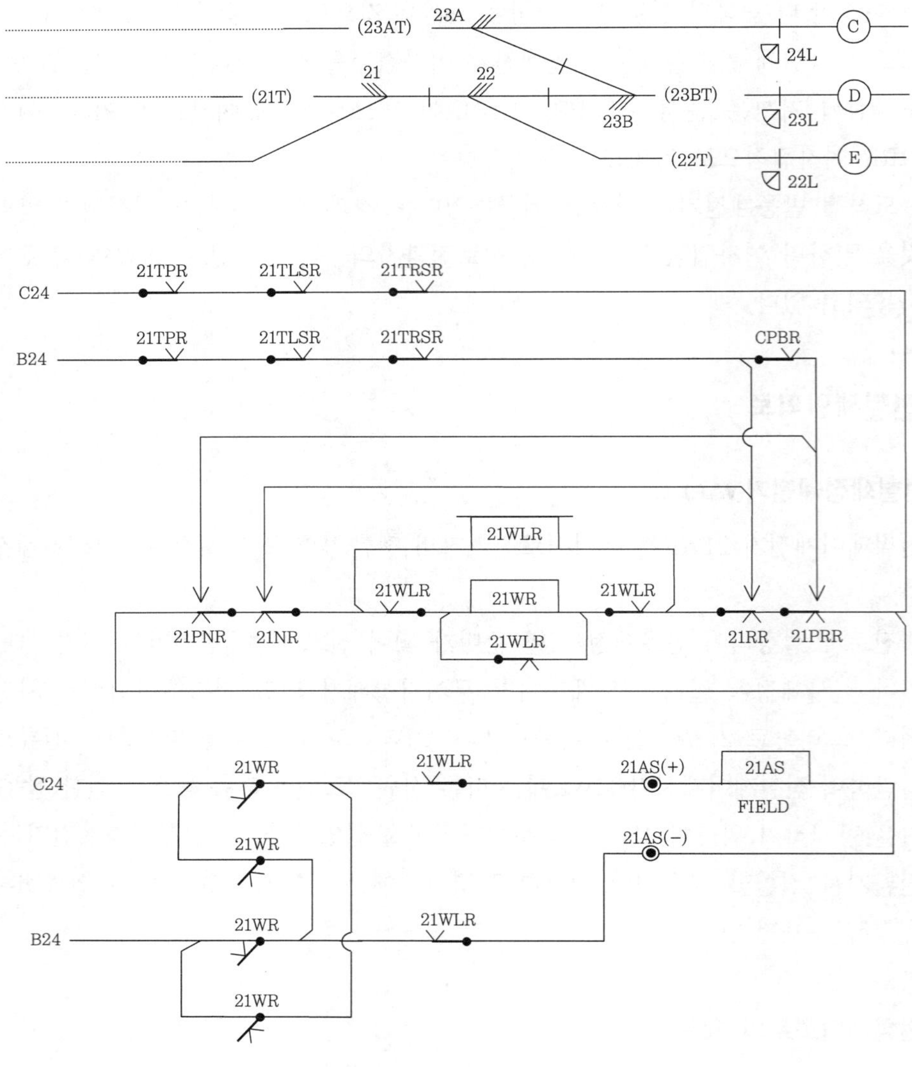

그림 6-35. 전철제어계전기회로

③ 전철쇄정계전기의 무여자는 최종적으로 선로전환기가 쇄정되어 있는 것을 회로적으로 조사하는 것으로 신호제어계전기회로에 진로상 모든 전철쇄정계전기 무여자접점을 삽입하고 있다.

3) 전철표시계전기회로

전철제어계전기 21WR이 반위로 여자하고 전기선로전환기 21호가 반위로 전환하면 전기선로전환기 내의 회로제어기는 반위접점을 구성하게 된다.

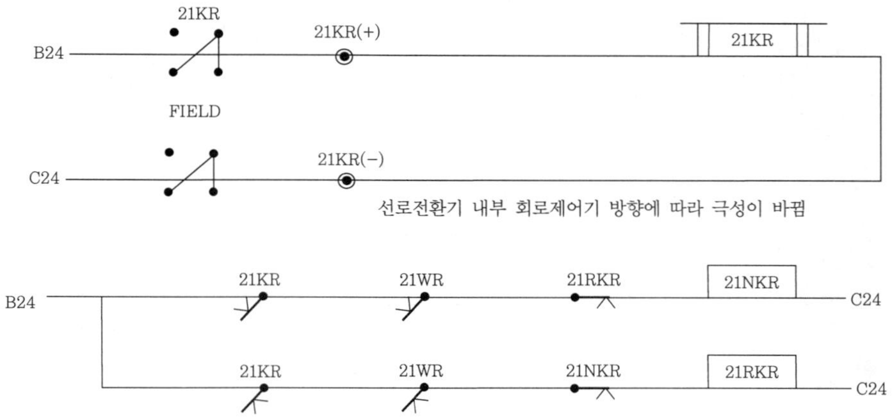

그림 6-36. 전철표시계전기 회로

선로전환기 내 회로제어기의 반위접점에 의하여 21호 전철표시계전기의 제어회로를 구성하여 21KR을 반위로 동작시키게 된다.

그림 6-36과 같은 전철표시계전기회로는 양선제어의 전환조건을 나타낸 것으로서 선로전환기가 전환하는 도중에는 표시계전기 21KR이 부정 동작되지 않도록 선로전환기 내의 회로제어기에 의해 단락회로가 구성된다.

4) 전철표시반응계전기회로

21KR이 반위로 여자하면 반위전철표시계전기 21RKR은 여자한다. 반위전철표시계전기 또는 정위전철표시계전기를 설치하는 목적은 전철표시계전기의 접점 부족을 보충해 줌과 동시에 선로전환기가 해당 진로의 방향으로 전환한 것을 확인하기 위한 것이다.

6 접근쇄정 및 보류쇄정

접근쇄정은 신호기에 진행신호를 현시한 다음 쇄정하는 것으로서 전기연동장치에 있어서 아래와 같은 쇄정을 하는 것이 가능한지를 미리 확인해야 한다.

- 표시쇄정의 조건
- 접근쇄정을 거는 조건
- 접근쇄정을 푸는 조건

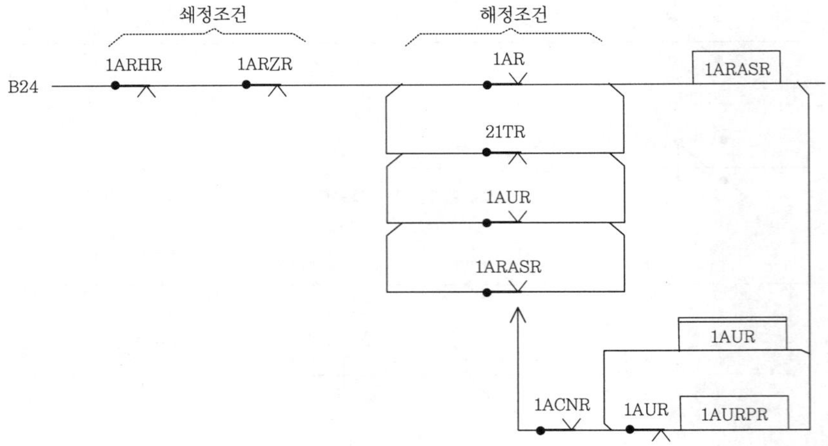

그림 6-37. 접근쇄정회로

1) 접근쇄정계전기회로

① 접근쇄정계전기는 평상시 여자하고 있으며 신호 취급버튼을 반위로 하고 진로가 개통되었음을 조사한 조건에 의해 무여자상태로 되어 진로상의 관계 선로전환기를 쇄정하는 것이다.

② 신호 취급버튼을 반위로 하면 진로조사계전기의 조건에 따라 접근쇄정계전기(ASR)가 여자 또는 무여자로 된다.

③ 표시쇄정의 조건은 신호 취급버튼을 정위로 하여 해정하는 경우와 신호기 또는 입환표지가 완전히 정지신호로 된 것을 조사하는 것이며 여기에 사용되는 접점은 현장의 신호기 또는 입환표지를 직접 제어하는 주의신호 또는 진행신호의 조건을 사용하지 않으면 안 된다.

접근쇄정계전기회로는 평상시에는 신호취급을 하기 전이므로 1ARHR 및 1ARZR 무여자 조건과 자기유지회로(1ARASR 여자)로 여자되어 있다. 열차 도착을 위하여 1A를 취급하면 1ARZR과 1ARHR이 여자되며 1ARASR의 전원을 차단하여 1ARASR이 낙하하게 된다. 이때를 접근쇄정이 걸렸다하며 1ARASR 무여자조건으로 진로(구분)쇄정회로의 우행 또는 좌행진로쇄정계전기를 무여자시키며 진로쇄정을 걸어주는 것이다.

장내신호 진행 현시조건으로 정상적으로 열차가 진입하면 HR 및 ZR 무여자조건과 장내 내방 궤도인 21T 무여자조건으로 1ARASR이 여자되고 처음과 같이 자기유지되며 열차에 의해 접근쇄정이 해정된다.

그러나 신호 취급 후 사정에 의하여 착선 변경 등으로 진로를 취소하려 할 때 아무 조건 없이 해정이 된다면 열차속도에 의해 탈선 등 중대한 사고를 발생시킬 수 있다. 따라서 이때는 접근 궤도구간에 열차의 유무에 따라 아래와 같이 동작 과정이 다르게 된다.

먼저 접근궤도에 열차가 없을 때는 1ARHR, 1ARZR 무여자 및 1AR 여자조건에 의해 1ARASR이 여자되며 접근쇄정이 즉시 해정되어도 무방하다.

그러나 접근궤도에 열차가 있을 때는 위험하므로 신호기의 종류에 따라 일정시간 경과 후 해정되도록 하였다. 즉 HR 및 ZR 무여자조건과 1ARASR 무여자조건으로 시소계전기인 1AUR이 일정시간(장내 90초, 출발 및 입환신호기 30초) 경과 후 여자되며 1AUR 여자조건으로 1ARASR이 여자된다.

시소계전기는 N_2R_1의 접점을 가졌으며 여자접점은 접근쇄정회로에 1개가 필요하나 무여자접점은 진로조사 및 신호제어회로 등에 많은 접점이 소요되므로 무여자접점으로 반응계전기를 동작시켜 접점 소요를 충족시킨다. 이때 접근쇄정이 해정되는 것이다.

7 진로조사계전기회로

진로가 설정되어 신호기에 진행신호를 현시하기 위해서는 진로의 선로전환기가 정확하게 진로 방향으로 개통되지 않으면 안 된다.

선로전환기가 많이 설치된 구내에서는 선로전환기의 개통 방향을 표시하는 전철표시계전기의 접점을 신호제어회로에 삽입하면 회로가 복잡하게 된다.

또 접근쇄정을 걸어 주기 위하여 접근쇄정계전기회로에 삽입되는 정위 또는 반위 전철표시계전기의 병렬회로수도 많아진다. 따라서 회로의 간소화와 접점수를 줄이기 위하여 진로조사계전기(ZR)을 설치한다.

진로조사계전기회로는 구내의 선로 배선 상태와 같은 망상회로로 된 것은 진로선별회로와 같으나 우행진로나 좌행진로에서 하나의 회로를 공용하고 있다. 회로조건 중에서 신호 취급버튼 반위접점과 도착점 반응계전기의 여자접점은 진로의 조작이 이루어진 것을 나타낸다.

선별회로에 있어서 전철선별계전기의 여자접점은 진로의 선별에 따라 정위전철선별계전기 또는 반위전철선별계전기가 정확하게 동작된 것을 나타낸다. 또 전철표시계전기의 접점은 진로의 선로전환기가 진로 방향으로 전환해서 진로가 구성되었음을 나타내고 있다.

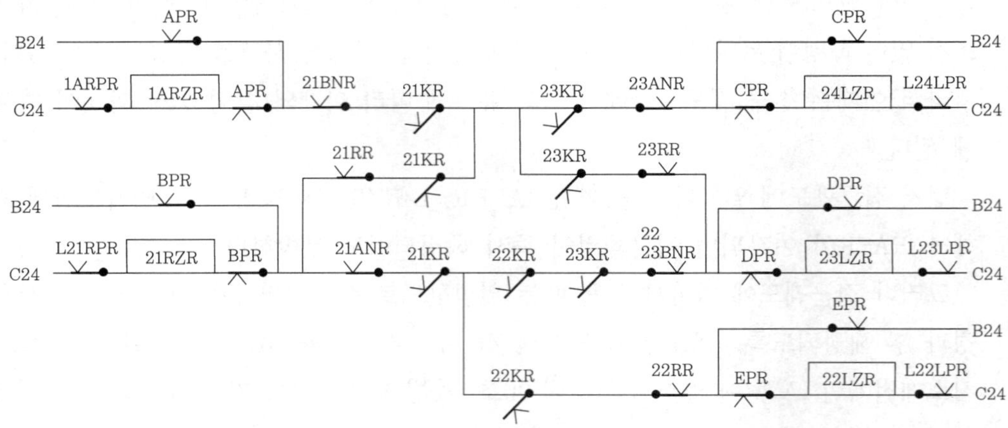

그림 6-38. 진로조사계전기회로

1) 진로조사계전기회로의 동작

① 그림 6-38에서와 같이 선별회로를 사용할 경우 진로조사계전기회로는 진로상의 각 선로전환기가 정해진 방향으로 개통하는 것을 조사하는 회로이다.

② 진로조사계전기는 출발점 취급버튼이 가지고 있는 우행, 좌행 양 진로에 같이 쓰인다. 동일 지점에 출발점과 대향진로의 도착점이 있을 때에는 그 지점을 출발점으로 하는 진로의 진로조사계전기와 대향진로에 전원 삽입점을 도착점 계전기의 여자 또는 무여자접점에 의해 분할하도록 설치한다.

③ 진로조사회로에 있어서 전철선별계전기의 여자접점과 전철표시계전기의 조건을 삽입하여 두 개의 접점이 일치하는가를 조사하는 이유는 다음과 같다.

전철표시계전기만으로 회로를 구성하면 1AR과 21R을 CPR 방향으로 평형 진로를 설정하였을 때의 선별회로는 정상으로 여자하였음에도 불구하고 선로전환기 21A, 21B가 정위로 전환하지 않고 반위 상태로 있었다고 하면 21KR은 반위이므로 CPR의 여자접점과 21호 반위접점으로 진로조사회로 21RZR이 여자하는데 이것은 부정 동작을 방지하기 위해서 진로를 조사하는 것이다.

8 진로쇄정계전기회로

진로선별식을 사용하는 구내에서는 선로전환기의 수도 많고 열차 또는 차량의 운전 빈도도 높으므로 진로쇄정구간을 정하여 열차 또는 차량의 통과가 끝날 때까지 선로전환기를 쇄정하면 다른 방향의 진로를 설정할 때 열차의 소통이 지연되어 입환작업

능률이 저하한다. 그러므로 진로쇄정을 구분하여 궤도회로마다 진로구분쇄정이 되도록 분할하고 있다.

진로의 설정에 있어서 접근쇄정계전기가 무여자상태가 되면 접근쇄정계전기에 의하여 진로의 출발점 쪽에서 가장 가까운 진로구분쇄정구간부터 진로쇄정이 되게 하여 순차적으로 진로의 끝까지 진로쇄정을 걸 수가 있다. 열차가 처음 진로구분쇄정구간을 통과하였을 때 접근쇄정을 해정하고 그 구간의 진로쇄정을 해정한다.

이와 같이 순차적으로 열차가 통과한 구간의 진로쇄정은 해정되며 열차가 통과한 구간의 선로전환기를 전환해서 또 다른 진로를 설정할 수가 있다.

진로쇄정계전기회로를 요약하면 다음과 같다.

① 진로쇄정계전기에는 우행진로쇄정계전기와 좌행진로쇄정계전기가 있으며 진로에 따라 우행일 경우에는 TRSR, 좌행일 경우에는 TLSR를 설치한다.
진로쇄정계전기는 구분된 쇄정범위 내의 선로전환기를 쇄정하는 것이다.

② 진로쇄정계전기는 평상시에는 여자상태로 있다가 진로 설정에 따라 접근쇄정계전기 또는 보류쇄정계전기가 무여자되면 그 진로의 출발점에서 가장 가까운 진로쇄정계전기로부터 순차적으로 도착점에 가까운 진로쇄정계전기가 무여자되어 진로쇄정을 하게 된다.

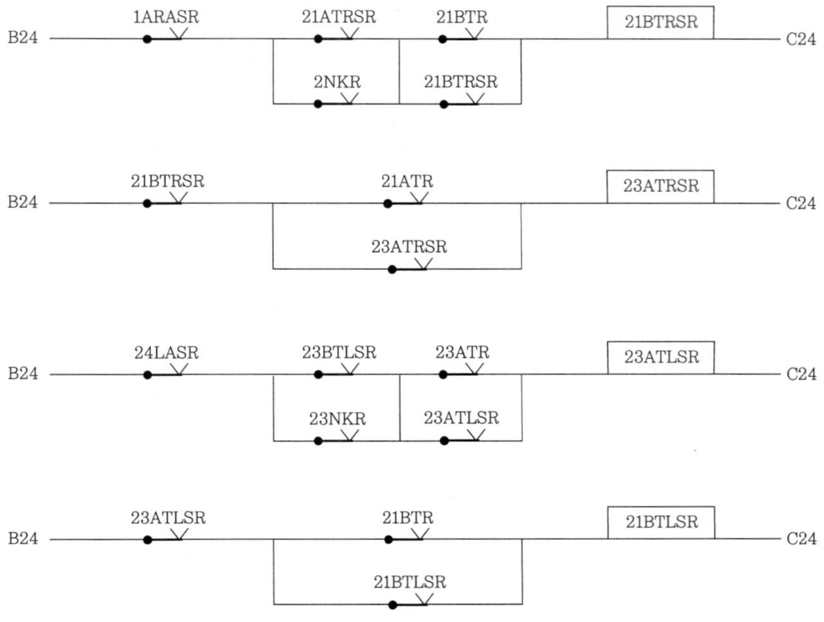

그림 6-39. 진로쇄정계전기회로

열차 또는 차량이 진로 내에 진입한 다음 출발점 취급버튼을 정위로 하면 접근쇄정계전기는 여자되므로 각 진로쇄정계전기는 담당구간 내의 궤도회로를 열차 또는 차량이 통과할 때까지 무여자상태를 유지하고 열차 또는 차량이 구분된 궤도회로를 통과하는 데 따라 무여자일 때의 순서와 같이 순차적으로 여자시켜 진로쇄정을 해정한다.

9 신호제어계전기회로

신호제어회로는 주신호기 제어회로와 입환신호기의 제어회로를 따로 구성한다. 또 신호제어계전기회로를 나타내는 데 있어 우행진로 신호기에 대한 HR은 좌단에, 좌행진로에 대한 HR은 우단에 설치한다.

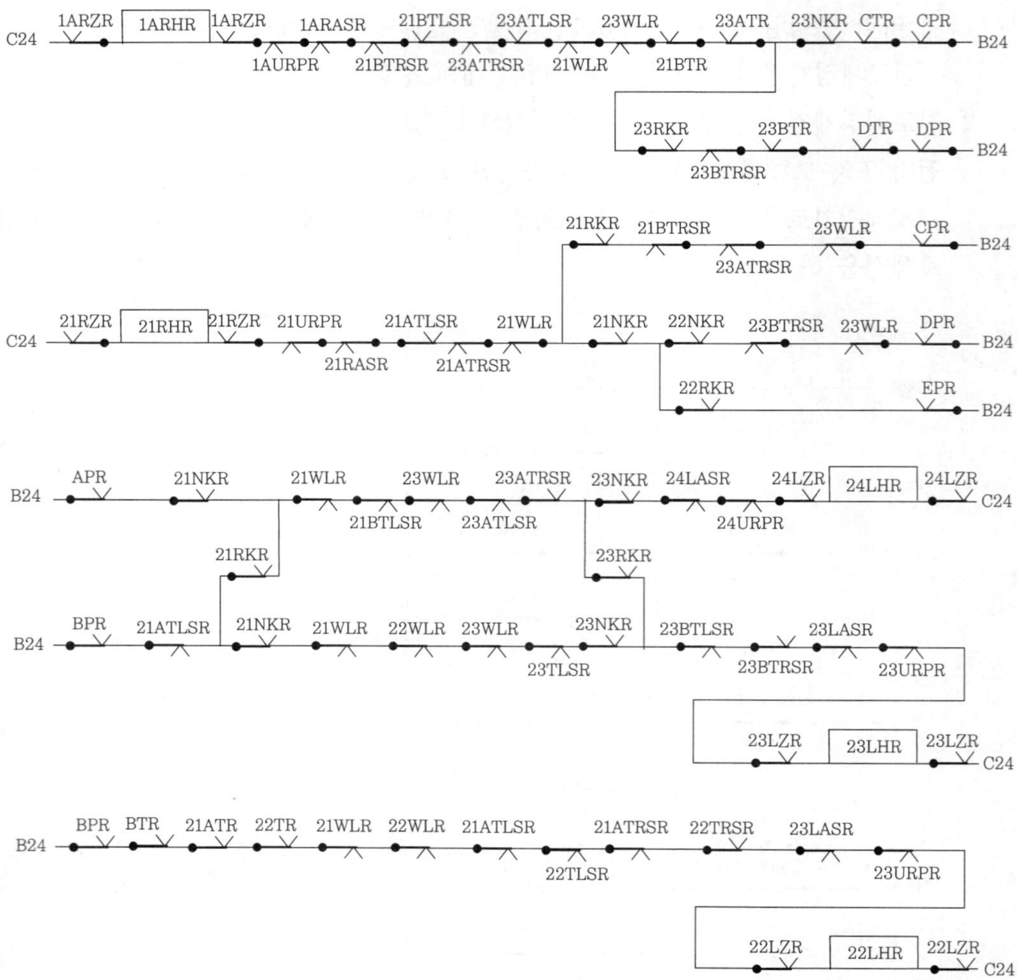

그림 6-40. 신호제어계전기회로

1) 신호제어회로의 구비조건

① 진로 취급버튼을 반위로 조작할 수 있는 조건(도착점 계전기의 여자조건)
② 진로상의 선로전환기가 정해진 방향으로 개통하고 있는 조건(ZR의 여자접점)
③ 진로상에 열차 또는 차량이 없는 것을 조사하는 조건(TR의 여자접점)
④ 접근쇄정 완료의 조건(ASR, URPR의 무여자접점)
⑤ 진로쇄정 완료의 조건(TLSR 또는 TRSR의 무여자접점)
⑥ 진로상의 선로전환기 쇄정 완료조건(WLR 무여자접점)
⑦ 대향진로의 정위를 조사하는 조건(TLSR 또는 TRSR의 여자접점)

신호제어회로는 취급버튼 계전기의 여자접점 대신에 진로조사계전기의 여자접점을 사용하며 회로의 분기점이 되는 개소에는 회로를 분할하기 위하여 전철표시계전기의 접점을 이용하고 있다.

또 대향진로의 최종 진로쇄정구간의 진로쇄정계전기의 여자접점을 삽입하는데 그 이유는 대향진로 24L이 설정되었을 때 1AR의 진로가 설정되지 않도록 쇄정하기 위한 것이다. 대향진로의 최종 진로쇄정계전기는 대향진로가 설정되면 무여자상태가 되고 대향열차가 그 진로에 진입한 다음에도 무여자가 계속되므로 대향진로를 쇄정하는 목적으로 가장 많이 사용되고 있다.

2) 신호제어회로의 결선방법

① 대향진로가 해정되어 있는 조건으로서 대향진로의 최후에 진로쇄정계전기의 여자조건을 사용한다.
② 주신호기와 입환표지가 같은 출발점에 있을 때에는 상호간 신호의 HR 회로에 다른 신호기 또는 입환표지 ASR의 여자접점을 삽입하여 쇄정을 한다. 만약 이 조건이 없다면 동일 진로에서 한쪽의 해정시소 중에 다른 진로를 취급하면 후자의 신호기 또는 입환표지에 대해서 시간 없이 현시되는 경우가 있다.
③ 신호제어회로에서 대향 최후의 진로쇄정계전기 여자접점을 조사하는 것은 주신호기에 대하여 신호제어회로에 궤도계전기의 여자접점을 삽입하므로 불필요하게 생각하기 쉬우나 진로쇄정계전기의 접점 삽입은 HR 동작 전에 여자하는 계전기에 대하여 미소전류 등으로 인한 잘못된 동작의 위험성을 완전히 제거하기 위해서 필요하다.
④ 진로의 회로 분할에는 유극전철표시계전기 접점을 사용하지만 사용 접점수가 많을 때에는 무극선조계전기인 전철표시계전기 NKR, RKR 등을 사용한다.

6.6 전자연동장치

6.6.1 전자연동장치의 개요

전자연동장치는 기존 연동장치의 전기적이고 기계적인 부분을 컴퓨터화하여 현장의 신호설비를 제어하고 표시하는 장치로 컴퓨터의 소프트웨어를 사용한 전자연동장치는 가상할 수 있는 상황이 다양하여 하나의 고장이 또 다른 장애를 유발시킬지를 예측할 수 없기 때문에 단순한 원리로 설계되어서는 안 된다.

따라서 전자연동장치 시스템의 안정성을 확보하기 위하여 연동장치의 연산논리를 하드웨어에 의해 구현하고 연동처리부의 CPU 모듈을 2중화하여 두 CPU 모듈의 결과가 일치할 경우에만 제어하도록 하여 안정성을 확보하고 또한 하드웨어의 Fail-Safe를 완벽히 실현한 전자연동장치를 구현하기 위해 I/O 모듈을 Vital 개념을 적용하여 주 프로세서에서 연속적인 확인 신호가 제공되어야 만이 출력을 안전측으로 동작하는 기능을 기본적으로 갖춰야 한다.

전자연동장치는 운전 취급의 용이성과 경제성 및 시스템 2중화에 의해 무정지 운용은 물론 시스템의 자기진단기능과 설치 및 부분 개량이 용이하다는 등의 장점을 가진 컴퓨터 기술을 응용한 연동장치이다.

6.6.2 전자연동장치의 기능

전자연동장치는 전기연동장치의 기능을 모두 갖추고 있으며 자동화 기능과 전기연동장치에 없는 기능이 부가되었다. 전기연동장치와 비교하여 기능이 다른 점은 다음과 같다.

① 열차의 진로를 자동설정할 수 있으며 수동설정도 가능하다.
② 입환진로는 진로패턴번호로 자동설정되며 수동설정도 가능하다.
③ 자동진로제어에 필요한 배선도(diagram) 및 스케줄(schedule)을 내장하고 있기 때문에 배선도 작성 및 수정작업이 필요 없다.
④ 연동기능은 모두 소프트웨어(software)로 논리화되어 있다.
⑤ 선로변에서의 보수작업을 위해 안전을 확보하고 보수작업구역으로 자동 진로설

정을 억제하기 위하여 선로 폐쇄 및 신호기기의 사용정지 등의 자료가 연동장치 내부에서 관리된다.

⑥ man-machine 기기로 판넬(panel)식이 아닌 표시제어반을 사용할 수 있다.

⑦ 열차의 진로 상황이나 열차운전계획 등의 운전정보를 역 구내 어디서나 표시할 수 있다.

⑧ 연동장치 본체나 현장 신호기기의 동작을 감시하며 조작, 제어출력, 고장기록 등이 자동 분리되고 필요에 따라 이 기록들을 인쇄할 수 있다.

1 시스템의 표준화

마이크로컴퓨터(micro computer)를 중심으로 표준화된 하드웨어(H/W)에 각 정거장에 공통으로 사용할 수 있는 연동장치 등의 표준 프로그램으로 장치하고 정거장마다 다른 운전조건이나 연동조건은 데이터의 형태로 주게 되어 대폭적으로 표준화가 도모되기 때문에 설계에서부터 제조, 검사, 공사, 보수작업의 전체적인 면에서 효율이 좋은 시스템이라 할 수 있다.

2 운전업무의 현대화

전자연동장치의 도입에 따라 진로설정의 자동화, 열차운행표시 및 여객안내장치로 정보전달이 가능하게 되고 연동장치의 표시제어반은 상시제어가 필요 없게 된다.

3 차량추적기능

열차의 진행 중 궤도회로를 부정한 방법으로 여자하면 진로 및 선로전환기가 해정되고 잘못된 진로가 구성되거나 선로전환기가 전환하는 가능성이 있다.

그러나 전자연동장치는 열차의 진행을 추적하여 부정한 방법으로 궤도회로가 낙하하여도 그 궤도에 열차가 있다고 보지 않는 논리를 가지고 있다.

4 선로전환기의 전환 재시행 가능

선로전환기는 기본레일과 텅레일 사이에 이물질이 끼일 경우 한 번의 제어에서 전환을 완료하지 못하면 다시 제어한다. 즉, 선로전환기를 전환 제어하여 일정시간 내에 전환을 완료하지 못하게 된 경우 처음으로 되돌려서 다시 제어하는 기능이 있다.

5 다른 시스템과의 인터페이스 기능

전자연동장치는 컴퓨터를 이용하고 있기 때문에 CTC, PRC 등 다른 시스템과 인터페이스가 용이하다. 또 진로의 자동제어에 필요한 진로의 지장 판단 및 진로의 자동복귀 기능을 갖추고 있다.

6 동작기록기능

제어 및 표시정보가 항시 기억되어 있기 때문에 장애 발생시 원인분석이 용이하다. 또 현장기기의 상태 감시기능을 갖고 있어 이상을 검지한 경우, 경보의 발생과 유지보수부로 정보를 출력한다.

6.6.3 전기연동장치와 전자연동장치의 비교

전기연동장치는 진로제어, 신호현시 등을 위하여 계전기를 이용하여 전기적 논리회로를 구성한 장치이며 전자연동장치는 전기연동장치의 기능은 물론 설비 유지관리, 장애검출 및 기록 등의 기능을 추가하여 마이크로프로세서 제어체계로 구성한 연동장치이다. 전기연동장치와 전자연동장치의 주요 특성을 비교하면 다음과 같다.

1 하드웨어 구성

전기연동장치는 대형, 중량 구조이며 계전기와 계전기랙 그리고 신호조작반으로 구성되어 있으나 전자연동장치는 마이크로프로세서용 PCB로 구성되어 소형, 경량 구조이며 신호제어 및 표시용 모니터와 프린터 등으로 구성되어 있다.

2 소프트웨어(운영체계)

전기연동장치는 계전기 조합에 의한 논리회로를 사용하여 설비의 확장 변경 시에는 복잡한 결선변경이 필요하며 계전기 on-off 작동에 의한 논리구성으로 처리속도가 늦고 운행기록 또는 유지관리 보조기능이 확장 시 제한을 받는다.

중앙 관제실과 통신을 위해서는 별도의 장비가 필요하나 전자연동장치는 프로그램에 의한 논리구성으로 운영체계를 유지하며 데이터의 변경으로 다양한 연동장치 정보의 처리가 가능하며, 운행 기록유지 및 보수 관리기능 등 고속처리가 가능하다. 또한 별도의 하드웨어 없이 통신선로를 이용하여 중앙 관제실과 직접 통신이 가능하다.

3 제어 및 감시방법

전기연동장치는 신호조작반에 의한 열차운행상태와 설비감시 및 조작반 취급버튼에 의한 설비제어로 되어 있으며 전자연동장치는 하드웨어 인터페이스 방법에 따라 전기연동장치와 동일한 방법도 가능하나 주로 CRT display에 의한 열차 및 설비감시와 키보드에 의한 신호조작이 이루어지며 기록이 유지된다.

4 안전성 및 신뢰성

전기연동장치는 fail-safe 설비로서 안전성은 우수하나 자동화 설비의 발전으로 고속 제어처리를 요하는 ATC/ATO 운전구간의 설비로서는 전자연동장치보다 불리하며 계전기 수량이 많이 소요되어 계전기 품질에 따라 신뢰도에 큰 영향을 미치며 순차 제어방식을 채택할 경우 특정계전기의 고장은 전체 설비를 마비시킬 수 있으나 전자연동장치는 소프트웨어 또는 프로세서상에서 동일한 논리회로 또는 하드웨어 설비를 다수 갖추고 다수결회로로 운영하며 특정회로 고장 시 자동으로 그 역할을 담당하여 지속적인 운영상태를 유지하면서 고장부분을 격리 및 수리할 수 있는 이점이 있으며 시설량의 과감한 축소로 신뢰도가 높다.

5 투자비의 구성

전기연동장치는 기존에 개발되어 있는 하드웨어를 이용할 수 있으며 투자비는 하드웨어 가격으로 구성되어 있으나 전자연동장치는 현재 국내에서 개발되어 사용되고 있으며 소프트웨어 개발비가 상당부분 차지한다.

6 시공

전기연동장치는 기계실 면적을 넓게 확보해야 하며 중량물 설치 및 결선에 따른 시공이 복잡하나 전자연동장치 기계실은 전기연동장치보다 훨씬 좁은 공간으로 충분하며 설치 시공이 간편하다.

이상과 같이 전기연동장치와 전자연동장치를 비교해 보면 표 6-4와 같다.

표 6-4. 전기연동장치와 전자연동장치의 비교

구분 \ 항목	전기연동장치	전자연동장치
하드웨어	- 대형, 중량 - 계전기랙 및 각 용도별 다량의 계전기를 설치하여 상호연동 또는 쇄정토록 결선	- 소형, 경량 - 연동장치반에 지역데이터가 내장 된 해당 모듈들을 표준 콘넥터로 연결
운용체계	- 운용 중 기기 점검 불가능	- 시스템 동작 상태 및 신호 기능의 모듈 상태 변화를 자체 진단으로 감지하여 운용자 장치에 자동 기록하며 필요에 따라 데이터를 분석, 고장 진단 및 예방 점검이 가능
기 능	- 열차운전을 위한 최소한의 감시와 신호설비의 제어	- 신호설비의 상태 감시와 제어 - 광범위한 시스템 자기 진단 기능 - 필요에 따라 스케줄에 의한 자동운행 관리 - 승객에게 열차운행정보 제공
호 환 성	- 역구내 확장 또는 변경 시 자체 수급 및 설치에 많은 경비와 기간이 소요됨	- 역 조건의 변동에 따른 지역데이터 수정만으로 연동장치 계속 사용이 가능
제 어	- 현장의 모든 설비와의 연결은 다량의 케이블에 의거 매 회선별로 기계실과 연결하여 제어	- 현장의 모든 설비와는 데이터 전송을 집선화 함으로써 소량의 케이블로 제어
안전성 및 신뢰성	- fail-safe특성은 우수하나 특정계전기 한 개의 고장 시 전체 시스템의 고장으로 연결되며 고장 발견에 많은 시간이 소요됨	- 주요 부분이 다중화되어 있어 안전 운행에 필요한 신뢰성을 갖추고 있으며 이중 출력 접속으로 모듈고장 시 시스템 운용에 영향 없이 모듈교체가 가능 - 고장메시지에 의한 장애발생 시간 및 위치 등을 정확히 알 수 있고 신속한 보수유지가 가능
시공 및 유지보수의 용이성	- 넓은 면적 소요 - 중량물 및 다량의 케이블 소요 - 절체시간 장시간 소요 - 부분개량 시 계전기랙 및 계전기 추가 설치하고 복잡한 결선으로 장시간 소요 - 회로구성 복잡으로 장애보수 지연	- 좁은 공간 설치 가능 - 절체시간 단시간 소요 - 부분개량 시 연동데이터 변경으로 단시간 소요 - 자체 진단기능 보유 - 예방점검 가능

6.6.4 전자연동장치의 구성

1 전자연동장치의 특징

전자연동장치는 중앙처리장치(연동장치부), 표시제어부, 데이터 전송장치, 입・출력장치 등으로 구성된다. 처리장치는 분산제어방식일 경우 여러 대의 마이크로컴퓨터

(멀티프로세서방식)로 이루어지며, 집중제어방식일 경우 단일계의 마이크로컴퓨터로 구성되고 fail-safe 기능의 마이크로컴퓨터에 의해 안전성을 확보하고 있다. 또한 소프트웨어에 의해 연동기능, 자동진로설정기능 등을 수행하도록 구성하고 있다.

전기연동장치는 신호용 릴레이를 사용하여 고장 시 정지신호를 현시할 수 있도록 하며 릴레이 고장 시 낙하측으로 동작되도록 하고 있다.

이와 같이 한 방향으로 오류가 생기는 특성을 비대칭 오류특성이라 한다.

그러나 IC는 고장 시 신호 릴레이와 같이 한 방향으로 고장이 생긴다고 할 수 없다.

고장 검출을 위해 CPU는 버스 비교 방식의 회로를 채용하여 2중계로 구성한다. 소자의 소형화에 의해 1개의 마더보드에 2중계의 fail-safe(버스 동기식)가 개발되고 있으며 2중계로서 또 다른 한 계를 사용한 2중계 시스템이 신호설비의 주류를 이루고 있다.

아무리 안전성을 배려한 시스템을 개발하여도 연동처리를 시행하는 프로그램이기 때문에 프로그램상에서의 오류발생 시에는 대형사고의 유발이 우려될 수밖에 없다.

따라서 하드웨어의 2중계와 마찬가지로 "프로그램도 여러 개를 독립적으로 작성하여 연산결과를 조합하면 오류는 검출할 수 있다."는 주장도 있으나 "안전성을 요하는 처리 프로그램에 오류가 남아 있다는 것을 확인할 수 없다."는 기본적인 생각이 지배적이다.

또한 소프트웨어는 하드웨어와 달리 "일단 제대로 만들어진 프로그램은 두 번 고장 나는 일은 없다."고 하는 성질이 있다.

이와 같은 생각을 실현시키기 위해서는 프로그램의 정확성을 검증하여야 하고 검증된 프로그램을 사용하는 것이 바람직하다.

소프트웨어의 안전성 확보를 위한 기본 요구조건은 다음과 같다.

① 실적 있는 논리를 따른다.
전기연동장치의 결선논리

② 철저한 시험과 실적에 따라 증명되어야 한다.
프로그램의 완성 수준이 높음을 증명하여야 한다.

③ simple is best
프로그램은 일련의 계층구조를 가지므로 정해진 처리순서에 따라야 한다.

④ 제어는 조건을 충족하도록 하여야 한다.

⑤ 반복출력을 행하여야 한다.

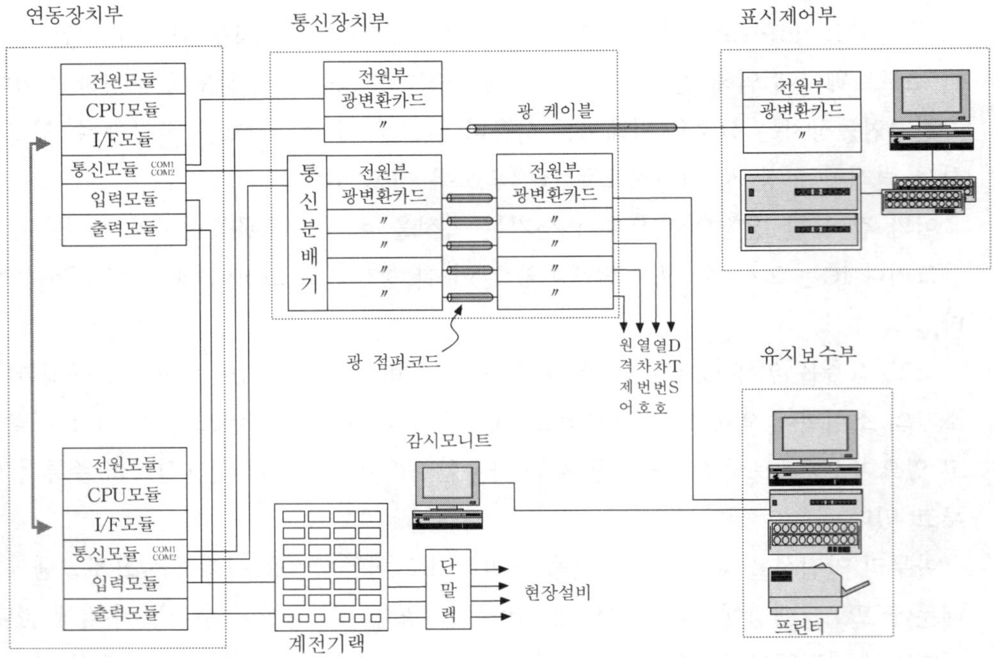

그림 6-41. 전자연동장치 시스템 구성도

2 하드웨어

전자연동장치는 안전성과 신뢰성을 위해서 2중계로 설비하고 전차선 유도, 이상전압, 낙뢰 등 외부로부터 받을 수 있는 전기적 영향으로 인한 오동작 및 시스템 손상을 방지하기 위하여 연동장치부와 직접 통신을 하는 표시제어부는 광통신을 이용한다.

전자연동장치의 소프트웨어는 각 역에 공통으로 적용할 수 있도록 프로그램이 표준화 되어있고, 각 역의 고유기능은 데이터로 처리할 수 있다. 이와 같은 방법은 사용자에 관계없이 주어진 규칙에 따라 데이터를 입력함으로써 안전성과 신뢰성을 한층 더 높일 수 있게 된다.

1) 연동장치부

연동장치부는 하나의 서브랙에 전원모듈, CPU 모듈, 인터페이스 모듈, 입출력 제어모듈을 수용하여 기본 서브랙을 구성하고 기본 서브랙에 의하여 2중계로 구성한다.

① **CPU 모듈**

CPU 모듈은 연동처리, 버스 및 입출력 모듈의 제어, 외부장치와의 통신, 시스템의 상태감시 및 절체기능을 하며 연동데이터는 ROM에 저장하고 정해진 연동로직에 의하여 처리한다.

② **인터페이스 모듈**

인터페이스(I/F) 모듈은 1, 2계 정보 교환을 위하여 시스템 버스 상호간을 연결하는 기능을 한다.

③ **입력모듈**

입력모듈은 현장의 상태정보를 받아 프로세서 보드로 정보를 전송하는 역할을 한다.

④ **출력모듈**

출력모듈은 CPU로부터 주기적인 정상 출력신호에 의하여 동작하여야 하며 출력소자 및 모듈 내 다른 부품의 소손 등에 의하여 부정한 출력이 발생되지 않아야 한다. 출력확인(feed-back)회로에 의하여 출력에 대한 정상 동작여부를 확인하고 출력모듈 자체적으로 안전측으로 동작하여야 한다.

2) 광통신부

표시제어부, CTC, 원격제어, 열차번호송수신, 유지보수부 및 기타 외부장치와의 광통신을 하기 위한 장치이며 주변장치와의 통신방식은 RS-422를 표준으로 한다.

3) 표시제어부

① 운전 취급자의 제어정보를 연동장치부에 전달하고 연동장치의 모든 상태를 표시하는 기능을 갖는다.

② 제어기능은 열차 운전취급에 필요한 신호설비 제어, 운전취급 주의표 설정·취소, 열차번호 입력·수정·삭제, 메시지 검색 등 기본장치 운용에 관련된 제어기능을 포함한다.

③ 표시기능은 현장 신호설비의 상태, 열차번호 및 운행상황, 운전취급 내용 및 결과, 각 시스템의 상태, 운전취급 주의표 설정상태, 메시지 내용 등을 표시한다.

④ 경보기능은 열차접근, 현장설비 또는 시스템의 고장 시 화면표시의 변경, 음향의 발생 등으로 운용자에게 알릴 수 있다.

4) 유지보수부

① 유지보수부는 시스템 감시, 메시지 기록, 연동데이터의 변경 및 오류검증, 상태재현, 각종 자료 인쇄기능을 갖는다.

② 운영체제와 모든 응용 프로그램은 표시제어부와 같은 방식으로 하며 시스템 감시 화면은 표시제어부 역 구내 화면을 동일하게 표시한다.

3 소프트웨어

전자연동장치의 소프트웨어 구성은 표 6-5와 같다.

표 6-5. 소프트웨어 구성

구성부	프로그램(S/W)	기 능	비 고
연 동 장치부	–	I/O입출력 제어, 연동처리	
	firmware+custom IC	메시지생성, 제어명령처리	
	–	계간 상태비교 및 절체처리	
유 지 보수부	표시용 S/W	역 상태 및 메시지 표시	실시간 상태 표시
	데이터생성기 S/W	연동도표 및 역 상태 화면편집	연동도표, 역 상태 화면정보 및 기타시스템 정보 파일 생성
	메시지검색기 S/W	로깅데이터 검색 및 출력	프린터 설치
표 시 제어부	제어표시용 S/W	역 상태 및 메시지 표시 역내 신호명령 제어	
	메시지검색기 S/W	로깅데이터 검색 및 출력	화면상태에서 검색확인

1) 일반사항

(1) 표준화

각 역을 표준화하기 위해 될 수 있는 한 모든 절차를 표준화하며 각 역의 상황 데이터 즉 연동도표와 그에 따른 데이터만을 수정하여 운영 가능하도록 한다.

(2) 전기연동장치와의 비교

이미 안전성과 신뢰성이 확인된 전기연동장치의 로직을 1 : 1로 연동 프로그램화하여 회로의 안전성과 신뢰성을 확보한다.

다음은 계전기 결선도와 연동장치부 프로그램을 비교한 것이다.

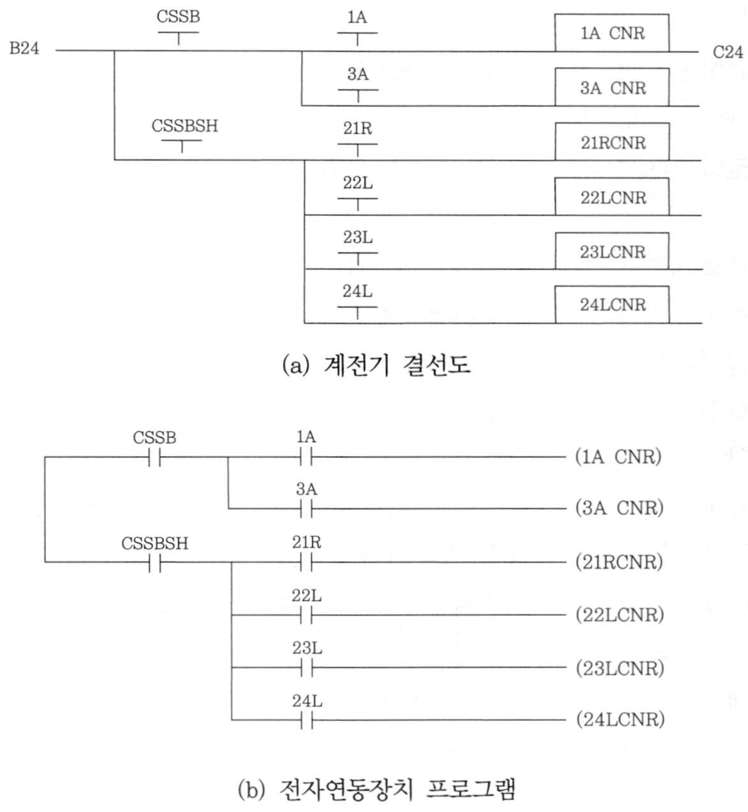

그림 6-42. 계전기 결선도와 연동장치부 프로그램 비교

2) 연동장치부

(1) 구성

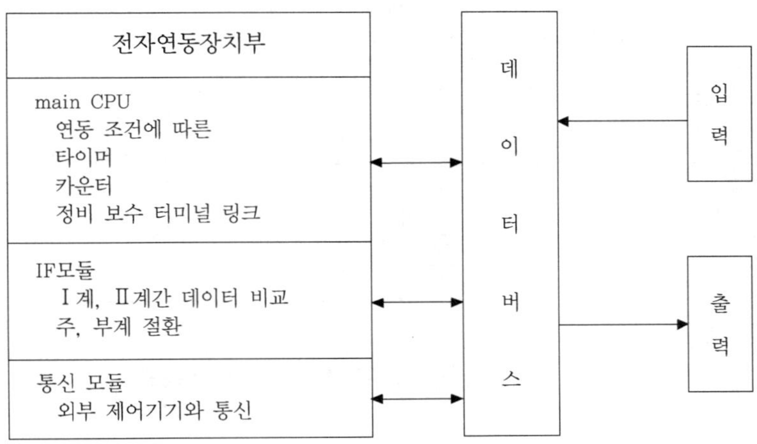

그림 6-43. 연동장치부의 구성

(2) 특징

① **인터페이스** : RS-422 방식으로 조작표시반 및 표시제어부와 인터페이스 기능을 제공한다.

② **다운로딩 기능** : 유지보수 터미널과 연결되어 프로그램의 다운로딩 기능을 제공한다.

③ **연동프로그램의 ROM화** : 연동프로그램은 ROM으로 사용이 가능하다. 유지보수 시에는 다운로딩 기능을 사용하고 완성된 프로그램은 ROM으로 적재하여 실행할 수 있도록 제공한다.

④ **유지보수** : 유지보수 터미널과 연결되어 각종 테스트 및 연동장치부의 상태 등을 파악할 수 있는 기능을 제공한다.

⑤ **하드웨어 체킹** : 하드웨어 또는 소프트웨어에 의한 시스템의 안전성을 점검하며 필요시 메시지 생성 기능을 제공한다.

⑥ **timer 처리** : timer 기능을 제공하여 기존 계전기식 timer의 기능을 제공하며 완벽한 동작을 지원한다.

⑦ **이중계 논리 :** I계와 II계의 프로세서간 인터페이스로 이중계를 지원하며 계간 절체 시에 소요되는 시간이 필요하지 않는 무순단 절체가 가능하다.

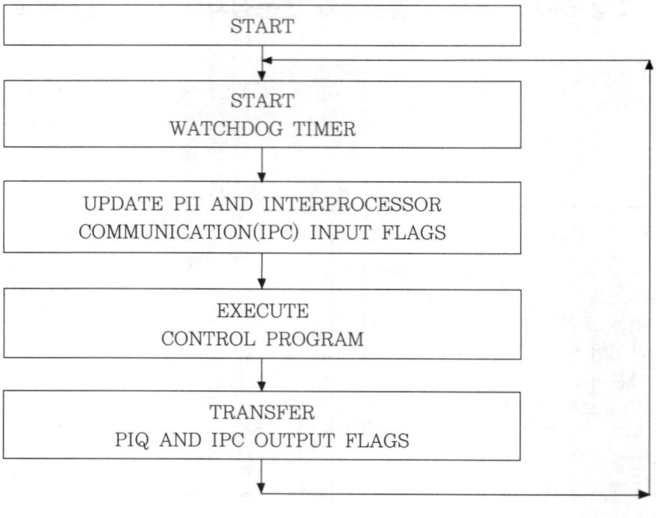

그림 6-44. 연동장치부 소프트웨어 흐름도

3) 표시제어부

(1) 프로그램 흐름도

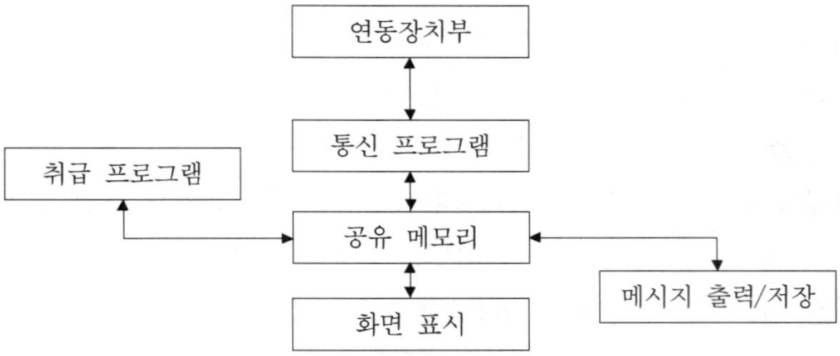

그림 6-45. 표시제어부 프로그램 흐름도

(2) 각 프로그램의 특징

① 통신 프로그램

- 연동장치와 프로토콜을 이용하여 통신한다.
- 연동장치와 통신에 의하여 수집된 정보를 기존 정보와 비교하여 변화 상태를 점검한다.
- 변화 검출 시 공유 메모리에 word 단위로 일정 분량을 저장하고 취급, 메시지, 화면 표시 프로그램 쪽으로 정보 저장을 통보한다.
- 취급 프로그램에서 전달된 취급 정보를 각 종류별로 비교 판단한다.
- 열차정보, 시간설정, 선로전환기 전환, 신호제어, 입환제어 인지를 판단하여 그에 상응하는 코드를 부여하여 연동장치로 전송한다.
- 연동장치와 통신이 일정 횟수 이상 중단될 시 통신장애 표시와 메시지 출력, 신호음 발생을 각 프로그램에 지시한다.

② 운영 프로그램

- 운영 프로그램은 메뉴방식을 사용하며 메뉴는 취급 특성에 따라 분리한다.
- 각 진로에 대하여 예상되는 진로를 노란색으로 표시하여 취급자에 의한 오취급을 미연에 방지토록 한다.
- 예상진로 표시 후에 최종 취급 여부를 취급자에게 묻는다.
- 선로전환기의 경우 현재상태는 회색으로 글씨를 표시하며 회색화된 부분은 취

급이 불가능하며, 취급 가능한 부분은 검은색으로 표현한다. 취급자는 검은색으로 표시된 부분만 취급이 가능하다.

- 주신호, 입환표지의 경우 현재 취급이 가능한 신호만이 검은색으로 표시되어 취급이 가능하며 이미 취급에 의한 결과로서 취급이 불가능한 다른 진로에 대해서는 회색으로 표시하며 취급이 불가능하다.
- 제어의 경우 CTC, LOCAL 전환, 비상 LOCAL 취급 등으로 구성한다.

③ **메시지 출력 · 저장 프로그램**

- 현재 연동장치의 시스템 장애상황을 각 모듈별, 전체 시스템, 1계, 2계의 상태를 화면에 표시함과 동시에 파일로 저장한다.
- 현장 선로전환기 장애 및 궤도 장애를 발생 즉시 조작표시반과 유지보수부에 표시함으로써 취급자와 보수자 모두가 현장상태를 빠르게 확인하여 조치할 수 있도록 한다.
- 또한 취급에 의한 오취급 사항도 점검하여 표시하고 CTC, LOCAL 취급 여부도 표시한다.
- 현장 신호기에 대한 장애는 물론 현장상황에 따른 신호기 장애상태 및 그에 상응하는 원인도 표시하여 최적의 상태유지를 도와준다.
- 표시된 메시지는 조작표시반과 유지보수부에 동일하게 표시되고 파일로 저장되며 일정기간의 메시지를 기록하여 보관토록 한다.

4) 유지보수부

(1) 개요

전자연동장치부에 대한 연동논리식 데이터와 관련 데이터 입력 및 모니터링, 테스팅기능을 제공한다.

(2) 소프트웨어 기능별 내용

① **OBJECT 관리기능**

편집 및 편집 완료된 각종 데이터 파일은 프로젝트 그룹 리스트로 관리되고 보조기억장치로의 저장기능을 지원한다. 편집 완료된 연동논리회로식은 컴파일 후 다운로딩 기능을 지원한다.

② **편집 관리기능**

연동논리회로식 데이터 편집 사용자로 하여금 연동논리회로식의 구현 및 수정을 용이하게 하기 위해 데이터 편집기능은 계전기 연동회로와 1:1 대응하는 입력방식을 사용하며 각종 BLOCK 편집기능을 제공한다.

- OB BLOCK : 초기화 프로그램 편집
- FUNCTION BLOCK : 각종 보조 프로그램 작성
- DATA BLOCK : 데이터 메모리 할당
- PROGRAM BLOCK : 논리회로식 작성

③ **테스팅 기능**

연동논리회로식의 다운로딩 후 유지보수부와 전자연동장치부의 연동논리회로식의 각종 연동회로 상태를 보고 오류가 발생하였을 때의 상황을 확인한 후 직접 수정 가능하도록 제공한다.

④ **MANAGEMENT 기능**

연동논리회로식이 완전하면 ROM화시켜서 연동논리회로식을 보호하는 기능을 제공한다.

⑤ **DOCUMENTATION**

연동논리회로식 프로그램 리스트, DATA BLOCK, FUNCTION BLOCK을 프린터로 출력하는 기능을 제공한다.

6.7 연동도표

6.7.1 연동도표의 개요

정거장 구내의 열차운전이 안전하게 이루어지도록 여러 가지 방법의 쇄정이 연동장치에 의해서 이루어지고 있다. 이러한 연동장치가 어떤 내용인지 일목요연하게 알 수 있도록 도표로 표시한 것이 연동도표이다.

연동도표는 신호설비의 기초 자료로서 신호설비를 설계할 때와 연동장치가 완성된 다음의 보수를 위하여 반드시 필요한 것이다.

따라서 연동도표를 작성하는 방법에는 여러 가지 기호나 부호, 연동내용의 기재방식을 일정하게 정하여 어느 때, 어느 곳에서 누가 작성한다 하더라도 같은 사항은 똑같이 기재하여 읽을 수 있도록 작성해야 하며 이를 위하여 연동도표의 제조요령이

규정되어 있다.

우선 열차를 안전하게 운행하기 위한 기본조건을 들어보면 다음과 같다.

① 진로가 완전히 구성되어 있어야 한다.
② 진로상에는 열차 또는 차량이 없어야 한다.
③ 진로를 방해하려는 열차의 운전 가능성이 없어야 한다.

이상의 조건이 만족되면 열차를 안전하게 운행할 수 있으며 안전한 상태가 확보되어야 신호기에 진행신호를 현시할 수 있다.

6.7.2 연동도표의 작성기준

1 연동도표 작성시기

① 역 구내 연동장치 신설
② 신호기, 입환표지 신설(폐지) 또는 진로변경
③ 궤도회로 신설 또는 폐지
④ 선로전환기 신설 또는 폐지
⑤ 기타 연동조건 변경
⑥ 역 구내 연동장치 개량

2 연동도표 작성 시 주의사항

1) 열차 착발선 확인, 입환방법과 진로 및 입환회수

2) 선로의 유효장

현재의 유효장(길이)과 유효장에 포함되는 궤도회로를 파악한 다음 연동도표 작성 시 부득이한 경우 외에는 해당 선로의 유효장이 줄지 않도록 하여야 한다.

3) 차량접촉한계표지

차량접촉한계표지 외방(차량이 접촉하는 방향)에 궤조절연을 설치하지 말아야 하나 부득이 설치할 경우 이에 대한 연동조건을 보완하여 신호기 또는 표지에 진행현시로 열차 또는 차량이 운전할 때 접촉되는 일이 없도록 하여야 한다.

3 연동도표의 기재사항

연동도표는 하나의 정거장 구내를 한 장으로 하는 것을 원칙으로 하고 역간의 도중 분기기 등 연동장치의 조건에 필요한 시설물은 연동도표에 포함하여야 하며 아래 내용을 기재한다.

1) 소속선명 및 역명 또는 신호장, 신호소명

2) 배선약도(기점을 좌로 종점을 우로한다.)

① 배선약도에는 연동범위 내가 아니더라도 신호설비(전철 쌍동기, 단동기, 전철표지 등)가 설치되는 데까지 배선의 약도를 그린다.

② 각 신호설비의 위치는 선로평면도 위치와 유사하도록 작성하고 주요본선은 굵은 선, 기타선은 가는 선으로 표기한다.

③ 세부내용

㉮ 본선의 양단에 선로의 기점, 종점 및 인접역명

㉯ 본 역사 홈(승강장) 및 필요에 따라 건널목 및 과선교

㉰ 열차 운전방향 및 선로명칭 또는 필요에 따라 선로번호 및 지점명칭

㉱ 신호기(입환표지 포함), 진로표시기, 선로표시표지 및 무유도표지의 번호

㉲ 연동관계가 있는 선로전환기, 탈선기 및 차막이표지 및 그의 번호

- 연동과 무관한 선로전환기 번호는 시점쪽을 101호~, 종점쪽은 201호~ 로 한다.
- 청원선 전용 선로전환기 번호는 구내에서 가까운 것부터 301~400호, 종점쪽은 401~500호로 한다.

㉳ 기계연동장치에 있어서 전철쇄정기 철사간 및 접속간과 번호

㉴ 취급 선로전환기(에스케이프식이 아닌 추붙음 전환기를 제외함) 및 종별 약호

㉵ 열차정지표지, 차량정지표지, 차막이표지

㉶ 궤도회로명(궤도회로명에는 ( )를 붙여야 한다.) 및 그의 경계

㉷ 리버 취급소 외에 있는 전철리버에 붙어 있는 전기쇄정기, 선로전환기, 회로제어기, 전철쇄정기

㉸ 역간 폐색신호기(본선 : 진출하는 쪽에서 첫 번째 신호기 위치, 단선 : 진출, 진입쪽에서 첫 번째 신호기 위치)

㉹ 차량접촉한계표지

㉺ 기타 특히 필요한 것

3) 연동장치 종별

① 연동장치는 기계, 전기, 전자연동장치가 있으며 각각 기호로서 구분한다.

② 연동장치 종별을 기재할 때, 신호조작반의 위치, CTC · ERC · 단독 취급역을 구분하고 폐색장치(자동, 연동, 통표)와 원격제어(제어역, 피제어역)를 함께 표시한다.

4) 연동도표

연동도표에는 신호기(표지) 명칭, 진로방향(단, 기계연동장치의 번호), 출발점 및 도착점의 취급버튼, 쇄정, 신호제어 및 철사쇄정, 진로(구분)쇄정, 접근 또는 보류쇄정란 및 철사쇄정을 두어 다음을 기재한다.

① **명칭란**

신호기의 종별, 선로전환기의 쌍동, 삼동의 구별, 탈선기, 접속간, 취급버튼, 통과 신호기(원방신호기 및 중계신호기는 도표에만 기재한다) 등을 표기하며 운전방향에 따른 관계진로를 기재한다.

② **진로방향란**

해당 신호기의 출발 및 도착지의 궤도명 또는 궤도가 없을 경우 취급버튼 명칭을 표시한다.

주) 장내, 또는 출발에 의하여 간접제어되는 구내 폐색신호기는 제어신호기 번호에서 도착점 진로로 표기하며 시설물 명칭은 상행, 하행, 1R, 2L 등으로 표기하며 L, R의 방향표시는 연동도표 부호 번호란의 L, R의 기준을 적용한다.

③ **취급버튼 또는 리버 번호란**

㉮ 그 해당 신호기 또는 입환표지를 해당 진로방향으로 구성하기 위한 취급버튼(전기 · 전자연동장치) 또는 리버 번호(기계)

㉯ 출발점은 해당 신호기 또는 입환표지 취급버튼 번호 및 진로상태를 표시한다.

㉰ 도착점은 해당 신호기의 여러 진로 중 해당 도착점 번호를 표시한다.

④ **쇄정란**

㉮ 그 번호의 취급버튼을 반위 즉 취급버튼을 조작하여 해당 진로를 구성하였을 때 쇄정되는 선로전환기 번호 또는 신호기, 입환표지의 취급버튼 번호

㉯ 그 번호의 폐로쇄정에 관계가 있는 궤도회로명

㉰ 그 번호의 취급버튼을 반위로 하였을 때 해정되는 다른 운전취급실의 취급버튼 번호

㉣ 그 번호의 취급버튼이 편쇄정되는 다른 운전취급실의 취급버튼 번호

㉤ 전기 및 전자연동장치에 있어서 관계진로 구성 후 상호쇄정되는 신호기(표지 포함, 이하 같음)는 다음과 같다.

- 장내, 출발 및 입환신호기의 진로구성이 동일한 경우 또는 관계진로 안에 있는 상대신호기는 상호쇄정한다.
- 도착지점을 공유하는 상대신호기는 해당진로만 상호쇄정하는 것으로 한다. 다만, 동일 선상 2 이상의 신호기가 상호 연동되어 있는 개소에서 먼저 취급한 신호기에 의하여 상대신호기가 상호쇄정될 때는 이를 생략할 수 있다.

⑤ **신호제어 및 철사쇄정란**

㉮ 열차진행 순서별로 도착점까지 신호제어에 관계되는 궤도회로명을 표기하되 입환표지 및 유도신호기의 도착점 궤도회로는 표기하지 않는다.

㉯ 선로전환기 철사쇄정에 관계있는 궤도회로명을 표기한다.

㉰ 운전방향 및 진로조사에 관계있는 궤도회로명을 표기한다.

㉱ 전기연동장치에 있어서 단선구간에 한하여 다음과 같은 조건은 신호제어란에 표기한다.

- 연동폐색구간에 있어서 폐색조건
  (최외방 선로전환기를 포함한 궤도회로명 + TPS)
- 단선 자동폐색구간에 있어서 출발신호기 폐색완료계전기조건
  (출발신호기 + BR)
- 도중분기가 있는 개소는 양역에 같이 표시한다. 다만, 해당역은 분기 명칭을 쇄정란에, 인접역은 신호제어 및 철사쇄정란에 표기하되 다른 역 분기의 의미로 [○○역 ○호]로 한다.

⑥ **진로(구분)쇄정란**

㉮ 신호기 진로, 운전방향 및 조사와 관련된 진로 또는 진로구분쇄정에 관계있는 궤도회로명은 열차의 운전하는 방향 순서로 기재한다.

㉯ (23T)(53T)(23, 53단, 90초)는 유효장 내 선로전환기 23호와 53가 있으며 이 선로전환기는 90초 뒤에 해정됨을 표기한다.

⑦ **접근 또는 보류쇄정란**

쇄정에 관계있는 궤도회로명 또는 그 쇄정방식의 종류를 표기한다.

주) 해정시간이 정하여져 있는 것은 시분을 기입한다.

4 연동도표의 부호

1) 번호란

① ( )를 붙인 것은 그 번호의 취급버튼에 의하여 간접으로 쇄정되는 것을 표시한다.

② A, B, C 등은 전기 또는 전자연동장치에 있어 취급버튼임을 표시한다.

③ L, R 등은 조작반 또는 운전취급용 모니터 기준으로 운전취급자의 위치에서 열차 운전방향 우측은 R, 좌측은 L로 표시한다.

2) 쇄정란

① 번호만을 표시한 것은 정위쇄정된 선로전환기 번호

② ○을 붙인 것은 반위쇄정된 선로전환기 번호

③ [ ]를 붙인 것은 다른 운전취급실 또는 상호쇄정된 신호기(입환표지)의 취급버튼 번호

④ 〈 〉를 붙인 것은 기계연동장치에 있어서 기계적인 리버쇄정 연쇄에 의한 것을 표시한다. 궤도회로명을 표시한 것은 페로쇄정되는 것을 표시한다.

⑤ { }를 붙인 것은 취급버튼이 전기적인 연쇄에 의한 것을 표시한다.

⑥ (21 단 4A)는 4A 신호기가 정위일 때 한하여 21호 선로전환기가 정위로 쇄정하는 것을 표시한다.

⑦ ◎을 붙인 입환표지의 취급버튼 번호는 전기 또는 전자연동장치에 있어서 총괄제어되는 것을 표시한다.

3) 신호제어 또는 철사쇄정란

① 궤도회로명을 표시한 것은 신호기에 있어서 신호현시가 해당 궤도회로에 의해 제어되고 철사쇄정이 되는 것을 표시한다. 운전방향 또는 진로조사에 있어서는 해당 궤도회로에 의하여 그 취급버튼이 쇄정되어지는 것을 표시한다. 번호만을 표시한 것은 정위에 있어서 제어회로를 구성하는 것을 표시한다.

② ○을 붙인 것은 반위에 있어서 제어회로를 구성하는 것을 표시한다.

③ (2T단 3)은 3번 취급버튼이 정위에 있을 때에 한하여 궤도회로 2T에 의하여 제어되는 것을 표시한다.

④ 장내, 출발, 구내 폐색신호기는 제한신호를 명시한다.(일반구간은 G, YG, Y, YY로 표기하고, ATC구간은 속도코드에 의한다.)

4) 진로(구분)쇄정란

① 궤도회로를 표시한 것은 궤도회로에 의하여 관계신호 및 운전방향에 대하여 진로쇄정이 되는 것을 표시한다.

② ( )를 붙인 것은 해당 궤도회로에 의하여 그 구간 중의 선로전환기에 직접 진로쇄정이 되는 것을 표시한다.

③ 2T (3T) 또는 (2T), (3T)는 진로구분쇄정이 붙어 있는 것을 표시한다.

④ (5단 30초)은 그 번호의 취급버튼을 정위로 한 후 30초간 취급버튼 5번을 정위로 쇄정하는 것을 표시한다.

⑤ (( ))는 열차가 도착하여도 이중괄호 구간은 열차 또는 차량이 다시 벗어날 때까지 계속 쇄정하고 있음을 표시한다.

⑥ (『단, 선로전환기를 포함하는 궤도회로』)는 유효장 안에 선로전환기가 있는 경우 열차 도착 후 일부의 차량을 유치하고 열차 진행방향으로 입환 시 선로전환기 해정조건은 선로전환기를 포함하는 궤도회로와 그 다음 궤도회로를 순차적으로 점유 후 당해 분기부 궤도회로가 복구되었을 때 해정되어야 한다.

5) 접근 또는 보류쇄정란

① 궤도회로명만을 표시한 것은 해당 궤도회로에 의한 접근쇄정 및 보류쇄정이 붙어 있는 것을 표시한다.

② (90초) 또는 (30초)와 같은 것은 시소계전기를 사용하여 신호기 또는 입환표지가 정지신호를 현시한 때부터 90초 또는 30초를 경과 후 접근쇄정 또는 보류쇄정이 해정되는 것을 표시한다.

③ 차량이 측선, 인상선 또는 입환선군에서 진입하는 입환표지(입환신호기 포함)가 있을 경우, 외방에 궤도회로를 구성하여야 한다.

6) 기계연동장치 리버 배열도에는 리버 배열의 순서와 말의 배치를 기재한다.

○○역 연동도표

(서기 00K 000)

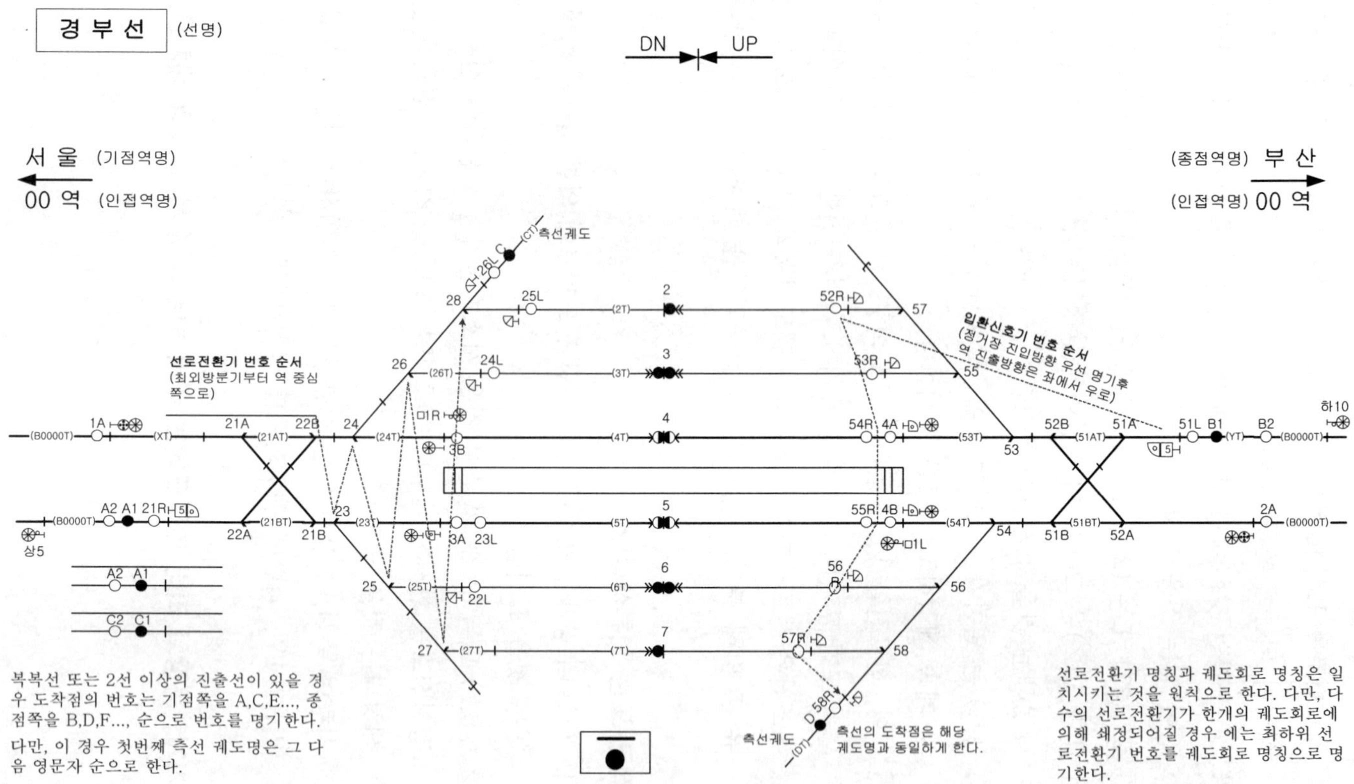

(전기연동장치)

명 칭	진로방향	취급버튼 출발점		취급버튼 도착점	쇄 정	신호제어 및 철사쇄정	진로(구분)쇄정	접근 또는 보류쇄정	
장내신호기	B0000T→4T	1A		4DN	21 22 24 53 [21R][3B][51L][2A]	XT 21AT 24T 4T	(XT)(21AT)(24T)	B0000T	90초
				TTB	21 22 24 53	XT 21AT 24T			
구내폐색	1A→4DN	□ 1R			53	4T 53T			
장내신호기	B0000T→5T	1A		5DN	(21) 22 23 54 [21R][51L][2A]	XT 21AT 21BT 23T 5T	(XT)(21AT)(21BT)(23T)	B0000T	90초
출발신호기	4T→B0000T	4A		B2	53 52 51 [54R][51L]	53T 51AT YT B0000T	(53T)(51AT)	24T 4T	30초
구내폐색	4A→B2	□ 2R			52 51	51AT YT B0000T			
출발신호기	5T→B0000T	4B		B2	54 (51) 52 [55R][2A]	54T 51BT 51AT YT B0000T	(54T)(51BT)(51AT)	23T 5T	30초
입환신호기	3T→B0000T	53R		B2	(55)(53) 52 51 [51L]	53T 51AT YT B0000T	(53T)(51AT)	3T	30초
입환표지	3T → YT			B1	(55)(53) 52 51 [51L]	53T 51AT	(53T)(51AT)	3T	30초
장내신호기	B0000T→4T	2A		4DN	(52) 51 53 24 [54R][21R][1A]	51BT 53T 4T	(51BT)(53T)	B0000T	90초
	B0000T→5T			5DN	52 51 54 23 [4B][55R][21R][1A]	51BT 54T 5T	(51BT)(54T)	B0000T	90초
				TTB	52 51 54 23	51BT 54T			
구내폐색	2A→5DN	□ 1L			23 [23L][21R]	5T 23T			
출발신호기	5T→B0000T	3A		A2	23 22 21	23T 21BT B0000T	(23T)(21BT)	54T 5T	30초
	4T→B0000T	3B			23 (22) 21	24T 21AT 21BT B0000T	(24T)(21AT)(21BT)	53T 4T	30초
입환표지	6T → XT	22L		A1	(25)(23)(21) 22 [21R]	25T 23T 21BT 21AT	(25T)(23T)(21BT)(21AT)	6T	30초

그림 6-46. 연동도표의 작성 요령(복선)

연 / 습 / 문 / 제

1. 연동장치의 연쇄기준을 설명하시오.
2. 연동장치에 사용되는 각종 쇄정방식에 대하여 기술하시오.
3. 신호기 상호간의 연쇄에 대하여 설명하시오.
4. 선로전환기 상호간 연쇄에 대해서 설명하시오.
5. 전기쇄정법의 종류에 대하여 설명하시오.
6. 진로쇄정의 정의 및 진로쇄정과 철사쇄정을 비교하고 진로구분쇄정에 대하여 설명하시오.
7. 접근쇄정구간(복선, 단선)에 대하여 설명하시오.
8. 장내신호기의 접근쇄정구간을 외방 2폐색으로 하는 이유를 설명하시오.
9. 연동장치의 보류쇄정에 대하여 설명하시오.
10. 연동장치의 시간쇄정에 대하여 설명하시오.
11. 페로쇄정에 대하여 설명하시오.
12. 표시쇄정에 대하여 설명하시오.
13. 전기연동장치에서 CR 설치에 대한 원칙을 제시하시오.
14. 전철쇄정계전기(WLR)에 대하여 설명하시오.
15. 전철선별계전기의(NR, RR)의 설치법을 그림을 그려 설명하시오.
16. 다음과 같은 진로에 대한 진로구분쇄정회로를 완성하시오.

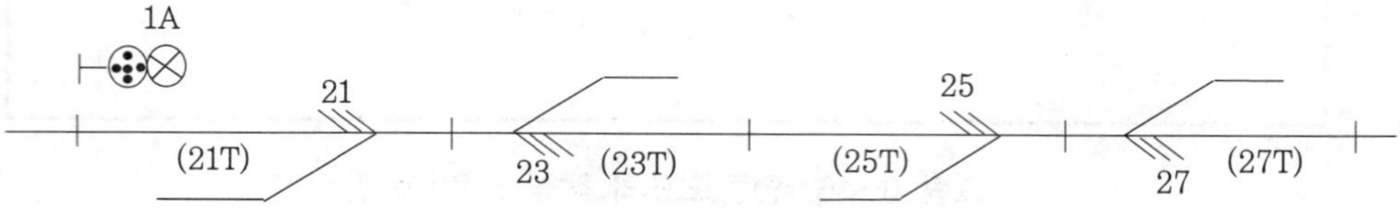

17. 다음과 같은 조건이 주어졌을 때, 우행진로선별회로를 작성하시오.
단, 우행전철선별회로는 작성하지 않아도 됨.

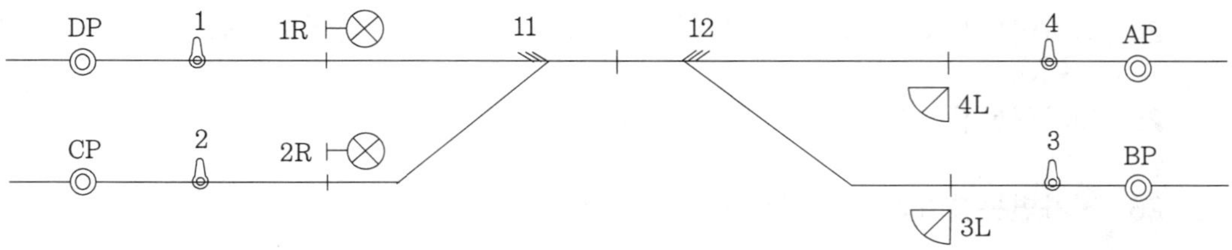

18. 전기연동장치에서 아래와 같은 조건을 부여하였을 경우 선로전환기(11A/B)의 전철제어계전기회로(결선도)를 작성하고 동작과정을 설명하시오. 단, 3R 입환신호 취급버튼을 취급하였을 경우이다.

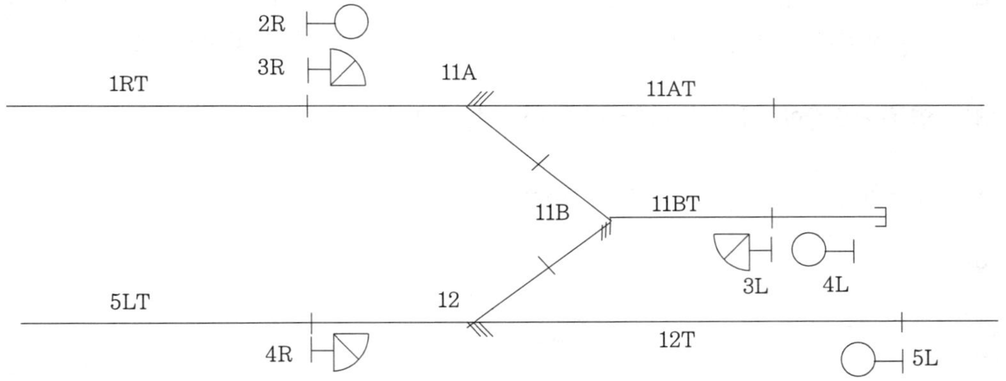

명칭		번호		쇄 정	신호제어 및 철사쇄정
선로전환기	쌍동	11	N	3L 3R	11AT, AABT
			R	2R 4L 4R	
선로전환기	단동	12	N	4L 4R	12T
			R	5L	

19. 유니트방식 전기연동장치의 동작과정을 block diagram으로 기술하시오.

20. 전기연동장치의 동작계통도를 그리고 동작순서를 설명하시오.

21. 전기연동장치의 특징을 논하시오.

22. 전기연동장치의 신호제어회로에 대하여 기술하시오.

23. 전기연동장치에서 진로를 제어하는 방법으로 구분하여 2가지 예를 들고 간단하게 설명하시오.

24. 전자연동장치의 기본조건을 갖추기 위한 그 내용을 나열하시오.

25. 전자연동장치의 특징을 기술하시오.

26. 전자연동장치의 동작계통도를 설명하시오.

27. 전자연동장치의 하드웨어와 소프트웨어를 기술하시오.

28. 열차의 과주여유거리 및 과주방호대책에 대하여 기술하시오.

29. 계전기의 조합으로 이루어진 전기연동장치와 소프트웨어 로직으로 구성된 전자연동장치를 안전성, 경제성, 설치 및 유지보수 측면에서 비교하시오.

30. 연동도표란에 기재할 사항에 대하여 설명하시오.

31. 다음의 ○○역 연동도표를 작성하시오.

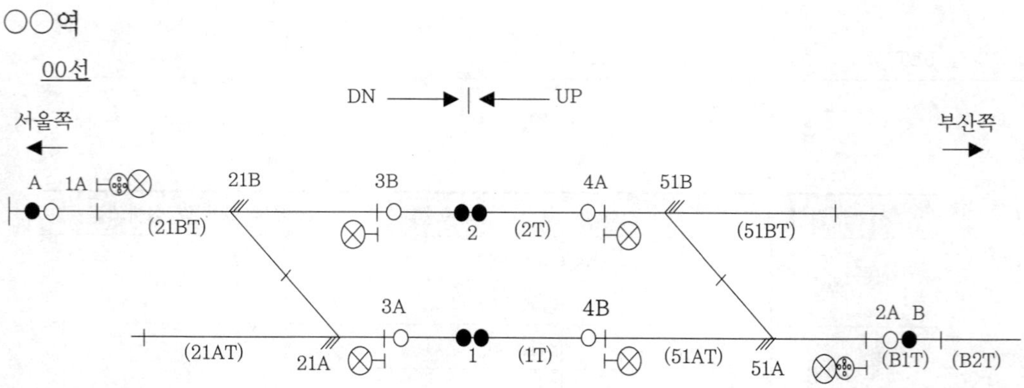

32. "21T"궤도회로를 포함하고 있는 "21호"선로전환기에 대한 전철제어계전기(WR), 전철쇄정계전기(WLR) 및 전철표시계전기(KR)에 대한 결선도를 그리고 설명하시오.

Chapter

7 건널목 안전설비

7.1 건널목 안전설비의 개요

건널목 안전설비(safety equipment of railway crossing)는 철도와 도로가 평면 교차하는 곳에 설치하여 열차가 건널목을 통과하기 일정시간 전에 열차의 접근을 알려주어 통행하는 모든 차량과 보행자를 정지하게 함으로써 건널목의 사고를 사전에 방지하기 위한 설비를 말한다.

건널목의 주요 안전설비로는 열차가 건널목에 접근하였을 때 도로 통행자에게 경고하는 건널목 경보장치(crossing alarm), 열차가 건널목에 접근하여 통과가 끝날 때까지 도로의 통행을 일시적으로 차단하는 건널목 차단기(crossing gate) 그리고 건널목 통행자에게 건널목의 존재를 표시하는 표지 등이 있다.

최근 열차의 고속화와 운행횟수의 증가 및 자동차와 보행자 등과 같은 교통량의 증가로 건널목 사고가 많이 발생하게 되어 열차운행의 안전·정확·신속성에 많은 지장을 줄뿐만 아니라 건널목을 횡단하는 보행자와 자동차 등 인명과 재산상의 피해가 막대하기 때문에 철도 건널목에는 안전 사고 방지를 위한 건널목 지장물 검지장치, 건널목 원격감시장치, 출구측 차단간 검지기, 정보분석장치 및 정시간 제어기와 같은 건널목 안전설비를 설치하고 있다.

그러나 근본적인 건널목 사고 방지책으로는 건널목과 철도를 입체교차로로 하는 것이 이상적이지만 시설비가 많이 드는 결점이 있으므로 통행 차량과 보행자가 많은 건널목부터 점차 입체교체화 하고 있다.

7.2 건널목의 종별 및 설치기준

7.2.1 건널목의 종별

건널목은 설비의 유・무, 방호능력의 정도 및 건널목의 위험도에 따라 다음과 같이 분류한다.

1) 제1종 건널목

차단기, 경보기 및 건널목 교통안전표지를 설치하고 그 차단기를 주・야간 계속 작동하거나 또는 지정된 시간동안 건널목 안내원이 근무하는 건널목을 제1종 건널목이라 한다.

2) 제2종 건널목

경보기와 건널목 교통안전표지만을 설치하는 건널목을 제2종 건널목이라 한다.

3) 제3종 건널목

건널목 교통안전표지만 설치하는 건널목을 제3종 건널목이라 한다.

7.2.2 건널목의 설치기준

건널목의 설치는 철도 및 도로의 교통량에 따라 1종, 2종, 3종으로 구분하여 설치한다. 이때 인접 건널목과의 거리는 1[km] 이상으로 하고 열차확인거리는 해당 선로에서 열차가 최고 운행속도로 운행할 때의 제동거리 이상을 확보한다. 건널목의 폭은 3[m] 이상으로 하고 철도선로와 접속도로와의 교차각은 60도 이상으로 한다. 또한 양쪽 접속도로는 반드시 포장되어야 하며, 철도경계선으로부터 30[m]까지 구간을 직선으로 하여 굴곡이 없어야 하고, 그 구간의 경사도는 3[%] 이하로 한다. 다만, 도로 교통량이 적은 곳, 지형 조건, 기타 특별한 사유로 인하여 부득이하다고 인정되는 곳은 예외로 한다.

건널목에서 시야거리는 자동차 운전자의 정지 시야거리(제한 시야거리)와 건널목 직선 시야거리 등 2가지가 있는데 이중 정지 시야거리는 자동차 운전자가 장애물 인지를 위한 충분한 시야를 확보하여 자동차를 안전하게 정지시킬 수 있는 시야거리를 말한다. 직선 시야거리는 건널목 직전에서의 통행인과 기관사 상호간의 시야 확보를 위한 시야거리를 말한다.

열차의 투시거리는 당해 선로의 최고 열차속도로 운행할 때 제동거리 이상 되는 경우로서 시속 100[km/h] 이상은 700[m] 이상, 시속 90[km/h] 이상은 500[m] 이상으로 하고 그 외는 400[m] 이상을 확보하여야 한다.

1 철도 교통량과 도로 교통량

건널목의 설치는 철도 교통량과 도로 교통량을 조사하여 건널목 종별을 정하여 설치하는데 철도 교통량이란 철도차량 중 열차 및 선로를 운행하는 동력차·특수차가 건널목을 통과한 일평균 횟수(평일에 3일간 계속 조사한 것을 평균하여 산출)에 표 7-1에서 정한 철도 교통량 환산율을 곱한 수치의 합계를 말한다.

도로 교통량이란 보행자 및 차마(車馬)가 건널목을 횡단한 일평균 횟수(평일에 3일간 계속 조사한 것을 평균하여 산출)에 표7-2에서 정한 도로교통량 환산율을 곱한 수치의 합계를 말하며 총 교통량이란 철도교통량에 도로교통량을 곱한 것을 말한다.

표 7-1. 철도 교통량 환산율

종 별	환산율
열 차	1.0
철도차량	0.5

표 7-2. 도로 교통량 환산율

종 별		환산율	대 상
보행자		1	
자전거		2	
손수레		3	
자동차	이륜	4	원동기 달린 자전거, 오토바이, 경운기, 전동휠체어 등
	소형	8	승용자동차, 소형 승합자동차(15인 이하), 소형 화물자동차(1톤이하)
	중형	10	중형 승합자동차(16인 이상 35인 이하), 중형 화물자동차(1톤 초과 10톤 미만), 소형 특수자동차(3.5톤 이하)
	대형	12	대형 승합자동차(36인 이상), 대형 화물자동차(10톤 이상), 중형 특수자동차(3.5톤 초과), 그 밖의 중장비

주) 자전거·손수레 환산율은 타는 사람 또는 끄는 사람이 포함되었음
자동차 환산율은 운전자 및 탑승자가 포함되었음

2 철도건널목 분류기준

제2종 또는 제3종 건널목 기준에 적합한 건널목이 사고다발 지역이거나 고속철도 운행구간이어서 위험도가 높다고 인정되는 때에는 표 7-3에 의한 건널목 분류기준보다 상위 등급으로 분류할 수 있다.

표 7-3. 철도건널목 분류기준

구분	총 교통량(철도교통량×도로교통량)
제1종 건널목	500,000회이상
제2종 건널목	300,000회 이상 500,000회 미만
제3종 건널목	300,000회 미만

7.2.3 건널목 안전표지

철도 건널목은 차량과 열차가 원활하게 통과할 수 있도록 설계되어야 하며 자동차 운전자에게는 건널목에 관한 정보를 전달할 수 있는 건널목 예고표지, 건널목 표지, 노면표지 등이 건널목 전방에 설치되어야 한다.

철도 건널목에는 경표(문주)를 세워 차량 운전자나 보행자 등 건널목 횡단자에게 건널목 있음과 동시에 건널목 주의운전을 알리는 건널목 관련 안전표지가 있는데 이는 모두 안전운행을 도모하는 것으로써 운전자에게 주의를 환기시키는 것이 주목적이며 표지는 도로측에 설치하는 것과 철도측에 설치하는 것 등 2종류가 있다. 건널목 사고를 방지하기 위하여 중요하게 고려해야 할 사항은 도로측이며 건널목 안전표지를 말할 때는 통상 도로측 안전표지를 말한다.

1 철도측 안전표지

철도측 안전표지는 철도건널목표지와 기적표지 등 2가지가 있다. 철도건널목표지는 건널목임을 지정하는 표지로 '×'자형의 황색 바탕에 검은 줄과 '멈춤'이란 글자가 쓰여 있는 표지를 말하며, 기적표지는 열차의 기적을 울릴 필요가 있는 지점(대부분 건널목으로부터 약 400[m] 이상 떨어진 지점)에 설치된 백색테의 청색 원판에 나팔 모양을 그려 놓은 표지를 말한다.

2 도로측 안전표지

도로측 안전표지는 교통안전에 필요한 주의·규제·지시 등을 표시하는 표지판이나 도로의 바닥에 표시하는 기호·문자 또는 선 등을 말하며 건널목 관련 안전표지는 주의표지인 철길건널목표지와 위험표지, 규제표지인 일시정지표지, 노면표지인 일시정지표시 등 4가지가 있다.

표 7-4. 도로측 안전표지

안전표지	경고 표지명	형 상	표시하는 뜻	설치기준 및 장소
주의표지	철길건널목 표 지 (110호)	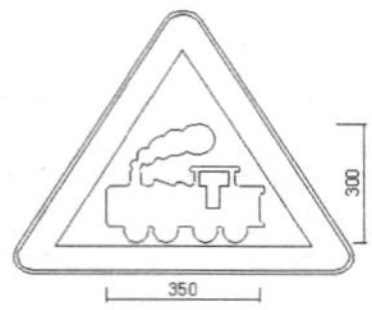	· 철길건널목이 있음을 알리는 것	· 철길건널목이 있는 지점에 설치 · 주행속도가 높은 구간에는 적당한 간격으로 중복설치 · 철길건널목 전 50미터 내지 120미터의 도로우측에 설치
	위험표지 (140호)		· 도로교통상 각종 위험이 있음을 알리는 것	· 위험지역에 설치 · 위험지역 전 50미터 내지 200미터의 도로우측에 설치
규제표지	일시정지표지 (227호)		· 차가 일시정지하여야 할 장소임을 지정하는 것	· 차가 일시 정지하여야 하는 교차로 기타 필요한 지점의 우측에 설치
노면표지	일단정지표시 (521호)		· 차가 일시정지하여야 할 것을 표시하는 것	· 교차로, 횡단보도, 철길건널목 등 차가 일시정지하여야 할 장소의 2미터 내지 3미터 지점에 설치

7.3 건널목 안전설비

건널목 종류별 안전설비는 표 7-5와 같은 설비를 설치한다.

표 7-5. 건널목 종류별 안전설비 설치기준

<table>
<tr><th>종류별</th><th>세부
종별</th><th>차단기</th><th>건널목
경보기</th><th>고장
표시
장치</th><th>전철
또는
구간빔</th><th>스펜션</th><th>교통
안전
표지</th><th>관리원
없음
표지</th><th>기적표</th><th>조명
장치</th><th>고장
검지
장치</th><th>전동
차단기
수동
취급</th><th>장치
및
사용
안내문</th></tr>
<tr><td rowspan="2">1종</td><td>자동</td><td>○</td><td>○</td><td>△</td><td colspan="2">○</td><td>○</td><td>△</td><td>△</td><td>△</td><td>△</td><td colspan="2">△</td></tr>
<tr><td>수동</td><td>○</td><td>○</td><td>△</td><td colspan="2">○</td><td>○</td><td>△</td><td>△</td><td>△</td><td>△</td><td colspan="2"></td></tr>
<tr><td>2종</td><td>자동</td><td></td><td>○</td><td>△</td><td colspan="2">○</td><td>○</td><td></td><td>△</td><td></td><td></td><td colspan="2"></td></tr>
<tr><td>3종</td><td>수동</td><td></td><td></td><td></td><td colspan="2">○</td><td>○</td><td></td><td>△</td><td></td><td></td><td colspan="2"></td></tr>
</table>

주1) ○표는 반드시 설치해야 하는 것.
주2) △표는 현장 여건에 따라 생략할 수 있는 것.

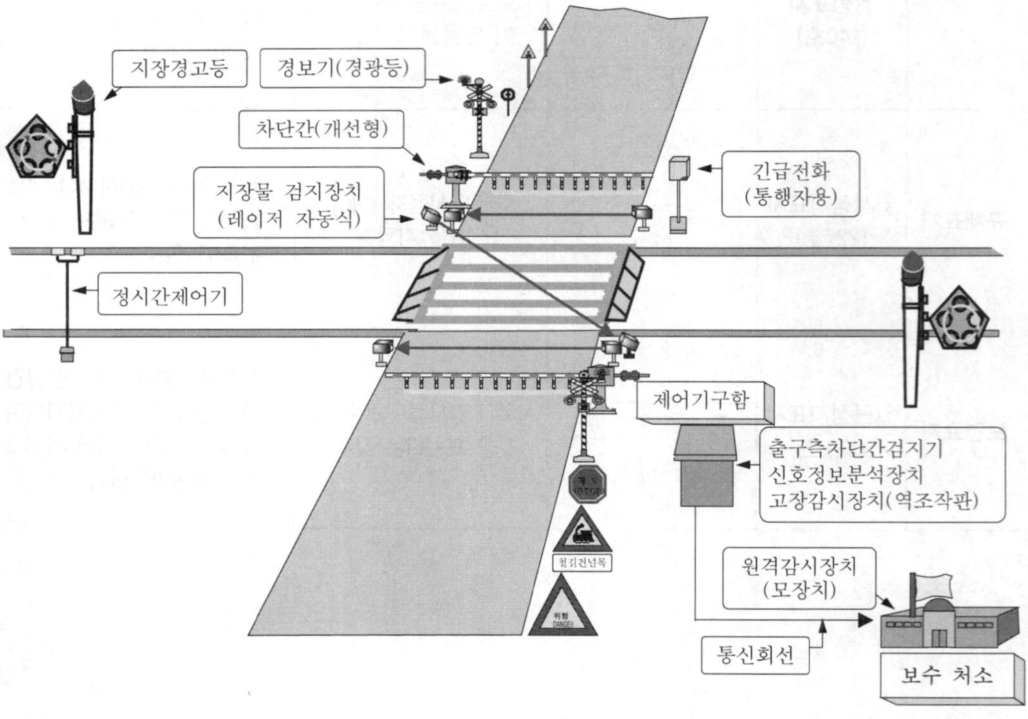

그림 7-1. 건널목 안전설비

7.3.1 건널목 경보기

건널목 경보기(highway crossing signal)는 직립형, 현수형, 가교형이 있으며 적색 경보등(燈), 경보종 또는 혼스피커, 열차진행방향표시등 및 경광등이 부착되어 열차가 건널목에 접근할 때 일정시간 전에 건널목을 통행하는 보행자나 자동차 운전자에게 열차의 접근을 알려주는 설비이다.

이러한 경보기는 제1종과 제2종 건널목에는 모두 설치되어야 하고 특히 현수형 경보기는 경보기의 투시가 불량하고 편도 2차선 이상의 건널목 또는 편도 1차선 중 대형차량이 빈번하게 통행하는 개소에 설치할 수 있다.

그리고 건널목 경보기는 도로의 우측에 설치하되 부득이한 경우에는 좌측에 설치할 수 있다. 이때 경보기 설치위치는 내측궤도 중심에서 2.8[m]의 위치에 설치한다. 다만, 전동차단기를 병설한 경우에는 3.5[m]로 하고, 지장물이 있을 경우에는 현장 여건에 따라 설치한다.

경보등의 확인거리는 특수한 경우 이외에는 45[m] 이상을 확보하고 직립형 경보등은 등당 1분에 50±10회 점멸하여야 하며 현수형 경보등은 계속 점등되도록 한다.

또한 경보종은 소리가 크고 맑은 소리를 내면서 여음이 길어야 하고 경보종의 타종수는 기당 매분 70~100회의 범위가 되도록 조정하여야 하며 경보종 경보음량은 경보기 전방 1[m] 전방에서 60~130[dB]으로 하며 음성안내 방송장치 음량은 스피커 전면 1[m] 떨어진 위치에서 표 7-6과 같이 한다.

표 7-6. 음성안내 방송장치 음량기준

구 분	기 준	경보시간 중 음량조정[LeqdB(A)]
주 간 (06:00~22:00)	70	경보시작~차단기 하강완료
	65	차단기 하강완료~경보 끝
야 간 (22:00~06:00)	65	경보시작~차단기 하강완료
	60	차단기 하강완료~경보 끝

주) leq : level of equivalent
dB(A) : 1시간 동안의 등가소음

건널목 경보시분은 그 구간의 열차 최고속도를 감안하여 30초를 기준으로 하고 최소 20초 이상을 확보하도록 설비한다.

다만, 차단기가 설치되어 있는 개소에서는 차단봉이 하강된 후 열차의 앞부분이 건널목에 도달할 때까지 15초 이상을 확보하여야 한다.

그리고 건널목 경보기는 열차가 건널목을 통과한 후에는 즉시 경보가 정지하도록 하여야 한다.

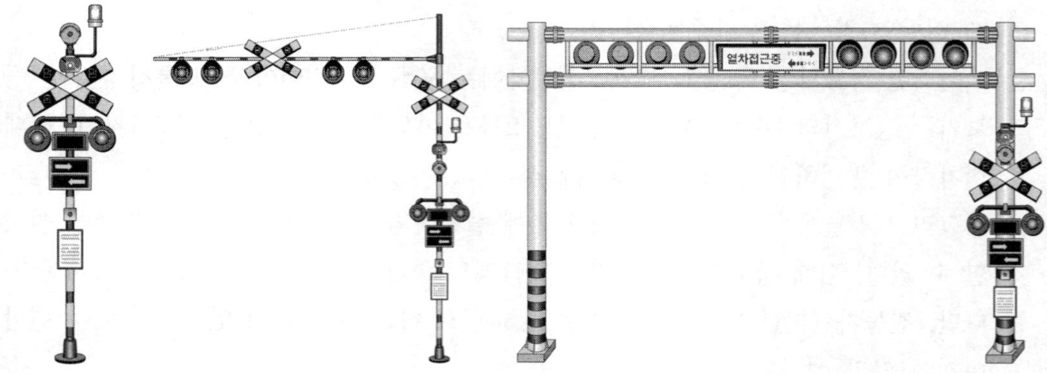

(a) 일반형 (b) 현수형 (c) 가교형

그림 7-2. 건널목 경보기

7.3.2 차단기

건널목 차단기(crossing gate)는 열차가 건널목에 접근할 때 차단봉(간)을 내려서 통행인이나 통행 차량에 대하여 건널목 진입을 막아 주고, 열차가 통과하면 차단봉이 올라가서 통행을 하도록 하는 설비이며 건널목 안내원의 힘으로 동작하는 수동식과 전기를 이용하는 자동식이 있다. 수동식은 자동식을 설치할 수 없는 개소에 제한적으로 사용되며 대부분의 건널목에는 자동식이 설치되어 있으므로 자동식에 대하여 설명하기로 한다.

1 전동차단기

자동식은 전기를 이용하여 건널목 제어구간에 열차가 진입하면 건널목 경보기가 동작한 후에 자동으로 차단봉이 내려져 건널목이 통제되고 열차가 통과한 다음에는 건널목 경보기의 동작이 정지되고, 차단봉이 자동으로 올라가 통행을 할 수 있으며 DC

24[V]에 작동하는 직류 직권전동기를 이용하기 때문에 전동차단기라고 한다.

전동차단기는 도로의 우측에 설치하되 궤도중심에서 차단간까지는 2.8[m]가 되도록 하여야 하며 제어전압은 정격값의 0.9~1.2배로 한다.

그리고 건널목을 차단하기 위하여 차단봉이 하강하는 시점을 양단에 설치된 차단기의 간격 및 도로의 차단 형태에 따라 정하되 경보가 시작한 후 3초 이상으로 한다.

차단봉이 내려오기 또는 올라가기 시작하여 동작이 완료되어 정지할 때까지 시간은 정격전압에서 하강시간이 8초±2초, 상승시간이 12초 이하가 되도록 한다.

또한 차단봉은 전원이 없을 때에는 자체 무게에 의하여 10초 이내에 하강하여 수평을 유지하여야 하며 장대형 전동차단기의 차단봉은 동작되어진 상태를 유지한다.

전동기의 클러치 조정은 차단봉 교체시 시행하여야 하며 전동기 슬립전류는 5[A] 이하로 한다.

장대형 차단기의 차단봉 길이는 14[m] 이하로 하며 정격전압은 DC 24[V]이며, 기동전류는 70[A] 이하가 되도록 한다.

(a) 일반형

(b) 장대형

그림 7-3. 전동차단기

2 전동차단기의 동작설명

1) 차단간 상승 시 동작설명

열차가 경보제어구간 내를 벗어나게 되면 R2(궤도용 보조계전기)는 여자하므로 제어계전기 CR1은 여자되고 제어계전기 CR2는 전동차단기 내 회로제어기 "N"접점

(90°)이 개방되기 때문에 낙하한다.

CR2의 낙하로 브레이크는 제동이 풀어지며 모터는 계자권선 F 및 아마추어 Ar의 회로구성으로 인하여 동작을 시작한다. 그러므로 차단간은 감속 기어 및 완충부를 거쳐 모터에 의해 상승하게 되며 차단간이 약 85°정도에 도달하였을 때 회로제어기의 "N"접점은 구성되며 제어계전기 CR2는 여자되어 모터회로를 개방시킴과 동시에 브레이크를 동작시켜 차단간을 상승 위치로 유지시킨다.

2) 차단간 하강 시 동작설명

열차가 경보제어구간을 점유하게 되면 R2 낙하, CR1 낙하로 CR2 계전기는 낙하한다. 따라서 브레이크의 제동은 풀어지며 동시에 모터 제어회로의 구성에 의해 동작을 시작한다.

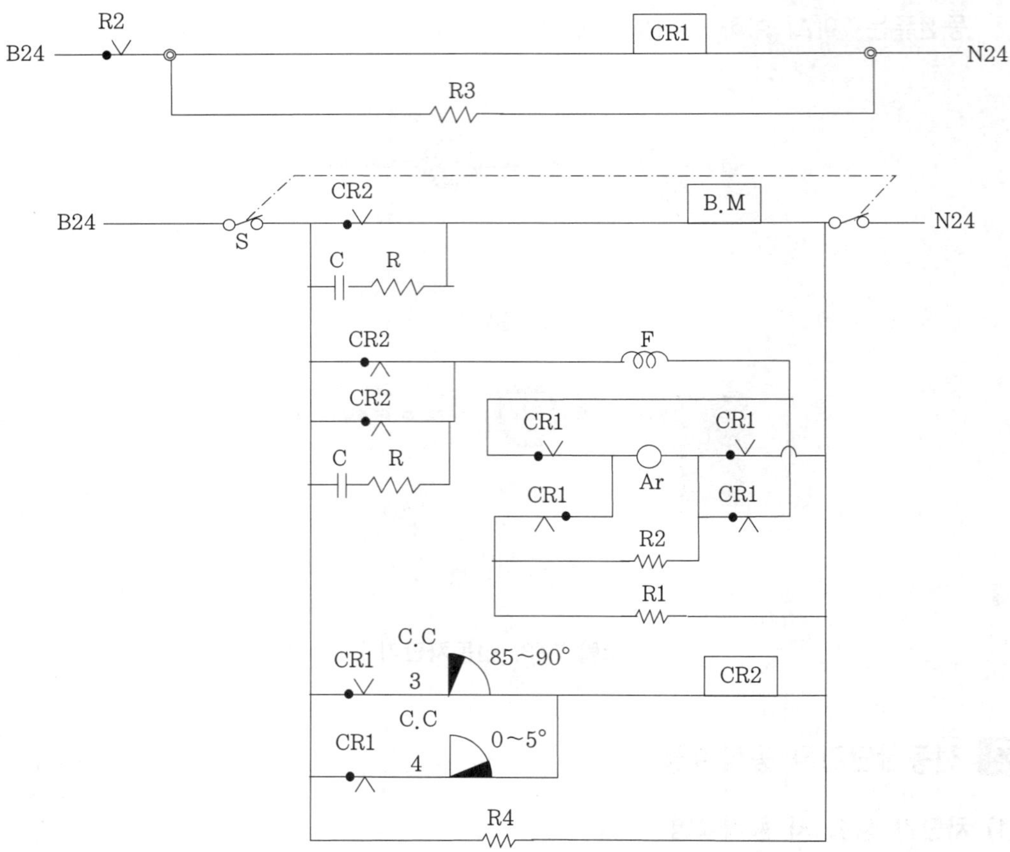

그림 7-4. 전동차단기 동작회로도

모터회로에 저항 R1은 전류제한 사용 목적을 위하여 모터에 직렬로 연결되며 저항 R2는 평형, 발진제동 사용을 목적으로 모터 아마추어에 병렬로 연결된다. 따라서 회로상에서 보는 바와 같이 모터는 그의 회전수를 저감하여 차단간을 일정한 속도로 하강시킨다. 차단간이 약 5°정도에 도달하였을 때 회로제어기의 "R"접점(0～5°)은 구성되며 제어계전기 CR2는 여자된다.

따라서 전기 모터회로는 개방되며 BM은 동작하여 브레이크의 제동에 의해 차단간은 하강 위치를 유지하게 된다.

3) 정전 시 운전

어떤 이유로 정전 때문에 제어회로 및 전동기회로가 작동하지 않을 경우 차단간 무게로 인하여 차단간은 자동적으로 점차 하강한다.

7.3.3 고장감시장치

고장감시장치는 건널목 안전설비를 집중 감시하고자 할 때 장치의 기능을 검지할 수 있도록 고장검지장치를 각 건널목에 설치하고 이를 집중하여 감시하는 고장감시장치를 역 또는 보수 처소에 설치하는 설비이며 정상 상태에서는 녹색 표시등이 점등되어야 하고 고장이 발생하면 경보음과 함께 적색등이 점등되어 고장 사실을 알려주고 있다.

건널목 안전설비의 고장 발생에 따른 검지내용은 다음과 같다.

① 경보종 배선의 단선 및 제어카드 발진회로 고장(경보종 고장)
② 경보등의 배선 단선(경보등 단선)
③ 열차가 건널목 구간을 진입하여 건널목 제어유니트의 제어계전기(APR, BPR, ASR, BSR) 낙하 시 경보제어계전기(R1)가 낙하하지 않을 때(무경보)
④ 궤도회로 장애로 경보선택계전기(SLR, CSR) 또는 제어자(2420) 장애로 제어회로 복귀계전기(CSR)가 설정시간(3분)이 지나도록 복귀(낙하)하지 않을 때(계속경보)
⑤ 경보장치 작동 후 15초 이내에 전동차단기가 하강하지 아니하거나, 경보 종료 후 15초 이내에 차단기가 상승하지 아니할 때(차단간 6° 이상 84° 이하에서 15초 이

상 경과 시 검지)(차단간 고장)

⑥ 경보장치 제어전원이 DC 11[V](12[V]용), DC 22[V](24[V]용) 이하 시(저전압)

⑦ 경보제어계전기(R1)가 설정시간(5~20분, 5단계) 이상 낙하되었을 때

⑧ AC 입력전원 정전 시(정전)

⑨ 지장물 검지장치 발진부 고장 및 제어회선 단선 시(지장물 검지장치 고장)

7.3.4 지장물 검지장치

1 레이저식

건널목 지장물 검지장치는 자동차 등이 고장으로 건널목 보판 위에 정차하여 있을 경우 레이저(laser) 광선에 의하여 이를 검지한 후 건널목에 접근하고 있는 열차의 기관사에게 알려주어 열차를 정지하도록 함으로써 사고를 방지하기 위한 설비이다.

그림 7-5와 같이 건널목 가까이에 발광기와 수광기를 40[m] 이하 간격으로 설치하여 건널목 내의 장애물을 검지할 수 있도록 레이저 광선을 방사한다. 열차가 건널목의 경보개시구간에 진입하지 않을 때는 발광기의 발광 동작은 정지하고 수광기는 수광 가능상태로 한다.

열차가 건널목에 접근하여 경보개시구간에 진입하면 발광기가 동작하여 장애물 검지 가능상태로 된다.

이때 건널목상에 장애물이 있어서 레이저 광선이 일정시간 차단되면 제어회로에서는 "장애물 있음"이라 판단하고 건널목 지장경고등(특수신호발광기)을 현시하도록 하는 원리이다.

건널목 지장경고등은 건널목에 지장물이 없을 때는 소등되어 있다가 열차운전에 지장을 주는 지장물이 검지되면 경고등에 부착된 5개의 적색등이 시계방향으로 회전하면서 점멸하게 된다.

그리고 건널목 지장경고등은 건널목 주변의 선로상태, 지형조건 등에 따라 선구 최고속도를 기준으로 건널목 경계지점 외방까지의 최소 제동거리를 확보할 수 있는 지점에 설치하고 그 외방 400[m] 위치에서 건널목 지장경고등의 확인이 가능하게 설비한다. 다만, 확인거리 미달 또는 지형조건 등에 따라 건널목 지장경고등의 설치 위치를 조정하거나 중계기를 설치할 수 있다.

또한 발광기, 수광기, 반사기의 광선 중심축까지의 표준은 지상에서 745[mm]로 하고 발광기의 광선 확산각도는 3° 이하로 하며 수광기는 일출 또는 일몰시에 5° 이내에 직사광선이 들어가지 않도록 한다.

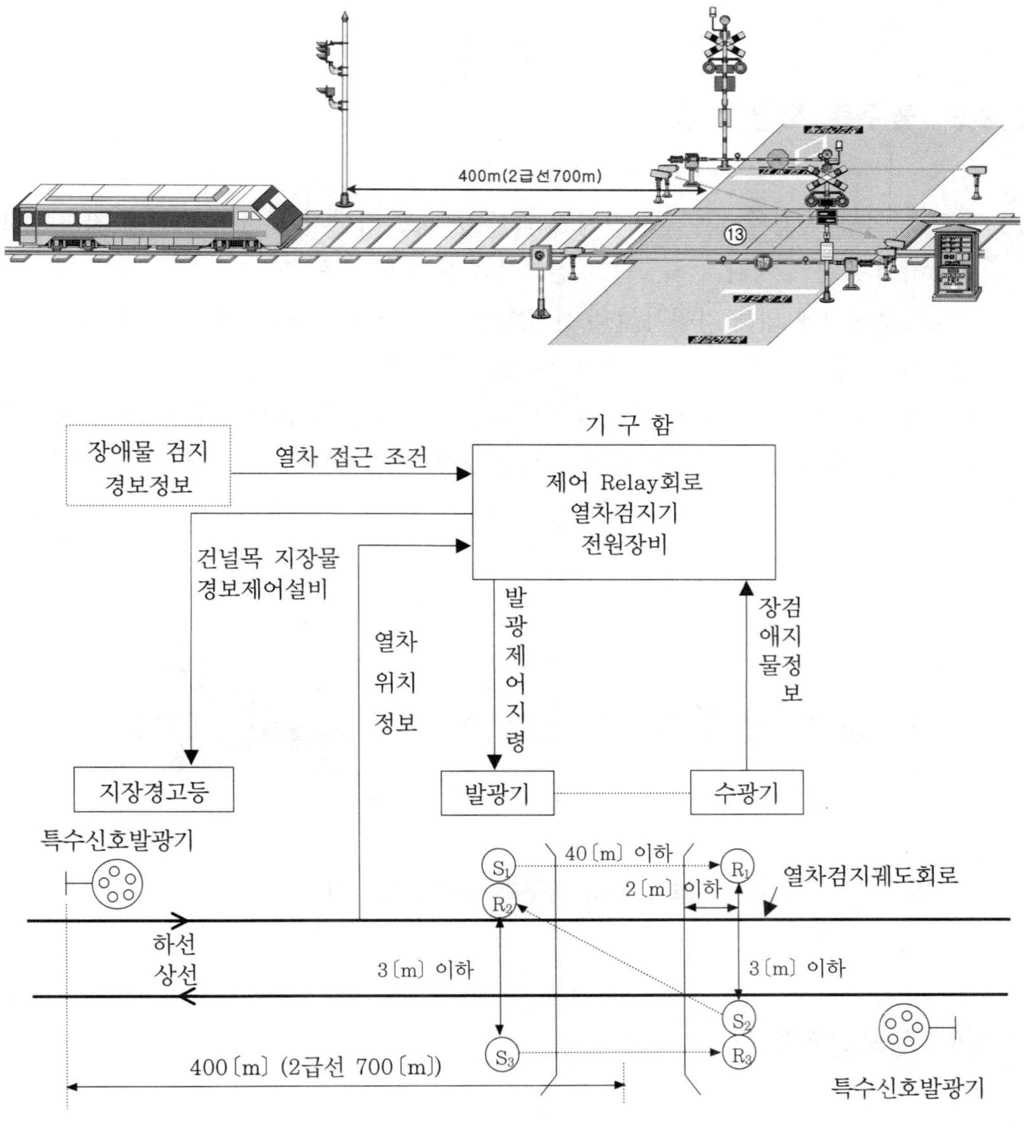

그림 7-5. 지장물 검지장치 구성도

2 버튼식

안내원이 배치된 건널목에서는 지장물 검지를 레이저에 의하지 않고 안내원이 인지하고 건널목 지장경고등을 동작시키는 전원버튼을 취급함으로써 건널목 지장경고등이 현시되어 기관사에게 알려주고 있다.

7.3.5 출구측 차단간 검지기

출구측 차단간 검지기는 경보장치가 작동 중이고 차단기가 하강 직전에 차량 등이 진입하여 출구측 차단기 하강으로 건널목을 통과하지 못하고 정차하고 있을 때 마이크로프로세서에 의해 자동차의 운전 방향을 검지하여 출구측 차단기의 하강을 일시 정지시켜 차량이 건널목을 통과할 수 있도록 하고 있다.

그리고 차량이 통과하게 되면 정지되었던 차단기는 하강하게 되는 설비이며 도로가 완전히 차단되는 개소로 차량이 상호 교행이 불가능한 건널목에 설치한다.

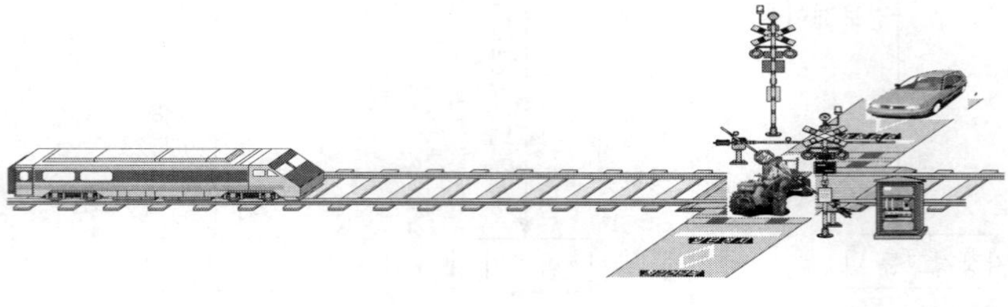

그림 7-6. 출구측 차단간 검지기

7.3.6 정보분석장치

건널목 정보분석장치는 열차의 접근과 통과에 따른 건널목의 경보장치 및 차단기의 정상 작동상태를 검지하여 기록, 보관하며 고장여부를 검지해 주는 장치이다.

따라서 건널목 경보장치의 고장을 사전에 예방함은 물론 장애 또는 사고발생 시 정확한 원인분석을 통한 신속한 복구와 사고 책임에 대한 분쟁을 해소할 뿐만 아니라 동종 또는 유사한 장애를 미연에 방지할 수 있다.

건널목 정보분석장치에서 정보의 표시기능으로는 건널목의 상태표시, 수동취급정보, 계전기의 상태표시, 고장검지계전기의 상태표시, 통신상태표시를 하고 있다. 또한 저장정보 및 출력내용으로는 동작정보, 고장정보, 경보제어시간 및 경보시간정보, 최단 및 최장 경보제어시간정보, 차단기 작동시간정보, 보수작업시간정보, 수동으로 차단기 조작시간정보, 지장물 검지장치 작동정보, 정보 인쇄기능, 고장통계 및 출력기능, 1계 2계 작동 정보기능이 있다.

그리고 위의 정보상태를 실시간으로 저장하여 기억하며 입력된 계전기 동작상태 정보는 계전기 동작 순서와 일치하는지를 비교 판단하여 고장을 검지하며 real time clock 내장으로 사고 발생 시간 확인, 프린터를 이용한 저장내용을 인쇄, 보관할 수 있다.

또한 검지장치에 기억된 데이터는 분석장치 등 외부 조작에 의해 변경될 수 없고 정전 등에 의해 전원공급이 중단되어도 10시간 이상 보존이 가능하도록 되어 있다.

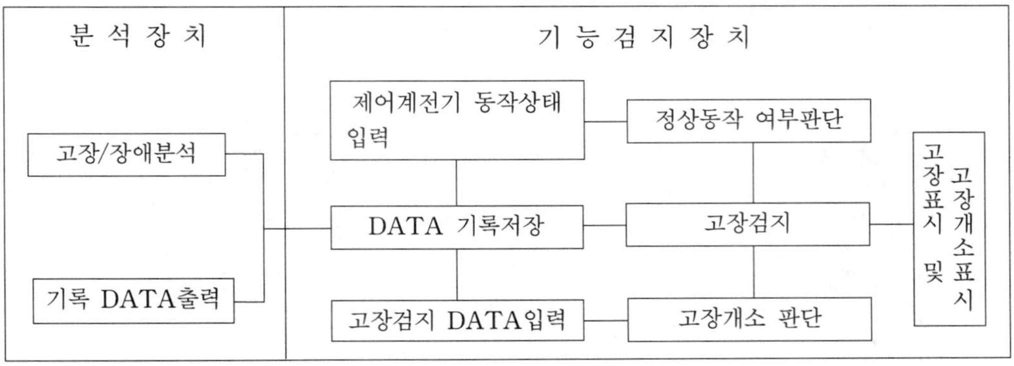

그림 7-7. 건널목 정보분석장치 작동계통도

7.3.7 원격감시장치

건널목 원격감시장치는 여러 개의 건널목 동작정보를 건널목 정보분석장치로부터 다중 전송 장치를 이용하여 동작상태 등 발생된 데이터를 보수 처소에서 실시간으로 기록, 저장, 분석하며 고장 시 보수 처소에 설치된 모니터에 표출할 수 있도록 하고 있는 설비이다.

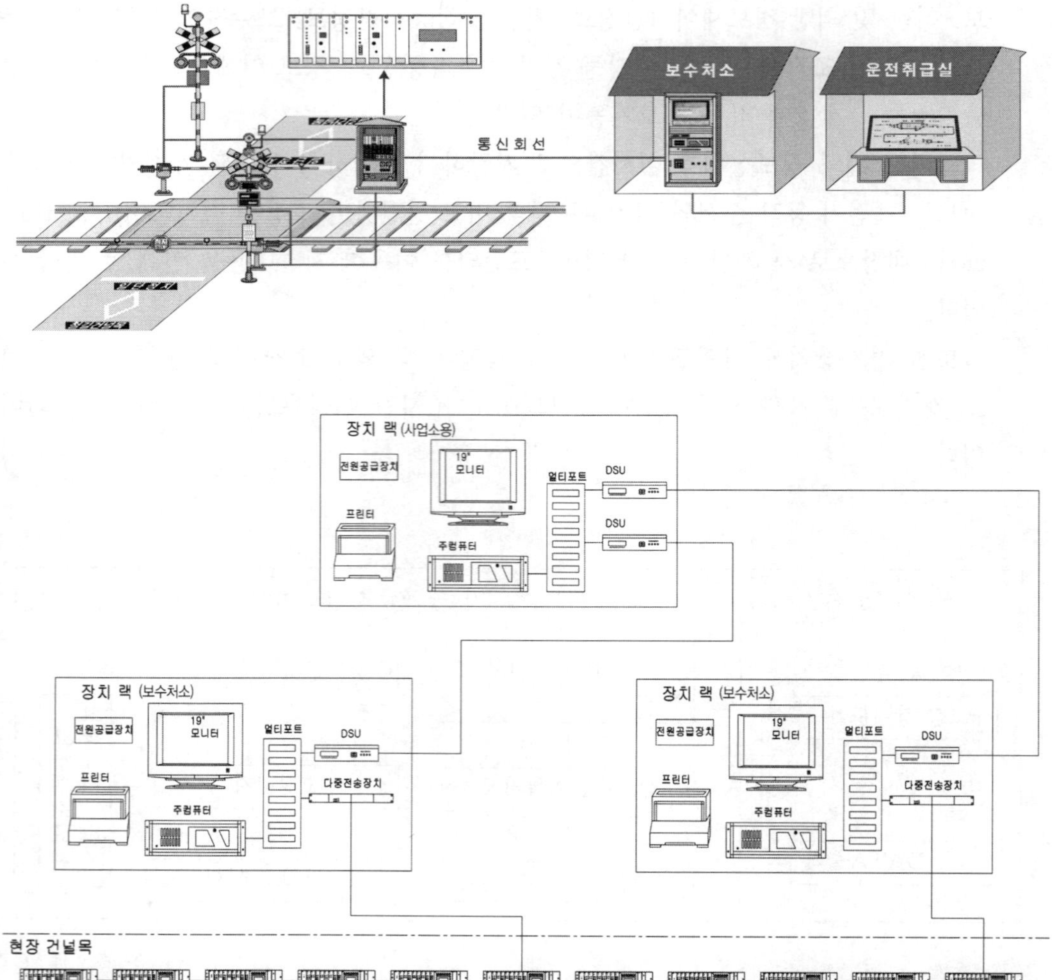

그림 7-8. 건널목 원격감시장치 구성도

7.4 건널목 안전설비의 제어

건널목 안전설비의 제어방법은 단선과 복선구간에 따라 다르고 전철, 비전철과 자동, 비자동구간에 따라 제어방식도 다르다.

복선구간의 열차운행방식은 동일 선로를 동일 방향으로 열차가 운행하므로 제어가 간단하나, 단선구간은 동일 선로에 서로 다른 방향으로 열차가 통과하게 되므로 복선구간의 제어방식보다 복잡하다.

건널목 제어방법으로는 궤도회로를 이용한 연속제어법과 건널목 제어자를 이용한 점제어법으로 구분하여 사용하고 있다. 건널목 제어장치를 제어방법에 따라 분류하면 표 7-7과 같다.

표 7-7. 궤도회로식과 제어자식의 사용개소 비교

종별 / 제어구간	자동	비자동	
		전철	비전철
역구내	궤도회로식, 필요에 따라 제어자식	제어자식	궤도회로식
역사이	기설 궤도회로를 사용할 경우에는 반드시 궤도회로식, 사용하지 않을 경우에는 제어자식	제어자식	궤도회로식
역에 근접한 곳	궤도회로식, 필요에 따라 제어자식	제어자식	궤도회로식

7.4.1 연속제어법

궤도회로를 이용하는 방법은 경보 개시점과 경보 종점 사이에 궤도회로를 만들어 열차 점유에 따라 궤도계전기가 무여자하는 특성을 이용한 것으로서 특히 단선구간의 제어에는 궤도연동계전기를 사용하였으나 지금은 궤도계전기를 사용한다.

궤도회로 방식은 회로의 구성방식이 간단하고 보수가 쉬우며, 연속제어식이므로 안전도가 가장 높고 입환차량 등에 의한 제어에도 효과적으로 사용할 수 있다.

1 복선구간의 제어

그림 7-9와 같이 궤도회로를 이용한 복선구간의 경보제어회로는 열차의 진행 방향에 따라 경보 개시점과 경보 종점에 각각 다른 궤도회로를 구성하여 열차 점유 시 궤도계전기의 무여자접점을 이용하여 경보하도록 하는 방식으로서 비자동, 비전철 구간에 주로 사용된다.

① 평상시(열차가 건널목 경보구간에 없을 때) APR, BPR, R1, R2는 여자상태이다.
② 열차가 A방향에서 AT에 진입할 때 궤도계전기 ATR이 낙하되어 APR을 낙하시키고 APR 낙하로 R1이 낙하하여 경보가 시작된다. 또한 R1이 낙하하면 약 3초 후에 R2가 낙하되어 차단기가 하강하게 된다.
③ 열차가 AT 구간을 벗어날 때 궤도계전기 ATR이 여자하여 APR을 여자시키고 APR 여자 조건을 R1, R2가 여자하여 경보가 끝나면 차단기는 상승하여 평상시 상태로 복귀된다. B방향에서 열차가 진입할 때도 같은 원리로 BTR, BPR, R1, R2가 동작된다.

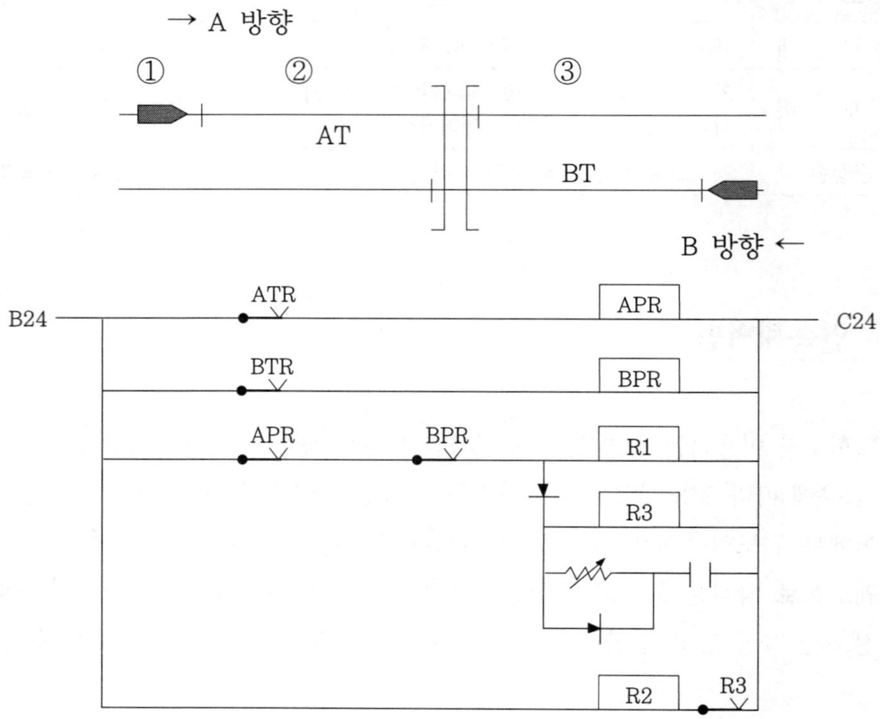

그림 7-9. 복선 궤도회로식 경보제어회로

2 단선구간의 제어

단선구간의 궤도회로식 경보제어회로는 궤도연동계전기를 사용하거나 궤도계전기만을 사용하여도 궤도연동계전기와 동일한 효과로 사용할 수 있다.

① 평상시(열차가 건널목 경보구간에 없을 때) APR, BPR, R1, R2는 여자상태이며, SLR 및 CSR은 낙하상태이다.

② 열차가 A방향에서 AT에 진입할 때 ATR의 낙하로 APR이 낙하되어 CSR 낙하조건으로 R1이 낙하하고 R1 낙하로 경보가 시작되며, R2가 낙하하여 차단기가 하강한다. 또한 APR 낙하 및 CSR 낙하조건으로 SLR이 여자한다.

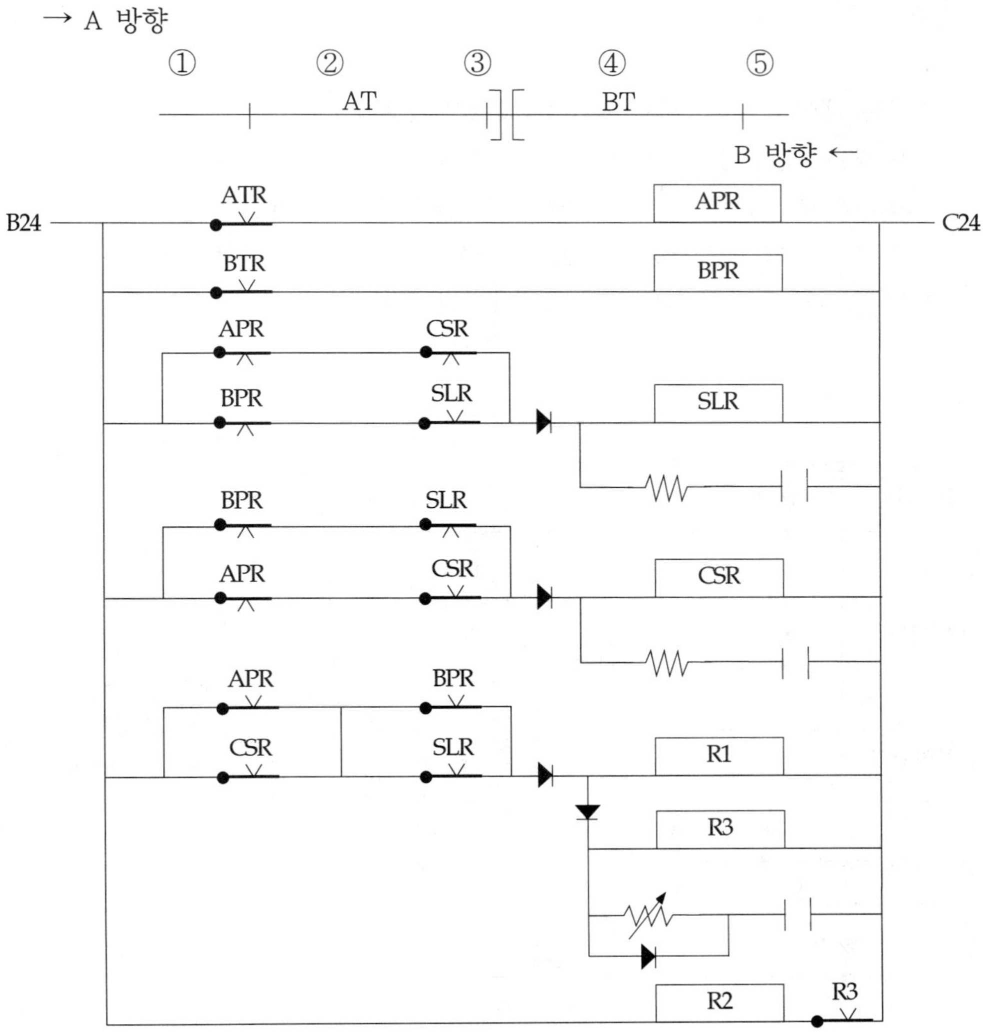

그림 7-10. 단선 궤도회로식 경보제어회로

③ 열차가 AT 및 BT를 동시에 점유하고 있을 때 BTR이 낙하하여 BPR이 낙하된다.

④ 열차가 AT를 완전히 지난 후 BT를 점유할 때 ATR이 여자하여 APR이 여자한다. 그리고 APR 여자 및 SLR 여자조건으로 R1이 여자되어 경보가 중단되고 R2 여자로 차단기는 상승하게 된다.

⑤ 열차가 BT를 완전히 벗어날 때 BTR이 여자되어 BPR이 여자하고 BPR 여자로 SLR이 낙하되어 평상상태를 계속 유지한다. 열차가 B방향에서 진입할 때도 같은 원리로 동작한다.

7.4.2 점제어법

건널목 제어자는 발진주파수가 2420(201)형은 20[kHz] ± 2[kHz] 이내이며 2440(401)형은 40[kHz] ± 2[kHz] 이내의 고주파를 레일에 통하게 한 것으로 근거리에서 감쇠되며 제어자는 발진부, 여파부, 입·출력 변성기, 계전기 및 단자반으로 구성되며 본체 이면에는 출력을 10단계로 조정할 수 있는 가변 인덕턴스로 되어 있다. 그림 7-11은 건널목 제어자의 결선도를 나타낸 것이다.

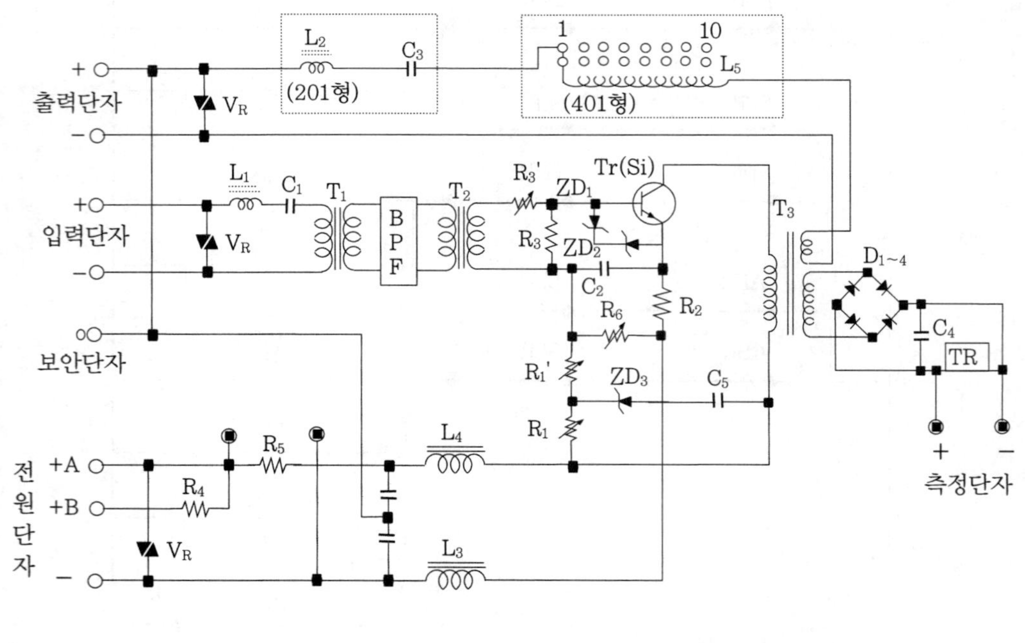

그림 7-11. 건널목 제어자 결선도

즉 AC 전원에서 정류한 직류 전원을 사용하고 트랜지스터를 사용한 LC 발진회로에 의해 20[kHz] 또는 40[kHz]를 발진하여 T3 변성기를 경유 그 일부를 귀환시켜 출력단자에 출력을 보내고 있다.

그림 7-11의 결선도에서 알 수 있는 바와 같이 출력단자에서 송전선으로 레일에 연결시키고 레일에 연결된 다른 수전선을 입력단자에 연결하여 회로를 구성한다.

입력단자에 들어오는 귀환전압은 대역여파기(BPF)를 통하여 규정 주파수만을 동일 트랜지스터로 증폭한 다음 T3 변성기를 통하여 다이오드로 전파정류하여 계전기를 여자시킨다. 따라서 출력 또는 입력단자 사이를 열차의 차축으로 단락하면 계전기는 무여자된다. 이것은 폐전로식으로서 경보제어의 시점에 사용된다.

개전로식은 그림 7-12 (a)의 입·출력단자의 -단자 사이를 연결하고 출력단자 +

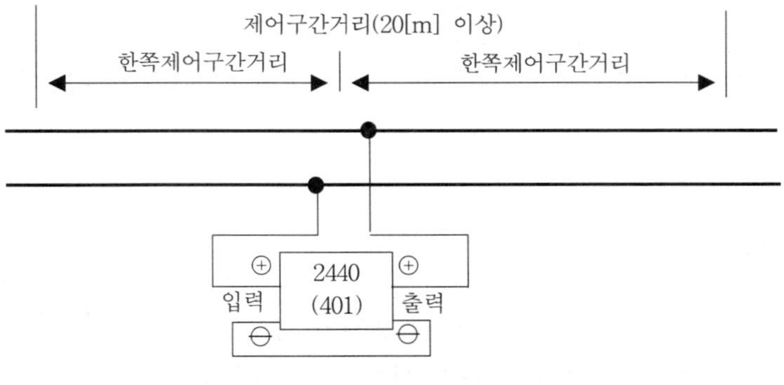

(a) 개전로식(401형)

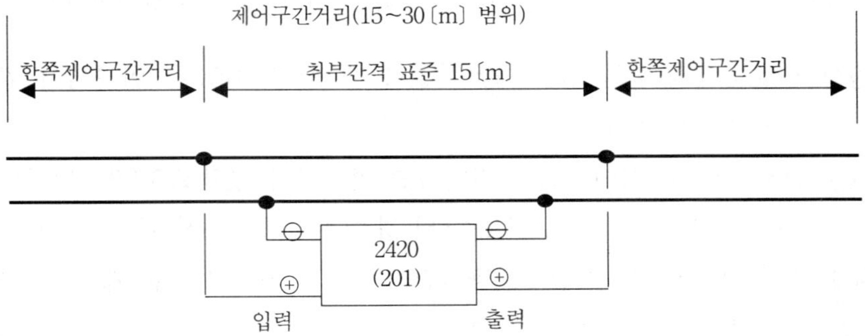

주) 단궤조인 경우 출력⊕을 귀선레일에 접속한다.

(b) 폐전로식(201형)

그림 7-12. 건널목 제어자의 레일접속

를 한쪽 레일에, 입력단자 +를 다른 쪽 레일에 연결하여 구성한다. 이것은 경보제어의 종점에 사용된다.

계전기는 삽입형 직류무극 선조계전기를 사용하는데 정격은 다음과 같다.

① 선륜전류 : 13[mA]
② 선륜저항 : 20[℃]에 있어서 1,800[Ω]
③ 사용전압 : DC 24[V]

건널목 제어자의 동작시간은 수신하고 나서부터 정위접점 구성까지 171[ms] 정도이고 입력을 차단한 다음 정위접점을 개방할 때까지의 시간은 224[ms] 정도이다. 또 사용온도가 -20[℃]부터 +60[℃]의 범위 내에서는 지장이 없으며 전원전압의 변동이 정격의 ±20[%]일 경우에도 동작에는 지장이 없도록 설계되어 있다.

건널목 제어자는 시점용(20[kHz])과 종점용(40[kHz])을 동일지점에 설치하여도 상호 간섭하는 일은 없다. 그러나 콘덴서로 공진하고 있는 임피던스 본드, 공진 임피던스 등의 영향을 받으므로 이들과 약 40[m] 이상의 거리를 두면 이와 같은 영향을 받지 않는다.

1 복선구간의 제어

건널목 제어자를 이용하여 복선구간을 제어할 경우에는 경보종점에 401형 제어자를 그림 7-13과 같이 상·하선에 따로 설치하는 것이 이상적이라 할 수 있다.

차단공사 등으로 열차가 역방향으로 운행할 때에는 경보장치는 동작하지 않으며 자동, 비전철 및 전철구간 구분없이 사용이 가능한 것이 특징이라 할 수 있다.

① 평상시 열차가 건널목 경보구간에 없을 때 ADC, BDC는 여자되어 있고 CDC, DDC는 낙하되어 있다.
② 하행 열차가 ADC 제어지점에 진입하면 여자되어 있던 ADC가 낙하하며 따라서 APR 낙하로 R1이 낙하되어 경보종 및 경보등이 동작하게 된다. 또한 R1 낙하 후 약 10초 후에 R2가 낙하하여 전동차단기가 하강한다. APR은 계속 낙하되어 있으므로 경보작동은 지속된다.
③ 열차가 ADC 제어지점을 완전히 벗어나더라도 APR은 계속 낙하되어 있으므로 경보작동은 지속된다.
④ 열차가 CDC 제어지점에 진입할 때 CDC가 여자되어 APR이 여자된다.

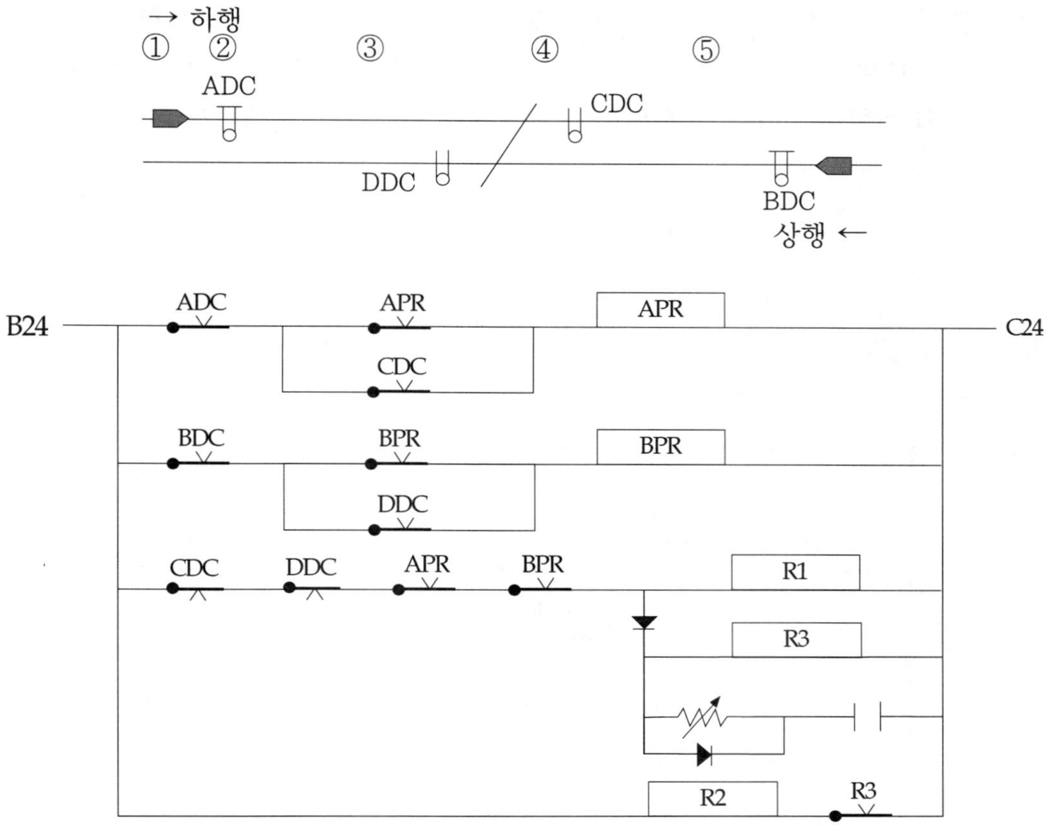

그림 7-13. 복선 제어자식 경보제어회로

⑤ 열차가 CDC 제어지점을 완전히 벗어날 때 여자되어 있던 CDC가 낙하되며, 따라서 R1, R2가 여자되어 경보 및 차단기는 평상상태로 복귀된다. B방향에서 열차가 진입할 때에도 같은 원리로 동작하게 된다.

2 단선구간의 제어

건널목 제어자를 이용한 단선구간 제어는 건널목 경보장치 제어회로 중 가장 복잡하다.

① 평상시 열차가 건널목 경보구간에 없을 때는 ADC 및 BDC는 여자되어 있고 2440인 CDC는 낙하되어 있다. 따라서 APR, BPR, SR, R1, R2가 여자되어 있으며 SLR, CSR, CPR은 낙하되어 있다.

② 하행 열차가 ADC 제어지점에 진입하면 여자되어 있던 ADC가 낙하되고 따라서 APR 낙하로 SR이 낙하되며 R1이 낙하되어 경보종 및 경보등이 동작한다. 또한 R1 낙하 일정시간 후에 R2가 낙하하여 전동차단기가 하강하게 된다.

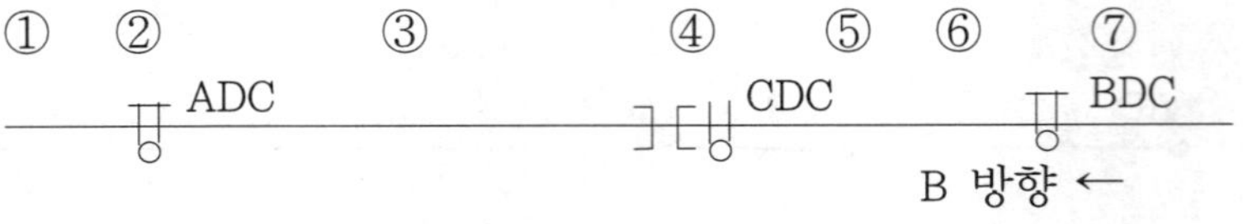

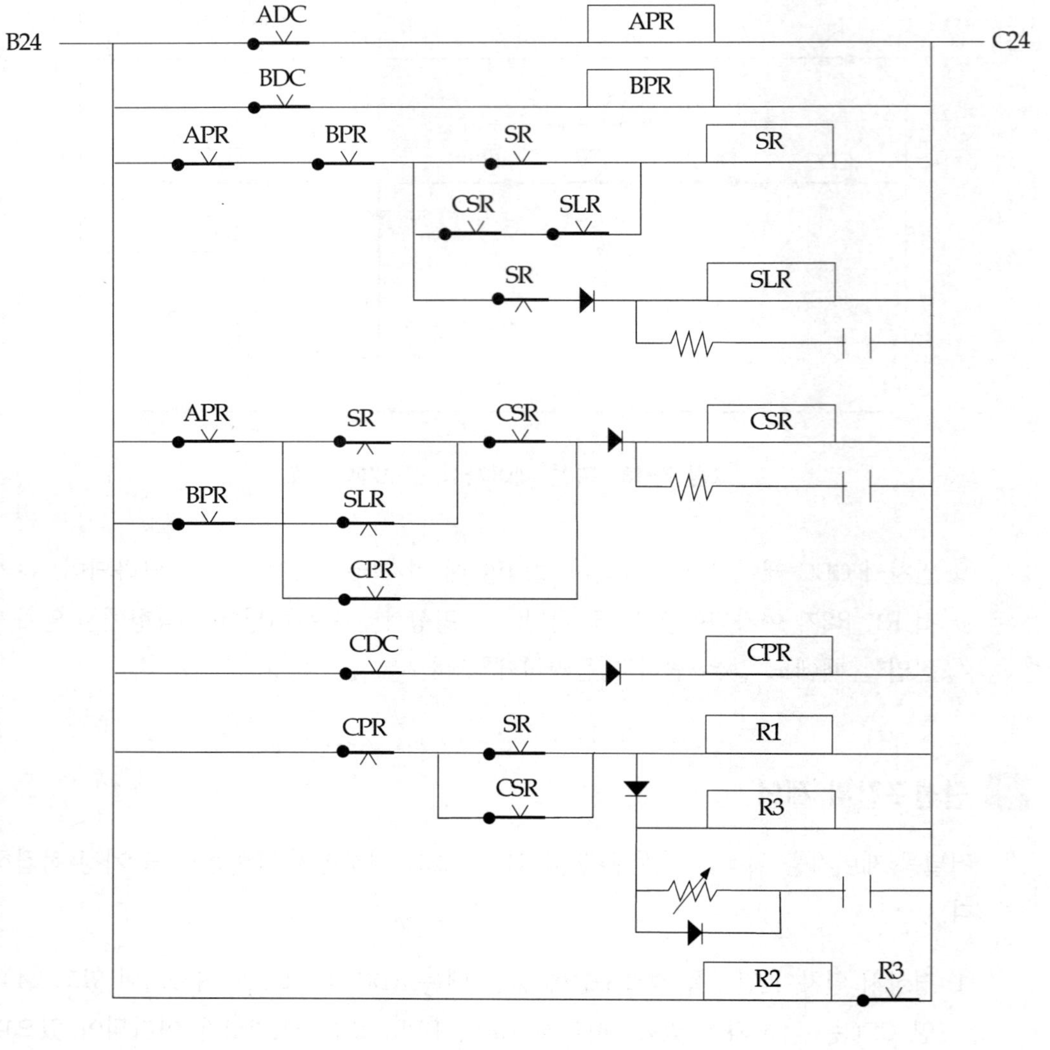

그림 7-14. 단선용 제어기(SC) 방식

③ 열차가 ADC 제어지점을 완전히 통과한 후 CDC 제어지점에 도달하지 않은 중간에 있을 때 열차의 통과로 ADC는 여자되고, SR 낙하접점으로 SLR이 여자한다.

④ 열차가 CDC 제어지점에 진입함으로써 CDC는 여자된다. 따라서 CPR이 여자되며 CPR 여자로 CSR이 여자한 후 CSR의 자기접점 및 SR의 낙하조건으로 자기유지하게 된다. 또한 CSR 동작접점과 이미 여자되어 있는 SLR 동작접점으로 SR이 여자하여 자기유지하게 되고 이어서 SR 여자조건으로 SLR은 낙하하게 된다. 즉 이 과정에서 CSR과 SR은 여자되고 SLR은 낙하된다.

⑤ 열차가 CDC 제어지점을 완전히 통과한 후 BDC 제어지점에 도달하지 않은 중간지점에 있을 때 CDC 제어지점 통과 완료와 동시에 여자되어 있던 CDC는 낙하하여 CPR이 낙하하고 CPR 낙하조건 및 SR, CSR 여자조건으로 R1이 여자하여 경보가 끝나게 되며, 전동차단기가 상승하게 된다.

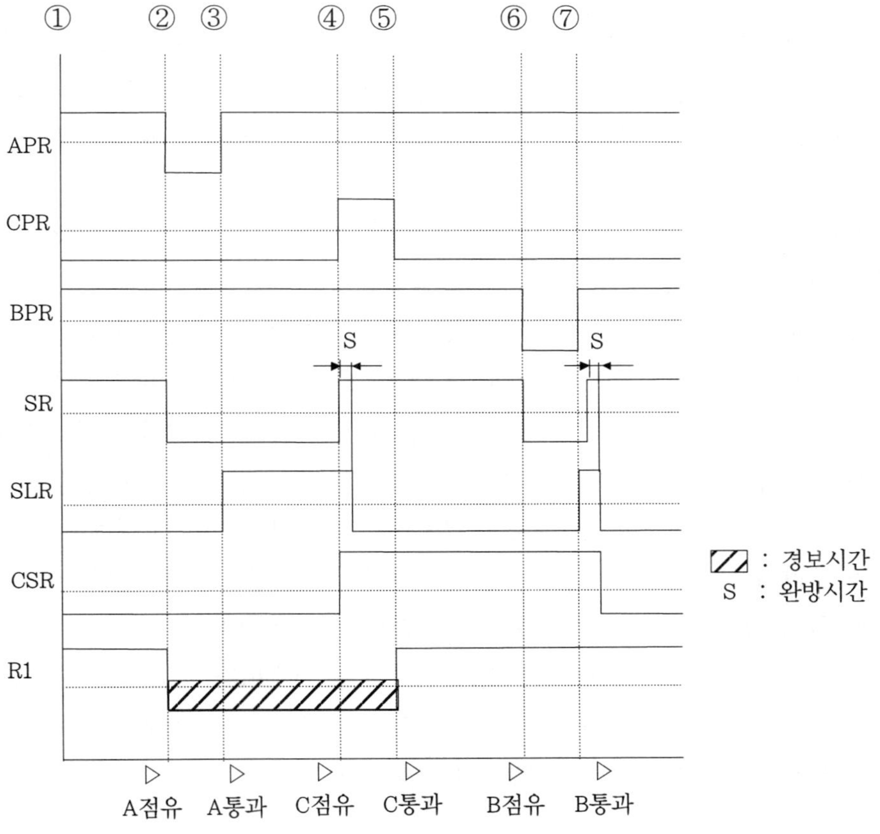

그림 7-15. 타임차트(완방계전기를 이용한 단선 제어자식)

⑥ 열차가 BDC 제어지점에 진입할 때 BDC 낙하로 BPR이 낙하하여 SR이 낙하된다.

⑦ 열차가 BDC 제어지점 통과를 완료할 때 BDC가 여자되어 BPR이 여자된다. 동시에 SR 낙하조건으로 SLR은 순간 여자되어 SR을 여자시킨 후 CSR과 같이 낙하되어 평상시 상태로 복귀된다. B방향에서 열차가 진입할 때도 같은 원리로 동작하게 된다.

7.5 건널목 경보시간과 제어거리

7.5.1 경보시간

최근 들어 여객열차는 전철화와 신호의 개량 등으로 고속화되어 가고 있으나 화물열차의 경우에는 동일구간을 저속도로 운행하게 되므로 열차속도의 차이에 따라 경보시간도 많은 차이가 있다. 정거장 부근에 인접한 건널목에 있어서는 통과열차를 기준으로 경보개시점을 설치하게 된다.

정차열차의 경우에는 역 정차시간이 가산되어 통과열차와의 경보시간은 큰 차이가 있으므로 건널목 경보장치에 대한 신뢰도를 저하시킨다.

도로 교통법에서는 경보기가 경보 중일 때에는 통행하는 모든 차량과 보행인은 건널목에서 멈추게 되어 있으나 오랫동안 경보할 경우에 통행자는 경보기의 고장으로 잘못 인식하고 경보를 무시한 채 건널목을 횡단함으로써 사고가 일어나게 된다. 따라서 경보시간의 증대는 도로 교통량의 체증 현상을 조장하게 되므로 경보시간을 필요 이상으로 길게 해서는 안 된다. 적절한 경보시간을 설정하기 위해서는 열차의 종류를 고려해야 하는데, 우리나라에서는 30[sec]를 기준으로 하고 있으며 특별한 경우라 하더라도 20[sec] 미만으로 할 수 없도록 규정되어 있다.

동일구간을 운행할 경우라 하더라도 열차의 종류에 따라 최고 경보시간과 최저 경보시간 사이에는 큰 차이가 있으므로 경보시간을 적절히 조정해야 하며 경보시간의 적정화를 위해 다음과 같은 방법들이 사용되고 있다.

7.5.2 건널목 정시간 제어기

1 정시간 제어기법

건널목 정시간 제어기는 건널목 제어구간에 있어 열차가 진입하는 경보개시시점(2420 제어자 설치지점)에 차륜검지기 S#1과 S#2의 2조를 1.5~3[m] 간격으로 설치하여 열차의 진입을 검지함과 동시에 이들 두 검지기를 열차(차륜)가 통과할 때 발생하는 펄스간의 시간을 CPU가 측정하여 열차의 속도를 연산한다.

이때 고속열차의 경우 즉시 건널목의 경보계전기 R의 동작전원을 차단하여 경보를 개시하고, 저속열차의 경우는 열차가 건널목에 도달하는 시간을 감안하여 경보시간이 40[초]가 되도록 경보계전기 R의 전원을 차단하여 경보를 개시하도록 하는 것이다.

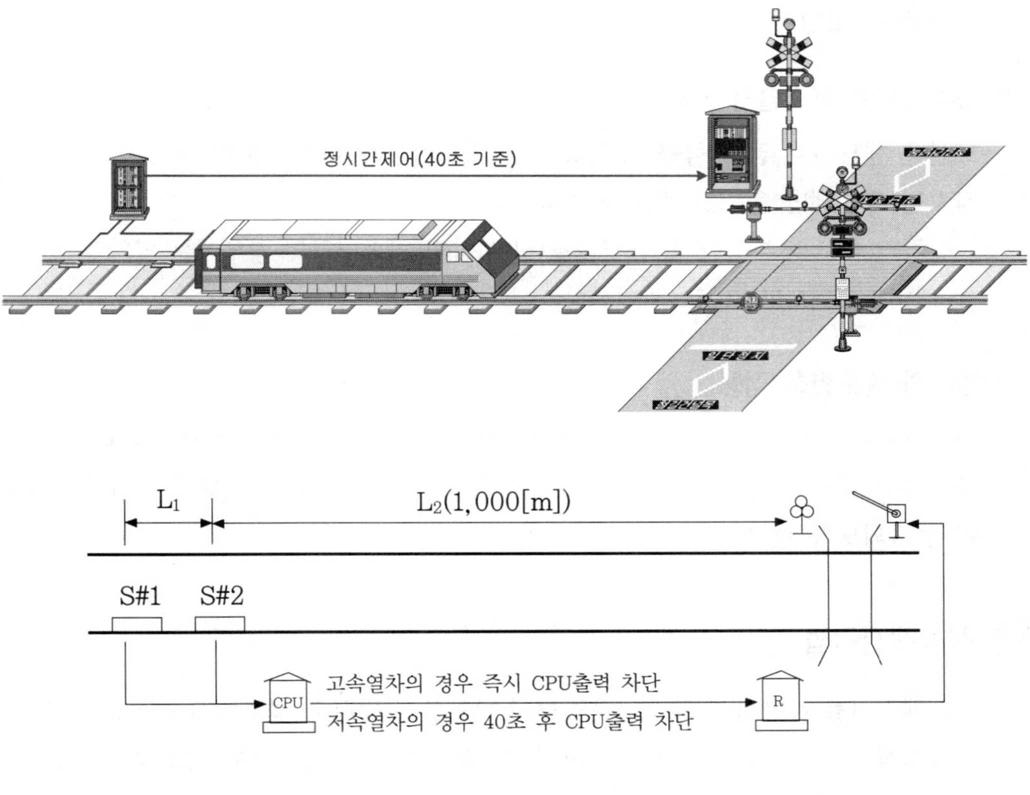

그림 7-16. 정시간 제어기

① 열차의 속도계산[V] : 3.6 L_1/T

② 열차의 건널목 도달시간[T] : 3.6 L_2/V

- 고속열차가 130[km/h]인 경우 : 1,000[m]÷130[km/h]×3.6 ≒ 27[초] (즉시 경보)
- 저속열차가 60[km/h]인 경우 : 1,000[m]÷60[km/h]×3.6 ≒ 60[초] (20초 후 경보, 정시간 40초로 설정 시)

1) 열차의 검지

기존의 궤도회로 방식이나 제어자 방식과 달리 비접촉식 자기근접센서를 차륜검지기로 응용하여 인접한 두 위치의 통과열차의 차륜을 검지하고 이를 이용하여 속도를 계산하여 건널목 제어유니트로 정시간 경보신호를 출력한다.

건널목 경보기와 차단기를 제어하는 계전기 R1을 폐전로식으로 제어하며 평상시 R1은 계속 여자하고 열차 진입을 검지한 경우에는 출력을 차단하여 R1 낙하로 경보가 되도록 한다.

2) 차륜검지와 저속열차 처리

보선용 핸드카나 금속 공구 등으로 인한 경보를 방지하기 위하여 차륜이 2개 이상 검지될 경우에만 정시간 경보를 출력한다.

열차의 속도를 분석한 결과 45[km/h] 이하인 저속열차의 경우에는 열차의 가속성을 대비하여 45[km/h]로 처리한다.

3) 열차의 속도변화 적용

최초 차륜 검지 시 속도 및 경보시점을 계산하여 경보개시 시점까지 기다리는 중 다음 차륜이 검지되면 그 차륜에 대한 속도를 분석하여 최초의 경보개시 시간을 바꾸어 동작되도록 한다.

2 시소계전기법

시소계전기를 사용하여 고속열차와 저속열차를 식별하고 경보개시점을 고속지점과 저속지점으로 구분하여 경보시간의 차를 축소하도록 하는 것이 시소계전기법이다.

그림 7-17에서 A, B 사이는 속도 선별구간이며 이 구간을 일정한 속도 이상으로 통과하는 고속열차에 대해서는 BT부터 경보를 제어하고 그 밖의 열차는 CT부터 제

어하는 방법을 말한다.

저속열차가 AT로 진입하면 시소계전기는 작동이 시작되고 열차가 B 지점에 도착하기 전에 UR의 여자접점이 구성되어 1SR는 1SR 여자접점→UR 여자접점→CTR 여자접점→1SR로 여자를 하게 되므로 열차가 BT로 진입하여도 무여자가 되지 않는다. 열차가 CTR에 진입하면 경보기의 제어가 시작된다.

고속열차의 경우에는 비록 열차가 B 지점에 도착하더라도 UR는 아직 여자되어 있지 않으므로 1SR의 회로에 있어 BTR, UR의 접점이 양쪽 모두 같이 개방되며 따라서 1SR 계전기는 무여자가 되므로 고속열차에 대해서는 B 지점부터 경보가 울리게 된다.

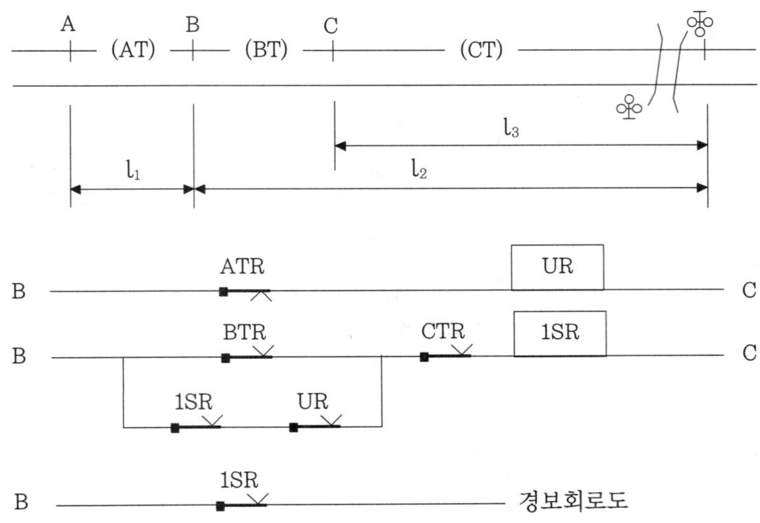

그림 7-17. 시소계전기법

3 콘덴서 충·방전법

그림 7-18은 콘덴서의 충·방전과 자기증폭기를 이용하여 열차의 속도를 검지한 다음 경보시간을 조절하는 방법을 나타낸 것이다.

A, B, C, D는 건널목 제어자로서 A40은 개전로, B20은 폐전로를 나타낸 것이다. ASR는 평상시에는 무여자상태의 계전기이고 BSR는 여자상태의 계전기이다. 속도선별계전기 ViR는 BSR의 여자접점에 의하여 항상 여자되어 있다.

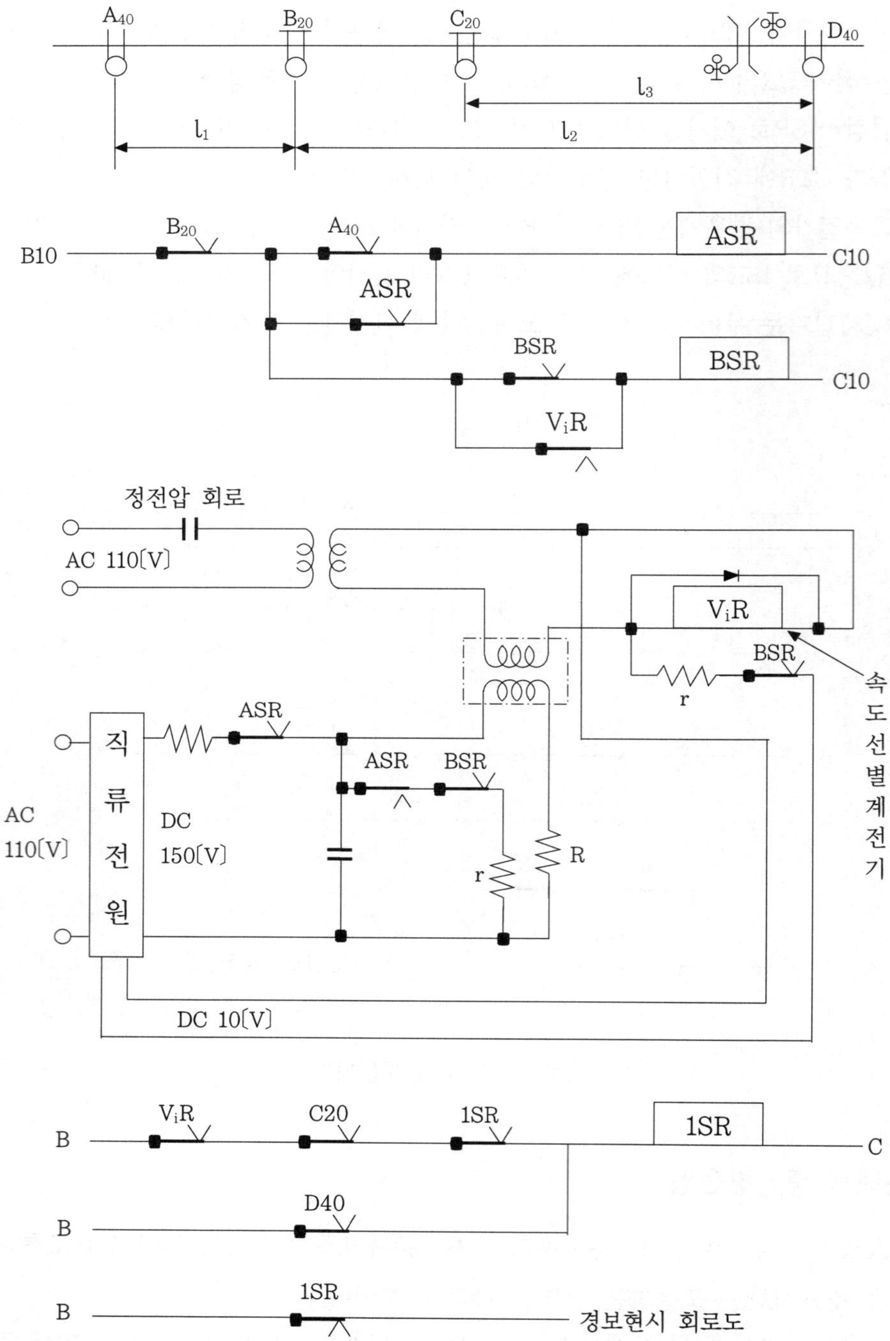

그림 7-18. 콘덴서 충·방전법

지금 열차가 A 지점에 진입하면 ASR는 동작하고 B 지점에 열차가 진입하면 지금까지 동작하고 있던 BSR와 ASR는 무여자된다. 따라서 ASR는 열차 앞부분이 A 지점과 B 지점을 주행하는 동안에만 여자되는 계전기로서 동작시간은 열차속도에 반비례한다.

속도선별계전기의 회로를 보면, AC 110[V]로부터 정류된 직류전원에 의해서 급전되는 과포화 철심회로에 있어서 콘덴서는 ASR 무여자접점과 BSR 여자접점 및 저항 r에 의해 항상 단락되어 있으나 ASR이 여자되면 콘덴서의 단락을 중지하고 충전을 시작한다. 이 충전량은 ASR이 여자하고 있는 동안에만 충전된다.

ViR는 먼저 BSR 여자접점이 개방되므로 직류 10[V]의 전원으로부터 전류가 차단되어 ASR의 자동전압회로에서 공급되는 미소한 전류만으로는 여자상태가 계속될 수가 없다. 그런데 과포화 철심의 직류코일은 ASR 여자접점에 의해서 급전되고 ASR이 무여자된 다음에는 콘덴서로부터 통과시간에 비례했던 방전전류가 흘러서 자동전압회로의 자기증폭기 1차 코일의 임피던스가 저하되어 ViR의 전류가 증가되고 ViR의 여자상태를 계속하는 데 필요한 전류가 흐른다.

콘덴서가 방전이 저하되면 ViR은 무여자된다. 따라서 1SR도 무여자되어 경보를 시작하게 된다. 열차가 B 지점을 통과하게 되면 BSR는 여자되고 따라서 ViR도 여자되어 원래의 상태로 복귀된다. 즉 열차가 B 지점에 도착한 다음 ViR는 고속열차의 경우에는 빨리 무여자되고 저속열차의 경우에는 늦게 무여자된다.

지연시간은 콘덴서의 충전량 즉 방전량에 비례하며 열차속도에 반비례한다. 따라서 1SR 회로의 ViR 여자접점은 고속열차일 때에는 빨리 개방되어 1SR를 무여자시킴으로써 경보현시회로를 구성하게 된다.

저속열차일 때에는 ViR가 지연되어 접점을 개방하므로 1SR도 늦게 무여자된다. 따라서 경보시간을 균일화할 수 있다.

7.5.3 경보시간과 제어거리의 산출

1 경보시간 계산

건널목의 경보시간은 건널목을 통행하는 보행자와 모든 차량을 기준으로 계산한다. 경보시간이 너무 짧을 경우에는 예기하지 않은 열차의 진입으로 사고가 발생하게 되므로 통행인이나 차량 등이 건널목을 충분히 횡단할 수 있는 시간을 고려해야 한다.

지금 건널목을 횡단하는 데 소요되는 시간을 T[sec]라 하면 다음 식과 같이 된다.

$$T=\frac{2L_1+L_2(n-1)+L_3}{V}+t[\text{sec}] \tag{7-1}$$

여기서, L_1 : 바깥쪽 궤도의 중심에서 통행인의 정지위치까지의 거리[m]

L_2 : 복선 이상인 때의 선로간격[m]

L_3 : 자동차의 길이[m]

n : 선로의 수

t : 안전확인에 요하는 시간[sec]

V : 건널목 횡단속도[m/sec]

2 경보제어거리 계산

경보제어구간의 길이를 구하려면 산출된 경보시간에 그 구간을 운행하는 열차의 최고속도를 곱하면 된다.

경보제어구간의 길이를 L[m]이라 하면 다음과 같이 된다.

$$L=T\times V_{\max} \tag{7-2}$$

여기서, T : 건널목 경보시간[sec]

$V_{\max}$: 열차 최고속도[m/sec]

어느 구간에 운행되는 열차의 최고속도가 108[km/h]이고 경보시간을 30[sec]라 하면 제어구간의 길이 L은 다음과 같이 계산할 수가 있다.

L = 30[sec] × 108[km/h] = 900[m]

이 구간을 저속열차가 36[km/h]로 주행할 경우의 경보시간은

900[m] ÷ 36[km/h] = 90[sec]

가 되어 최고속도 운행열차와의 경보시간의 차이는 60[sec]가 된다. 이와 같이 경보제어시간이 문제가 되므로 정시간 경보장치가 필요하다.

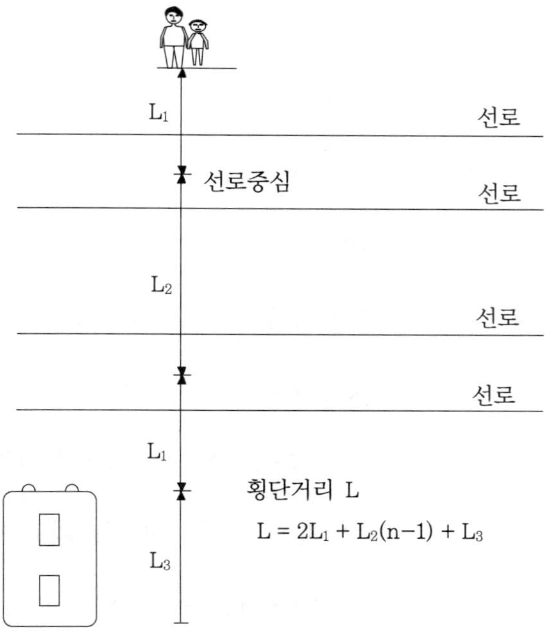

그림 7-19. 건널목 횡단거리의 계산

연 / 습 / 문 / 제

1. 건널목 안전설비의 기능과 종류에 대하여 설명하시오.

2. 건널목 경보기와 전동차단기의 유지보수에 대하여 설명하시오.

3. 건널목 고장감시장치에 대하여 설명하시오.

4. 레이저형 건널목 지장물 검지장치를 설명하시오.

5. 건널목 안전설비의 출구측 차단간 검지기에 대하여 설명하시오.

6. 건널목 경보기의 단선과 복선의 연속제어법에 대해서 설명하시오.

7. 단선구간에 건널목 회로제어기(자)를 사용하여 경보회로를 그리시오.

8. 건널목 안전설비의 제어자회로와 레일접속에 대해서 설명하시오.

9. 다음 그림에 표시된 건널목 안전설비의 단선 궤도회로방식 결선도를 그리시오.
   단, 열차운행 최고속도는 10[km/h]

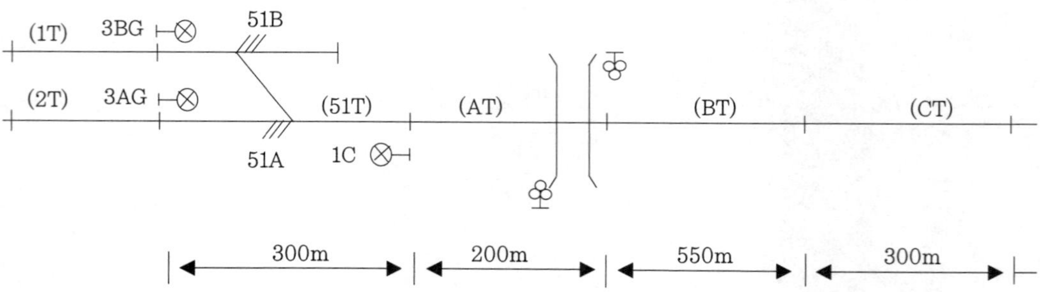

10. 다음 조건에 대한 건널목 경보제어회로를 그리시오.
    단, 열차 최고속도는 100[km/h], 제어방식은 ST형

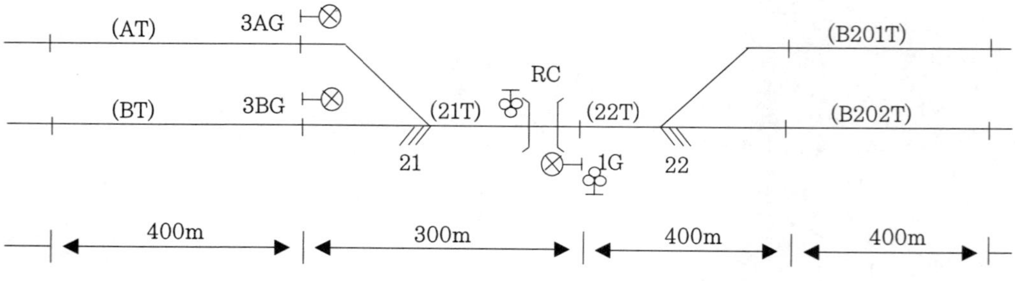

11. 그림과 같은 역 구내 건널목에 대하여 상행경보제어(UP SR)회로를 그리고 동작 과정을 기술하시오.

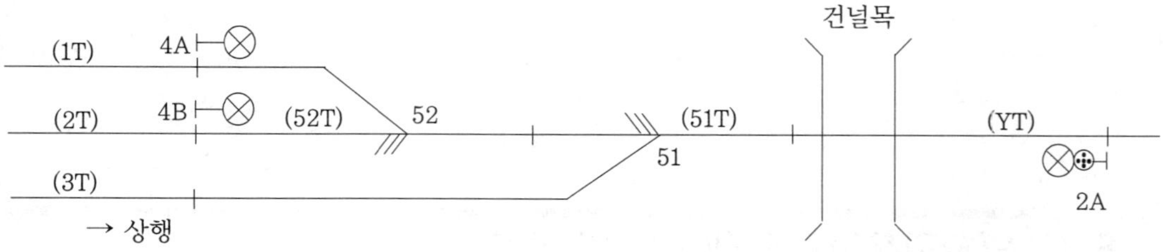

12. 시소계전기를 사용한 정시간 경보장치에 대하여 설명하고 아래 그림을 참조하여 제어회로를 그리시오.

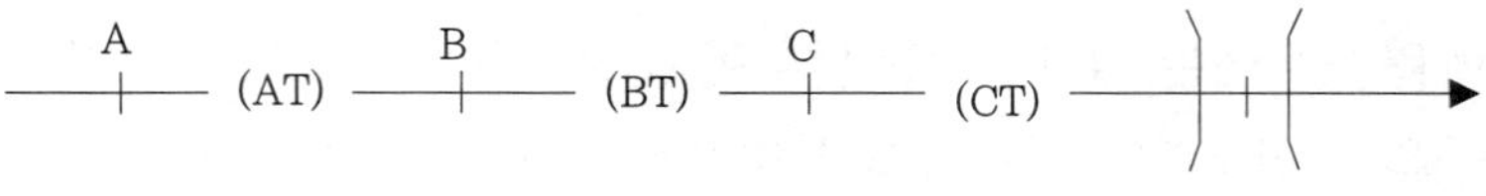

13. 건널목 정시간 제어장치에 대하여 논하시오.

14. 건널목 경보장치를 설치하고저 경보제어거리를 산출하려고 한다. 제어거리의 최고치와 최소치를 구하시오. 단, 최고속도 150[km/h], 평균속도 100[km/h], 최저속도 60[km/h] 임.

15. 건널목 경보시간 및 제어거리에 대하여 기술하시오.

16. 건널목 안전설비를 설치할 경우 자동차와 사람을 고려하여 경보시간 t를 유도하고 경보거리와 그 예를 들어 설명하시오.

Chapter 8 열차자동정지장치(ATS)

8.1 열차자동정지장치(ATS)의 개요

지상신호방식의 열차운전은 신호현시 조건에 따라 기관사의 조작에 의해 운전함으로써 악천후인 경우 안전운전을 확보하는데 어려움이 있고 기관사의 신호현시 확인이 어려울 경우에는 열차속도를 낮추어 운전하여야 하며 기관사의 돌발적인 육체적 결함 등으로 신호확인의 누락이나 착오로 인한 사고가 발생되는 경우가 있다.

이와 같이 열차가 허용된 신호 이상으로 운전할 경우 벨과 경보 등으로 기관사에게 주의를 환기시키고 열차를 자동으로 정지시키기 위한 것이 열차자동정지장치(ATS : Automatic Train Stop)이며, 경부선 서울~부산간에 처음 설치되기 시작하여 현재는 일반철도의 전 선구에 설치되어 있다.

ATS 장치는 차상장치와 지상장치로 구성되어 있으며 기관차 하부에 설치된 차상자가 궤도 내에 설치되어 있는 지상자를 통과할 때 제한속도 정보를 차상자에서 감

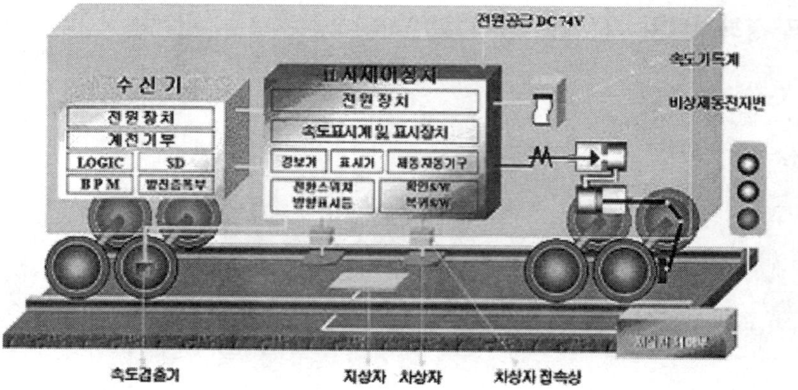

그림 8-1. 열차자동정지장치의 동작

응하여 열차가 안전하게 운행이 되도록 하는 것이다.

ATS 장치의 기본조건은 열차를 정지신호가 현시된 신호기 앞에서 정지시켜야 하므로 정해진 속도 이상으로 운행할 경우에는 속도를 조사하여 확인제동을 취급하여야 한다. 또 열차자동정지장치로 운행 중인 다른 열차에 지장을 주지 않아야 하며 정지신호가 현시된 경우 기관사가 제동을 취급하지 않으면 자동으로 비상제동이 체결된다.

8.1.1 ATS의 기능

열차자동정지장치는 차내 경보장치와 연계하여 정지신호 현시를 무시하고 운행할 경우 또는 정해진 신호현시에 따른 제한속도 보다 높은 속도로 운행할 경우에 기관사에게 제동장치를 조작하도록 램프와 부저의 차내경보로 주의를 환기시킬 뿐 아니라 일정시간 이내에 제동조작을 하지 않으면 자동으로 열차를 안전하게 정지시키는 장치이다.

이러한 ATS 장치는 차상장치와 지상장치로 구성되어 있으며 동력차 하부에 설비되어 있는 차상자가 궤도 내에 설치되어 있는 지상자를 통과할 때 폐색구간 통과속도 정보(98～130[kHz])를 차상자에서 감응하여 작동하도록 되어 있다.

현재 일반철도 전 구간에 걸쳐 점제어식(ATS-S1형)과 속도조사식(ATS-S2형)을 설치하여 운영하고 있다. 이와 같이 ATS 장치는 열차 안전운행을 확보하기 위한 안전설비로 지상장치와 차상장치의 정상적인 기능유지가 필수조건이다.

초기에는 열차운행이 빈번하지 않았으나 최근에는 열차의 고속화 및 고밀도 운행으로 차상신호장치 등 정밀 첨단기술의 신호방식이 요구되고 있다.

다음 그림 8-2는 기관사와 ATS 장치의 관계를 몇 가지 단계로 표시한 것이다.

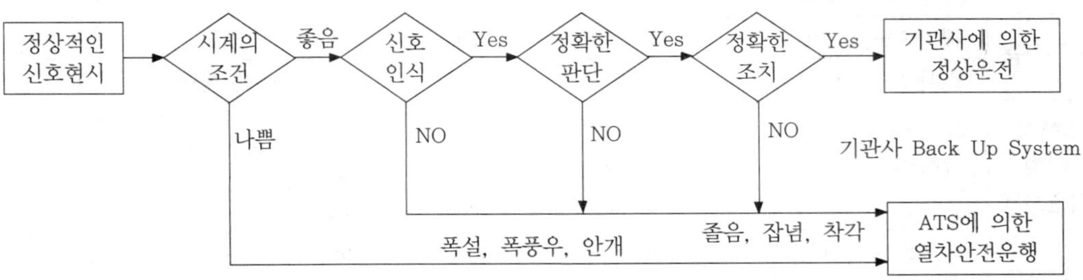

그림 8-2. 기관사와 ATS 장치의 관계

8.1.2 ATS 동작방식과 제한속도

1 동작방식

ATS 장치는 전철이나 비전철구간 모든 개소에 사용되며 3현시 사용의 경우 지상장치는 정지신호에서만 동작하고 차상장치는 단변주방식에 의하여 동작한다. 4, 5현시용은 5가지 신호에 따라 동작하는 다변주방식에 의하여 차상장치가 동작한다. 차상장치의 동작방식은 표 8-1과 같다.

표 8-1. 차상장치의 동작방식

종 류	차상장치 동작방식
3현시	점제어식, 단변주(105[kHz] → 130[kHz])
4현시	속도조사식, 다변주(78[kHz] → 5종류)
5현시	속도조사식, 다변주(78[kHz] → 5종류)

2 제한속도

표 8-2는 ATS 장치 종류별 지상장치의 공진주파수와 차상장치의 제한속도를 나타낸 것이다.

표 8-2. 지상장치의 공진주파수와 차상장치의 제한속도

구 분		진행(G)	감속(YG)	주의(Y)	경계(YY)	정지(R1)	절대정지(R0)
3현시 디젤 기관차용	공진주파수[kHz]	·	·	·	·	·	130
	제한속도[km/h]	Free	·	·	·	·	정지
	조사속도[km/h]	·	·	·	·	·	·
4현시 전동차용	공진주파수[kHz]	98		106	·	122	130
	제한속도[km/h]	Free	65	45		0(15)	0
	조사속도[km/h]	·	·	45상당		0(15)상당	0
5현시 디젤 기관차용	공진주파수[kHz]	98	106	114	122	·	130
	제한속도[km/h]	Free	105	65	25	·	0
	조사속도[km/h]	·	105상당	65상당	25상당	·	·
5현시 전동차용	공진주파수[kHz]	98		106	114	·	130
	제한속도[km/h]	Free		45	25	·	0(15)
	조사속도[km/h]	·		45상당	25상당	·	0(15)상당

8.2 점제어식 ATS

정지신호에서만 동작하는 점제어식(지상장치 : ATS-S1형, 차상장치 : 3현시) ATS는 3현시 신호로 운행되는 구간에서 정지신호를 무시하고 계속 진행하는 열차를 정지시키는 설비이며 신호기의 위치와 동작과정은 다음과 같다.

열차가 진행 또는 주의신호를 현시하는 지점까지는 운전실에 설비한 백색등이 점등되어 정상운행이 가능하지만 신호기가 정지현시일 때 열차가 지상자를 통과하면 적색등이 점등되고 벨이 울려서 기관사에게 경보를 전달한다.

이때 기관사가 5초 이내(EL은 3초 이내)에 확인조작을 하면 적색등은 소등되고 경보도 정지되어 다시 백색등이 점등되지만 확인조작을 하지 않으면 5초(EL은 3초 이내)가 지난 다음 비상제동이 작용하여 열차는 신호기 앞에서 정지하게 된다.

일단 비상제동이 작용하면 복귀조작을 한 다음 제동밸브에 의하여 천천히 정상상태로 복귀한다.

8.2.1 점제어식 ATS의 구성

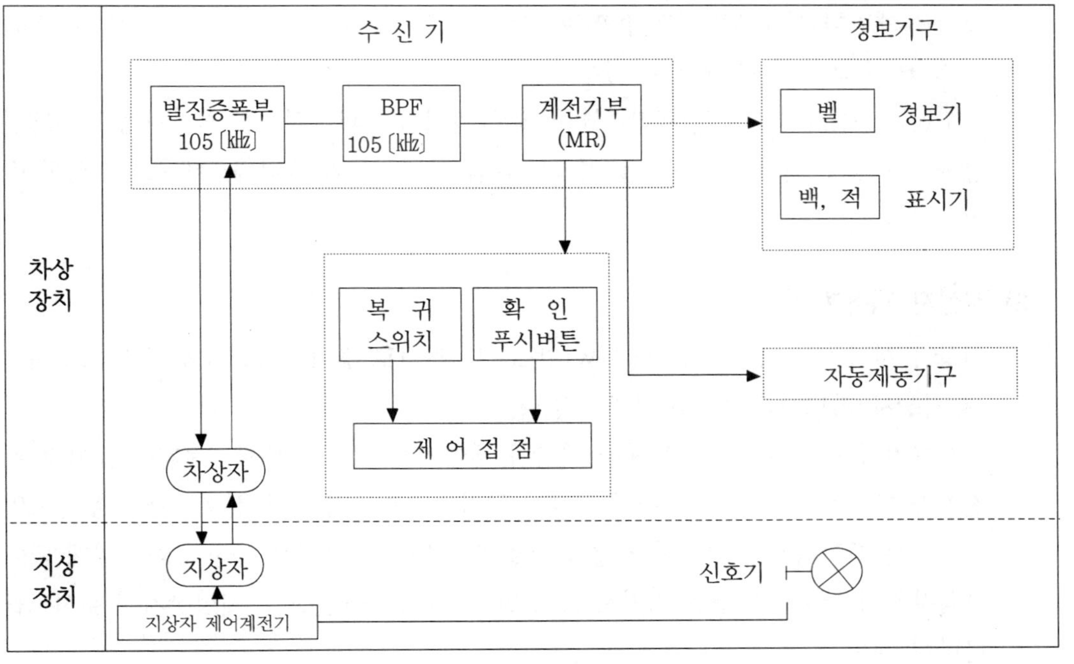

그림 8-3. 3현시 ATS 장치의 구성도

지상신호기의 현시에 따라 지상정보(R신호 : 130[kHz])를 차상으로 보내 주는 지상장치와 지상으로부터 정보를 수신하여 동작하는 차상장치로 구성되며 그림 8-3은 3현시 ATS 장치의 구성도를 나타낸 것으로 지상정보에 대한 ATS 수신기의 열차최고 응동속도는 130[km/h]로 되어 있다.

1 지상장치

지상장치는 경보지점의 레일 사이에 설치하여 그 지점을 통과하는 열차에 정보를 보내는 지상자와 이것을 신호기의 현시에 따라 제어하는 지상자 제어계전기 및 케이블로 구성되어 있다.

1) 지상자

지상자는 내부에 코일과 콘덴서로 이루어져 130[kHz]의 공진주파수를 갖는 LC회로를 구성하며 차상자와 대응하도록 열차 진행방향으로 보아 궤간중심으로부터 지상자 중심선과의 간격은 좌측으로 300[mm]±10[mm] 이내, 레일면 상면으로부터 지상자 상면까지의 높이는 50~80[mm]에 설치하고, 지상자에는 5[m]의 리드선이 연결되어 있어 지상자 제어계전기에 의해 이 끝을 단락 또는 개방함으로써 제어한다.

코일의 인덕턴스는 300[μH], 콘덴서는 0.005[μF] 정도로 지상자 제어계전기의 접점을 개방한 상태에서 공진주파수는 125~131[kHz]이고, 공진회로의 선택도(Q값)는 50~190의 특성을 가지고 있다.

또한 0.18[mm]선 30본 평각 구리선에 폴리에틸렌 피복전선을 직사각형으로 18번 감아 여기에 콘덴서와 리드선을 접속한 다음 유리섬유와 폴리에스테르로 성형한 것이다.

2) 지상자 제어계전기

지상자 제어계전기는 소비전력 1[W]의 소형계전기로 정위(N2)접점을 구비하고 여기에 지상자 리드선을 접속하여 제어한다.

신호기가 정지현시일 경우에는 지상자 제어계전기에 공급되는 전원이 끊어져 계전기가 낙하하고 지상자는 130[kHz]의 공진회로를 구성하나 신호기가 진행현시일 경우에는 계전기가 동작하여 지상자 코일의 일부가 단락되고 공진특성을 잃게 되어 차상장치에 아무런 영향을 미치지 않게 된다. 그림 8-4는 ATS 지상장치의 결선도를 나타낸 것이다.

지상자 제어계전기는 지상자 코일을 단락 또는 개방하기 위한 계전기로서 지상자 회로와 같은 미소한 전류회로의 제어에 적합한 PGS 접점(백금, 금, 은의 합금)을 가진 소형계전기가 사용되고 있으며 계전기의 설치는 다음과 같이 한다.

① 침수의 우려가 없는 개소에 있어서 콘크리트 기초 또는 콘크리트 기둥에 부착한다.
② 지상자 리드선 및 제어용 케이블을 단자에 접속하고 풀어지지 않도록 완전히 접속한다.
③ 옥외용 설비에 있어서는 침수 및 기타에 의한 장애가 없도록 장소를 잘 선택해야 한다.

지상자 제어계전기 전원전압의 입력 단자전압은 DC 10[V] ± 5[%] 또는 DC 24[V] ±10[%] 이내로 하며 접점저항은 100[mΩ] 이하이다.

3) 제어케이블

신호기와 지상자 제어계전기를 연결하는 제어케이블은 CVV 2.5mm^2×2C를 사용한다.

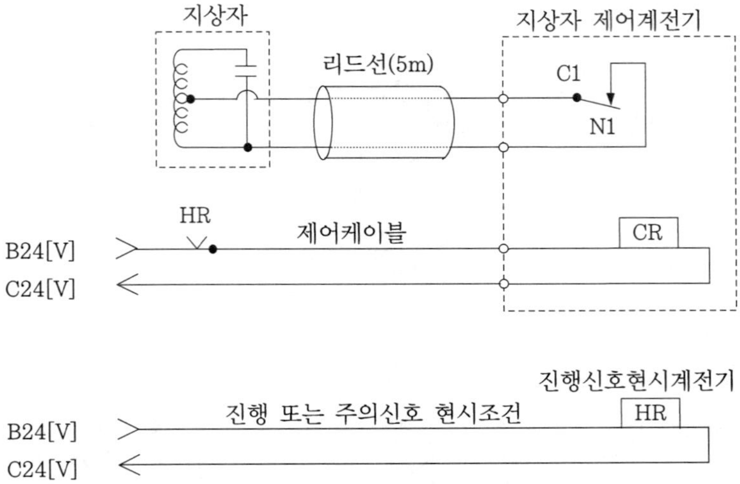

그림 8-4. ATS 지상장치의 결선도

2 차상장치

차상장치는 지상으로부터의 정보를 받는 차상자, 정보를 해석하여 경보기와 제동장치의 회로를 제어하는 수신기, 운전실 내에 설치된 경보기, 표시기 및 확인 푸시버튼 등으로 구성되어 있다.

1) 차상자

차상자는 차체 하부의 차량 중심으로부터 진행방향(기관차 정면)에 대하여 좌측으로 300[mm]의 위치에 차상자 중심이 위치하도록 하고 레일면으로부터의 높이는 130[mm] 범위에 취부하게 된다. 2조의 코일에 의하여 지상자로부터의 정보를 받아 부속 리드선과 여기에 연결된 4심 실드(차폐) 케이블(접속함~수신기간 : 5~10[m])을 통하여 수신기에 전달한다. 차상자의 구조는 그림 8-5와 같다.

결합도의 조절은 조정판을 상하로 이동시켜서 할 수 있는데 조정판이 없으면 자속분포가 많아져서 결합도가 커지고 조정판이 사이에 위치하면 자속분포가 변화하여 결합도가 변화하는 것을 이용한 것이다.

코일의 임피던스는 코일의 2차측을 개방하였을 때 515 ± 5[μF]이고 상호 인덕턴스는 1~2[μF] 정도이다. 한쪽 코일에 1[kΩ]의 순저항을 접속하고 다른 한쪽에 100[kHz], 100[mA]의 전류를 흘렸을 때 저항 양단에는 80±10[mV]의 전압을 유기하는 특성을 가지고 있다.

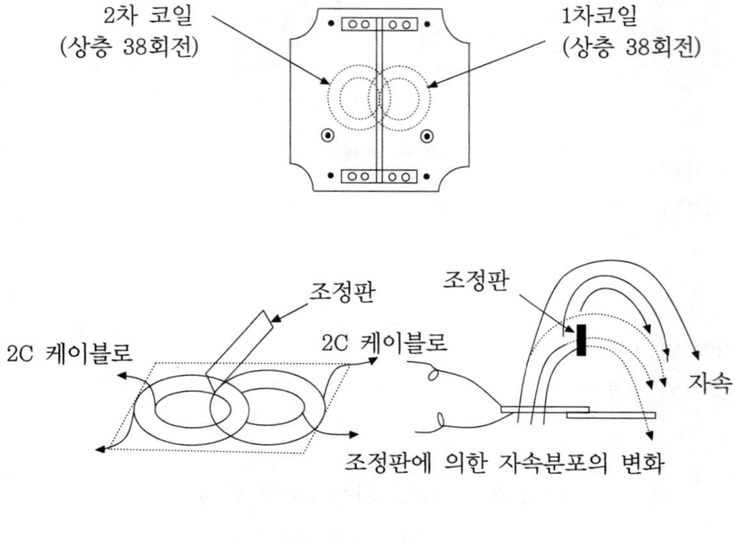

그림 8-5. 차상자의 구조

2) 수신기

수신기는 운전실의 진동이 적은 곳을 선정하되 차상자와의 거리가 가까운 곳에 설치한다.

평상시에는 차상자와 조합하여 105[kHz]의 상시 발진회로를 구성하고 있으나 차상자가 130[kHz]의 공진회로를 구성하고 있는 지상자에 접근하면 130[kHz]로 주파수가 변화하므로 여파기(filter)의 작용에 의하여 주계전기(MR : Master Relay)는 무여자되며 경보회로와 제어회로를 제어하게 된다.

3) 경보기

경보기는 운전실 내에 설치되어 경보를 받았을 경우 수신기의 제어에 의하여 즉시 경보벨을 울리게 되어 있다.

4) 표시기

운전실 내에서 가장 잘 보이는 곳에 설치해야 하며 백색등과 적색등으로 표시하고 있다.

평상시에는 백색등으로서 이 장치가 정상적이라는 것을 표시하고 있으나 정보를 수신하면 백색등은 소등되고 적색등이 점등된다.

5) 확인 푸시버튼 및 복귀스위치

이들은 모두 운전실 내의 손이 쉽게 닿는 곳에 설치되어 있으므로 경보가 발생하였을 때 또는 비상제동이 동작했을 때 기관사가 신속하게 원래의 상태로 복귀하는 것에 사용된다.

8.2.2 점제어식 ATS의 기능

1 동작원리

ATS 차상자가 지상자에 접근하면 차상에 설치된 발진회로의 전송특성에 변화를 주어 이에 따라 발진주파수를 변화시키는 변주식(주파수 변환방식)이 사용되고 있다. 변주식은 발진회로에 2차 회로를 결합시킬 경우에 발진주파수가 변화하는 인입현상을 이용한 것으로 차상자를 필터회로와 조합시켜 2차 회로 결합의 유무로 계전기가 동작하거나 낙하하도록 하고 있다.

이를 전기적으로 보면 수신기와 차상자를 결합하여 105[kHz]의 발진회로를 형성해 놓고 지상자에 가까워지면 2차 회로가 결합한 상태로 되어 발진주파수가 130[kHz]로 변화하고 수신기 내부의 필터의 동작으로 계전기가 낙하하게 된다.

다시 말해서 평상시에는 수신기 내부의 증폭회로, 필터, 차상자 등을 조합한 회로의 특성이 105[kHz]의 발진조건을 만족하도록 되어 있어 이 주파수가 지속적인 발진을 하고 있다가 공진주파수 130[kHz]의 지상자가 차상자에 접근하였을 때 지상자와 차상자가 전기적으로 결합하여 차상자의 전송특성이 변하여 종합적인 회로의 특성이 105[kHz]의 특성을 만족하는 상태에서 지상자의 공진주파수 130[kHz]를 만족시키는 상태로 된다. 이 현상은 원래 차상자의 1차 코일에서 2차 코일에 이르는 105[kHz]의 발진회로에 지상자가 결합함으로써 1차 코일→지상자 코일→2차 코일로 이루어지는 130[kHz]의 발진에 적합한 새로운 경로가 생긴다고 말할 수 있다.

지상자가 차상자와 결합하는 초기에는 105[kHz] 및 130[kHz] 2개의 주파수 발진이 동시에 이루어지지만 결합이 증가하면 105[kHz]의 발진조건이 깨어지고 130[kHz]로 발진하게 된다. 130[kHz]의 발진은 그림 8-6의 점선 화살표와 같은 경로로 전송되며 105[kHz]로 설계되어 있는 필터에 의해 차단되어 후단으로는 전송되지 않기 때문에 주계전기가 무여자되어 접점이 낙하하게 된다.

ATS를 설비한 차량의 표시기는 평상시 백색등이 점등되어 있으나 열차가 경보지점에 이르면 전자회로의 동작으로 수신기 내의 주계전기가 낙하하고 경보기가 동작하여 기관사에게 경보를 알린다. 이때 경보기가 동작하면 백색등은 소등되고 적색등이 점등되어 자동으로 제동회로를 동작시켜 5초 동안 시간을 계산한다.

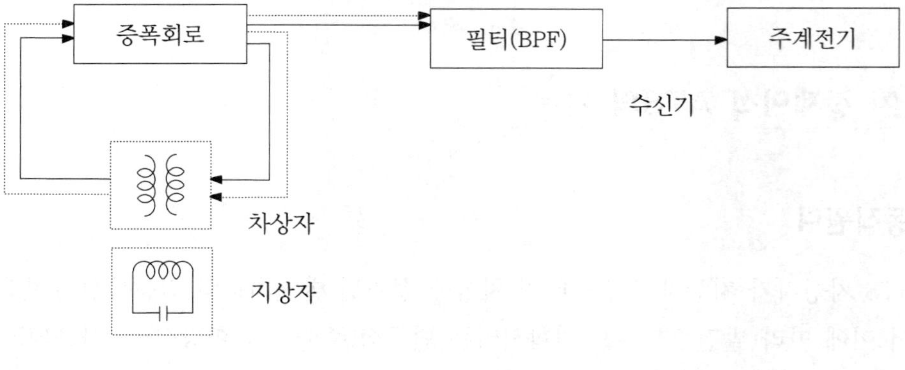

그림 8-6. ATS의 동작원리

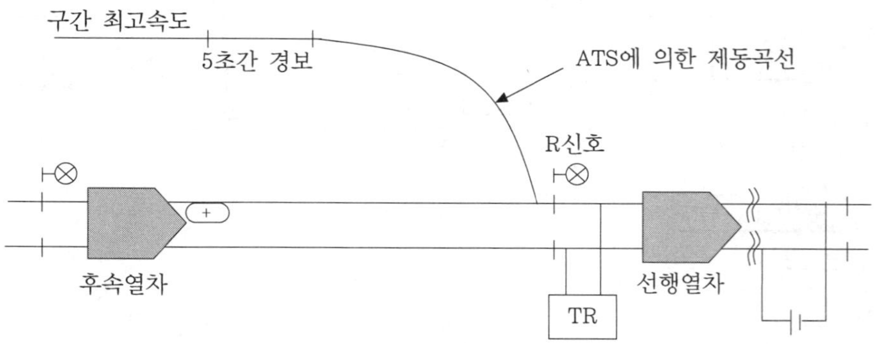

그림 8-7. 3현시 ATS에 의한 제동곡선

기관사가 5초 이내에 제동핸들을 제동위치에 놓고 확인단추를 눌러 원상 복귀를 하는 확인취급을 하지 않으면 비상제동이 체결되어 열차를 정지시키게 된다. 비상제동이 체결되면 제동핸들을 비상위치에 놓고 복귀스위치를 조작하여 장치를 원상으로 되돌려야 하는데 제동핸들을 비상위치에 놓고 나면 실질적으로 열차가 정지한 후가 아니면 장치가 원상으로 복귀되지 않는다.

2 ATS 차상장치의 동작순서

그림 8-8은 ATS-S형 차상장치의 결선도를 나타낸 것이며 동작순서를 알아보면 다음과 같다.

① 평상시에는 차상자의 발진부, 증폭부, 여파부 등의 전자회로에 의하여 105[kHz]가 발진되므로 이것을 정류, 증폭하여 주계전기(MR)를 여자시킨다.

주계전기의 여자접점에 의하여 반응계전기(MPR)가 여자되고 MPR의 여자접점으로 백색 표시등 및 시소계전기(UR)의 회로를 구성한다.

② 신호기가 정지신호를 현시하면 지상자 제어계전기는 무여자된다.

따라서 지상자 제어계전기의 제어접점은 개방되므로 지상자 위를 통과하면 평상시에 105[kHz]로 발진하던 수신기는 변주작용에 의하여 130[kHz]에서 공진하게 된다. 이와 같이 지상자 위를 차상자가 통과하면 평상시에 105[kHz]로 발진하던 수신기는 변주작용에 의하여 130[kHz]로 변화한다. 이 주파수는 여파기에서 저지되므로 MR과 MPR는 무여자된다.

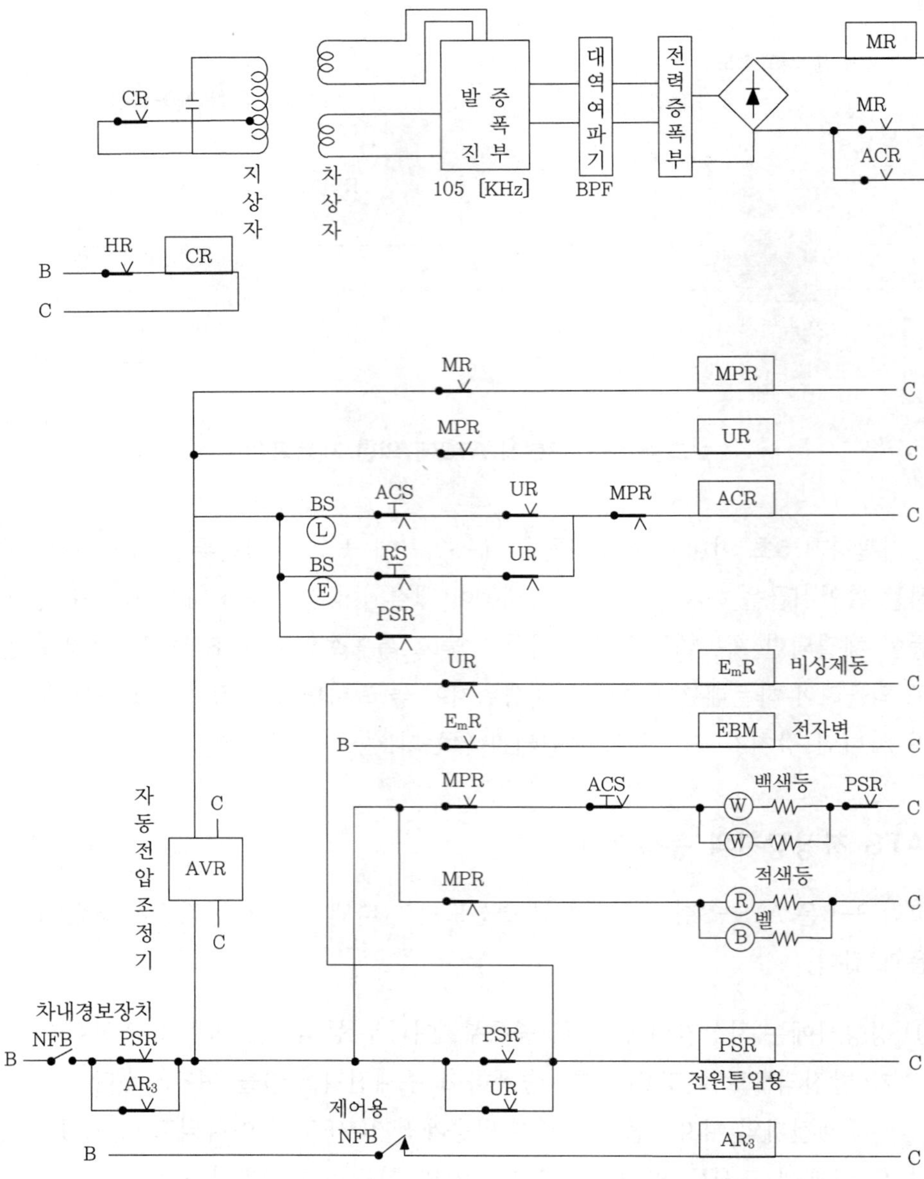

그림 8-8. ATS-S형 차상장치 결선도

따라서 백색 표시등은 소등이 되고 새로 구성된 반응계전기(MPR)의 무여자접점으로 인하여 경보기의 벨이 울리면서 적색 표시등이 점등된다.

또 MPR의 무여자로 UR의 전류도 차단이 되어 UR은 병렬로 접속된 콘덴서의 방전전류에 의하여 잠시 동안은 여자상태가 계속되지만 일정시간(5초)이 지난 다음에는 무여자된다.

③ UR이 무여자되기 전에 기관사가 확인 푸시버튼, 제동핸들을 조작하면 확인계전기(ACR) 회로는 전원(+)→제동밸브접점 BSL→ACS→UR 여자접점→MPR 무여자접점→ACR→전원(−)회로로 ACR이 여자된다. 이에 따라 MR는 정상상태의 105[kHz]를 발진하는 전자회로가 구성되어 ①항의 상태로 복귀하게 된다.

④ 경보기가 울리고 적색 표시등이 점등되었을 때 기관사가 확인 푸시버튼을 누르지 않고 일정시간(5초)이 지나면 UR은 무여자된다. 또 UR의 무여자접점에 의하여 제동 전자밸브는 여자된다.

전자밸브가 여자되면 배출밸브도 동작되고 제동관의 압력공기를 급격히 방출하고 열차는 비상제동이 걸려 비상정차하게 된다.

⑤ 열차에 비상제동이 작용하였을 경우 장치를 복귀시키려면 제 밸브핸들을 일단 '비상제동 위치'에 놓고 복귀스위치를 잡아당기면 복귀회로전원(+)→제동밸브접점(비상) BSE→RS→UR 무여자접점→MPR 무여자접점→ACR→전원(−)에 의하여 ACR가 여자되어 ①항의 상태로 복귀하게 된다. 따라서 제동 전자밸브도 무여자되어 제동이 천천히 풀리게 된다.

⑥ 차상의 전원이 투입되면 PSR의 무여자접점에 의하여 복귀조작을 하지 않아도 자동적으로 ACR, MR, MPR, UR의 순으로 여자하고 UR에 의해 PSR을 여자시켜 복귀조작을 해제하게 된다. 표시등 회로의 PSR 접점은 PSR의 전자코일 단선을 확인하기 위하여 설치한 것이다.

8.2.3 점제어식 ATS의 성능

1 지상장치

① 공진주파수	: 130[kHz]
② Q(선택도)	: 50~190
③ 제어케이블	: 5[m]
④ 지상자 제어계전기	: DC 10[V], 0.12[A], 접점수 N2 DC 24[V], 0.05[A], 접점수 N2

2 차상장치

① 열차응동 최고속도 : 130[km/h]
② 전원전압 : DC 18[V]
③ 수신기 소비전력 : 7[W]
④ 발진주파수 : 105[kHz]
⑤ 변주주파수 : 130[kHz]
⑥ 응동시간 : 11[ms]
⑦ 차량좌우 진동한계 : 좌우 50[mm](직선부)
: 좌우 110[mm](곡선부)
⑧ 차상자 결합도 : 80±10[mV]
⑨ 비상제동 여유시간 : 약 5[sec]
⑩ 차상자 접속함~수신기 사이 : 5~10[m]의 4심 실드(차폐) 케이블로 접속

8.2.4 지상자와 신호기간의 제어거리

지상자는 경보개시지점 직전에 설치하는데 신호기 외방으로부터 지상자 설치지점까지의 거리는 표 8-3의 계산식에 의해서 산출되며 열차제동거리와 여유거리를 합한 거리의 1.2배 범위로 한다.

지상자와 신호기간의 거리가 짧을 경우에는 정차하여야 할 신호기를 통과하게 되어 사고가 발생할 우려가 있으며 간격을 길게 설치하면 너무 앞에서 열차가 정차하게 되는 비효율적인 면이 있다.

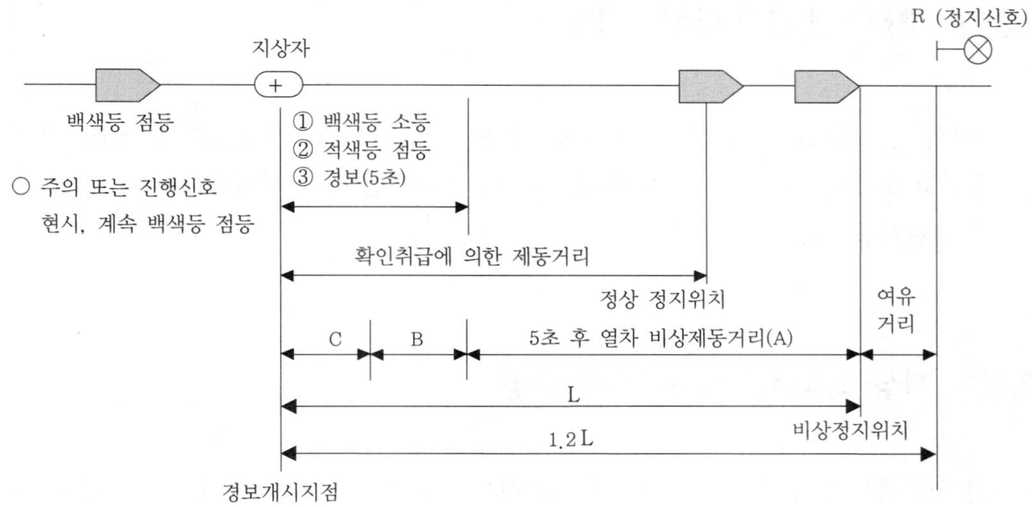

※ 신호기와 지상자간의 거리 = 차상자가 지상자 위를 통과하여 경보 시까지 주행거리(C)
+ 5초간 경보 시 열차주행거리(B) + 열차비상제동거리(A) + 여유거리

그림 8-9. ATS에 의한 열차정지

표 8-3. 지상자에서 비상정지위치까지의 거리 계산식

열차종별	A	B	C	계 ($\ell = A+B+C$)
전 동 차	$\frac{0.7V^2}{20}+\frac{V}{3.6}$	$5\ \frac{V}{3.6}$	$\frac{V}{3.6}$	$\frac{0.7V^2}{20}+\frac{7V}{3.6}$
여객열차	$\frac{V^2}{20}+2\ \frac{V}{3.6}$	$5\ \frac{V}{3.6}$	$\frac{V}{3.6}$	$\frac{V^2}{20}+\frac{8V}{3.6}$
화물열차	$\frac{V^2}{15}+5\ \frac{V}{3.6}$	$5\ \frac{V}{3.6}$	$\frac{V}{3.6}$	$\frac{V^2}{15}+\frac{11V}{3.6}$

여기서, ℓ : 지상자에서 비상정지위치까지의 거리[m]
A : 비상제동거리[m]
B : 경보가 울리기 시작하여 비상제동이 작용하기까지의 주행거리[m]
C : 차상자가 지상자 위를 통과하여 경보가 울릴 때까지의 주행거리[m]
V : 폐색구간의 계획운전속도의 최댓값[km/h]

8.3 차상 속도조사식 ATS

4현시 속도조사식 ATS 장치는 다변주 점제어방식으로 수도권 전동차 운행구간에 사용하고 있으며 일반철도 구간에서는 R, Y, YG, G현시, 지하철구간에서는 R, YY, Y, G현시를 사용하고 있다.

8.3.1 차상 속도조사식 ATS의 구성

열차의 속도를 조사하여 신호기가 지시하는 제한속도 이상으로 열차가 운행하는지를 판단하고 제한속도를 일정시간 초과하는 열차에 대하여 ATS가 동작하는 차상 속도조사식(지상장치 : ATS-S2형, 차상장치 : 4, 5현시 겸용사용 가능)의 구성은 그림 8-10과 같다.

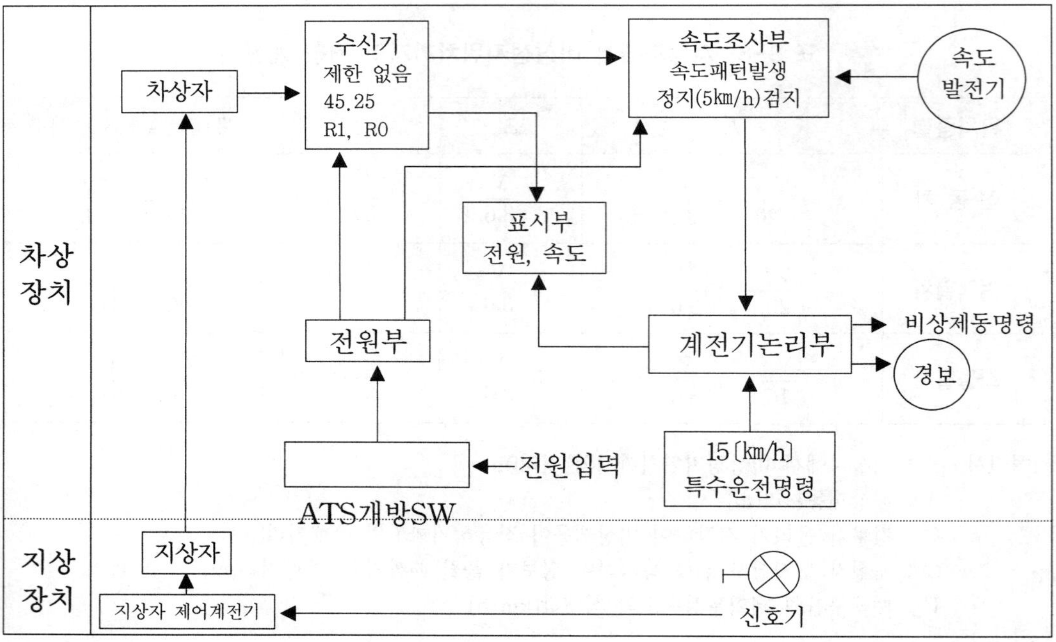

그림 8-10. 속도조사식 ATS의 구성

1 지상장치

지상장치는 경보지점의 궤도 사이에 설치되어 그 지점을 통과하는 열차에 정보를 보내는 지상자와 이것을 신호기의 현시에 따라 제어하는 지상자 제어계전기 및 케이블로 구성되어 있으며 차상에 속도제어정보를 전달하는 지상자는 ATS-S형과 같이 신호현시를 중계하고 신호현시에 따라 동작하는 4개의 제어계전기가 각각 다른 공진회로를 구성하여 지상자를 제어한다.

1) 지상자

지상자는 내부에 코일과 콘덴서로 이루어져 130[kHz]의 공진주파수를 갖는 LC회로를 구성하고 해당 신호기 20[m] 전방에 설치하여 차상자와 대응하도록 열차진행방향으로 보아 전동 열차용은 궤간중심으로부터 지상자 중심선과의 간격은 우측으로 300[mm]±10[mm]이내(경부1선 여객열차용 좌측), 레일면 상면으로부터 지상자 상면까지의 높이는 20~50[mm]에 설치한다. 지상자에는 5[m], 10[m]의 부속 리드선이 있어 이 끝을 지상자 제어계전기 박스 내에 있는 콘덴서를 지상의 신호현시에 맞게 조합하여 제어한다. 지상자의 크기는 그림 8-11과 같다.

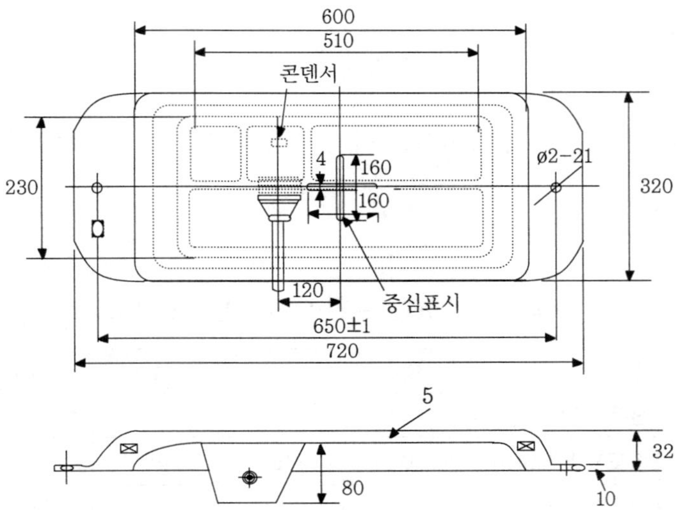

그림 8-11. 지상자의 크기

2) 지상자 공진주파수와 선택도(Q)

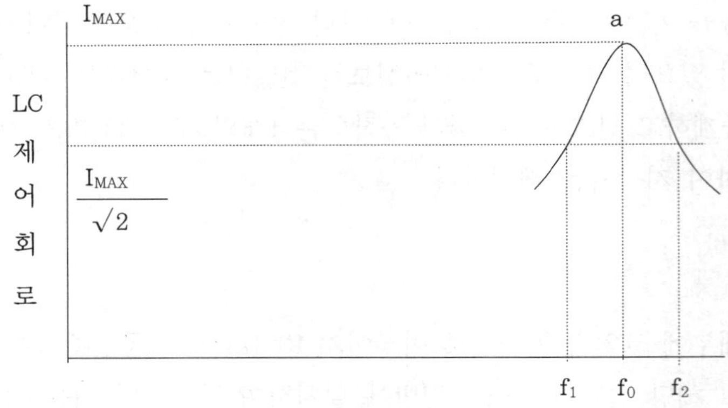

그림 8-12. 공진회로의 전류

그림 8-12와 같이 지상자에 흐르는 전류는 차상자로부터 전자결합에 의하여 코일 L에는 전류 I_L이 흐르고 콘덴서 C에는 전류 I_C가 흐르며 값이 같을 때 LC 회로에는 최대전류 I_{MAX}(a점)가 흐른다. 이때의 주파수를 공진주파수라 하며 다음과 같이 구한다.

$$\text{지상자 공진주파수 } f_0 = \frac{1}{2\pi\sqrt{LC}} \qquad (8-1)$$

단, 차상 속도조사식은 신호현시에 따라 다음과 같으며 주파수의 허용범위는 ±2 [kHz] 이내로 한다.

표 8-4. 4현시 ATS 공진주파수 및 속도제어

신 호 현 시		R0	R1	Y	YG	G
전기동차용	공진주파수[kHz]	130	122	106	98	
	ATS속도제어[km/h]	0	15	45	FREE	
동력차용	공진주파수[kHz]	130	122	122	114	106
	ATS속도제어[km/h]	0	25	25	65	105

주) 단, 전기동차용 114[kHz] 공진시 ATS 속도제어는 25[km/h]

표 8-5. 5현시 ATS 공진주파수 및 속도제어

신호현시		R0	R1	Y	YG	G
동력차용	공진주파수[kHz]	130	122	114	106	98
	ATS속도제어[km/h]	0	25	65	105	FREE
전기동차용	공진주파수[kHz]	130	114	106	98	
	ATS속도제어[km/h]	0	25	45	FREE	
전기동차용(경춘선)	공진주파수[kHz]	130	114	90	98	
	ATS속도제어[km/h]	0	25	65	FREE	

표 8-6. KTX 응동용(3현시 구간용)

신호현시		R	Y	G
KTX용	공진주파수[kHz]	130	FREE	
	ATS속도제어[km/h]	0		

공진회로의 선택도(Q값)는 지상자 제어계전기 접점을 개방한 상태에서 다음 값을 유지한다.

표 8-7. 공진회로의 선택도(Q값)

구분	공진주파수	Q
점제어식	130[kHz]	50~190
속도조사식	각 공진주파수	70 이상

회로의 저항 r를 증가시키면 a점이 내려가서 전류는 감소한다. 따라서 저항 r이 작을수록 좋다. 이것을 선택도(Q)라 하는데 다음 식으로 나타낸다.

$$Q=\frac{\omega L}{r}=\frac{1}{r}\sqrt{\frac{L}{C}}=\frac{f_0}{f_2-f_1} \tag{8-2}$$

Q의 양부를 판정하는 데는 정상적으로 공진할 때의 최대전류(I_{MAX})의 몇 [%]이며 또 그 때의 주파수폭을 B라 하면

$$B = f_2 - f_1 = \frac{f_0}{Q} \tag{8-3}$$

이다. 주파수폭이 어느 정도인지는 그림 8-12와 같이 공진할 때 $0.707\left(\frac{1}{\sqrt{2}}\right)$값을 가지는데 이것은 Q의 양부를 결정하는 기준이 된다. 왜냐 하면 공진할 때의 리액턴스 값은

$$\omega L - \frac{1}{\omega C} \fallingdotseq 0 \tag{8-4}$$

이 되고 리액턴스와 저항이 같을 때의 공진 임피던스 z는

$$z = \sqrt{r^2 + \left(\omega L - \frac{1}{\omega C}\right)^2} \tag{8-5}$$

이다. 여기서

$$\left(\omega L - \frac{1}{\omega C}\right)^2 = r^2 \tag{8-6}$$

이므로 공진 임피던스 z는

$$z = \sqrt{r^2 + r^2} = \sqrt{2r^2} = \sqrt{2}\,r \tag{8-7}$$

로 되고 이때의 전류는 $\frac{1}{\sqrt{2}} I_{MAX}$로 된다. 이와 같이 Q와 저항 r과는 밀접한 관계가 있으므로 지상자 케이블을 가감하면 지상자의 공진주파수와 Q가 변화함을 알 수 있다.

3) 지상자 제어계전기

정격 직류전압이 24[V]의 소형계전기 5개와 콘덴서들로 구성되어 있으며 여기에 지상자 리드선을 접속하여 제어한다. 신호기가 정지현시일 경우에는 지상자 제어계전기에 공급되는 전원이 끊어져 계전기가 모두 낙하하고 지상자는 130[kHz]의 공진회로를 구성하나 신호기가 진행현시일 경우에는 4개의 계전기가 동작하여 지상자의 공진회로에 콘덴서가 부가되어 98[kHz]의 전자파를 방사할 수 있는 회로가 구성된다.

지상장치의 전기회로를 그림 8-13과 같이 신호의 현시에 따라 각 제어계전기는 여자, 무여자로 콘덴서의 용량이 변동하며 지상자의 공진주파수는 표 8-8과 같다.

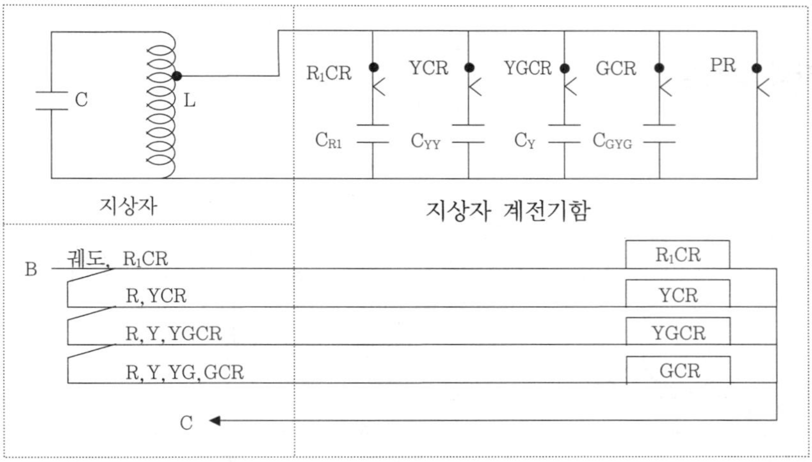

그림 8-13. 지상자 제어계전기 결선

표 8-8. 지상자 제어계전기 상태와 지상자 공진주파수

계전기 명칭 \ 신호 제어		G	YG	Y	R_1	R_0
지 상 자 제어계전기	G CR	여자	무여자	무여자	무여자	무여자
	YG CR	여자	여자	무여자	무여자	무여자
	Y CR	여자	여자	여자	무여자	무여자
	R_1 CR	여자	여자	여자	여자	무여자
공진주파수	kHz	98	106	114	122	130

표 8-8에서 알 수 있는 바와 같이 지상자 제어계전기가 전부 무여자되는 것은 R_0 현시의 경우로 공진주파수는 130[kHz]가 되며 또 R_1CR 계전기만 여자하면 122[kHz]가 된다. 이와 같이 지상자의 공진주파수와 조사속도는 순차적으로 변화한다.

계전기의 전기적 특성은 다음과 같고 접점에는 PGS 합금재료를 사용하고 재질은 백금 6[%], 금 69[%], 은 25[%]이다.

① 정　　격 : DC24[V], 50[mA]

② 코일저항 : 480[Ω] (±5[%])

③ 접 점 수 : N2

④ 접점저항 : 50[mΩ] 이하

4) 지상자의 설치방법

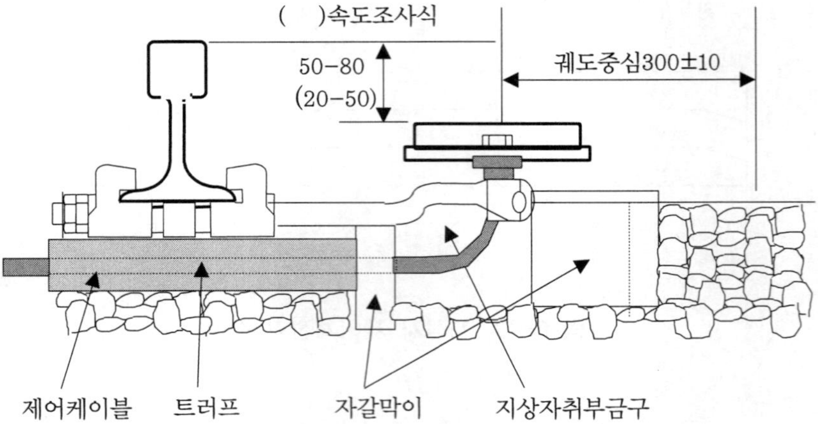

그림 8-14. 지상자의 설치(단면도)

① **자상자**

- 점제어식 지상자 설치거리는 신호기 바깥쪽으로부터 열차제동거리의 1.2배 범위로 한다.
- 속도조사식 지상자는 신호기 바깥쪽 20[m] 기준으로 하고 출발신호기를 소정의 위치에 설치할 수 없어 그 위치에 열차정지표지를 설비할 때에는 열차정지표지의 안쪽 20[m] 위치에 설치한다.
- 교량의 가드레일 및 안전레일과 탈선방지 가드 부설구간에 설치하는 경우에는 지상자에 지장이 없도록 한 후 설치한다.
- 탈선방지 레일구간에서는 소정의 위치에서 10[mm]의 범위 내로 지상자 표준설치위치보다 레일중심에서 이동하여 설치할 수 있다.

② **지상자 리드선**

- 레일 하부로 지나가는 리드선은 보호관을 설치한다.

- 지상자 리드선은 절단 또는 중간 접속을 해서는 안 되며, 여분 리드선을 지상자 하부에 두어서는 안 된다.

③ **제어계전기**

- 지상자 제어계전기가 필요 없는 경우에는 리드선 끝에 방수형의 단말 방호관으로 보호한다.
- 지상자 제어계전기는 제어계전기함에 수용하여 제어계전기함 취부대에 설치하거나 콘크리트 기둥에 U밴드로 지상면에서 300[mm] 이상의 높이에 설치한다.

④ **설치위치**

- 궤간중심으로부터 지상자 중심선과의 간격은 열차진행방향으로 보아 다음과 같이 설치한다.
  - 점제어식 : 좌측 300[mm] ± 10[mm] 이내
  - 속도조사식 : 우측 300[mm] ± 10[mm] 이내(열차용은 좌측)
- 레일상면으로부터 지상자 상면까지의 높이는 점제어식은 50~80[mm], 속도조사식은 20~50[mm]의 범위이나 점제어식은 50[mm], 속도조사식은 20[mm]에 가까운 높이로 설치한다.
- 지상자 밑면과 자갈과의 간격은 50[mm] 이상 떨어져 설치한다.
- 가드레일과의 간격은 400[mm] 이상 이격한다.
- 지상자만을 설치할 경우에는 리드선이 단락되지 않도록 처리한다.
- 레일이음매부에서 3본 이내의 침목을 피한다.
- 속도조사식(S2) 기초는 절연위치에서 15[m] 지점에 설치하고, 점제어식(S1) 기초는 20[m] 지점에 설치하여 리드선을 감아서 주변에 놓고 배선을 하지 않은 것이 양호하다.(S2 리드선 길이 : 10[m] 또는 5[m], S1 리드선 길이 : 5[m])
- 레일 하부로 지나가는 리드선은 보호관을 설치한다.
- 지상자 리드선은 절단 또는 중간 접속을 해서도 안되며, 또 지상자 하부에 여분 리드선을 정리하지 말아야 한다.
- 건널목 및 분기기를 피한다.
- 교량의 가드레일 및 안전레일과 탈선방지 카드 부설구간에 설치하는 경우에는 지상자에 지장이 없도록 설치한다.
- 탈선방지 가드레일 구간에서는 소정의 위치에서 10[mm] 범위 내로 지상자 표준설치 위치보다 레일중심에서 이동하여 설치할 수 있다.

2 차상장치

차상장치는 지상으로부터 다양한 정보(130, 122, 114, 106, 98[kHz])를 받는 차상자, 정보를 해석하여 경보기와 제동장치의 회로를 제어하는 수신기, 속도조사부, 계전기논리부, 운전실 내에 설치된 경보기, 표시기, 전원부 및 기타 부속품 그리고 전동차의 실제속도를 감지하는 속도발전기 등으로 구성되어 있다.

차상자는 차체 하부의 차량중심으로부터 우측으로 300[mm]의 위치에 차상자 중심이 오도록 설치하고 지상자로부터 정보를 받아 수신기에 전달한다.

차상자 코일 상면의 금속편을 상하로 이동시킬 수 있는 구조로 된 조정판은 차상자 2개의 코일 결합도가 수신기에 최적의 상태가 되도록 조정하기 위하여 사용한다.

수신기는 차상자와 조합된 발진기, 기준 발진주파수에 대응하는 대역여파기, 각 신호현시에 대등하는 대역여파기, 3초 한시계전기, 출발 및 기억 차단계전기, 전원부 등으로 구성되어 있다.

차상자가 지상자 위를 통과할 때에 발전기는 지상자의 공진주파수와 결합되어 신호현시가 진행 또는 감속신호인 경우 78[kHz]로부터 98[kHz]로 변주한다. 이때 신호현시에 대응하는 대역여파기의 출력이 순간적으로 끊어져 동작하고 있던 Pr 계전기가 낙하되고 동시에 지상자 위를 통과할 때는 G, YG 대역여파기 출력으로 FPR 계전기는 자기유지접점을 통하여 자기유지된다.

주의신호의 경우 위와 같이 78[kHz]로부터 106[kHz]로 변주하고 이때까지 자기유지하고 있던 PR 계전기는 낙하되고 대신 45PR 계전기가 동작하여 자기유지한다.

R_0 현시의 지상자를 통과할 때에는 발진주파수 78[kHz]로부터 130[kHz]로 변주하고 역행계전기 전부가 낙하된다. 신호현시와 공진주파수 및 동작하는 계전기는 표 8-9와 같다.

표 8-9. 신호현시와 공진주파수

신호현시	G/YG(Free)	Y	YY	R1	R0
공진주파수[kHz]	98	106	114	122	130
계전기	FPR 동작	45PR 동작	25PR 동작	0PR 동작	전 PR 동작

8.3.2 차상 속도조사식 ATS의 성능

① 열차 최고속도 : 130[km/h]
② 주파수 변주 : 5주파수
③ 신호현시와 주파수
G(free) : 98[kHz]
Y(45[km/h]) : 106[kHz]
YY(25[km/h]) : 114[kHz]
R1(0[km/h]) : 122[kHz]
R0(0[km/h]) : 130[kHz]
④ 차상자와 지상자간의 거리 : 70~260[mm]
⑤ 차량좌우 진동한계 : 70[mm] 이하
⑥ 차상자 결합도 : 80±10[mV]
⑦ 4심 실드케이블 길이 : 7.5±2.5[m]
⑧ 응동하는 지상자 특징 : 각 공진주파수±2[kHz]
⑨ 선택도(Q) : 70 이상
⑩ 동작온도 : -10~40[℃]

8.3.3 차상 속도조사식 ATS의 특성

ATS의 특성은 운행취급, 신호현시와 관련하여 열차의 운행속도, 차량의 제동성능 등에 따라 조금씩 다를 수 있으나 열차자동정지장치의 기본조건은 다음과 같다.

① 열차를 정지신호 현시 신호기 앞에 정지시켜야 한다.
② 다른 열차의 운행에 지장을 주지 않도록 해야 한다.
③ 정지신호 현시의 경우 기관사가 제동조작을 하지 않으면 자동적으로 비상제동이 작용해야 한다.

이러한 조건을 만족시키기 위하여 수도권 및 경부선 CTC 구간에서는 고밀도 전철 구간의 특수성을 고려하고 보안도를 확보하기 위하여 차상 속도조사식 ATS를 사용하고 있다.

지상에 설비된 신호기의 신호현시에 따라 다섯 가지 공진주파수의 변조기능을 기본으로 하여 검지한 정보로 열차속도를 연속적으로 감시하기 위하여 지상에 정보 검지기능과 속도 조사기능을 갖추고 있다.

속도조사는 지상에서 전달되는 신호기의 현시정보를 기본으로 기억하고 항상 열차속도와 비교하여 열차속도가 지상의 신호현시에 해당하는 속도보다 높을 경우 비상제동이 작동한다.

1 4현시(EL용) 속도조사식 ATS

① 진행 또는 감속신호 현시의 신호기로 진입한 경우에는 속도조사는 받지 않고 자유주행(Free)으로 운행한다.

② 주의신호 현시의 신호기로 진입한 경우에 속도조사는 45[km/h] 이하로 운행한다.

속도를 초과할 경우에는 3초 이내에 제동간을 4N(인버터 제어방식) 또는 67°(저항 제어방식) 이상으로 두고 제한속도 이하로 감속한다. 제동간은 조작하지 않으면 3초가 지난 다음 비상제동이 자동으로 작동한다. 비상제동 정지 후에는 45[km/h] 이하로 운행한다.

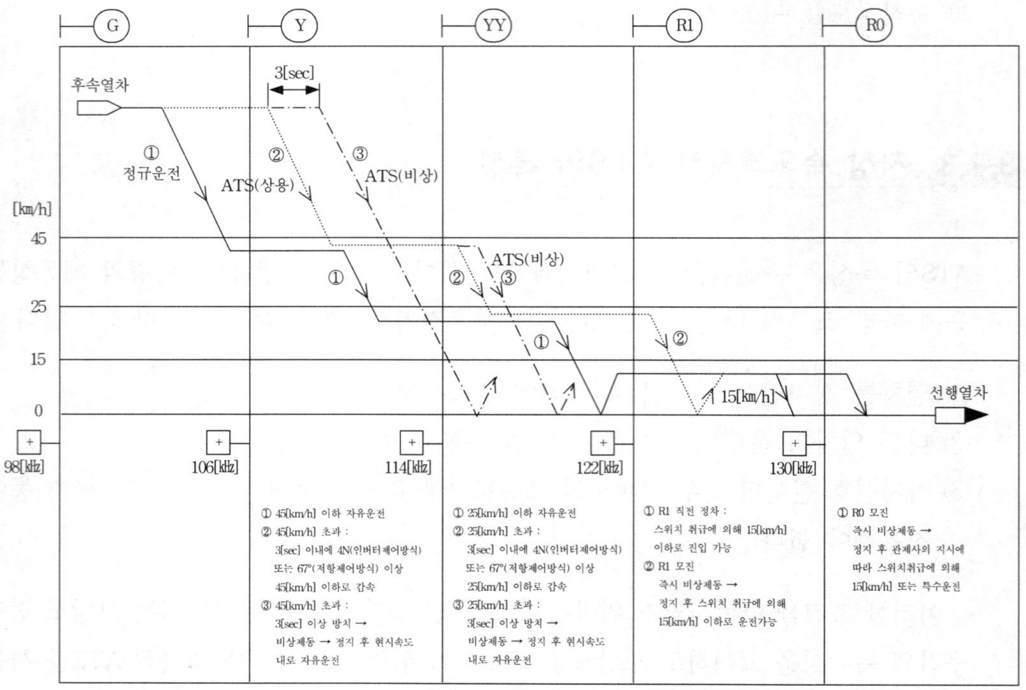

그림 8-15. 4현시(EL용) ATS 운전제어곡선

③ R_1 정지구간에 운행을 할 경우 일단 정지한 다음 15[km/h] 스위치조작에 의해 15[km/h] 이하로 운전이 가능하다.

④ R_0 정지구간에 운행을 할 경우 일단 정지한 다음 특수스위치의 조작에 의하여 1회에 한하여 15[km/h] 이하로 운전이 가능하다. 관제사로부터 R_0 승인을 득한 후 ATS 스위치를 개방하고 운전이 가능하다.

2 5현시(DL용) 속도조사식 ATS

① 진행신호 현시의 신호기로 진입한 경우에는 속도조사는 받지 않고 자유주행(Free)으로 운행한다.

② 감속신호 현시의 신호기로 진입한 경우에는 105[km/h] 이하의 속도로 운행한다. 속도를 초과할 경우에는 5초 이내에 105[km/h] 이하로 감속하고 제동변 핸들을 상용제동위치로 놓고 운행한다. 5초를 초과할 경우에는 비상제동으로 정지 후 제동변을 비상제동위치에 놓고 복귀취급한 후 105[km/h] 이하로 운행한다.

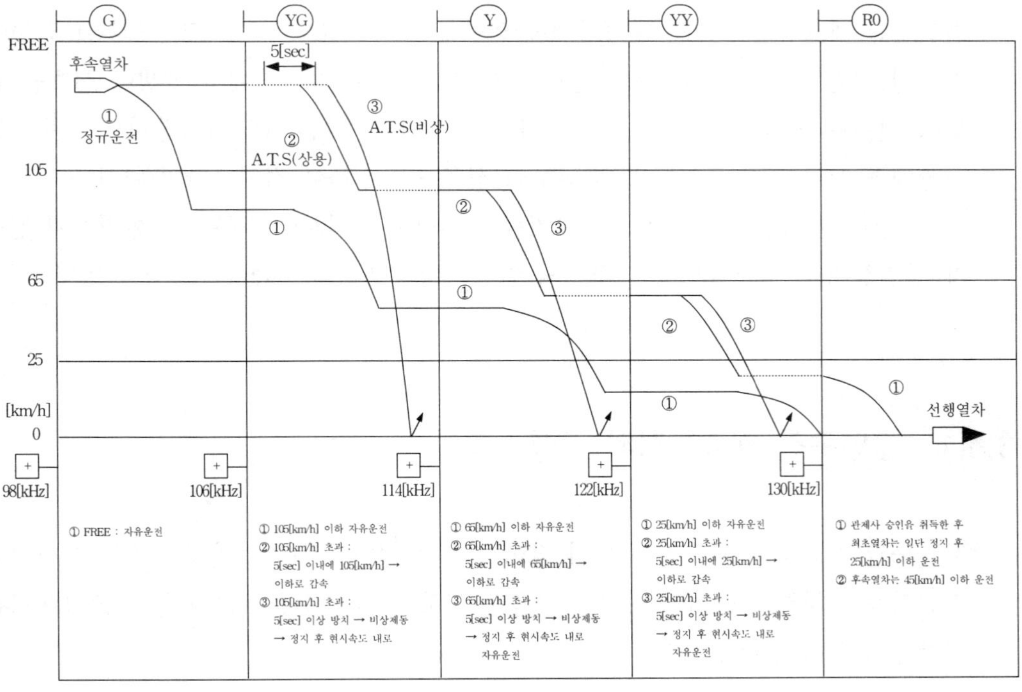

그림 8-16. 5현시(DL용) ATS 운전제어곡선

③ 주의신호 현시의 신호기로 진입한 경우에는 65[km/h] 이하의 속도로 운행한다. 속도를 초과할 경우에는 5초 이내에 65[km/h] 이하로 감속 운행한다. 5초를 초과할 경우에는 비상제동으로 정지 후 65[km/h] 이하로 운행한다.

④ 경계신호 현시의 신호기로 진입할 경우에는 25[km/h] 이하의 속도로 운행한다. 속도를 초과할 경우에는 5초 이내에 25[km/h] 이하의 속도로 주행한다. 5초를 초과할 경우에는 비상제동으로 정지 후 25[km/h] 이하로 운행한다.

⑤ 정지신호 현시의 신호기로 진입할 경우에는 관제사의 승인을 득한 후 최초열차는 1회에 한하여 25[km/h] 이하의 속도로 운전할 수 있고 후속열차는 45[km/h] 이하로 운행한다.

8.4 절연구간 예고장치

절연구간 예고장치는 ATS 지상장치에 의한 교류-직류(AC/DC), 교류-교류(AC/AC) 전차선 절연구간 예고신호를 송신하는 예고장치로서 송신기에서 발생한 신호를 궤도에 설치된 지상자(송신코일)에 의하여 수도권 전동차 ATS 차상장치로 전송하고 차상에 탑재된 ATS 수신기에 의하여 이 신호를 수신하여 절연구간의 위치를 예고하는 것이다. 절연구간 전방에 예고장치를 설치하여 기관사에게 주의를 환기시켜 전동차 전원장치를 제어함으로써 열차의 안전운행을 도모하는데 그 목적이 있다.

8.4.1 절연구간 예고장치의 구성

절연구간 예고장치는 그림 8-17과 같이 전차선 절연구간 근접위치에 ATS 지상자와 송신기를 설치하고 장치의 이상 유무를 검지하기 위해 신호취급실 등에 고장표시감시반을 설치하여 운영한다.

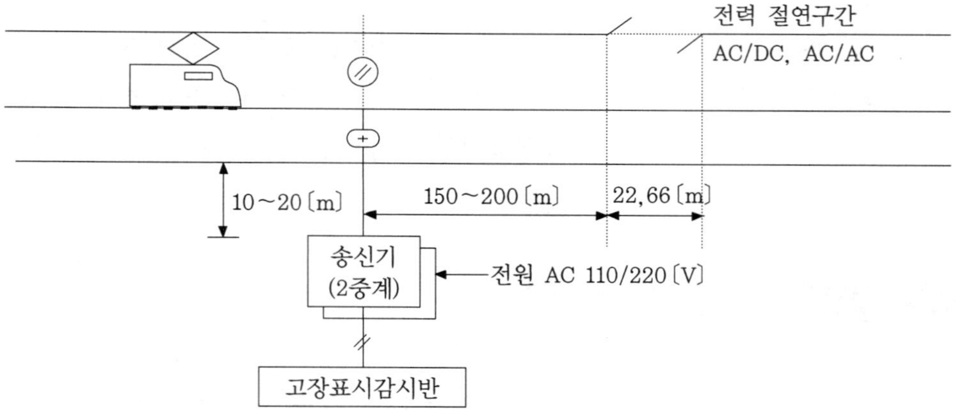

그림 8-17. 절연구간 예고장치 구성도

8.4.2 절연구간 예고장치의 기능

1 절연구간 통과 시 운전취급 방법

① AC/DC 절연구간 : 절연구간 접근(타행표시 확인) → 운전간 차단(off) → AC/DC 절환(회생제동 차단) → 절연구간 통과

② AC/AC 절연구간 : 절연구간 접근(타행표시 확인) → 운전간 차단(off) → 회생제동 차단 → 절연구간 통과

2 절연구간 통과 시 운전간을 차단(off)하지 않고 진입할 경우의 현상

① 무가압 구간이 감지되면 전동차 주회로(MCB) 동작

② 제동체결(회생제동) 시 발생되는 전류에 의해 아크(arc) 발생 및 차량 내 보호회로 작동으로 열차운행에 지장 초래

3 차상설비

① 기존 ATS 수신기에 별도로 68[kHz]의 필터(filter)를 부착하여 절연구간 감응계전기 동작으로 회생제동을 차단하여 열차 안전운행을 수행한다.

4 지상설비

① 기존 ATS 차상설비에 영향을 주지 않기 위하여 LC 공진이 아닌 단지 68[kHz]의 주파수를 송신하는 능동(active)방식으로 송신코일의 역할을 하며 고장 시 무감응을 대비하여 2중계화하고 고장표시감시반을 설치하고 있다.

8.4.3 절연구간 예고장치의 성능

송신기의 주요동작은 크리스탈 발진기로부터 4.352[MHz]를 발진시켜 IC(74HC4060)로부터 6분주하여 68[kHz]의 구형파를 만든다. 이 구형파를 low pass filter를 거친 후 증폭하여 LC 공진회로로 정현파를 만든 후 전력증폭을 하여 출력을 내보낸다.

한편 출력 트랜스로부터 일부의 출력 파형을 얻어서 그 출력 파형을 다이오드와 콘덴서를 이용하여 DC로 정류하고, level detector로 출력상태를 비교하여 그 신호를 계절체회로로 보내서 계절체회로를 구동시킨다. 이때 level detector 회로에 연결된 LED로 카드의 동작상태를 표시한다.

그리고 고장표시감시반은 송신부의 계절체계전기의 접점에서 나오는 신호를 photo coupler로 입력받아 level detector에 의해서 검출하여 레벨 하한치 이하로 입력되면 고장표시계전기를 동작시켜 그 접점으로 멜로디와 고장표시램프를 동작시켜 절연구간 예고장치의 이상 유무를 상시 확인할 수 있어 항상 정상적인 성능을 유지할 수 있도록 되어 있다. 다음은 주요사항을 나타낸 것이다.

① 사용 주파수 : 68[kHz]±68[Hz] 이하
② 출력 : 10[W] 이하
③ 출력 임피던스 : 10[Ω] 이하
④ 송신 파형 : 정현파
⑤ 왜율 : −30[dB] 이하
⑥ 주파수 안정도 : $\pm 10^{-3}$ 이하
⑦ 입력 전원전압 : AC 220[V]±20[V](60[Hz]) 이하
⑧ 송신기와 지상자의 거리 : 20[m] 이하
⑨ 지상자 : 310[μH]±10[%]

8.5 지상자와 차상자간 응동특성

8.5.1 발진회로와 차상자의 관계

1 실제회로의 발진조건

변주식 전자회로는 증폭회로 출력의 일부를 차상자라고 하는 일종의 공심 트랜스를 거쳐 입력측에 귀환시킴으로써 귀환 발진회로를 형성하고 있다. 귀환 발진회로에서 지속적인 발진을 하기 위해서는 귀환회로의 입력측에 항상 일정치 이상의 에너지를 공급하여야만 한다. 즉 증폭회로의 이득과 귀환회로의 감쇄는 서로 상관관계를 유지할 필요가 있다. 다음 그림 8-18에서 증폭회로의 입력을 E_1, 출력을 E_2, 증폭도를 μ, 귀환회로의 감쇄를 β라고 할 때 이 회로의 발진조건은

$$E_2 = \mu E_1\ , \qquad E_1 = \beta E_2 \tag{8-8}$$

로부터 $E_1 = \mu\beta E_1$의 관계가 되며 $\mu\beta = 1$로 되어야만 한다.

그런데 여기서 증폭회로, 귀환회로는 각각의 위상을 생각해주어야 하므로

$$\mu = |\,\mu\,|\,e^{j(n\pi + \varphi)}, \qquad \beta = |\,\beta\,|\,e^{j\phi} \tag{8-9}$$

$$\mu \cdot \beta = |\,\mu\beta\,|\,e^{j(n\pi + \varphi + \phi)} = 1$$

이 된다.

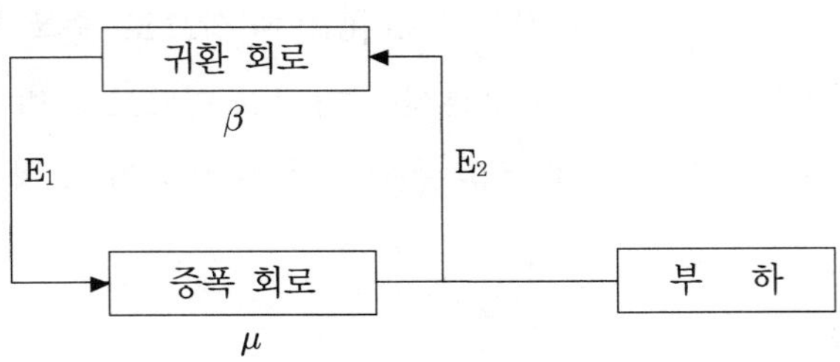

그림 8-18. 발진조건

위 식에서 $n\pi+\varphi+\phi=\theta$로 하면

$$\mu\cdot\beta=|\mu\beta|e^{j\theta}=|\mu\beta|(\cos\theta+j\sin\theta)=1 \tag{8-10}$$

위 식을 만족시키기 위해서는

$$|\mu\cdot\beta|=1 \qquad \theta=0,\ 2\pi,\ 4\pi,\ \cdots \tag{8-11}$$

즉 발진조건 $\mu\cdot\beta=1$은 증폭회로의 절대치 $|\mu|$와 귀환회로의 감쇄도 $|\beta|$와의 곱이 1인 관계를 가지고 양자의 위상특성이 $0,\ 2\pi,\ 4\pi,\ \cdots$로 될 필요가 있음을 알 수 있다.

보통 발진기에 있어서는 이 조건만을 만족하면 되나 변주식에 있어서는 지상자와 결합하였을 때에 다른 주파수로 발진해야 할 필요성이 있으므로 단일 발진주파수 f_1이 지상자에 접근하였을 경우에 발진주파수 f_2는 언제나 $\mu\cdot\beta=1$의 조건을 만족할 수 있도록 설계하고 있다.

2 증폭회로와 필터의 특성

지속 발진을 위해서는 증폭회로가 필요한데 변주식에 있어서는 주파수의 변화를 감지하여 이를 계전기에 전달해야 하므로 필터의 작용이 크다 할 수 있다. 그런데 필터에는 여러 가지 많은 위상 소자가 있으므로 발진조건을 만족하기 위해서는 각 필터의 위상 특성을 고려하지 않으면 안 된다.

실제회로에 있어서 지속적인 발진을 위해서는 보통 다음과 같이 설계하고 있다.

① 필터는 발진주파수 부근에서 순저항부로 되도록 한다.

② 귀환회로의 감쇄는 전압비로 하여 −40~50[dB]$\left(\frac{1}{100}\sim\frac{1}{300}\right)$이므로 증폭회로에서는 이를 보상하기 위해서 적어도 50[dB] 이상으로 증폭해야 한다.

③ 증폭회로, 귀환회로 모두 다 위상특성을 가지고 있으므로 발진조건에 적합하도록 하기 위해서는 증폭회로 입력부의 콘덴서를 이용하여 보정한다.

3 차상자의 특성

귀환회로는 차상자와 수신기, 차상자간을 연결하는 케이블로 구성되어 있다. 이중에서 차상자가 주된 역할을 하는데 차상자는 같은 크기의 원형코일 2개를 상호 인덕턴스가 (−)가 되도록 결합시킨 것이다. 전기회로는 그림 8-19와 같이 표시된다.

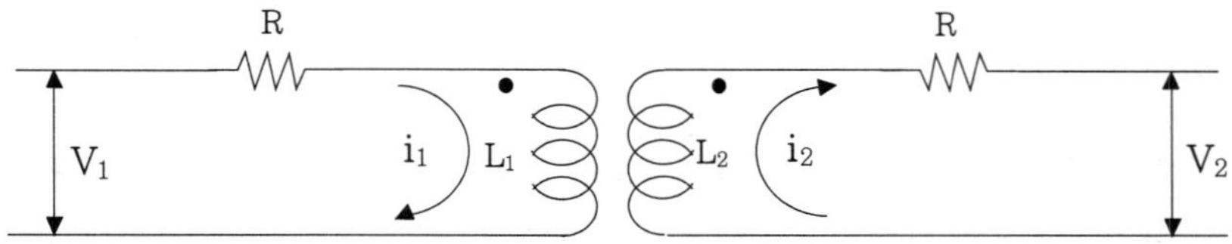

그림 8-19. 1차 회로만의 차상자 등가회로

차상자의 전기적 특성은 다음과 같다.

$$V_1 = (R + j\omega L_1)i_1 - j\omega M i_2 \tag{8-12}$$

$$V_2 = (R + j\omega L_2)i_2 - j\omega M i_1 \tag{8-13}$$

여기서 $i_2 = 0$이라고 하면 출력비는

$$\frac{V_2}{V_1} = \frac{-j\omega M}{R + j\omega L} = \frac{-\omega^2 LM}{R^2 + (\omega L)^2} - j\frac{\omega RM}{R^2 + (\omega L)^2} \tag{8-14}$$

으로 된다.

실제로 차상자에 있어서 $R=0.7[\Omega]$, $L=510[\mu\text{H}]$, $M=1.5[\mu\text{H}]$ 정도이므로 위의 식에 대입하여 계산하면 $\frac{V_2}{V_1} = -3\times10^{-3} - j6.3\times10^{-4} = 3\times10^{-3}$ 과 같이 되며 이 부분에 있어서 입출력 관계는 절대치에 있어서 50[dB]정도 감쇄되나 위상 특성에 따라서 코일의 결합이 (-)인 관계로 극성이 반대로 되는 외에는 무시할 수 있다.

8.5.2 지상자 결합시의 차상자 특성

1 등가회로

지상자가 차상자에 접근해서 양자가 전기적으로 결합하면 차상자의 입력, 임피던스, 입출력 전압 등에 변화를 일으켜 이것이 발진회로의 성격에 영향을 준다. 차상자와 지상자가 결합하였을 때 전기회로는 다음 그림 8-20과 같다.

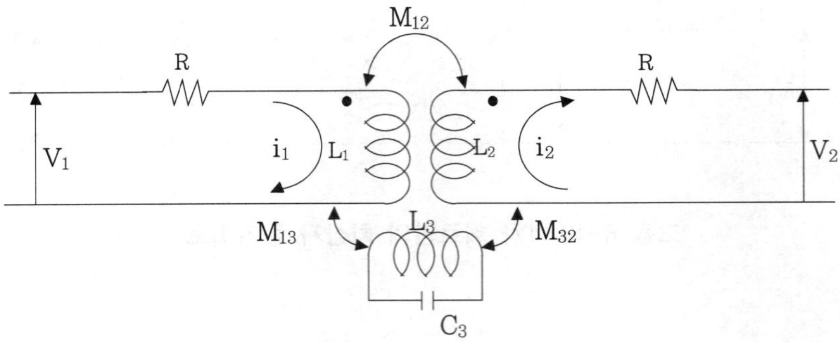

M_{13} : 차상자 1차 코일과 지상자간 상호 인덕턴스
M_{32} : 차상자 2차 코일과 지상자간 상호 인덕턴스

그림 8-20. 2차 회로 결합시의 차상자 등가회로

$$Z_1 = R + j\omega L_1 \ , \qquad Z_{12} = j\omega M_{12} \tag{8-15}$$

$$Z_2 = R + j\omega L_2 \ , \qquad Z_{13} = j\omega M_{13} \tag{8-16}$$

$$Z_3 = r_3 + j(\omega L_3 - \frac{1}{\omega C_3}) \ , \qquad Z_{32} = j\omega M_{32} \tag{8-17}$$

r_3 = 내부 저항 성분

그림 8-20의 회로를 간단히 T형 회로로 바꾸면 그림 8-21과 같이 된다.

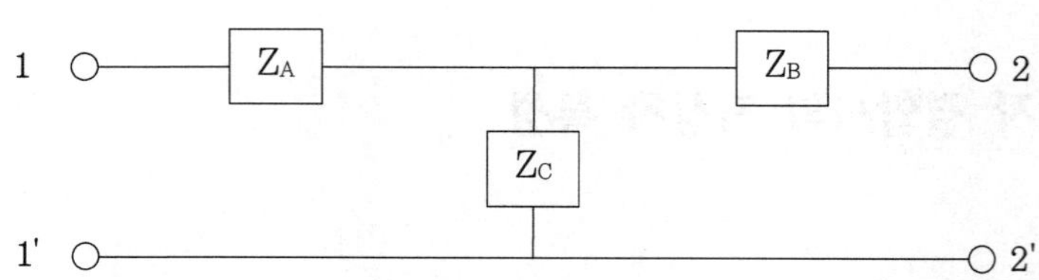

그림 8-21. T등가회로로의 변환

여기에서

$$Z_A = Z_1 - Z_{12} - \frac{Z_{13}}{Z_3}(Z_{13} - Z_{32}) \tag{8-18}$$

$$Z_B = Z_2 - Z_{12} - \frac{Z_{32}}{Z_3}(Z_{32} - Z_{13}) \tag{8-19}$$

$$Z_C = Z_{12} - \frac{Z_{13} \cdot Z_{32}}{Z_3} \tag{8-20}$$

$Z_{13} \sim Z_{32} \fallingdotseq 0$ 라고 가정하며 Z_A, Z_B의 3항은 생략되므로

$$Z_A \fallingdotseq Z_1 - Z_{12} = R + j\omega L_1 - j\omega M_{12} \tag{8-21}$$

$$Z_B \fallingdotseq Z_2 - Z_{12} = R + j\omega L_2 - j\omega M_{12} \tag{8-22}$$

$$Z_C = Z_{12} - \frac{Z_{13} \cdot Z_{32}}{Z_3} = j\omega M_{12} + \frac{\omega^2 M_{13} M_{32}}{R_3 + j(\omega L_3 - \frac{1}{\omega C_3})}$$

로 된다.

그림 8-21에서 1-1'에서 본 입력 임피던스 $Z_{in} = Z_A + Z_C$는 지상자와의 결합이 적을 경우($M_{13} \cdot M_{32} \fallingdotseq 0$), 지상자 Q가 적을 경우(R_3가 클 경우) 에서는 Z_C의 식에서 $M_{13} \cdot M_{32}$의 수치가 아주 적으므로 $Z_{in} = R + j\omega L_1$으로 되지만 결합이 밀접하게 되거나 Q가 클 경우에는 다음과 같이 된다.

$$Z_{in} = R + j\omega L_1 + \frac{\omega^2 M_{13} M_{32}}{R_3 + j(\omega L_3 - \frac{1}{\omega C_3})} \tag{8-23}$$

이 식에서 알 수 있는 바와 같이 입력 임피던스 Z_{in}은 주파수에 의하여 값이 변화하는 것을 알 수 있다. 즉

① ω가 적을 때 $(\omega L_3 - \frac{1}{\omega C_3} \neq 0)$

$$j\omega L1 \gg \frac{\omega^2 M_{13} M_{32}}{R_3 + j(\omega L_3 - \frac{1}{\omega C_3})} \tag{8-24}$$

$$\therefore\ Z_{in} \fallingdotseq R + j\omega L_1 \tag{8-25}$$

② ω가 지상자 공진주파수 (f_0)인 경우 $\omega L_3 - \frac{1}{\omega C_3} = 0$이므로

$$j\omega L_1 \ll \frac{\omega^2 M_{13} M_{32}}{R_3} \tag{8-26}$$

$$\therefore Z_{in}(f_0) \fallingdotseq \frac{\omega^2 M_{13} M_{32}}{R_3} \tag{8-27}$$

2 위상특성

임피던스의 절대치의 변화는 앞에서 알아보았지만 이것은 단지 감쇄도의 절대치가 변화하는 것을 보일 뿐이며 발진주파수를 변화시키는 원인이 될 수 없다. 여기서 이번에는 지상자의 접근에 따라 차상자의 부분 즉 귀환회로의 위상특성이 어떻게 변화하는가에 대해 알아보면 다음과 같다.

위상특성의 변화 관점에서 입출력 관계를 계산하여 보면 다음과 같다.

그림 8-20에서

$$V_1 = (R + j\omega L_1)i_1 - j\omega M_{12} i_2 + j\omega M_0 i_3 \tag{8-28}$$

$$V_2 = -j\omega M_{12} i_1 + (R + j\omega L_2)i_2 + j\omega M_0 i_3 \tag{8-29}$$

$$0 = j\omega M_0 i_1 + j\omega M_0 i_2 + (R_3 + j\omega L_3 - j\frac{1}{\omega C_3})i_3 \tag{8-30}$$

단, $M_{13} = M_{32} = M_0$

위 식 8-30으로부터 i_3를 정리하면

$$i_3 = \frac{-j\omega M_0(i_1 + i_2)}{R_3 + j(\omega L_3 - \frac{1}{\omega C_3})} \text{이다.} \tag{8-31}$$

$$V_1 = \left\{ R + j\omega L_1 + \frac{\omega^2 M_0^2}{R_3 + j(\omega L_3 - \frac{1}{\omega C_3})} \right\} i_1 + \left\{ \frac{\omega^2 M_0^2}{R_3 + j(\omega L_3 - \frac{1}{\omega C_3})} - j\omega M_{12} \right\} i_2 \tag{8-32}$$

$$V_2 = \left\{ \frac{\omega^2 M_0^2}{R_3 + j(\omega L_3 - \frac{1}{\omega C_3})} - j\omega M_{12} \right\} i_1 + \left\{ R + j\omega L_2 + \frac{\omega^2 M_0^2}{R_3 + j(\omega L_3 - \frac{1}{\omega C_3})} \right\} i_2 \tag{8-33}$$

여기서 2차측이 개방되어 있고($i_2 = 0$) 코일저항 $R_1 = 0$, $R_2 = 0$, $R_3 = 0$라 하고 V_1, V_2의 비를 구해 보면

$$\frac{V_2}{V_1} = \frac{\left\{\dfrac{\omega^2 M_0^2}{j(\omega L_3 - \dfrac{1}{\omega C_3})} - j\omega M_{12}\right\}}{\left\{j\omega L_1 + \dfrac{\omega^2 M_0^2}{j(\omega L_3 - \dfrac{1}{\omega C_3})}\right\}} = \frac{\omega^2 M_0{}^2 + \omega^2 M_{12} L_3 - \dfrac{M_{12}}{C_3}}{\omega^2 M_0{}^2 - \omega^2 L_1 L_3 + \dfrac{L_1}{C_3}}$$

$$= \frac{\omega^2 (M_0{}^2 + \omega^2 M_{12} L_3) - \dfrac{M_{12}}{C_3}}{\omega^2 (M_0{}^2 - \omega^2 L_1 L_3) + \dfrac{L_1}{C_3}} \qquad (8-34)$$

여기서 양자의 결합계수를 $K = \dfrac{M_0}{\sqrt{L_1 L_3}}$라 놓으면

$$\frac{V_2}{V_1} = \frac{\omega^2 (K^2 L_1 L_3 + M_{12} L_3) - \dfrac{M_{12}}{C_3}}{\omega^2 (K^2 L_1 L_3 - L_1 L_3) + \dfrac{L_1}{C_3}}$$

$$= \frac{K^2 + \dfrac{M_{12}}{L_1} - \dfrac{M_{12}}{\omega^2 L_1 L_3 C_3}}{K^2 - 1 + \dfrac{1}{\omega^2 L_3 C_3}}$$

$$= \frac{K^2 - \dfrac{M_{12}}{L_1}\left(\dfrac{1}{\omega^2 L_3 C_3} - 1\right)}{K^2 + \left(\dfrac{1}{\omega^2 L_3 C_3} - 1\right)} \qquad (8-35)$$

변주식의 경우에는 f = 100[kHz] 정도이고 L_3, C_3는 매우 작으므로 분모는 K^2보다 크나 분자는 정(+), 부(−), 영(0)으로 되는 경우가 있다.

$K < \sqrt{\dfrac{M_{12}}{L_1}\left(\dfrac{1}{\omega^2 L_3 C_3} - 1\right)}$ 이면 $\dfrac{V_2}{V_1} < 0$ (V_2가 V_1보다 늦다)

$K = \sqrt{\dfrac{M_{12}}{L_1}\left(\dfrac{1}{\omega^2 L_3 C_3} - 1\right)}$ 이면 $\dfrac{V_2}{V_1} = 0$ (동상)

$$K > \sqrt{\frac{M_{12}}{L_1}\left(\frac{1}{\omega^2 L_3 C_3}-1\right)} \quad \text{이면} \quad \frac{V_2}{V_1} > 0 \; (V_2\text{가 } V_1\text{보다 빠르다})$$

즉 지상자의 접근으로 K값이 크게 됨에 따라 즉 상호 인덕턴스 M_0가 크게 됨에 따라 V_2는 V_1에 가까운 위상으로 되는 것을 알 수 있다.

이를 나타낸 것이 그림 8-22이며 실제회로에서는 V_2는 V_1에 비해서 180° 뒤져 있으므로 지상자의 접근에 따라 점차 그 차를 줄이고 나중에는 차차 앞선 위상으로 되는 것이며 이에 따라 이제까지 차상자 부근에서 180° 뒤져 있는 조건으로 이루어지던 발진이 전기적 교란을 주어 새로운 성격을 갖게 된다.

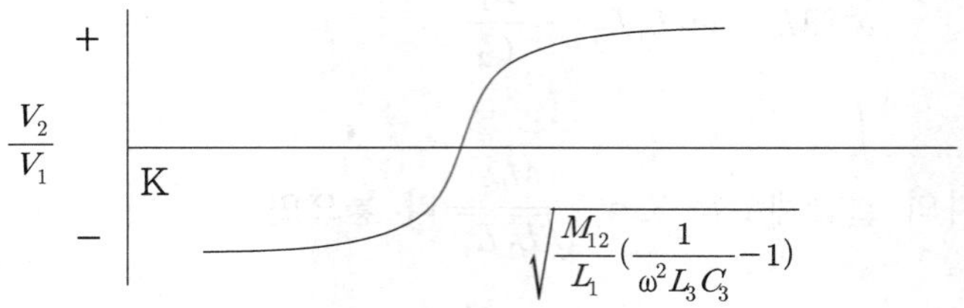

그림 8-22. 지상자 접근에 따른 입출력의 위상변화

3 지상자의 위치와 상호 인덕턴스

지상자의 접근에 따라 발생한 차상자의 인덕턴스의 변화는 발진회로에 새로운 변화를 주어 발진상태에 영향을 주게 된다. 그 변화량이 일정치 이상으로 되면 지상자의 공진주파수에 가까운 새로운 주파수로 발진을 하게 되는데 여기서는 차상자와 지상자의 위치에 따라 차상자 인덕턴스가 어떤 모양으로 변하는가에 대해 생각해 보기로 한다.

지상자의 접근에 따라 차상자 인덕턴스의 변화는 Z_C에서 본 바와 같이 차상자와 지상자간의 상호 인덕턴스 M_0에 따라 크게 좌우되며 또한 M_0는 차상자 1차 코일과 지상자와의 상호 인덕턴스 M_{13}과 차상자 2차 코일과 지상자와의 상호 인덕턴스 M_{32}와의 적 $M_{13} \cdot M_{32}$로 구할 수 있다. 여기서 우선 2개의 원형코일간에 있어서는 상호 인덕턴스 M을 일반형으로 구하고 다음에 M_0을 유도하기로 한다.

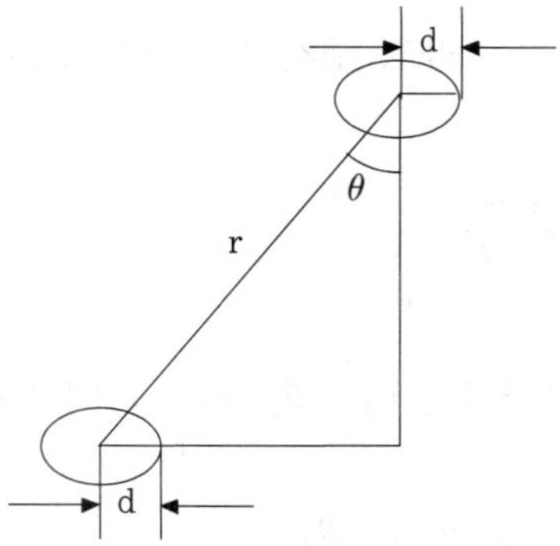

그림 8-23. 2개 코일의 상호 인덕턴스

각각의 반경을 d, 코일면의 각도를 θ라 하면 원형 코일 C_1, C_2 사이에 있어서의 인덕턴스는 다음 식과 같이 구할 수 있다.

$$M = \int C_1 \cdot \int C_2 \frac{\cos\left(d\int C_1 \cdot d\int C_2\right)}{r} \tag{8-36}$$

이 식은 타원 적분의 형식으로 계산된 것이지만 차상자, 지상자의 경우에 대응시킨 관계로 2개 코일의 상호 인덕턴스에 따라 생각해 보면 각각의 코일 중심선과 중심선과의 각도 θ와 중심거리 r의 함수로서 표시할 수 있다.

$$M = \frac{\mu_0 \pi^2 d^4 \cos^8 \theta}{4\pi r^6} \tag{8-37}$$

이때의 M은 각각 $M_{13} \cdot M_{32}$에 해당하는 것이므로 차상자와 지상자간의 상호 인덕턴스는 θ를 θ_1, θ_2, r을 r_1과 r_2로 해서 양자의 상승적으로 구할 수 있다.

$$M_0 = M_{13} \cdot M_{32} = \frac{\mu_0 \pi^2 d^4 \cos^8 \theta_1}{4\pi r_1^6} \times \frac{\mu_0 \pi^2 d^4 \cos^8 \theta_2}{4\pi r_2^6} \tag{8-38}$$

여기서 알기 쉽게 하기 위해서 진행방향과 좌우방향 등 2개의 요소로 나누어 생각해 보면

① 진행방향을 보는데 따라서는 차상자 코일의 배치에 의해서

$\theta_1 = \theta_2 = \theta$, $r_1 = r_2 = r$이라고 생각할 수 있으므로

$$M_0 = (\frac{\mu_0 \pi^2}{4\pi})^2 \frac{d^8 \cos^{16}\theta}{r^{12}} \tag{8-39}$$

② 좌우방향을 보는데 따라서는 $\theta_1 = \theta_2$, $r_1 = r_2$이므로

$$\begin{aligned} M_0 &= (\frac{\mu_0 \pi^2}{4\pi})^2 \frac{d^8 \cos^8\theta_1 \cos^8\theta_2}{r_1^6 r_2^6} \\ &= (\frac{\mu_0 \pi^2}{4\pi})^2 \frac{d^8 [\frac{1}{2} \cos 2\theta + \cos(d\theta_1 + d\theta_2)]^2}{r_1^6 r_2^6} \end{aligned} \tag{8-40}$$

단, $\theta_1 = \theta + d\theta_1$, $\theta_2 = \theta - d\theta_2$

그림 8-24는 ①, ②에 따라 차상자의 수평거리를 변수로 하여 표시한 것이다.

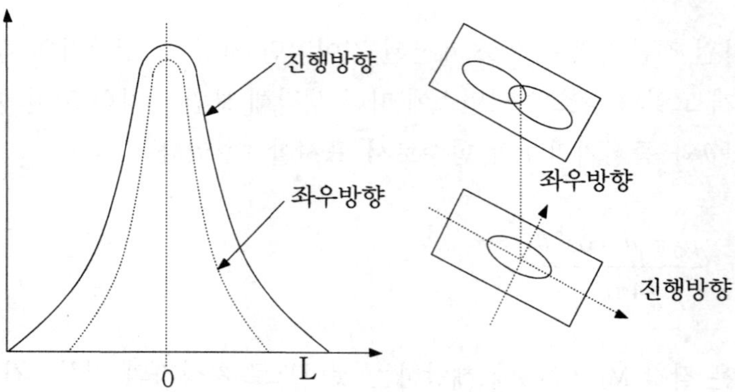

그림 8-24. 지상자와 차상자의 수평거리에 따른 상호 인덕턴스

위에서 설명한 2가지 경우에 따라 $\theta = 0$, $r \doteqdot 2d$인 경우를 표준으로 하여 차상자와 지상자 사이의 상호 인덕턴스 M_0가 등가로 될 수 있는 θ와 r값을 구하기 위하여 그림으로 나타내면 그림 8-25와 같다.

즉 진행방향에 따라서는 ①일 경우를 고려하여 $r = \sqrt[3]{\cos^4\theta}$ 또한 좌우방향에 따라

서는$r_1 \fallingdotseq r_2 = r$ 로 하면 $r = \sqrt[3]{(\cos^2\theta + \cos^2 L_1\theta)^4}$ 가 된다.

이것은 차상자를 원형코일이라고 생각한 경우를 나타낸 것이지만 실제로는 지상자의 형상이 진행방향으로 설계되어 있다는 것과 차상자 코일의 면적과의 관계 등에 따라 다소의 변화가 있다.

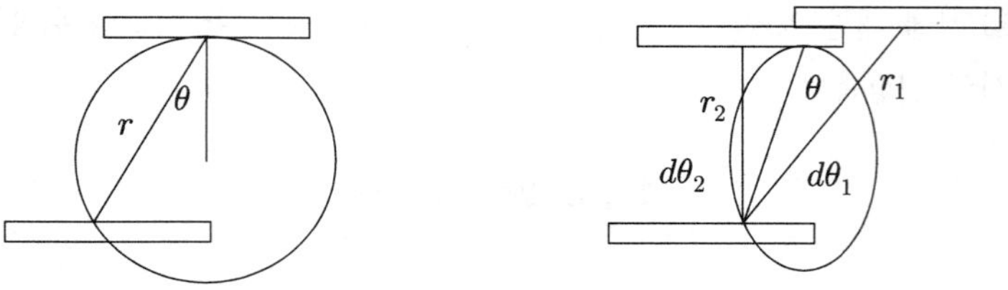

(a) 진행방향 (b) 좌우방향

그림 8-25. 등가의 상호 인덕턴스를 갖는 지상자 차장자의 상대위치

8.5.3 발진주파수의 변화

지상자 결합에 따른 발진회로 및 차상자의 특성변화는 위에서 설명한 바와 같으나 지상자가 접근할 때에도 차상자의 특성이 변한다.

지상자의 접근에 따라 위상특성이 그림 8-22와 같이 점차 앞선 위상으로 됨에 따라 그림 8-19의 회로특성은 다음 그림 8-26 (a)와 같이 본래의 T_1 입력과 증폭회로, 귀환회로를 지나온 T_1 입력과의 사이에 위상이 맞지 않게 된다.

지상자의 접근에 따라 보낼 주파수의 발진작용은 많은 제약을 받고 있으나 반면 지상자 공진주파수에 있어서는 발진하기 쉬운상태로 된다. 어떤 이유로 인하여 지상자 공진주파수의 발진이 일어나면 회로구성상 본래 주파수에 비하여 매우 강한 발진이 되므로 결국은 새로운 주파수의 발진작용을 하게 되는 것이다.

실제로 지상자를 접근시켜서 변화하는 현상을 관측해 보면 어떤 조건에서 새로운 주파수의 발진이 개시되어 본래 주파수에 간섭을 해서 비트상태를 일으켜 밀접한 결합을 하면 새로운 주파수의 세력을 일정치 이상으로 상회시켜 본래의 주파수가 소멸되고 완전히 새로운 주파수의 발진이 일어난다.

이 현상을 그림으로 표현한 것이 그림 8-27이다. 지상자가 멀리 지나가는 경우에도 똑같은 상태로 된다.

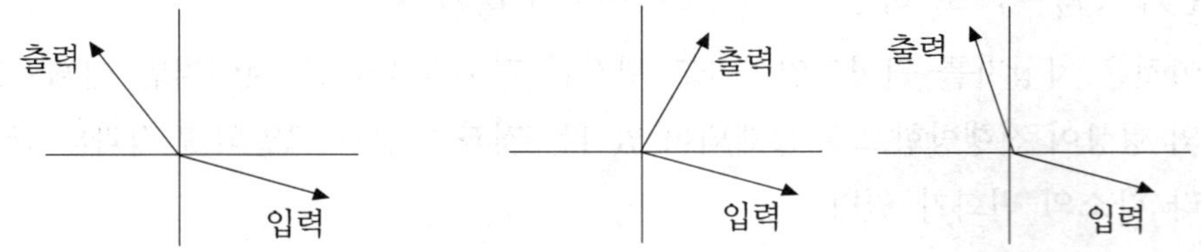

(a) 105[kHz]에 대한 지상자 접근시의 위상특성

(b) 130[kHz]에 대한 회로의 위상특성

그림 8-26. 위상특성

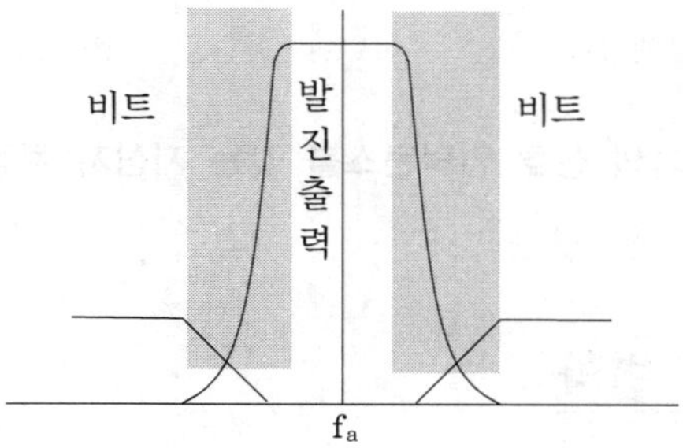

그림 8-27. 지상자 접근에 의한 주파수 변화

8.5.4 필터의 특성

ATS의 대역필터(BPF : band pass filter)는 발진주파수의 변화를 확실히 검지해서 다음 단으로 전달하기 위하여 사용하는 것으로 표 8-10과 같은 성능을 갖고 있다.

표 8-10. 대역필터의 성능표

주파수	이 득
105[kHz]	-5[dB]
130[kHz]	-40[dB]

105[kHz]의 경우 20[log(x)] = −5[dB]에서 x=1/2이고 130[kHz]의 경우 20[log(x)] = −40[dB]에서 x=1/100이므로 105[kHz]일 경우와 130[kHz]일 경우의 비율은 50:1 정도로 되기 때문에 각각의 최대 발진출력비 rV와 계전기의 이론적 on/off 최소비율 rR의 비로부터 다음 관계가 성립함을 알 수 있다.

$$rV < 50\ rR \tag{8-41}$$

예를 들어 계전기의 동작전압이 10[V]이고 낙하전압이 4[V]인 경우에는 그 비율이 10 : 4=1 : 0.4이므로 rR은 0.4가 되고 rV는 20이 되므로 105[kHz]의 출력은 130[kHz]의 출력의 20배를 초과하지 않는 범위로 설계할 필요가 있다. 여기에 어느 정도 여유를 생각한다면 10배 이하로 생각하는 것이 타당하다 할 수 있다.

8.5.5 다변주식의 동작원리

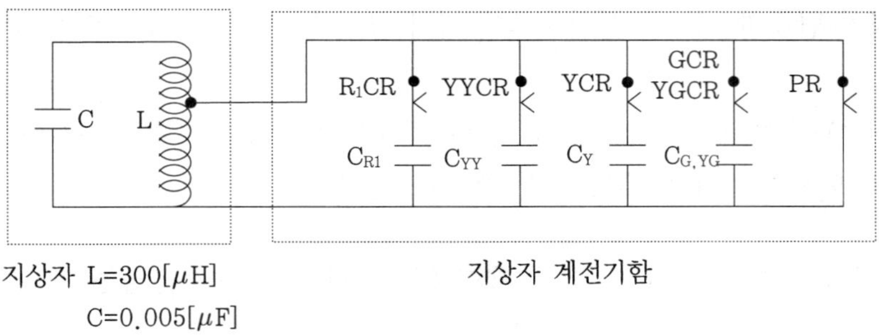

그림 8-28. 다변주식 ATS 지상장치 구성도

표 8-11. 지상자 제어계전기 동작

제한속도	지상자 제어계전기	공진주파수
절대정지	전 계전기 낙하	130[kHz]
15[km/h]	R_1CR 동작	122[kHz]
25[km/h]	YYCR, R_1CR 동작	114[kHz]
45[km/h]	YCR, YYCR, R_1CR 동작	106[kHz]
free	G, YGCR, YCR, YYCR, R_1CR	98[kHz]

① 지상자 단독일 경우 공진주파수

$$f = \frac{1}{2\pi\sqrt{LC}}[\text{Hz}] = 130[\text{kHz}]$$

② R1 신호기 지상자 공진주파수

$$f_R = \frac{1}{2\pi\sqrt{L\cdot(C+C_{R1})}}[\text{Hz}] = 122[\text{kHz}]$$

③ YY 신호기 지상자 공진주파수

$$f_{YY} = \frac{1}{2\pi\sqrt{L\cdot(C+C_{R1}+C_{yy})}}[\text{Hz}] = 114[\text{kHz}]$$

④ Y 신호기 지상자 공진주파수

$$f_Y = \frac{1}{2\pi\sqrt{L\cdot(C+C_{R1}+C_{yy}+C_y)}}[\text{Hz}] = 106[\text{kHz}]$$

⑤ G 신호기 지상자 공진주파수

$$f_G = \frac{1}{2\pi\sqrt{L\cdot(C+C_{R1}+C_{yy}+C_{y+}C_{g,yg})}}[\text{Hz}] = 98[\text{kHz}]$$

지상자 단독과 계전기 동작순서에 따라 공진주파수의 범위는 130～98[kHz] 범위이다.

공진주파수는 지상자 계전기함 내의 계전기 조합에 의해 이루어지며 만일 계전기 라인을 오접속할 때 아래와 같은 현상이 발생한다.

① 지상자와 지상자 계전기함의 케이블이 단락될 경우 무응동됨.
② PR(a접점)이 붙을 경우 무응동됨
③ 기타 라인이 오접속될 경우 공진주파수의 범위는 130～98[kHz] 범위임.

8.5.6 지상자와 차상자간 응동특성

1 아날로그형 ATS장치의 응동특성

1) 상시발진(3현시 전용 : 105[kHz], 4현시 전용 : 78[kHz]) 구성

차상 수신기 내부의 발진카드는 차상자와 결합하여 105[kHz]의 발진회로로 구성되어 있으며 지상자가 가까워지면 2차 회로가 결합한 상태가 되어 발진주파수가

130[kHz]로 변화하고 수신기 내부의 필터의 동작으로 주계전기(MR)가 낙하하여 기관차 내부 경보회로나 제동장치의 회로를 제어하게 된다. 이러한 현상은 4현시 전용 ATS 차상장치에서도 유사하다.

즉 보통 때는 그림 8-29와 같이 수신기 내부의 증폭회로, 필터, 차상자 등을 조합한 회로의 특성이 105[kHz]의 발진조건을 만족하도록 되어 있어 이 주파수가 지속적인 발진을 하도록 되어 있다.

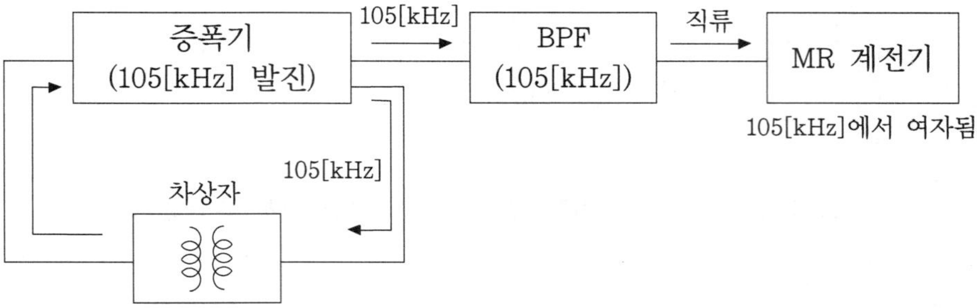

그림 8-29. 3현시 전용 ATS 차상장치 상시발진 구성도

2) 변주발진(f_1=130[kHz])의 구성 및 최고 응동속도

공진주파수 130[kHz]의 지상자가 차상자에 접근하였을 때 지상자와 차상자가 전기적으로 결합하여 차상자의 전송특성이 변하여 종합적인 회로의 특성이 105[kHz]의 특성을 만족하는 상태에서 지상자의 공진주파수 130[kHz]를 만족시키는 상태로 된다. 이 현상은 원래 차상자의 1차 코일에서 2차 코일에 이르는 105[kHz]의 발진회로에 지상자가 결합함으로써 1차 코일→지상자 코일→2차 코일로 이루어지는 130[kHz]의 발진에 적합한 새로운 경로가 생긴다. 지상자가 차상자와 결합하는 초기에는 105[kHz] 및 130[kHz]의 2개의 주파수 발진이 동시에 이루어지지만 결합이 증가하면 105[kHz]의 발진조건이 깨어지고 130[kHz]로 발진하게 된다. 130[kHz]의 발진은 그림 8-30에서와 같은 경로를 타고 전송되며 105[kHz]로 설계되어 있는 필터에 의해 차단되어 후단으로는 전송되지 않기 때문에 주계전기가 무여자로 되어 접점이 낙하하게 된다. 이때 MR계전기의 낙하시간(11[msec])이 응동속도를 결정하며 진행방향의 최고 동작범위를 400[mm]로 할 때 130[km/h]의 최고 응동속도가 산출된다.

변주발진(f_1 = 130[kHz])회로의 구성도는 그림 8-30과 같다.

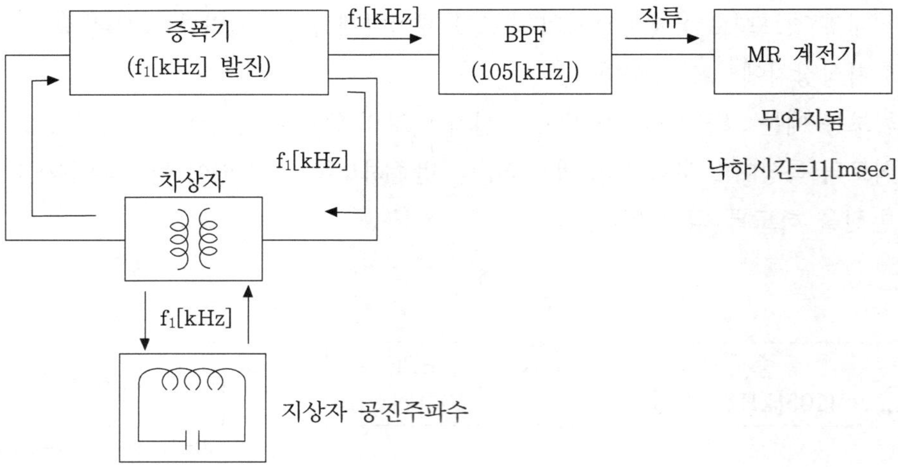

그림 8-30. 3현시 전용 ATS 차상장치 변주발진 구성도

3) 응동속도

지상자와 차상자의 응동특성은 지상자의 Q의 대소, 차상자 결합도의 대소 및 그 외에 수신기의 상황(주위온도, 차상케이블의 길이의 대소 등)에 의하여 변화한다.

그러나 주위조건이 무엇보다도 나쁜 경우라도 차상자가 응동하는 수평거리(L)는 400[mm]가 필요하며 열차의 최대속도 계산식은 다음과 같다.

$$\text{열차속도(V)} = \frac{\text{이동거리}(L)}{\text{시간}(S)} \tag{8-42}$$

(1) 최대속도 계산(3, 4현시의 경우)

① MR 계전기 낙하 최소시간(S) = 11[msec]

② 지상자 응동 최소거리(L) = 400[mm]

③ 열차의 최대속도

$$V = \frac{400\,[\text{mm}]}{11[\text{msec}]} = \frac{400 \times 10^{-6}\,[\text{km}]}{11 \times \dfrac{10^{-3}}{3{,}600}[\text{h}]} = 130.9[\text{km/h}]$$

ATS가 안전하게 동작하기 위한 열차의 최대속도가 정해져 있는데 다음과 같다.

- 직선부 : 130[km/h] (좌우변위 ± 50[mm])
- 곡선부 : 100[km/h] (좌우변위 ± 100[mm])

위의 값에서 곡선부의 최대속도는 100[km/h]로 정의되어 있으므로 이때의 이동거리(ATS의 안전한 응동을 위한 곡선부의 최소 이동거리)를 식 8-42로부터 구해보면 "이동거리 = 열차속도 × 시간"이므로

$$\text{이동거리} = 100[\text{km/h}] \times 11[\text{msec}]$$

$$= \frac{100 \times 10^6}{3,600} \times 11 \times 10^{-3}[\text{mm}] = 305.55[\text{mm}]$$ 임을 알 수 있다.

- 진행방향의 최소 동작범위 설계 : 400[mm](직선부), 306[mm](곡선부)
- 차량좌우 진동한계 { 직선부 : 좌우 50[mm] / 곡선부 : 좌우 100[mm] }
- 직선부 최고 응동(운전)속도

$$v = \frac{\text{거리}}{\text{시간}} = \frac{\text{동작범위}}{\text{낙하시간}} = \frac{400[\text{mm}]}{11[\text{msec}]} \fallingdotseq 130[\text{km/h}]$$

- 곡선부 최고 응동(운전)속도 $v = 100[\text{km/h}]$

2 3/5현시 겸용 ATS 장치(디지털형)의 응동특성

1) 상시발진(78[kHz]) 구성도

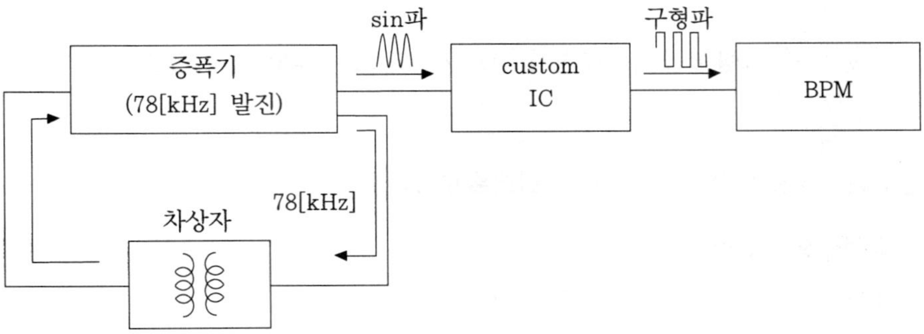

그림 8-31. 3/5현시 겸용 ATS 장치 상시발진 구성도

상시 발진주파수가 78[kHz]의 발진조건을 만족하도록 되어 있으며 BPF 대신에 custom IC를 사용하여 발진주파수(sin파)를 구형파로 변화시킨 후 BPM에서 1[msec] 단위로 8번을 counting한 후 맨 앞과 맨 뒤의 값을 생략한 후 6번 읽은 값을 평균하여 발진주파수의 정상 유무를 판독하는 방식을 이용하고 있다.

2) 변주발진 구성 및 최고 응동속도

신호현시별 공진주파수도 앞에서와 같은 방식으로 counting하여 각각의 신호현시를 구분하고 있다. BPM에서 검출하고자 하는 주파수 및 검출오차의 범위는 프로그램에 의해 변환이 가능하도록 설계되어 있으며 검지주파수의 검지시간이 8[msec]로 설정되어 있다. 따라서 직선부 최고 응동속도는 180[km/h]가 산출된다.

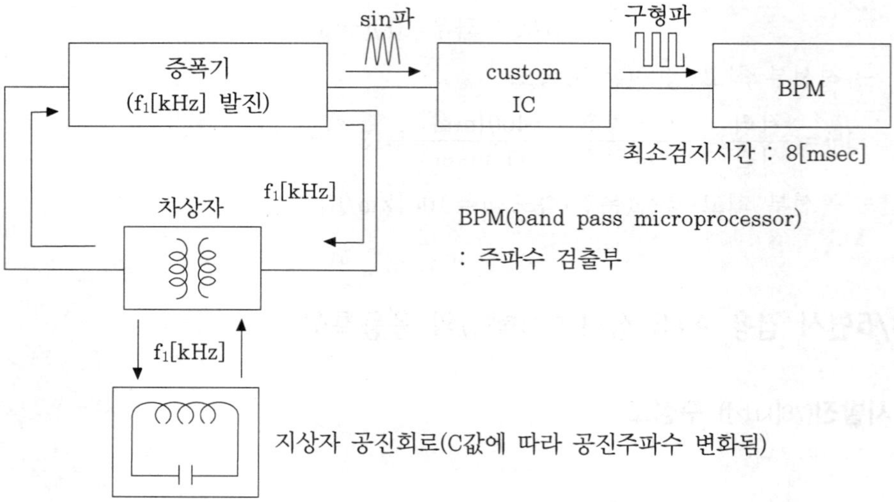

그림 8-32. 3/5현시 겸용 ATS장치 변주발진 구성도

3) 5현시용 ATS의 정격치에 의한 최대속도 계산

(1) 직선부의 최대속도

① BPM 보드의 검지주파수 검지시간(S) = 9.6[msec]

② 지상자 응동 최소거리(L) = 400[mm]

③ 열차의 최대속도

$$V = \frac{400[mm]}{9.6[msec]} = \frac{400 \times 10^{-6}[km]}{\frac{9.6 \times 10^{-3}}{3,600}[h]} = 150[km/h]$$

즉 직선부에서의 열차 최대속도는 150[km/h]로 계산된다.

(2) 곡선부의 최대속도

① BPM 보드의 검지주파수 검지 시간(S) = 9.6[msec]

② 지상자 응동 최소거리(L) = 305.55[mm]

③ 열차의 최대속도

$$V = \frac{305.55[mm]}{9.6[msec]} = \frac{305.55 \times 10^{-6}[km]}{\frac{9.6 \times 10^{-3}}{3,600}[h]} = 114.58[km/h]$$

즉 곡선부에서의 열차 최대속도는 114.58[km/h]로 계산된다.

연 / 습 / 문 / 제

1. 열차자동정지장치의 기능에 대하여 설명하시오.

2. 4현시 ATS 차상장치에 대하여 기술하시오.

3. 5현시 속도조사식 A.T.S의 지상자와 차상자간의 동작원리와 신호현시 단계별 변화를 기술하시오.

4. ATS 지상자의 설치위치 및 거리에 대하여 쓰시오.

5. 다음 조건에 대한 여객열차와 화물열차의 ATS 제동거리를 산출하시오. (선로 최고속도 150[km/h], 기관사 최고속도 140[km/h], 새마을 객차 최고속도 150[km/h], 화물열차 최고속도 90[km/h])

6. ATS 지상자의 공진주파수와 선택도(Q)에 대하여 설명하시오.

7. ATS의 응동특성에서 발진주파수의 변화를 설명하시오.(96-10)

8. 열차자동정지장치(ATS)의 중복 신호제어방식에 대하여 설명하시오.(14-25)

9. RLC로 구성되는 직렬임피던스 회로에서 Q factor에 대하여 설명하시오(04-25)

Chapter 9

열차운행관리시스템

9.1 열차운행관리시스템의 개요

다수의 열차를 효율적으로 운행하는 것이 열차운행관리시스템의 목적이다. 과거에는 관제실에서 관제사가 각 역에 전화로 연락하고 각 역에서는 그 지시를 기초로 하여 개별적으로 진로설정에 대한 취급을 하여 왔다. 이 방법은 운전상황의 파악이나 특히 사고 시의 복구 등에는 어려움이 매우 많았다.

그래서 다수의 역을 포함한 긴 선구의 전 구간을 중앙의 관제실에서 일괄 제어할 수 있는 CTC가 개발되어 운행관리의 효율성과 안정성이 대폭적으로 향상되었다.

그 후 CTC(Centralized Traffic Control) 장치는 피제어 구간을 운행하는 열차에 대한 신호 및 운전취급을 한 곳에서 원격 제어하는 열차집중제어장치로서 열차 운행 상황을 집중감시하여 열차운전 지시를 신속, 정확하게 처리함으로서 선로 이용 효율을 증대시키고 열차운행관리시스템을 전산화하여 철도경영을 합리화할 수 있는 장치로 발전하였다.

CTC가 도입되기 전 열차운행 관리업무의 기본형태는 그림 9-1 (a)와 같이 관제사와 역장이 기관사에게 지시하는 내용을 전달하고 지시된 내용 등의 정보를 수집하는 형태로 이루어졌다.

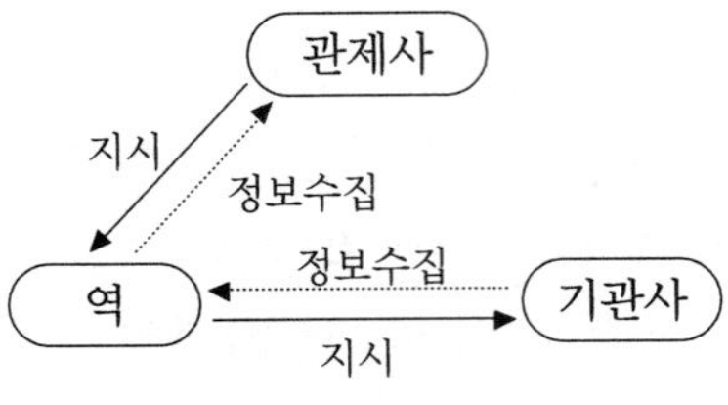

(a) 열차운행관리의 기본형태

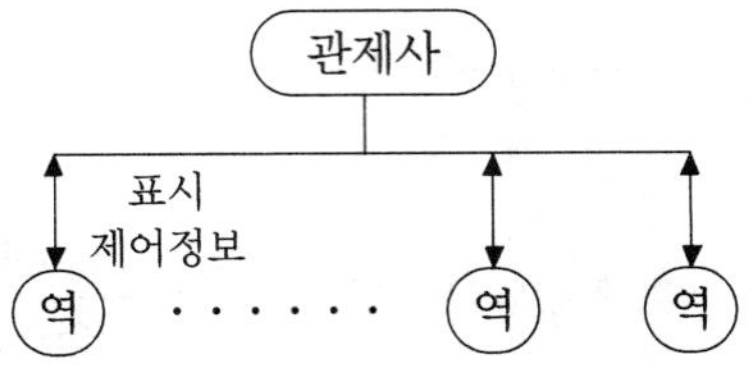

(b) CTC장치를 이용한 열차 운행관리시스템

그림 9-1. 열차운행관리

예를 들면 열차가 역에 도착한 후에 열차의 지연 상황이나 역간에서의 열차고장 등의 정보가 역에 있는 전용전화를 통해 관제사로 보고되며 관제사의 지시가 역장에게 전달되면 역장이 다시 기관사에게 전달하는 2단계 과정을 거치게 되어 정보의 지연전달, 정보부족, 지시내용의 타이밍 등이 문제점으로 남아 개선이 요구되어 왔다.

그 후 CTC의 도입에 따라 그림 9-1 (b)와 같이 열차위치의 실제시간 파악, 열차번호표시장치의 도입에 의한 종별·번호 파악과 무선사용에 의한 관제사와 기관사간의 직접적인 정보교환은 열차운행관리에 크게 도움이 되었다.

9.1.1 열차운행관리시스템의 구성

선구 내를 주행하는 열차를 열차 다이아대로 주행시키고 보다 효과적으로 열차를 관리하기 위하여 열차운행관리시스템이 필요하게 되었다. 열차운행관리시스템의 계층구조는 그림 9-2와 같다.

열차운행관리시스템을 종합해서 분류한 경우는 그림 9-2에서 볼 수 있듯이 CTC를 정보전송계, PRC(Programmed Route Control)를 진로제어계, EDP(Electronic Data Processing)를 정보처리계로 분류하고 이들을 총칭해서 열차운행관리시스템이라 한다.

1970년대 초기의 열차운행관리시스템은 당시로서는 상당한 성능의 컴퓨터를 사용하고 있었지만 진로제어계, 정보처리계 모두 비교적 단순한 기능이었다. 그러나 최근에는 전자기술의 발전과 컴퓨터의 비약적인 성능향상, 정보전송기술의 진전 등에 따라 시스템의 구성방법도 다양해졌다.

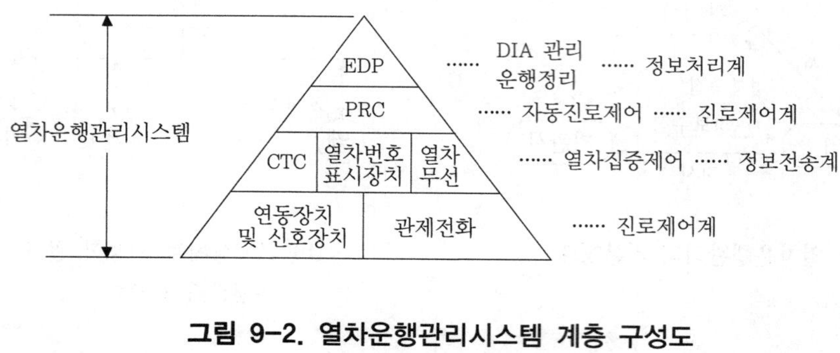

그림 9-2. 열차운행관리시스템 계층 구성도

최근에는 하드웨어와 소프트웨어의 기술향상과 더불어 보다 폭넓은 운행정리기능의 요구에 대응할 수 있게 되어 다양한 기능이 체계화되고 있다.

또한 다이아 관리, 운행정리기능을 처리하는 정보처리계와 열차추적, 진로제어기능을 처리하는 진로제어계로 기능을 분담시키며 시스템 구축이 용이하도록 구성하고 있다.

더욱이 LAN(Local Area Network)의 발전으로 정보의 대량전송과 고속화가 이루어지고 중앙처리장치, 단말장치의 네트워크 결합이 이루어져 중앙의 기능 분산이 가능해지고 비교적 저렴한 범용 마이크로 컴퓨터로 각 기능을 분산시킨 시스템 구성으로 발전하고 있다.

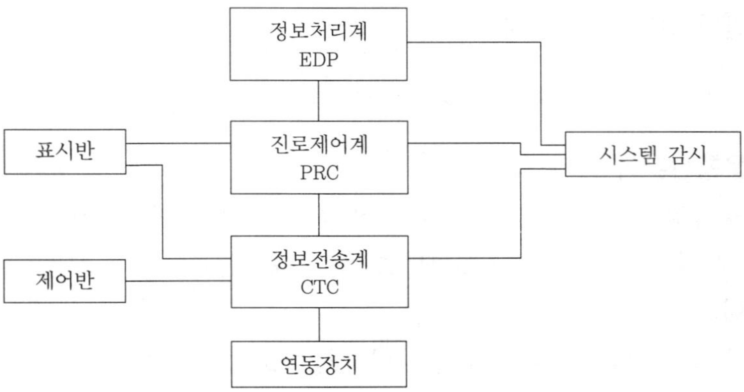

그림 9-3. 열차운행관리시스템의 기본구성

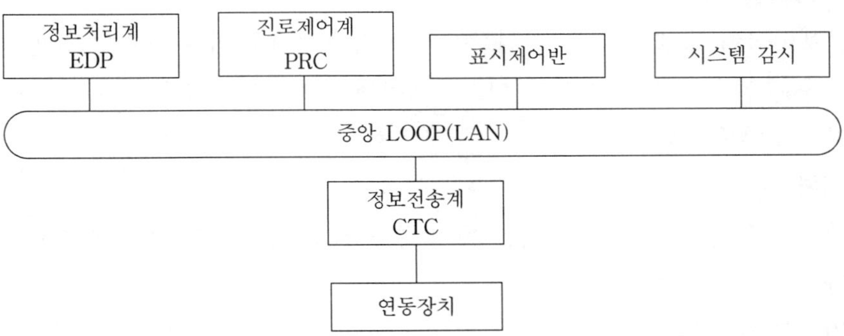

그림 9-4. 일반적인 시스템 구성 예

9.1.2 열차운행관리시스템의 기능

현재의 철도처럼 고밀도로 다종다양한 운전형태의 선구에 있어서는 CTC 장치에서 운행 관리를 할 경우 관제사의 진로 취급횟수가 대단히 많게 되고 복잡함도 증가되어 조작이 뒤따라 주지 않는 상황이 생길 수 있다.

또한 매일 같은 조작이 되풀이되면서 실증 및 오조작이 발생하기 쉽기 때문에 CTC 시스템에 다음과 같은 기능을 추가하는 것이 바람직한 형태로 되고 있다.

① 다이아에 따라 운행하는 정상적인 열차의 진로설정
② 지연 등 다이아 혼란의 감시, 각종 기록작성 등의 업무
③ 사고 시 운전정리 업무
④ 승객안내 관련 기기의 제어

즉 운행관리시스템의 주된 기능은 다음과 같다.

① **열차운행상황의 감시**
CTC 중앙장치에서 수집한 각 역의 점유정보 등을 기초로 하여 운행표시반(선로지도)에 열차의 점유위치, 열차번호 등을 표시한다.

② **진로제어**
매일 운행제어에 필요한 정보는 다이아 정보로서 보조기억장치에 미리 기억된다.

③ **여객안내제어**
진로제어의 데이터로부터 열차는 역으로의 접근, 운전지연 등의 정보가 얻어지게 되기 때문에 이것을 기초로 자동방송, 행선지 안내 등을 한다.

④ **운행이상 시의 처리 제안**
운행이상이 발생한 경우 처리장치의 논리에 기초하여 운행수정의 판단을 하고, 보통은 복수의 수정 순서를 디스플레이에 표시하여 제안함으로써 운전정리원의 판단을 지원한다.

⑤ **기록**
열차의 운행실적 기록, 제어반 등 각종 조작의 기록, 고장 발생상황의 기록 등을 자동적으로 작성한다.

⑥ **각 기기의 상황감시**
운행관리에 관계하는 각종 기기의 동작상황은 물론 역장치, 방재기기, 변전소 등의 이례 상황도 감시할 수 있다.

⑦ 각 현장으로의 운행상황 표시

역, 보수 사무소 등 필요한 개소에 운행상황을 표시한다.

운행관리시스템에 관련해서는 여러 가지의 호칭이 있지만 일반적으로 진로제어 관점에 따라서 후방업무, 안내제어 등을 하지 않는 시스템을 PRC(Programmed Route Control), 진로제어도 포함하고 운행관리시스템의 기능을 부가한 시스템을 CTC(Centralized Train Control), 전력관리시스템, 차량운용관리시스템 등 다른 서버 시스템과도 연결된 대규모 시스템을 TTC(Total Traffic Control)라 부르고 있다.

자동진로제어기능을 ARC(Automatic Route Control)라 부르고 PRC와 같은 형태의 의미로 사용되는 것도 있다.

9.2 열차집중제어장치(CTC)

9.2.1 CTC의 개요

열차집중제어장치(Centralized Traffic Control)는 종합 관제실의 관제사가 CTC권역 내의 모든 열차운행 상황과 신호설비의 작동 상태를 실시간으로 집중 감시하고 운행 진로상의 신호기와 선로전환기를 원격제어하면서 열차의 운전 정리를 효율적으로 할 수 있는 장치를 말하며, 열차의 위치를 직접 확인하면서 통과와 대피를 결정하기 때문에 안전도가 높고 기관사에게 운행 조건을 직접 지시할 수 있기 때문에 신속하고 정확한 처리를 할 수 있게 되어 운전 능률을 향상시킬 수 있다.

CTC는 미국의 뉴욕 센츄럴 철도에서 1927년에 약 63.8[km] 구간을 집중 제어한 것이 그 효시가 되어 1945년부터 1955년에 걸쳐 미국에 의해 급속히 발전되어 지금은 세계 각국 철도에 널리 보급되어 사용하고 있다.

초기의 미국 철도는 주로 무인역을 주체로 하여 우리나라와 같이 폐색장치를 설치하더라도 운전취급자가 배치되지 않고 열차승무원이 시간표에 따라 통과·대피를 판단하여 열차를 운행하였다.

열차운행 중 변경이 필요할 때는 역원이 배치된 중요한 역에서 발행되는 열차 명령권에 의해 지시하는 방법이 사용되었다.

이러한 방법은 규칙을 전적으로 엄수하여 폐색장치가 없는 경우라도 열차운전의 안전을 확보하는 것으로 일단 열차지연이 발생되면 단선구간에서는 대향열차가 정상으로 운전하고 있다고 가정하여 관계열차를 운전하거나 혹은 대향열차가 도착할 때까지 대피하게 되어 열차의 지연이 파급적으로 누적되고 통과·대피의 판단을 곤란하게 하였다.

열차횟수가 증가하고 교통량의 증가에 따라 선로용량을 늘려야 하는 등의 문제가 대두되어 안전도가 더 높은 새로운 시스템이 필요하여 CTC를 개발하게 되었다.

CTC에 있어서는 중앙에서 열차의 상호 위치를 직접 보고서 통과·대피를 결정하기 때문에 기존의 방식보다는 훨씬 더 안전도가 높은 한편 승무원에 대하여 신호기를 하나하나 직접 지시할 수 있기 때문에 신속하고 정확한 처리가 가능하게 되어 운전능률을 향상시킬 수 있어 CTC는 급속히 발달하게 되었다.

9.2.2 CTC의 효과

CTC는 광범위한 구역에 산재해 있는 신호제어설비를 한 곳에서 통제할 수 있으므로 인적인 착오로 발생할 수 있는 사고의 방지와 선로를 효율적으로 이용할 수 있으며 CTC의 효과로는 다음과 같다.

① **열차운전정리의 신속 정확화**
CTC 중앙에는 실시간으로 운행상황이(열차위치 및 진로상태) 바로 표시되므로 관제사는 운행 상황의 파악을 위한 정보수집이 불필요하며 다이아 혼란 시 정확한 판단과 신속한 지시가 가능하다.

② **열차운행상황에 관한 정보수집의 자동화**
진로설정은 CTC 관제실에서 원격제어로 이루어지며 열차의 운행상황을 자동적으로 CTC 중앙에 표시하게 되므로 각 역에서 행하던 운전관계 보고업무는 불필요하게 된다.

③ **선로용량의 증대 및 안전도 향상**
CTC는 역간 폐색장치를 ABS화해야 하므로 선로용량을 증대시킬 수 있으며 관제사가 중앙에서 열차의 위치를 직접 확인하면서 교행과 대피를 결정하기 때문에 안전도를 높일 수 있다.

④ **신호제어설비의 고장파악 용이 및 보수의 효율화**

열차운행관리에 관한 정보 외에 역에 있는 신호제어설비 등의 기기 고장상태도 CTC 중앙에 표시할 수 있게 되어 기기 고장상태의 집중관리와 신속한 보수가 가능하기 때문에 보수의 효율화를 기할 수 있다.

⑤ **경영 합리화**

열차운행상황이 자동으로 관제실에 표시되고 진로설정도 관제실에서 원격제어로 이루어지기 때문에 각 역에서는 운전취급을 생략할 수 있을 뿐만 아니라 피제어역의 취급요원을 무인화 할 수 있기 때문에 경영 합리화에 이바지하게 된다.

9.2.3 CTC의 구성 및 주요기능

1 CTC의 구성

CTC 구간에서 선로용량을 높이고 신속한 운전상황 판단을 위하여 역간 폐색방식은 자동폐색장치를 설치하고 피제어역의 연동장치는 전기 또는 전자연동장치를 설치한다. 또 관제실과 각 피제어역에는 신호설비를 조작할 수 있게 제어반을 설치하며 관제사의 승인에 따라 열차운행 및 차량의 입환 등을 직접 조작하기 위하여 역 자체에서도 운전을 취급할 수 있도록 한다.

CTC가 설치되지 않은 일반 선구에서의 열차운행은 그림 9-5와 같이 관제사가 각 역의 운전상황을 수시로 통보 받아 정해진 운행계획과 비교하여 다시 각 역으로 지시하고 지시를 받은 역의 운전취급자는 진로취급 전에 인접역과 서로 연락하여 상호 협의한 후 연동장치를 취급하여 열차를 운행시킨다.

열차의 운행으로 운전상황은 새롭게 변화되고 이러한 변화는 선구의 각 역에서 동시에 발생되어 운전취급과 정보의 수집이 번거롭게 된다. 이에 따라 정보의 동시성과 정확성이 없게 되어 취급자의 착오로 인한 열차 운전사고의 우려가 있다.

따라서 그림 9-6과 같이 CTC 장치를 통하여 운행열차의 상황을 종합적으로 판단할 수 있는 신속한 정보수집과 직접제어가 이루어지면 보다 원활한 열차운행을 실현할 수 있다.

즉 열차운행의 혼잡과 사고 시 선로의 운용과 보수작업 시 열차통제가 용이하며 취급자에 의한 정보의 왜곡이나 지연을 최소화할 수 있어 안전도를 높일 수 있다.

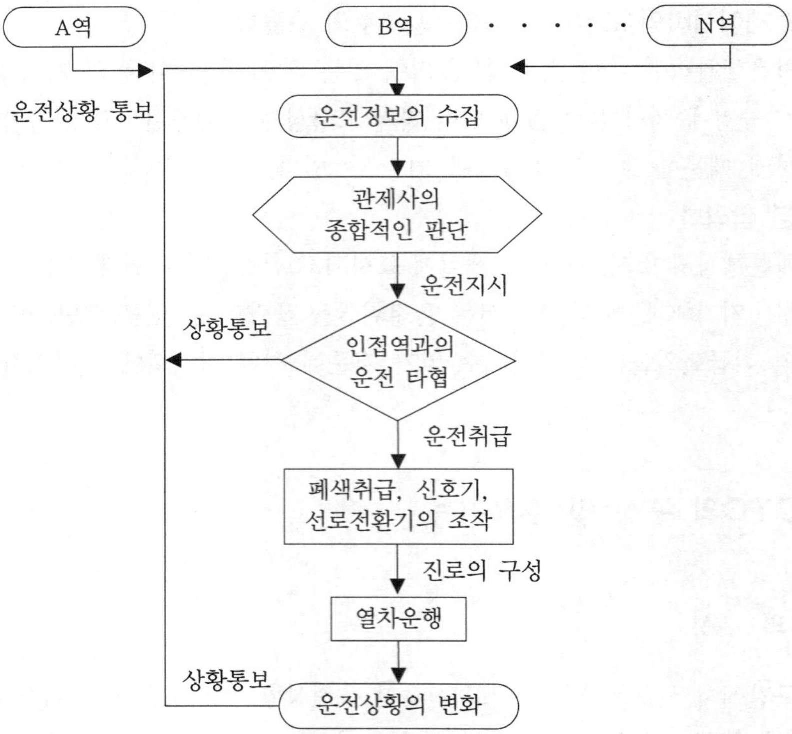

그림 9-5. 운전정보의 수집과 명령체계

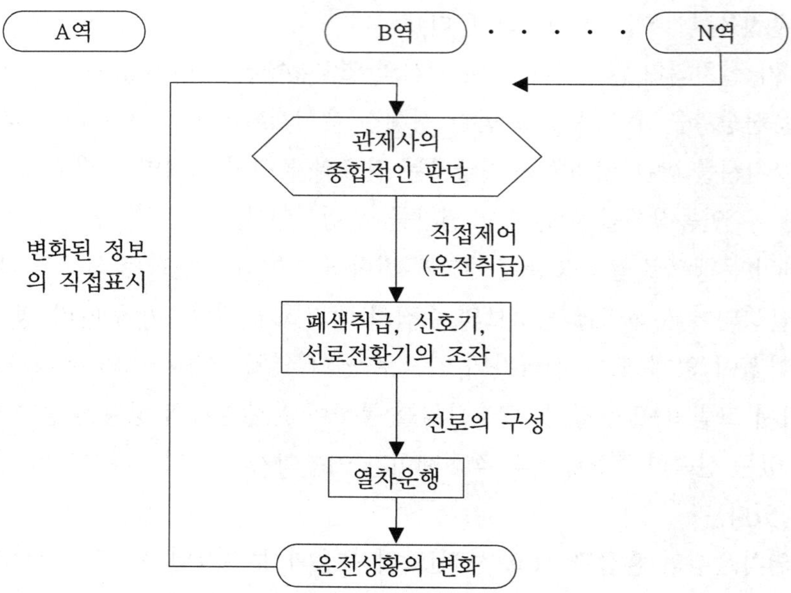

그림 9-6. 정보의 직접표시와 제어

폐색취급과 신호 진로취급은 폐색장치와 연동장치에 의해 이루어지는 부분으로 진로를 구성하고 운행열차의 변화된 운전상황은 이들 장치에 의해 처리되며 관제사와 현장간의 변화 정보와 제어정보를 전달할 수 있는 설비가 설치된다.

그림 9-6은 CTC 장치의 표시 및 제어정보의 흐름을 나타낸 것이다. 각 역에 연동장치와 연결되는 역 전송장치에 의해 변화된 정보가 수집되고 중앙전송장치로 전달되며 선로전환기를 동작시킨다. 중앙전송장치로 수집된 정보는 관제사가 알 수 있도록 각 역의 선로모양과 신호기와 궤도회로 등 표시장치를 통하여 열차의 운전상황을 실시간으로 나타내준다.

CTC장치의 표시와 제어설비는 그림 9-7과 같이 대형 판넬에 표시와 취급버튼을 설치하고 모니터와 키보드를 사용토록 컴퓨터를 부가하는 방법, 스크린에 각 역의 상황을 표시하도록 프로젝터를 사용하는 방법과 대형 표시 패널 없이 모니터만을 사용하는 방법 등 다양하다.

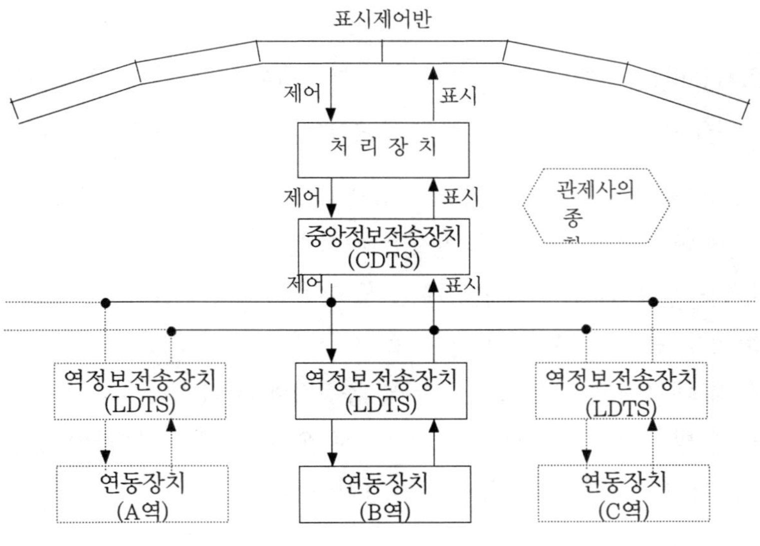

그림 9-7. 정보의 표시와 제어

1) 신호컴퓨터 구성

CTC장치의 신호컴퓨터 구성은 그림 9-8과 같이 열차제어용(CTC 서버), 운행관리용(스케줄관리 서버), 프로그램용(프로그램 서버), 통신용(통신 서버), LDTS통신용(터미널 서버)으로 구성되어 있다.

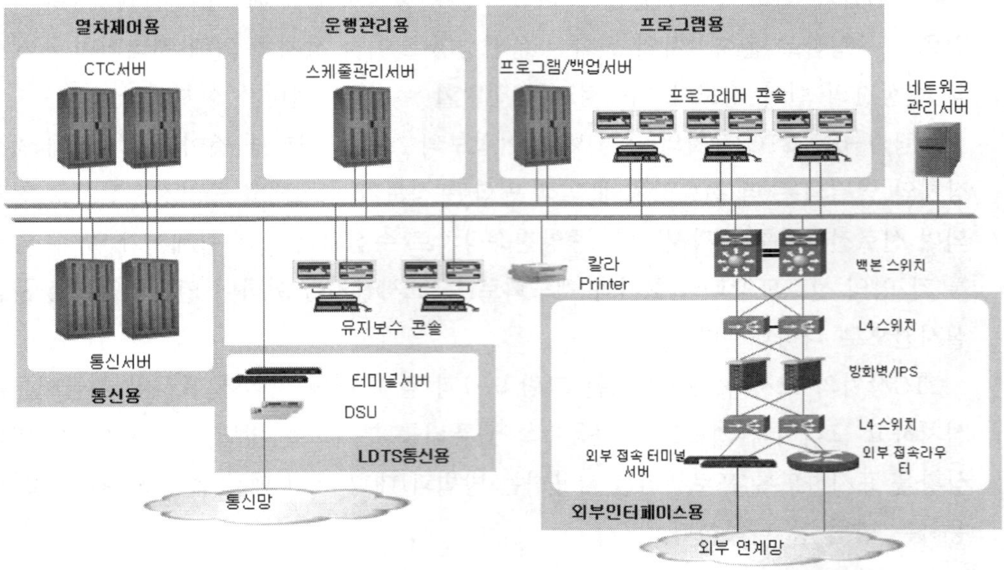

그림 9-8. CTC장치의 신호컴퓨터 구성

신호컴퓨터는 관제업무 핵심 기능인 열차제어, 운행관리, 프로그래밍, 통신을 위한 주 컴퓨터(서버)들과 이중계 통신장치로 구성되며 주요 특징은 다음과 같다.

- 주 컴퓨터(서버)는 Fault Tolerant 타입으로 구성하여 안정적인 시스템 구성
- CTC 서버는 장애 발생 시 인접 서버가 Takeover하는 이중계 시스템 구성
- 업무기능별로 서버를 유연하게 구성하여 안정성 확보
- 방화벽을 통한 외부시스템 연결로 시스템 보안 강화
- 이중계 네트워크 구성으로 부분적 통신장애 극복
- 이중계 방화벽과 로드밸런싱 기능으로 외부 연계시스템과의 통신 부하 분산
- NMS 서버를 통한 네트워크의 안정적 관리

① **CTC 서버**

- CTC 관할 구간을 2대의 CTC 서버가 분산하여 관리
- CTC 서버 장애 시 다른 쪽 서버가 장애 서버의 관할구간의 관제업무 수행
- 현장역의 원격제어 및 열차추적, 열차번호 제어, 자동진로제어 등의 CTC 핵심 업무 수행

② **스케줄관리 서버**

- 열차스케줄 DB, 각종 로그 DB 등 필요한 모든 데이터를 데이터베이스로 구축

하여 관리

- 현장역의 운행상태, 조건 등을 연산하여 최적의 운행 방안과 열차스케줄 작성

③ **통신 서버**

- LDTS로부터 현장의 데이터를 수집하여 CTC 서버로 전송
- 관제시스템의 표시 데이터를 수진하여 CTC 서버로 전송
- 시스템 제어권에 따라 관제시스템 표시 데이터와 LDTS 데이터를 선택하여 CTC 서버로 전송

④ **프로그램 서버**

- 역 모양변경, 기능의 추가·변경에 따른 소프트웨어의 수정
- 관제실 백업 서버와 연계하여 실시간 데이터 복제
- 관제실의 데이터 및 파일 백업

⑤ **프로그래머 콘솔**

- 데이터 수정 및 역 모양변경 수행

⑥ **유지보수 콘솔**

- 시스템 유지보수와 관리 수행

⑦ **방화벽 서버**

- 네트워크 상에서 IP기반으로 불법 패킷을 차단
- 불법 침입방지

⑧ **NMS 서버**

- 네트워크 상태 관리

⑨ **백본 스위치**

- 관제시스템 백본망의 기가비트 이더넷망 구성
- 이중계 구성으로 네트워크의 이중화 구현

⑩ **워크그룹 스위치**

- 관제시스템 내부 사용자 망의 이더넷 망 구성

⑪ **라우터**

- 외부 타 시스템과의 원할 한 연계 구성

⑫ **L4 스위치**

- 방화벽에 대한 로드밸런싱

⑬ **터미널 서버**

- 현장 역 정보전송장치(LDTS)와 정보 송·수신

2) LDTS

LDTS(Local Data Transmission System, 역정보전송장치)은 연동장치로부터 현장의 표시정보를 입력받아 통신모듈을 통해 관제실의 터미널 서버로 전송하게 되며 이 정보는 CTC 서버로 전송되어 열차운행상태를 감시하도록 하고, 관제실의 현장 제어 명령을 터미널 서버로부터 수신하여 연동장치를 제어하며 기타 주변설비와 인터페이스 기능을 수행하는 장치이다.

LDTS는 관제실의 터미널 서버와 포인트 투 포인트 방식으로 연결되며 시스템의 신뢰성과 연속성을 위해 이중계 시스템으로 구성된다.

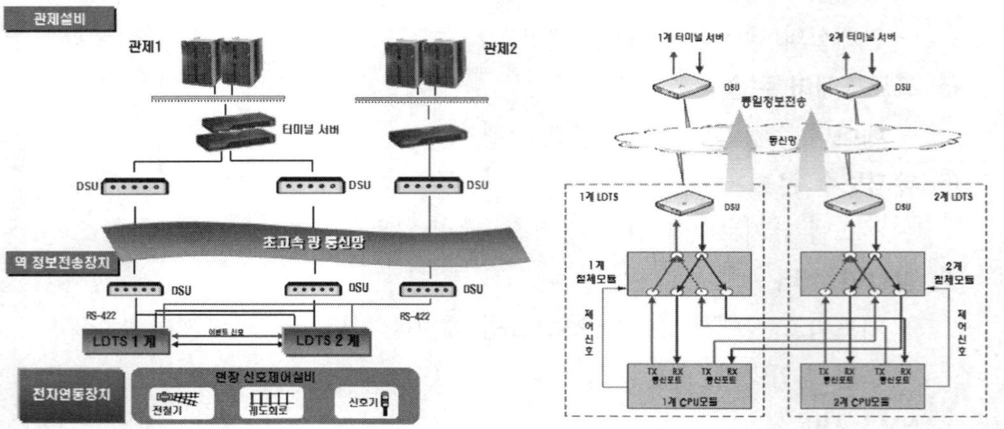

그림 9-9. LDTS의 구성도

2 CTC의 주요기능

각 역의 조작반은 운전취급자의 조작으로 로컬취급에 의한 진로설정이 이루어진다. 이때 각 역의 연동장치에 연결된 조작반을 중앙으로 연결하면 CTC 집중제어가 가능하게 된다.

즉 CTC장치는 각 역의 조작반을 중앙으로 옮겨 설치하고 조작반과 연동장치간을 접속시키는 장치라고 할 수 있으며 주요기능을 다음과 같다.

1) 열차운행계획 관리

열차 스케줄을 입력 받아서 관리 및 운용하고, 열차운행 변경 시 운행계획의 수정 및 편집을 수행한다. 열차집중제어장치에서 기본적으로 수행하여야 하는 기능은 다음과 같다.

① 열차운행계획 작성에 필요한 기본 정보관리
② 열차운행계획 작성 및 전송
③ 열차운행계획 출력기능
④ 운영관리 기능

그 밖에도 열차운행시스템 구성에 따라서 열차운행계획 작성기능을 열차집중제어장치에 포함시켜서 수행하는 경우도 있다.

2) 신호설비의 감시제어

현장에 있는 신호기, 궤도회로, 선로전환기 등의 신호설비에 대한 상태변화 및 고장여부를 원격 통신망을 통하여 감시하고 표시한다. 또 진로제어정보를 원격 통신장치를 통하여 전송하여 현장의 신호설비를 제어하는 기능이다.

즉 현장 신호설비와의 인터페이스를 통하여 원격감시를 통한 현장의 신호설비 상태파악과 신호설비 제어를 수행한다.

3) 열차진로의 자동제어

열차의 운행계획과 열차번호, 시간, 진행 경로 등 다양한 항목을 점검하고 가능성을 타진하여 열차가 운영자의 개입 없이도 지정된 경로를 주행할 수 있도록 하는 기능이다.

이 자동진로제어는 열차의 운행계획을 바탕으로 하여 현장의 신호설비 상태를 감시 제어한다.

이러한 자동진로제어기능은 스케줄 된 열차계획에 따라 열차들의 진로를 자동으로 제어하고 운행 도중 진로 경합 등의 모순을 검지하여 안전한 운행이 되도록 운전정리 기능을 수행한다.

즉 계획된 열차의 출발, 도착시간과 실제 열차의 운행상황이 다르게 될 경우 기본적으로 몇 개의 규칙을 두어 운전정리를 한다. 또 운영자에게 정보를 제공하여 콘솔을 통해 운전정리를 할 수 있도록 한다.

4) 열차운행상황 표시

열차이동을 검지하여 열차위치와 열차번호를 식별하여 표시제어반 등에 표시한다. 표시제어반에 표시된 내용은 다음과 같다.

① 열차번호, 열차의 점유상태
② 진로상태
③ 신호기, 선로전환기 동작상태, 고장여부

3 열차제어시스템

철도는 다른 교통수단과는 달리 일정한 궤도에 따라 차량을 운전하여 대량의 여객과 화물을 수송하는 교통수단이다. 이는 정해진 선로에 다양한 여러 열차를 어떻게 안전하고 원활하게 운행하는냐로 요약할 수 있다. 이것은 열차 상호간의 안전과 다수의 효율적인 열차관리 및 최적 운행을 실현하여야 한다.

따라서 열차 상호간의 안전은 운전조건을 지시하는 현장 신호설비로 열차 운행관리와 진로제어는 열차집중제어장치, 또 열차의 효율적인 운전을 MBS, ATC, ATP, ATO라는 열차제어시스템으로 개량해 나가고 있다.

이들 각 장치는 계층적 구조를 형성하여 상호 보완적으로 그 기능을 수행하여 열차안전과 원활한 운전을 시스템적으로 유기적인 기능을 통하여 달성하도록 한다.

일반적으로 열차의 운행정보는 CTC 전송시스템에 의해 중앙처리장치로 전달되어 처리된다. 열차의 위치추적은 열차에 의해 점유되는 궤도회로 정보를 연동장치에서 수집하여 처리하고 표시 판넬의 선로모양 위에 열차번호로 표시하고 있다.

기존 판넬은 대형으로 운용되었으나 교통량의 증가와 수송 서비스의 새로운 요구로 기존 관제설비 방식으로는 고밀도 열차운전상황에서의 운전정리 등을 위한 각종 정보의 제공에 한계가 있다.

최근에는 마이크로프로세서를 사용하여 하드웨어를 대폭 축소함은 물론 판넬을 최소화하여 운전상황, 운전정리를 위한 각종 표시, 설비의 상태, 운전 스케줄의 표시, 운행 결과의 기록, 자동 진로설정 등을 실현할 수 있도록 영상 표시설비와 모니터를 이용하고 있다.

컴퓨터 시스템은 열차운행제어에 주로 사용되고 있으나 새로운 데이터를 생산, 공급함으로서 유용한 확장이 가능하게 되었다.

열차번호는 중앙의 처리장치 고장상태를 대비하여 그림 9-10과 같이 자동진로제어장치를 현장에 두어 열차로부터 열차번호를 인식하고 진로제어를 연동장치에 요구한다.

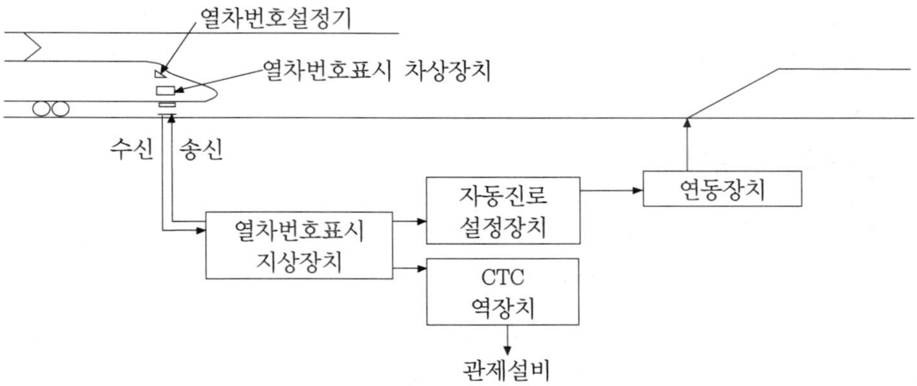

그림 9-10. 열차번호표시와 자동진로 설정

9.2.4 CTC 장치의 취급 모드

CTC에 의한 열차의 운전취급은 현장의 표시정보들을 관제실로 전송해와 DLP와 콘솔 CRT상에 표시하여 종합적으로 감시하고, 컴퓨터로써 인지하여 이를 토대로 컴퓨터 내부의 자동진로제어 프로그램에 의해 현장에 제어명령을 전송해 현장 신호설비들을 제어함으로써, 열차운전의 효율을 높이고, 안전성을 확보하는데 그 목적이 있다.

1 운전모드의 구분

CTC 장치의 운영 모드는 현장에 설비 되어진 신호제어설비의 제어권한이 어느 곳에 귀속하느냐에 따라서 현장역의 역 조작반에 제어권한이 부여된 로컬모드와 DTS 장치를 이용하여 현장역의 신호제어설비을 중앙에서 원격제어(Remote Control)하는 관제모드(Central Mode)로 구분된다.

관제모드는 현장역의 제어권한이 관제실 내의 어느 설비를 이용하느냐에 따라서 제어권한이 콘솔의 키보드인 경우 CCM(Central Console Mode), 컴퓨터에 의하여 자동으로 현장설비가 제어되는 경우 자동모드(Auto Mode)로 구분된다.

시스템 내의 어떤 한역에 대한 일정한 시간을 기준으로 운전모드는 CCM, 자동모드 중 하나의 모드가 선택되며, 이러한 운전모드는 역별로 각기 설정된다. 따라서 동시에 각기 다른 모드로부터의 임의의 한 현장에 대한 제어가 이중으로 발생하지 않도록 현장의 기계실 설비와 관제설비가 상호 쇄정되는 시스템으로 설계된다.

2 운전모드와 현장감시 기능

시스템 내의 감시가 가능한 모든 현장표시 정보는 운전모드에 관계없이 현장의 LDTS를 통해 실시간으로 관제실의 CDTS로 전송된다.

관제로 전송되어진 현장의 표시정보는 현장역 및 역간의 폐색(궤도)구간을, 실제의 선로모양에 따라 축소 배열한 LDP(Large Display Panel)상에 현장 신호설비 및 열차의 이동상황이 계속적으로 표현된다. 또한 콘솔상의 칼라 LCD에 의해서도 운전모드와 관계없이 운영자가 원하는 화면상에 LDP와 유사하게 현장상황이 계속적으로 표현되고, 컴퓨터 상에 관련 데이터가 계속적으로 입력된다.

따라서 시스템 감시와 운전모드는 별개의 개념으로, 운전모드와는 관련 없이 현장의 모든 감시정보가 관제로 보고되어, LDP 및 콘솔 CRT에 표시되고 컴퓨터에 의해 처리됨으로써 시스템 감시가 항상 가능하다.

3 운전모드와 현장제어 기능

현장역의 신호제어설비의 직접적인 제어는 각 현장역의 기계실에 설비되어 있는 계전기 로직에 의하여 직접적으로 구동된다.

계전기 로직은 로컬모드의 경우 현장역의 역 조작반 콘솔에 의하여, 관제모드의 경우 LDTS를 통하여 수신되는 관제실로부터의 콘솔 데이터에 의하여 동작 되도록 설비되어 있다.

이러한 직접적인 현장제어는 선택된 운전모드인 LOCAL, CCM에 따라 LOCAL, 콘솔 키보드, 컴퓨터 프로그램 중 어느 한 곳에 의해서만 제어가 가능하다.

CTC를 어떤 모드로 운영해야 하는가 하는 CTC 장치의 운전모드는 현장의 신호제어설비의 효율적인 제어를 위하여 그때그때의 현장역 및 관제실의 상황과 열차운전관계 등을 고려하여 적절하게 운영되어야 한다.

9.2.5 CTC 관제실 기술방향

1 중앙 집중화

최신의 통신기술을 이용하여 철도 운영기관이 관할하고 있는 모든 철도망 또는 국가적 규모의 철도망을 하나 또는 소수의 통합 관제실에서 일괄하여 제어함으로써 열차 운영 효율을 극대화한다.

① 복수의 통합 관제실을 운영할 경우 관제실간을 네트워크로 연결하여 전체적으로 하나의 시스템으로서 기능을 발휘하도록 한다.
② 관할 지역이 광대해지는 만큼 정확한 열차 운행제어 업무를 위해 열차무선 통신망을 강화한다.
③ 대규모 역에 대한 감시제어 업무까지 통합 관제실로 수용하여 전체적인 열차관제 업무의 효율화를 꾀한다.

2 기능 통합

고객의 수용에 대응하여 운행계획이 작성되며 정확한 열차운행제어기능 외에 열차운행과 직접적인 관련이 있는 다음과 같은 기능들을 유기적으로 결합하여 데이터의 일원화에 의한 제어의 신속화 및 인력운용 효율을 향상시킨다.

① 전력설비 및 시설물 유지보수와 관련된 집중감시제어기능을 열차 관제실에 통합함으로써 관계 부서간 정보교환이 용이하도록 하고 열차운영의 정확성을 향상한다.
② 고객 서비스 향상을 위하여 여객안내기능을 강화하고 열차 스케줄 변경 시 변경 내용이 실시간으로 여객안내시스템에 반영되도록 한다.
③ 전략적 수송계획시스템 및 운영정보시스템 등과 연계하여 수송계획 작성 및 차량, 승무원 운용기능을 관제시스템에 통합하여 변경된 운영계획 데이터가 운행제어시스템에 실시간으로 반영되도록 한다.

3 업무 자동화

통합 관제실에서의 대규모 집중감시 제어 및 정보 공유에 따른 관제사의 업무 분담을 줄이고 오조작을 방지하기 위하여 다음과 같은 업무들을 자동화한다.

① 컴퓨터에 의하여 진로제어업무를 자동화한다.
② 일상적으로 수행하여야 하는 진로제어 조작업무 및 보고자료 작성업무 등을 전산화하여 자동 처리함으로써 관제사의 업무 부담을 극소화하고 열차운전정리 등의 보다 고도의 업무에 전념할 수 있도록 한다.
③ 컴퓨터 및 그래픽 단말기 등을 이용하여 간단한 조작으로 열차 다이아 작성, 수정 기능을 수행토록 한다. 생성된 열차 스케줄은 통신망을 통하여 관계부서에 신속 정확하게 전달되도록 한다.
④ 관제사 업무 중 많은 비중을 차지하고 있는 정보 연락업무의 대부분을 정보 통신망을 이용하여 신속 정확하게 전송함으로써 열차운영 관련업무 처리속도를 향상시킨다.
⑤ 열차경합 검지 및 해소업무를 자동화하여 운전정리 효율을 향상한다.

4 시스템 구성

통합 관제실을 효율적으로 운영하고 기술발전에 대응하여 시스템 개량, 확장이 용이하도록 다음과 같은 개념에서 시스템을 구축한다.

1) 시스템 표준화

시스템의 호환성, 상호 운용성 및 인터페이스 확보를 위하여 범용 컴퓨터를 채택하고 소프트웨어, 네트워크 및 사용자 인터페이스 등을 표준화한다.

2) 시스템 신뢰도 향상

통합 관제실의 신뢰도를 향상시키기 위하여 이중화 등에 의한 고장 허용시스템으로 구축한다.

3) 분산제어

대규모 통합 관제실일수록 시스템 이상 시 열차운행에 미치는 영향이 커지므로 제어범위를 분할하여 분산제어하는 방식이 유리할 수 있다.

분산제어방식은 특히 대규모 광역 철도망에 대하여 통합 관제시스템을 구축할 경우 선로 구간별로 분산제어시스템을 설치하여 통합할 수 있어 단계적인 시스템 구축에 유리하다.

4) 분산처리

다수의 서버에 프로그램을 분산하여 처리하도록 함으로써 시스템 호환성 및 확장성을 향상시킨다.

9.3 자동진로제어장치(PRC)

9.3.1 PRC의 기능

PRC(Programmed Route Control)는 그림 9-11처럼 운행관리시스템에 있어서 EDP와 CTC에 접속되며 운행관리시스템 중에서 열차의 진로를 자동제어하는 중요한 위치에 있다.

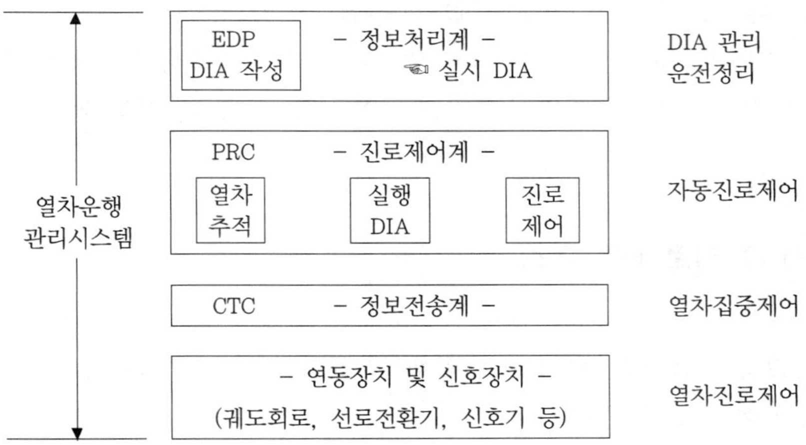

그림 9-11. PRC 위치설정

1 EDP

EDP(정보처리장치)는 PRC가 자동진로제어하는 선구의 기본적인 DIA로서 매일 행해지는 DIA 변경을 반영한 실시 DIA를 작성하고 당일분의 실시 DIA를 PRC로 보낸다.

2 PRC

PRC는 EDP로부터의 실시 DIA를 기본으로 CTC로부터 입력된 대상 선구 내 열차의 운행상황 정보에 의해 각 열차의 출발시각과 진로 등을 판단하고 CTC를 통해서 해당 열차의 진로를 제어한다.

또한 PRC에서 사용하는 DIA는 EDP에서 작성하고 편집하는데 비교적 작은 규모의 시스템에서는 PRC로 DIA를 작성하는 것도 있다.

3 CTC

PRC가 진로제어하는데 필요한 열차의 운행상황 정보 즉 신호의 현시, 궤도회로의 정보(열차위치) 등을 각 역의 연동장치로부터 수집하고 PRC로 보낸다.

PRC가 출력하는 진로의 제어정보를 해당 역까지 전송하고 연동장치로 보낸다.

4 연동장치

연동장치는 신호기의 현시상태와 궤도회로(열차가 궤도를 단락하면 "열차 있음") 상태 등을 CTC로 전송할 뿐만 아니라 PRC 장치로부터 진로제어 정보를 CTC 장치를 통해 입력받아 선로전환기와 신호기를 제어한다. 즉 진로구성을 한다.

9.3.2 PRC 진로제어 구조

PRC는 그림 9-12처럼 개념적으로 열차추적과 DIA 관리 및 진로제어의 3가지 기능을 조합하여 진로제어를 한다.

1 열차추적

PRC가 진로를 제어하려 할 때 열차가 어디에 있는지 또한 그 열차는 어떤 열차(할당된 열차번호) 인지를 인식할 뿐만 아니라 열차의 진행에 따라 낙하(열차 있음), 상승(열차 없음)하는 궤도회로의 정보를 바탕으로 열차로서의 합리성을 체크한다. 이 기능을 열차추적(trace)이라고 한다.

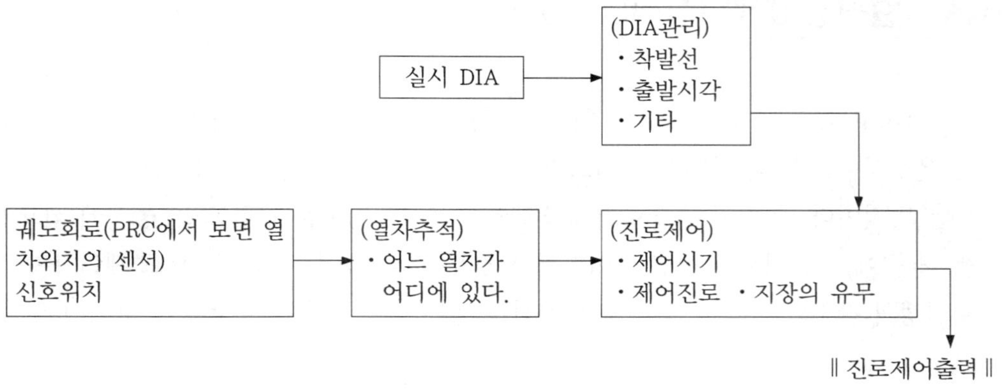

그림 9-12. PRC에 있어서 진로제어의 개념

3 진로제어

열차추적 결과 열차가 미리 예정된 지점에 왔을 때 DIA로부터 제어해야 할 진로를 읽어 내고 아래 사항을 체크한 뒤 해당 진로를 제어해도 지장이 없다고 판단될 때는 진로제어 정보를 작성하고 CTC를 통해서 연동장치로 제어정보를 보낸다.(이하 진로제어라 한다.)

① 제어하려고 하는 진로에 다른 열차가 없는가? 경합하는 진로가 구성되어 있지 않은가?
② 제어시기(제어시각이 됐는가?)

제어하려고 할 때 진로 등에 지장이 생겨 진로제어를 할 수 없을 때는 이것을 경보하고 열차 취급자에게 알린다.

이상과 같이 PRC는 열차추적에 의해 열차를 인식하고 미리 정해진 지점(제어점)에 열차가 왔을 때 DIA로부터 해당 열차의 진로와 출발시각에 관한 데이터를 읽어 내고 해당 진로의 지장 등을 체크한 뒤 진로를 제어한다.

9.4 열차종합제어장치(TTC)

TTC(Total Traffic Control)는 원격제어장치를 통하여 관제사가 일정한 구간의 열차 운행상황을 직접 확인하고 신호기를 직접 제어하여 기관사에게 운전조건을 지시하는 방식이다. 이렇게 함으로써 운전관리의 신속, 정확을 기하고 또 동시에 신호기를 한 곳에서 관제사가 직접 제어하거나 컴퓨터시스템에 의해 자동으로 제어하여 진로설정의 간소화, 열차운행 정보의 전산화, 열차운행 효율의 향상 등의 효과가 있다.

9.4.1 TTC의 기능

TTC 장치는 열차운행을 종합적으로 관리하는 설비로서 주요기능은 다음과 같다.

① 필요한 열차 다이어그램(diagram)을 작성한다.
② 열차의 진로를 제어한다.
③ 열차의 다이어그램을 변경한다.
④ 열차 다이어그램 안내정보 및 역의 상태를 모니터한다.
⑤ 운전계통을 감시한다.
⑥ 운행열차를 추적해서 LDP(Large Display Panel)에 표시하고 모니터한다.
⑦ 각종 고장정보를 모니터한다.

9.4.2 TTC의 구성

열차종합제어장치의 설비는 종합 관제실에 설치되어 있으며 관제실에는 컴퓨터장치와 표시반, 제어용 콘솔, 데이터 전송장치(DTS) 및 전원설비가 설치되어 있다.

1 표시반

모자이크 구조로 된 대형 표시반은 관제사가 본선의 전 구간 열차운행감시와 제어를 하는데 용이하며 전 구간을 집약해서 열차 안전운행의 흐름을 한눈에 볼 수 있게 되어 있다.

표시반에는 열차 점유상태, 진로, 신호기, 선로전환기, 신호전원상태 및 운행열차 번호를 나타낸다.

컴퓨터장치는 현장의 열차운행정보를 집약 분석하여 표시반 및 칼라 CRT에 그 정보를 표시하고 관제사의 제어정보를 프로그램에 의한 로직처리로 현장의 열차진로를 제어한다. 평상시에는 컴퓨터에 의해 자동 처리되며 관제사에 의해 수동취급도 가능하다.

2 제어용 콘솔

제어용 콘솔은 열차운행 제어반과 관제실 표시반 그리고 신호·통신설비를 감시하는 신호관제 표시반, 통신관제 표시반으로 구성된다. 제어반은 "dual op" 또는 "single op"의 제어키를 사용해서 한 명이나 두 명의 관제사가 본선을 제어하도록 되어 있고 "single op"모드에서는 관제사 1명이 본선 전체를 운전제어하며 "dual op"는 관제사 2명이 제어영역을 분할하여 서로 중복이 없도록 해서 본선을 제어할 수 있다.

3 데이터 전송장치

DTS(Data Transmission System) 장치는 관제실 장치와 현장기기간의 정보교환을 해주는 것으로 최신 전자부품을 사용하여 신뢰성이 높다.

열차운행종합제어장치의 운용방식은 TTC 방식, CTC 방식, Local 방식으로 운용된다.

1) TTC 방식

열차의 운전제어 및 감시, 운행관리가 2중의 설비로 구성된 TTC 컴퓨터의 계획된 프로그램에 의하여 수행한다.

2) CTC 방식

TTC 방식을 사용할 수 없을 때 단순히 중앙에서 집중제어 및 표시만 가능한 것으로 base 시스템에 의하여 유지된다.

이 방식은 제어반 키보드에 의한 제어와 대형 표시반에 의한 열차점유상황 등을 감시한다.

3) Local 방식

이 방식은 관제실과 현장이 분리된 것으로서 현장의 역제어반(LCP)에 의한 단독제어를 말한다.

9.5 정보전송 기본이론

데이터 통신의 정확한 정의를 내리기는 어렵지만 일반적으로 컴퓨터와 멀리 떨어져 위치한 입·출력장치를 통신회선을 이용해서 대량의 전송 및 처리를 하나의 체계화된 형태로 구성하여 통신의 효율을 갖도록 한 통신방식이라고 할 수 있다. 종래에는 정보의 교환 수단으로 전기통신이 많이 사용되어 왔으나 오늘날에는 대량의 정보를 신속하고도 고속으로 이용자에게 원활하게 소통하는 것이 정보화 시대의 필수적인 조건이 되고 있다. 최근에는 정보화 사회를 실현하는 수단으로 전기통신과 컴퓨터가 결합된 새로운 정보통신서비스를 가리키며 전기통신회선을 통해 음성 및 비음성(문자, 영상 등)의 정보를 처리하는 장치나 이에 대해 부수적으로 필요한 입·출력장치 및 기기를 접속하여 정보를 송·수신하는 또는 처리하는 전기통신을 말한다.

9.5.1 데이터 통신시스템의 기본구성

1 데이터 단말장치

데이터 단말장치(DTE : Data Terminal Equipment)는 간단히 단말(장치)라고도 하며 컴퓨터와 연결되어 통신이 이루어질 수 있는 즉 컴퓨터와 연결되는 모든 주변장치를 가리킨다. 따라서 통신회선의 단말에 있어서 각종 신호원(인간, 감각기, 계측기기)에서 발생하는 정보를 송출하기에 적합한 형식으로 변환하는 기능 또는 전송된 정보를 인간 또는 각종 제어기기에 전달하기에 적합한 형태로 변환하는 기능을 담당하는 정보통신시스템의 기본적인 요소이다.

2 데이터 회선종단장치

데이터 회선종단장치(DCE : Data Circuit-termination Equipment)는 데이터 단말에서의 신호를 네트워크 측의 전송형태에 적합한 신호로 변환하거나 또는 네트워크에서의 신호를 데이터 단말의 신호형태로 변환하는 기능으로 일반적으로 DCE 장비에는 아날로그 회선용에서는 모뎀을, 디지털 회선용에서는 디지털 서비스장치(DSU : Digital Service unit) 등을 이용하며 이외에도 NCT(Network Control Unit) 등을 들 수 있다.

9.5.2 신호변환장치

정보의 전송을 위해 필요한 통신장비인 신호변환장치(Signal Convert)는 정보의 장거리 전송을 위해 정보의 신호를 적절한 신호로 변환하는 장비가 필요하게 된다. 이와 같은 변환장치로 대표적으로 모뎀과 DSU를 들 수 있으며 일반적으로 신호변환장치는 단순히 데이터 전송을 위해 필요한 장비이므로 데이터 통신장비(DCE : Data Communication Equipment)라고 총칭한다.

1 모뎀

음성 전용회선인 아날로그 회선을 사용하여 데이터 통신을 수행하는 과정에서 필요로 하는 장비가 모뎀(Modem)이다. 이때 모뎀은 컴퓨터의 2진 직류신호를 음성 전용회선인 아날로그 회선에 적합한 교류 2진 신호로 변환하여 주는 역할을 담당한다. 정보통신에서 모뎀을 사용하는 이유를 고려하면 첫째 데이터 통신 수요의 급증에 따라 디지털 전송로를 이용하는 서비스도 증가하고 있는 형편이다. 그래서 기존의 음성통신을 위해 설치된 네트워크를 그대로 디지털 통신에 이용하기 위해서 필요한 장치이며 둘째로는 기존의 음성 통신회선에 음성 신호를 전송하기에 적합하도록 설계된 것으로 이를 디지털 통신에 적합하도록 신호를 변화시키기 위한 수단으로 모뎀이 필연적인 것이다.

일반적으로 모뎀을 분류하는 방법으로는 동기방식에 따라 동기식 모뎀과 비동기식 모뎀, 사용되는 채널의 대역폭 정도에 따라 음성 대역 이하의 모뎀과 광 대역 모뎀, 전송회선을 따라 전송되는 통신속도에 따라 저속, 중속, 고속 모뎀 그리고 등화회로를 내장하고 있는 모뎀의 경우에는 등화를 적용하는 방식에 따라 고정식 등화와 가변식 등화방식 등으로 분류할 수 있다.

한편 자료 처리기기에 의해 정보의 형태를 전송장치에 적합한 형태로 변환하는 장치를 말하며 모뎀의 구성에서 송신부의 구성요소는 scrambling-encoder-변조-여파기-증폭-통신선로로 구성되며, 수신부의 구성은 통신선로-여파기-AGC-복조-descrambling-decoder로 구성된다.

모뎀의 일반적인 기능으로는 아날로그 전송매체를 통해 데이터를 전송하는데 반드시 필요한 변복조기로서 일종의 신호변환기로 자동호출기능, 자동응답기능, 자동속도조절기능 그리고 모뎀시험기능 등을 가지며 대부분의 비동기식 모뎀은 FSK방식을, 동기식 모뎀은 PSK방식을 적용한다.

2 디지털 서비스장치

초기 음성신호 전용회선으로 구축된 아날로그 회선은 전송속도나 전송품질면에서 디지털 전송용으로는 적합하지 않다. 오늘날에는 컴퓨터 통신의 필요성이 증가하고 있기 때문에 디지털 신호의 전용회선인 디지털 선로의 설치가 진행되고 있는 실정이다. 그래서 디지털 전송로를 활용하기 위해서는 원거리 전송에 적합하도록 디지털 신호의 형태로 변형하는 장치가 필요로 하는데 이 기능을 담당하는 장비가 디지털 서비스장치(DSU : Digital Service Unit)이며 DSU는 DDS(Digital Data Service)에서 포인트 대 포인트 및 멀티 포인트로 사용할 수 있으며 전용회선에서는 무장하(loading) 실선을 통해 포인트 대 포인트로 사용할 수 있고 2400, 4800, 9600bps의 데이터 전송속도로 전이중과 반이중 동기방식 데이터 통신을 할 수 있다.

DSU는 현재 서비스가 진행 중인 벨 시스템의 DDS(Dataphone Digital Service)가 대표적인 전용 서비스이며 부호 급전용 회선을 이용하여 컴퓨터와 컴퓨터, 컴퓨터와 각종 데이터 단말 장치간에 원거리에서 고속의 데이터를 송·수신할 수 있는 장치를 말한다.

이 장치는 데이터가 디지털 형태로 전송되며 재생기가 설치되어 원래의 형태로 만들어 주는 역할을 한다.

3 DTE/ DCE 인터페이스의 형태

1) RS-232C 인터페이스

데이터 단말장치(DTE)와 데이터 회선종단장치(DCE)간의 접속회로를 표준화하기 위해 EIA(Electronic Industries Association : 전자공업협회)는 RS(Recommended Standard : 권고기준) 232C 규격을 제창하였으며 이 규격에서는 접속회로를 전기적, 기계적, 기능적 등에 대해 권고하고 있으며 여기서 RS-232C는 25선 케이블이며 이를 이용한 선로는 제어신호나 디지털 데이터의 전송을 위해 사용된다.

2) RS-422A 인터페이스

RS-232C는 컴퓨터/데이터 단말과 모뎀을 상호 접속할 목적으로 개발된 것으로 최대 길이는 50[ft] 이하로 이 정도의 길이는 단말과 모뎀간 거리가 먼 곳에서는 이 기준이 적합하지 않기 때문에 EIA는 새로운 기준 형식인 RS-422A(평형전압 디지털 접속회로에 대한 전기적 특성)를 제정하였다.

RS-422A에서는 신호원과 부하를 분리하는 케이블의 최대 허용길이는 데이터 신호속도의 함수이고 허용신호왜곡, 잡음량, 신호원과 부하회로 접지간의 접지 전위차 및 케이블 평형도에 영향을 받게 되는데 실제로 길이를 증가시키고 신호원과 부하 접속점간의 케이블 길이를 상호 연결시키면 평형모드잡음, 신호왜곡, 케이블 평형의 효과를 증가시킨다.

예를 들면 10[Mbps] 신호속도에서 케이블 길이는 약 15[m]로 제한되며 데이터 신호속도가 90[Mbps]로 될 때 최대허용 6[dBV] 신호손실에 의해 케이블 길이는 1,200[m]로 제한된다.

9.5.3 통신방식의 형태

통신방식에는 컴퓨터 또는 단말간에 데이터 통신을 행하고 있는 경우 정보의 흐름 방향에 따라 단방향, 이중 통신방식으로 구분된다.

1 단방향 통신방식

단방향(Simplex) 통신방식은 송・수신간에 정보의 흐름이 한 쪽 방향으로만 진행되는 경우로 수신측에서 송신측으로 응답할 수 없는 형태로 2선식이 필요하며 원격 측정(Telemetering System)에 주로 이용되는 통신방식으로 단방향 방식의 예를 들면 TV 방송국과 가정집의 TV 수상기가 이에 해당된다.

2 이중 통신방식

1) 반이중방식

반이중(Half-Duplex)통신은 양쪽 방향으로 정보의 전송이 가능하지만 어떤 순간에는 정보의 전송이 한쪽 방향으로만 가능한 방식을 말한다.

즉 데이터 전송을 위해 두 개의 상호 연결된 장치가 교대로 전송하려 할 때 사용하는 경우에 이용되는 방식으로 예를 들어 장치 중 하나가 다른 장치의 요청이 있을 때만 응답으로만 데이터를 되돌릴 수 있는 방식으로 한쪽 방향으로만 전송이 이루어져 동시에 통신할 수 없는 방식으로 2선식 또는 하나의 무선 채널이 필요한 구성방식으로 데이터의 흐름을 바꾸는데 전송 반전시간(전송반전 지연시간이 발생)을 필요로 하며 데이터 전송량이 적고 통신회선의 사용량이 적을 때 적합하다.

따라서 대부분의 데이터 전송시스템에서 이용되고 있으며 송·수신기간에 하나의 전송 채널을 이용해서 송신측에서 데이터를 일정량만큼 전송하면 수신측에서는 데이터의 수신여부를 송신측에 응답하고 다시 송신측에서는 계속해서 정보를 전송한다.

2) 전이중방식

전이중(Full-Duplex)방식은 데이터 전송을 위해 연결된 장치간에 양방향으로 교환될 수 있을 때 사용하는 방식으로 4선식 전송로 형태로 4선의 도체선로가 필요하며 혹은 2개의 무선 채널을 이용해서 양방향으로 데이터 전송이 가능한 방식이다.

따라서 전이중방식은 데이터 전송량이 많고 통신회선의 용량이 클 때 적합하며 정해진 시간에 다량의 정보를 전송하는 것이 가능하다. 또한 전이중시스템에서는 실제 정보교환은 단방향통신 또는 반이중통신으로 이루어지고 있으며 선로의 지연시간을 단축함으로써 통신시스템 효율을 높일 수 있다.

9.5.4 직렬전송방식과 병렬전송방식

데이터 전송시스템에서 데이터를 표현하는 최소 단위인 정보비트를 전송하는 방법으로 한 글자를 구성하는 각 비트들을 하나의 전송매체를 통해 차례로 전송하는 직렬전송방법과 한 글자를 구성하는 각 비트들이 7개 혹은 8개의 전송매체를 통해서 병렬로 전송하는 병렬전송방법 등이 있다.

1 직렬전송방식

데이터 통신의 기본에서 직렬전송 및 병렬전송의 물리적인 의미로는 일정한 거리에 존재하는 두 스테이션간에 정보를 전달할 때 상호간의 전송매체에서의 전송지연이 다르기 때문에 한 쌍의 선로를 이용하여 고정된 시간간격 동안에 정보를 전송하는 것을 나타낸다. 이와 같은 모드의 전송을 직렬전송이라고 하며 직렬전송방식은 1비트 씩 순서대로 데이터를 전송하는 방법을 말한다.

2 병렬전송방식

병렬전송방식은 여러 개의 비트를 한꺼번에 전송하는 방법으로 한 문자를 전송한 후 계속해서 다음 문자를 전송하게 되면 전송되는 데이터만으로 문자와 문자의 간격을 식별하기가 어렵기 때문에 문자와 문자를 식별하는 방법으로 스트로브(strobe)를 이용해서 간격을 식별하며 또한 제어신호로 비지(busy)신호는 수신측이 현재 데이터를 수신 중에 있음을 송신측에 통보하는 신호로 이 제어신호는 수신측이 문자를 수신하고 있는 경우에 송신측이 다음 문자를 전송해서 데이터의 충돌을 예방할 수 있다. 따라서 병렬전송방식은 두 스테이션으로 구성되는 한 장비 내에서 각부 단위를 접속하는 선의 길이가 짧기 때문에 데이터의 각 비트를 전달할 때 개별적인 선을 이용하여 각부 단위 접속을 위해 다수 개의 선을 이용해서 전송하는 방법을 이용하기 때문에 병렬전송방식이라고 한다.

9.5.5 데이터 교환방식

1 주파수분할 다중화(FDM)방식

통신선로의 주파수 대역을 몇 개의 작은 대역폭으로 분할하여 여러 개의 저속 장비를 동시에 이용하는 것이다.

1) 주파수분할 다중화방식의 개요

주파수분할 다중화방식은 일정한 폭을 가진 통신선로의 주파수 대역폭을 몇 개의 작은 대역폭으로 나누어 여러 대의 저속도 장치를 동시에 이용하는 것이다. 결국 전송속도가 낮은 부 채널의 신호를 서로 다른 주파수 대역폭으로 변조하여 상대편까지 전송하고, 상대방에서는 적절한 필터를 통해 각 부 채널의 신호를 구분한 다음 각 부 채널별로 복조하여 신호를 수신하게 하는 방식으로 변조하는 방식은 보통 FSK 방식이 사용된다.

FDM인 경우 부 채널간의 상호 간섭을 방지하기 위해 완충지역으로 보호대역(guard band)이 필요하며 여기서 보호대역은 결국 대역폭을 낭비하는 결과를 가져와 채널의 이용률을 낮추게 된다.

2) 주파수분할 다중화방식의 특징

FDM은 전송하려는 신호의 대역폭보다 전송매체의 유효 대역이 클 경우에 사용되는 방식으로 사용 가능한 대역을 분할하여 다중화하는 방법으로 주파수 대역을 줄이기 위해 SSB를 사용한다.

또한 FDM에서는 전송에 필요한 통신망 형태는 멀티포인트 방법을 이용하며 polling /selection을 이용하여 송·수신 동작을 행한다.

① 간섭파의 영향에 강하며 누화가 많이 발생하며 광대역 전송이 가능하다.
② 별도의 모뎀이 필요 없다.(왜냐하면 FSK를 이용하기 때문이다.)
③ 다중화되는 채널수에 비례하여 전송매체의 대역폭이 증가한다.
④ 비동기식만 가능하다. 즉 동기를 필요로 하지 않는다.
⑤ 진폭 감쇠현상이 발생한다.(진폭등화를 이용해서 보상한다.)
⑥ FDM 방식의 또 하나의 장점은 장거리 전송로에 소요되는 재생 증폭기가 각 부 채널별로 필요하지 않고 전체 채널 하나에만 필요하다는 사실이다.

2 시간분할 다중화(TDM)방식

한 전송로에 데이터 전송시간을 일정한 시간 폭으로 나누어 각 부 채널에 차례로 분배하여 몇 개의 저속채널을 한 개의 고속채널로 나누어 이용한다.

다중화되는 채널에 관계없이 표본화 간격이 일정하게 유지되어야 하므로 다중화하는 채널 수가 증가하면 단위채널 당 전송매체를 사용하는 시간 폭(time slot)이 좁아지게 된다.

① 한 전송로를 일정한 시간 폭으로 나누어 사용한다.
② 신호들을 겹치지 않게 하기 위해서는 표본화 속도가 커야 한다.
③ 비트 삽입식과 문자 삽입식이 있다.
④ 송·수신간의 동기를 맞추는 동기방식을 필요로 한다.
⑤ 통신망 형태는 PTP(point-to-point) 시스템을 이용한다.
⑥ 장거리 전화통신에 이용한다.

9.5.6 LAN 접속기기

두 개의 서로 다른 네트워크 구조를 갖는 컴퓨터끼리 데이터 송・수신을 할 경우 개방형 시스템 상호접속(OSI : Open System Interconnection)의 7계층을 서로 맞추어야 하는데 이와 같이 이 기종간을 상호 접속하기 위한 장비를 인터넷-워킹(internet-working)기기라고 하며 그 종류에는 다음과 같은 것을 이용한다.

1 리피터

리피터(Repeater)는 네트워크 선로를 통해 전달되는 신호를 증폭하는 방식으로 신호를 받아서 그 신호를 재생하고 강하게 하는 것으로 리피터를 이용할 때 그것은 같은 구조(같은 프로토콜의 매체 접근방법과 전송기술이 이용되어야 한다.)의 통신망에 연결해야 한다.

따라서 리피터는 연동장비의 분류상 물리계층에서 연동하여 물리계층을 연결하는 것으로 인터네트워킹 장비라기보다는 네트워크를 확장하는데 사용된다.

즉 물리계층을 연장하는 방법으로 상호 스테이션(Node)간의 데이터 링크계층의 프로토콜이 동일해야만 송수신이 이루어진다.

① 물리계층을 서로 연결
② 전송 데이터 신호의 단순한 증폭 및 재생
③ 네트워크 확장에 이용

2 브리지

브리지(Bridge)는 일종의 바이어스(Bios)를 말하는 장비로 OSI 7계층의 제2계층인 데이터 링크계층에서 동작한다.

즉 물리계층과 데이터 링크층의 부 계층인 MAC층만 서로 다른 경우에 이용되는 연동장치로 리피터는 기본적으로 세그먼트에 흐르는 패킷을 투명하게 운반한다. 따라서 브리지는 네트워크를 상위 레벨 프로토콜이나 프로그램에 단일 네트워크처럼 보인다.

브리지는 매체의 필터기능을 갖는데 이것은 네트워크상의 한 노드에서 다른 노드로부터 전달되어온 패킷이 다른 네트워크상의 노드로 보내질 수 있게 한다. 한편 리피터는 모든 데이터를 인접한 네트워크 세그먼트에 전송하지만 브리지는 주소를 보고 패킷을 인접 세그먼트에 흘려보낼지 여부를 판단하는 기능을 가지고 있다.

3 라우터

라우터(Router)는 네트워크의 사용 환경이 서로 다른 기종간의 네트워크를 연결하는 역할을 하는 네트워크 장비로 내부 네트워크는 사용되는 컴퓨터의 기종이나 OS(Operating System), 프로토콜 등을 확실히 알 수 있기 때문에 네트워크의 최적화를 이룰 수 있다. 그러나 내부 네트워크를 외부와 연결할 경우에는 외부 네트워크에서 사용하는 프로토콜이나 컴퓨터의 기종을 알 수 없다. 이러한 알 수 없는 임의의 네트워크와 내부 네트워크를 접속하기 위해 필요로 하는 장비가 라우터이다.

4 게이트웨이

게이트웨이(Gateway)는 사용하는 매체나 프로토콜이 일치하지 않을 경우에도 게이트웨이의 기능을 통해 변환하여 통신을 할 수 있게 된다.

따라서 게이트웨이는 단순히 네트워크의 중계 기능을 하는 것이 아니라 변환기처럼 존재하는 것이다.

현재로 널리 사용되는 형태로는 호스트 컴퓨터와 다른 네트워크를 접속하는 경우가 있다.

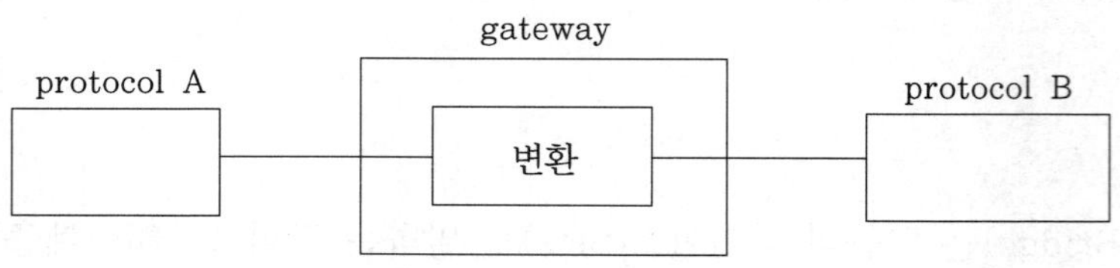

그림 9-13. 게이트웨이의 구성

연 / 습 / 문 / 제

1. 열차집중제어장치의 기본 구성도를 그리고 주요기능을 설명하시오.

2. 열차집중제어장치의 시스템 구성에 대하여 설명하고 이 시스템의 중앙장치가 다중처리방식을 적용하는 이유를 설명하시오.

3. 열차집중제어장치의 주컴퓨터의 기능에 대하여 논하시오.

4. 열차집중제어장치의 정보전송방식에 대하여 기술하시오

5. CTC 사령설비에서 고장검출기능을 설명하시오.

6. 열차집중제어장치의 주컴퓨터 설계 시 고려사항으로 FT(Fault Tolerance)기종과 Dual기종을 상호 비교하고 장, 단점에 대하여 기술하시오.

7. 열차집중제어장치(CTC)의 내부 통신망으로 LAN을 구성하고자 한다. LAN 구성 시의 고려사항에 대하여 기술하시오.

8. 원격제어 또는 열차집중제어장치의 전원 입력측 회로, 제어 및 표시회로, 랙 및 표시제어반에 뇌해대책을 위한 보호방법에 관하여 설명하시오.

9. 열차집중제어용 컴퓨터 시스템의 자동제어모드에서 통과열차를 고려한 장내진로제어처리 흐름도를 그리고 설명하시오.

10. 사령실 설비에서 LDP(Large Display Panel)를 제어 및 감시하기 위한 controller에 대하여 블록 다이어그램을 그리고 설명하시오.

11. CTC장치에서 열차번호추적기능에 대하여 설명하시오.

12. CTC용 컴퓨터시스템을 3중화된 중복구조(triple module redundancy)로 구현하고 설명하시오.

13. CTC 사령실에서부터 현장의 선로전환기, 신호기 사이에 존재하는 통신망에 대하여 설명하고 개선방안에 대하여 논하시오.

14. CTC 동작원리에서 주파수분할 다중방식과 시분할 방식에 대하여 쓰시오.

15. CTC장치에 사용되는 동기방식을 기술하시오.

16. 열차집중제어장치의 정보전송을 위한 수시기동과 스캐닝방식을 비교 설명하시오.

17. 라우터(Router)에 대해서 설명하시오.

18. CMOS 반도체를 설명하시오.

Chapter

10 열차제어시스템

10.1 열차제어시스템의 개요

국내 철도에 열차제어시스템이 처음으로 도입된 것은 열차자동정지장치(ATS)로서 이 장치는 레일 중앙에 설치된 지상자(점제어방식)에 의해 신호기에서 지시하는 속도를 초과하여 운행하는 열차에 대해 경보를 제공하고 이에 따라 승무원이 열차의 가·감속제어를 수동으로 취급하여 왔다.

그 이후 ATC 장치가 도입되었으며 여러 종류의 ATC 시스템 중 일부 도시철도 구간에서는 ATC 기능에 열차자동보호기능과 열차자동운전기능을 추가한 ATP/ATO 시스템을 사용하고 있다. 또한 일부구간에서는 ATC/ATS를 연계하여 도입된 시스템은 지상설비가 ATC 구간과 ATS 구간으로 구분되어 설치됨으로써 두 시스템의 인터페이스 및 자동절환방법을 적용하고 있다.

일반적으로 열차제어시스템은 크게 ATC, ATP, ATO, ATS 등으로 분류된다. ATC 장치는 지상으로부터 열차의 속도, 선행열차와의 간격, 진로의 상태 등의 연속 정보를 수신받아 최대 허용속도를 산출하여 열차의 실제속도가 허용속도보다 빠를 경우 허용속도 이하로 감속시켜 열차의 안전운행을 확보하는 장치로 차상신호 시스템의 기본 기능을 갖는다.

ATP 장치는 열차검지, 선행열차와 후속열차 사이의 거리유지, 진로연동 및 과속도 방어 등을 통해 안전한 열차운행을 유지하는 시스템으로 작용하며 이는 주로 고속선이 아닌 기존선의 가장 진보된 신호시스템에 적용하고 있다.

반면 지하철에서 많이 사용하는 ATO는 미리 설정된 프로그램에 따라 역에서 열차가 출발하게 되면 가속과 감속을 자동으로 제어하여 다음역의 정해진 위치에 정차하는 기능을 실행한다.

ATS 장치는 실시간 열차상태감시, 경보 및 오동작 기록, 진로설정, 스케줄 구성 및 열차운행패턴을 유지하기 위해 열차 운영명령에 대한 적절한 통제를 실행한다.

10.2 열차자동제어장치(ATC)

열차자동제어장치(Automatic Train Control system)는 열차가 현재 점유하고 있는 궤도회로로부터 선행 열차의 속도, 선행 열차와의 간격, 진로 또는 선로의 상태 등의 정보를 연속적으로 수신받아 그 구간을 운행할 수 있는 최대 허용속도를 산출하여 열차의 실제속도가 허용속도보다 빠르면 허용속도 이하로 자동으로 감속시키는 장치이다.

한편 열차이동에 대한 제어 및 열차의 안정성과 열차 운영명령을 자동으로 실행하는 장치로 열차자동운전장치(ATO), 열차자동방호장치(ATP), 열차자동감시장치(ATS) 등과 연계 시스템의 기능을 갖는다.

또한 선행열차의 위치, 운행진로 등 선로의 제반조건에 따른 속도코드가 선로를 통하여 차상으로 전송되며 차상에서는 지상에서 전송된 정보를 표시장치에 현시한다.

열차제어시스템은 열차를 안전하고 효율적으로 운행시키기 위해 주로 사용하며 이에 대한 구조는 각각의 사용 시스템에 따라 약간의 차이를 가져오지만 그림 10-1과 같은 구조 및 기능을 가진다.

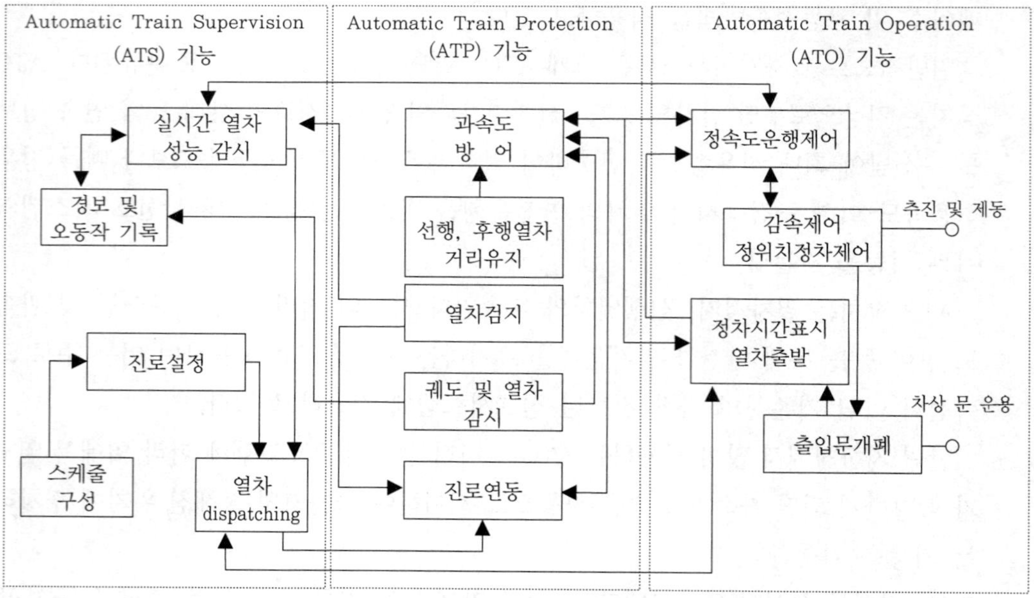

그림 10-1. ATC, ATP, ATO, ATS 사이의 상관관계

10.2.1 ATC 운전 특성 곡선

ATC 장치의 탑재차량은 과속상황이 발생하면 즉시 상용제동이 작동된다. 동시에 비상제동을 요청하여 감속도가 2.4[km/h/s] 이상이 되면 계속 상용제동으로 작동하며, 감속도가 그 이하이면 비상제동이 작동된다. 그림 10-2의 A가 정상적인 비상제동곡선이다. 그러나 차량의 특성악화로 인한 감속도 저하를 고려하여 열차안전운행의 입장은 최악조건에서의 제동거리를 필요로 한다. 신호에서 요구하는 제동거리는 B와 같은 최악조건 상황에서도 안전제동거리가 보장되어야 한다.

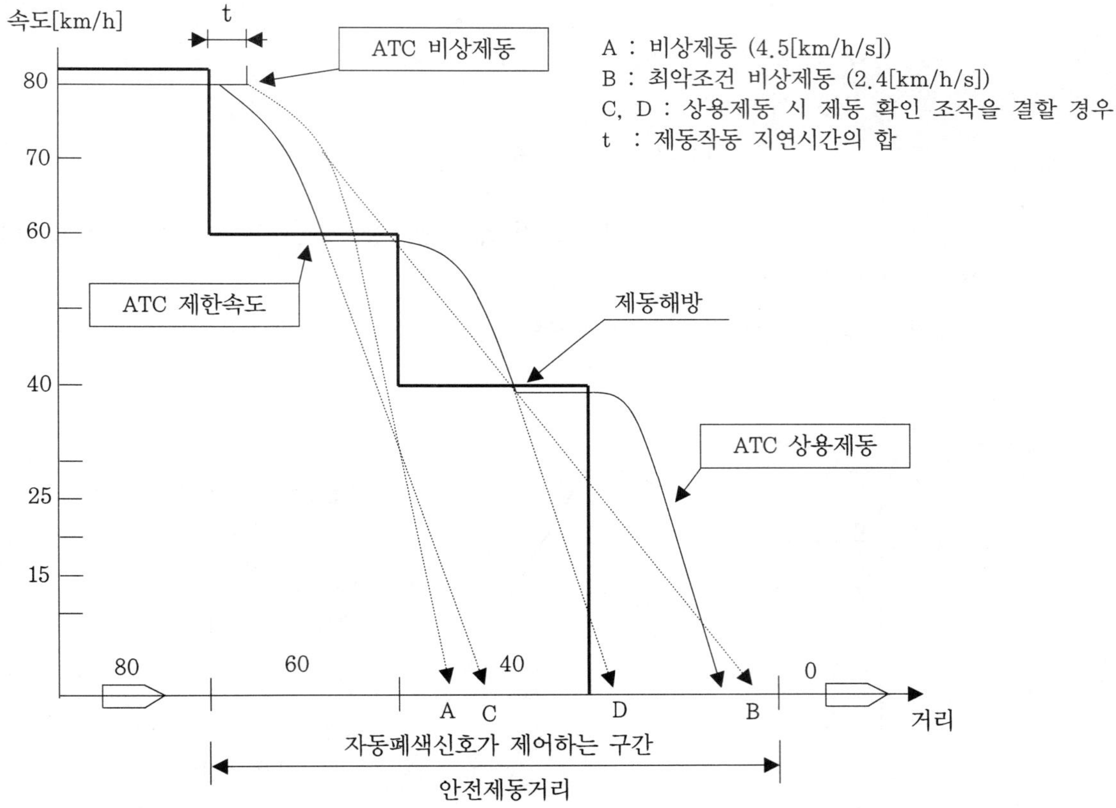

그림 10-2. 비상 제동 운전 곡선

일반적으로 운행 중인 열차가 제동을 시작하여 완전히 정차하는데 소요되는 이론상 제동거리는 다음과 같은 공식으로 표현된다.

$$S = S_1 + S_2 + L[\mathrm{m}] \tag{10-1}$$

$$= \frac{V}{3.6}t + \frac{V^2}{7.2\beta} + L\ [\mathrm{m}] \tag{10-2}$$

여기서, S : 제동거리[m]

S_1 : 공주거리[m]

S_2 : 실제동거리[m]

t : 공주시간[초], 과속을 검지하고 실제 감속이 이루어지기 전까지의 모든 시간

L : 제동여유거리[m]

V : 제동개시 전 속도[m]

β : 감속도[km/h/s], 1[m/s/s] = 3.6[km/h/s]

감속도는 차량고유의 감속도와 구배저항, 주행저항, 곡선저항 등 열차운행의 물리적인 저항요소를 합한 것을 말한다.

그림 10-3은 실제 적용된 비상제동곡선을 자세하게 나타내고 있다.

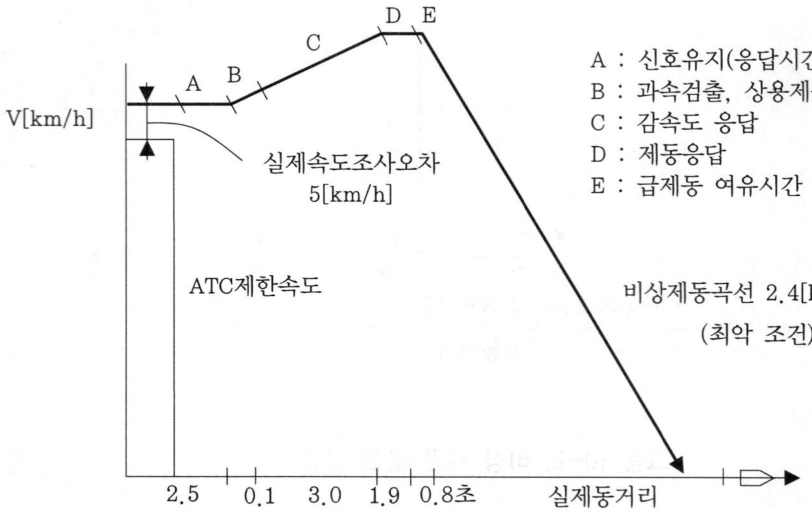

그림 10-3. ATC 운전특성곡선

자동폐색구간에 운행하는 열차는 해당 제어구간에 대하여 주어진 모든 속도에서 이 안전제동거리와 충분한 여유거리를 가진 상태에서 주어진 운전시격으로 운행할 때 열차안전운행이 확보된다. 자동폐색구간의 신호현시체계는 선행열차와 충분한 안전제동거리를 확보하면서 선로의 곡선, 구배, 정거장, 분기기 등의 속도제한을 받는다.

그림 10-4는 ATC 열차가 속도제한 구간을 통과할 때의 운전상황을 표시하고 있다.

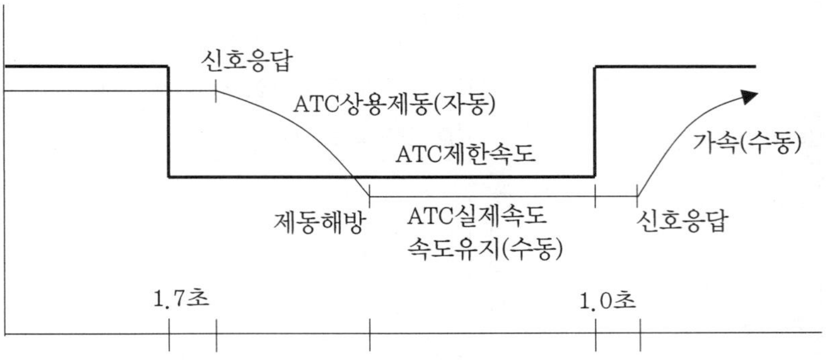

그림 10-4. ATC 구간의 열차운전

10.2.2 ATC 장치의 구성

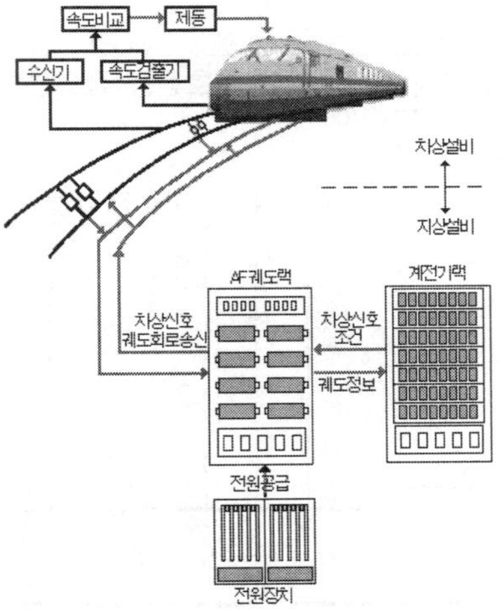

그림 10-5. ATC 장치의 구성

ATC는 신호설비의 일부분으로 열차 상호간에 안전을 확보하여 운행열차를 제어하는 장치로서 열차속도를 제한하는 폐색구간에 제한속도 이상으로 운행되는 열차에 대하여 자동으로 제동이 걸리게 하여 열차속도를 제어하는 장치이며 전동차 제어기(train control)에 설치된 ATC 차상장치와 지상에 설치되어 차량의 진행조건을 나타내는 ATC 지상장치로 구성된다. ATC 장치의 개요도는 그림 10-6과 같다.

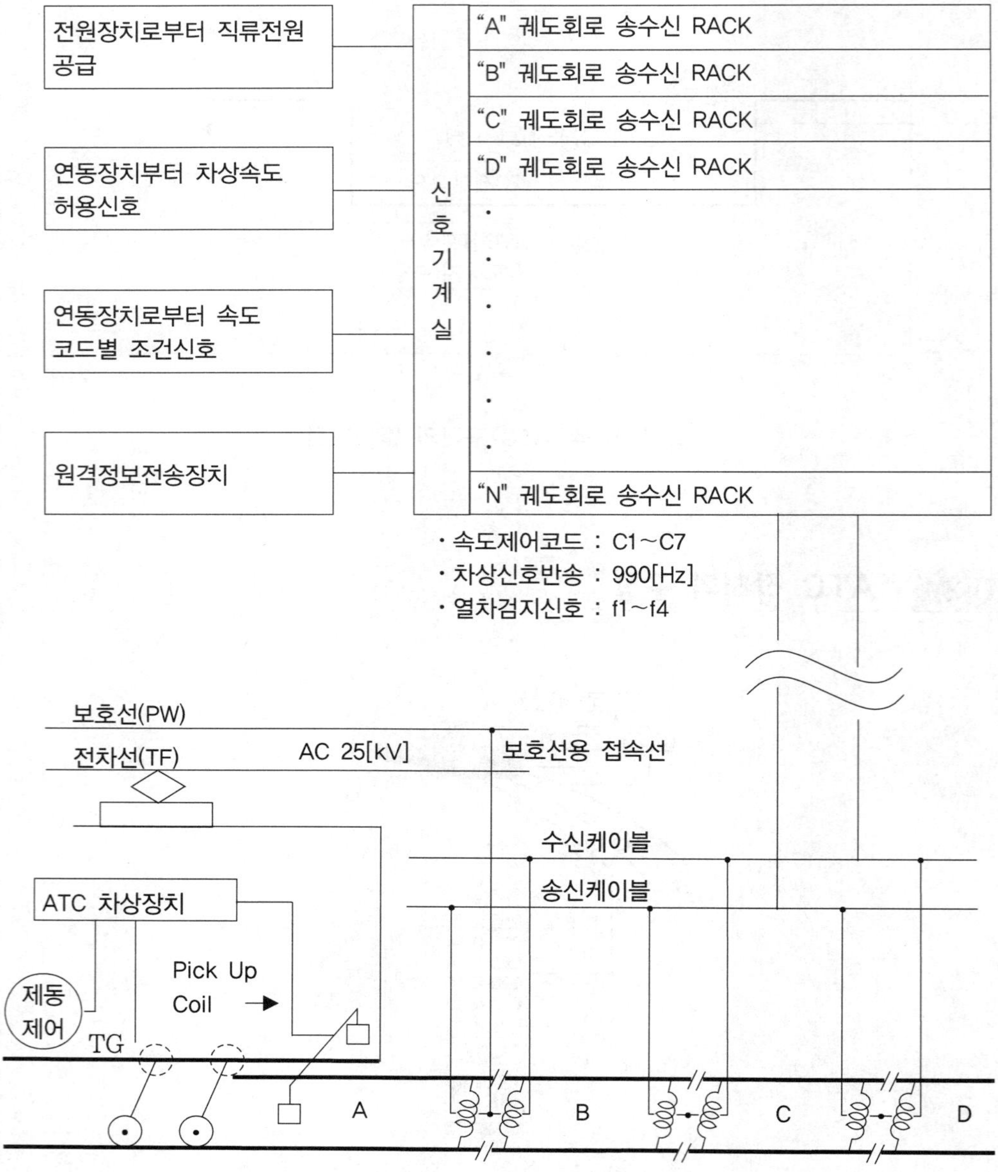

그림 10-6. ATC 장치의 개요도

1 ATC 감시장치

ATC 장치는 200[km/h] 이상 고속운행을 안전하게 운행할 수 있도록 하기 위하여 필요한 장치로 기본적인 구성은 ATC 지상 송·수신기와 ATC 차상 수신기로 구성되어 있다.

지상설비에는 ATC 송·수신기 이외에도 ATC의 주변장치로서 연동장치, 급전구분 절체제어장치, 신호용 부호송·수신기, 한계지장 검지장치, 열차방호장치 및 케이블 혼촉 검지장치 등이 있어 열차운행을 안전하게 한다. 또 ATC 신호는 케이블 및 궤도회로에 의하여 ATC 차상 수신기에 전달되어 제동기구와 결합하여 열차의 속도를 제어한다.

ATC 장치에 고장이 발생하면 고속운행의 안전 확보가 어려우며 극히 짧은 시간의 고장이라 하더라도 열차운행에 큰 지장을 초래하게 되어 ATC에 대한 신뢰도가 떨어진다. 또 고장이 발생했을 때 그 원인을 신속히 규명하거나, 고장의 사전 발견과 고장수리에 신속하게 대처하기 위하여 ATC 감시장치가 필요하다.

감시장치는 ATC 장치보다 신뢰도가 있어야 하며 ATC 장치의 동작상태 및 지상장치의 모든 송신신호, 고장 발생이나 ATC 신호현시 순간의 변화 등을 기록하며 기록된 자료에 따라 보수자는 ATC 장치가 항상 정상적인 기능을 유지할 수 있도록 해주는 보조적인 장치이다.

또한 ATC 감시장치는 ATC 지상장치의 동작상태를 항상 기억하고 고장이 났을 때 신속하게 복구하는데 필요한 정보를 일정한 기간 동안 기억하게 하는 장치이며 구성과 기능은 다음과 같다.

1) 열차에 대한 ATC 송신신호의 기억

열차가 주행 중에 궤도회로의 송신단 레일에 흐르는 ATC 신호전류를 검출하여 기억한다.

2) 각부 동작상태의 기억

ATC 신호현시에 관계되는 모든 계전기의 동작시간과 복귀시간을 기억하고 전원전압, 주파수 및 ATC 직류 전원전압을 측정, 감시하여 이상 유무와 측정값을 동시에 기억한다.

3) 궤도회로 데이터 측정 및 기억

송신기의 출력전압 및 전류와 수신기의 입력전압 그리고 전류를 측정하여 기록한다.

4) 고장구간의 판정

고장의 원인이 송신기, 송신케이블, 궤도회로, 수신케이블, 수신기 중에서 어느 것에 의한 고장인지를 정확히 판정한다.

5) 궤도회로 장애검출

궤도회로의 불평형 전류 및 인접 궤도회로의 신호 누설전류를 검출하여 궤도의 단락 또는 절연불량 등을 빨리 발견하도록 한다.

2 ATC 차상 수신장치

1) ATC 수신기

열차 최선단의 좌우 레일을 차축이 단락시키면서 진행하기 때문에 궤도회로로부터 보내져 오는 ATC 신호는 송전단과 선두 차축 사이를 순환하여 흐르는 것으로 된다. 그러므로 선두 차축 뒤에서는 ATC 신호전류가 흐르지 않으므로 이 선두 차축의 앞에 수전용의 전자코일을 놓으면 레일~차축~레일로 흐르는 ATC 신호전류의 유도를 받아서 이 코일에 ATC 신호와 같은 전압이 유기된다. 이 목적으로 열차의 선두 차축보다 앞의 레일 위에 설치되는 전자 유도코일이 차상 ATC 수신기이다.

2) 속도조사기

열차의 주행 중에는 차축에 직결된 속도발전기(TG : Tacho Generator)에 의해 열차의 현재 속도에 상당하는 속도 신호전압이 생성된다. 이 전압은 예를 들면 시속 50[km/h]라면 1,000[Hz], 100[km/h]라면 2,000[Hz] 상태로 열차속도에 비례한 주파수를 갖고 수신된 ATC 신호의 신호코드(제한속도)와 끊임없이 비교된다.

10.2.3 ATC 장치의 기능

ATC 장치의 동작은 각 구간마다 열차를 검지하여 신호정보(ATC 신호)를 송신하고 그것을 차상에서 수신하여 그 신호정보에 의해서 열차가 그 구간 내에 현재 허용된 제한속도 이하로 자동적으로 운행하면서 속도를 제어한다.

각 구간마다의 제한속도는 그림 10-7에 표시한 것처럼 지상의 신호현시를 기관사가 육안으로 확인하는 대신에 궤도회로로부터 수신한 신호정보를 차상에서 수신하여 자동적으로 허용 속도를 판단하여 열차의 실제 운행속도와 비교한다.

그러므로 ATC 시스템에 있어서 궤도회로는 열차가 그 구간에 진입한 것을 검지(열차검지) 및 지상측으로부터 차상에 대하여 신호정보(ATC 신호)를 전달하는 경로로서의 2중 역할을 한다.

이상의 기능을 이루기 위해 ATC 장치는 다음과 같은 기능으로 이루어진다.

① 각 구간의 열차검지기능(지상측)
② 각 구간의 신호정보(ATC 신호) 전송기능(지상측)
③ 신호정보의 수신기능(차상측)
④ 수신정보에 따른 제한속도와 열차의 현재속도를 비교하여 열차속도를 제한속도 내로 유지하는 기능(차상장치)

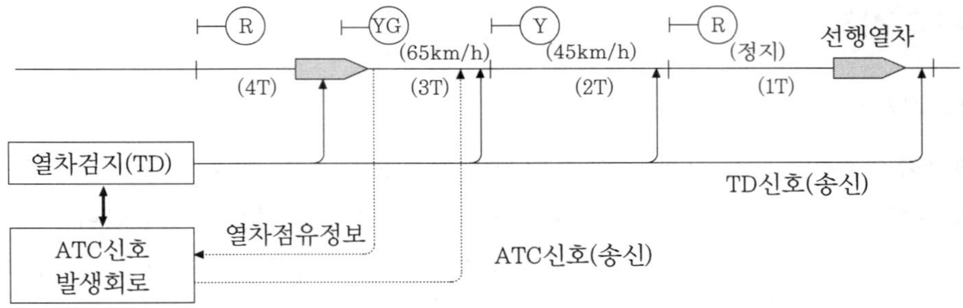

그림 10-7. ATC의 기본적 구성

1 열차검지

열차검지는 궤도회로 내에 열차의 점유 유·무를 검지하는 과정으로서 TD(Train Detection)라 하며 자동신호구간에 있는 궤도회로와 같다.

그러므로 유절연식, 무절연식, 직류, 고전압 임펄스, AF 궤도회로 등 원리적으로는 여러 방식으로도 나눌 수 있지만 같은 궤도회로를 신호정보(ATC 신호)의 전송으로도 사용하기 위해 병용이 가능한 형태로 구성한다.

예를 들면 그림 10-8과 같이 궤도계전기(TR) 측으로부터 본다면 ATC 신호는 열차검지용의 신호전류로서 동작하지만 일단 열차가 진입하여 계전기가 낙하한 후에는 ATC 신호로서 동작하게 된다.

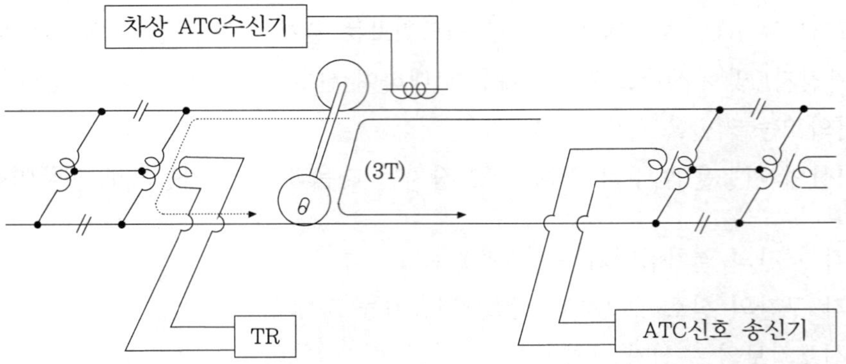

그림 10-8. ATC 장치의 신호 송수신용 열차검지 궤도회로

2 ATC 신호

1) 열차검지신호

열차검지장치(TD)에 의해 각 열차의 운행위치를 알게 되면 선행열차에 충돌하지 않는 속도 즉, 정지가 가능한 열차간격거리 정보를 후속열차에 전송한다.

이러한 기능은 종전에는 궤도의 경계에 설치된 폐색신호기의 현시조건에 따라 기관사가 육안으로 확인하면서 수동으로 조작하여 열차속도를 제어하였다.

이것을 자동적으로 행하기 위해서는 지상으로부터 차상으로 향하여 열차가 현재 점유하고 있는 구간에서 허용되는 최대속도의 정보를 송신하여 차상에서 수신한 후 판독한다.

ATC 신호를 차상에 전달하는 경로로서는 열차검지(TD)와 같은 궤도회로가 이용된다.

궤도회로에는 2종류의 신호전류(TD 및 ATC)가 흐르게 되지만 신호를 송출하는 위치는 공통으로서 열차검지신호의 수신이 지상측(TR)으로, ATC 신호 수신은 차상측 수신기로 서로 다르기 때문에 열차검지신호와 ATC 신호를 공용하여 시스템을 간소화하고 있다.

또 무절연 AF 궤도회로 등의 경우 열차검지신호와 ATC 신호를 분리해 평상시 열차검지신호만을 흐르게 하고 열차가 검지되면 그 구간에 대해서만 ATC 신호를 흐르게 한다.

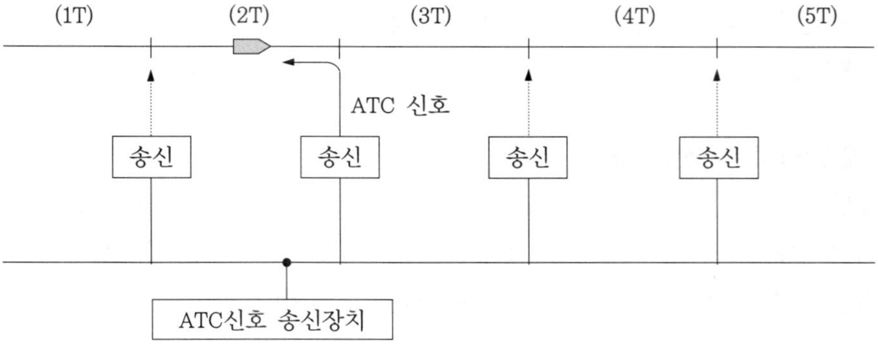

그림 10-9. ATC 신호회로

2) 신호코드

ATC 신호는 일반적으로 궤도회로에 송신되는 수백[Hz]~수[kHz] 정도의 주파수를 갖는 AF 반송파를 10~수십[Hz]의 저주파로 변조하여 사용하며 이 저주파의 주파수를 신호코드라 한다. 예를 들어 16[Hz]의 신호코드가 90[km/h]의 신호현시에, 35[Hz]의 코드가 45[km/h]의 신호현시에 사용된다.

3) 차상신호

상기와 같이 ATC의 경우 신호현시에 상당하는 신호가 궤도회로를 경유하기 때문에 기관사는 신호기 상태를 보지 않더라도 운전석 속도계에 신호현시 상태를 표시함으로써 운전할 수 있도록 한 것이 차상신호(cab signal)방식이다.

(1) 자동모드

자동모드(auto mode)는 ATO 장치에 의한 열차자동운전기능을 의미하며 각 역간의 자동 주행과 역에서의 자동 정위치 정차, Door의 자동개폐 및 자동안내방송을 수락하는 모드로 주로 지하철이나 도시철도에서 사용하고 있다.

(2) 수동모드

수동모드(manual mode)는 지상의 궤도회로로부터 연속적으로 정상적인 지시속도를 받아 운전하는 방식으로 경부고속철도 및 일반철도 구간에 운행하는 열차의 운전방식이다.

(3) 기지모드

기지모드(yard mode)는 차량기지 또는 유치선에서 연속적인 지시속도를 제공할 수 없을 때 운전하기 위한 것으로 최대 25[km/h]로 운전속도를 제한하고 있다.

(4) 일단정지 후 진행모드

일단정지 후 진행모드(stop and proceed mode)는 정상적인 지시속도를 받아 운전하던 열차(manual mode)가 지시속도를 수신할 수 없다면 과속상황이 작용되며 일단정지 후 15[km/h]이내 운전을 허용하는 방식이다.

(5) 비상제동모드

정상운행 중인 ATC 차량은 일반적으로 비상제동이 발생하지 않는다. 비상제동모드(emergency mode)는 정상열차가 운행 중에 과속상황이 발생하여 자동적으로 상용제동이 작동할 때 일정시간 내에 제동률이 2.4[km/h/s] 이하일 때만 발생한다. 즉 제동상황에서 브레이크 파손 등 중대한 고장이 발생하였을 때에만 작동된다는 것을 뜻한다.

10.3 열차자동운전장치(ATO)

열차자동운전장치(Automatic Train Operation)란 열차가 정거장을 출발하여 다음 정거장에 정차할 때까지 가속, 감속 및 정거장에 도착할 때 정위치에 정차하는 일을 자동으로 수행하게 하며 ATC의 기능도 함께 하고 있다. 열차에 출발신호가 나타나면 자동적으로 가속되고 주행구간의 규정속도에 이르면 다시 타력운전으로 열차를 운행하게 한다.

자동운행 중 ATC에 의해 속도제한을 받을 경우에는 자동으로 비상제동이 동작되며, 속도제한이 해제되면 다시 속도가 가속된다. 또 열차속도가 제한속도 이하로 떨어지면 제동을 풀어 준다. 그림 10-10과 같이 정거장에 접근한 열차는 제동 개시점을 통과한 다음 정차패턴에 따라 속도조사를 하여 제동기를 가감하면서 B역의 정위치에 자동으로 정차하게 된다.

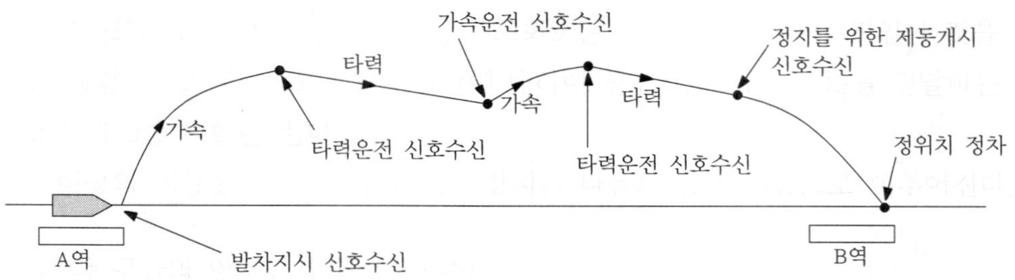

그림 10-10. ATO의 속도제어곡선

10.3.1 ATO 장치의 기능

ATO 장치에서 기관사의 임무는 차내기기를 감시하거나 역 진입 시 승객의 안전을 감시하는 일을 할 뿐이므로 기관사와 차장의 승무를 한 사람으로도 할 수 있다. 또한 열차의 무인운전도 가능하므로 인력을 절감할 수 있으며 안전하고 정확한 열차운행으로 여객 서비스를 향상시킬 수도 있다. ATO 장치는 다음과 같은 여러 가지 기능을 가지고 있다.

1 정속도 운행제어

역과 역 사이에 있어서 ATC 신호의 허용 운행속도 지시에 따라 지정된 속도로 열차가 주행하도록 제어한다. 또 ATO 장치의 내부에 지정된 속도와 같은 기준속도를 발생시키고 열차의 실제속도와 기준속도와의 차이점을 검출한 다음 속도의 차이에 비례한 역행 또는 제동 노치(notch)수를 차량의 제어부에 제공하여 기준속도와 실제 열차속도와의 차이가 없도록 열차를 제어한다.

그림 10-11과 같이 열차의 기준속도는 ATC 신호 및 운행관리 방식으로부터 데이터 전송장치를 지나서 주어진 F(fast), N(normal) 데이터에 의하여 정해진 속도로 열차가 운행할 때 속도 발전기로부터 ATO 장치 내의 속도주파수인 기준주파수가 발생한다. 이 주파수와 속도 발전기로부터의 실제 열차속도 발생주파수를 비교하여 그 차에 따라 기준속도와 실제 열차속도와의 차이가 검출된다. 이 속도 차이를 신호로 변환하여 속도의 차이에 비례한 역행 제동 노치를 결정하여 기준속도에 접근시킨다.

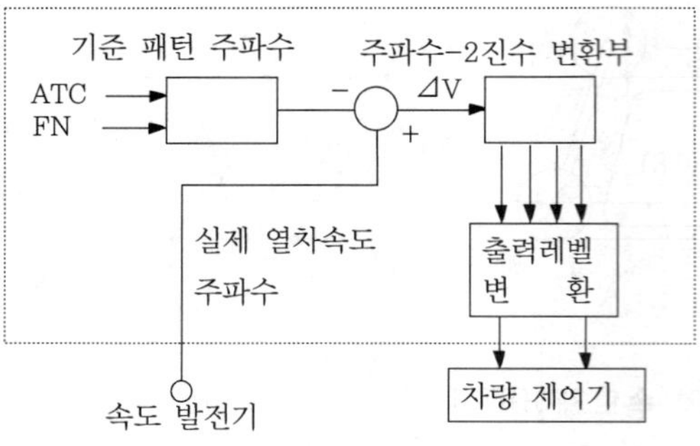

(a) 기준속도와 실제 열차속도와의 차

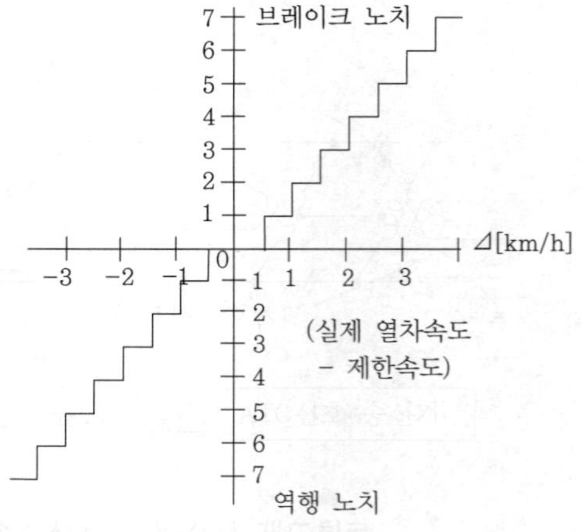

(b) 브레이크 노치 결정

그림 10-11. 정속도 운행제어

2 감속제어

정거장 사이의 곡선 또는 구배로 인하여 ATC 신호가 감속을 필요로 하는 구간에 있어서는 ATC 속도 변화점 전방에서 감속을 하도록 알려주는 감속용 지상자(지상자 P_5) 또는 루프코일을 설치한다.

P_5 지상자의 설치위치는 그림 10-12와 같이 ATO 내에서 ATC 속도 변화점에서의 패턴 속도가 감속신호에 대하여 N 주행레벨과 일치하도록 계산된 지점이다.

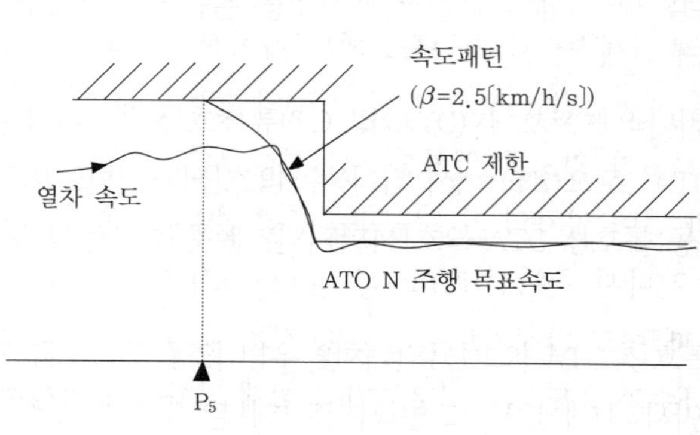

그림 10-12. 감속제어

속도패턴을 검지한 다음에도 실제 열차속도가 패턴에 접근하기까지에는 정속운행제어가 이루어진다. 패턴 접근에 의하여 역행주행 중에는 일단 타행제어를 한 다음 일정한 노치의 예비제동에 의한 비례제동이 작용하여 감속 변화점에서는 ATC 제동이 작용하지 않고 그대로 진입한다.

3 정위치 정차제어

정거장에 정차할 때에는 정해진 위치에 정차할 수 있도록 그림 10-13과 같이 정위치 패턴에 따라 속도제어를 한다. 정지 패턴은 레일간에 설치된 지상자(제1 지상자에서 제4 지상자) 및 루프코일의 정보를 차상에서 검지하여 열차의 위치를 검출하고 정지 지점까지의 거리와 속도와의 기준 패턴이 발생한다.

이와 같은 정위치 정차를 위한 지상설비는 시스템 공급자의 특성에 따라 지상자 또는 루프코일(loop coil)로 구분된다.

그림 10-13에서 P_1 지상자 지점에서는 비교적 큰 감속도 패턴이 발생한다. 그러나 P_1점은 정차 위치로부터 상당히 떨어진 위치에 있으므로 P_2 지상자 위치에서 거리보정을 하며 다시 정거장의 홈에 진입하여 P_3 지상자에 의하여 정지위치까지의 거리를 다시 수정하여 P_4 지상자에 의해 정지목표지점에 정차하게 된다.

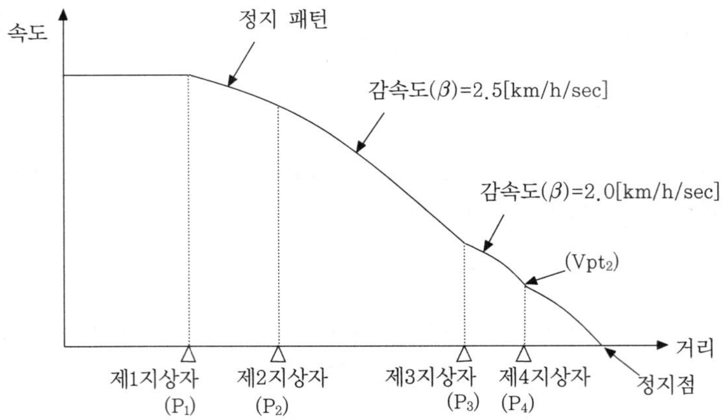

그림 10-13. 정위치 정지패턴에 의한 속도제어

4 출입문 자동 개, 폐 및 정차시간 표시등

출입문 개, 폐기능은 열차정보송신장치(TWC)를 통하여 정위치 정차정보를 받으면 기계실에서 개, 폐정보를 발생하여 차상에 전송하게 된다.

정차시간 표시등(dwell light)은 기관사에게 출발시간을 예고하여 주는데 정시운행에 도움을 주는 기능을 하고 출발시각 일정시간 전에 정차시간 표시등이 점멸하면 기관사는 출발조작을 한다.

5 열차정보송신장치(TWC)

열차정보송신장치(Train to Wayside Communication)는 차량과 현장설비간의 양방향 통신을 하는 정보교환장치로 이 시스템은 차상설비와 현장설비의 2개의 시스템으로 분리된다.

차량과 현장설비의 정보교환은 현장에서는 정거장의 특정한 위치에 지상 TWC 루프코일을 설치하고, 차량에서는 차량의 하부에 루프안테나를 설치하여 무선으로 정보통신을 하는 장치이다.

무선으로 송수신된 정보는 각각 차상설비인 열차자동제어장치(ATC), 열차자동방호장치(ATP), 열차자동운전장치(ATO), 열차자동감시장치(ATS)와 연결되어 열차운전을 제어하고 현장설비는 TWC 유니트가 신호기계실의 주컴퓨터와 연결되어 정보를 송·수신함으로서 열차자동운전에 필요한 각종 기능들을 수행하게 된다.

10.4 열차자동방호장치(ATP)

열차자동방호장치(Automatic Train Protection)는 과속도방어, 선행열차와 후속열차 사이의 거리유지, 열차검지, 궤도 및 열차감시, 진로연동 등을 통해 안전한 열차운영을 유지하는 시스템으로 폐색구간 경계지점에 설치한 지상자(발리스, 비콘, 루프 등)를 통하여 열차간 운행정보를 상호 교환하여 최소제동거리를 확보함으로서 운전시격의 단축, 선로용량 증가 및 열차추돌에 따른 열차보호를 실행하는 장치이다.

10.4.1 ATP 장치의 구성

ATP장치는 지상설비와 차상설비가 있으며 지상설비는 지상자(Beacon), 신호부호전송기(Encoder)로 구성되어 있고, 차상설비는 차상컴퓨터(Evaluation Unit), 차상표시반(Indication Panel), 데이터반(Data Panel), 안테나, 기록장치로 구성되어 있다.

1 지상설비

1) 지상자

지상자는 송신용과 수신용 안테나로 구성되고 함체에는 전자회로가 구성되어 있다.

모든 지상자는 유리섬유 강화적층판 PVC로 제작하며 무전원으로 사용한다. 데이터 전송에 필요한 전원은 차상안테나가 지상자 위를 통과할 때 공급되어진다. 이와 같은 전원은 수신용 안테나에 의해 수전되고 메시지 전송은 송신용 안테나에 의해 열차에 전송된다.

차상안테나에 의해 전송되는 주사신호(scanning signal)는 지상자의 수신용 안테나에 의해 수신된다.

지상자는 일반적으로 정상적인 열차운행방향에 따라 A와 B의 지상자를 설치하며 5[‰] 이상의 급구배간에서는 정지거리 또는 속도제한거리가 최소한 1,500[m] 이상 소요되므로 C 지상자를 설치하여야 한다. 전송되는 정보의 질에 따라 한 지점에 최대 5개의 지상자를 통합 설치할 수 있으며 한 개의 동일한 정보를 제공하는 지상자 사이의 거리는 2.3~3.5[m] 이격하여 설치하고 서로 다른 정보를 제공하는 지상자 간의 거리는 최소 10.5[m] 이상 이격하여 설치하여야 한다. 지상자에는 다음과 같은 3종류가 있다.

(1) 영구적인 정보를 제공하는 F(fixed)

외부조작에 의해 메시지를 변경시킬 수 없는 지상자를 말하며 이 지상자는 고정된 정보(속도제한, 선로지장작업을 위한 임시속도제한 등)를 제공하는데 사용한다.

(2) 제어지상자 또는 "S" 지상자(S=signal)

부호 "X" 또는 "Y"는 신호부호전송기(encoder)의 외부조작에 의해 제어될 수 있다. 이 지상자는 변경될 수 있는 정보(신호, 다양한 속도표시 등)를 제공하기 위하여 설치한다.

(3) M(표시)

"A" 지상자에 의해 모든 정보가 전송될 때 "B" 지상자 대신 사용할 수 있는 간소화된 지상자이다.

각각의 지상자는 부호 "X"에 의해 증명된 특수한 기능(속도, 거리, 구내 특수기능 등)을 수행하고 이 부호는 적절한 값의 encoding card에 의해 지상자 자체에서 영구적으로 부호화된다. 부호 "Y"와 "Z"는 지상자의 기능에 따라 다르게 해석된다.

2) 신호부호전송기

신호부호전송기(encoder)는 신호기 또는 속도제한판넬의 지상자 사이의 인터페이스를 가능하게 만들어준다.

신호부호전송기는 역 기계실 또는 현장 기구함에 수용할 수 있으며 궤도변 박스(box)에 설치할 수 있다. 신호기 또는 속도표시판넬에 대한 인터페이스는 신호부호전송기에 의해 이루어진다. 예를 들면 신호부호전송기는 다음과 같은 경우에 필요하게 된다.

① 폐색 신호현시와 속도표시
② 허용신호 또는 비허용신호(절대신호)의 폐색시스템 표시
③ 진행신호를 지시하는 인접 신호기 자체의 신호현시표시(전방 약 300[m] 정도 떨어져 있는 지점에 위치한 신호기)

2 차상설비

1) 차상컴퓨터

차상컴퓨터(Evaluation Unit)는 자체 변환기에 의해 전력을 공급받으며 안테나, 차상표시반, 속도측정장치 및 제동장치와 연결되어 있다.

2) 차상표시반

차상표시반(Indication Panel)은 표시반과 데이터반등 2개의 판넬로 구성되어 있으며 운전실마다 설치한다. 이 차상표시반은 한 개의 box에 2개의 표시유니트가 내장되며 주표시반에는 최고속도를 보조표시반에는 목표속도를 표시하게 되며 시스템 운용을 위해 필요한 여러 가지의 표시등과 버튼이 포함되어 있다.

테이터반은 기관사가 열차의 특성을 입력할 수 있도록 구성되어 있으며 입력 데이터는 다음과 같다.

① 최대 허용속도(10 [km/h] 단위)
② 열차길이(100[m] 단위)
③ 열차감속력[m/s^2]
④ 열차종별(여객열차, 화물열차, 디젤동차, 전기동차 등)

이 입력 데이터는 열차가 조성될 때 기관사에 의해 입력되어진다. 그림 10-14는 시스템 구성도를 나타내는 그림이다.

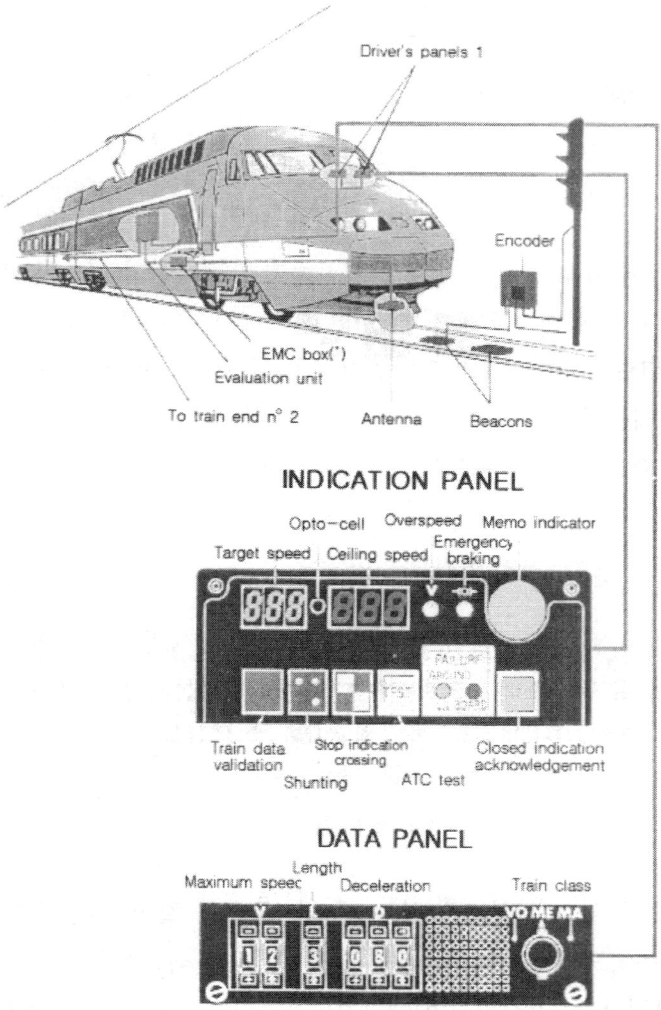

그림 10-14. 시스템 구성도

3) 안테나

안테나는 차량 전부의 하부에 설치하며 차상컴퓨터와 연결된다. 차상설비가 동작을 시작하면 이 안테나에서는 지상자에 전원을 공급하거나 정보를 수신한다.

4) 기록장치

기록장치는 열차로부터의 정보나 지상으로부터 제공된 정보를 저장하며 고장이 발생할 때에 비휘발성 메모리에 저장된 정보는 휴대용 마이크로 컴퓨터로 읽어 고장 수리, 분석에 활용된다.

10.4.2 ATP 장치의 기능

1 과속도 방어

안전성의 개념에 따라 열차에 주어진 제한속도를 초과하지 않도록 보장하는 기능으로 과속도 방어는 실제속도와 제한된 최고속도 사이의 비교에 의해 주어진다.

① **제한속도 코드 :** 선행열차와 후속열차 사이의 거리유지, 진로연동 및 열차감시 절차로부터 제공한다.

② **최대 허용속도 :** 궤도 관련 정보로부터 제공한다.

2 선행열차/후속열차 거리유지

동일 선로상에서 열차 사이의 충돌을 피하기 위해 선행열차와 후속열차 사이의 충분한 이격거리를 유지하는 기능으로 이는 실제적인 제동기능과 과속도 방어에 사용되는 최대 허용 운행속도 사이의 관계에 의해 결정된다.

3 열차검지

열차검지는 모든 열차가 위치해 있는 궤도의 위치를 결정한다. 대부분의 경우 열차의 위치는 절대적으로 기록되며, 열차속도는 열차가 최종적으로 검출된 위치에 있어서는 "0"로 가정한다. 열차위치의 예측기법은 사용기술에 의존하며 정확성을 요구한다.

4 궤도 및 열차감시

궤도 및 열차감시 기능은 비정상 상태 발생에 대한 경보시스템으로 주어진다. 열차감시는 열차의 접촉, 화재, 제동시스템의 결함 또는 제동능력의 감쇠 등으로 분류되며 궤도감시는 레일절손 또는 건널목 통과차량의 건널목 통과장애 등으로 표시된다.

5 진로연동

진로연동에 있어서 "진로"의 개념은 열차의 이동 시작점, 목적지 및 열차가 진행할 궤도를 의미한다. 진로연동은 먼저 설정된 진로 내에 다른 열차가 존재하는지 유무를 확인한 후 설정된 진로에 대해 선행 점유열차가 존재하지 않을 경우 진로를 설정하여 열차가 진행할 수 있다. 그러나 요청된 진로가 점유되어 있거나 사용할 수 없는 경우 열차는 선행열차와 후속열차 사이의 거리유지방식에 의해 열차운행을 실행한다.

10.5 열차자동감시장치(ATS)

열차자동감시장치(Automatic Train Supervision)는 열차상태감시 및 열차운영패턴을 유지하기 위해 열차운영명령에 대한 적절한 통제를 실행하는 시스템으로 열차의 도착과 출발을 ATS에 의해 각각의 역에서 통제한다. 이는 현장의 자동장치에 의한 조정과 열차운행 제어컴퓨터(TTC) 프로그램에 의한 자동조정으로 분류된다.

10.5.1 ATS 장치의 기능

1 실시간 열차성능 감시

선로 또는 폐색구간에 있어서 각 열차에 대한 실제위치 및 속도에 관련된 실시간 정보를 수집하여 스냅사진 형식으로 전송한다. 이러한 정보는 선로의 예측상태와 현재의 스케줄에 기본을 두고 수정, 분석된다. 만약 선로의 예측상태가 실제 선로상태와 다를 경우 "실시간 열차성능 감시" 기능은 열차운행을 계획대로 실행하기 위한 전략적 결정을 실행한다. 이는 열차가 예정된 정지점에서 대기하는 시간의 증가 또는 감소, 노선에 따른 중간 속도코드의 도입, 수정된 가속/감속 프로파일의 도입 등을 실행한다. 그 결과 최적의 조정이 선택되면 이 정보는 "열차 dispatching"과 "속도제한" 절차로 전송된다.

2 경보 및 오동작 기록

선로변 장치의 조작 특성을 감시하는 역할을 실행한다. 이는 "실시간 열차성능 감시"와 "궤도 및 열차감시" 기능으로부터 화재, 비작동스위치, 과다한 2중계(redundant) 구성요소 적용, 주전력 상실 등의 특별한 사건에 대한 정보를 수집한다. 이들 정보는 사건발생 장소에서의 실제사건, 사건의 심각성, 궤도위치, 사건시각 및 열차확인 또는 사건발생에 관련된 장비 등도 포함한다. 이에 대해 "궤도 및 열차감시" 기능은 철도의 안전성에 관련된 사건 및 열차의 진로 재구성과 같은 동작의 방지를 위해 작용한다.

3 진로설정

각 열차의 상세한 진로를 설정하기 위해 "스케줄 구성" 기능으로부터 입력을 제공 받으며, 진로설정 기능은 모든 열차의 효과적인 운행을 위하여 이용 가능한 궤도의 모든 진로 각각에 대한 장점을 제공할 수 있는 최적화된 알고리즘을 사용한다. 만약 추가로 주어진 가동 불가능한 열차에 따른 진로상실 등과 같은 실시간 정보가 수동으로 추가될 경우, "진로설정" 기능은 모든 트립의 보장 및 우선순위에 의해 설정된 전반적인 진로설정도를 재편성하게 된다. 이에 따라 "진로설정" 정보의 실행은 "열차 dispatching" 기능을 거쳐 실행된다.

4 스케줄 구성

어떤 열차가 어떤 장소에서 몇 시에 이동할 것인가를 결정한다. 스케줄 실행 이전에 시뮬레이션 시험 및 수정이 시행된다. 이에 따라 "스케줄 구성" 기능은 "진로설정" 및 "진로제어" 기능의 입력으로 주어지는 관련된 열차의 종별, 출발역, 도착역 및 출발시간 등을 제공한다.

5 열차 dispatching

노선에 의한 출발과 시간에 의한 출발의 두 종류로 분류한다. 노선에 의한 출발의 경우 열차의 이동은 ATO 또는 ATP의 진행절차에 의해 초기화되며 "진로요청" 메시지는 "진로연동" 기능으로 "출발준비" 메시지는 "열차출발" 기능으로 전송된다. 시간에 의한 출발의 경우 진로는 이미 확보되어 있으며 열차는 역 또는 진로의 대피점에 정지해 있게 된다. 따라서 "열차 dispatching" 기능은 지속적으로 시스템을 감시하며 적절한 시간에 "열차출발" 기능인 "출발준비" 메시지를 전송한다.

10.6 유럽 열차제어시스템(ERTMS/ETCS)

유럽 각국 철도에서는 열차제어시스템이 서로 달라 인접 국가들간의 연계 운행에 어려움이 많아 ETCS 즉 유럽 열차제어시스템 개발을 위한 컨소시엄을 구성하여 ERTMS 차상신호시스템을 개발하였다.

철도수송을 구체화하기 위한 유럽연합과 국제철도연맹의 지원 하에 ERTMS의 개발은 급속도로 발전하기 시작하였다. 개발의 주목적은 기술적, 경제적, 상업적인 면에 있어서 철도 수송량 취급을 개량하기 위해 각각의 국가에서 사용하는 열차제어 및 안전관련설비 운영방법을 통합하는 데에 있다. 그 결과 ERTMS의 개발은 기본적으로 모

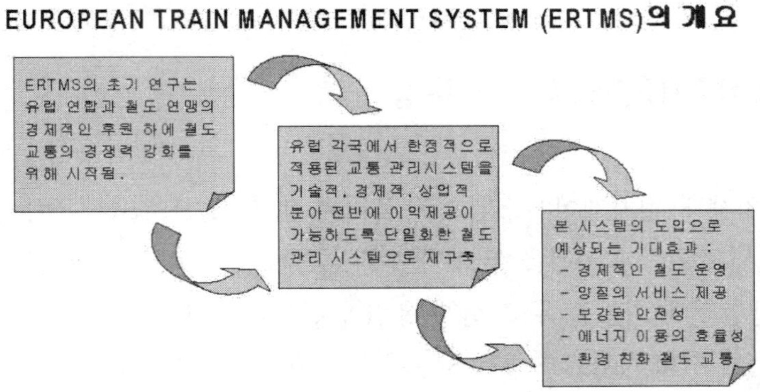

그림 10-15. ERTMS 기본 개발목적

든 현존하는 유럽 각국의 신호시스템에서 사용 가능한 상호 호환성(interoperability), 신호시스템 관련 기술사양의 표준화에 의한 단일 시장성(single market), 열차운행상의 안전성(safety) 그리고 에너지 효율성(energy efficiency)에 중점을 두고 진행되었다.

현재 진행 중인 ERTMS(European Railway Traffic Management System)는 열차운행의 안전성을 필수조건으로 하는 ETCS(European Train Control System), ERTMS에서 중점적으로 사용 예정인 무선정보 전송방식인 GSM-R(Global System Mobile for Railway) 그리고 운영을 주요목적으로 하는 ETML(European Traffic Management Layer)로 분류된다.

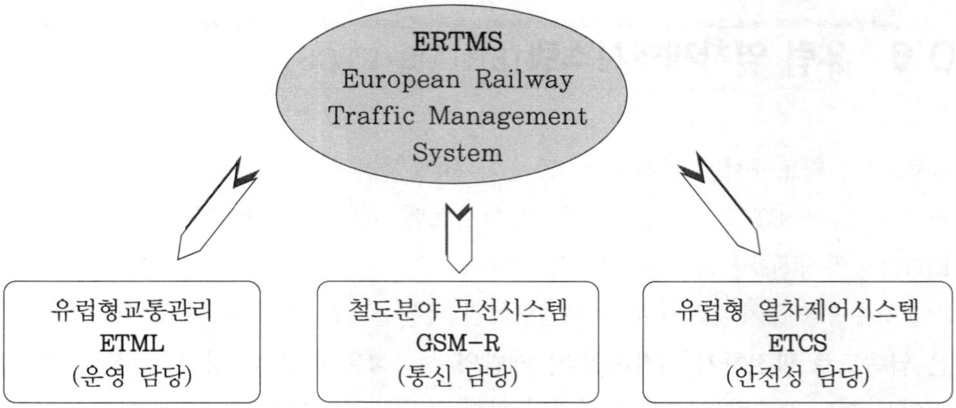

그림 10-16. ERTMS 기본구조

10.6.1 ERTMS/ETCS의 특징

유럽의 차세대 열차제어시스템으로 불리는 ERTMS/ETCS는 유럽 철도망에서의 국경 없는 열차운행에 중점을 두고 개발을 시작하였다. 이의 주요목적은 신호시스템과 열차운행안전에 기본을 두고 현재 유럽에 존재하는 약 15개의 상이한 신호시스템을 통합하는데 있다. ERTMS/ETCS는 유럽 신호 관련 시장의 단일화는 물론 현존하는 신호시스템의 성능에서 요구하는 기본 기술사양을 표준화함으로서 관련 철도산업체 간에 이들 표준화한 기술사양을 공유함으로서 통합된 철도신호 시장형성과 목적을 부수적으로 동반한다. 이에 따라 ERTMS/ETCS의 실현은 현재의 기술한계와 미래의 가능한 기술 개발 능력(특히 무선통신시스템)을 고려하여 기능적인 면에 있어서 ERTMS/ETCS를 레벨 1, 레벨 2, 레벨 3으로 분류하여 취급한다.

여기서 ERTMS/ETCS는 생산품이 아닌 유럽 통합 열차제어시스템이 보유해야 하는 기본적인 요구사양을 의미하여 관련 산업체는 이들 사양에 대한 요구조건을 충족하도록 제품을 생산해야 할 의무를 갖는다.

표 10-1. ERTMS/ETCS 레벨특성

구 분	Level1	Level2	Level3
사용된 폐색시스템	고정폐색	고정폐색	이동폐색(MBS)
정보전송매체	발리스(balise)	무선(radio)	무선(radio)
궤도회로/차축 계수기	필요	필요	불필요
지상신호기	필요	필요/불필요	불필요

1 ERTMS/ETCS 레벨 1

ERTMS/ETCS 레벨 1은 그림 10-17과 같이 주로 고정폐색시스템과 선로변 신호기에 의존한다. 이는 현존하는 ATP 시스템과 동일한 형태로 특성이 주어짐에 따라 불연속정보를 전송하는 Euro-Balise 또는 반연속정보를 전송하는 Euro-Loop가 열차의 속도제어를 위해 궤도에서 차량으로 정보를 전송한다.

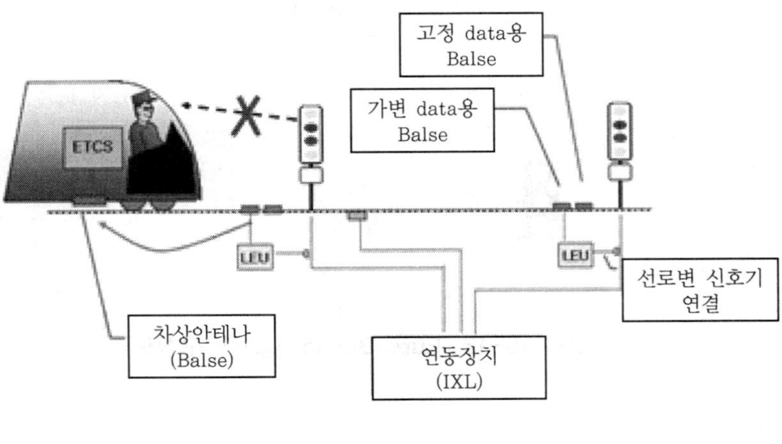

그림 10-17. ERTMS/ETCS 레벨 1

1) Euro Balise

차상설비는 발리스 정보전송모듈(BTM : Balise Transmission Module)과 차상안테나로 구성되어 있으며 프로그램 작업과 고장추적 및 검지장비가 포함되어 있다. 단, 프로그램 작업이나 고장추적 및 검지는 열차가 정상적으로 운행될 때는 사용되지 않는다.

발리스 정보전송시스템의 지상정보 전송기능은 현장 LEU로부터 차상시스템으로 안전하게 정보를 전송하는 것으로서 고정데이터와 가변데이터를 전송한다.

고정데이터는 노선의 지역적인 정보와 관련된 것이고 가변데이터는 열차운행이나 진로상태 등과 관련된 정보로서 341bits와 1,023bits의 2가지 길이로 구성된 정보이며, 고정데이터는 발리스 내에 저장되며 가변데이터는 LEU에 저장된다.

발리스 전송시스템은 기존의 유럽 ATC 장치와 호환성이 있어 발리스 전송시스템이 기존 유럽의 ATC 장치를 교란하지 않고 또한 그들로부터 교란 당하지 않는다. 또한 발리스 시스템은 특정한 차상 ATP 장치를 통과해도 반응하지 않는다.

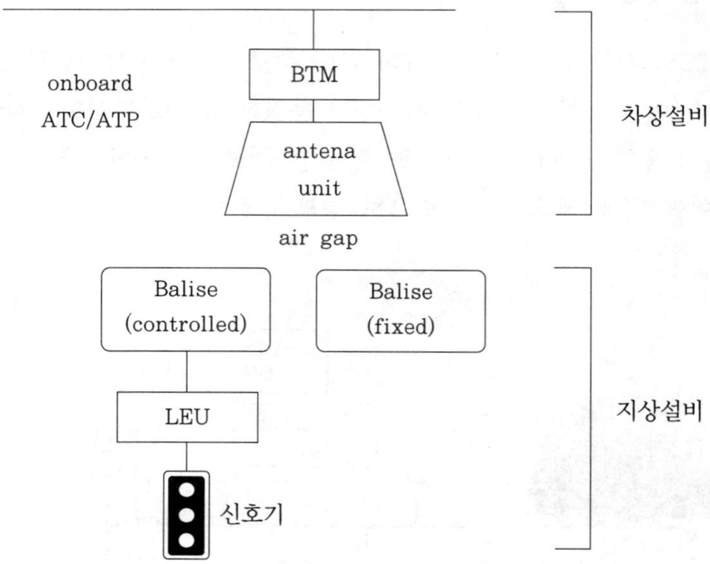

그림 10-18. Euro Balise 시스템 구성도

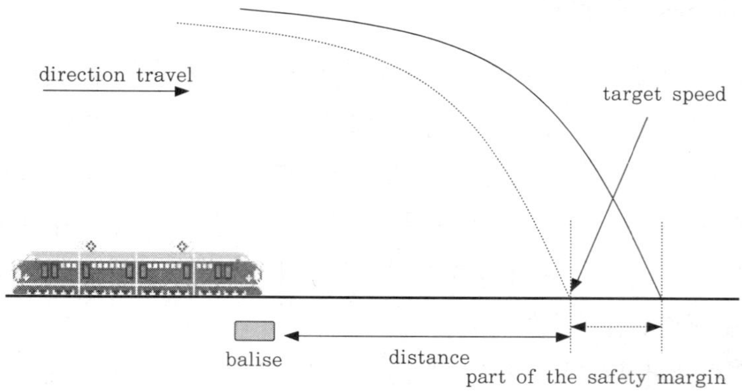

그림 10-19. ERTMS/ETCS 기본 제동곡선

2 ERTMS/ETCS 레벨 2

ERTMS/ETCS 레벨 2는 발리스 또는 loop 등과 같은 선로변 신호기가 아닌 무선에 의해 열차의 속도가 제어된다. 즉 ERTMS/ETCS 레벨 2는 지상과 차량간의 연속적인 양 방향 무선통신과 열차검지를 위한 불연속 정보전송을 이용하여 연속적인 열차의 속도제어 기능을 실행하는 것이 ERTMS/ETCS 레벨 1과의 주요 차이점으로 주어진다. 단지 기존 신호시스템의 이중화 시에는 지상신호기의 사용을 필요로 하지만, 단독적으로 ERTMS/ETCS 레벨 2만을 사용할 경우에는 지상신호기를 필요로 하지 않는다.

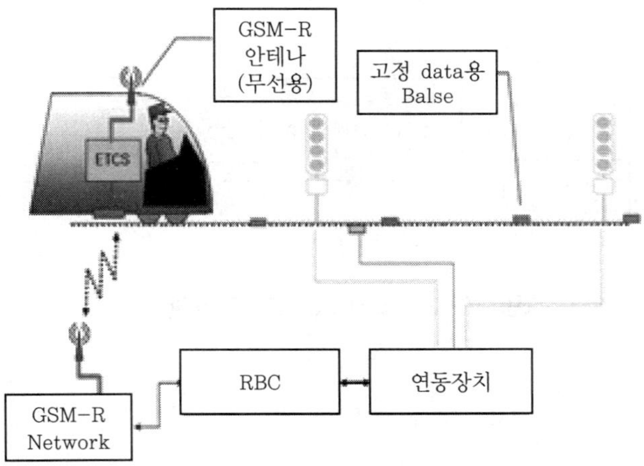

그림 10-20. ERTMS/ETCS 레벨 2

3 ERTMS/ETCS 레벨 3

ERTMS/ETCS 레벨 3은 기능면에 있어서 완전한 ATC 기능을 수행함으로서 연속적인 속도제어를 실행한다. 열차검지 및 선행열차와 후속열차의 열차간격을 조정하는 기능이 ERTMS/ETCS 레벨 1과 레벨 2에서는 고정폐색시스템을 이용하는데 비해 ERTMS/ETCS 레벨 3에서는 이동폐색시스템을 사용한다는 것이 주요 특성으로 주어짐에 따라 ERTMS/ETCS 레벨 3은 열차운행에 연관된 신호시스템이 완전한 무선방식에 의해 구현됨을 알 수 있다.

이러한 열차제어시스템의 발전방향은 기존선 및 고속선 철도망에 있어서 최적의 열차운행성능 및 안전성을 제공할 수 있음은 물론 기존 시스템과의 호환성, 국가간의 열차제어시스템 호환성, 국경 없는 철도시스템의 건설, 선로용량의 증대 그리고 가장 적은 비용의 운영 및 유지보수를 실행할 수 있을 것으로 기대된다.

특히 ERTMS/ETCS 시스템이 하위 레벨에서 상위 레벨로의 upgrade가 가능함에 따라 향후 선로변 설비는 새로운 무선시스템 관련설비로 대부분 교체되며 선로변 설비의 운영 및 유지보수가 급격히 감소할 것으로 예상된다.

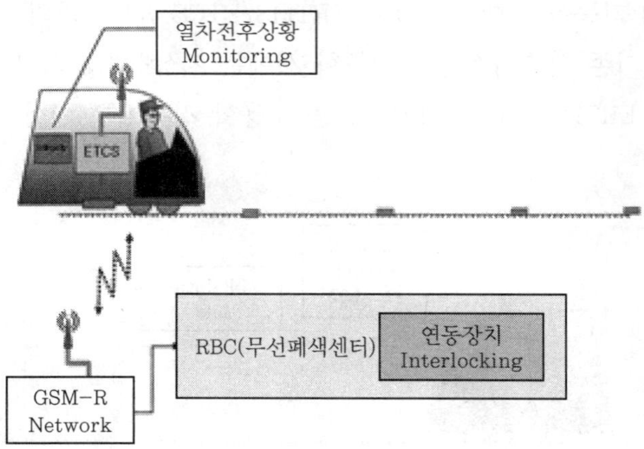

그림 10-21. ERTMS/ETCS 레벨 3

10.6.2 GSM-R

1992년 국제철도연맹은 새로운 디지털 무선 표준화를 위한 요구조건을 도출하기 위해 EIRENE(European Integrated Radio Enhanced Network) 프로젝트를 구성하였다. 그 후 1996년 열차제어는 물론 철도의 일반적인 요구조건 설정을 위해 유럽연합에 의해 GSM(Global System Mobile for Railway) 기술을 기반으로 국제철도연맹에 의해 정의된 사양에 따라 주어진 새로운 무선시스템 프로토콜의 상세기술, 개발, 시험 및 유효화를 목적으로 MORANE (Mobile Radio for Railway Networks in Europe) 프로그램을 시작하였다. 1997년 6월 상호 호환 가능한 열차제어시스템에서 GSM-R의 설치를 주내용으로 하는 MOU 공약에 32개 철도관련기관이 서명하였다. 이후 GSM-R의 실행에 대한 협의는 MOU 공약 후 3년이 지난 2000년 6월에 채택되어 실행 중에 있다.

일반적으로 GSM-R은 876[MHz]~960[MHz]로 주어지는 GSM 주파수 대역 가운데 876[MHz]~925[MHz]의 주파수 대역을 사용하며 GSM이 전 세계적인 이동무선통신시스템용 광역 표준시스템으로 부각됨에 따라 열차통신 전문가들은 GSM-R이 열차통신시스템을 위한 세계표준이 될 수 있음은 물론 승차권 발매, dispatching, 신호시스템, 승객정보표시, 차상무선시스템 등에서도 응용될 수 있을 것으로 기대한다.

현재는 GSM-R의 안전성 및 신뢰성의 향상을 위해 악천후 환경조건(기후, 온도, 진동, 충격, 방수처리…)에 대한 시험이 열차속도 350[km/h]에서의 통신 가능성을 열차속도 500[km/h]까지 향상하기 위한 연구와 병행하여 실행 중에 있다. 또한 방향성 모드통신과 그룹 통화의 가능성 등에 대해서도 지속적으로 연구, 개발이 진행 중에 있다.

10.6.3 ETML

ETML(European Traffic Management Layer)은 주로 고 레벨의 철도교통운영시스템에 의해 유럽 통과 열차의 운영효율 증가를 목적으로 각각의 국가에서 사용하는 열차운영 데이터(철도시설물 정보, 운영자 정보, 운송시스템 사용자 정보…)의 일부를 종합 운영권을 갖는 ETML로 통신망을 통해 전송함으로서 열차운행의 효율성 향상에 중점을 두고 개발을 추진 중에 있다.

ETML을 실현하기 위한 도구로서 현재 유럽연합과 국제철도연맹의 지원 아래 추진 중인 주요 프로젝트는 OPTIRAILS(Optimization of traffic through the European rail traffic management system Layer)로 주어지며 OPTIRAILS 프로젝트가 유럽 각국의 교통운영을 위한 새로운 개념으로 등장함에 따라 국제열차의 출발역에서 도착역까지에 연관된 모든 사건을 더욱 확실하게 인지할 수 있는 인지시스템, 더욱 개량된 통신시스템, 더욱 진보된 열차운영시스템, 더욱 양호한 최적의 운영툴(tool) 및 최상의 운영절차 등에 의해 열차의 교차 시 유발되는 시간지연의 감소는 물론 국경을 통과하는 국제열차에 의해 발생 가능한 열차지연까지도 최소한으로 감소시킬 수 있을 것으로 기대된다. 또한 평균 상업 운행속도 개량, 주요 노선의 선로용량 증대, 열차승무원 및 차량 운영요원의 감소, 승객 및 화물관련 사용자정보 개량, 국가간의 상호 호환성 증가 등이 부수적으로 수반된다.

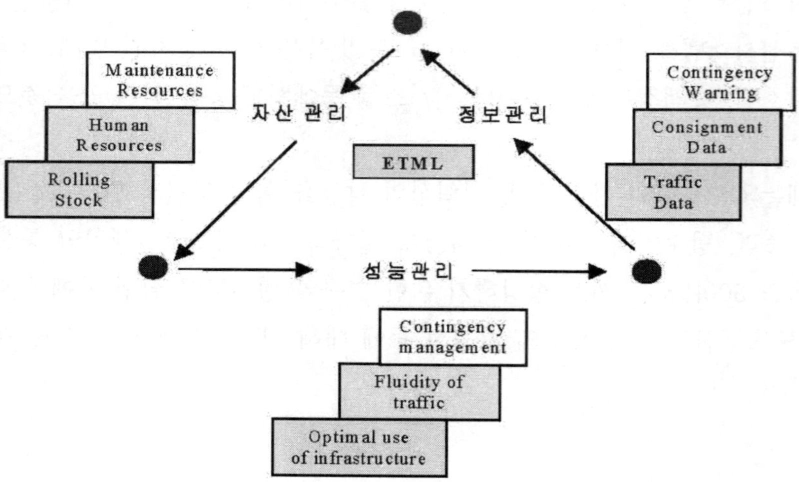

그림 10-22. ETML의 특징

10.7 무선통신을 이용한 열차제어시스템(CBTC)

최근 들어 도로 교통의 포화상태에 따른 혼잡문제로 인해 정시성과 대량수송 능력을 갖춘 철도시스템의 효용성이 새롭게 주목되고 있으며, 이에 따라 점점 철도시스템이 차지하는 비중이 증가하면서 새로운 철도시스템이 요구되어 왔으며, 철도 선진국을 중심으로 새로운 열차제어시스템에 대한 연구가 진행되고 있다. 즉 통신기술을 이용한 새로운 열차제어방식에 대한 개발 및 적용이 철도 선진국을 중심으로 활발하게 이루어지고 있으며, 이 결과 궤도회로에 의존하지 않고 무선통신을 이용한 CBTC (Communication-Based Train Control) 시스템을 개발하거나 개발 중에 있고, 이를 이용해 이동폐색시스템(Moving Block System) 또한 구현하고 있다.

이동폐색시스템은 열차자신의 속도에 따른 제동거리를 열차 스스로가 판단하고 제동하는 방식으로 열차간의 거리는 더 이상 폐색구간의 길이에 의해 제한을 받지 않기 때문에 정차거리가 감소되고, 승객의 열차 대기시간 및 열차간의 운전시격이 단축되어 열차 편성수를 확보할 수 있다. 또한 유지보수의 측면에서도 열차 점유상태를 검지하기 위해 매 폐색구간마다 궤도회로를 설치할 필요가 없고, 정보를 전송할 필요가 없기 때문에 지상설비의 수가 감소되어 유지보수 비용의 감소로 이어진다.

이동폐색시스템은 CBTC 시스템에 의해 구현되며, CBTC 시스템은 다음과 같은 특성을 갖는다.

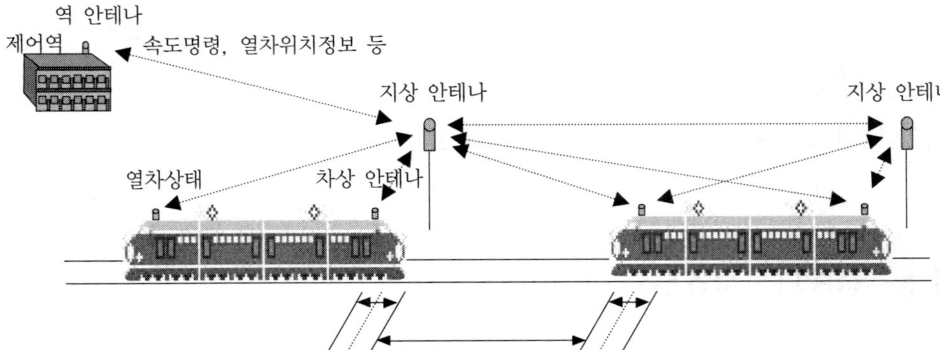

그림 10-23. CBTC 시스템의 기본 구성도

- 이동폐색시스템의 구축
- 지상장치와 열차간의 무선을 이용한 인터페이스
- 궤도회로를 사용하지 않음
- 타고메터, 발리스, 유도루프, RF 기술 등 다양한 열차위치 확인방식 사용
- 기존 열차제어시스템과 쉽게 병행운전 가능
- 지상 신호설비들의 감소에 따른 유지보수비 절감

10.7.1 기본원리

이동폐색방식에 있어 열차간의 간격은 궤도회로로 구성된 고정폐색구간에 좌우되지 않으며, 각각의 열차는 정지 또는 주행 중인 선행열차 및 분기점에서의 신호로 구성된 정차지점을 비교하여 안전한 충돌방지를 위한 제동곡선을 계산해 낸다. 이러한 제동곡선은 어떠한 상황 하에서도 계산된 정차지점에 도달하기 전에 열차가 정지될 수 있도록 열차에 목표주행속도 또는 이동권한을 인가하게 된다.

고정폐색방식에 의한 열차제어는 선로가 많은 폐색구간으로 분할되며, 선행열차가 폐색구간을 완전히 통과하였을 때에만 후속열차가 그 폐색구간에 진입할 수 있다. 폐색구간의 길이는 최대 허용속도를 주행할 때 안전제동거리를 확보할 수 있도록 결정이 된다.

반면 이동폐색방식의 지상설비는 선행열차의 위치 및 전방신호의 상태를 각 열차에 전송하고, 각 열차는 자신의 현재 위치와 속도정보를 파악하여 이를 지상설비로부터 열차로 전송된 정보와 비교를 한 후 자신이 주행해야 할 최대속도를 계산하게 된다. 열차는 이 최대 주행속도에 따른 안전제동거리도 산출해 낸다. 이 안전제동거리는 열차 전방의 고정 또는 이동 장애물과 열차 사이의 거리보다 항상 짧게 된다.

10.7.2 CBTC 시스템의 기능

CBTC 시스템은 기본적으로 열차제어를 위한 ATP(Automatic Train Protection) 기능과 역 정차 등을 위한 ATO(Automatic Train Operation) 기능을 가져야 한다. 그 외에 노선 전체의 운행상황을 감시 및 제어하기 위한 ATS(Automatic Train

Supervision) 기능도 가져야 한다. CBTC 시스템은 이 중 ATP 기능은 반드시 가지고 있어야 하며, 나머지 기능은 시스템의 구성에 따라 달라질 수 있다.

차상장치와 지상장치간의 CBTC 통신 인터페이스는 모든 ATP, ATO 및 ATS 기능을 지원할 수 있어야 한다. 데이터 링크는 CBTC 제어영역 내에서 연속해서 링크 구성이 되어야 하며, 터널 등 지하구간에서도 열차운전을 지원해야 하며, 또한 데이터 링크는 양방향 데이터 전송을 지원해야 한다. 데이터 링크는 열차제어 메시지를 안전하고 적절하게 보안을 유지하면서 전송할 수 있는 프로토콜 구조를 갖는다.

10.7.3 열차위치 검지기술방법

일반적으로 CBTC 시스템에서 열차위치를 결정하는 방법으로는 Balise, Inductive Loop, GPS(Global Positioning System), 그리고 Radio Ranging가 있다. 이 중 Balise와 Inductive Loop는 Onboard Sensor를 같이 사용하여 열차위치를 검지하게 된다.

1 Balise

고유위치 정보를 갖고 있는 Balise를 열차가 지나갈 때 열차의 위치를 알 수 있다. 이것은 타고메터(tachometer) 등에서 얻은 위치데이터를 보정하는 역할을 한다.

짧은 거리에서 열차와 지상장치간에 여러 데이터를 전송할 수 있는 장점이 있지만, 궤도에 설치되기 때문에 파손의 위험이 있는 단점이 있다.

2 Inductive Loop

이 시스템에서는 케이블(wire)을 루프(loop)로 설치한 후 열차에 설치된 안테나와 통신을 하며 위치정보를 얻을 수 있다. Balise보다 쉽게 열차위치를 검지할 수 있는 장점이 있지만, 이 또한 궤도에 설치되어 있다는 단점이 있다.

3 GPS

열차와 위성간의 주고받는 시간을 비교해서 열차의 위치를 계산하며 적어도 3개 이상의 위성으로부터 신호를 받아야만 한다.

보통의 시스템은 정확도가 약 100[m] 이지만, DGPS(Differential GPS)는 정확도가 약 10[m] 이다. 이 시스템은 장비를 궤도가 아닌 차상에 설치하기 때문에 위험요소가 줄어들며, 유지보수 및 하드웨어 교체가 용이한 장점이 있는 반면 지하구간이나 터널에서 열차위치 검지의 한계가 존재한다.

4 Radio Ranging

San Francisco의 Bay Area Rapid Transit(BART)에서 AATC(Advanced Automatic Train Control) 시스템으로 이 기술을 사용하고 있으며, 이 기술은 미국의 군사용으로 개발된 EPLRS(Enhanced Position Location Reporting System)을 철도산업에 적용시킨 것이다.

열차와 다중의 지상 무선장치 사이에 데이터 전송시간으로서 열차의 위치를 결정하게 되며 0.5초마다 각각의 열차의 위치, 속도 및 방향을 측정한다.

10.7.4 열차와 지상간 통신방법

기존의 열차 신호시스템과 CBTC의 중요한 다른 점 중 하나는 열차와 지상간에 쌍방향 통신을 하는 것이다. 열차위치 검지방법에 준하여 통신방법도 분류할 수 있다.

1 Balise

차상안테나를 통해 위치와 속도 등의 정보를 받아서 차상에서 신호를 표시하거나 필요시 제동명령을 내린다. 일반적으로 데이터율은 565[Kbits/second]이고, 만일 열차가 고속(500[km/h])일 경우 메시지 전송률은 1,023[bit/second]이다. 유럽의 경우 지금 Balise를 사용하고 있는 대부분의 주요 노선은 ETCS Level 1을 사용하고 있으며 점차 Level 2, 3로 발전되고 있다. 그러나 간헐적으로 열차와 통신하는 단점이 있다.

2 Inductive Loop

이 시스템으로 이동폐색을 구현하고 실제 응용되고 있다. 그러나 상대적으로 낮은 데이터율(1,200[bits/second])을 갖고 있으나 현재의 열차제어에는 충분한 것으로 생각된다.

3 GPS

ETSI(European Telecommunications Standards Institute)에서는 GSM(Global System for Mommunications)이라는 디지털 위성통신규격을 만들었다. 이중 GSM-R은 철도에 적용되는 규격이며 주파수폭이 900[MHz]를 사용한다. 현재 데이터율은 9,600[bits/second]이다.

4 Radio Ranging

Spread Spectrum 방식을 사용하여 간섭신호 및 잡음에 강하다. 보통의 무선전송방식보다 더 넓은 Bandwidth를 갖고 있으며, 일반적인 데이터율은 약 2[Mbits/second]이다. 주파수 대역은 900[MHz] 혹은 2.4[GHz] 대역을 쓴다.

10.7.5 지능형 열차제어시스템

이동폐색 기술은 1970년대 초 독일의 DB(German Federal Railways)에서 처음으로 상용운전을 시작하였다. 오늘날 상용운전 중인 대부분의 CBTC 시스템이 독일에서 개발된 이 시스템 기술에서 발전된 유도루프 통신을 사용하는 시스템 즉, IL-CBTC(Inductive Loop CBTC) 시스템이다. 이것을 1세대 CBTC하고 한다면, 2세대 CBTC는 무선통신을 이용한 시스템으로서 RF-CBTC(Radio Frequency CBTC)라 부르고 있으며 이 시스템을 지능형 열차제어시스템이라 한다.

무선통신 기술을 이용한 RF-CBTC 시스템이 향후 CBTC 기술의 기준이 될 것으로 예상되지만 대부분의 시스템이 아직 시험노선에서 시험 중에 있다. 이러한 RF-CBTC 시스템은 NYCT, SF-BART, RATP 등의 중전철 시스템, 필라델피아 SEPTA의 경전철 시스템, 그리고 San Francisco, Dallas 와 Las Vegas, Seattle 등의 무인자동 대중교통에 설치 및 시험 중에 있다. 뿐만 아니라 모노레일 시스템이 Las Vegas에 RF-CBTC 로 설치되고 있다. 이러한 여러 시스템들은 극히 일부를 제외하고는 모두가 미국 FCC의 2.4 GHz ISM(Industrial Scientific and Medical) 비허가 대역에서 동작하는 DSSS 방식(Direct Sequence Spread Spectrum) 무선통신 기술에 기반으로 한 독점적 무선통신을 사용하고 있다. 즉 무선통신 주파수 대역은 ISM 대역의 2.4[GHz] 대역을 사용하지만 그 상위의 통신 기술은 모두 제작사가 모든 저작

권을 가진 고유의 통신 기술을 사용하고 있다.

그러나 예외로는 Bombardier에 의한 최근의 Las Vegas 모노레일 시스템에 적용하고 있는 시스템으로 이는 Alcatel SelTrac CBTC를 사용하고 상용규격인 최근의 IEEE 802.11 (Wireless LAN Std.)을 사용하고 있는 시스템이다. 프랑스의 RATP에서도 기존의 Line 13에 대한 Alcatel의 또 다른 최근 프로젝트도 상용 RF기술을 사용할 것으로 예상되고 있다.

RF는 선로상의 유도루프의 필요성을 없애 주지만 기술적으로 훨씬 더 어려운 기술이며, 특히 지하의 터널구간에서는 더욱 구현하기가 어려운 기술이다.

RF-CBTC 시스템에는 열차위치를 검지하는 방법은 매우 다양하게 적용되고 있다. 그러나 RF-CBTC 시스템에 적용되고 있는 열차검지 방법은 하나를 제외하고는 거의 대부분 지상의 RF Tag 같은 보조설비를 이용한 방식을 사용하고 있다. 즉 기본적으로 차상에서 타코메터 등에 의한 열차위치를 계산하고 선로변의 RF-ID(Radio Frequency Identification tags)의 정보를 위치 보정용으로 활용하는 방식을 사용하고 있다. 최근 들어서 일부 회사에서 차상에서 열차의 위치계산의 정확도를 높이기 위해 타코메터를 대신한 다른 방법을 이용한 열차위치를 계산하는 시스템을 개발하여 시험하는 경우도 있다.

대부분의 RF-CBTC 시스템에서는 앞에서 언급한 열차위치 검지방법을 사용하지만, GE사의 AATC RF-CBTC 시스템은 다른 방식이 사용되고 있다. 이 시스템에서는 Radio Ranging의 특별한 방법이 적용되고 있다.

10.8 열차운전제어시스템(CARAT)

열차운전제어시스템(Computer And Radio Aided Train control system)은 마이크로 컴퓨터를 탑재한 열차를 지상에서 무인으로 제어하는 장치로서 열차운전의 고속고밀도 운전에 유연하고 경제적으로 대응할 목적으로 연구개발 및 실용화를 진행하고 있는 차세대 열차제어시스템이다.

지상에는 폐색제어, 포인트제어, 경보제어를 시행하고 다른 기능을 차상에서 시행한다. 지상과 차상간의 정보전송은 무선을 이용하고 차상에서 검출한 위치와 속도정보를 근거로 지상에서는 폐색과 포인트제어를 실행한다.

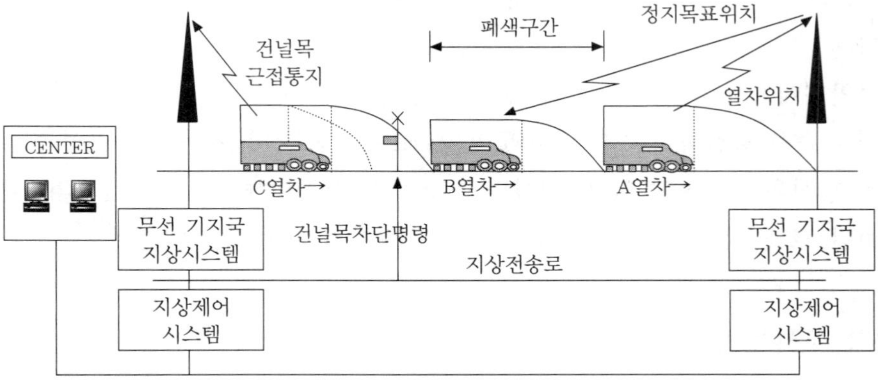

그림 10-24. CARAT 시스템의 개념

그림 10-24는 기기의 개념적 구성을 표시한 것이고 제어장치는 지상, 차상 둘 다 마이크로 컴퓨터이다.

10.8.1 주요기능의 구성

CARAT 시스템은 운전시스템 전체로의 발전을 의미하지만 당면 개발대상은 기반이 되는 보안제어이며 이들의 구성은 다음과 같다.

1 차상 위치검지

열차가 차상에서 주행위치를 연속적으로 검출하는 것으로 시스템의 중요한 기능이다. 검출위치는 주행제어기를 통해 무선으로 지상의 추적제어기에 1~3초 정도의 주기로 전송된다. 현재 개발 중인 방식은 레일에 설치한 지상자로 절대위치를 검출하고 지상자간의 위치를 차륜의 회전수에서 거리를 더해서 구하는 방법이다. 기구가 단순하고 경제적인 방식이지만 과제는 차륜이 미끄러질(공회전과 활주)때에 정밀도가 좋은 거리보정에 관한 정보이다. 지상자간의 주행거리 검출의 또 다른 방식으로 가속도 제어와 회전(gyroscope)에 의한 관성방식, 전파속도계(도플러 레이더), 광속도계 등이 있다. 그리고 GPS 위성을 사용하면 절대위치를 직접 검출할 수 있다. 현재는 가격과 정밀도면에서 차륜회전방식이 가장 우위를 차지하지만 미끄럼의 보정과 시스템 기동시의 초기 위치검출로서 다른 방식과의 하이브리드 구성도 검토하고 있다.

보안제어에서 검출위치의 오차는 안전성을 위협하는 문제이다. 이것에 관해서 미끄럼 검출을 확실하게 하고 열차의 가속 또는 감속조건을 사용해서 안전측으로 처리하는 방식을 채용하고 있다. 차륜의 미끄럼이 많이 발생해도 열차간격의 여유가 통상보다 크게 되는 일은 있어도 충돌 등의 위험에 이르지는 않는다.

2 열차 추적제어

차상에서 송신된 각 열차의 위치, 속도정보와 포인트제어의 상태에서 열차의 안전주행 구간을 결정하는 폐색제어(열차간격제어)를 한다. 폐색구간의 경계는 열차 후부 또는 포인트 위치이고 폐색방식은 이동폐색으로 분류할 수 있으며 선행열차의 속도정보를 이용한 상대 속도식 이동폐색이라 할 수 있다. 열차에 대해 제어명령은 통상 폐색구간의 경계이지만 임시적인 속도제한은 동일 형식으로 지시할 수 있게 위치와 속도로 부여하며 속도제한점이라 한다. 제어명령은 위치정보와 같은 주기로 열차에 송신된다.

3 포인트제어

차상으로부터 위치, 속도정보와 진로제어로부터 진로요구를 근거로 포인트를 전환제어한다. 종래의 연동논리와의 차이는 진로와 포인트의 해정조건에 열차의 속도와 제동거리를 사용하며 동일 진로 내의 복수열차의 진입을 허용하는 것으로 운전효율과 안전성이 높아진다. 또 포인트의 해정지점 등과 같이 엄밀히 열차제어가 필요한 장소에는 지상자를 설치하고 있다.

4 주행제어

지상의 추적제어로부터 수신한 속도제한점을 근거로 그림 10-25와 같이 안전을 확보하기 위해 속도곡선을 작성하고 속도 초과 시는 제동명령을 송신하여 보안 속도제어를 한다. 안전속도의 계산에는 차상에서 가지고 있는 선로의 구배와 속도제한 등의 선로 데이터와 제동성능에 관계되는 차량 데이터를 사용한다. 종래의 제어방식과 비교해서 차량성능에 맞는 연속적인 보안속도가 되므로 이동폐색의 도입과 함께 다양한 열차가 혼재하는 선구에서도 고밀도의 운전이 가능하다. 신호방식으로서는 차상신호방식의 수동운전을 기본으로 한다. 단, 장치에 주행속도 제어기능을 추가해서 자동운전으로 이동할 수 있는 구성을 의식해서 개발하고 있다.

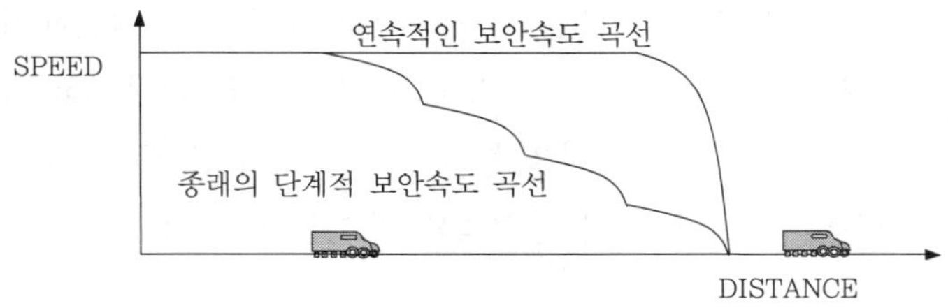

그림 10-25. CARAT의 보안속도 곡선과 종래의 보안속도

5 경보제어

현재는 건널목 제어를 중심으로 실험을 진행하고 있다. 그 특징은 경보개시 시기를 열차속도로부터 계산하는 것과 건널목의 장애를 검지한 경우에 열차가 건널목 바로 앞에서 긴급히 정지할 수 있도록 하는 것이다.

6 지상과 차상의 전송

지상과 차상간의 교신에는 무선을 사용한다. 종류로서 LCX(Leakage Coaxial Cable) 와 공중파의 두 종류의 시험을 하고 있지만 일정한 전송성능을 타당한 가격으로 얻을 수 있으면 된다. 해외에서 사용 실적이 있는 유도무선과 앞으로의 이용을 기대할 수 있는 밀리파 무선등도 검토되고 있다.

교신의 제어는 응답시간의 변동을 줄이기 위해 지상에서 폴링(polling)방식을 채용하고 있다. 폴링주기는 최소운전시격과 열차속도 등의 운전조건과 안전감시의 한계시간에서 정해지고 통상은 1~3초로 가정하고 있지만 한산한 선구에서는 보다 긴 시간을 허용할 수 있다.

무선의 전송품질은 비트 에러율이 10^{-4} 이하이면 된다고 보고 오류제어로서는 다이버시티(diversity)와 FEC(Forward Error Correcting)를 채용하면 소요 품질을 확보할 수 있다고 예상한다. 또 전송오류의 최종적인 배제는 제어장치의 부호 체크로 하고 확인하지 못한 오류를 안전상 충분히 낮추는 것이 가능하다.

7 시스템의 안전성

시스템의 안전성에 관해서는 위치검지의 오차, 무선 전송오류, 제어장치의 처리오류 및 제어 논리오류가 문제이다. 앞의 2개는 앞에서 설명한 방법으로 대처하고 제어장치에는 fail-safe한 구성을 채용한다. 제어논리의 오류는 시뮬레이션, 현차시험 등 이외에 소프트웨어의 안전성 확인의 각종 방법의 도입을 검토하고 있다. 또 제어의 기본으로 지상과 차상은 무선교신을 통해 페루프를 구성하고 무선 전송단 등의 루프 구성요소에 이상이 발생할 때에 안전측의 제어로 이행한다.

연/습/문/제

1. 열차의 자동제어 목적을 열거하고 설명하시오.
2. ATC 신호의 불연속전송식과 연속전송식을 비교하시오.
3. ATC 시스템의 속도설정과 감속, 프로그램 정차, 프로그램 주행, 자동운전에 대하여 설명하시오.
4. 열차자동제어장치(ATC)에서 디지털 ATC 방식과 무선에 의한 열차제어방식에 대하여 설명하시오.
5. 열차의 제동거리 개념과 계산식을 기술하시오.
6. ATC 장치에서 차상에 전송하는 속도코드방식과 텔레그램 전송방식에 대하여 기술하고 속도코드방식의 한계점을 논하시오.
7. ATC 구간에서 AF 궤도회로장치에 대한 블럭도를 그리고 열차검지와 차상속도 code의 전달기능에 대하여 설명하시오.
8. 열차자동운전장치(ATO)의 기능을 설명하고 구성설비를 쓰시오.
9. 열차자동운전장치의 정위치 정지에 대해서 설명하시오.
10. TWC(Train to Wayside Communication)에 대하여 설명하시오.
11. Screen Door 시스템과 신호설비와의 인터페이스 관계에 대하여 설명하시오.
12. 지하철에서 ATO 운전 시 열차가 플레트홈에 도착 후 자동 Door operation 수순(차상→지상→차상)을 기술하시오.
13. ATC 장치에서 점제어식 ATP시스템에 대하여 기술하고 이의 한계점에 대하여 설명하시오.
14. 열차방호장치(Automatic Train Protection)를 의미하는 ATP시스템에 대하여 설명하고 시스템 구성과 효과에 대하여 설명하시오.

15. 열차방호장치(ATP : Automatic Train Protection)의 시스템 구성과 종류에 대하여 설명하시오.

16. ERTMS/ETCS에 대하여 설명하시오.

17. ERTMS(European Rail Traffic Management System)/ETCS(European Train Control System)의 기능에 대한 단계(Level)를 구분하고 설명하시오.

18. Balise의 기능과 설비구성에 대하여 설명하시오.

19. 트랜스 폰터에 대하여 설명하시오.

20. 무선을 이용한 CBTC(Communication Based Train Control) 시스템의 특징과 열차위치를 검지(결정)하는 방법에 대하여 설명하시오.

21. RF-CBTC와 IL-CBTC를 비교 설명하시오.

22. RF-CBTC 방식의 통신수단으로 FHSS(Frequency Hopping Spread Spectrum) 방식과 DSSS(Direct Sequency Spread Spectrum) 방식을 비교 설명하시오.

23. 무선통신을 이용한 열차제어시스템의 개발과 그 동향에 대하여 논하시오.

24. 열차제어시스템의 제어방식을 CBTC(Communication Based Train Control)로 채택할 경우 적용 가능한 FBS(Fixed Block System), MBS(Moving Block System), VBS(Virtual Block System)에 대해 설명하시오.(05-25)

25. CBS(Communication Based Signaling system) 시스템에 대하여 기술하시오.

26. 위성을 이용한 열차간격제어시스템을 논하시오.

27. GPS(Global Positioning System)에 대해서 기술하시오.

28. 열차자동감시장치(ATS : Automatic Train Supervision)에 대하여 설명하시오.

Chapter 11

고속철도 열차제어설비

11.1 열차제어설비(TCS)

11.1.1 열차제어설비의 개요

산업화와 인구의 도시 집중현상이 진전됨에 따라 도시간의 여객증가와 대량수송 및 환경 공해의 문제를 해결하고자 쾌적성과 저공해성을 갖는 대중교통 수단으로 고속철도가 대두되었다.

고속철도의 신호설비는 신속한 인적·물적 수송시스템의 구축을 위하여 열차운전의 안전성과 운행효율을 증대시키기 위한 설비를 말하며 고속철도 열차제어설비(TCS: Train Control System)의 주된 기능으로는 진로구성에 관한 명령과 제어, 열차간격 조정기능, 안전운행의 확보, 각종 보호기능 등에 관한 기능을 수행한다.

신호시스템은 연동장치(IXL : interlocking system)와 열차자동제어장치(ATC)를 의미하며, 기본 목적은 열차의 충돌방지와 탈선방지를 위한 열차의 안전운행에 대한 책임을 수행한다.

열차자동제어장치(ATC)는 열차검지, 열차간격, 속도명령, 차상 속도제어 및 안전설비(주변환경 감시, 차축발열검지 등)에 대한 기능을 수행하며, 연동장치(IXL)는 열차집중제어장치나 현장 제어판넬(LCP : Local Control Panel)에서 요구된 제어기능을 수행한다.

열차집중제어장치(CTC)는 관제실에서 열차를 감시하며 출발, 도착 일정을 확보하여 정해진 목적지나 중간역 정차 시 지연을 최소화하는 역할을 담당하며, 운행 일정에 정해진 프로그램에 따라 열차의 진로를 자동설정한다.

11.1.2 열차제어설비의 구조

열차제어설비(TCS : Train Control System)는 세 부분으로 구성된다.

- 열차자동제어장치(ATC : Automatic Train Control)
- 전자연동장치(IXL : interlocking)
- 열차집중제어장치(CTC : Centralized Traffic Control)

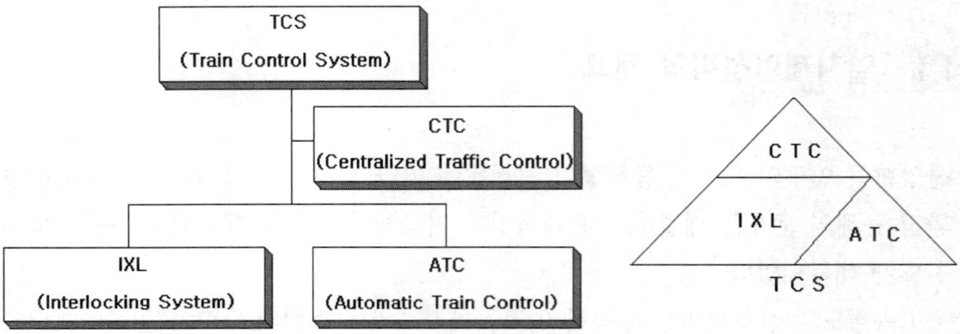

그림 11-1. 열차제어설비의 구조

11.1.3 열차제어설비의 배치

1 중앙관제실

① 열차운영통제 : 열차집중제어장치(CTC)
- 열차운영스케줄 처리
- 열차추적감시
- 열차운전정리
- 열차운영정보 관리
- 열차제어설비 유지보수

② 열차행선안내장치(TIDS : Train Information Display System)
③ 기타 장치와 정보교환(SCADA 등)

2 현장설비

① 역(station), 연동기계실(IEC : Interlocking Equipmetn Center)
  - 열차자동제어장치(ATC), 연동장치(IXL)로 구성
  - 중앙관제실(Operations Center) 장애 시 열차운행을 제어
② 중간기계실(InEC : Intermediate Equipment Center)
  - 열차자동제어장치(ATC)로 구성

3 유지보수설비

① 중앙관제실, 열차자동제어장치, 연동장치로부터 정보입수
② 수집한 정보를 분석 처리

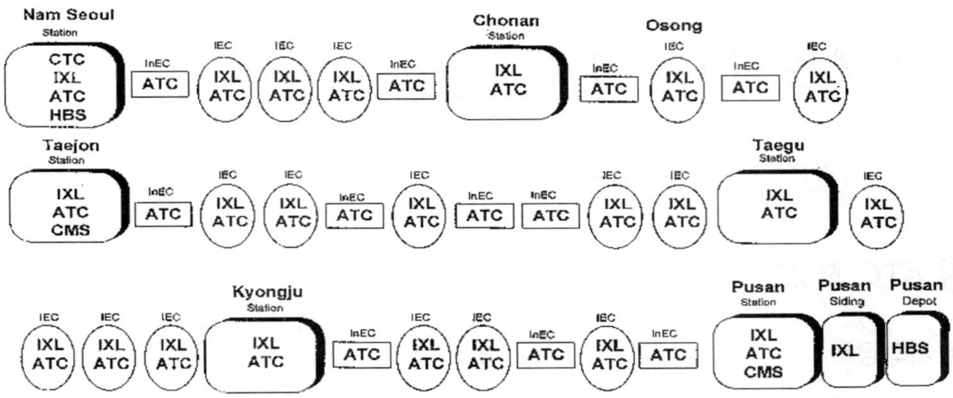

그림 11-2. 열차제어설비의 배치

11.2 열차자동제어장치(ATC)

ATC 장치는 레일 또는 루프코일을 정보전송의 매체로 이용하여 속도정보와 열차운행과 관련된 정보를 연속, 불연속으로 전송하기 위한 장치이다.

재래의 열차운전방식은 각 구간마다 지상신호기를 설치하여 기관사가 이 신호기를 보고 미리 정해진 제한속도로 그 구간을 진입하여 운전하는 자동폐색방식(ABS)이었으며 이러한 방식의 열차운전방식은 열차의 속도가 200[km/h]를 초과할 경우 열차의 정지거리가 속도의 자승에 비례하여 증가하므로 제동거리가 매우 길어지고 정확한 지상신호기 관측운전이 어려우므로 인위적인 조작에 의한 열차제어가 불가능해진다.

이와 같은 문제점을 해결하고 안전도를 향상시키기 위하여 지상에서 열차운전에 필요한 각종 신호정보를 차상으로 송신하여 열차를 제어하는 ATC 장치를 사용하는데 고속철도에서 사용하는 ATC 장치는 TVM430 시스템이며 궤도회로는 UM71C를 사용하고 있다.

11.2.1 ATC 장치의 구성

ATC 장치는 크게 지상장치와 차상장치로 분류하며 기본적인 구성은 다음과 같다.

1 ATC 지상장치

1) 처리장치

신호기계실에 집중 설치되어 있는 ATC 처리장치는 각 궤도회로 송수신용 및 신호전송용 케이블로 연결되어 있으며 인접의 ATC 장치, 연동장치와 서로 연결되어 있으며 열차운전에 필요한 각종 정보를 수집하여 비교, 검증 후 조건에 맞는 열차제어 속도정보를 생성한다.

처리장치의 기본적인 기능은 다음과 같으며 ATC 신호전류는 속도에 대응하여 각 신호에 대하여 10~50[Hz]의 변조주파수를 할당하고 이 주파수를 다시 반송파로 변조하여 고주파의 신호전류 형태로 전송되며 기능은 다음과 같다.

① 각 궤도회로로부터 열차유무 검지
② 연동장치로부터 전방진로의 선로조건, 분기기 개통방향 등 신호조건을 파악
③ 위의 사항을 고려해서 각 폐색구간별로 조건에 맞는 속도정보를 생성하여 전송

2) 입출력 장치

처리장치에서 처리된 열차제어정보(연속, 불연속정보)를 조합하여 각 궤도회로와 루프케이블로 해당 정보를 전송하는 장치로 약 7.5[km]의 제어범위를 가지며 사용전원은 DC 24[V]이다.

3) 계전기 인터페이스

궤도회로로부터 검지된 각종 정보를 ATC 처리장치와 인터페이스 시키는 장치로서 각 기계실에 설치되며 사용전원은 DC 24[V]이다.

4) 궤도회로장치

궤도회로를 적당한 간격으로 구분하여 전기적인 회로로 구성한 설비로서 송신기, 수신기, 궤도계전기, 매칭 유니트, 동조 유니트, 공심 유도자, 보상용 콘덴서, 접속함, 전원공급장치 등으로 구성되어 있으며 열차운행에 필요한 속도정보 등 각종 정보를 실어서 차상으로 정보를 전송하고 또한 열차검지 및 레일절손 검지정보를 연속정보 전송원리에 의해 ATC 지상장치에 제공한다.

궤도회로에 흐르는 연속정보전송은 아날로그 형태이며 이는 차상장치에 의해 디지털 형식으로 변환되고 이 정보는 27bit 디지털 메시지로 구분된다. 이중 실제 사용 bit는 21bit이며 논리적으로 2^{21}의 무수히 많은 종류의 정보전송을 할 수 있다.

(1) 정보 전송내용

① 실행속도(폐색구간 진입속도) : Ve
② 명령속도(진입한 폐색의 끝에서 지켜야 할 속도) : Vc
③ 예고속도(다음 폐색의 끝에서 지켜야 할 속도) : Va
④ 폐색의 길이
⑤ 폐색의 구배
⑥ 열차가 운행 중인 선구 등에 관한 정보이다.

(2) 궤도회로 주파수 배열

궤도회로는 약 1,500[m] 간격으로 설치하며 사용주파수는 4가지로써 인근 및 반

대선 궤도에는 서로 다른 주파수를 사용해 궤도회로간 간섭을 배제한다. AF 궤도회로의 반송주파수 및 배열은 다음과 같다.

① F1 : 2,040[Hz](궤도 1) : 하선용
② F2 : 2,400[Hz](궤도 2) : 상선용
③ F3 : 2,760[Hz](궤도 1) : 하선용
④ F4 : 3,120[Hz](궤도 2) : 상선용

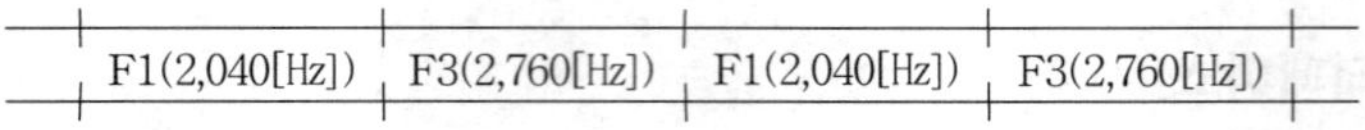

(a) 하선(궤도 1)

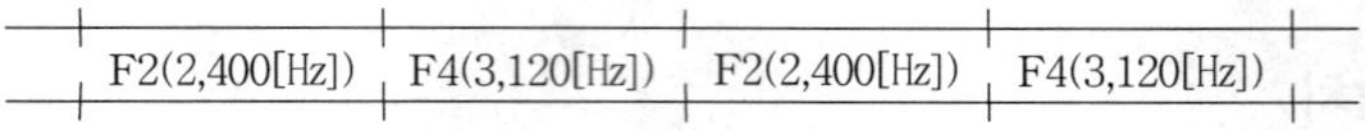

(b) 상선(궤도 2)

그림 11-3. 궤도회로 주파수 배열 예

5) 불연속 정보전송장치

정보전송장치로부터 수신된 불연속정보를 선로에 따라 포설한 루프코일을 통하여 차상장치로 전송하는 장치로 전송내용은 다음과 같다.

① ATC 지역 진·출입 여부
② 양방향 운전을 허용하기 위한 운행방향 변경
③ 터널 진·출입 시 차량 내 기밀장치 동작
④ 절대정지구간 제어 및 전차선 절연구간 정보 제공

2 ATC 차상장치

1) 수신안테나

궤도회로 및 루프케이블로부터 열차제어정보(연속, 불연속정보)를 검출(pick-up)하여 차상논리장치로 전달하는 장치로써 전, 후 동력차 하부(좌, 우측)에 각각 설치한다.

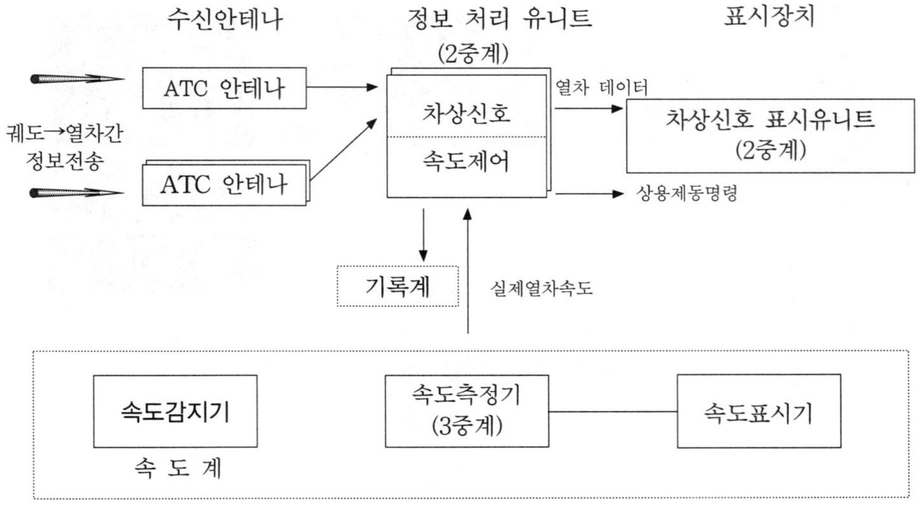

그림 11-4. 차상장치 구성도

2) 정보처리유니트

차상의 수신안테나로부터 지상의 열차제어정보(연속, 불연속정보)를 전송받아 실제 운행속도와 허용속도를 비교 검토 후 제동제어 및 내부고장을 진단 기록하며 열차의 속도는 차축단에 설치되어 있는 속도검지기에서 출력되는 펄스(pulse)를 직류전압으로 변환하고, 패턴(patten) 전압 발생기에서 생성된 직류전압과 비교하여 각 속도단계에 대응하는 출력을 한다.

이 출력의 동작조건이 논리부에 보내져 신호계전기와 결합하여 제동체결 및 제동해방을 지시한다.

3) 표시장치

현재의 열차속도 및 허용속도 등을 차상 운전실에 표시하여 기장이 인지하도록 하는 장치로써 현시는 백 프로젝션(back-projection)의 표시계로 각 속도는 3자리로 세 개의 표시계를 통하여 현시된다.

그림 11-5. 운전실 속도율 표시형태

11.2.2 정보전송원리

1 연속정보전송원리

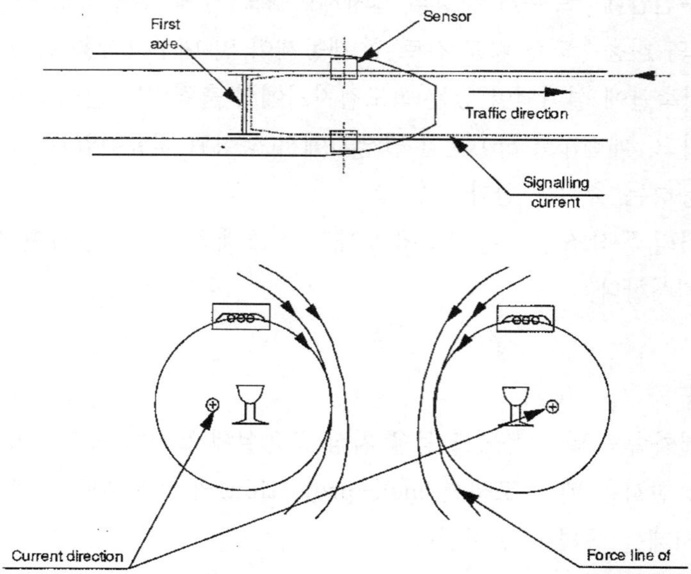

그림 11-6. 연속정보전송원리

다음과 같은 정보를 궤도회로를 통하여 차상으로 전달한다.

① 열차제동곡선 생성에 필요한 속도정보(Ve, Vc, Va)
② 폐색구간의 길이
③ 폐색의 구배정보
④ 열차가 운행 중인 네트워크

TVM 430 연속정보전송은 신호변조방식을 사용하며 이 변조는 27비트로 구성된 저주파 형태이다.

전송 주기 동안에 주파수 i가 존재한다면 bit no. i = 1, 반면에 주파수가 존재하지 않는다면 bit no. i = 0를 설정한다(i = 1～27)

27 bit 메시지는 N/P 모드의 5개 워드(words)로 나누어진다.

표 11-1. 27bit N/P 메시지

26	25	24	23	22	21	20	19	18	17	16	15	14	13	12	11	10	9	8	7	6	5	4	3	2	1

3 bits	8 bits	6 bits	4 bits	6 bits
시스템 주소	속도율	목표 거리	경사도	에러 감시용

2 불연속정보전송원리

열차운행에 필요한 지역적인 특성 또는 운행상황의 변경 등의 정보는 루프케이블을 통하여 차상으로 전송한다.

① ATC 지역 진출/입 여부
② 양방향 운전을 허용하기 위한 운행방향 변경
③ 터널 진출/입 시 차량내 기밀장치 동작
④ 절대정지구간 제어
⑤ 전차선 사구간 정보 제공

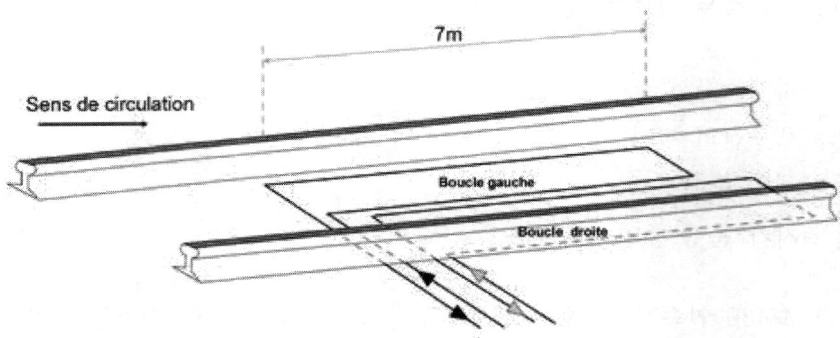

그림 11-7. 불연속정보전송원리

11.2.3 운전곡선 및 선로용량

1 폐색분할

차상신호 현시에 따라 운행하고 있는 열차는 지상에서 전송되는 ATC 신호에 따라 즉시 운행속도를 변경해야 한다. 속도의 감속을 요하는 폐색구간 내에서 정해진 속도로 감속하지 못하면 과주검지에 의한 강제제동이 발생하거나 중대한 사고의 요인이 될 수 있으므로 폐색구간의 길이는 열차의 제동력과 제동거리를 고려하여 결정한다.

1) 폐색분할시 고려사항

- 공주거리
- 속도별 감속력 및 가속력
- 열차저항 및 열차장
- 각 역의 정차시간
- 선형 및 종단면의 조건
- 종착역의 차량 회송방식 및 역의 운전경로

2) 속도코드의 결정 및 폐색분할

어느 속도단계 V_1에서 다음 속도단계 V_2까지 감속시키는 제동거리와 V_2에서 정지까지의 제동거리가 비슷하도록 구간을 분할하는 것이 가장 효율이 높은 폐색분할이 되므로 속도코드 결정시에는 최고속도로부터 제동거리를 감안하여 산출할 수 있다. 이때의 관계식은 다음과 같다.

$$V_2 = \sqrt{\frac{V_1^2}{2} + (V_1 - \sqrt{\frac{V_1^2}{2}}) \times t \times \beta} \qquad (11-1)$$

여기서, V_2 : 단계별 하위속도[km/h]

V_1 : 단계별 상위속도[km/h]

t : 공주시간(ATC에서 일반적으로 3초 이하)

β : 열차의 감속도[km/h/s]

식 11-1에서 역간 최고속도 : 300[km/h], 감속도 : 3.564~5.22[km/h/s](상용), 공주시분 : 3[sec](상용)로 계산하면 300[km/h]에서 0[km/h]로 정지하는데 소요되는 실제동거리는 상용제동을 사용하여 3,290[m]가 되며 이 제동거리를 4등분하면 평균 824[m]가 되므로 이 거리에 가장 근접하는 속도를 신호속도코드로 하고 열차 운행속도는

- $V_0 = 300$ 신호는 300[km/h]
- $V_1 = 270$ 신호는 270[km/h]
- $V_2 = 230$ 신호는 230[km/h]
- $V_3 = 170$ 신호는 170[km/h]
- $V_0 = \ \ 0$ 신호는 0[km/h]로 되며,

각 속도단계별 실제동거리는

- 300[km/h]~270[km/h] = 739[m]
- 270[km/h]~230[km/h] = 858[m]
- 230[km/h]~170[km/h] = 817[m]
- 170[km/h]~ 0[km/h] = 885[m]가 된다.

폐색구간 길이 결정에는 속도단계별 감속하는 거리 이외에 ATC 정보를 수신하여 제동장치가 동작하기까지 소요되는 공주시간 3초 동안에 주행하는 공주거리와 충분한 제동 또는 과주거리를 확보할 수 있는 제동여유거리 약 100~200[m]를 감안하면 "0" 구배에서 약 1,200[m]가 소요되며 상하구배 종별에 따른 제동거리를 계산하여 1,000~1,500[m]까지를 1개 폐색구간으로 분할한다.

3) 과주여유거리

만일 열차가 180[km/h] 보다 낮은 속도로 마지막 검지지점을 통과한 후 제동이 체결된다면 180[km/h]에 근접한 속도에서 설정속도(set speed)가 "0"인 지점은 최소한 180[km/h] 시 비상제동거리와 동일한 거리로 보호되는 지점 앞에 위치하여야 한다. 이 지점을 버퍼 섹션(buffer section)이라 하며 이 버퍼 섹션의 길이와 같게 된다.

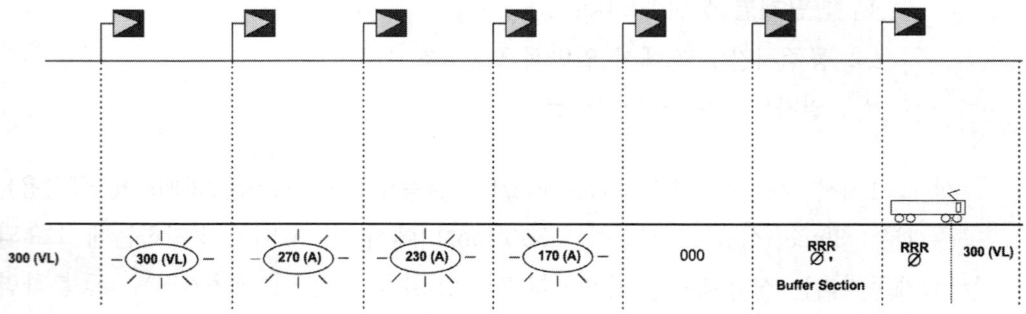

그림 11-8. 속도계열 및 과주거리

2 운전곡선

선로를 운행하는 열차는 선행열차가 없을 경우 차내 300 신호가 현시속도로 운행하지만 선행열차에 접근함에 따라 270, 230, 170, 30과 같은 신호를 현시하게 되며, 열차가 과속 금지대역에 진입하면 자동으로 강제제동이 시작된다.

3 선로용량(line turnover)

선로의 최대용량을 결정할 때 고려되는 거리는 열차 A와 선행열차 B가 동일 선상에서 운전 중일 때 속도계에 의해 현시된 최대속도로 달릴 수 있는 열차간격이다. 연속적인 열차운행을 생각할 때 이 거리는

$$D = N + L \tag{11-2}$$

여기서, N = 정지 시퀸스에서의 폐색의 수 × 폐색 길이

L = 열차편성 최대길이

아래의 표 11-2는 TVM 430 시스템에서 시간당 선로용량을 보여준다.

표 11-2. 선로용량

신호방식	최대속도	블록길이	중련열차 편성길이	선행열차와의 거리(중련)	열차간 운전시격	선택 운전시격	시간당 선로용량
TVM430	300kph	1,500m	400m	D=(7×1500)+400=10,900m	2분 11초	3분	20회

11.3 UM71 궤도회로장치

11.3.1 UM71 궤도회로의 동작원리

무절연 AF 궤도회로방식인 UM71 궤도회로장치는 열차위치검지, 레일절손검지, 전차선전류 고주파 성분제거, 전차선 귀선전류의 배제, 운행정보전달과 같은 기능을 수행하며 다음과 같은 4가지 주파수를 사용한다.

- 궤도1(하선) : F1 = 2,040[Hz]
  F2 = 2,760[Hz]
- 궤도2(상선) : F1 = 2,400[Hz]
  F2 = 3,120[Hz]

전기적 이음매는 동일한 궤도상에서 주파수 F1과 F2를 분리시키기 위하여 2개의 TU를 설치하고 2개의 TU 사이의 중앙에 ACI를 설치하여 그림 11-9와 같이 구성한다.

TU의 용량성 임피던스는 주파수와 관계가 있으며, 주파수를 조정하면 수십[mΩ]의 작은 임피던스를 갖게 된다. 그림 11-10은 전기적 이음매 구성원리를 나타내는 그림으로 각 주파수에 대응하는 등가회로를 보여주고 있다.

주파수 F1의 등가회로는 F1에서 TU의 용량성 임피던스와 궤도에서 생성된 유도성 임피던스가 동조되어 주파수 F2 TU가 매우 적은 임피던스를 갖고 있으므로 이 지점으로부터 주파수 F1의 전달은 방지될 수 있다.

주파수 F2의 동작은 동일한 원리에 의하여 TU의 기능을 반대로 하면 된다.

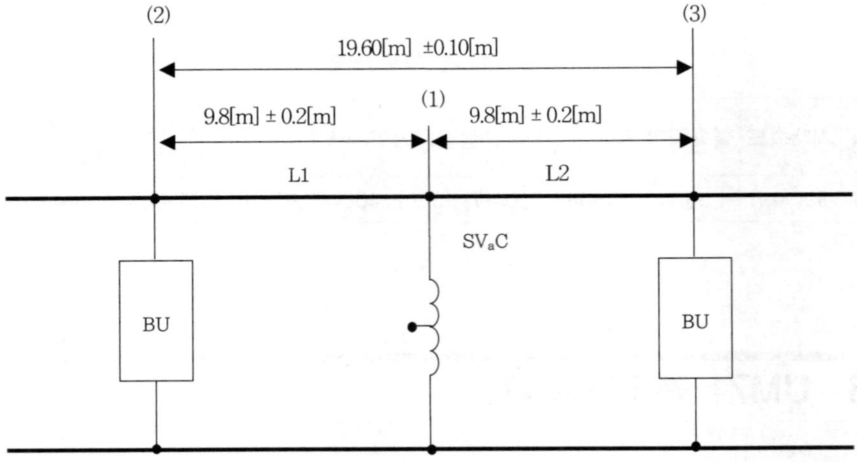

그림 11-9. ACI의 설치

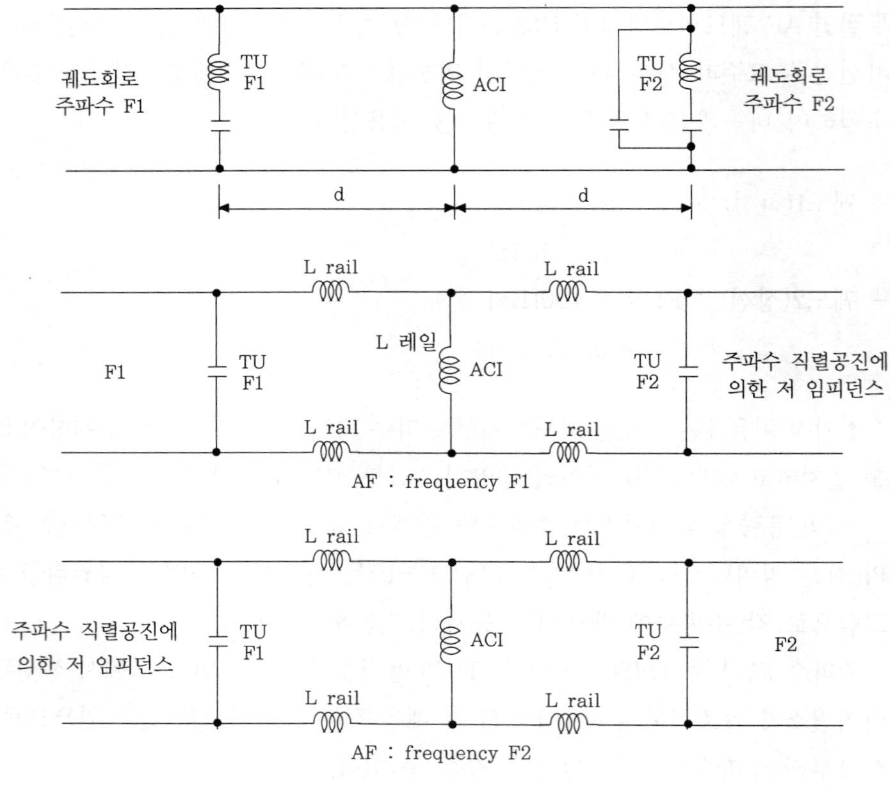

그림 11-10. 전기적인 절연의 구성원리

11.3.2 UM71 궤도회로의 구성

1 실내설비

1) 궤도회로 송신기

궤도회로 송신기는 반송주파수(2,040[Hz], 2,400[Hz], 2,760[Hz], 3,120[Hz]) 별로 4종류가 사용되며, 종류별로 오접속 방지용 핀(Pin)이 설치되어 있고 보드 전면에는 반송주파수를 육안으로 확인할 수 있는 LED가 부착되어 있으며, 신호주파수 변조기능, 반송주파수 변조기능, 변조신호 증폭기능을 수행하고 TVM430의 선로변 컴퓨터 장치(WCE : Wayside Computerized Equipmetn) 설비에 내장되어 있다.

2) 궤도회로 수신기

UM71 수신기는 DC 24[V]를 사용하며, 4가지 반송주파수에 따른 4종류의 수신기를 사용하여 수신되는 코드신호의 품질과 진폭을 최종 분석하고 신호가 정확할 경우 궤도계전기를 여자 시키고 신호가 부정확할 경우 궤도계전기를 낙하시킨다. 수신기는 2개의 모듈 박스(module box)에 조합되어 NS1 계전기랙에 설치된다.

3) 궤도계전기

UM71 궤도회로장치에 사용되는 궤도계전기는 NS124, 4.0.4 타입이며 다음과 같은 특성이 있다.

- 15[℃]에서 선륜저항
- 전원 : DC 24[V]
- 최대여자전류 : 64[mA]
- 최소리셋전류 : 20[mA]

4) 방향계전기

열차가 진행하는 방향에 따라 궤도회로의 송신기와 수신기의 위치가 변경되어야 한다. 즉 열차가 임의의 궤도회로 구간에 진입할 경우 반드시 수신기가 설치된 곳으로 진입하여 송신기가 설치된 방향으로 진행하여 운행정보를 수신할 수 있게 된다.

UM71 궤도회로는 이런 특성을 고려하여 그림 11-11과 같이 방향계전기를 설치하여 궤도회로의 송신부와 수신부를 절체할 수 있도록 하였으며, 거리조정기에 의해

송, 수신케이블의 길이가 동일하도록 조정되어 있다.

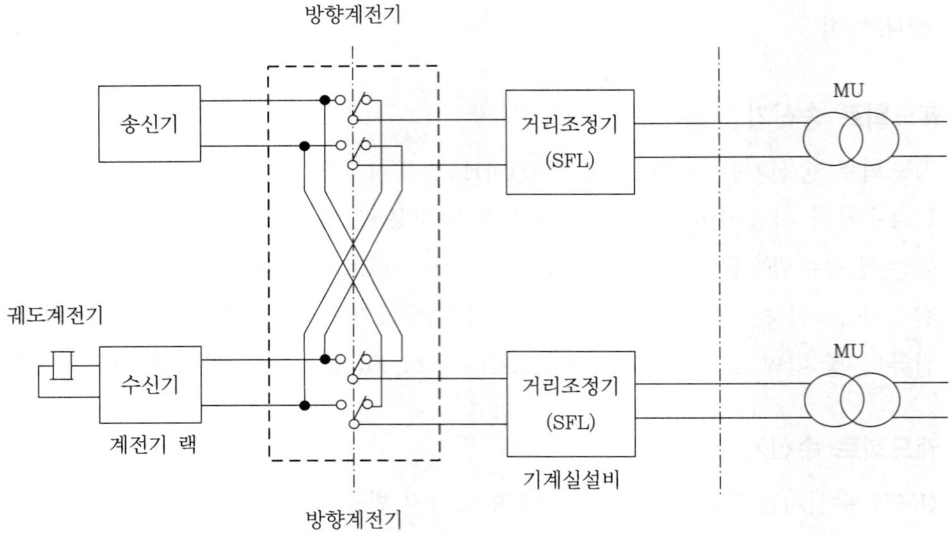

그림 11-11. 방향계전기회로

5) 거리조정기

UM71 궤도회로장치의 거리조정기(SFL : Symmetrical Fictive Line)는 한 궤도회로의 송신기와 수신기 케이블의 길이가 동일하게 구성되도록 전류를 감쇄시키기 위하여 사용되며, 사용되는 케이블의 길이는 0.5[km], 1[km], 2[km], 4[km]이다. 이것은 운행정보전송을 위한 송・수신회로의 전환을 용이하게 한다.

2 현장설비

1) 동조 유니트(TU)

TU(Tuning Unit)는 BU타입과 BA타입의 2가지를 사용하며, BU타입 TU는 무절연 궤도회로에, BA타입 TU는 유절연 궤도회로에 사용한다.

BU타입 TU는 선로에 직접 연결하고 방수장치가 되어 있으므로 자갈도상에 매설하고, BA타입 TU는 공심 유도자(ACI)에 연결하여 병렬 공진회로를 구성하여 주파수에 동조된다.

TU의 임피던스는 주파수와 관계되는 케패시터(capacitor)에 의해 결정되며, ACI와 동조회로를 구성하여 최대 임피던스 값을 이용하며, TU에는 반송주파수별로 다음과 같은 4가지 타입을 사용한다.

- 2,040[Hz] Unit(V1-F1 : 궤도1, 주파수1)
- 2,760[Hz] Unit(V1-F2 : 궤도1, 주파수2)
- 2,400[Hz] Unit(V2-F1 : 궤도2, 주파수1)
- 3,120[Hz] Unit(V2-F2 : 궤도2, 주파수2)

2) 공심 유도자(ACI)

ACI(Air Core Inductor)는 SVA타입과 SVAC타입을 사용하며 SVA타입 ACI는 유절연방식 AF 궤도회로에 사용되고, SVAC타입 ACI는 무절연방식 AF 궤도회로에 사용한다.

① SVA타입 ACI

유절연방식 AF 궤도회로에 사용되는 SVA타입 ACI는 BA타입 TU와 연결되어 LC 공진회로의 Q값을 개선하는데 사용되며, 허용전류는 연속 불평형전류 150[A](중성점에서 300[A]) 이하이고, 불평형전류 500[A](중성점에서 1,000[A])로는 4분간 흘릴 수 있다.

② SVAC타입 ACI

무절연방식 AF 궤도회로에서 사용되는 SVAC타입 ACI는 궤도회로 고조파 성분을 제한하고 전차전류와 관련된 궤도회로의 면역성 레벨을 상승하게 하여 전차선 귀선전류를 재조정하는 데 사용한다.

3) 정합 변성기(MU)

MU(Matching Unit)는 궤도와 UM71 궤도회로장치의 송신기나 수신기 사이의 임피던스 정합에 사용되며 주파수와는 무관한 설비이다.

MU는 플라스틱 함체에 내장되어 있으며 선로변에 설치한다.

4) 보상용 콘덴서

선로의 케패시터를 증가시켜 레일의 인덕턴스를 보상하여 전송을 개선시키는 보상용 콘덴서(케패시터)는 선로에 일정한 간격(100[m])으로 설치하여야 하며, 보상용 콘덴서의 기능은 다음과 같다.

- 궤도회로 길이의 연장
- 궤도회로에서 열차로의 완벽한 전송을 하도록 레일의 신호전류 획득

5) 접속케이블

궤도・역간 접속케이블(quad cable)은 특수하다. 각 케이블의 균등 길이(송신 또는 수신)는 6,750[m]의 이론적인 정수값을 가진다.

6) 양극자 블록장치

양극자 블록장치(DB)는 궤도회로의 동조 유니트 단락기능을 보완하는데 사용된다.

동작 주파수에 따라서 각각 한 가지 형태의 DB가 있다. 주파수 F1 DB는 F2 주파수에서 회귀하는 직렬 LC회로로 구성된다.

주파수 F2 DB는 F1 주파수에서 회귀하는 LC회로로 직렬 LC회로와 콘덴서의 병렬 접속으로 구성된다.

DB는 자기 궤도회로 주파수에서는 22[F] 콘덴서로써 작용하고 인접 궤도회로 주파수에서는 단락회로로서 작용한다.

11.4 전자연동장치(IXL)

11.4.1 전자연동장치의 개요

전자연동장치는 전기연동장치에 비하여 소형이므로 그 설치 면적이 작고 데이터의 수정만으로 선형 개량이 가능하므로 역 구내 확장 등에 따른 설비의 증설이 용이하다. 또한 적은 비용으로 주요 시스템의 다중화를 이룰 수 있어 일부 고장 시에도 시스템을 중단 없이 사용하여 신호설비에 대한 신뢰도를 높일 수 있다. 또 고장 메시지에 의해 장애 발생 시간 및 원인 등을 정확하게 알 수 있어 신속한 유지보수가 가능하다.

아울러 ATC, CTC 등 주변 열차제어시스템과의 연결이 쉽고 5~6개의 역을 종합하여 제어하고 감시함으로써 열차운행관리의 효율을 극대화시킬 수 있는 장점이 있다.

이러한 연동장치는 역구내 또는 중간 건넘선에서 안전한 열차운행을 위하여 신호기와 선로전환기 및 궤도회로 등을 상호 연쇄 동작하게 하여 사고를 방지하며, 취급자의 착오에 의한 오취급으로부터 열차안전운행을 확보한다.

11.4.2 전자연동장치의 구성

열차제어시스템의 하위 장치인 연동장치는 신호계전기실과 옥외 기구함에 설치되며 다음과 같이 운영레벨, 연동레벨, 현장레벨로 구분할 수 있다.

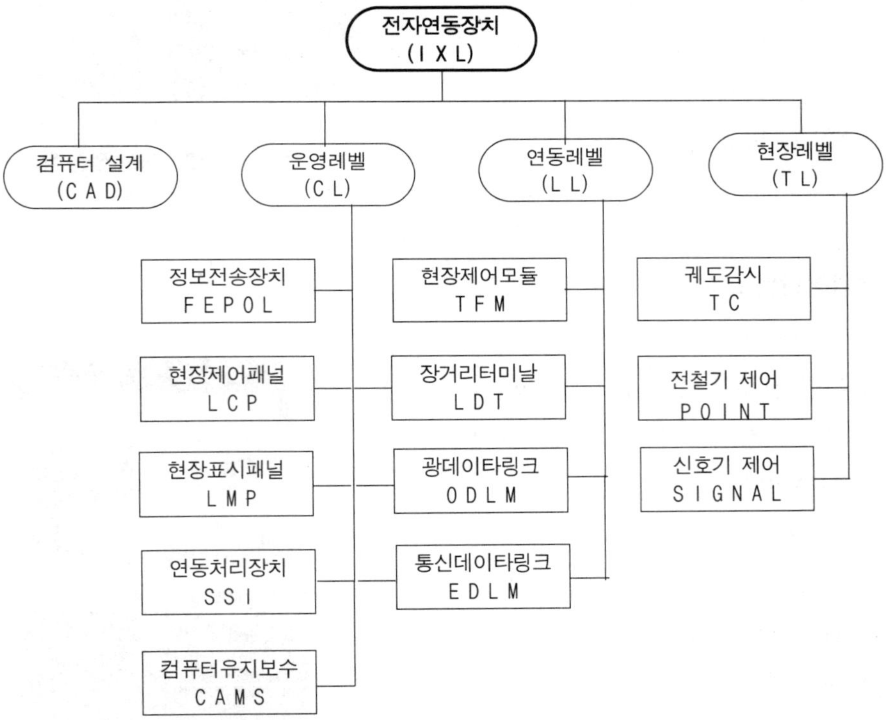

그림 11-12. 전자연동장치의 구성도

11.4.3 전자연동장치의 기능

1 운영레벨(CL)

운영레벨은 원격제어모드 또는 현장제어모드에서 해당역과 인접 연동장치센터에서 제어 또는 감시하는 기능을 수행한다.

1) 정보전송장치(FEPOL)

- 연동레벨(LL)의 감시
- CTC로 현장정보 전송
- CTC의 원격제어유니트 기능
- Non-vital 정보를 ATC로 전송
- 유지보수장비(CAMS)로 장애정보 전송
- 2중화(redundancy) 구조

그림 11-13. 정보전송장치

2) 현장제어판넬(LCP)

LCP 모듈은 연동장치 감시와 현장제어를 위한 전용의 MMI(Man-Machine Interface) 장치로서 FEPOL모듈과 함께 사용된다.

- 정보표시
  - 진로구성, 궤도점유 등 표시
  - 속도제한정보표시
  - 고장정보표시
  - 운영자와 대화식으로 처리
- 키보드에 의한 현장제어

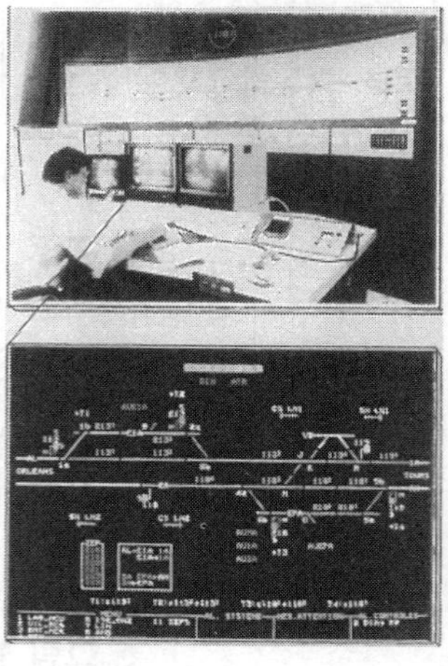

그림 11-14. 현장제어판넬

2 연동레벨(LL)

연동레벨은 모든 Fail-safe의 연동장치 기능을 담당하는 연동처리장치(SSI)의 한 부분으로서 현장 통신 네트워크와 현장제어모듈(TFM)을 운용한다.

1) 연동처리장치(SSI)

- 현장 데이터링크(TDL)와 현장 제어모듈(TFM)을 제어
- 연동장치 다중처리모듈(MPM)
- 자기진단 다중처리모듈(DMPM)
- 조작표시반 처리모듈(PPM)
- 2~4개의 데이터링크모듈(DLM)
- ATC 설비(WCE)와 인터페이스

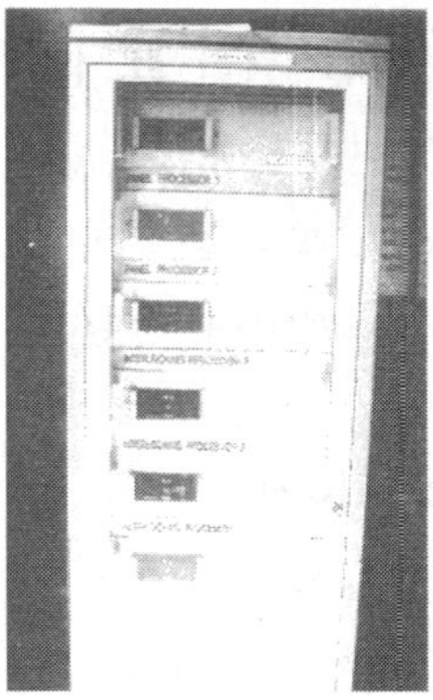

그림 11-15. 연동처리장치

2) 컴퓨터유지보수(CAMS)

CAMS는 유지보수자에게 시스템 내부에 설치되어 있는 자기진단 설비에 접근할 수 있도록 한다.

- 연동처리장치와 전송장치의 진단정보 수신 및 처리
  - 신호상태 및 장애현황 확인
  - CTC로 진단정보 전송
  - 장애내역 프린터로 출력

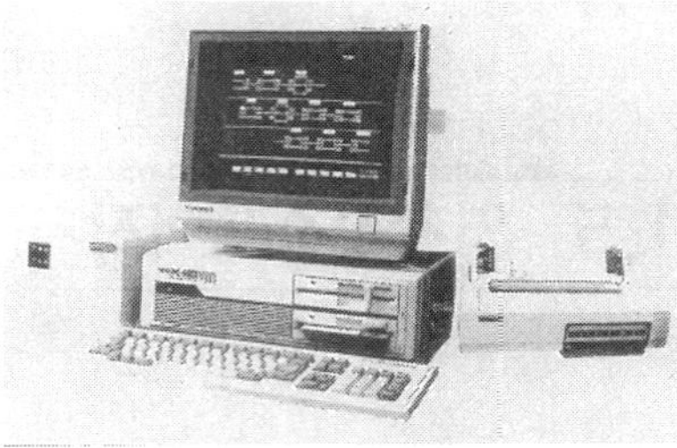

그림 11-16. 컴퓨터유지보수

3 현장레벨(TL)

현장제어모듈(TFM)은 현장설비의 Vital 입, 출력을 제공하고 역과 연동역의 ATC 장치와 인터페이스하며 선로전환기 모듈(PM), 신호 모듈(UM), 인터페이스 모듈(IM)로 구성된다.

1) 선로전환기 모듈(PM)

- 3상 전기선로전환기 최대 4대까지 제어
- 현장제어 모듈(TFM)로부터 제어정보 수신 및 표시정보 수신
- 선로전환기 위치 및 장애상태의 검지
- 컴퓨터유지보수(CAMS), 현장제어판넬(LCP)에 장애보고
- 운용자를 위한 표시기능
  - 전원공급상태
  - 시스템 가동상태
  - 현장데이터 링크 모듈(DLM) 정보수신 상태

2) 신호 모듈(UM)

- ATC 장치를 제외한 현장 신호설비와의 인터페이스
- DC 24[V] 입력 8개, AC 110[V] 출력 8개

3) 인터페이스 모듈(IM)

ATC 장치와 인터페이스에 사용하는 모듈은 DC 24[V] 입력 8개와 DC 24[V] 출력 13개를 가지고 있으며, 이러한 입출력은 ATC 장치의 입력과 출력모드에 연결된다.

11.5 열차집중제어장치(CTC)

11.5.1 열차집중제어장치의 개요

열차집중제어장치(CTC)란 전 구간의 열차운행상황, 선로상태 및 신호설비의 동작상태 등을 관제실 한곳에서 집중 감시하고 주컴퓨터에 입력된 스케줄에 따라 운행진로를 자동/수동 제어하며, 여객안내정보 등으로 열차운행정보를 제공하는 설비이다.

11.5.2 열차집중제어장치의 구성 및 기능

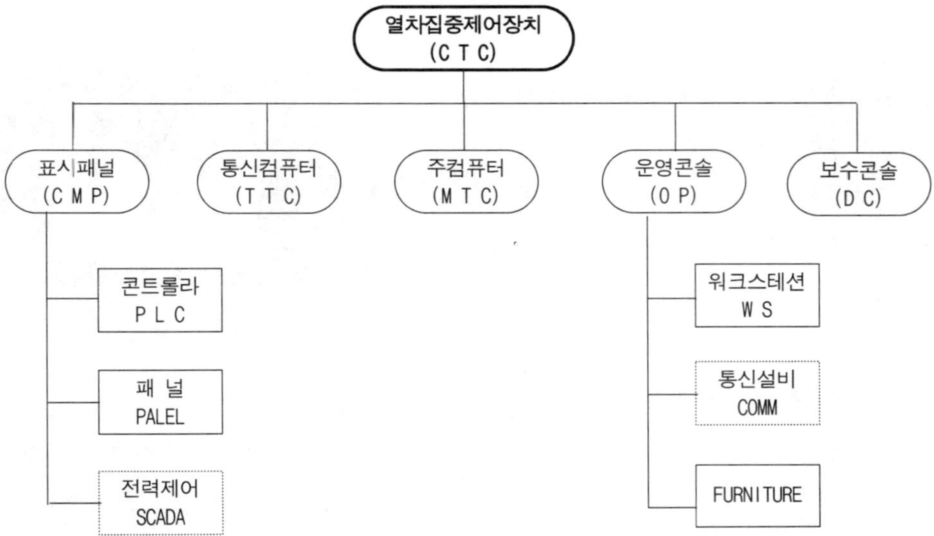

그림 11-17. 열차집중제어장치 구성도

1 하드웨어 구조

1) 주컴퓨터(MTC)

고속철도 제어구간에서 열차를 실시간 다중으로 감시하고 제어할 수 있는 multi- user 장치로 내고장성을 갖도록 구성되며 시스템 감시용 모니터와 프린터를 갖추고 있다.

- 자동진로제어
- 열차운행실적 기록
- 열차이동 상황감시 및 기록
- 운용자 명령수행
- 이례상황 기록

그림 11-18. 주컴퓨터

2) 통신컴퓨터(TTC)

현장 데이터를 실시간으로 수집하고 타 시스템과 직렬(series)통신을 하며 이중화된 근거리 통신망(LAN)에 접속된다.

- 현장데이터 수집 :
  궤도회로, 진로, 신호기, 안전설비 등
- 열차운행실적 기록
- 열차제어설비(ATC, IXL)에 정보전송
- 기타 외부시스템과 통신

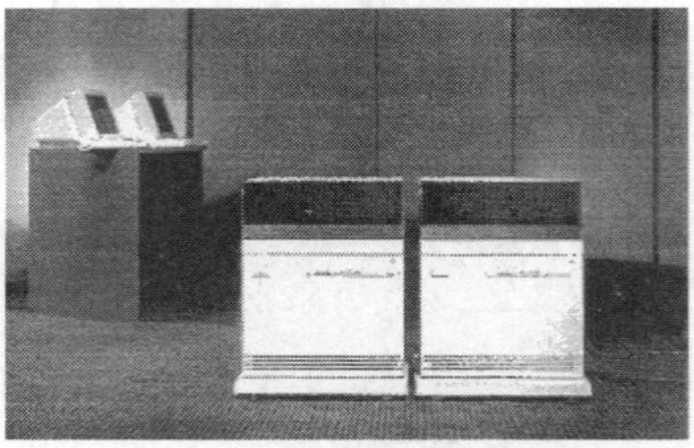

그림 11-19. 통신컴퓨터

3) 운용/보수콘솔(OP/DC)

- 운용자콘솔(OP)
  - ATC 및 IXL 원격제어
  - 운행스케줄 입력 및 변경
  - 열차운전 정리기능
- 유지보수콘솔(DC)
  - 각 설비고장 통계 및 기록
  - 열차운행 통계처리

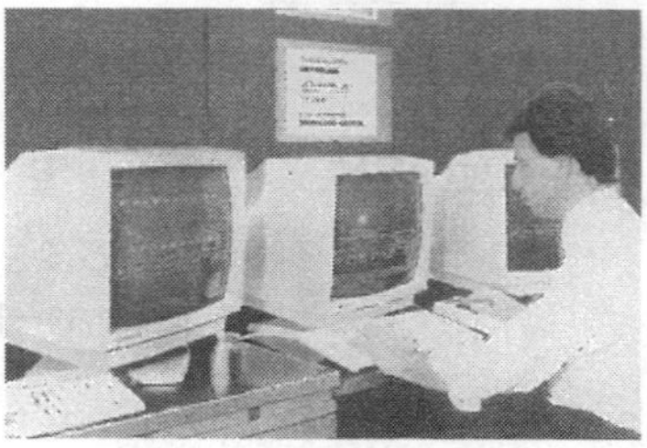

그림 11-20. 운용/보수콘솔

4) 표시판넬(CMP)

전 선구의 열차운행상황을 종합적으로 표시하는 표시반이다.

- 열차번호 및 열차위치 표시
- 궤도, 선로전환기, 신호기 등 표시
- 진로구성 상태, 안전설비 상태 표시
- SCADA 표시
- 열차제어설비(TCS) 상태 표시

그림 11-21. 표시판넬

2 열차집중제어장치의 기능

위에서 살펴본 각 설비는 CTC의 고유기능을 구현하기 위하여 다음과 같은 업무단위(task)로 나누어진다.

1) 신호(signalling)

- 신호장치의 상태변화 감시
- 진로제어 요청(자동, 수동)

2) 열차운행표시(train describer)

- 열차의 이동 및 검지
- 열차위치 및 열차번호 표시정보

3) 열차운행계획(train scheduling)

- 열차운영계획 수립(열차번호, 진로구간, 정차시간 등)
- 자동진로제어 및 자동 열번부여를 위한 정보제공

4) 운전정리(regulation)

- 계획열차 자동진로 설정 및 열차충돌 검지
- 열차계획의 조정 및 열차번호관리
- 승객행선안내(TIDS) 및 기타 운용데이터 처리

5) 운영 및 유지보수(Operation and Maintenance)

- 시간, 경보, 감시장치, 데이터 처리
- 외부시스템 및 오프라인(off-line) 관리

11.6 안전설비

고속철도 안전설비는 ATC 장치, 연동장치 및 CTC 장치와 정확히 인터페이스 되어야 하며, 어떤 경우에도 CTC 관제실에서 감시되어야 한다.

센서의 접속상태 또는 기기의 변화에 따른 기본적인 경보음 및 표시가 전달되어야 하며 영향을 받는 궤도구간에서는 필요한 속도제한을 하고 다시 동작할 수 있어야 한다.

1 차축온도 검지장치

고속으로 주행하는 열차의 차축온도를 일정거리마다 측정하여 차축의 과열로 인한 탈선사고를 사전에 예방하기 위한 장치로서 차축온도검지기(HBD : Hot Box Detector)와 차축온도검지기 전체를 감시하는 중앙감시장치(HBS : Hot Box Supervision)로 구성되며, 차축온도검지기는 350[km/h]로 운행하는 양방향의 모든 열차의 과열된 차축 베어링과 차축의 속도 및 차축 수량, 운행방향을 검지할 수 있다.

차축온도 중앙감시장치는 CTC 관제실에 설치되어 고속철도 전 노선상에 설치되는 축소검지기를 관리하며, 일반 통신망을 통하여 2개의 정비보수센터와 차량기지에 연결된다.

1) 설치위치

- 약 30[km] 간격으로 상, 하행선에 설치
- 터널, 교량구간 및 상시 제동구간 제외
- 유지보수가 용이한 개소
- 중간기계실로부터 2[km] 이내

2) 운행제한

① **단순경보(simple alam)**

70[℃] 이하의 단순경보인 경우에는 다음 차축온도검지장치까지 170[km/h] 이하의 속도로 운행한다. 71[℃]~90[℃] 미만인 경우 CTC 관제사가 무선으로 기장에게 단순경보를 통지하고 기장은 관제사가 지정한 정차지점에 정차하여 열차상태를 확인한다.

② **위험경보(danger alam)**

90[℃] 이상시 CTC 관제사가 무선으로 기장에게 위험경보를 통지하고 기장은 관제사가 지정한 정차지점에 상용제동으로 정차하여 고장조치를 한다.

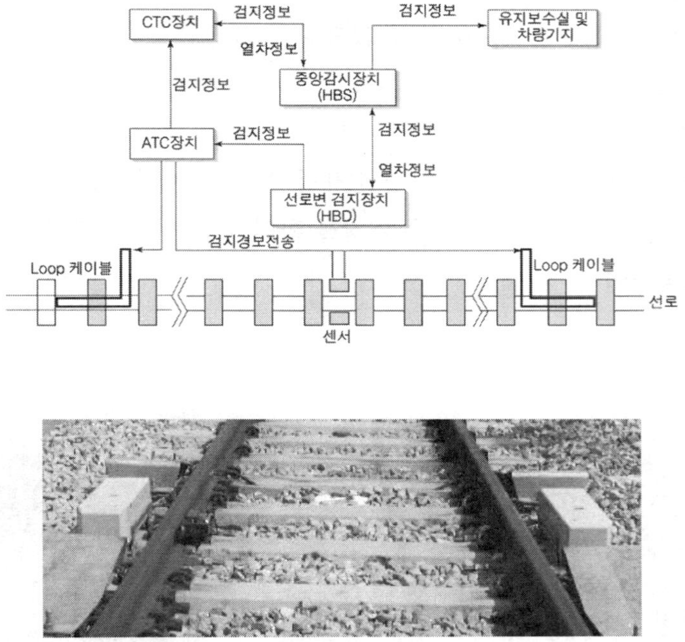

그림 11-22. 차축온도 검지장치

2 지장물 검지장치

고속철도를 횡단하는 고가차도나 낙석 또는 토사 붕괴가 우려되는 지역 등에 자동차나 낙석 등이 선로에 침입하는 것을 검지하여 사고를 예방하기 위한 것이다.

1) 설치위치

- 고속철도를 횡단하는 고가도로
- 낙석 또는 토사 붕괴가 우려되는 개소
- 고속철도와 도로가 인접하여 자동차의 침입이 우려되는 개소

2) 운행제한

검지선은 병렬 2개선으로 설치되며, 지장물 침입 시 단선되는 검지선의 수에 따라 2가지 정보를 CTC에 전송한다.

① **1선 단선**

운행열차를 자동으로 정지시키지 않으나 CTC에 경보가 전송되어 무선으로 기장에게 주의운전 유도

② **2선 단선**

ATC 장치는 자동적으로 상, 하행선 해당 궤도회로에 정지신호를 전송하여, 진입하는 열차를 정지시키며 기장은 지장물 확인 후 지장을 주지 않을 경우 복귀스위치를 조작하여 운행 재개

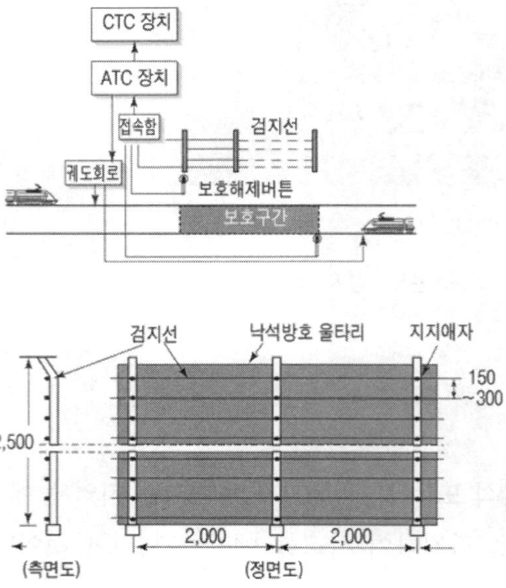

(a) 과선교

(b) 낙석 및 토사붕괴 우려개소

그림 11-23. 지장물 검지장치

3 끌림물체 검지장치

차체 하부 부속품이 이탈되어 매달린 상태로 주행하는 차량으로 인하여 궤도 사이에 부설된 각종 시설물의 파손을 방지하기 위하여 선로 중앙에 끌림검지장치를 설치한다.

1) 설치위치

- 각종 기지 또는 기존선에서 고속선으로 진입하는 개소

2) 운행제한

- 끌림검지기 파손 시 ATC 장치는 해당열차에 정지신호 전송 및 CTC에 경보전송
- 기장은 열차정지 후 열차상태 확인 및 끌림물체 제거 후 CTC 관제사에게 보수 조치 통보 후 스위치를 조작하여 정지신호 해제

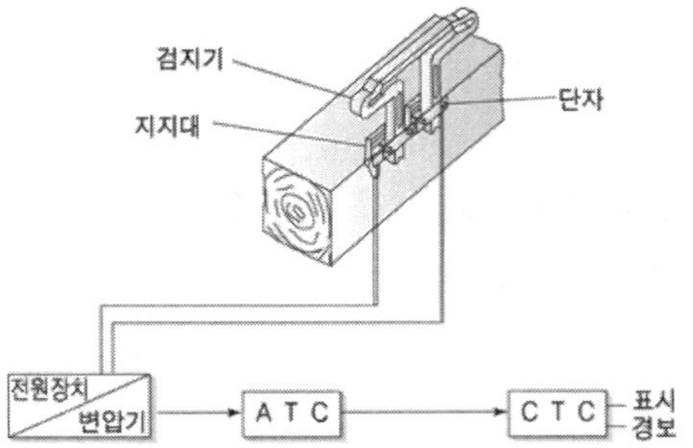

그림 11-24. 끌림물체 검지장치

4 기상검지장치

1) 강우검지장치

선로변의 강우량을 측정하여 집중호우 발생 또는 연속되는 강우로 지반이 침하하거나 노반의 붕괴사고가 우려되는 경우 열차를 정지시키거나 서행 운전시킬 수 있도록 강우검지장치를 설치한다.

① 설치위치

- 약 20[km] 간격으로 선로변에 기상설비 설치가 용이한 장소
- 매년 집중호우 발생개소
- 연약지반 또는 성토구간으로 지반침하 및 토사붕괴 우려개소
- 수위의 급속한 상승이 우려되는 개소

② **운행제한**

표 11-3. 강우검지장치 운행제한

연속강우량	시간당 강우량	운행제한
140[mm] 이상	30[mm] 이상	170[km/h] 이하 운전
150[mm] 이상	35[mm] 이상	90[km/h] 이하 운전
150[mm] 이상	60[mm] 이상	열차 운행중지
고가 및 교량구간	70[mm] 이상	열차 운행중지

2) 풍속검지장치

선로변의 풍속을 검지하여 강풍 발생 시 열차 운전속도를 규제할 수 있도록 풍속검지장치를 설치하고 감시정보는 역과 CTC 관제실로 전송되어 표시반에 표시하여 현장설비를 집중 감시할 수 있도록 한다.

① **설치위치**

- 하천, 계곡 등 강풍이 우려되는 개소
- 주요 태풍경로

② **구성 및 운행제한**

풍속검지장치는 다음과 같은 설비들로 구성되어 있다.

- 풍향계 : 0~360[°] 검지
- 풍속계 : 0~60[m/s]±5[%]
- 디지털 풍속지시계
- 신호변환기

표 11-4. 풍속검지장치 운행제한

풍 속	운행제한
30[m/s] 미만	풍속에 따라 단계적 감속
30[m/s] 이상~40[m/s] 미만(단순경보)	170[km/h] 이하
40[m/s] 이상~45[m/s] 미만(위험경보)	90[km/h] 이하
45[m/s] 이상	운행보류 및 중지

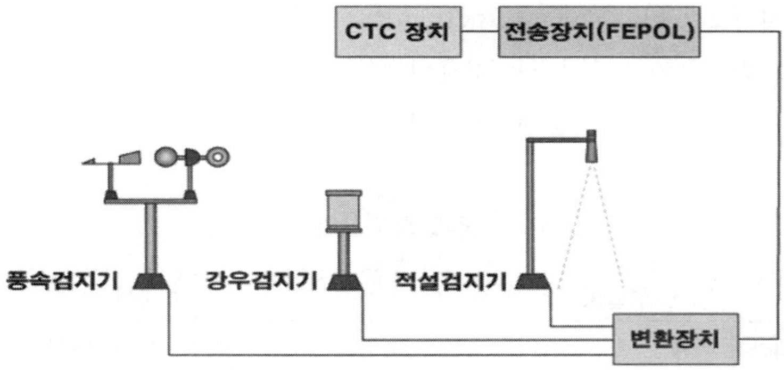

(c) 적설검지장치

(a) 풍향·풍속검지장치

(b) 강우검지장치

(c) 적설검지장치

그림 11-25. 기상검지장치

3) 적설검지장치

선로변의 적설량을 측정하여 폭설이 발생할 경우 열차 운전속도를 제한하도록 적설 검지장치를 설치하고 검지정보는 연동역과 CTC 관제실로 전송되어 표시반에 검지정보에 따른 경보표시를 하고 현장설비를 집중 감시할 수 있게 한다.

① **설치위치**

- 지형적으로 폭설이 빈번한 개소
- 평균 적설량이 많은 산악지대
- 눈사태 발생이 우려되거나 상습적으로 강설에 의한 피해가 발생되는 지역
- 풍향에 따라 다른 곳의 눈이 모여 쌓이는 지역

② **구성 및 운행제한**

- 검지 풀(pole) : Φ60×1,750[mm]
- 신호변환장치 : 실외형(W430×H342×D180[mm]),
  판넬형(W480×H99×D400[mm])

표 11-5. 적설검지장치 운행제한

일간 적설량	운행제한
7[cm] 이상 ~ 14[cm] 미만	230 [km/h] 이하
14[cm] 이상 ~ 21[cm] 미만	170 [km/h] 이하
21[cm] 이상	130 [km/h] 이하
눈이 덮여 레일면이 보이지 않을 때	30 [km/h] 이하

5 레일온도 검지장치

레일온도의 급격한 상승으로 인한 레일장출 위험을 방지하기 위하여 레일의 온도를 감시하고 한계온도 이상으로 레일의 온도가 상승하면 경보표시와 함께 적절한 운전규제 등의 조치를 취해 열차탈선 등의 대형사고를 사전에 예방하기 위하여 설치한다.

1) 설치위치

- 곡선, 양지 및 통풍이 안 되는 구간으로 레일온도감시가 필요한 장소
- 장대레일 갱환 및 궤도정비 등 보수작업에 지장이 되지 않는 장소
- 가능하면 축소검지장치 설치개소와 인접한 구간에 설치하여 시스템 구성을 축소검지장치와 함께 구성하는 것이 바람직하다.

2) 운행제한

표 11-6. 적설검지장치 운행제한

레일온도	운행제한
50[℃] 이상 ~ 55[℃] 미만	지속적 감시
55[℃] 이상 ~ 60[℃] 미만	230 [km/h] 이하
60[℃] 이상 ~ 64[℃] 미만	70 [km/h] 이하
64[℃] 이상	운행중지

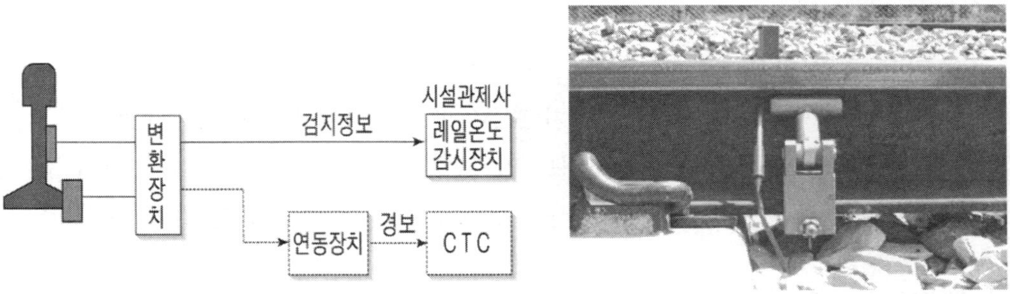

그림 11-26. 레일온도검지장치

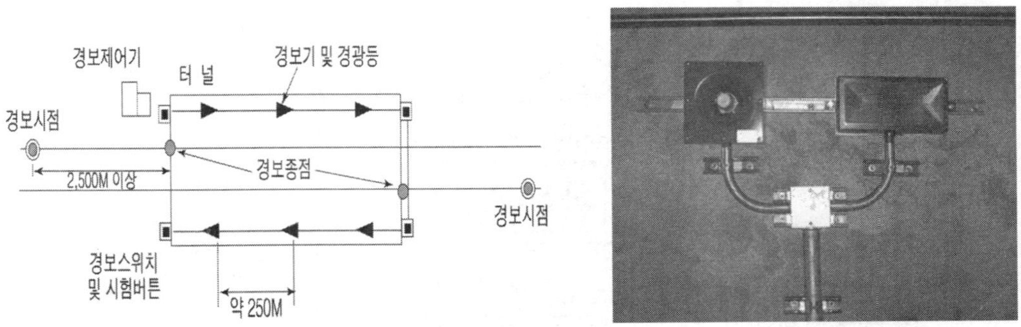

그림 11-27. 터널경보장치

6 분기기 히팅(융설)장치

분기기 히팅(융설)장치는 강설, 결빙 등의 원인으로 인한 전환불능 및 불량장애를 미연에 방지하여 열차의 안전운행을 확보하는 설비이다.

1) 설치장소

- 분기기 설치개소

2) 시스템기능

① 운전취급실에서의 상태감시

현장 분기기 히타제어반으로부터 전송된 상태신호를 이용하여 조작반 표시램프를 점등시킨다. 히터가 정상 작동 시는 녹색램프를 점등하고, 히터 이상 작동 시는 적색램프를 점등한다.

② **원격수동조작**

현장 히터제어반의 선택스위치가 REMOTE 상태일 때 조작이 가능하다.

운전취급실 취급원은 이 상태를 인지한 후 ON, OFF 푸쉬버튼을 눌러 조작한다. 이 버튼은 PBL 타입으로 하여 ON 및 OFF를 램프로 현시하도록 한다.

7 지진감시장치

지진이 발생한 경우 지진규모에 따라 선로에 미치는 최대 지반가속도 값에 따라 열차를 감속 운행하거나 운행을 중지하기 위한 장치

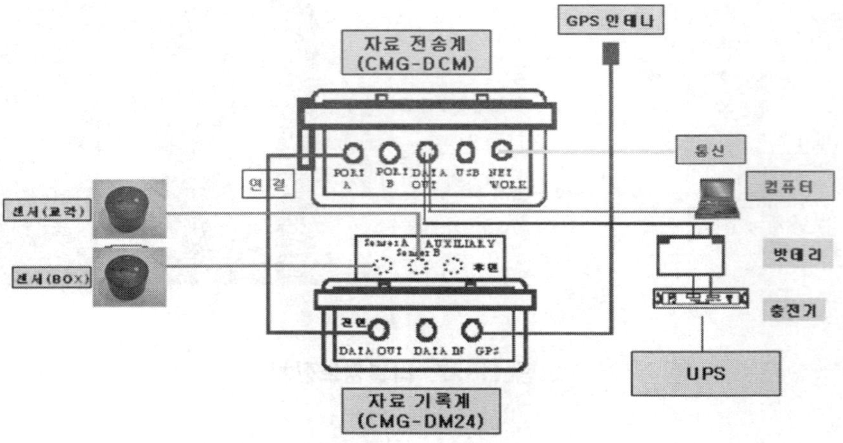

(a) 지진기록계

(b) 지진감시장치

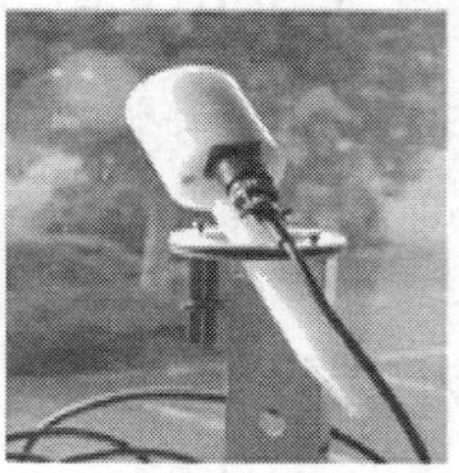

(c) GPS 안테나

그림 11-28. 지진감시장치

1) 운행제한

① **40[gal] 이상 ~ 65[gal] 미만**

일단정지 후 지진 통과 시 90[km/h] 이하 운전한다.

② **65[gal] 이상**

일단정지 후 지진 통과 시 30[km/h] 이하 운전하고 후속열차는 90[km/h], 170[km/h] 등으로 단계별로 속도를 상승한다.

* gal : 진동 가속도 값

8 터널경보장치

터널 내에 작업하는 보수자 및 순회자의 안전을 위해 작업시작 전 경보장치의 작동스위치를 on 시키면 열차가 터널에 진입하기 일정시간 전에 경보하여 작업자가 대피할 수 있도록 모든 터널에는 터널경보장치를 설치한다.

1) 설치위치

- 지하구간을 제외한 모든 터널에 설치

2) 구성

- 터널 양쪽 입구에 경보장치 작동스위치를 설치 ON-OFF 할 수 있도록 하고 동작상태를 나타낼 수 있는 표시램프를 설치하고, 시험용 버튼을 설치하여 경보기의 정상 작동여부를 확인할 수 있도록 한다.
- 경보시간은 30초가 확보될 수 있도록 경보제어거리를 2,500[m] 정도로 한다.
- 경보기의 설치간격은 약 500[m] 정도로 하고 경보기는 터널 벽면에 견고하게 취부하여야 하며, 경보기의 경보음은 터널 내의 보수자가 충분히 인지할 수 있어야 한다.
- 경보장치의 제어는 상, 하선 양 방향 어느 쪽으로 열차가 진입하여도 경보를 발할 수 있어야 하며, 열차가 터널입구에 도착하면 경보가 종료되어야 한다.

9 보수자 선로횡단장치

보수자 선로횡단장치는 보수자가 지정된 개소에서 선로를 횡단할 경우 접근하는 열차 유무를 확인하고 접근열차가 없을 때 한하여 선로를 횡단하도록 하기 위한 설비이다.

1) 설치장소

보수자 선로횡단장치는 노선 중에서 각 역별로 보수자가 자주 왕래할 것으로 예상되는 개소로 하며 크게 역 부근(station area)과 역외 구간(outside station)으로 나눌 수 있다.

2) 시스템 기능

보수자의 선로횡단 소요시간은 20초로 선로횡단 개소마다 신호등 기주에 설치된 확인압구(누름스위치)를 눌러 녹색 신호등이 현시되면 1회에 1명씩 선로를 신속히 횡단한다. 확인압구를 눌렀을 때 적색 신호등이 현시되거나 신호등 점등이 안 될 경우에는 선로를 횡단해서는 안 된다.

특히 신호등이 무점등 시에는 정전 또는 고장에 기인한 것이기 때문에 반드시 기계실 또는 운전취급실에 상황을 확인한다.

그림 11-29. 보수자 선로횡단장치

(a) 첨단부 히팅장치 (b) 크로싱부 히팅장치

그림 11-30. 분기기 히팅장치

선로를 횡단하는 보수자가 20초 이내에 횡단하기 위해서는 열차속도별로 다음과 같이 열차 검지구간을 확보해야 한다.

- 300[km/h] ÷ 3,600[s] × 20[s] = 1,667[m] ≒ 1,700[m]
- 170[km/h] ÷ 3,600[s] × 20[s] = 944[m] ≒ 950[m]
- 90[km/h] ÷ 3,600[s] × 20[s] = 500[m]

10 안전스위치

선로변을 순회하는 보수자 또는 작업자가 선로의 위험요소를 발견하였을 때 고속으로 해당 구간을 진입하는 열차를 정지시키기 위하여 선로변 약 250~300[m] 간격으로 안전스위치를 설치한다.

1) 종류

① 속도제한판넬(Speed Limit Panel)

보수하고자 하는 궤도측 인근 선로의 속도를 제한하고자 할 때 작업자는 기계실의 속도제한판넬에서 관련 궤도의 열차속도를 경우에 따라 170[km/h] 또는 90[km/h]로 열차의 속도를 제한하여 열차로부터 작업자를 보호하도록 하는 설비이다.

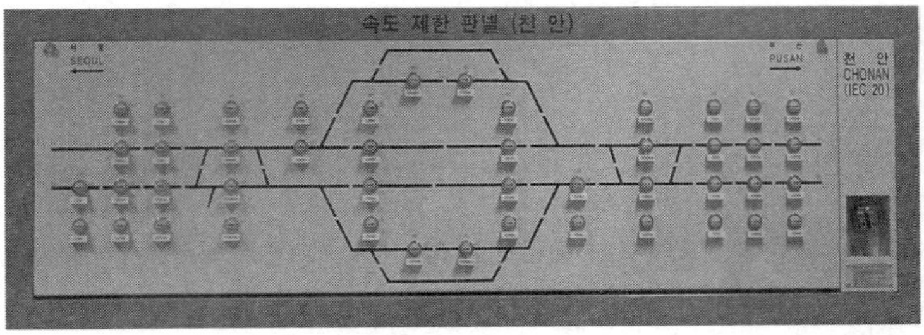

그림 11-31. 속도제한판넬

② 방호스위치

ATC 방식을 이용하는 모든 선로변에는 두 가지 종류의 방호스위치가 있다.

두 가지 스위치 모두 열차를 선로보호구역 내에 진입을 하지 못하도록 사각키를 취급해서 ATC 지상장치를 통하여 정지신호를 발생시킨다.

역 구내에는 건널선구간 방호스위치(zone for elementary switches), 역간에는 폐색구간 방호스위치(trackside block section protection switches)가 설치되어 있으며 차이는 있지만 동일한 목적과 기능을 수행한다.

(a) 건널선구간 방호스위치(ZEP)　　(b) 폐색구간 방호스위치(CPT)

그림 11-32. 방호스위치

연 / 습 / 문 / 제

1. 경부고속철도 ATC장치의 개요 및 구성을 나열하고 지상장치와 차상장치의 주된 기능을 설명하시오.
2. UM71 궤도회로장치 기능과 구성요소에 대해 설명하시오.
3. 경부고속철도 궤도회로(UM71C)의 실내, 실외설비에 대하여 설명하시오.
4. 고속선의 거리조정기(UM71C)에 대하여 설명하시오.
5. 경부고속철도의 전자연동장치(IXL)에 대하여 기술하시오.
6. 경부고속철도 열차집중제어장치(CTC)에 대하여 설명하시오.
7. 경부고속철도 ATC 구간의 폐색분할에 대해서 설명하시오.
8. 고속철도 안전설비에 대하여 설명하고 각 장치별로 기술하시오.
9. 고속철도 안전설비 중 풍속검지장치와 끌림검지장치에 대해서 설명하시오.
10. 고속철도 안전설비 중 차량축소 검지장치 및 지장물 검지장치에 대하여 설명하고 설비위치 선정기준에 대해 쓰시오.
11. 경부고속철도 TVM 430 지상설비의 구성을 설명하시오.

Chapter 12

전원장치 및 유도대책

12.1 전원장치

신호설비의 전원은 신호 단독전원으로 하며 정전이 될 경우에도 정상적인 열차운행을 위해 상용과 예비전원으로 2중계 구성을 원칙으로 한다. 상용전원은 철도고압 배전선로에서 수전한 전원을 신호용 변압기를 통하여 사용하고 정전이나 장애가 발생할 경우 자동절체기에 의해 한전전원인 예비전원으로 절체되도록 하고 상용전원이 복구되면 다시 환원되는 구조로 한다.

예비전원을 확보할 수 없는 구간은 발전기 등의 예비 전원장치를 설비한다. 역간의 건널목 안전장치의 전원은 역간 고압 배전선로에서 공급받거나 역 구내 신호전원을 공급받는 형식으로 하여 직류 24[V] 부동충전방식으로 사용한다.

신호용 전원장치는 신호용 단독 변압기를 사용하여 신호설비에 안정된 전원을 공급하는 전원설비로 배전반, 정류기, 무정전전원장치(UPS)로 구성되어 있으며 정전시 예비전원 또는 축전지로부터 전원을 공급받아 교류전원을 공급하여 항시 신호설비가 동작하여 원활한 열차안전운행을 하는데 그 목적이 있다.

12.1.1 신호용 배전반

1 용도별 변압기의 종류

신호설비에 안정된 전원을 공급하기 위한 신호전원 배전반에는 용도별로 표 12-1과 같은 여러 가지 변압기가 사용된다.

2 신호용 배전반의 특성

배전반의 보호스위치는 주회로 전자개폐기의 경우 부하전류가 설정전류의 130[%] 이상 초과되었을 때 2분 이내 자동으로 차단되며 설정전류는 조정이 가능하여야 한다.

배전반의 상용전원이 정전되거나 93[V]/187[V] 이하가 되면 0.1초 이내에 비상전원으로 자동으로 전환되고 상용전원이 회복되어 93[V]/187[V] 이상 전압이 상승되면 40초 후에 다시 상용전원으로 자동 전환된다. 배전반 공급전원이 정전일 경우와 85[%] 이하일 경우에는 경보가 발생되고 철도전원 또는 한전전원으로 구분한 사용전원표시가 된다.

배전반에서 신호기에 공급되는 신호기 등압용 전원은 주, 야간에 따라 등압을 조정할 수 있으며 조작반에 표시가 나타난다. 축전기가 과방전일 때는 과방전 상태 표시가 조작반에 점등되고 경보가 발생한다. 또 신호용 배전반은 신호계전기실에서 현장까지 연결되는 케이블의 접지저항이 20[kΩ] 이하일 경우에는 자동으로 접지표시가 되고 접지저항계가 저항치를 지시하며 동시에 경보가 발생된다.

표 12-1. 신호용 변압기

명 칭	용 도	입력전압[V]	출력전압[V]
BTr(1, 2)	자동폐색용(상선, 하선)	AC 110/220	580, 600, 620
PTr	전기선로전환기용	AC 110/220	110/220
TTr	궤도회로용	AC 110/220	110/220
STr(1, 2)	신호기용(남쪽, 북쪽)	AC 110/220	50, 55, 60
RTr	진로선별등용	AC 110/220	110/220
ITr	조작판표시등용	AC 110/220	18, 20, 22, 24
LTr	건널목전원용	AC 110/220	110/220
UTr	시소계전기용	AC 110/220	24
ETr	원격제어용	AC 110/220	110/220
절연Tr	전자연동장치용	AC 110/220	110/220

3 변압기의 용량 계산

1) 변압기 용량의 종류

1, 3, 5, 10, 15, 20, 30, 50[kVA]을 기준한다.

2) 용량 계산식

$$LT \geq (E_1 \cdot i_1 \cdot N_1 + E_2 \cdot i_2 \cdot N_2 + \cdots + E_n \cdot i_n \cdot N_n) \times 1.25\,[\text{kVA}] \qquad (12-1)$$

여기서, LT : 변압기 용량[kVA]

단, 계산 결과의 수치와 동일한 용량 또는 가장 가까운 상위 용량의 것으로 한다.

$E_1 \sim E_n$: 부하로 되는 기기의 정격전압[V]

$i_1 \sim i_n$: 부하로 되는 기기의 최대 계산전류(역률 감안)[A]

$N_1 \sim N_n$: 상기 $i_1 \sim i_n$에 대응하는 부하의 수량

3) 용량 산출 기준

현재 사용 중인 설비에 대한 부하별 단위 용량($E \cdot i$[VA])은 표 12-2에 의하며 현장 여건을 감안하여 필요시 변압기 용량의 증가 또는 추가 설치하여야 한다.

12.1.2 정류기

1 정류회로

정류기는 교류를 직류로 변환하기 위한 기기로 한쪽 방향으로만 전류를 흘리는 다이오드를 사용해서 구성하며 정류회로에는 반파 정류회로와 전파 정류회로가 있다.

단상 반파 정류회로가 가장 간단하지만 몇 가지 결점이 있다. 이 때문에 특별히 소전력의 경우를 제외하고 일반적으로 단상 브리지회로나, 3상 전원에는 3상 브리지회로가 사용된다. 별로 전류를 필요로 하지 않고 고전압이 필요할 때는 배압인 정류회로가 사용된다. 정류소자를 사이리스터와 같은 제어가 가능한 소자로 하고 전류가 흘러나오는 시점을 바꾸어 주면 출력의 크기를 제어할 수 있다. 대전력의 정류회로에는 이 외에 많은 종류가 있는데 각기 목적에 맞게 사용된다.

표 12-2. 변압기별 용량산출 기준

변압기	부 하		단위 용량[VA]	비 고
신호기용 (STr)	1. 신호기 3현시 2. 신호기 4현시 3. 신호기 5현시 4. 입환표지 5. 입환신호기 6. 진로선별등(등열식) 7. 중계신호기 8. 출발반응표지		25 50 50 25 50 75 75 25	· 신호전구(50[V] 25[W]) 기준
선로전환기용 (PTr)	NS형	1. 기동부하 2. 운전부하 3. 전열기부하	1,238 1,059 50	· 기동전류 : 9A(110[V]) · 운전전류 : 7.7A(110[V])
	NS-AM형	1. 기동부하 2. 운전부하 3. 전열기부하	1,238 1,169 50	· 기동전류 : 9A(110[V]) · 운전전류 : 8.5A(110[V])
궤도회로용 (TTr)	1. 직류 바이어스 궤도회로 2. 고전압 임펄스 궤도회로 3. AF 궤도회로 3. 상용 주파수 궤도회로		25 75 별도 산출 500	 별도 전원장치 사용
조작표시반용 (ITr)			최저용량 (1[KVA]) 적용	
진로선별등용 (문자형) (RTr)	1. 주신호기용 – 전구형 – LED형 2. 입환표지(신호기)용 – 전구형 – LED형		 250 144 75 48	
자동폐색용 (BTr)	1. 폐색신호기 및 제어유니트		200	D4IT1기준 (신호기 50 + 궤도회로 75 + 유니트 75)
원격제어용 (ETr)			최저용량 (1[KVA]) 적용	
건널목용 (LTr)	1. 건널목제어유니트, 경보등, 차단기		1개소 : 1[KVA] 2개소 : 3[KVA] 3개소 : 5[KVA]	
	2. 장대형 차단기가 설치된 경우		개소당 : 3[KVA]	

주1) 계산치에 1.25를 곱한 수치와 동일한 용량 또는 가장 가까운 상위 용량을 택한다.

주2) 진로선별등 및 입환신호기의 무유도등은 동시 현시 가능한 수량으로 하고 신호용 전구(50[V]~25[W]/25[W])를 사용하지 않는 경우는 별도 산출한다.

주3) 선로전환기의 운전부하는 가장 많은 선로전환기가 전환되는 2개의 진로에 해당되는 수량으로 하되 그 중에서 동시에 기동되는 선로전환기를 기동부하로 한다.

주4) BTr 1개의 용량은 해당 구간의 상·하선용 폐색신호기 모두를 대상으로 하고 2복선 이상의 경우 선별로 분리하는 것으로 한다.

주5) STr, PTr, TTr 각 1개의 용량은 구내 전체부하를 기준하여 산출하고 남부, 북부로 분리 설치한다.

1) 단상 반파 정류회로

단상 반파 정류회로는 단상 교류를 입력하여 출력으로 (+) 반파만을 얻는 회로이다. 즉 다이오드 등의 정류소자를 사용하여 교류의 (+) 또는 (−)의 반주기 동안만 도통되도록 하여 부하에 반파의 직류가 인가되도록 하는 회로이다. 그림 12-1의 출력파형은 부하가 순저항일 경우로서 입력이 (+)가 되면서 다이오드에 양의 전압이 인가되므로 그 순간 다이오드가 on되어 부하에 전력이 공급되게 되고, 이때의 부하에 걸리는 전압이 (+)의 반파만 인가되게 된다.

반파 정류회로는 회로가 간단하지만 순수한 직류에 비하여 맥동분이 크며 전원전압의 이용률이 떨어진다. 또 출력에 포함된 맥동성분의 기본주파수는 전원주파수와 같으며, 전원트랜스의 2차측에 한쪽 방향으로만 전류가 흐르므로 철심이 직류자화에 의해 포화되는 단점이 있다.

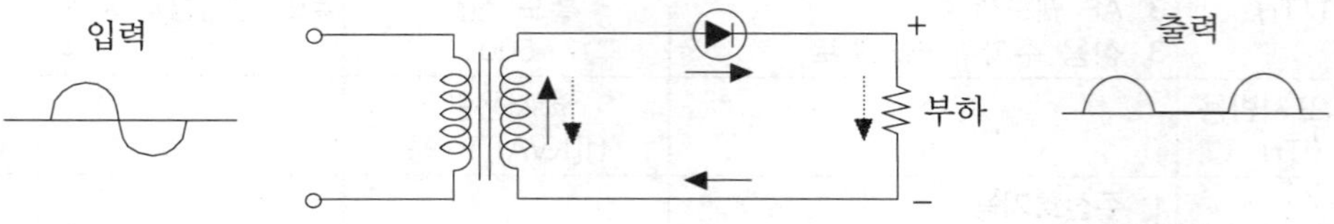

그림 12-1. 단상 반파회로

2) 단상 전파 정류회로

단상 전파 정류회로는 반파 정류회로 2개를 병렬로 접속시킨 것으로 교류전원의 전파, 즉 (+), (−)의 양파를 모두 출력시키는 정류회로로써 반파 정류회로에 비해 출력 전압이 2배가 되게 된다.

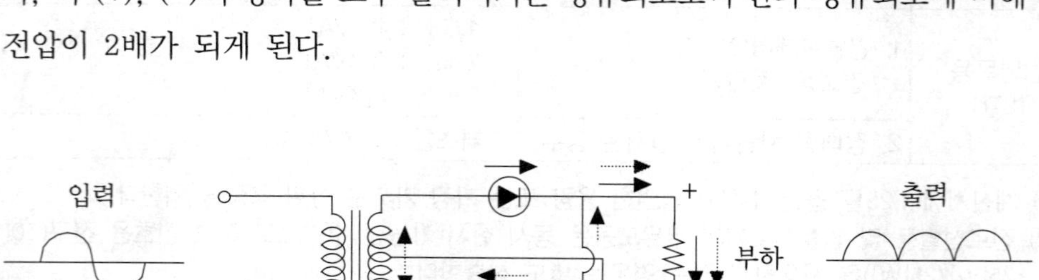

그림 12-2. 단상 전파회로

전파 정류회로는 부하에 걸리는 전압이 반파 정류회로의 경우보다 2배로 커지게 되어 전원 전압의 이용률이 향상되고 전원트랜스의 직류자화도 없게 된다. 따라서 출력에 포함된 맥동 성분의 기본주파수는 전원주파수의 2배로 증가하게 되어 반파 정류회로 때보다 출력에 포함된 맥동성분이 적게 된다.

3) 배전압 정류회로

승압용 전원트랜스를 사용하지 않고 출력으로 직류의 고전압을 얻는 정류방식으로 교류전원전압의 (+), (−) 각 반파마다 다른 정류기로 정류하여 생긴 직류전압을 직렬로 합성하여 부하에서 큰 전압을 얻는 정류회로이다.

배전압 정류회로는 승압트랜스가 필요하지 않고 높은 전압이 얻어지나 대전류는 흘릴 수 없다. 또 전압변동률이 다소 나쁘고 맥동주파수는 전원주파수 전파 정류형의 2배이다.

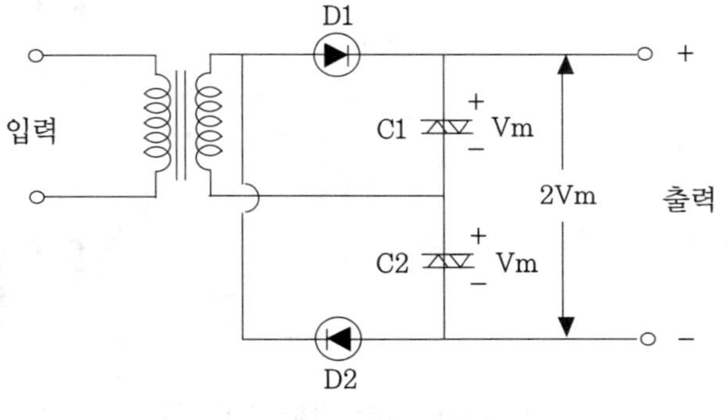

그림 12-3. 전파 배전압 정류회로

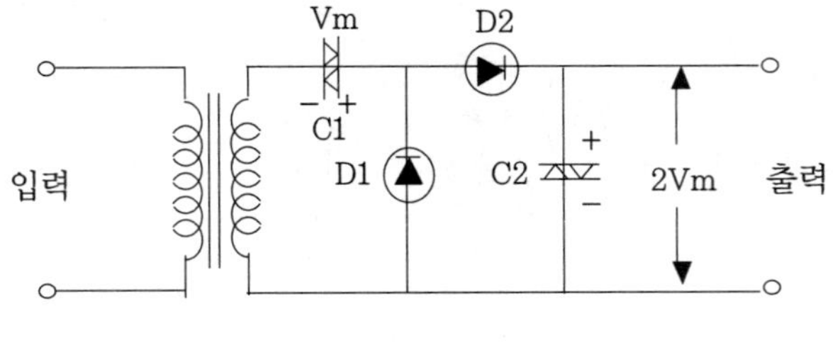

그림 12-4. 반파 배전압 정류회로

4) 3상 반파 정류회로

3상 반파 정류회로는 단상 반파 정류회로 3개를 병렬로 연결한 구조로서 각 다이오드에 각각 120° 위상차인 전압이 가해져 부하에서 각 상의 전압이 합성되어 인가된다.

전원트랜스의 2차측의 중심점에 부하의 (-)측을 접속시켜야 하므로 Y-⊿, ⊿-⊿의 것은 부적당하여 사용하지 않고 Y-Y, ⊿-Y의 구조를 사용한다.

3상 반파 정류회로에서 부하에 걸리는 전압은 매 순간 대칭 3상 전원 중 가장 높은 전압을 갖는 상으로 결정되며 그 상에 연결되는 다이오드만이 일정기간 켜지게 된다. 즉 부하에서 그림 12-6 (b)와 같은 출력파형이 인가되게 된다.

3상 반파 정류회로는 각 다이오드에서 120° 위상이 다른 전압에 가해지고 부하 정류전류는 다이오드 1개의 3배 전류가 흐르며 출력전압의 맥동성분의 기본주파수는 전원주파수의 3배이다. 또 직류분에 대한 맥동률과 전압변동률 및 트랜스의 이용률이 좋은 장점이 있다.

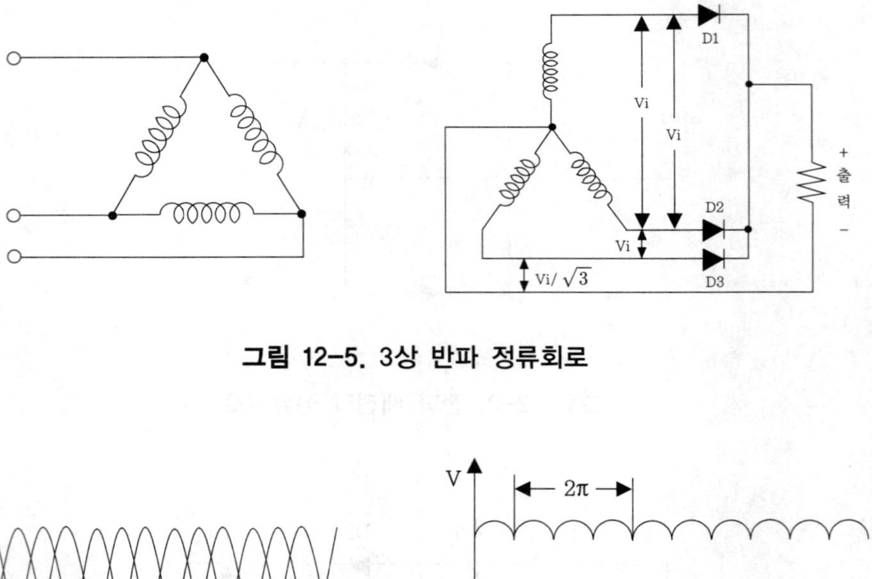

그림 12-5. 3상 반파 정류회로

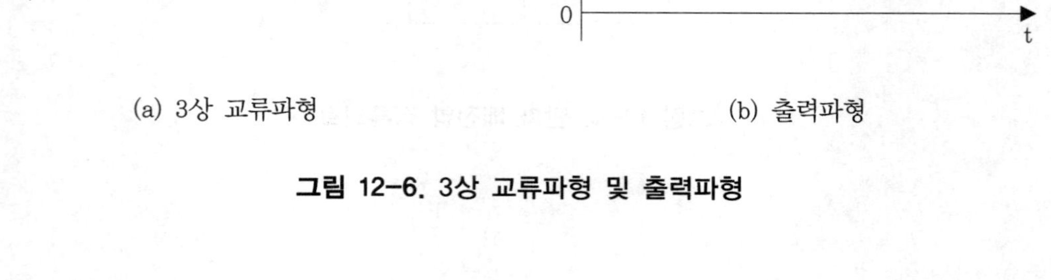

(a) 3상 교류파형 (b) 출력파형

그림 12-6. 3상 교류파형 및 출력파형

5) 3상 전파 정류회로

3상 전파 정류회로는 그림 12-7과 같이 3상 변압기의 2차측에 다이오드 6개를 단상의 브리지 모양으로 접속한 것으로 2개의 3상 반파 정류회로를 병렬로 연결한 구조이다. 이에 따라 다이오드 2개가 동시에 동작하여 부하와 직렬로 연결되게 된다.

정류 출력파형은 3상 반파정류의 경우보다 한층 맥동률이 적어져 약 4[%] 정도이고 효율과 변압기 이용률은 모두 약 95.5[%] 정도로 대단히 높은 값을 나타낸다. 정류 출력 직류전압은 선간전압 실효값의 약 1.2배 정도이다.

3상 전파 정류회로는 정류전류가 크고 전압변동률이 적으며 직류분에 대한 맥동분이 적어 맥동률이 좋고 출력 정류전압의 맥동성분의 기본주파수는 전원주파수의 6배이다.

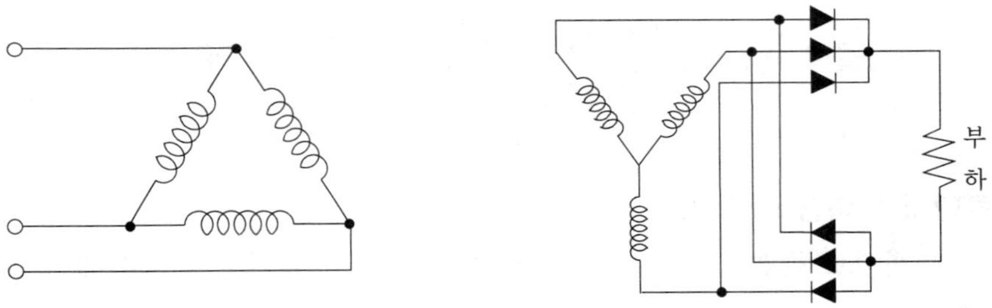

(a) 3상 전파 정류회로

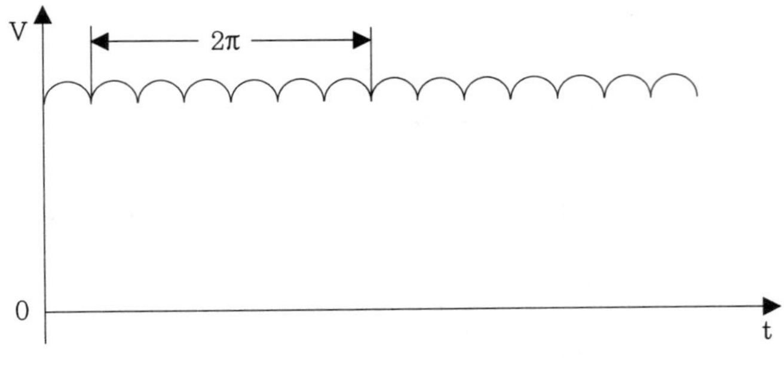

(b) 출력파형

그림 12-7. 3상 전파 정류회로 및 출력파형

6) 평활회로

교류전압을 정류기만으로 정류할 경우 정류된 파형은 직류분 외에 맥동분을 많이 포함하게 된다. 따라서 맥동분을 제거하고 순수한 직류파형을 얻기 위하여 정류회로에 평활회로를 부가하여 사용한다. 그러나 이상적인 평활회로를 사용해도 이론적으로 맥동성분을 완전히 제거하기는 불가능하다. 실제의 사용에 있어서는 허용될 수 있는 범위 내로 맥동성분이 제거되었느냐에 따라 출력의 품질에 대한 판단의 중요한 요소가 된다.

정류회로의 출력파형에 포함된 맥동성분의 함유율을 맥동률이라 한다. 또 교류를 정류하더라도 축전지와 같이 순수한 직류성분이 되지 않고 약간의 교류성분이 남게 되는데 이를 리플이라고 한다. 정류된 직류 속에 어느 정도의 리플이 포함되어 있는가를 아래와 같이 표시하게 되며 이 값이 적을수록 순수한 직류파형에 가깝다.

$$\text{맥동률} = \frac{\text{출력 교류전압(맥동분)의 실효치}}{\text{출력 직류전압의 평균값}} \times 100[\%] \qquad (12-2)$$

(1) 콘덴서 입력형 평활회로

부하에 병렬로 콘덴서를 넣은 간단한 평활회로로 교류의 (+) 반파 때 정류기 출력전압이 증가하고 있는 동안은 콘덴서의 최대치 전압까지 충전된다. (-) 반파 때는 다이오드는 동작하지 않으나 부하와 병렬인 콘덴서에 충전된 에너지가 부하에 방출되어 전압의 맥동을 방지하여 평활역할을 한다.

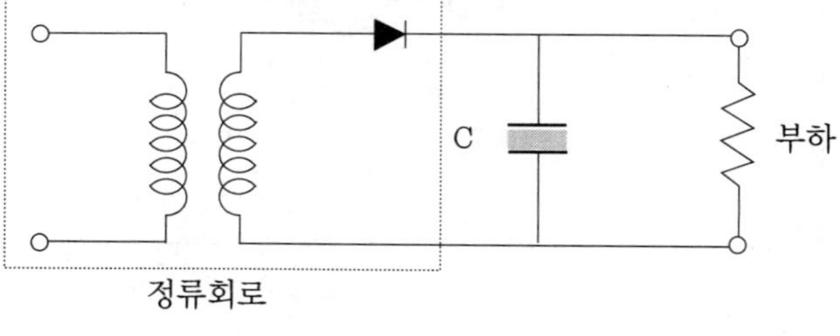

그림 12-8. 콘덴서 입력형 평활회로

π형 여파기 콘덴서 입력형회로로서 그림 12-9와 같은 방식이다. 이 방식은 출력전압을 교류전원 전압의 피크치에 접근시킬 수 있고 맥동분도 대단히 작게 된다.

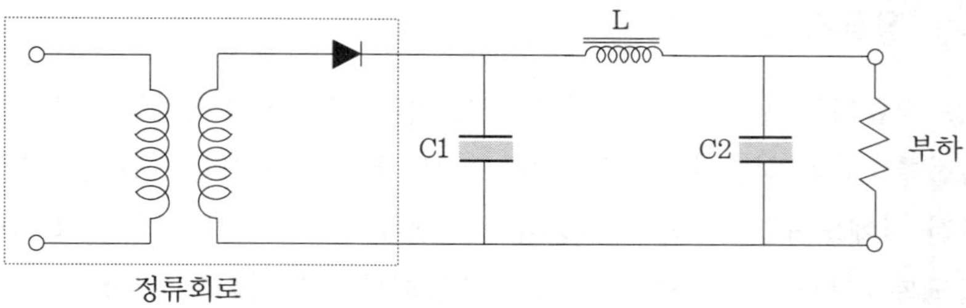

그림 12-9. π형 여파기

(+) 반파 교류 입력 때 정류전류가 흘러 C1, C2가 충전되고 (-) 반파 교류 입력일 때에는 C1, C2 충전전하가 부하를 통해 방전한다.

전원측에서 부하를 보면 L은 부하와 직렬로 되어 교류에 대해서는 큰 임피던스를 갖고 있으며 정류된 맥류전류 중 직류분은 쵸크 L을 통하여 부하에 흐르고 교류분은 쵸크의 고 임피던스로 저지되어 콘덴서에 흐르고 부하에는 흐르지 않는다. 즉 평활회로는 저역여파기라고 할 수 있다.

$$\text{맥동률 } r\pi = \sqrt{2}\,\frac{XC1}{RL}\cdot\frac{XC2}{XL} \qquad (12-3)$$

(2) 쵸크 입력형 평활회로

쵸크 입력형 평활회로는 출력측에 직렬로 쵸크코일을 병렬로 콘덴서를 넣는 방식으로 이 방식은 정류전압이 L1에 걸리면 코일의 역기전력에 의하여 전압이 상승할 때는 전류는 감소하고 정류전압이 저하하면 전류는 증가하여 정류관에 흐르는 전류는 충격전류가 흐르지 않게 되고 부하에는 직류에 가까운 정류전압을 얻는다.

$$\text{맥동률 } r\pi = \frac{\sqrt{2}}{3}\cdot\frac{XC1}{XL1}\cdot\frac{XC2}{XL2} \qquad (12-4)$$

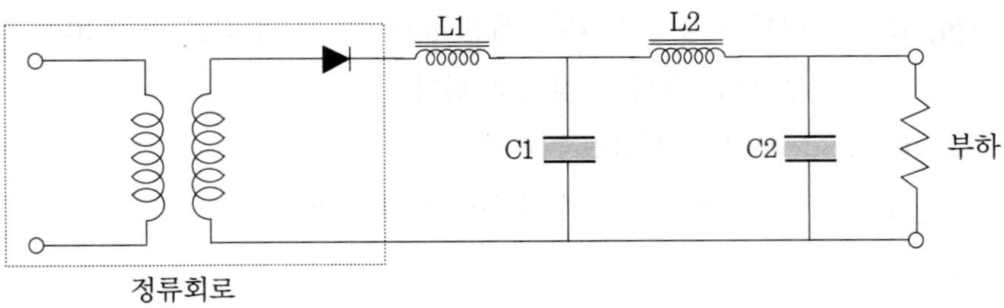

그림 12-10. 쵸크 입력형 평활회로

2 신호용 정류기

신호용 정류기는 부동 또는 균등충전 시 미리 일정한 출력전압 범위를 벗어나지 않고 정전류충전을 하는 특성을 갖는다. 장시간 정전되었다가 수전 후 행하는 축전지의 충전 시에도 규정된 전류 이상의 과대전류가 흘러 정류기와 축전지에 무리를 주지 않도록 자동전압 및 전류에 대한 조정회로가 내장되어 있다.

균등 및 부동충전의 자동동작은 조정된 일정한 전류로 균등충전을 계속하여 축전지의 단자전압이 균등충전전압까지 상승되면 이때부터 전압은 상승하지 않고 충전전류가 서서히 감소된다. 즉 축전지 용량의 10[%] 정도까지 감소되면 부동충전전압으로 자동 절체되어 부동충전을 계속한다.

신호용 정류기의 부하전압은 정격 부하전류에 있어서는 충전상태에 관계없이 규정된 정전압을 유지하고 있다. 이 정류기는 정전 및 수전에 관계없이 자동운전되며 부하에는 전원이 연속적으로 공급된다. 또 규정된 정전압이 공급되고 시간이 경과하여 규정된 부하전압보다 축전지전압이 1.5±0.5[V] 이하로 떨어지면 부하에는 축전지전원이 부하에 직접 공급된다. 특히 정전이 계속되는 경우 축전지의 방전종지전압까지 축전지전압은 계속 부하에 공급되며 설정된 방전종지전압 이하가 되면 전원이 차단된다.

1) 신호용 정류기의 종류

① 24[V]용 : 10[A], 20[A], 50[A], 100[A], 200[A]

② 60[V]용 : 30[A], 50[A], 100[A], 200[A]

2) 용량 계산식

$$R_f A \geq (i_1 \cdot N_1 + i_2 \cdot N_2 + \cdots + i_n \cdot N_n) \times 1.25[\mathrm{A}] \tag{12-5}$$

여기서, $R_f A$: 정류기 용량[A] (단, 계산 결과의 수치와 같은 용량 또는 가장 가까운 상위 용량의 것으로 한다.

$i_1 \sim i_n$: 부하의 정격전류[A]

$N_1 \sim N_n$: 상기 $i_1 \sim i_n$에 대응하는 부하의 수

표 12-3. 신호용 정류기의 전기적 특성

항목 \ 형별	S0405	S2410(A) S2420(B) S2450(C) S24100(D) S24200(E)	S6030 S6050 S60100 S60200
입력전압	AC 110/220[V] +10, −30		
정격출력전압	2/4[V]	12/24[V]	60[V]
출력전압	5[A]	10, 20. 50, 100, 200[A]	30, 50, 100, 200[A]
출력전압변동률	±1[%] 이내		
응답복구시간	10[ms] 이내		
맥동전압	5[mV] 이하	50[mV] 이하	
과부하 수하특성	120[%] 이내		
균등충전전압(cell 당)	2.4[V]	2.4[V]	
부동충전전압(cell 당)	2.2[V]	2.17[V]	
자동충전기능	무	유	
부하전압상태		정격전압의 4.2[%] 이하	정격전압의 2[%] 이하
종합효율	50[%] 이상	50(A,B) 기타 : 60[%]이상	60[%] 이상

3) 신호용 정류기의 전기적 특성

신호용 정류기의 전기적 특성은 표 12-3과 같다.

4) 성능시험방법

출력전압변동률 시험은 정격부하로 입력전압 최소 때의 출력전압(V_e)과 입력전압 최대 때의 출력전압(V_f)을 측정하고 다음과 같이 계산한다.

$$\text{출력전압변동률} = \frac{V_f - V_e}{V_f} \times 100 = 1.0[\%] \text{ 이내} \tag{12-6}$$

또 맥동전압시험은 입, 출력전압과 전류를 정격치로 유지하고 출력단자에서 맥동전압을 측정한다.

효율시험은 입력전압을 규정치로 유지하고 출력측을 조정하여 출력전압과 전류를 정격치로 놓았을 때 효율은 다음 식에 의하여 산출하며 교류전력은 효율계로 측정한다.

$$\text{효율} = \frac{\text{직류전력(출력)}}{\text{교류전력(입력)}} \times 100 \tag{12-7}$$

12.1.3 무정전전원장치(UPS)

UPS란 원래는 CVCF(Constant Voltage, Constant Frequency)의 정전압, 정주파수장치를 의미하였지만 여기에 축전지를 부가하여 무정전화 하였고, static switch를 부가하여 장치가 고장이더라도 정전이 발생하지 않도록 하는 장치를 무정전전원장치(UPS : Uninterruptible Power Supply)라 하며 상용전원 정전 시 축전지로부터 전원을 공급받아 컨버터로 직류를 교류로 변환하여 전원이 차단되지 않도록 계속 공급할 수 있는 설비이다.

1 UPS의 필요성

전자연동장치, ATC 장치 및 CTC 장치 등에는 입력전원을 일정하게 안정시키고, 전원공급이 중단될 경우 소프트웨어 데이터를 보호하기 위한 무정전전원장치를 설치한다.

최근 신호설비의 컴퓨터화로 인하여 입력전원 저하현상이 순간적으로 발생할 경우 신호설비 제어장치의 메모리가 손실되거나 연산장치에 오류가 발생하게 될 우려가 있다. 따라서 이러한 순시전압의 저하에도 신호설비들이 영향을 받지 않도록 무정전전원장치의 설치가 필요하다.

2 구성

그림 12-11과 같이 1차 전압이 정류기를 거쳐 직류로 변환한 후 평활회로의 필터를 거쳐 인버터로 연결된다. 이때 정류기 출력은 축전지와 연결하여 축전지를 규정된 전압까지 충전하게 된다.

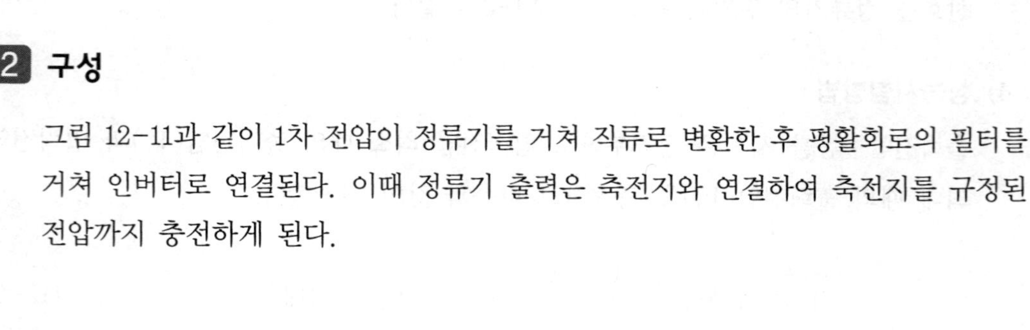

그림 12-11. UPS의 구성도

인버터를 통해 직류를 정현파의 교류로 변환시키고 변압기와 필터를 거쳐 부하에 연결되게 한다. 평상시 입력측의 전원은 정류기→인버터→필터를 거쳐 부하에 양질의 전원을 공급하다가 장치에 고장이 발생할 경우 입력전원은 바이패스회로를 통하여 전원을 부하에 공급하게 된다.

3 운용상 특성

1) 정상상태인 경우

인버터와 정류기는 상용 또는 예비전원을 수전 받아 입력전원을 부하에 적합한 전원으로 공급하여야 한다. 또 전원과 동시에 축전지를 부동충전하며 정상운전 중 상용전원의 동기주파수 지정범위를 벗어나거나 입력위상과 바이패스 전원의 위상각이 5°를 벗어나면 해당 표시등이 점등되고 부하용 전원에는 인버터로 절환되어야 한다.

2) 인버터 고장 시

운전상태에서 내부온도가 65[℃] 이상이거나 고장 시 자동으로 인버터를 바이패스하고 경고등과 경보음이 동작되어야 한다.

3) 상용 또는 예비전원 정전 시

축전지의 직류전원이 인버터로 입력되어 부하에 무순단으로 전원을 공급하고 축전지의 방전시간 동안은 정상적으로 전원을 공급하게 된다.

4) 상용전원 재 공급 시

축전지를 통한 전원공급을 중지하고 평상시 동작과 동일하게 부하에 전력을 공급하고 방전된 축전지를 규정된 전압까지 부동충전을 하여야 한다.

4 용량산정

1) UPS의 정격용량

기본적으로 최소한 전부하 용량을 산출한 값 이상으로 선정한다.

① 부하전원이 3상인 경우 : UPS 3상 출력
② 부하전원이 단상인 경우 : UPS 단상 출력
③ 바이패스회로를 사용할 경우 : 용량에 따라 상용측의 부하 불평형이 너무 커지기

때문에 3상으로 하여 부하가 평형을 이루도록 3분할해서 접속시킨다.

④ 과도한 전압변동이 발생할 경우 : UPS 정격용량 30~50[%] 입력전압의 변동으로 출력측에는 ±8~10[%] 정도의 전압변동이 있을 수 있다. 따라서 컴퓨터 부하일 경우 전압변동률이 ±10[%] 이하이므로 부하 기동 시의 돌입전류까지 포함하여 50[%] 이하가 되도록 UPS 용량을 선정한다.

2) UPS용 축전지 선정

신뢰성과 경제성 및 설치장소 등을 고려하여 축전지의 종류를 결정하고 높은 신뢰성이 요구되는 UPS에서는 고율 방전용 연축전지나 니켈 카드뮴 축전지가 사용되고, 컴퓨터실 등에 설치되는 소형 UPS에서는 가스 발생이 없는 밀폐형 축전지를 사용한다.

축전지의 용량은 UPS의 출력용량과 정전유지시간을 감안하여 결정하게 된다.

5 사용전압

신호설비에 사용하는 전원은 무정전 전원을 원칙으로 하며, 신호용 기기류의 단자전압은 교류일 경우 정격치의 0.8~1.2배, 직류는 정격치의 0.9~1.2배 범위로 사용한다.

신호전원장치는 열차운행을 위한 중요한 설비이므로 신호설비 이외의 다른 용도의 사용으로 인하여 열차운행에 지장을 주는 사고를 방지하기 위하여 신호전원은 타 설비의 전원과 함께 사용하지 못하도록 전원의 유용을 제한하고 있다.

12.1.4 축전지

화학에너지를 전기적에너지로 변화시키는 것을 방전이라 하고 전기적인 에너지를 화학에너지로 변환시키는 것을 충전이라 하며 충전과 방전을 되풀이하는 전지를 축전지라 한다.

1 연축전지

연축전지는 양극판을 이산화연(PbO_2) 음극판을 연(Pb), 전해액(H_2SO_4)을 사용하고 있다.

황산 속의 음극판에서 발생한 전자가 양극판으로 이동하려 하고 여기에 양극판과 음극판에 회로를 구성시켜 부하측에 연결하면 전기의 흐름이 생긴다.

연축전지의 충·방전 화학식은 다음과 같다.

양극		전해액		음극		양극		전해액		음극	
PbO_2	+	$2H_2SO_4$	+	Pb	방전 $\rightleftharpoons$ 충전	$PbSO_4$	+	$2H_2O$	+	$PbSO_4$	(12-8)
과산화연		황산		납		황산연		물		황산연	

1) 연축전지의 충전방식

(1) 초충전

① 전해액 제조 시에는 철제 용기를 사용하지 않고 도자기(항아리), 플라스틱 용기를 사용하며 반드시 증류수에 황산을 서서히 주입하며 잘 저어서 냉각시킨다.

② 전해액 비중은 고정 연축전지인 경우 1.215±0.005, 가반 연축전지의 경우 1.240±0.005 이다.

③ 축전지에 전해액 주입 후 3시간 이상 지난 다음에 전해액이 액면 지시선보다 내려가면 다시 보충하여 준다.

④ 충전 개시 전 정류기와 축전지와의 극성을 확인한다.

⑤ 전해액 온도가 35[℃] 이하이면 충전한다.

⑥ 축전지 충전전류는 정격용량의 $\frac{1}{10}$, $\frac{1}{20}$의 전류로 한다.

⑦ 초충전 시간은 통상 72시간 정도 시행한다.

⑧ 충전이 되면 전압이 2.5[V] 이상 비중 1.215 정도로 변화한다.

⑨ 매시간 측정한 전해액의 비중과 전압이 3회 이상 일정한 상태에서 10시간 이상 계속 충전한다.

⑩ 초충전 종료 1~2시간 전에 비중을 측정하여 규정치로 조정한다.

(2) 부동충전

부동충전은 상용전원이 정전되었을 때 부하에 전력을 공급하기 위한 최적의 충전상태를 유지하기 위한 충전을 말하며 정류기로부터 축전지와 부하를 병렬로 접속하여 그 회로의 전압을 축전지의 전압보다 약간 높게 유지시켜 사용하고 전압은 다음과 같이 유지시킨다.

표 12-4. 연축전지의 부동충전전압

종 류	만충전 시의 비중(25[℃])	부동충전전압[V/Cell]	비 고
고정 축전지	1.125 ± 0.005	2.15~2.17	
가반 축전지	1.240 ± 0.005	1.18~2.20	

이 방식은 정상전류는 정류기가 부담하고 단시간 내 부하와 정전시의 부하는 축전지가 부담하므로 부하측은 항상 무정전 급전이 가능하므로 안정도를 확보하기 위한 방식이다.

따라서 축전지에는 항상 일정전압이 가해져 있어 충전전류로서는 자기방전을 보상하는 정도로 하여 언제나 만충전 상태를 유지하여야 하므로 장기간에 걸쳐 양호한 상태로 유지할 수 있을 뿐만 아니라 전지의 수명도 길어진다.

(3) 균등충전

균등충전은 여러 개의 축전지를 한 조로 장기간 사용하는 경우 자기방전과 부분방전 등으로 전지간의 충전상태가 불균형이 발생되어 전압이나 전해액 비중이 불균형이 생기게 된다.

이러한 불균형상태를 없애고 고장을 예방하기 위하여 시행하는 충전을 말하며 균등충전방법에는 정전류 균등충전법과 정전압 균등충전법이 있으나 일반적으로 정전압 균등충전법을 사용한다.

평상시 부동충전하고 있는 축전지는 3개월에 1회 정도 균등충전을 실시하여야 하며 실시 방법은 정전압 기능을 갖는 정류기의 경우 정류기에 있는 전환스위치에 의해서 부동충전에서 균등충전으로 전환하면 된다.

자동용 정류기는 "자동 균등충전장치"로 되어 있으므로 AC 정전 회복 후에는 자동으로 균등충전을 개시하고 만충전이 되면 자동으로 원래의 부동충전으로 돌아간다.

2 알칼리축전지

알칼리축전지는 연축전지보다 효율면에서 암페어시(A/H) 효율이 85[%]나 자기방전이 적으며 과충전, 과방전에서도 영향을 적게 받아 많이 사용하고 있다.

충전 시에는 양극 활물질인 수산화니켈 $NI(OH)_2$은 고급 산화물 $NI(OH)_3$이 되고 음극판의 활동물질은 수산화카드미늄 $Cd(OH)_2$에 금속상태인 카드미늄 Cd로 환원된다.

방전 시에는 양극 활물질은 저급 수산화니켈 NI(OH)$_2$로 환원되고 음극 활물질은 수산화카드미늄 Cd(OH)$_2$로 산화된다.

알칼리축전지의 전해액은 순도의 가성가리 용액이며 20[%]의 농도로 비중은 1.17~1.20을 표준(20[℃])으로 하고 있지만 한랭지역에서는 1.24까지도 사용한다.

전해액 중의 불순물은 자기방전이나 축전지 각 부분을 부식하는 원인이 되기 때문에 고순도를 유지해야 한다. 특히 유산이 섞인 산성물질을 넣었을 때는 전지를 파손하는 결과를 가져온다.

가성가리 수용액의 비중 1.20일 때 약 −27[℃]가 빙점이다. 저비중은 비중 1.16 이하가 되면 충전이 불가능하고 용량이 저하하며 1.30 이상이 되면 액의 저항이 증가하고 세파레타의 내 알칼리성도 나빠져 전지의 수명을 저하시킨다.

전해액은 공기 중의 탄산가스(CO_2)를 흡수하는 성질이 있고 탄산가스가 액 중에 유입되면 탄산가리(K_2CO_3)가 생성되어 액의 저항이 증대한다.

전해액의 불순물로서 유해한 것은 탄산가리, 유산근, 동 등의 금속류와 유산근 등이며 사용 용기는 유리, 자기, 니켈, 에보나이트 등을 사용하고 유기, 알루미늄 등은 부적격하며 산성의 것과는 공용할 수 없다.

1) 충 · 방전 화학식

① 니켈-카드늄 전지(융그넬형)

양극		음극		양극		음극	
$2NI(OH)_3$	+	Cd	$\underset{충전}{\overset{방전}{\rightleftharpoons}}$	$2NI(OH)_2$	+	$Cd(OH)_2$	(12-9)
수산화 제2니켈		카드미늄		수산화 제1니켈		수산화 카드미늄	

② 철-니켈형(에디슨형)

양극		음극		양극		음극	
$2NI(OH)_3$	+	2Fe	$\underset{충전}{\overset{방전}{\rightleftharpoons}}$	$2NI(OH)_2$	+	2Fe(OH)	(12-10)
수산화 제2니켈		철		수산화 제1니켈		수산화 제1철	

2) 알칼리축전지의 장점

① 부동충전에 적합하다.

부동전압은 셀당 1.40~1.55[V]로 충전 가능하며 방전전압은 1.20~1.25[V] 부동충전에 적합하다. 물의 분해에 의한 가스 발생이 거의 없어 액의 감소는 극히 적다. 액 보충 횟수도 아주 적다.

② **온도특성에 강하다.**

고온 45[℃]까지 극판 온도가 상승하여도 사용할 수 있으며 저온에서는 특히 우수하여 −15[℃]에서도 급방전이 충분하며 −30[℃]에도 방전이 가능하다.

③ **자기방전이 극히 적다.**

1년간 방치하여도 견딜 수 있는 용량을 보유하고 있다.

④ **전기적 강도가 크다.**

과충전, 과방전, 역충전에 대한 저항력이 있으며 열화되지 않으며 극판 만곡 등의 현상이 없다.

⑤ **부식성이 없다.**

⑥ **설치가 용이하다.**

⑦ **보수가 용이하다.**

⑧ **수명이 길다.**

부동충전으로 사용 시에는 10～25년 정도이다.

3) 알칼리축전지의 충전방식

(1) 초충전

비중 1.230의 전해액을 주입하여 5시간을 전류로 2배의 과충전을 한다. 2～3회 충·방전을 반복하면 소정의 용량으로 된다. 전해액이 들어 있는 상태로 보급된 것은 완전 방전상태에서 2배의 과충전을 실시한다. 방전한 전지는 빨리 충전하는 것이 좋다. 그러나 방전을 조금 하였더라도 방전 전기량의 적산량이 전지용량의 절반쯤 남아 있을 때 충전을 해도 지장은 없다.

충전시 전지온도가 45[℃] 정도 되면 충전을 중지하고 40[℃] 이하가 될 때까지 기다렸다가 다시 충전을 계속한다. 충전 중 전지온도가 다시 상승하면 일시 중단하던가 약 $\frac{1}{2}$ 정도로 전류를 줄여서 계속 충전한다.

알칼리축전지의 충전량은 140[%] 정도의 전기량을 충전하는 것이 원칙이다. 즉 정규충전으로 100[%] 방전된 축전지는 5시간율에 있어서 7시간 충전한다. 충전 말기의 판단은 연축전지처럼 전해액 비중으로 판단이 불가능하고 가스가 처음 발생한 시점부터 충전전압이 변화하므로 그 후 50[%] 정도 더 속행한 이후가 충전이 완료된 것으로 본다.

(2) 정전류충전

충전 초기부터 종기까지 일정전류로 충전하는 방법으로 보통충전이라 한다.

(3) 정전압충전

이 충전법은 축전지에 일정한 전압을 유지하여 충전하는 방법으로 충전 초기에는 큰 전류가 흐르고 종기에 가까울수록 전류는 감소하며 전압의 기준은 기종에 따라 다르다

(4) 균등충전

축전지의 용량이 저하되었거나 각 단전시간에 전압이 불균형할 때 원상태로 회복시키기 위해서 시행하며, 충전시기는 6~12개월에 1회 정도, 균등충전전압은 1.50~1.55[V]로 충전한다.

(5) 부동충전

알칼리축전지의 충전법은 주로 부동충전법을 많이 채택하고 있다. 이 충전법은 축전지를 정류기 및 부하에 병렬로 접속하여 평상시에는 정류기가 부하를 부담하고 전지에도 미소전류를 공급하며, 정전 시 등에는 전지로부터 전류가 공급되게 하는 방식이다.

부동충전전압은 보통 셀당 1.40~1.45[V]이며 충전전류는 5시간율 전류의 약 $\frac{1}{100} \sim \frac{1}{150}$ 이 되고 부동충전전압은 셀당 부동충전전압 × 셀수 이다.

부동충전전압이 낮게 되면 충전 부족상태가 되고 반대로 높아지면 과충전이 되어 전해액 보충 횟수가 많아진다.

3 밀폐형 무보수 연축전지

밀폐형 무보수 연축전지는 연-칼슘의 특수 합금된 양극을 사용하며 완전 밀폐하여 누액 및 가스의 발생이 없으므로 설치가 용이하며 인적 물적 피해가 없다.

또 수명이 다할 때까지 보수가 필요 없는 장점이 있으나 과충전, 과방전에 약한 단점이 있다. 용도는 특별히 설치장소가 필요 없어 사무실, 기기 내부 등에 설치가 가능하다.

밀폐형 무보수 연축전지 구조는 일반적으로 특수 합금된 양극판, 음극판, 합성 수지제 전조 및 뚜껑, 특수 격리판으로 구성되어 있으며 가스의 발생에 대비하여 안전 밸브가 설치되어 있다.

1) 밀폐형 무보수 연축전지의 특성

(1) 무보수성

충전시 전지 내부에서 발생한 가스가 극판에 흡수되어 전해액으로 환원됨으로 전해액의 감소가 거의 없어 증류수 보충이나 점검이 필요 없다.

(2) 안전성

과충전이나 충전 조작의 잘못에 의해 가스가 발생하여 전조의 폭발 위험이 있으나 이에 대비 안전밸브가 설치되어 있다.

(3) 설치가 용이하다.

사무실, 기기 내부, 캐비닛 식으로 설치가 가능하므로 별도의 축전지실이 필요 없다.

(4) 경제성

특수한 연-칼슘 합금으로 된 극판을 사용함으로 자기방전량이 적고 내식성이 좋으며 정상적인 부동충전 시 가스 흡수가 확실함으로 일상적인 축전지 취급에서 전해액의 고갈로 인한 용량 감소가 적다. 내부저항이 적어 급충방전 특성이 양호하며 대전류방전에 적합하다.

(5) 수명

교호 충방전(cycling service)수명은 약 500회, 부동수명은 약 3~5년으로 수명이 짧다.

2) 밀폐형 무보수 연축전지의 충·방전

(1) 충전

밀폐형 연축전지는 충전되어 시판됨으로 초충전은 필요하지 않으나 제조일자가 오래된 경우에는 충전 후 사용해야 한다.

(2) 충전전압

충전은 반드시 정전압 정류기를 사용하며 충전전압은 부동사용 시 셀당 2.25~2.30[V], 교호 충방전 시는 2.40~2.45[V]로 충전한다.

부동충전전압이 높으면 과충전으로 수명이 짧아지고 전압이 낮으면 충전 부족으로 용량이 감소한다. 부동충전전압을 정확히 유지하려면 정기적(3~6개월)으로 정류기 출력전압계를 보정하여야 한다.

충전 시 주위온도는 0~4[℃] 이내에서 충전한다.

(3) 방전

주위온도가 -15[℃]에서 +50[℃] 사이에 방전한다.

(4) 방전종지전압

- 10시간 방전율로 방전할 때 셀당 1.80[V]
- 5시간 방전율로 방전할 때 셀당 1.75[V]
- 1시간 방전율로 방전할 때 셀당 1.65[V]
- 30분 방전율로 방전할 때 셀당 1.60[V]이며 방전 후에는 즉시 충전하여야 한다.

(5) 설치

밀폐형 연축전지는 충전되어 시판됨으로 단자의 단락에 주의한다.

설치장소는 서늘하고 통풍이 잘되며 건조한 곳으로 온도가 20~25[℃]가 최적이다. 축전지 상호간의 연결은 연결용 콘넥터와 볼트 너트로 연결하며 정류기 단자와의 연결은 터미널을 사용한다.

기기 내부에 설치할 경우에는 심한 진동이나 충격을 받지 않도록 견고히 고정하고, 기기의 최하단에 설치하며 발열체와 격리 또는 이격시킨다. 인화성 가스가 발생할 우려가 있으므로 불꽃을 일으키는 스위치, 휴즈 등과는 이격시켜 설치하며 완전 밀폐된 곳은 피한다.

12.2 유도대책

전철구간에 운행하는 열차는 대부분 VVVF(Variable Voltage Variable Frequency) 제어차량으로 고조파 발생에 따른 신호설비의 악영향이 우려되며, 특히 복선 자동폐색장치의 ABS 송・수신 주파수 대역과 전차전류의 고조파 성분의 크기가 서로 일치하고 고조파의 지속시간이 허용치를 상회하는 경우가 발생될 경우 잘못된 신호주파수를 수신하여 신호기가 오동작하거나 장애가 발생될 우려가 있다.

고조파(harmonic wave)는 기본주파수(fundamental frequency)의 정수배의 주파수를 갖는 정현파(sine wave)를 말하며, AC 25[KVA] 60[㎐]를 사용하고 있는 VVVF(variable voltage variable frequency) 제어방식에서는 차량의 가감속 및 전원주파수 변동에 따른 switching 주파수가 변화하기 때문에 고조파 발생을 억제하거나 피할 수는 없으므로 차량분야와 신호분야가 함께 대책을 마련하여야 한다.

차량분야에서는 VVVF 제어차량에서의 고조파 발생을 최소화할 수 있도록 주변압기에 2단 필터(filter)를 설치하고 다수의 컨버터(converter)를 병렬로 설치하여 고조파 발생을 감소시킬 수 있도록 하여야 하며, 신호분야에서는 고조파 영향을 많이 받는 낮은 주파수 대역의 신호주파수 사용을 억제하고 높은 주파수의 대역을 사용하되 상용주파수의 정배수가 되는 주파수의 사용을 피한다면 고조파에 대한 문제가 그리 심각한 것만은 아니다.

12.2.1 고조파 발생원인

고조파란 어떤 주기 파형을 이루는 성분 중에서 시스템의 기본주파수의 몇 배수 주파수를 갖는 전압원이나 전류원이라 생각할 수 있다. 이러한 고조파는 전력변환 시 뿐만 아니라, 차량운행 시 trolley와 pantograph 사이의 완전치 못한 접촉으로 스파크(spark) 방전 등에 의해서도 생기게 된다. 특히 전동기에 구동에너지를 공급하기까지의 전철에서 채택하고 있는 대부분의 전력변환시스템은 AC-DC converter, DC 전압이나 DC Link 전류, 그리고 DC-AC inverter로 구성된다. AC-DC converter 즉, 정류기의 경우 AC를 집전하여 정류기를 전기차에 탑재하는 경우와 정류기를 지상에 설치하여 DC를 접전하는 것으로 나눌 수 있다.

그러나 두 시스템은 공히 AC측과 DC측에 모두 고조파를 발생시킨다. 기타 변전소에서 발생한 리플(ripple)전원, 운행 노선 중에 다른 전기차에서 발생한 리플전원이 귀선(궤도)으로 흘러들어 오는 경우도 있다. 차량 trolley와 pantograph의 이완에 준하는 차륜과 레일의 불완전한 접속, 기타 차량탑재장치에 기인하는 경우가 있다. 다음의 표 12-5는 잡음의 종류 및 고조파 발생원인을 나타낸 것이다.

표 12-5. 고조파 발생원인

잡음의 종류	고조파의 발생원인	영향을 받는 궤도회로	
		수신방식	조 건
귀선잡음	변전소 전원리플, 전차발생잡음	전압수신방식	귀선회로의 불균형
Wheel Arcing	차량과 레일간의 ARC	전류수신방식	대차위 수신점 바로 위 통과
차량탑재장치 (전력변환장치)	VVVF, Reactor, SIV, 기기간 배선	전류수신방식	기기의 수신점 바로 위 통과

12.2.2 전력변환시스템 고조파에서 직접 전달되는 고조파

직접 전달되는 고조파에 대하여 영향을 받는 궤도회로는 궤도회로 신호전류의 동일 성분을 수신하여 동작할 수 있다. 전류 수신방식 또는 전압, 전류 수전방식을 사용한 AF 궤도회로 시스템에서 차량탑재기기에서의 전자파가 전류 수전소자와 결합하여 영향을 받는다. 신호주파수가 수십[kHz]로 높아지면 전압 수전식의 무절연시스템에도 영향이 되는 경우도 있다. 직접 전달되는 고조파는 그 발생원인이 VVVF 장치의 filter reactor 및 invertor 보조 전원용의 정지 inverter(SIV) 등의 기기 외에 기기간 혹은 전동기와의 사이에 회로적인 구성에 있다.

12.2.3 귀선잡음

1 귀선전류의 리플과 고조파

VVVF 제어차에 한하지 않고, 직류 전철구간에 공통적인 잡음으로 거의 모든 궤도회로 설비는 가능한 그 영향을 받지 않도록 설비하고 있다.

2 전차전류의 급격한 변화에 따른 기기의 과도응답

가감속 Notch의 on, off 또는 주로 임피던스 본드를 통하여 수신하는 방식에 있어서 귀선회로의 불평형 시에 영향을 발생한다. 전차전류의 변화는 VVVF 제어차에 한하지 않고 모든 전차에 공통적으로 갖는 것으로, 최근의 장대 편성화, 고출력화에 의하여 궤도계전기의 순간적 오동작을 유발하는 일이 있으나 연속적으로 일어나지는 않는다.

3 의사신호 잡음

VVVF 제어차 고유의 것으로 가변주파수(2~158[kHz]) 대역의 LF(저주파) 궤도회로 주파수 대역에서 AF 궤도회로의 주파수대에 걸쳐 있으며, 이 잡음이 궤도회로의 신호주파수에 근접하면 의사신호로서 영향이 발생한다. 영향의 정도는 신호파 방식에 따라 다르며 계속적으로 일어나는 것은 아니다.

12.2.4 Wheel Arcing 잡음

차륜과 레일 단면 사이의 arc에 의하여 발생하는 잡음으로 전류성분으로 동작하는 궤도회로시스템에 영향이 있다. 이 잡음은 전차의 고출력화 초퍼(chopper), VVVF 등이 주회로 전자 제어화에 의한 특정 대차에의 집중화에 따라 특히 Engine Shoe (합성제륜자) 사용에 의한 차량과 레일 단면 사이의 접촉저항의 증대에 의하여 발생하는 것으로 생각되며, 차량탑재장치에서 직접 전달되는 잡음보다 큰 영향을 기록하는 경우가 많다. 또, 이 잡음은 전차 속도가 높을수록 레벨(lever)이 크며, 궤도회로기기에서는 과도잡음으로서 동작한다.

12.3 낙뢰 및 지락에 대한 보호대책

12.3.1 전압 과도현상

전압 과도현상이란 예측할 수 없는 전압의 변동으로 다음과 같은 전압 과도현상이 있다.

① 번개(lightning)

② 유도성 부하의 switching
③ 정전기(electro-static discharge)
④ NEMP(nuclear electromagnetic pulse)

1 번개

번개는 세계 도처에서 매일 43,000[회]의 뇌우가 일어나며, 매 시마다 360,000[회]의 번개가 발생하며 피크 전류의 범위는 수[kA]에서 150[kA] 이상으로 20[kA] 내외가 약 50[%] 정도를 차지하고 있다. 번개는 복합적인 것이므로 광범위한 주파수 성분을 포함한다.

예를 들어 10[km] 떨어진 곳에서 발생한 낙뢰의 피크 레벨을 [m]당 2~3[V] 정도로 가정한다면 100[V/m] 이상의 낙뢰가 가까운 곳에서 일어난 것과 같은 것이 되며, 이것은 컴퓨터의 터미널과 본체를 상호 연결하는 100[m] 정도의 케이블이 수백 볼트의 전위레벨로부터 유도된 번개의 영향을 받는 것을 의미한다.

2 유도성 부하의 Switching

유도성 부하의 Switching은 유도성 부하가 on 또는 off로 변환할 때 발생하는 과도현상을 말한다. 자장의 급속한 증가와 감소는 motor, 계전기, 변압기 등의 선(wire)에서 다음과 같은 패러데이의 법칙에 의해 전압유도를 야기시킨다.

$$V = -N\frac{d\Phi}{dt} \tag{12-11}$$

여기서, V : 전압
Φ : 자속밀도(weber)
N : 권선수

이러한 과도전압은 흔히 예고 없이 발생하며 반도체 소자의 잠재적인 파괴를 가져오게 되며, 발생원인은 여러 가지가 있겠으나 그 중에서도 전원에 의한 것이 가장 치명적이 된다.

예를 들면 정전이 되었을 경우 축적된 모든 에너지는 주전원선으로 연결된 모든 장치에 과도현상을 야기시킨다.

3 정전기

정전기의 전하는 마찰전기효과에 의해 발생하는 데 마찰전기효과는 2개의 물질을 서로 접속시킨 후 재빨리 떼었을 때 전하가 발생하는 현상을 말하며, 사람의 몸에도 150[pF] 정도의 전하량이 저장되어 있다. 0.1~0.5[μC] 사이에 축적되는 전류는 picoamps에서 수 microamps 정도의 범위가 된다.

150[pF]에 3[μC]의 전하가 축적된 곳의 전압을 계산하면 약 20,000[V] 정도가 되며, 다음과 같이 계산되어진다.

$$V = \frac{Q}{C} = \frac{3 \times 10^{-6}}{1.5 \times 10^{-10}} = 20,000\,[\mathrm{V}] \tag{12-12}$$

전달된 에너지는

$$W = \frac{1}{2} CV^2 = \frac{1}{2}(1.5 \times 10^{-10})(2 \times 10^4)^2 = 0.03\,[\mathrm{joule}]$$

이 된다.

사람은 300[V] 이하의 정전기 스파크는 느끼지 못하기 때문에 실제로 조립에 종사하는 사람이나 기술자들은 이러한 미세 회로소자가 어떻게 파괴되는지 느끼지 못한다.

4 NEMP(Nuclear Electromagnetic Pulse)

NEMP는 대기의 상층권에서 분자간에 충돌이 일어날 때 고에너지 감마선의 방사에 의해 생성되고 이 감마선은 compton 효과에 의해 전자를 이동시킨다. 이러한 고에너지 compton 전자는 최고 높이 상승시간이 10[nsec]이고 주기가 1[μsec] 이하인 전자기 펄스를 발생시키는 지자장(geomagnetic field)은 지구 쪽을 향한 나선 모양으로 이동시킨다.

NEMP에 의해 발생되는 전장의 강도는 100[MHz] 이상의 주파수를 갖는 스펙트럼의 100[kV/m] 정도이다.

12.3.2 과도현상의 경로

1 전원선로

전원선로는 낙뢰로부터 직접적인 영향을 받으며 전자기결합의 안테나 역할을 하게 된다.

이러한 낙뢰의 영향을 피하기 위하여 전원선로에 접지선을 연결하지만 낙뢰의 영향을 완전히 제거하기는 어렵다.

2 유도성결합

전원선간의 유도성결합과 데이터 전송로 사이의 유도성결합도 과도전압 발생의 근원이 된다. 접지선에 영향을 주지 않는 낙뢰일지라도 각 선에 심각한 피해를 줄 수 있는 전압이 유도된다. 대지는 전도성이 있기 때문에 적당한 깊이로 매설한 케이블은 가공전선로와 같이 전자기의 결합에 매우 취약하다.

3 레일

대지상에 노출되어 있는 레일은 전자기결합의 안테나 역할과 전송로의 역할을 담당하므로 레일에 직접 구성되어 있는 궤도회로장치에 대한 과도전압현상의 피해는 매우 심각하다.

그림 12-12와 같이 계측부와 제어부가 상당한 거리에 이격되어 전송선에 의해 연결되어 있고 양단부가 각각 접지설비가 되어 있다고 할 경우 만약 대지전위에 변동이 없고 양단 접지점의 전위가 동일하다면

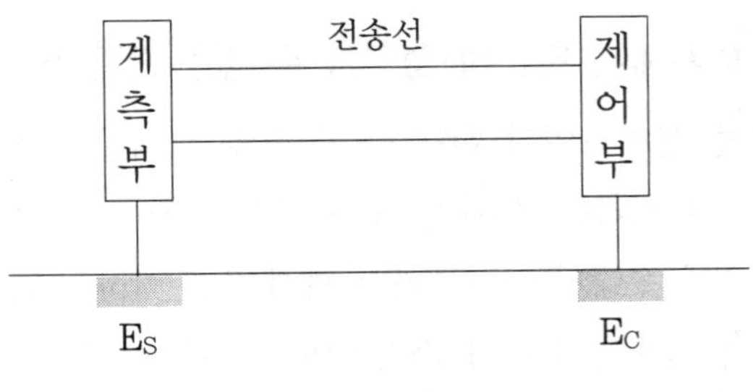

그림 12-12. 대지전위의 변동

$$E_S = E_C \fallingdotseq 0 \qquad (12-13)$$

이 되므로 모든 설비는 안정된 상태를 유지할 수 있으나 어떤 원인에 의하여 이 전위의 평행이 파괴되어

$$E_S \neq E_C \qquad (12-14)$$

라는 현상이 발생하면

$$E_S - E_C \qquad (12-15)$$

라는 전위차는 전부 계통의 어느 곳인가 가해질 것이다.

최근 제어부나 계측부 모두 소형화되고 전자회로화 될 경우 그 만큼 위험은 증대할 수 있다는 결론이 된다.

일반적으로 정전계의 이론은 대지표면의 전위는 0이라고 보고 있다. 이 때문에 자칫 각 대지전위는 0 이라고 생각하기 쉬우나 실제로는 대지 중에 전류가 흐르고 있는 이상 전위분포가 존재하는 것은 사실이며 그 형태가 결국 대지표면의 전위는 0이 아니며 항상 변화하고 있다고 생각하여야 한다. 위에서 언급한 $E_S - E_C$에 상등하는 것이 잡음원이 되는 것이며 이 잡음원이 과대하게 되면 장치의 소손 등 치명적인 피해와도 직결된다.

이와 같은 영향을 예방하려면 다음과 같은 방법을 선택하여야 한다.

1) 모든 설비를 접지하지 않고 대지에서 완전히 절연한다.

이렇게 할 경우 부동하는 대지표면 전위와는 완전히 이격되어지므로 전혀 아무런 영향을 받지 않을 것이다.

2) 설비의 특성상 대지에서 완전히 절연할 수 없는 경우가 거의 드물다.

이럴 경우 접지를 설비하여야 하는 데 접지와 접지간에 전위차가 발생하지 않도록 하나의 접지에 공유시키는 것이며 공통접지를 하여야 한다.

그러나 이 경우에는 대지 토양이라는 매개가 존재하지 않으므로 만약 어떠한 원인에 의해 한쪽의 접지계에서 이상 과전압이나 특수 서지가 발생한다면 그것은 대지로 유입되지 못하고 타 접지계로 유입하게 되므로 예기치 못한 사태가 발생할 수 있다.

3) 문제를 야기시키는 최대의 요인은 전송선이라는 전기적인 연결이다.

이 선을 전기적으로 절연만 할 수 있다면 E_S, E_C는 각기 전혀 무관하게 존재할 수 있게 된다. 이러한 방법을 실현하기 위해서는 광케이블의 도입을 검토하여야 할 것이다.

12.3.3 서지방지기

서지방지기는 과도전압과 노이즈를 감쇄시키는 장치로써 600[V] 이하의 전력선이나 전화선, 데이터 네트워크, CCTV 회로, 케이블 TV 회로 및 전자장비에 연결된 전력선과 제어선에 나타나는 매우 짧은 순간의 위험한 과도전압을 감쇄시키도록 설계된 장치이다. 이 장치에는 적어도 하나 이상의 비선형 부품이 포함되어 있다.

서지방지기는 서지억제기(KSC IEC 61024) 또는 서지보호기(KSC IEC 61643)라고도 하며, 영어로는 TVSS 또는 SPD라고 한다. 국제적으로 SPD라 부르고(IEC), 미국에서도 ANSI/IEEE는 SPD로, UL과 NEC는 TVSS라 부르며, 미국의 전기제품 제조업체들의 모임인 NEMA에서는 소속업체에 따라 SPD와 TVSS를 혼용하고 있다.

1 목적

현재 선로 양쪽에 가공선 및 지중선을 포설하여 접지에 관련된 모든 부분을 등전위로 본딩하고 있다. 이는 KSC IEC 61024(건축물 등의 뇌보호시스템)의 요구사항을 따른 것으로써 구조물과 그 내부에 있는 장비를 낙뢰로부터 보호하려는 것으로 KSC IEC 61024는 건축물 내부에서의 뇌보호시스템으로 서지방지기(SPD : Surge Protective Device)를 채택하도록 하고 있으며 서지방지기에 대한 규격은 KSC IEC 61643(저압 배전계통의 서지보호장치)이다.

2 종류

1) 포트(port) 수에 따른 분류

서지방지기를 포트(단자)의 구성에 따라 분류하면 1-port SPD type과 2-port SPD type으로 나눌 수 있으며 각각은 다음과 같다.

① **1-port SPD**

입출력단자가 1세트로 구성되어 있는 SPD이다. 입출력단자가 양단자 사이에 직렬 임피던스가 없이 서로 분리되어 있을 수도 있다. 1-port SPD는 선로에 병렬 또는 직렬로 연결된다. 병렬연결인 경우 부하전류는 SPD를 통해 흐르지 않는다. 직렬연결인 경우 부하전류는 SPD를 통해 흐르게 되며, 부하전류에 의해 온도가 상승하고, 2-port SPD처럼 최대허용 부하전류가 정해져야 한다.

② **2-port SPD**

입출력단자가 2세트로 구성되어 있는 SPD로 양 단자 사이에 특정 직렬 임피던스가 삽입되어 있으며, 입력단자의 제한전압이 출력단자의 제한전압보다 높기 때문에 보호하려는 부하는 출력단자에 연결되어야 한다. 부하전류가 SPD를 통해 흐르게 되며, 부하전류에 의해 온도가 상승하기 때문에 최대허용 부하전류가 정해져야 한다.

2) 서지전압 억제특성에 따른 분류

서지방지기를 서지전압 억제특성에 따라 분류하면 전압제한형과 전압스위치형, 조합형으로 나눌 수 있는데 각각의 원리는 다음과 같다.

① **전압제한형(limiting type)**

대표적인 것으로 MOV(Metal Oxide Varistor)와 제너 다이오드가 있으며, 전압에 대한 전류의 특성이 비선형을 나타낸다. 소자 양단에 걸리는 전압이 설정된 전압 이하일 때에는 커다란 임피던스로 작용하여 전류를 거의 흐르지 못하게 하지만, 그 값을 초과하는 전압이 걸리면 임피던스가 급격하게 작아지면서 많은 전류를 흘려 전압이 일정한도 이하를 유지하게 해준다.

② **전압스위치형(switching type)**

대표적인 것으로는 GDT(Gas Discharge Tube)가 있으며 전압에 대한 전류의 특성이 전압제한형보다 심한 비선형을 나타낸다. GDT는 튜브 안에 가스를 넣고 가스를 통해 방전이 일어나게 하는 것으로써 전극 양단에 걸리는 전압이 설정된 전압 이하일 때에는 커다란 임피던스로 작용하여 전류를 거의 흐르지 못하게 하지만, 그 값을 초과하는 전압이 걸리면 전극 사이에서 방전이 일어나게 되고, 일단 방전이 계속되면 튜브 안에 있는 가스가 이온화되어 방전개시전압보다 훨씬 낮은 전압에서도 방전이 계속되면서 많은 전류를 흘려 전압이 일정한도 이하를 유지하게 해준다.

③ **조합형(combination type)**

전압제한형 부품과 전압스위치형 부품을 모두 가지고 있으면서 인가된 전압의 특성에 따라 전압제한형 특성이나 전압스위치형 특성을 보이며, 전압제한형과 전압스위치형 특성을 모두 나타내기도 하는 SPD이다.

3) 보호대상에 따른 분류

① **전력용(전력설비 보호용)**

이것은 한전이 공급하는 전력선을 통해 들어오는 서지에 대한 대책으로 전력계통에서는 낙뢰에 의한 서지와 계통절체 스위칭에 의한 서지가 발생한다. 이 서지로부터 전력설비를 보호하기 위해 설치하는 것이 전력설비 보호용 서지방지기이다.

② **제어설비용(신호 및 통신설비용)**

서지방지에 대해 생각할 때 일반적으로 떠올리는 것이 전력설비 보호이므로, 신호설비에 대해서는 별로 비중을 두지 않고 있다. 그러나 실제로 서지에 의해 발생하는 사고 및 고장의 빈도는 제어장비에서 발생하는 것이 훨씬 더 높다. 한 번 사고가 발생할 때 장치에 나타나는 유형적인 손해는 전력계통 사고가 제어계통 사고에 비해 크게 보이지만, 시스템을 이용하는 사람들이 겪는 불편함을 감안한다면 제어계통 사고에 의한 손해도 결코 작다고 할 수 없다. 특히 수백만 시민이 이용하는 철도시스템에 있어서는 손해를 금액으로 환산할 수도 없을 정도이다.

서지로부터 제어관련 설비를 보호하기 위해 설치하는 것이 제어설비 보호용 서지방지기이다.

4) 설치위치에 따른 분류

전력설비 보호용 서지방지기에 적용되는 것으로써 적용하는 규격에 따라 다소 차이가 있으나 전력계통에서 서지방지기가 설치되는 위치를 크게 3단계로 나누고 해당 영역에 맞는 서지방지기를 적용하도록 한다.

서지가 발생하는 곳에서는 서지전압이 매우 높게 나타날 수 있다. 이 서지를 점차적으로 감소시키면서 부하가 안전하게 견딜 수 있도록 서지전압을 낮추어준다.

3 구성요소

서지방지기를 구성하는 요소로는 크게 계통에 연결하기 위한 접속단자, 서지전압을 억제하는 전압억제소자, 그리고 이것들을 지지하고 보호하는 외함(case)으로 구분할 수 있다.

① **접속단자**(terminal)

서지방지기를 보호대상 계통에 접속할 때 물리적으로 연결되는 부분이다. 전력설비 보호용에는 대부분 나사(screw)가 있어서 접속되는 전선을 견고하게 물어주게 되어있다. 그러나 통신용에는 나사와 잭(RJ12, RJ45 등), BNC 등이 있다.

② **전압억제소자**(voltage suppression components)

대표적인 것으로는 MOV와 제너 다이오드(zener diode), GDT가 있으며 전압에 대한 전류의 특성이 비선형을 나타낸다. 전압억제 특성에 따라 전압억제형과 전압스위치형으로 나뉜다.

③ **외함**(housing)

서지방지기가 모양을 유지하도록 구성부품을 지지하고 보호하는 것이다. 서지방지기가 고장 날 경우에 외함에 불이 붙으면 그 사고가 계통에 널리 퍼질 수 있다. 그러므로 외함은 난연성 재질로 구성되어야 한다.

4 선정기준

서지방지기를 선정할 때 평가해야 할 기준사항으로는 다음과 같은 것들을 들 수 있다.

① **적용규격**(applied standard)

서지방지기에 대한 우리나라의 규격은 KSC IEC 61643(저압 배전계통의 서지보호장치)이다.

1995년에 WTO/TBT에서 합의된 내용에 따라 KS는 IEC를 따라가고 있으며, 그 결과로 2002년 8월에 서지방지기에 대한 규격 IEC 61643을 도입하여 KSC IEC 61643으로 제정하였다. KSC IEC 61643은 2년 동안의 유예기간을 거쳐 2004년 9월부터 적용되고 있다.

② **공칭전압**(nominal voltage)

서지방지기를 설치할 계통의 전압으로 서지방지기가 설치되어 있을 때 계통전압이 서지방지기의 정격전압보다 높으면 서지방지기가 계통전압을 억제하려 들면서 내부가 과열되어 금방 고장 나게 된다. 반대로 계통전압이 서지방지기의 정격전압보다 많이 낮으면 서지방지기가 서지로부터 계통을 보호할 수 없게 된다.

③ **서지억제모드(mode)**

서지방지기가 적용되는 보호구간을 말한다. 서지는 상(L ; hot line)과 중성선(N) 그리고 접지(G) 사이에서 다양한 경로를 통해 나타날 수 있다. 따라서 단상일 때는 3모드(L-N, L-G, N-G)를, 3상 4선식일 때는 7모드(3*L-N, 3*L-G, N-G)를 모두 보호해야 한다.

서지방지기 제조업체에 따라서는 단일모드 제품만 생산하거나, 단상용으로는 2모드 또는 3모드 일괄형제품을, 3상용으로는 4모드 또는 7모드 일괄형제품을 같이 생산한다.

따라서 서지방지기를 현장에 적용할 때에는 계통의 특성(접지방식, 중요도 등)에 맞는 제품을 선정해야 한다.

④ **방전전류(nominal discharge current, maximum discharge current)**

무엇보다 중요한 사항이 서지방지기의 방전전류용량이다. 직렬형인 경우에는 서지전류 외에 부하전류에도 맞추어야 하지만, 병렬형인 경우에는 서지전류만 고려하면 된다. 그러나 서지전류를 정한다는 것은 매우 어려운 사항으로써 필요한 서지전류용량은 서지방지기가 설치되는 장소의 지형적인 조건과 낙뢰 빈도(IKL : Iso Keraunic Level), 전력계통의 영향을 받으며 보호대상 설비가 얼마나 중요한가에 따라 다르다. 통계적으로 볼 때 낙뢰의 10[%] 정도가 100[kA]를 넘을 뿐, 평균적인 낙뢰의 크기는 30[kA]에서 40[kA]이다. 전력선에 벼락이 떨어지면 낙뢰전류는 선로(distribution paths)를 따라 나누어지고, 실제로 설비에 유입되는 서지전류는 원래의 낙뢰보다 훨씬 작아진다. IEEE의 조사에 따르면, 서비스 인입구에서의 최대 낙뢰크기는 20[kV] 10[kA]이다.

그러나 신뢰성과 좀 더 구체적으로는 기대수명을 늘리기 위해서는 감당할 수 있는 전류용량을 키우는 것이 좋다. [kA] 용량을 키운다고 해서 서지방지기의 특성이 좋아지는 것은 아니다. 다만, 서지방지기의 기대 수명이 길어지는 것이다. 서비스 인입구에 있는 서지방지기의 수명을 정할 수 있는데 제대로 만들어진 250[kA/phase] 서지방지기라면 낙뢰 빈도가 높은 지역에서 25년 이상을 견딜 수 있다.

⑤ **외함(housing)**

서지방지기의 구성요소를 둘러싸고 있는 외함의 재질 또한 중요한 사항이다. 서지방지기가 작동하는 과정에서 열화되면서 서지나 TOV에 의해 과열될 수 있다. 이때 외함에 불이 붙어 계통에 사고가 파급되면 곤란해지므로 외함은 난연성 소재(철판 또는 난연성 수지 등)로 만들어져야 한다.

12.4 접지

12.4.1 개요

접지가 필요한 설비에는 전력설비, 통신설비, 신호설비, 컴퓨터, 피뢰설비 등 다양한 설비가 있다. 접지를 하는 목적도 안전을 위한 것이 있는가 하면 통신을 명료하게 하기 위한 것도 있고 대지를 회로의 일부로서 이용하기 위한 접지도 있다.

목적이 무엇이든 접지를 하는 데에는 대지에 전기적 단자를 설치해야 한다. 접지에서 이 단자의 역할을 하는 것이 접지전극으로 보통 지중에 매설되는 도체가 사용된다. 접지되는 설비와 접지전극을 연결하는 전선을 접지선이라 한다.

접지되어 있는 설비로부터 접지선, 접지전극을 거쳐 대지로 흘러 들어가는 전류를 접지전류라 한다.

접지에서 대지와의 접속 불량을 나타내는 지표가 접지저항이다. 접지저항이 낮을수록 대지와의 접속이 양호하게 실현된다.

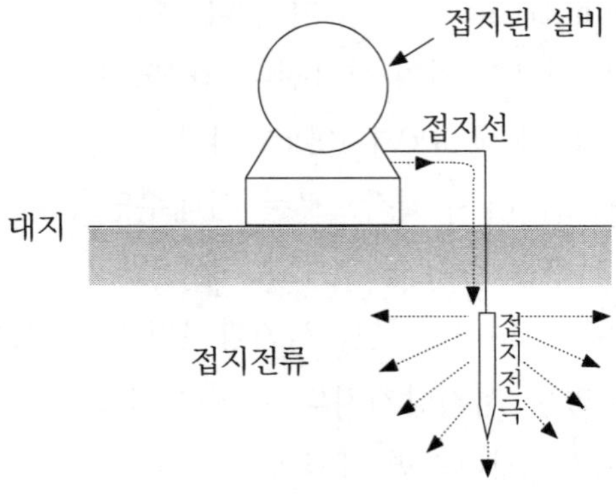

그림 12-13. 접지의 개념도

12.4.2 접지저항

1 접지저항의 정의

접지저항이란 그림 12-14와 같이 접지전극에 접지전류 I[A]가 유입되면 접지전극의 전위는 접지전류가 유입되기 전에 비해 E[V] 만큼 높아진다. 이때 E/I[Ω]을 그 접지전극의 접지저항이라 한다.

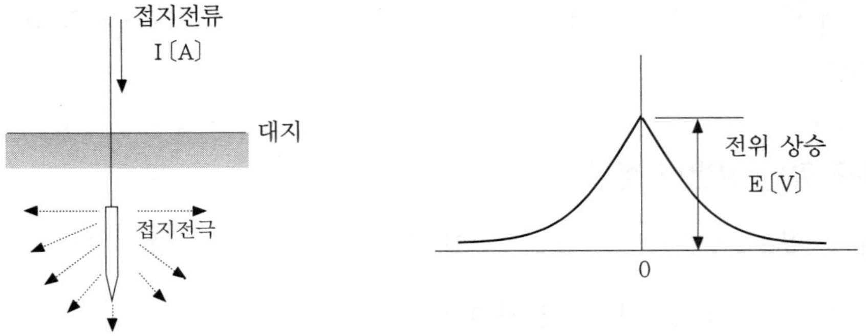

그림 12-14. 접지저항

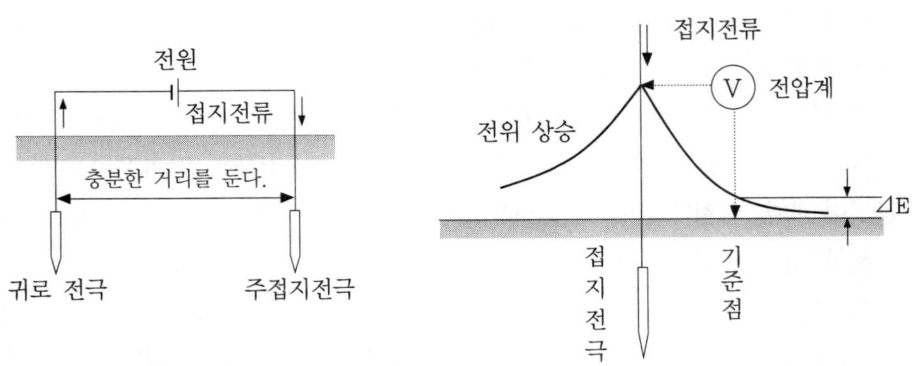

그림 12-15. 접지전극의 구성도

접지저항에는 다음과 같은 두 가지 부대조건이 있다.

① 그림 12-15와 같이 접지전극에 접지전류를 흘리기 위해서는 별도로 또 하나의 접지전극을 대지에 매설해야 한다. 그리고 이 두 개의 접지전극 사이에 전원을 넣어

접지전류를 흘린다. 이 제2의 전극을 귀로전극이라 한다. 접지저항을 정의할 경우 귀로전극은 충분한 거리를 두고 매설하여 그것이 주접지전극에 주는 영향은 무시할 수 있도록 하고 있다. 또한 전원은 직류로 하며 직류전류에 의해서 발생하는 전기화학적 현상은 무시한다.

② 접지전극의 전위 상승은 무한거리를 기준으로 하여 측정한다. 무한거리란 접지전류에 의해서 전위가 변동되지 않는 점을 말한다. 즉 통전 전의 상태가 변하지 않는 장소에서 측정되어야 한다는 것이다. 그림 12-15에 나타낸 바와 같이 전위 측정의 기준점을 접지전극에 너무 가깝게 잡으면 기준점 그 자체의 전위가 접지전류에 의해서 약간(⊿E) 상승되어 그 만큼 전위 상승 측정에 오차가 발생하게 된다.

2 접지저항의 일반적 성질

접지저항은 구체적으로 다음과 같이 세 가지 구성요소로 성립된다.

① 접지선의 저항 및 접지전극 자체의 저항
② 접지전극의 표면과 이것에 접하는 토양간의 접촉저항
③ 전극 주위의 대지에 나타나는 저항

이들 세 가지 구성요소 가운데 ③이 가장 중요하다. 접지저항의 주요 부분은 전극을 둘러싼 대지에 나타나는 저항이다.

대지를 통한 전기전도는 단면적으로 매우 크기 때문에 그 저항은 무시할 정도로 작다고 생각하는 경향이 있다. 확실히 접지전극에서 상당히 떨어지면 전류경로의 단면적이 매우 커지게 되므로 토양의 도전성이 상당히 나쁨에도 불구하고 그 저항은 무시할 정도로 작아진다.

그러나 접지전극 가까이에서는 크기가 유한한 접지전극에서 접지전류가 흘러나가고 있기 때문에 그 전류경로의 단면적이 좁아져 접지전류에 대해 일정한 저항을 보이게 된다.

접지저항에 영향을 주는 요인으로서 가장 중요한 것은 접지전극 주위의 대지저항률이다. 대지저항률이란 대지 속 두 지점간의 전기통과 난이성의 기준이다.

접지저항에 영향을 주는 요인으로서 대지저항률 다음으로 중요한 것은 접지전극의 형상과 치수이다.

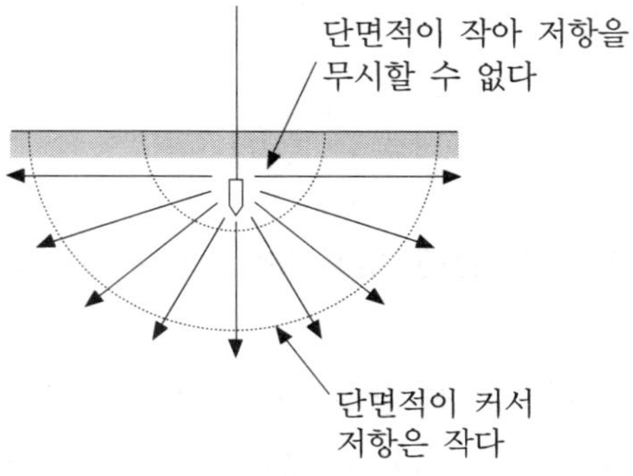

그림 12-16. 전류경로의 단면적과 저항의 관계

어떠한 접지전극의 형상과 치수가 정해지면 그 전극의 접지저항은 다음과 같은 식으로 표현된다.

$$R = \rho \cdot f(\text{형상, 치수}) \tag{12-16}$$

여기서 R은 접지저항, ρ는 대지저항률이다. f는 전극의 형상치수로서 정해지는 함수이다. 또한 위 식에서 전극 주위의 대지는 무한거리까지 저항률이 일정한 것으로 가정한다.

위 식에서 명백한 바와 같이 접지저항은 대지저항률에 비례한다. 즉 동일 형상, 동일 치수인 전극의 경우 대지저항률이 낮을수록 낮은 접지저항을 얻을 수 있다.

또 함수 f는 전극의 형상이 구체적이지 않으면 정할 수 없다. 전극의 형상이 일정하고 크기가 그림 12-17과 같이 닮은꼴로 변하는 경우 접지저항 R은 다음과 같은 식으로 표현된다.

$$R = \kappa \frac{\rho}{\ell} \tag{12-17}$$

여기서 ℓ은 전극의 규모를 표시하는 특징적인 치수이고 κ는 형상으로서 정해지는 계수이다. ℓ은 그림 12-17의 반구상 전극의 반경과 같이 단적으로 규모를 대표하는 길이이다. κ는 형상이 동일하면 불변의 계수로 무차원이다.

그림 12-17. 접지전극의 형상은 일정하고 크기가 상시적으로 변하는 경우

위 식에서 대지저항률이 일정한 경우 형상이 바뀌지 않으면 접지저항은 규모가 커질수록 낮아진다는 것을 알 수 있다. 이 법칙은 접지전극의 설계상 중요한 지침으로서 모형 전극에 의한 접지저항을 추정할 때에도 지배적인 원리로 작용한다.

3 대지저항률

접지전극의 접지저항은 그 공사가 시행되는 지점의 대지저항률에 비례한다. 대지저항률이 낮은 지점일수록 낮은 접지저항을 얻기 쉽다. 따라서 접지전극의 설계와 시공에 있어서 공사 지점의 대지저항률을 안다는 것은 매우 중요하다.

대부분의 토양은 완전히 건조된 상태에서는 전기를 통과시키지 않는 절연물이다. 단, 자연계의 토양은 완전히 건조되어 있지 않고 얼마간의 수분을 반드시 포함하고 있다.

여기서 토양에 물이 포함되어 있다면 토양의 저항률은 대폭적으로 저하되어 도체로 된다. 일반적으로 수분이 많이 포함된 토양일수록 저항률이 낮다. 그러나 토양이 도체로 된다고 하더라도 금속에 비하면 매우 성질이 약해 반도체라 하는 편이 옳을 것이다.

접지전극의 설계에 있어서 전극 자체의 저항이 거의 문제가 되지 않는 것도 금속의 저항률이 주위의 대지에 비해 훨씬 낮기 때문이다.

토양의 저항률에 큰 영향을 주는 요인으로서 수분 이외에 온도가 있다. 표 12-6은 온도에 따른 토양의 저항률 변화 및 비율을 나타낸 것이다. 20[℃]에서 -15[℃]까지 온도가 변화했을 경우 동일한 토양이면서도 저항률은 459배의 증가를 보이고 있다. 이것은 물(얼음을 포함)의 저항률이 온도에 따라 민감하게 변하기 때문이다.

자연계 토양의 저항률은 함수율이나 온도 등 다양한 요인에 지배되고 끊임없이 변동한다. 또한 날씨 계절에 따라 크게 변화되며 일반적으로 여름에는 낮고 겨울에는 높다.

표 12-6. 토양의 온도와 저항률

(수분이 15.2[%](중량 백분율)인 토양)

온 도	대지저항률[Ω · m]	비 율
20[℃]	72	1.0
10[℃]	99	1.4
0[℃]	130	1.9
0[℃](얼음)	300	4.2
−5[℃](얼음)	790	10.9
−15[℃]	3,300	45.9

특정한 종류의 토양에 관하여 그 저항률을 명시한다는 것은 곤란하다. 즉 「점토는 몇 Ω · m의 저항률을 가진다.」라는 것과 같은 표현은 알 수 없다. 왜냐하면 동일한 점토라도 장소와 시간에 따라 저항률이 크게 달라지기 때문이다. 대지저항률을 정확하게 알기 위해서는 현지에서 측정하는 것이 정확하다. 또 길이와 지름을 알고 있는 접지봉 한 개를 박고 그 접지저항을 측정하여 그 값으로부터 접지저항 공식을 사용하여 역산(逆算)해도 된다.

4 접지전류에 의한 대지전위 상승

접지전극에 접지전류가 흐르면 접지전극뿐만 아니라 그 주위의 대지에도 전위가 분포한다. 안전상 중요한 것은 지표면의 전위분포이다.

반구 전극의 중심에서 거리 x인 곳의 저항요소 dR은 다음과 같이 표현된다.

$$dR = \rho \frac{dx}{2\pi x^2} \qquad (12-18)$$

따라서 거리 x인 점에서 무한 원격까지에 포함되는 전체저항을 R_x라 하면 dR을 x에서 ∞까지 적분하면 얻어지므로

$$R_x = \int_x^\infty dR = \frac{\rho}{2\pi}\int_x^\infty \frac{dx}{x^2} = \frac{\rho}{2\pi}\left[-\frac{1}{x}\right]_x^\infty = \frac{\rho}{2\pi x} \qquad (12-19)$$

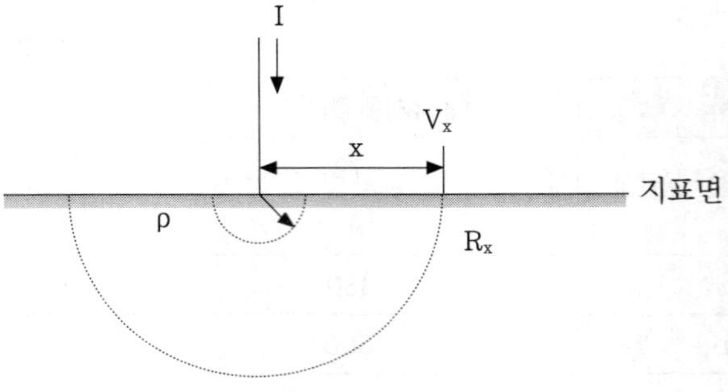

그림 12-18. 대지전위 상승의 계산

x점의 전위를 V_x(무한거리를 기준으로 함)로 하면 그것은 R_x 접지전류 I를 곱하면 얻어지므로

$$V_x = \frac{\rho I}{2\pi x} \tag{12-20}$$

이것이 지표면의 전위분포로서 그림 12-19와 같은 분포로 된다. V_x에 대해 x=r로 하면 반구상 전극 자체의 전위 V로 된다. 즉

$$V = \frac{\rho I}{2\pi x} \tag{12-21}$$

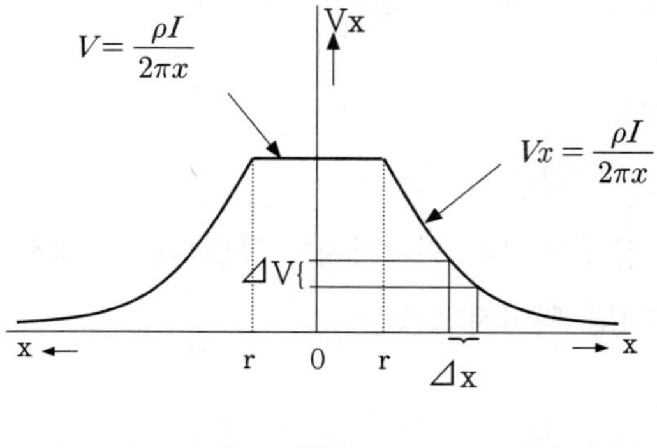

그림 12-19. 접지전류에 의한 대지전위 상승

12.4.3 접지공사

접지공사는 다음과 같이 4종으로 분류하며 측정 시의 대지 상태에 관계없이 규정 접지저항치를 유지하여야 한다.

1 접지공사의 종류

1) 제1종 접지공사

접지선과 대지간의 저항치가 10[Ω] 이하일 것

2) 제2종 접지공사

접지선과 대지간의 저항치는 변압기의 고압 또는 특별고압측 전로와 저압측 전로의 1선 지락전류[A]로 150(변압기의 고압 또는 특별고압전로와 저압측 전로와의 혼촉에 의하여 저압 회로의 대지전압이 150[V]를 넘는 경우로서 1초를 넘고 2초 이내에 자동적으로 고압전로 또는 특별고압전로를 차단하는 장치를 설치할 때는 300, 1초 이내에 자동적으로 고압전로 또는 특별고압전로를 차단하는 장치를 설치할 때는 600)을 나눈 값과 같은 옴[Ω]수 이하.

$$\text{즉, } R \leq \frac{150}{I} \left(\text{또는 } R \leq \frac{300}{I},\ R \leq \frac{600}{I}\right) \tag{12-22}$$

위에서 1선 지락전류는 실측치 또는 계산치에 의하며 비접지계통에서 1선 지락전류 계산식은 다음과 같다.

① 가공전선만으로 이루어진 선로

$$I = 1 + \frac{\frac{V}{3}L - 100}{150} \tag{12-23}$$

단, 우변 제2항의 값은 소수점 이하를 절상한다.

② **케이블만으로 이루어진 선로**

$$I = 1 + \frac{\frac{V}{3}L' - 1}{2} \tag{12-24}$$

단, 우변 제2항의 값은 소수점 이하를 절상한다.

③ **가공전선과 케이블을 사용하는 선로**

$$I = 1 + \frac{\frac{V}{3}L - 100}{150} + \frac{\frac{V}{3}L' - 1}{2} \tag{12-25}$$

단, 우변의 제2항과 제3항의 값은 각각 그 값이 부(−)일 때는 0, 소수점 이하일 때는 절상한다.

여기서, I : 1선 지락전류[A]이고, 최소치를 2로 한다.

V : 전로의 공칭전압을 1.1로 나눈 값[kV]

L : 동일 모선에 접속된 고압 또는 특별고압 가공선로의 전선연장[km]

L' : 동일 모선에 접속된 고압 또는 특별고압 케이블의 선로연장[km]

3) 제3종 접지공사

접지선과 대지간의 저항치가 100[Ω] 이하일 것

4) 특별 제3종 접지공사

접지선과 대진간의 저항치가 10[Ω] 이하일 것

12.4.4 독립접지와 공용접지

현재의 신호설비가 전자화 또는 컴퓨터화함에 따라서 종래의 보안접지(인명보호용)보다 강화된 기능접지가 필요하게 되었고 전철화 사업에 따라 전차선의 지락사고 시 신호, 통신시스템을 보호하고 전차선 귀선전류의 원활한 도통을 위하여 접지방식을 시스템으로 구축하고 있다.

1 독립접지

신호설비가 복합적으로 시설되는 경우 각 설비, 장치별로 각각의 접지를 하는 것을 독립접지라 한다.

1) 독립접지 시공방법

① **접지극의 설치**

- 타입식 접지봉 사용
- 지표면에서 750[mm] 이상 굴착한 후 타입
- 접지극을 타입하는 장소는 접지극 설치
- 제3종 접지공사의 접지극은 2개소 이상 접지 공용 가능
- 서로 다른 종별의 접지극은 공용해서는 안 된다.

② **접지선의 설치**

- 접지동선(GV) 14[mm^2] 사용, 길이는 5～20[m] 범위
- 접지극간의 매설지선은 연동선 22[mm^2] 이상 사용
- 지표상 2[m] 까지는 폴리에틸렌 16[mm] 전선관으로 보호

③ **접지저항 저감제 사용**

접지극을 타입하여 소정의 접지저항치를 얻을 수 없는 경우 접지저항 저감제를 사용한다.

④ **이격거리**

- 고압용기기의 접지극와 신호용 접지극 : 5[m] 이상
- 특별고압 교류전철 지지물과 신호용 접지극 : 5[m] 이상
- 매설케이블류와 신호용 접지극 : 1[m] 이상
- 건물의 구조물과 신호용 접지극 : 1[m] 이상

2) 독립접지 장, 단점

① **장점**

다른 설비에 문제가 발생한 경우 해당 접지 부분만 절단하면 원인규명이 가능하다.

② **단점**

단독 접지봉간의 거리를 무한대로 할 수 없으므로 지락사고 시 접지극간의 전위 상호간섭이 발생하며 다수의 접지극 매설로 접지계통이 복잡하다.

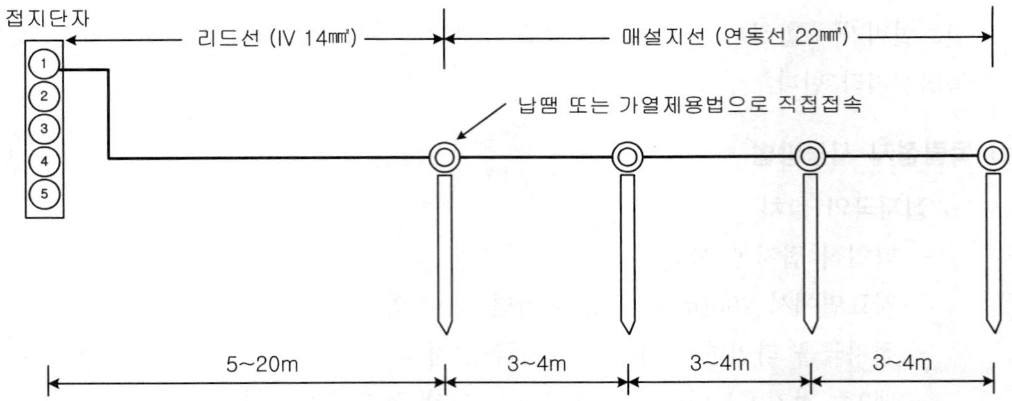

그림 12-20. 독립접지 시공방법

2 공용접지

몇 개의 설비를 통합하여 공통의 접지전극에 연결하는 방식을 공용접지라 한다. 사업구간에서 터널구간이나 고가구간에 설치되는 신호시설물에 독립접지를 시공하기 어려운 여건일 때에는 공용접지를 검토한다.

1) 공용접지 시공방법

- 공동 접지선은 터널구간이나 고가구간에 GV 38[mm^2]의 접지케이블 포설
- 터널 또는 고가구간 양단에 1종 접지시공
- 터널 또는 고가구간 중 신호시설물이 설치되는 장소에는 접지단자함을 설치하여 신호시설물과 접지전선 연결

2) 공용접지 장 · 단점

① **장점**

- 다수의 접지전극이 병렬로 연결되어 접지저항치가 낮다.
- 접지전극수가 적으므로 독립접지에 비해 경제적이다.

② **단점**

- 1계통에서 발생한 사고로 인한 전위상승이 다른 계통의 기기에까지 파급될 위험성이 있다.

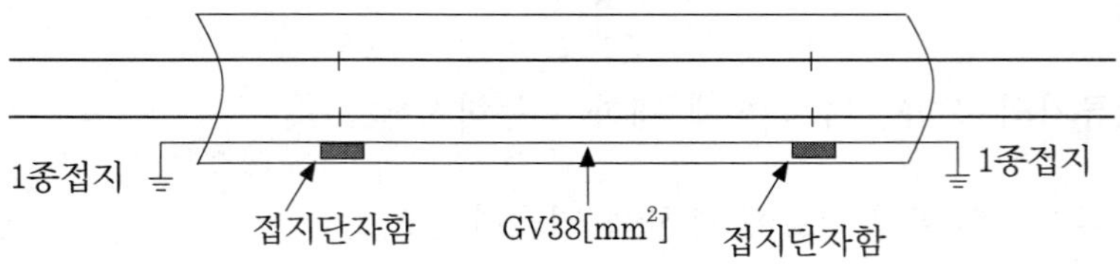

그림 12-21. 공용접지 시공방법

연 / 습 / 문 / 제

1. 정류기의 전파 정류방식에 대하여 논하시오.

2. 정류회로의 평활회로에 대하여 기술하시오.

3. UPS에 대하여 논하시오.

4. 신호용 전원이 무정전 전원을 원칙으로 하는 이유와 부동충전방식의 이점에 대하여 설명하시오.

5. 무정전전원장치의 용량산정에 대하여 설명하시오.

6. UPS 입력단상 220V, 출력단상 220V, 최대부하전력 10kw, 역율 80%, 부하율 60%, 인버터 효율 90%, 정류기 효율 90%일때 정전 시 1시간 동안 정상가동을 위한 축전지 용량산출 방법을 설명하시오.
   (184cells, 방전종지전압 1.0V/cell) 니켈카드뮴방식, 중률 k=1.5기준, 보수율 0.8)

7. 축전지의 충전법에 대하여 기술하시오.

8. 알칼리축전지를 연축전지와 비교하고 알칼리 전지의 장점에 대하여 설명하시오.

9. 알칼리축전지의 충전법에 대하여 설명하시오.

10. 신호용 보안기의 종류 및 용도를 기술하고 설치위치에 대하여 설명하시오.

11. 서지의 종류에 대하여 설명하고 서지의 유입경로를 기술하시오.

12. 서지보호장치가 갖추어야 할 기본적인 사항에 대하여 논하시오.

13. 서지(surge)의 특성과 파형에 대하여 기술하시오.

14. 신호설비에 사용되는 컴퓨터 장치의 뇌해방지대책에 대하여 논하시오.

15. EMI, EMS 및 EMC에 대해서 설명하시오.

16. 신호설비의 뇌해대책에 대하여 보호방법과 시공방법에 대하여 논하시오.

17. 전기, 전자회로 동작에서 잡음을 제거하는 방식에 대하여 설명하시오.

18. 철도신호계에서 신호특성 향상을 위해 사용되는 잡음제거방식을 설명하시오.

19. 신호설비에 영향을 미칠 수 있는 노이즈(noise)의 종류와 방지대책에 대하여 논하시오.

20. 신호설비의 접지공사 요령에 대하여 기술하시오.

21. AC 25,000V 전철화 구간에서 접지하여야 할 선로변 신호시설물과 접지하지 않아도 되는 시설물을 모두 열거하시오.

22. 접지공사의 종류와 접지저항치를 설명하시오.

23. 독립접지란 무엇이며 시공방법과 장, 단점을 비교하고 설명하시오.

24. 독립접지와 공용접지에 대하여 기술하시오.

25. 접지저항에 대하여 쓰시오.

Chapter 13

신뢰성과 안전성

13.1 철도신호의 신뢰성과 안전성

철도가 신뢰받기 위해서는 차량이나 지상설비 등의 기능에 대하여 항상 고장 없이 열차를 다이아대로 운행시키는 것이 요구된다. 여기에는 당연히 열차충돌이나 추돌 및 탈선 등과 같은 위험을 승객에게 끼칠 우려가 없음도 전제되어야 한다. "설비가 고장을 일으키지 않고"라는 요구 항목은 "신뢰성에 관한 요구"이나 신뢰성을 높임으로서 위험에 대한 우려가 반드시 사라지는 것은 아니다. 즉 안전성과 신뢰성은 다른 개념인 것이다. 일반적으로 신뢰성이란 "주어진 조건 하에서 일정기간 및 연속적으로 일을 올바르게 수행하는 정도"로 정의되고, 안전성은 "악성장애가 발생되지 않는 정도"로 정의 된다. 신뢰성을 향상시킴으로서 위험한 장애가 발생되는 확률도 줄일 수 있다. 그런 의미에서 신뢰성 향상은 안전성 향상의 필요조건이 된다.

1 신뢰성이 높은 시스템

시스템의 신뢰성을 높이기 위해서는

① 개개의 부품이 쉽게 고장 나지 않는다.
② 고장이 나더라도 정상 기능을 유지하거나, 일부 중요한 기능을 유지한다는 것이 필요하다.

①은 고신뢰화 기술로서 소자의 고신뢰화 및 테스트에 의한 결함(소프트웨어의 경우에는 버그)의 제거 등이 이 범주에 속한다. ②는 고장에 대한 내성(내고장성) 또는 결함허용(fault tolerance)이라고 불린다. 가장 안전한 결함허용은 고장을 완전히 커버하는 것이다. 다음으로는 허용시간 내에 고장을 검지하여 기능을 회복하는 것이다. 기능이 회복되기까지에 허용되는 시간은 시스템에 따라 다르다.

2 안전도가 높은 시스템

철도신호에서는 안전측의 제어나 상태를 명확하게 정의할 수 있다. 예를 들면 열차 속도에 관해서는 정지시키는 것, 신호기는 정지신호를 출력하는 것, 선로전환기는 그 상태를 유지하여 전환하지 않는 것이 안전측이다.

따라서 항공기 등의 다른 교통기관에 비해서 안전측 상태로의 제어는 비교적 용이하게 할 수 있다.

철도신호의 안전을 확보하기 위해서는 fail-safe와 위험측 고장의 저감, 완벽한 검증, 고장 완화, 다중계화, 예비계, 고장진단·회복, 안전여유 등의 여러 가지 기술이 사용된다.

3 고안전·고신뢰시스템의 구축방법

철도신호에 마이크로컴퓨터를 도입할 때에 시스템을 fail-safe로 하기 위한 몇몇 구성방법이 있다. 기본적으로 하드웨어 리던던시(redundancy)와 소프트웨어 리던던시(redundancy)이다. 하드웨어 리던던시는 복수의 마이크로컴퓨터가 동일 목적의 처리를 수행하고 각각의 처리 결과나 중간 단계의 데이터를 서로 조합하여 출력을 안전측으로 고정하는 것이다. 소프트웨어 리던던시는 1대의 하드웨어에 복수의 소프트웨어를 실제로 장착하거나, 처리하는 데이터 등에 체크 부호를 부가하여 처리 결과나 출력의 정당성을 보장하는 것이다.

4 신뢰성이 높은 소프트웨어

컴퓨터의 처리 성능 향상에 따라 편성되는 소프트웨어도 계속해서 대규모로 복잡해지고 있다. 그리고 소프트웨어의 신뢰성 향상이 커다란 문제로 대두되고 있다. 철도신호에서는 안전에 관련되는 소프트웨어에 대해서는 실적이 있는 종래부터의 알고리즘을 이용하고 여러 가지 제약을 두어 작성함으로써 단순화하여 버그가 침입하는 요인을 줄이도록 하고 있다. 또한 침입한 버그를 제거하기 위한 철저한 검사가 이루어진다. 하나의 기능을 서로 다른 복수의 알고리즘으로 실현하고 그 결과의 조합에 의한 버그의 검지를 통하여 안전을 확보하는 방법 등이 사용되는 경우가 있다.

13.2 페일 세이프(fail-safe)와 안전성 기술

신호제어시스템은 지금까지 고장 시에는 안전측으로 동작하도록 하는 페일 세이프 개념을 토대로 설계되고 안전성을 지탱하여 왔다. 컴퓨터를 이용하더라도 이 기본적인 개념을 고려하지 않으면 안 된다.

13.2.1 페일 세이프의 원칙

신호제어설비는 철도수송의 안전・정확・신속의 목적을 달성하기 위한 것이다. 신호제어설비가 고장이 나면 열차운전에 막대한 지장을 초래하고 정확, 신속의 특색을 상실하게 된다. 더욱이 악성의 고장 때문에 열차의 추・충돌, 차량의 탈선 등이 발생하면 수송업무의 기본인 안전수송도 이룰 수 없다. 따라서 신호제어설비는 고장이 적을 것 즉 높은 신뢰도를 필요로 하는 것은 말할 것도 없다. 더욱이 고장이 나거나 취급을 잘못하여도 악성의 고장이 되지 않는 즉 안전측으로 동작하는 것을 원칙으로 하고 있다. 이것을 fail-safe 원칙이라 한다.

fail-safe 원칙으로서 신호설비에 고장이 발생하는 경우 안전측으로 동작하도록 시설하는 것을 원칙으로 한다. 또한 '신호설비에 사용하는 계전기회로 및 쇄정 전자석회로는 무여자일 때 기기를 쇄정하는 방법으로 하는 것을 원칙으로 한다.'라고 정하고 있다.

일반적으로 전기회로의 고장은 전선의 단선, 접촉불량 등의 발생확률이 많고 전선의 단락, 혼촉 등은 적다. 따라서 신호설비에 사용하는 계전기회로 및 쇄정회로도 단선, 접촉불량 등일 때 기기의 전류가 차단되어 무여자되는 경우가 많다. 이때의 기기는 오동작을 하지 않도록 쇄정하여 안전을 유지하는 방법을 택하고 있다. 그리고 신호회로에서는 단락, 혼촉 등일 경우에도 위험한 동작을 하지 않도록 고려하고 있다.

1 궤도회로는 폐전로식

그림 13-1은 열차의 유・무를 검지하는 궤도회로이다. 상시 전기회로가 구성되어 있는 폐전로 회로방식이다. 이 구간으로 열차가 진입하면 차륜에 의해 전기회로를 단

락하여 착전단까지 충분한 전류가 흐르지 않는다. 따라서 착전단의 궤도계전기(TR)는 무여자되어 궤도계전기의 여자접점으로 점등되어 있던 진행신호는 정지신호로 된다.

궤도회로가 단선, 접촉불량 또는 단락일 때 계전기는 무여자되어 안전측의 정지신호로 된다.

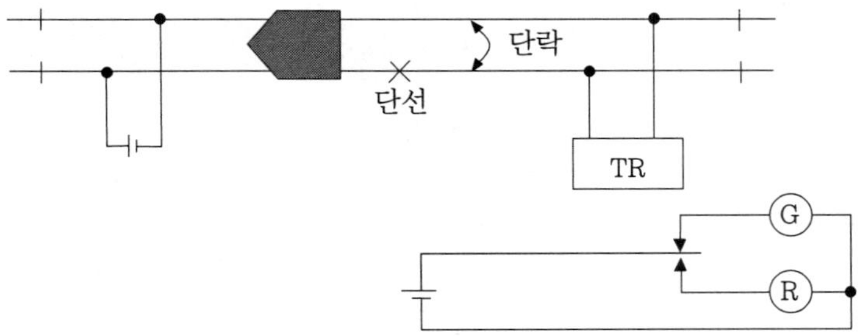

그림 13-1. 폐전로식 궤도회로

2 전원과 계전기의 위치를 양단으로 하는 방식

그림 13-2는 정거장으로 접근하는 열차가 있을 때 진로 내의 선로전환기를 전환하지 못하게 하는 접근표시계전기회로이다. 상시 폐전로회로로 구성하며 도중의 신호케이블이 단락하였을 때는 계전기는 무여자되고, 접근열차가 있을 때 쇄정회로가 안전측으로 동작되도록 그림 13-2의 (a)와 같이 전원과 피제어 계전기의 위치를 양단으로 하는 방식이다. 그림 13-2의 (b)는 fail-safe로 되지 않는다.

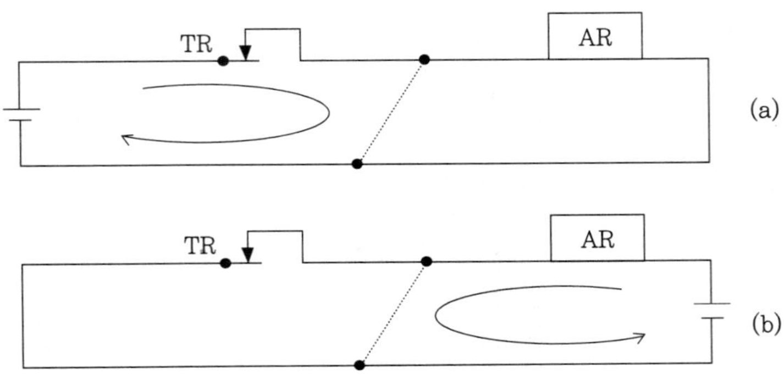

그림 13-2. 전원과 계전기의 위치

3 양선으로 계전기를 제어하는 방식

그림 13-3은 제어조건(R)을 양선으로 넣어 회로의 혼촉, 미류 등에 대해서 fail-safe로 하는 방식이다. 한선 제어의 경우는 점선과 같은 혼촉, 미류가 있으면 제어조건의 유무에 관계없이 오동작하고 만다.

그림 13-3의 (b)와 같이 제어조건을 양선으로 하면 1선의 혼선에는 오동작을 피할 수 있어 fail-safe로 할 수 있다.

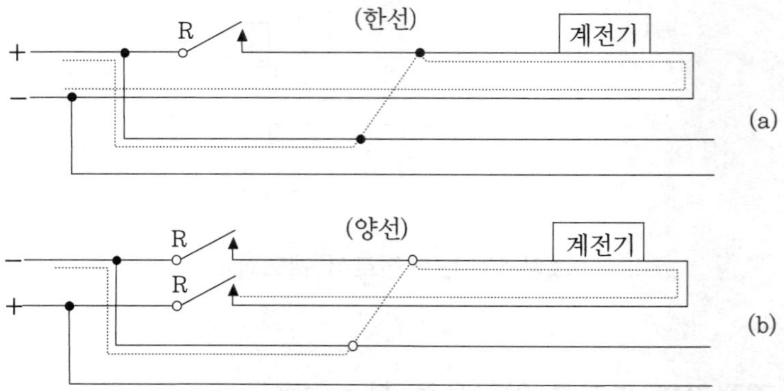

그림 13-3. 양선으로 계전기를 제어하는 방식

4 단락을 이용하는 방식

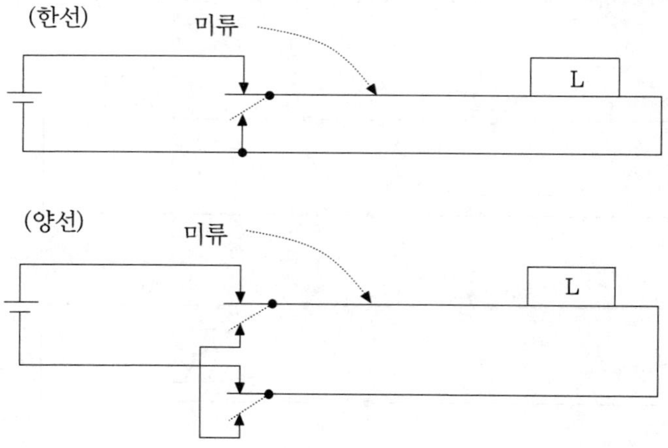

그림 13-4. 단락을 이용하는 방식

그림 13-4는 전항과 동일하고 미류 혼촉에 대한 방호방식이다. 제어접점이 하방으로 움직이면 전원을 차단함과 동시에 L을 단락한다. 따라서 미류가 들어오더라도 피제어계전기 L은 오동작하지 않는다. 한선, 양선 어느 것이나 fail-safe 방식이다.

5 위상제어 방식

교류전력계의 회전력은 전류코일과 전압코일의 위상차에 따라 변화한다. 따라서 정하여진 위상차가 되면 회전력이 저하하게 된다.

교류 궤도계전기는 이 원리를 응용하여 정해진 위상 이외의 미류에 대해 오동작되지 않도록 위상으로 fail-safe를 행하고 있다. 직류인 경우의 유극제어도 같은 방식이다.

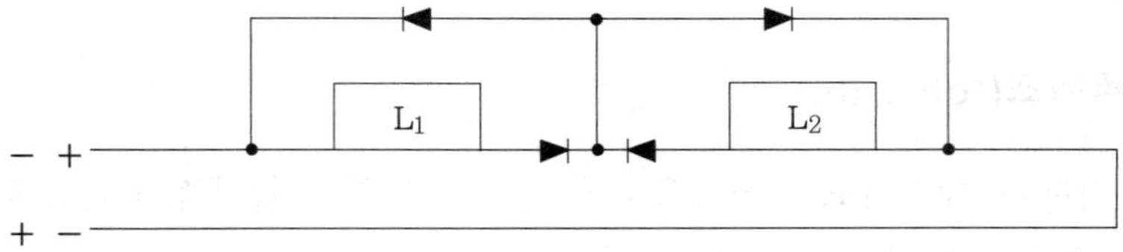

그림 13-5 유극제어방식과 단락방식

6 기타방식

코드전류, 특수주파수 또는 특수변조 등을 사용하여 미류의 혼촉에 대하여 피제어기기를 오동작하지 않도록 하는 방식 등이 있다. 계전기에 있어서도 신호용 계전기는 통신계전기와 달리 vital과 non-vital 계전기로 구분하고, vital 계전기는 계전기 제작 시 특수재질로 크기 형상 등을 다르게 하며 특히 신뢰도를 갖도록 계전기 접점개폐력(開閉力)을 크게 한다.

13.2.2 신호설비의 안전성 기술 적용사례

신호설비에 있어서 안전성 기술은 페일 세이프의 사고방식을 중심으로 표 13-1과 같이 많은 기술·방법들이 사용되고 있다.

표 13-1. 신호설비에 있어서 안전성 기술분류

순서	적용기술	적용률
1	페일 세이프(fail safe)	39[%]
2	위험측 고장의 저감	21[%]
3	완벽한 검증(full proof)	10[%]
4	고장 완화(fail soft)	8[%]
5	다중계화	8[%]
6	예비계(back up)	7[%]
7	고장진단 · 회복	5[%]
8	안전여유	2[%]
계		100[%]

1 페일 세이프(fail safe)

장치에 장애가 발생해도 안전측으로 동작하도록 하는(위험측의 과실출력을 내지 않는) 구성방법을 "페일 세이프(fail safe)"라고 한다.

1) 장치의 장애 시 에너지를 극소화해 안전측으로 분배시키는 방법

물이 높은 곳에서 낮은 곳으로 흐르는 것처럼 에너지가 낮은 쪽을 안전측의 상태로 하면 장애 시의 대부분은 제어에너지가 차단되어 저에너지 상태로 되므로 안전측으로 하는 구성 방법이 가능하게 된다.

위험측의 출력은 항상 정당한 에너지가 얻어지지 않으면 구성되지 못하게 하여 비정상적인 에너지에 의해 불안전한 상태를 일으킬 확률을 극히 적게 만드는 것이다.

이처럼 고장상태가 낮은 저에너지에서는 안전측이 되고 고에너지에서는 위험측으로 하여 실수할 확률을 극소화해 잘못을 일방적으로 한정시키는 개념을 비대칭 과실이라고 한다.

① 기계적 중력을 이용하는 방법

위치에너지를 이용하는 방법으로 대표적인 것이 완목식 신호기이다. 1841년에 완목식 신호기가 고안되었지만 그 당시의 완목식 신호기는 현재와 같이 중력에 의한 낙하의 개념이 없었고 심한 비바람으로 인하여 신호기를 정지현시로 할 수 없게 되어 발생한 사고를 계기로 중력을 이용하여 정지신호를 현시하는 신호기를 고안하게 되었다. 그 외 건널목 차단기도 중력을 이용해 건널목을 폐쇄하는 구성 방법 등이 채택되는 등 많은 구성 예가 있다.

② **전자흡인력과 중력을 이용한 방법**

전기에너지를 이용해 이 전자흡인력과 중력을 이용한 전자기적인 방법이 1870년 경부터 사용되고 있다. 이 방법은 전기회로가 구성되어 전자석이 여자되면 그 전자흡인력은 중력에 저항하며 움직여 위험측의 상태를 구성하고 있다가 전기회로, 코일 등의 단선 장애가 발생하면 전자흡인력을 잃어 중력에 의해 안전측상태를 구성하는 것이다.

대표적으로는 전기쇄정기, 전자계전기 등이 있으며 신호설비에 많이 사용하는 신호용 계전기는 중력 대신 접점탄력을 이용하고 있지만, 그 사고방식은 중력을 이용하는 방법과 다른 것은 아니다.

③ **폐회로로 인한 전기회로 구성법**

전기회로에 있어서 에너지 차단을 안전측으로 하는 페일 세이프 회로에서는 상시 폐회로를 구성하여 위험측으로 사용하는 것을 기본으로 한다.

이러한 개념은 1872년 W. Robison이 개전로식 궤도회로를 발명한 후 다시 폐전로식 궤도회로가 고안되어 레일에 흐르는 궤도회로 전류를 상시 흐르게 하는 개념으로 이르기까지 많은 제어회로에 사용되고 있다.

2) 장치의 장애 시 현상유지를 안전측으로 하는 방법

제어에너지가 차단되어도 여전히 차단되기 직전의 상태를 유지하고 있는 것이 안전측인 경우에 사용되는 것으로 주로 전기선로전환기에 사용되고 있다.

선로전환기는 정, 반위의 어딘가에 밀착하고 있는 것이 안전측이고 어느 쪽에도 밀착하지 않고 텅레일이 벌어져 있는 상태가 위험측이 된다. 따라서 선로전환기가 밀착하고 있는 상태에서 전환을 제어하는 제어계전기의 장애가 발생해도 밀착을 유지할 수 있도록 구성하는 방법이다.

① **기계적 방법**

대표적으로 에스케이프 크랭크를 들 수 있다. 이것은 선로전환기를 전환시키는 기계적에너지가 차단되어도 텅레일이 벌어지지 않는 구조이다.

② **전자기적 방법**

전자기적인 예로 자기유지형의 계전기가 있다. 이것은 제어에너지가 가해졌을 경우에만 전환하고 제어에너지가 차단되면 전자기적 유지력에 의해 현상을 유지하는 방법으로 전철제어회로 등에 사용되어 선로전환기의 안전성을 확보하고 있다.

③ **쇄정 방법**

쇄정의 개념은 계전기를 이용한 전기연동장치가 개발된 이래 단순히 인간의 오조작을 방지하는 것에 그치지 않고 많은 입출력 제어계에 있어서 위험측의 과실출력을 제거하는 방법으로 전기, 전자연동장치의 각종 쇄정 등이 해당된다.

2 위험측 고장의 저감

장치의 일부에 불안전측의 고장이 발생해도 직접 위험측의 출력이 되지 않도록 위험측 고장 발생의 확률을 저감시키는 방법을 "위험측 고장의 저감"이라고 한다.

1) 혼촉방호의 방법

페일 세이프 방법의 전기회로에서는 회로 차단이 안전측으로 구성되어 있기 때문에 혼촉장애가 위험측이 되는 경우가 많다. 따라서 단선의 혼촉장애에 의해 바로 위험측 고장에 이르지 않도록 양선제어방식을 이용하는 등 많은 방법이 사용되고 있다.

2) 페일 세이프 시스템의 위험원 저감화 방법

페일 세이프의 구성을 실현하기 위하여 그 구성요소의 위험원을 가능한 한 제거하여 저감시키지 않으면 안 된다. 예를 들어 신호용 계전기의 접점용착은 위험측 고장이 될 수 있으므로 카본접점을 사용하거나 접점과 직렬로 휴즈를 삽입하여 용착력이 발생할 것 같은 이상전류가 흐를 경우에는 휴즈를 용단시키는 방법이 있다.

3 완벽한 검증(full proof)

사람이 개입하는 시스템에 있어서 사람이 실수하지 않도록 또는 잘못 조작하더라도 안전하게 되도록 하는 방법을 "완벽한 검증(full proof)"이라 한다.

예들 들면 선로전환기상에 차량이 점유하는 경우 선로전환기를 전환하지 못하도록 하는 기계적인 쇄정법이 일찍부터 사용되고 있다. 또 안전성이 인간의 주의력에 의존하는 경우는 보기 쉽도록 한다거나 오조작을 방지하도록 하는 방법도 안전성 향상에 도움이 된다. 예를 들면 신호기가 2등 점등 시에는 등 간격을 크게 하여 오인을 방지하는 방법 등이 있다.

4 고장 완화(fail soft)

시스템의 일부가 고장 난 경우 기능의 저하를 초래하더라도 전체 기능을 정지시키지 않는 방법을 "고장 완화(fail soft)"라고 한다.

대표적으로는 건널목 경보기의 계속경보와 계속점등 등이 있다. 이것은 SCR 등의 장애에 대해 정상 시에는 계속점등이 불가능하지만, 장애 시에는 계속점등이 가능하도록 하여 소등이 되지 않도록 구성하는 것이다.

또 신호설비의 고장 시에 인간의 주의력에 의해 열차운행상의 제약을 받으며 열차를 운행하는 현상도 포함된다. 예를 들면 폐색신호기의 허용신호기에 있어서 정지현시의 경우 일단정지 후 15[km/h]의 속도를 넘지 않는 범위에서 진입을 허용하는 등 운용상 고장 완화가 되도록 하는 방법을 사용하고 있다.

5 다중계화

동일 또는 동종의 기능을 다중으로 설비하여 신뢰성과 안전성을 향상시키는 방법을 "다중계화"라고 한다.

이것은 기능유지를 도모하는 것이 안전측이 되는 경우에 많이 사용하는 방법으로 대표적으로 신호전구 필라멘트의 이중화, 신호고압전원의 이중화 등이 있다. 다중화의 방식으로서는 병렬 2중계, 대기 2중계, 2 out of 3 등 각종 방법이 사용되고 있다.

6 예비계(back up)

주기능의 후방에서 대기하며 주기능의 고장 시에 그 기능을 대행하는 방법을 "예비계(back up)"라고 한다.

주기능보다 대행기능 쪽이 저하하는 것으로 다중계와는 차이가 있고 주기능이 정상인 경우는 그 일부로서 기능하지 않는 것이 고장 완화와는 다른 점이다. 구체적으로 대용폐색장치, 신호설비의 예비전원 등을 들 수 있다.

7 고장진단 · 회복

장치가 고장 난 경우 고장을 진단하고 가능한 한 신속하게 경보하거나 기능을 회복할 수 있게 하는 방법을 "고장진단 · 회복"이라고 한다. 예로서 신호전구 단심검지계전기 등이 있다.

8 안전여유

정격치 보다 낮은 값으로 사용하는 등 안전여유를 갖고 설계하여 사용하는 방법을 "안전여유"라고 한다.

대표적으로 신호전구를 정격의 80~90[%]의 전압으로 사용하는 예가 있다. 또 설계기준에 있어서 미리 안전여유를 갖는 설계방법이 있다.

이상과 같이 신호설비에 있어서 안전성 기술은 대상으로 하는 기기 및 시스템의 특성에 따라 다각적으로 사용되고 있다. 근래에는 기기나 시스템이 점점 더 복잡화되면서 설계, 제작, 검사, 운용, 보전에 있어서 과거에 축전된 자료를 활용하여 더욱 발전시켜 조직적인 안전성을 관리할 필요가 있다.

13.3 기기의 신뢰성

13.3.1 신뢰성의 척도

신뢰성을 평가하기 위한 신뢰도함수(reliability function) R(t)는

$$R(t) = \frac{n(t)}{N} = \frac{\text{임의시점}(t)\text{까지의 남은 수}}{\text{초기의 총 수}} \quad (13\text{–}1)$$

로 나타내고, 임의 시점 t까지의 고장난 것의 누적확률 F(t)는 $F(t) = 1 - \frac{n(t)}{N}$ 가 된다.

누적 고장확률 F(t)와 신뢰도함수 R(t)는 상충관계에 있으므로 $R(t) + F(t) = 1$ 이 된다.

단위 시간당 어떤 비율로 고장이 발생하는 가를 나타내는 고장확률밀도함수(failure probability density function) f(t)는 비 신뢰도 F(t)가 누적 고장률을 의미하므로 이것을 단위 시간당 고장률로 미분하면 고장확률밀도함수는

$$F(t) = \frac{dF(t)}{dt} = -\frac{dR(t)}{dt} \text{ 이다.} \quad (13\text{–}2)$$

또한 비 신뢰도함수 F(t)와 신뢰도함수 R(t)를 고장확률밀도함수 f(t)로 나타내면

$$F(t) = \int_0^t f(t)dt \tag{13-3}$$

$$R(t) = \int_0^\infty f(t)dt = 1 - F(t) \text{이다.} \tag{13-4}$$

임의 시점 t와 $(t+\triangle t)$시간 사이에 발생한 구간 고장률(failure rate during the interval)을 △t로 나눈 단위시간당 고장률(failure rate per unit time)은

$$\text{단위시간당 고장률} = \frac{R(t) - R(t+\triangle t)}{\triangle t \cdot R(t)} \tag{13-5}$$

이다.

여기서 고장률함수(hazard function) λ(t)는 △t가 0으로 수렴할 때의 고장률의 극한값이다.

그러므로 다음과 같이 나타낼 수 있다.

$$\begin{aligned}\lambda(t) &= \lim_{\triangle t \to 0} \frac{R(t) - R(t+\triangle t)}{\triangle t \cdot R(t)} \\ &= \frac{1}{R(t)} \cdot [-\frac{d}{dt}R(t)] \\ &= \frac{f(t)}{R(t)}\end{aligned} \tag{13-6}$$

13.3.2 신뢰성의 3대 요소

1 내구성

신뢰성은 내구성과 관계가 있고 내구성은 수명과 관계가 있다.

MTTF(Mean Time To Failure)는 시스템을 수리하여 사용할 수 없는 경우 새로 교환될 때까지의 평균시간을 의미하고, MTBF(Mean Time Between Failure)는 시스템을 수리해가면서 사용할 수 있는 시스템의 평균수명을 의미한다.

신뢰도함수 R(t)가 주어진 경우 평균수명은 $E(t)=\int_0^\infty R(t)$로 나타낼 수 있다.

대부분의 전자부품의 경우 고장률함수가 일정한 값을 가지는 지수분포형태를 취하므로 신뢰도함수 R(t)는

$$R(t)=e^{-\lambda t} \tag{13-7}$$

그러므로 평균수명은 다음과 같이 된다.

$$E(t)=\int_0^\infty R(t)dt=\int_0^\infty e^{-\lambda t}=\frac{1}{\lambda} \tag{13-8}$$

따라서 평균수명은 평균고장률 λ의 역수가 된다.

예를 들어 평균수명이 10,000 시간인 어떤 전자부품을 10,000 시간까지 사용한 경우 이 부품의 신뢰도는 $t=10{,}000$, $\lambda=\frac{1}{MTBF}=\frac{1}{10{,}000}$이므로

$$R(t=10{,}000)=e^{-\lambda t}=e^{-\frac{10{,}000}{10{,}000}}=e^{-1}=0.368$$

이다.

따라서 이 부품의 평균수명만큼 사용한다면 약 37[%]가 정상적으로 작동하고 63[%] 정도는 이미 고장 난 상태라는 것을 의미한다.

1) 평균고장수명(MTTF : Mean Time To Failure)

평균고장수명은 어떤 하드웨어 제품이나 구성요소가 수리하지 않는 부품 등의 사용 시작으로부터 고장날 때까지의 동작 시간의 평균값이다. 이 척도는 대부분의 하드웨어나 구성요소들을 선택하는데 있어 중요한 요소로 작용한다.

시스템이 한 번 고장난 후 다음 고장이 날 때까지 평균적으로 얼마나 걸리는지를 나타내는 것이다. 제품이 출하된 후 고장날 때까지 얼마나 걸리는지, 즉 수명이 얼마나 긴지를 나타내는 MTBF와 비슷한데 MTBF는 수리를 해서 계속 쓸 수 있는 것에 적용되고 MTTF는 수리가 불가능한 것에 적용된다. 그런데 컴퓨터 부품은 수리를 하기 보다는 새로 사는 것이 유리하기 때문에 사실상 MTBF와 MTTF는 거의 같은 의미다.

2) 평균고장간격시간(MTBF : Mean Time Between Failure)

첫 번째 고장이 발생하기까지 시스템이 정상 동작하기로 기대되는 시간을 말하는 것으로 일반적인 의미는 시스템이 고장날 때까지의 평균수명을 말한다. MTBF를 시스템 신뢰도의 평가 척도로 활용하고 있다. 통상적으로 MTTF와 MTBF가 시스템의 신뢰성 평가에 많이 사용된다.

3) MTTF와 MTBF의 관계

시스템이 고장에서 정상적으로 회복시키면 완벽하게 정상으로 동작한다고 가정할 때 다음과 같은 관계가 성립한다.

$$\text{MTBF} = \text{MTTF} + \text{MTTR} \tag{13-9}$$

MTTR(평균수리시간, Mean Time To Repair)은 시스템 고장으로 가동하지 못한 시간의 평균값을 말하며, 실제로 MTTR이 MTTF에 비해 매우 작으므로 거의 MTTF가 MTBF와 유사하다고 볼 수 있다.

$$\text{MTBF} \fallingdotseq \text{MTTF} \tag{13-10}$$

신뢰성 평가는 MTBF와 MTTR을 가지고 계산하며 아래와 같다.

$$\text{MTBF} = \frac{a1 + a2 + a3}{3} \tag{13-11}$$

$$\text{MTTR} = \frac{b1 + b2 + b3}{3} \tag{13-12}$$

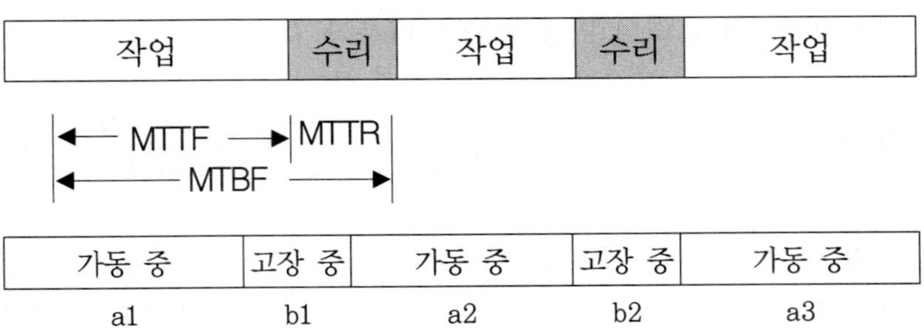

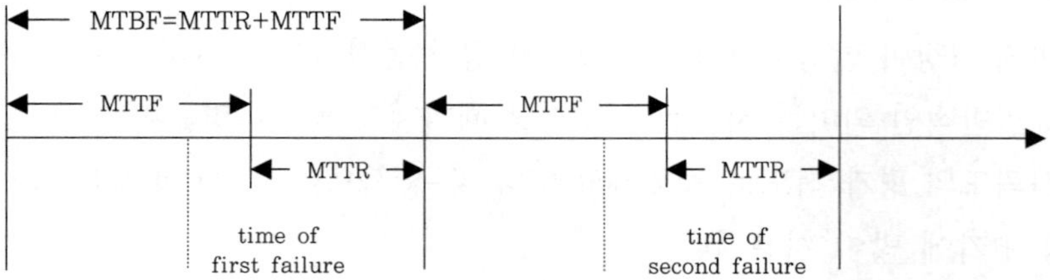

그림 13-6. MTTF와 MTBF의 관계

2 보전성

내구성에 의해서만 시스템이나 설비의 고장을 방지한다는 것은 비용면에서 낭비가 많을 수 있으므로 내구성을 보완한다는 측면에서 보전성(maintainability)이 필요하다.

보전성은 주어진 조건에서 규정된 기간에 보전을 완료할 수 있는 성질을 의미한다.

시스템이나 시스템을 이루고 있는 구성요소는 사용시간, 사용횟수에 따라서 피로, 마모, 열화현상에 의해 신뢰성이 저하되며, 고장이 자주 발생하는 구성요소에 대해 고장이 치명적이 아니고 신속히 수리할 수 있는 고장이라면 시스템을 사용하는데 그다지 큰 장애가 된다고 할 수 없으나, 원자력 발전소와 같은 중요설비의 돌발고장이 발생한 후에 보수하는 것은 중대한 손실을 가져온다. 그러므로 고장이 일어나지 않도록 사전에 일상정비 및 점검을 해야 하고 정기적으로 동작상태를 감시하여 고장 및 결함을 사전에 검출하는 예방보존(preventive maintenance) 활동을 합리적으로 해야 한다. 그리고 고장이 발생하면 FTA에 의해 고장원인을 짧은 시간 내에 규명하고 복구시켜야 한다.

시스템이 어떤 기간 중에 기능을 발휘하고 있을 시간의 비율을 가용성(availability)이라고 하며 가용성(A)은 다음과 같다.

$$\text{가용성}(A) = \frac{\text{동작 가능시간}}{\text{동작 가능시간} + \text{동작 불가능시간}} = \frac{MTBF}{MTBF + MTTR} \qquad (13\text{-}13)$$

위 식을 살펴보면 시스템이나 기기의 평균수명이 길거나 평균수명(MTBF)이 작더라도 평균수리시간인 MTTR이 아주 작으면 가용성이 좋아진다. 따라서 가용성을 결정하기 위해서는 내구성과 보전성의 경제적 균형을 고려해야 한다.

3 설계 신뢰성

시스템은 내구성과 보전성이 좋아도 고장은 발생할 수 있으며 이러한 고장의 발생이 치명적인 결과를 가져와서는 안 된다. 또한 일부 서브시스템에 문제가 발생하더라도 시스템 전체에 치명적인 결함을 가져오지 않도록 하여야 한다.

따라서 중복(redundancy) 설계하여 고 신뢰도를 요구하는 특정부분에 여분의 구성요소를 설치함으로써 그 부분의 신뢰도를 향상시키고 부품과 조립품을 표준화하고 단순화시키며 최적의 재료를 선정한다.

또한 디레이팅(derating) 설계하여 구성요소에 걸리는 부하의 정격값에 여유를 두고, 사용자의 오동작을 방지하고 쉽게 조작할 수 있도록 인간 공학적 배려를 고려하여 설계를 해야 한다.

13.3.3 신뢰성 모델

다수의 구성요소가 이루어진 기기나 장치를 시스템이라고 하고 각 구성요소와 시스템의 신뢰성 관계를 조사한다. 이를 위해서는 각 구성요소간의 상호관계와 어떤 요소가 시스템의 고장으로 이어지는가 하는 기능적인 관계를 파악하는 것이 필요하다. 여기에서는 각 구성요소의 고장은 서로 독립적이라고 가정하고 구성요소와 시스템의 신뢰성 관계를 살펴본다.

1 직렬계

직렬계(series system)는 시스템의 어느 구성요소가 고장이 나면 곧 시스템 자체가 고장 나는 것이다. 구성요소간 기능적 관계를 나타낸 그림을 신뢰성 블록도라고 하며 직렬계의 신뢰성 블록도는 그림 13-7과 같다.

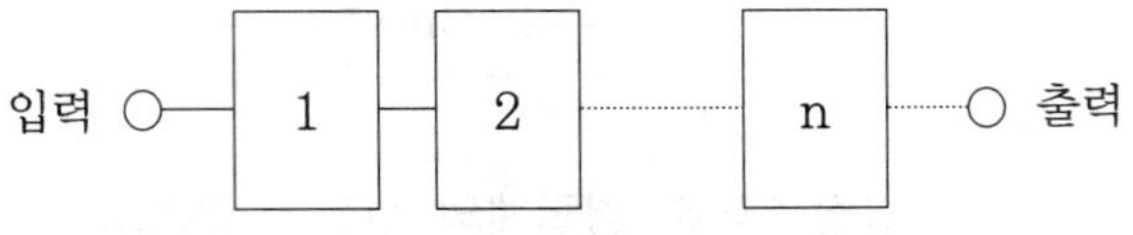

그림 13-7. 직렬계의 신뢰성 블록도

R_i를 구성요소의 신뢰도라 하면 직렬계가 작동하기 위해서는 모든 구성요소가 정상적으로 작동해야 하므로 시스템의 신뢰도는

$$R = R_1 \cdot R_2 \cdot \cdots \cdot R_n = \prod_{i=1}^{n} R_i \tag{13-14}$$

이다.

예로 구성요소의 신뢰도를 0.9라고 하면 이것을 10개 사용한 직렬계의 신로도는 $(0.9)^{10} = 0.349$가 된다. 직렬계 신뢰도는 구성요소의 신뢰도보다 낮고 낮은 정도는 시스템이 복잡해지면서 더욱 심해진다.

2 다중계

시스템이 복잡해져도 높은 신뢰도를 얻기 위해서는 각 구성요소를 신뢰도가 높은 것으로 하던가, 동일한 기능을 소유한 구성요소를 복수 개 병행해서 사용하여 그 중 일부가 고장 나더라도 시스템이 기능을 유지하도록 하는 것을 다중계(redundant system)라고 하며 병렬계, m/m 다중계, 대기 다중계가 있다.

1) 병렬계

병렬계란 시스템의 구성요소가 모두 고장 날 때 드디어 고장 나는 것으로 신뢰성 블록도는 그림 13-8과 같다.

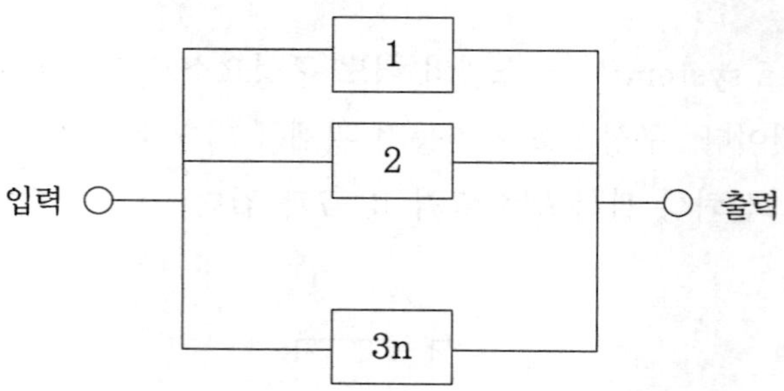

그림 13-8. 병렬계의 신뢰성 블록도

병렬계의 시스템 신뢰도 R는

$$R = 1 - F = 1 - \prod_{i=1}^{n} (1 - R_i) \quad (13\text{–}15)$$

이다.

예로 신뢰도가 0.9인 5개의 구성요소를 병렬로 결합한 경우 시스템 신뢰도는 $1-(1-0.9)^5 = 0.99999$가 되므로 높은 시스템 신뢰도를 달성할 수 있지만 병렬로 인한 무게나 면적을 많이 차지하게 되는 단점이 있다.

2) m/n 다중계

m/n 다중계는 구성요소 중 적어도 m개가 정상적으로 작동하면 시스템이 정상적으로 작동하는 다중계이며 신뢰성 블록도는 그림 13-9와 같다.

m/n 다중계의 시스템 신뢰도는

$$R = \sum_{i=m}^{n} \binom{n}{i} R_0 (1 - R_0)^{n-i} \text{ 이다.} \quad (13\text{–}16)$$

m/n 다중계는 직렬계보다 신뢰도가 높게 되지만 같은 기능을 갖는 여분을 여러 개 사용함에 따라 비용과 중량 등의 증가를 가져온다. 따라서 시스템의 신뢰도를 높이기 위해서는 시스템을 다중계로 구성하거나 구성요소 각각의 신뢰도를 향상시키는 방법을 사용한다.

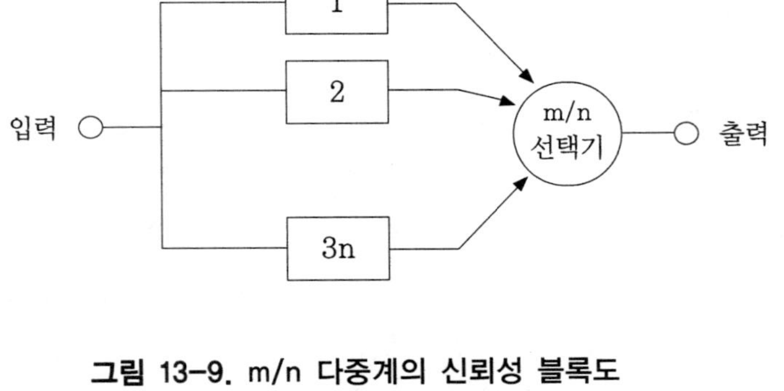

그림 13-9. m/n 다중계의 신뢰성 블록도

3) 대기 다중계

대기 다중계는 구성요소의 하나만을 사용상태로 두고 다른 것은 변환되어질 때까지 대기상태에 있는 다중계를 말한다. 그림 13-10은 두 개의 구성요소로 이루어진 대기 다중계의 신뢰성 블록도를 나타낸 것이다.

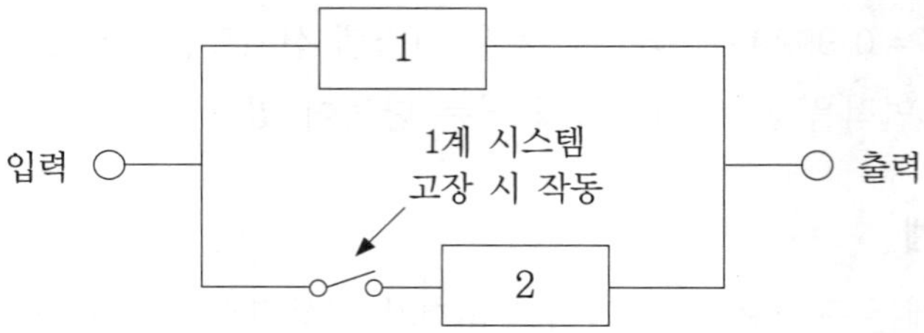

그림 13-10. 대기 다중계의 신뢰성 블록도

13.3.4 고장률 유형과 곡선

1 고장률 유형

부품이나 재료 등은 비교적 고장형태가 단순하지만 많은 구성요소로 이루어진 복잡한 시스템은 시간의 흐름에 따라 고장형태가 다양하다. 우선 간단한 구조로 된 부품이나 재료의 경우 시간이 흐름에 따라 고장률은 다음 세 가지 기본적 유형으로 분류할 수 있다.

1) DFR(Decreasing Failure Rate)형

시간이 지남에 따라 고장률은 감소 ⇒ 고장률 감소형(초기 고장형)

설계・제조상의 흠집 등으로 초기에 고장률이 높은 것으로 시간이 지남에 따라 이러한 흠집이 없어지는데 어느 시점 이후에는 이러한 흠집 등이 거의 없어져 고장률이 아주 낮은 경우를 볼 수 있다. 예를 들어 좋은 소재와 나쁜 소재가 섞여 있는 경우 이 혼합된 소재는 DFR형의 수명분포를 따른다. 이와 같은 DFR형의 고장률을 가진 것으로는 IC나 LSI 부품 등이 있다. 따라서 이들은 실제 사용 전에 시험과 검사를 해야 한다. 즉 시험에 의해 초기에 고장률이 높은 것은 없애고 고장률이 낮은 것만을 선별하여 사용해야 한다.

2) CFR(Constant Failure Rate)형

시간에 상관없이 고장률은 일정 ⇒ 고장률 일정형(우발 고장형)

시간에 관계없이 고장률이 일정한 것으로 고장이 우발적으로 일어난다고 하는 것이 특징이다. 고장률이 CFR형이라는 것은 수명분포가 지수분포인 것과 같다. 즉 고장률이 $\lambda(t) = \lambda$로 일정한 경우이다. 이와 같은 CFR형은 시스템이나 제품의 수명 사이클 중 가장 한창인 때 즉 고장률이 아주 낮은 시기에 나타난다.

3) IFR(Increasing Failure Rate)형

시간이 지남에 따라 고장률은 증가 ⇒ 고장률 증가형(마모 고장형)

시간이 지남에 따라 고장률이 증가하는 것으로 볼 베어링 등 기계부품의 마모나 열화로 인해 고장이 일어나기 전에 교체한다면, 즉 예방보전을 제대로 실시한다면 IFR형 고장은 방지할 수 있다.

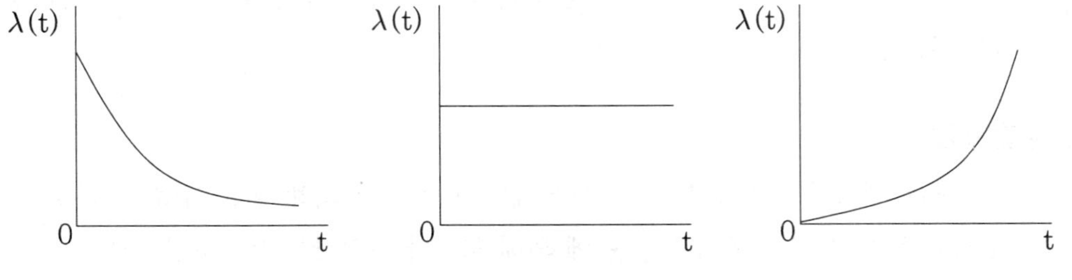

(a) 감소형(DFR)　(b) 일정형(CFR)　(c) 증가형(IFR)

그림 13-11. 고장률 유형

2 고장률 곡선

여러 개의 부품으로 이루어진 기기가 사용 개시 후 고장을 일으키는 것을 시간적으로 보면 일정한 경향을 나타낸다. 이것을 성질상 초기고장, 우발고장, 마모고장의 3개 기간으로 나누어 그림 13-12와 같이 표시한다.

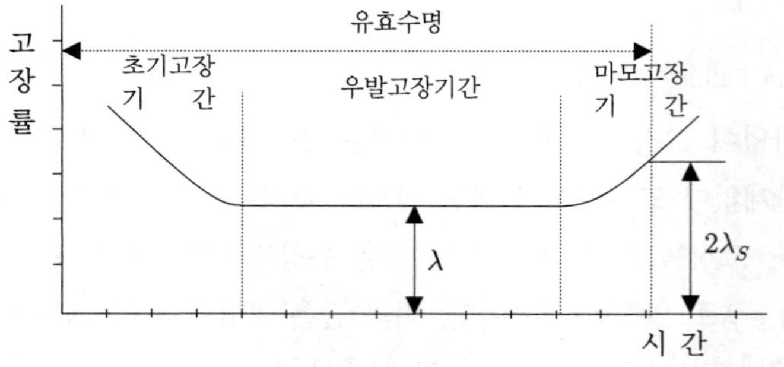

그림 13-12. 고장률 곡선

1) 초기고장

기기가 제작되어 사용 초기에 비교적 많이 일어나는 고장을 말한다. 제작단계(설계, 제작상의 잘못, 약점), 취급, 운반시의 파손, 보수의 부실 등이 초기고장의 주원인이다.

초기고장의 대책으로는 원인을 조속히 발견한 후 대책을 수립하고 취약한 부분은 양질의 제품과 교환하는 등 초기고장 기간을 짧게 하도록 노력할 필요가 있으며 또 사용개시 전에 이 기간이 끝나도록 현장이나 공장에서 충분히 사용전 시험을 행할 필요가 있다.

2) 우발고장

초기고장은 제작단계의 노력과 충분한 예방적 활동에 의해 어느 수준 이하로 줄일 수 있으나 통제 안 되는 외부환경 등에 의해 일어나는 고장을 우발고장이라고 부른다. 우발고장률 λ는 일정치 이상으로 커지지 않는다. 따라서 $\lambda(t) = \lambda =$ 일정으로 두면 고장수명의 분포는 지수곡선으로 된다. 이 시점을 신뢰도 평가의 기준으로 삼는다.

3) 마모고장

일반적 의미의 마모나 물질의 변화 혹은 파손과 같이 특성의 저하가 진행 중에 일어나는 고장이다. 이 고장은 고장확률이 최대로 증가되어 나중에 신뢰는 급격히 저하된다. 따라서 기기 또는 어느 부분을 일정시간 사용한 후 신품과 교환함으로써 고장을 미연에 방지할 수 있다. 따라서 예방보수는 유효한 신뢰도 향상대책이 될 수 있다.

어떤 시스템이든 시스템이 현재 초기고장기, 우발고장기, 마모고장기 중 어느 기간에 속해 있는지를 알면 이에 맞게 신뢰성을 향상시킬 수 있는 대책을 세우기 편리하며 고장 해석도 또한 쉽게 할 수 있다.

장치의 고장률은 설비된 장치의 고장통계를 기초로 하여 산출되며 신호제어설비의 신뢰도에 큰 영향을 미친다. 식 (13-17)은 고장률 산출공식이다.

$$고장률 = \frac{1년의\ 장애수}{설비수 \times 24시 \times 365일} \tag{13-17}$$

13.4 결함과 결함허용

13.4.1 결함

1 결함 · 오류 · 고장의 상관관계

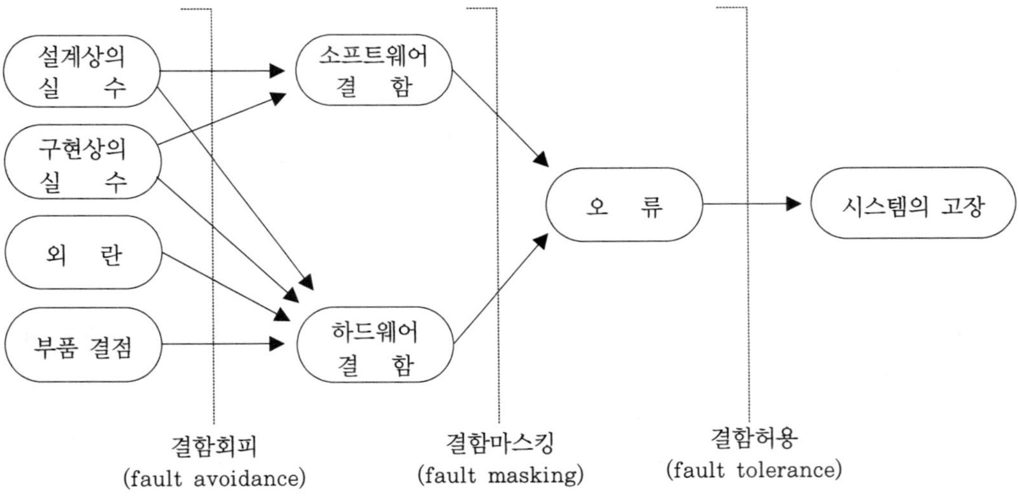

그림 13-13. 결함 · 오류 · 고장의 상관관계

결함(fault)이란 부품(component)들의 결점, 환경에 의한 물리적인 방해, 조작자의 실수, 부정확한 설계 등의 결과로 야기되는 하드웨어나 소프트웨어의 잘못된 상태를 말하고, 오류(error)란 결함으로부터 나타나는 현상으로 프로그램이나 데이터 구조에서의 틀린 기능값으로 작업에 대해서만 정의될 수 있으며, 오류는 결함장소와 어느 정도 거리가 떨어져서 발생할 수도 있다. 고장(failure)은 오류의 축적 또는 파급으로 인해 시스템이 정상적인 기능을 수행하지 못하는 상태를 의미한다. 그림 13-13은 결함 · 오류 · 고장의 상관관계를 나타낸 것이다.

2 결함의 원인과 분류

결함의 원인은 부품의 외적요인 또는 시스템 개발과정에서 여러 가지 원인으로 발생할 수 있으며 다음과 같은 것들이 있다.

1) 설계상의 실수

알고리즘, 설계구조, 하드웨어, 소프트웨어에서의 부정확한 명시가 원인이 될 수 있다.

2) 구현상의 실수

하드웨어나 소프트웨어의 사양을 구체적으로 실현하면서 이 과정에서 저질부품의 선정, 조잡한 구성, 소프트웨어 코딩의 실수 등이 원인이 될 수 있다.

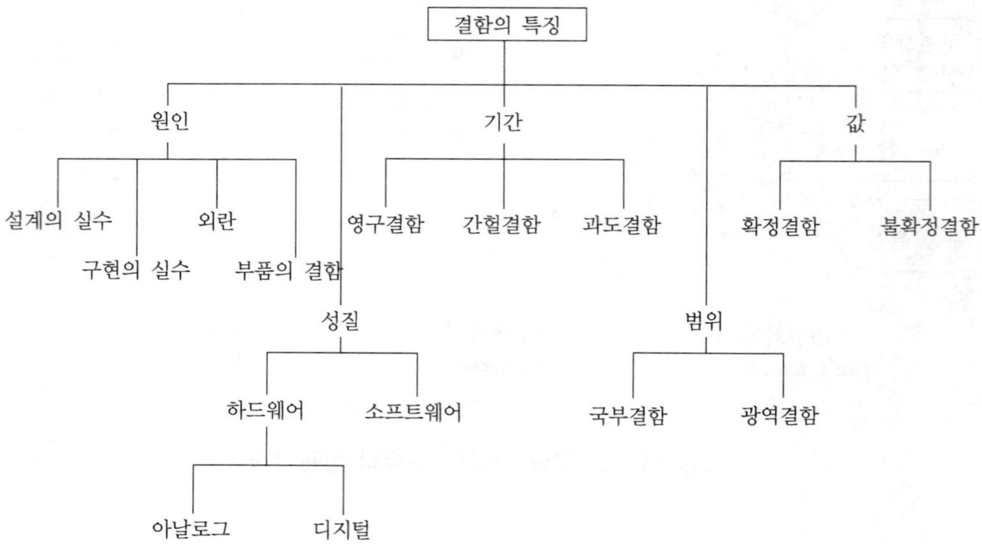

그림 13-14. 결함의 분류

3) 외란

방사선, 전자기 방해, 운영자 실수, 환경변화 등이 원인이 될 수 있다.

4) 부품의 결함

제조상의 결함, 부품의 결함, 부품의 노후 등 부품 불량이 원인이 될 수 있다.

결함의 분류는 그림 13-14와 같이 발행하는 원인, 성질, 기간, 범위, 값에 따라 분류할 수 있으며 결함은 일시적인 행태(temporary behavior)와 출력행태(output behavior)에 따라 분류되기도 한다. 일시적인 행태에 따라 결함은 다음과 같이 세 가지로 분류할 수 있다.

① **영구적 결함(permanent fault)**
결함이 고쳐지거나 고장의 영향을 받는 부분이 교체되지 않는 한 시간이 지나도 사라지지 않고 지속되는 결함

② **간헐적 결함(intermittent fault)**
결함이 물리적으로 오류를 야기하는 결함능동(fault-active)상태와 그렇지 않은 결함수동(fault-benign)상태를 반복하는 결함

③ **일시적 결함(transient fault)**
어느 정도의 시간이 지나면 사라지는 결함

예를 들면 간헐적 결함들은 회로상의 느슨한 결함 때문에 야기될 수 있고, 일시적 결함은 불안정한 환경의 영향 때문에 일어날 수 있다. 일시적 결함의 예는 적절하게 차폐되지 않은 메모리에 전자기적 간섭이 발생하면 메모리칩에 구조적인 해를 입히지 않고서도 메모리의 내용이 바뀌며, 메모리가 다시 쓰여 질 때 결함은 사라지게 된다. 대부분의 결함은 일시적 결함이고 단지 소수만이 영구적 결함이라는 사실이 많은 실험을 통하여 나타났다. 그러나 일시적 결함들은 종종 시스템이 오류나 고장이 일어났다는 것을 알아차리기 전에 사라지기 때문에 발견하기가 어려운 점이 있다.

3 결함의 극복

결함을 극복하기 위한 시스템의 신뢰성 향상은 결함회피, 결함마스킹, 결함허용의 기능을 시스템에 부가함으로써 가능하다.

1) 결함회피(fault avoidance)

결함회피는 높은 신뢰성을 갖는 부품 선정과 시스템 개발과정에서의 세심한 신호경로의 계산 등과 같은 시스템 개발의 초기과정을 의미하며, 결함회피의 목적은 시스템 고장발생확률을 줄이는 데 있다. 세심한 결함회피시스템에서도 결국 결함은 발생하고 시스템의 고장을 초래한다.

2) 결함마스킹(fault masking)

결함마스킹은 오류가 시스템의 정보구조 속으로 들어가는 것을 방지하는 여하의 과정이다. 오류 정정 기억장치를 예로 들면 시스템이 데이터를 사용하기 전에 기억장치의 데이터를 정정하는 것이다.

3) 결함허용(fault tolerance)

결함이 일어난 후에 시스템의 임무를 연속적으로 수행하도록 하는 시스템의 능력이다. 결함허용의 궁극적인 목적은 어떠한 결함으로부터 시스템의 고장(failure)을 방지하는 것이며, 고장(failure)은 오류(error)에 의해 직접적으로 발생하므로 결함허용과 오류허용(error tolerance)이란 말은 종종 혼용되기도 한다.

13.4.2 결함허용

결함허용(Fault Tolerance)에 대한 최초의 이론적 정립은 폰 노이만(John Von Neumann)에 의해 개발된 신뢰도 향상기법으로 1970년 이후 결함허용에 대한 이론과 적용 시스템이 급속하게 발전되었다.

시스템의 내부적 또는 외부적인 원인에 의해 시스템에 이상이 발생하였을 때 시스템이 정지하지 않고 데이터의 손실을 방지하고 전체 시스템이 연속적으로 정상동작할 수 있도록 하는 것이 결함허용이다. 즉 결함허용이란 결함이 일어난 후에 시스템의 임무를 연속적으로 수행하도록 하는 시스템의 능력이다. 결함허용을 구현하는 방법은 시스템 내 모든 부품(component)을 이중화하고 동일 업무를 동시에 처리할 수 있도록 하고, 장애 발생 시 장애 발생 모듈은 제거하고 정상의 다른 부분만으로 계속적인 업무를 수행할 수 있도록 하여 이중으로 동일한 작업이 이루어지므로 별도의 전이 시간이나 데이터의 유실이 없도록 한 것이다. 결함허용의 궁극적인 목적은 어떠한 결함으로부터 시스템의 고장(failure)을 방지하는 것이다.

1 결함허용기법의 종류

1) 하드웨어 결함허용기법

① Triple Modular Redundancy(TMR)
하드웨어를 3중복하여 2개 이상의 출력이 같은 경우에만 이용하는 기법이다.

② duplication with comparison
하드웨어를 중복하고 출력을 비교하여 결함을 감지하는 기법이다.

③ stand-by sparing
결함 감지 시 대기 중인 여분의 하드웨어로 대체하는 기법이다.

④ watch-dog timer
주기적인 타이머 초기화가 감지되지 않는 경우를 감지하는 기법이다.

⑤ self-purging redundancy
시스템 출력과 다른 출력을 가진 모듈은 스스로 더 이상 작업에 참여하지 않도록 하는 기법이다.

2) 소프트웨어 결함허용 기법

① check pointing
실행 시 검사 시점을 설정하고 오류가 감지되면 그 시점 이전으로 돌아가 같은 모듈로써 재 수행하는 방식이다.

② recovery block
재 수행(rollback & retry)에 근거한 기법으로 오류 감지 시 지정된 이전 시점으로 돌아가 같은 기능을 가진 다른 모듈을 실행하는 방식이다.

③ conversation
recovery block의 확장형으로 다수의 프로세서간에 상호정보를 교환하는 기법이다.

④ distributed recovery block
recovery block를 분산환경으로 확장 적용한 기법이다.

⑤ N self-check programming
자기 진단기능을 갖고 있는 두 개의 모듈이 실행하다가 오류감지 시 대기 중인 다른 기능이 주어진 기능을 대신 수행하도록 하는 기법이다.

⑥ N-version programming

n개의 독립된 모듈의 수행 결과를 비교하여 다수의 동일 결과만을 채택하여 계속 수행하는 기법이다.

13.5 철도신호의 안전성에 관한 규격

철도신호에 관한 안전성 규격은 컴퓨터 제어를 대상으로 한 IEC에 의한 안전성 규격 IEC 61508을 기초로 그 위에 UIC(국제철도연합)의 기술지침과 각국의 철도신호시스템의 기술적인 요구사항을 넣은 것이다. IEC 61508은 광범위한 기술분야의 컴퓨터 제어의 안전성을 대상으로 한 것으로 안전성 라이프 사이클과 안전성 무결성 레벨의 2개의 새로운 개념이 도입되고 있다.

IEC 61508은 철도, 원자력, 항공, 우주, 화학플랜트와 같은 안전관련 분야의 전기/전자/프로그래머블 제어기에 대한 RAMS 규격으로써 총 7장의 구성 중 제1장은 IEC 62425(EN 50129), 제2장은 IEC 62278(EN 50126), 제3장은 IEC 62279(EN 50128)와 내용이 유사하며 전기/전자/프로그래머블 제어기에 대한 의존도가 높은 신호분야에서는 참고해야 할 규격들이다.

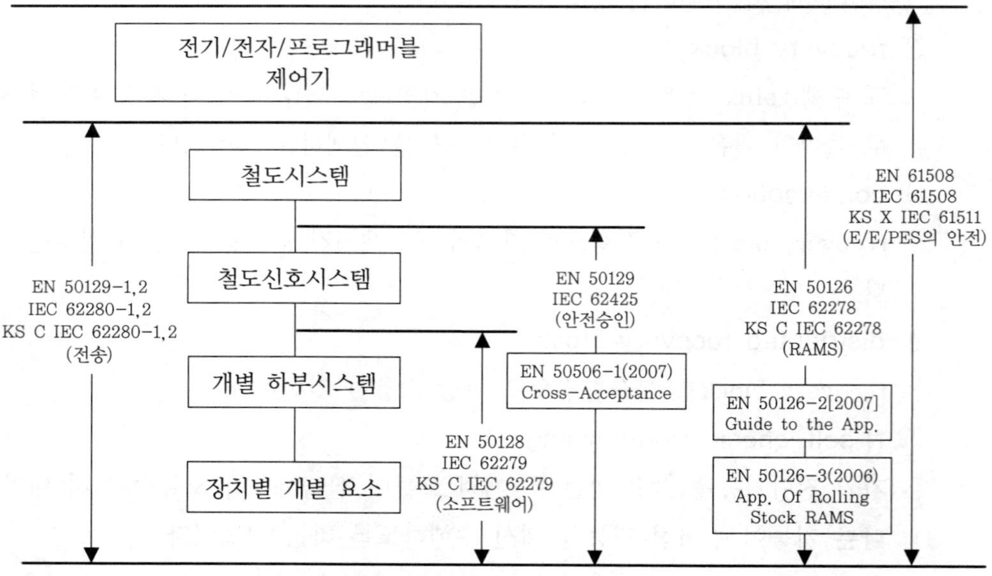

그림 13-15. 철도 RAMS 관련 규격

1 소프트웨어(EN 50128, IEC 62279)

IEC 62279는 철도신호의 소프트웨어의 안전성 규격으로 소프트웨어의 라이프 사이클의 안전성 확보를 위한 요구사항과 그 요구사항이 만족되는 것을 분명히 하는 프로세스를 규정하고 있다.

2 전송(EN 50129, IEC 62280)

IEC 62280은 2부로 된 철도신호의 안전관련 전송규격이다. 제1부와 제2부의 차이는 전자가 종래의 물리적으로 독립한 전용의 유선회로(closed transmission system)를 대상으로 하고 후자가 무선, 인터넷 등을 중심으로 하는 물리적으로 독립하지 않은 전송회로(open transmission system)를 대상으로 한 것이다.

3 safety case(EN 50129, IEC 62425)

EN 50129는 신호시스템의 인가 및 수용하기 위해 필요한 안전성 요구사항과 그 문서관리에 관해 규정한 것이다.

구체적으로 안전성 인정의 조건으로 신뢰성 관리, 안전성 관리, 기능 및 기술적 안전성의 3개의 사항에 대한 상세한 뒷받침을 요구하고 있다. 이 문서에 의한 안전성의 입증을 safety case라 하고 본 규격의 중심 개념이다.

4 RAMS(EN 50126, IEC62278)

철도시스템의 RAMS 명세 및 입증에 대한 기준인 IEC 62278은 시스템의 개념수립부터 폐기까지의 14단계 수명주기에 대한 요구사항 및 검증기준을 제시하며, 신호시스템의 안전관련 전자설비에 대한 기준인 IEC 62425(EN 50129)는 신호설비의 기능, 품질, 안전에 대한 수락 및 승인조건에 대한 내용을 제시한다. 소프트웨어 안전에 대한 규격인 IEC 62279(EN 50128)은 철도시스템의 소프트웨어 무결성 레벨에 따른 구조, 설계, 실행, 확인, 검증 시험, 통합에 대한 각각의 요구사항과 검증기준을 제시하고 있다. 따라서 IEC 62278은 철도시스템의 RAMS를 수명주기 전반에 대하여 단계별 요구사항에 대하여 제시하고 있다.

IEC 62278은 설비의 수명주기를 그림 13-16과 같이 개념수립, 시스템정의 및 응용조건, 위험도분석, 요구사항 수립, 요구사항 배분, 설계 및 구현, 제작, 설치, 검증, 수용, 운영 및 유지보수, 성능감시, 보완 및 개량, 폐기까지 14단계로 구분하여 각 단계별 목적, 입력요건, 요구사항, 산출문서, 검증기준 등을 제시하고 있다.

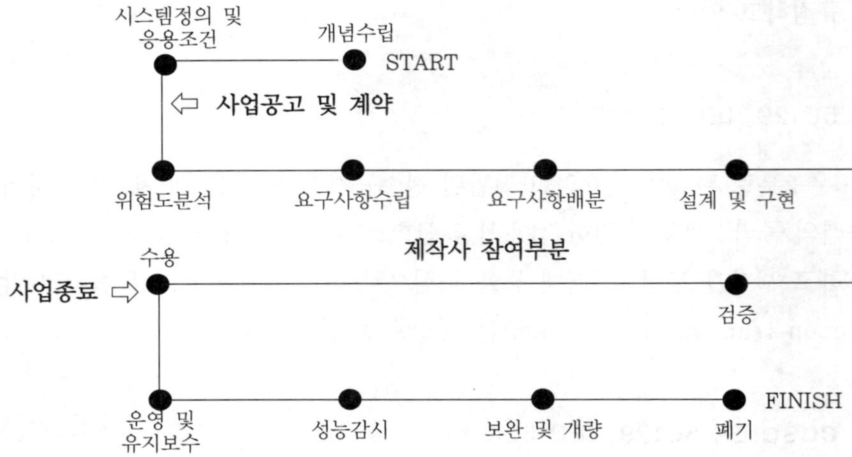

그림 13-16. IEC 62278의 설비 수명주기 14단계

1) RAMS의 활동

기존의 사고발생 현황에 대한 통계적 접근은 정량적인 안전지표를 산출할 수 있으나, 미래의 사고발생 빈도를 억제하기 위한 안전목표를 구매 및 유지보수 업무에 반영하기에는 한계가 있다.

따라서 정량적 지표를 통해 안전을 확보하고 운영 중인 설비의 품질 및 안전확보를 최적화하기 위하여 RAMS 활동이 적용되고 있다. RAMS 활동은 설비의 유지보수 및 교체주기를 최적화하여 경영 효율화를 위한 지표를 제공하고, 안전성을 정량적으로 평가하여 정부의 철도 안전목표 준수를 위한 운영기관 업무를 지원하기 위한 체계이다.

2) RAMS의 요소

RAMS는 한 시스템의 장기간 운영에 대한 특성으로써 시스템의 수명주기 동안 확립된 공학적 개념, 방법, 도구 및 기법을 적용하여 얻어진다. 시스템의 RAMS는 시스템 또는 시스템을 구성하는 하부시스템 및 부품들이 지정된 기능에 대해 얼마나 신뢰할 수 있고, 가용성이 있음과 동시에 안전한가의 정도를 나타내는 정성적 및 정량적 지표라고 특징 지울 수 있다.

시스템 RAMS는 신뢰성(Reliability), 가용성(Availability), 유지보수성(Maintainability) 및 안전성(Safety), 즉 R.A.M.S.의 조합이다.

철도시스템의 목표는 주어진 시간 내에 정해진 수준의 철도수송을 안전하게 달성하는 것이다. 철도 RAMS는 시스템의 이러한 목표달성에 대한 신뢰도를 기술하는 것이다.

① **신뢰성(Reliability)**

일정시간 간격 t동안 시스템이 정상 동작할 조건에 대한 확률로 정의되는 시간의 함수를 말한다.

② **가용성(Availability)**

일정 시간 t에서 시스템이 동작하는 확률로 정의되는 시간의 함수를 말한다.

③ **유지 보수성(Maintainability)**

명시된 시간주기 t상에서 고장시스템의 동작상태를 재 저장할 수 있는 확률을 말한다.

④ **안전성(Safety)**

시스템이 인간요소(human factor)의 안정성을 필요로 하고 다른 시스템 동작을 파괴하지 않기 위한 시스템의 확률을 말한다.

다시 말하면 임의의 시스템 동작 시 다른 시스템과 인간요소에 대한 우선조건을 두어 시스템의 안전성을 높이는 것을 말한다.

철도에서 RAMS의 구현은 승객의 안전과 시스템 사용자들의 원활한 동작을 위해서 필수 불가결하다. 아무리 좋은 시스템도 인간의 안전을 무시하고서는 무용지물에 불과하며 그 시스템을 사용하는 사람들이 믿고 신뢰하지 못하면 시스템을 운용하는데도 큰 어려움이 있을 것으로 본다.

그래서 시스템의 설계단계에서부터 제작 그리고 시스템을 설치하고 운용하기까지 철저한 검증 작업을 통해 설계자와 사용자가 원하는 동작과 안전성을 갖고 있는지를 확인하는 것이 중요하며 이러한 검증작업을 통해 시스템을 신뢰할 수 있게 된다.

5 안전 무결도

모든 시스템에는 결함이 존재하며 이러한 결함은 결함 양상에 따라 random fault와 systematic fault의 두 가지로 구분할 수 있다. random fault는 예측할 수 없는 방식으로 일어나는 고장상황에 적용되며 이러한 결함의 대부분은 노후화로 인해 발생한다.

systematic fault는 설계 시 또는 제조공정 중의 잘못으로 인하여 동일한 환경에서 같은 종류의 부품 또는 장치에서 똑같은 고장을 일으키는 형태의 고장상황에 적용된다. 따라서 systematic fault는 주로 동일 원인의 고장형태로 나타나며, 설계 중에 적용되거나 제조과정 중에 적용된다. 철도시스템에서도 마찬가지로 고장을 분류할 수 있으며 이러한 시스템의 결함발생을 줄이고 시스템의 안전성을 관리하기 위해서는 시스템이 갖고 있는 위험요소를 파악하고 이를 정량적으로 분석하여 시스템에 맞는 요구사양을 제시할 필요성이 있다. 이 요구사양에는 시스템의 안전성 확보를 위해서 제조자들이 도달해야 하는 기준을 제시할 필요가 있으며 철도신호시스템에서는 이러한 요구사항의 등급을 SIL(Safety Integrity Level)로서 제시하고 있다.

SIL 개념은 전기·전자 제어시스템에 대한 안전성 기본규격인 IEC61508에서 뿐만 아니라 유렵철도규격인 CENELEC의 EN50126, 50128, 50129에서도 언급하고 있는데, SIL 단계가 높으면 높을수록 시스템 안전기능에 대한 요구사항은 더 어려워진다. 즉 SIL 4가 가장 높으며, 반면에 SIL 1은 가장 낮은 요구사양을 가진다. 또한 SIL 1에도 들지 않는 위험이 낮은 기능은 SIL 0로 둔다.

표 13-2. 안전 무결성

단계	안전성에 요구되는 무결성 단계	가혹도	사람 혹은 기기에 대한 결과	서비스에 대한 결과
4	매우 높음	catastrophic	다수 사망, 기기의 매우 큰 손실	주요 시스템 상실
3	높음	critical	사망 및 부상 기기의 중대 손실	주요 시스템 상실
2	중간	marginal	부상 및 기기에 대한 중대 손실	심한 시스템 손상
1	낮음	insignificant	사소한 손상	사소한 시스템 손상
0	안전성과 관련되지 않음	negligible	손상 없음	사소한 고장

시스템의 SIL을 도출하기 위해서는 먼저 시스템이 갖고 있는 허용 가능한 위험률, 즉 THR(Tolerable Hazard Rate)을 도출하여야 하는데 THR이란 장치로 인해 야기될 수 있는 위험한 상황의 확률을 말한다. 또한 시스템의 위험측 고장발생률을 dangerous failure rate라고 하는데 이 dangerous failure rate가 THR보다 작을 경우 장치는 안전하다고 말할 수 있다.

SIL(Safety Integrity Level)이란 안전 무결도를 나타내는 것으로 시스템의 규정된 안전특성을 만족시키기 위해 요구되는 신뢰의 정도를 표시하는 수치이다. SIL은 시스템 안전도의 지침이 되는 값으로 시스템의 dangerous failure rate 또는 THR로부터 SIL을 도출하게 된다.

표 13-3. 안전성 무결성 레벨과 THR

SIL	THR(h^{-1}/기능)
4	$10^{-9} \leqq THR < 10^{-8}$
3	$10^{-8} \leqq THR < 10^{-7}$
2	$10^{-7} \leqq THR < 10^{-6}$
1	$10^{-6} \leqq THR < 10^{-5}$

연 / 습 / 문 / 제

1. 신호설비의 사명과 안전측 동작원칙에 대하여 설명하시오.
2. 철도신호에 적용되고 있는 안전성 기술을 예를 들어 설명하시오.
3. 신호설비의 안전성 확보를 위한 기술체계에서 fail-safe, fail-proof, fail-soft에 관하여 설명하시오.
4. 페일 세이프(Fail Safe)의 다중계화에 대하여 설명하시오.
5. 신호설비의 고장률 곡선을 도시하고 설명하시오.
6. 고장률의 유형, 즉 시간적 변화에 대하여 기술하시오.
7. 신호기기의 고장률 산정과 계산법에 대하여 설명하시오.
8. 안전성과 신뢰성의 차이와 연관성에 대해서 설명하시오.
9. 신뢰성의 3대 요소를 기술하시오.
10. 신뢰성 이론에서 제기되는 가용성(可用性)에 대하여 설명하시오.
11. 신호설비의 신뢰성 검출을 위한 MTTF와 MTBF에 대하여 설명하시오.
12. 직렬로 구성된 신호기기의 각 부품 고장률이 $5\times10^{-6}h$, $2\times10^{-5}h$, $4\times10^{-7}h$일 때, 이 시스템의 MTBF를 구하시오.
13. 신뢰성 모델에서 직렬계와 다중계에 대하여 쓰시오.
14. 신호설비의 신뢰성 확보를 위한 검토에 있어 기기의 고장과 다중화 방법에 대하여 기술하시오.
15. 신호시스템의 신뢰성 확보를 위한 다중화 기법 중 stand-by-system과 2 out of 3system에 대하여 설명하시오.
16. 신호설비의 신뢰성 확보를 위한 2 out of 3 시스템의 구성에 대하여 논하시오.

17. n개의 부품이 직렬로 연결되어 작동되는 장치의 이중화 방법과 신뢰도를 계산하고 비교하시오, 부품의 신뢰도 R_0는 동일하며 $R_0 = 0.8$로 하시오

18. 신호보안장치의 신뢰성 확보를 위한 하드웨어 redundancy에 대하여 기술하시오.

19. fault tolerant에 대하여 기술하시오.

20. 신호설비의 결함의 원인과 분류에 대해서 설명하시오.

21. 결함허용시스템(Fault Tolerant Systems) 중 정보결함허용기법에 대하여 설명하시오.

22. RAMS(reliability, availability, maintainability, safety)의 각각의 요소를 설명하고 상호간의 관계를 설명하시오.

23. RAMS 수명주기 중 위험도 분석단계의 요구사항과 검증기준에 대하여 기술하시오.

24. CENELEC ENV-50129에서 정의하는 철도신호의 안전도 등급(safety integrate level)에 대하여 기술하시오.

25. 신호설비에 사용되는 소프트웨어에 결함허용기법 중 N-Version 프로그래밍과 recovery blocks에 관하여 설명하시오.

26. 결함허용시스템을 구현하기 위한 하드웨어적 방법에는 수동 하드웨어 여분(Passive Hardware Redundancy)과 능동 하드웨어 여분(Active Hardware Redundancy) 방법이 있다. 이 두 가지 방법에 대하여 설명하고 예를 제시하오.

철도신호공학 부록
신호설비 도식기호

1. 표기방법
2. 계전기 명칭 및 용도

신호설비 도식기호

1. 표기방법

1 전기신호기

명칭		도식 기호		비고
		다등형	단등형	
장내 출발 엄호 폐색 및 유도 신호기	정지, 주의, 진행 신호를 현시하는 것			 자동식별표지는 좌와 같이 표시 (초고휘도 반사제)  서행허용표지는 좌와 같이 표시
	정지, 주의, 감속, 진행 신호를 현시하는 것			 진행정위의 신호기는 좌와 같이 표시
	정지, 주의 또는 진행 신호를 현시하는 것			 신호현시에 시소를 첨가한 신호기는 해당 기호에 좌와 같이 표시
	정지, 경계 및 주의 신호를 현시하는 것			 지주 신호기인 때는 기호에 따라 좌와 같이 표시
	정지, 경계 및 진행 신호를 현시하는 것			 매달린 신호기일 때는 기호에 따라 좌와 같이 표시
	정지, 경계, 주의, 감속, 진행 신호를 현시하는 것			 신호기 하단에 좌도와 같이 유도등 표시
원방 신호기	주의, 감속			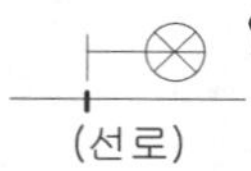 연동도표 (선로)
중계 신호기	주의, 진행 신호를 현시하는 것			
입환 신호기	색등식, 등열식 공용			 무유도 표시

2 기계신호기

명칭	도식기호	비고	명칭	도식기호	비고
장내신호기	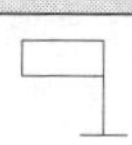		통과 붙은 장내신호기	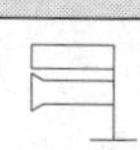	
출발신호기	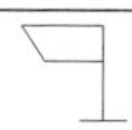		통과신호기	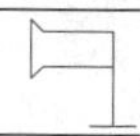	

3 신호부속기, 전호기, 표지

명	칭	도식기호	비고
신호부속기	진로표시기	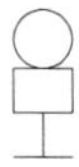	□안에 진로수 기입
	선로별표시등		
	선로별표시식 입 환 표 지	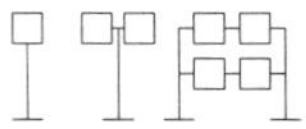	(다진로 1, 2, 4개)
전 호 기	수신호대용기		
	입환전호기		
	출발전호기	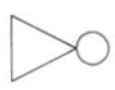	
	제 동 시 험 전 호 기		
표 지	출발반응표지		
	열차정지표지		주간 : 흑색선으로 +자형을 그린 백색원판형 야간 : 흑색선으로 +자형을 그린 백색등
	차량정지표지	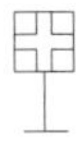	✣ 부분 반사재 사용
	차막이 표지		백색 ×자를 그린 정사각형
	기외 정차등		
	입 환 표 지	 단진로용	도면표시 예) 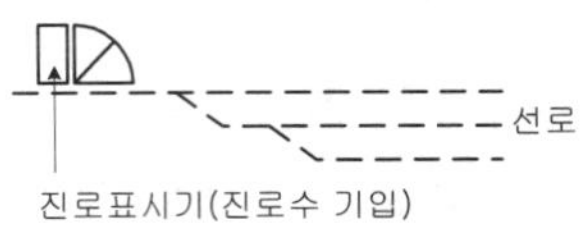
		 다진로용	

4 신호부라켓 및 신호교

명칭	도식기호	비고
신호부라켓	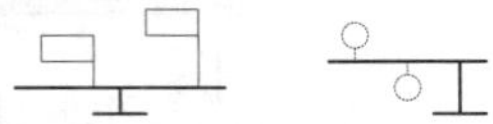	
신호교	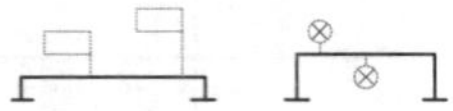	

5 연동장치

명칭		도식기호	비고
구분	CTC	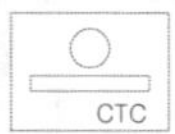	예 1) CTC,전자연동장치, ABS구간 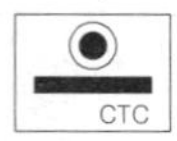 예 2) ERC, 전기연동장치, ABS구간, 원격제어역  예 3) 단독취급역, 전기연동장치, 양역 연동폐색 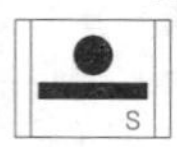
	ERC	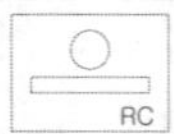	
	단독취급역	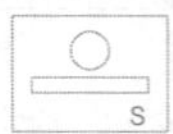	
연동장치	전기		
	전자		
	기계		
폐색장치	자동	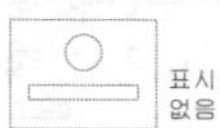	
	연동	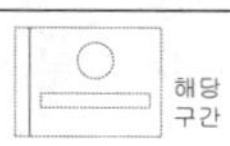	
	통표	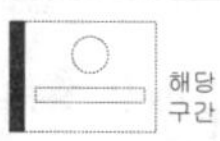	
원격제어	제어역	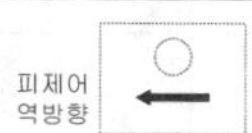	
	피제어역	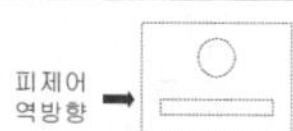	
선로	본선		복선 
	부본선		복선 
	명칭, 기타 표시	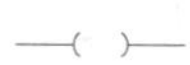	

6 선로전환기 및 쇄정장치

명	칭		도식기호	비 고
분기기	일 반 분기기	철차고정식		 1. 분기기 번호부여 시점쪽 : 21~50호, 종점쪽 : 51~100호 (쌍동이상은 역사에서 먼거리부터 전기식은 A,B,C로, 수동식은 가,나,다…로 부여) 2. 신호와 무관한 선로전환기 시점쪽 : 101호~, 종점쪽 : 201호~ 3. 청원선 전용 분기기 시점쪽 : 구내 가까운 것부터 301~400호 종점쪽 : 401~500호 4. 도중분기 (관계역에서) 시점쪽 : 501호, 종점쪽 : 601호
		철차가동식		
	가동K자크로싱			
	싱글슬립스위치		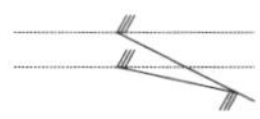	
	더블슬립스위치		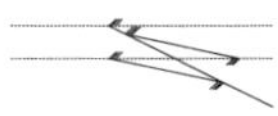	
	다이아몬드크로싱			
선 로 전환기	전기선로전환기		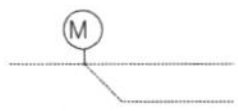	
	전 철 리 버	전기쇄정기없음		
		전기쇄정기있음		
	탈선선로전환기			
	추붙음전환기 (에스케이프식)		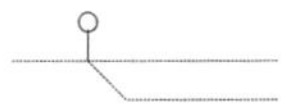	
	탈 선 기			
	선로전환기 표지	보 통	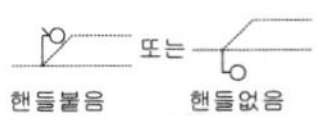	- 핸들붙음과 핸들없음으로 구분 - 표지위치는 현장사정에 따라 설치
		탈 선		- 주간 : 후방에 표시할 필요성이 없는 경우 백색 직사각형판 - 야간 : 후방에 표시할 필요성이 없는 경우 백색등
	쌍 동 기	NO.1 A형	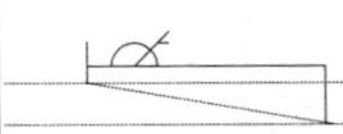	NO1호, 2호, 1,2호, 3호
		NO.1 B형	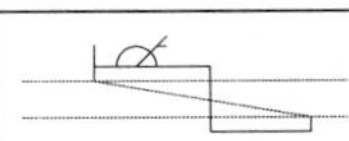	NO1호, 2호, 1,2호, 3호

명 칭		도식기호	비 고
신 호 리 버	CN - A	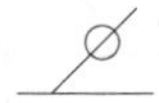	
	CN - B	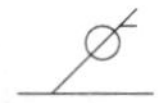	전기쇄정기부
쇄 정 장 치	에스케이프크랭크	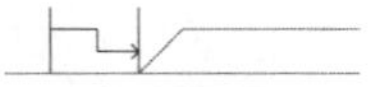	
	전 환 쇄 정 기	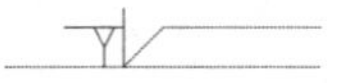	
	기 계 연 동 기	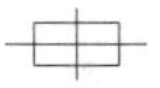	
	통 표 쇄 정 기	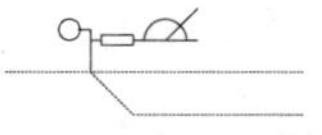	□안에 통표 종별을 기입한다.

7 파이프, 와이어 및 기타

명 칭		도 식 기 호	비 고
차 륜 막 이			
차 막 이	제 1 종		
	제 2 종		
	제 3 종		
역 사		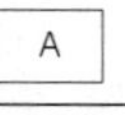	
승강장 및 화물적하장		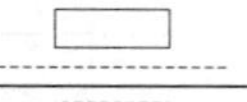	
가 선 교		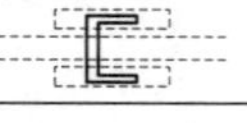	
터 널		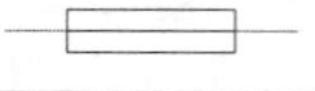	
건 널 목		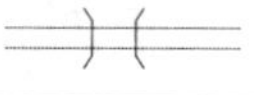	
교 량		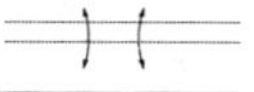	
차량접촉한계표		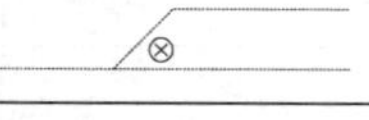	
ATS 지 상 자		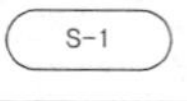	점제어식
		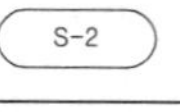	속도조사식

<table>
<tr><th colspan="2">명 칭</th><th>도식기호</th><th>비 고</th></tr>
<tr><td colspan="2">케이블햇드</td><td></td><td></td></tr>
<tr><td colspan="2">신호 계전기실</td><td>R.R</td><td></td></tr>
<tr><td colspan="2">기 구 함</td><td>B510</td><td rowspan="2">숫자로 기구함 및 접속함의 번호를 표시</td></tr>
<tr><td colspan="2">접 속 함</td><td>J610</td></tr>
<tr><td rowspan="2">통표수수기</td><td>받는걸이</td><td></td><td></td></tr>
<tr><td>주는걸이</td><td></td><td></td></tr>
<tr><td rowspan="3">신호정보분석장치</td><td>건널목용</td><td>RC</td><td></td></tr>
<tr><td>ABS용</td><td>ABS</td><td></td></tr>
<tr><td>궤도회로용</td><td>ATC</td><td></td></tr>
<tr><td colspan="2">열차번호인식기</td><td>TNR</td><td></td></tr>
<tr><td colspan="2">파 이 프</td><td></td><td></td></tr>
<tr><td colspan="2">와 이 어</td><td></td><td></td></tr>
<tr><td colspan="2">행크캐리어</td><td>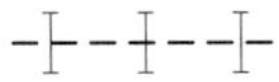</td><td></td></tr>
<tr><td colspan="2">곡 간</td><td></td><td></td></tr>
<tr><td colspan="2">직각크랭크</td><td></td><td></td></tr>
<tr><td colspan="2">스트레이트크랭크</td><td></td><td></td></tr>
<tr><td colspan="2">T 크랭크</td><td></td><td></td></tr>
<tr><td colspan="2">아자스트크랭크</td><td>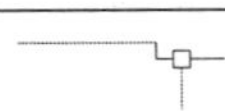</td><td></td></tr>
<tr><td colspan="2">레디알암</td><td></td><td></td></tr>
<tr><td colspan="2">철관조정기</td><td></td><td></td></tr>
<tr><td colspan="2">진로정자</td><td>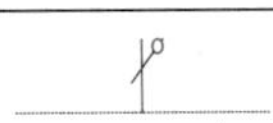</td><td></td></tr>
<tr><td colspan="2">도선분기안전장치</td><td>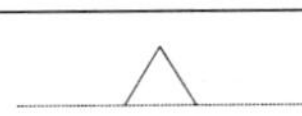</td><td></td></tr>
</table>

명	칭	도 식 기 호	비 고
파이프와이어 절연			
지장물검지장치	발 광 기		
	수 광 기		
	반 사 기		
건 널 목 경 보 기		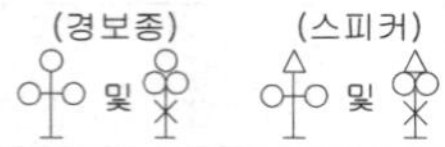	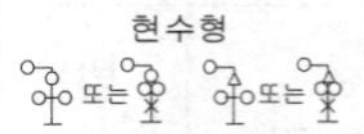
전 동 차 단 기		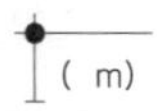	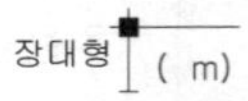
낙석 또는 장애경보기		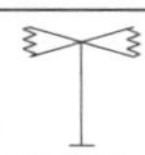	
장내, 출발, 입환신호기 (표지포함) 출발 도착점 버튼			입환신호기(표지포함) 도착점버튼 제외
입환신호기 (표지포함) 도착점 버튼			
도착점 공용버튼			흑색부분이 열차 도착방향

8 궤도회로

명		칭	도 식 기 호			비 고
궤도회로	전철구간	복궤조식				단궤조식은 귀선측은 굵게 표시
		단궤조식				
	비전철 구간					
본 드						잠파선도 동일 표시
임피던스본드			2개설치한 때	1개 설치한 때		
			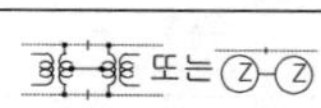	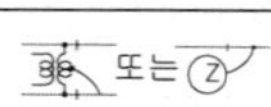		
레 일 절 연			좌우 궤도회로있을 때	우측 궤도회로만 있을 때	좌측 궤도회로만 있을 때	
				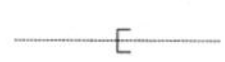	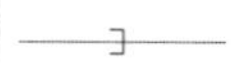	
궤 간 절 연			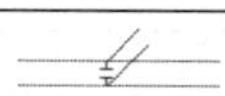			
사구간 절연			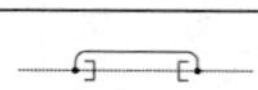			

명	칭	도 식 기 호	비 고
궤도회로 송 전 단	CTC구간		설계도에 표시 (..T)F : 송전, (..T)R : 착전 (다만, CTC와 일반구분이 필요하지 않을 경우 일반으로 표시)
	일 반	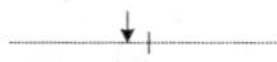	
궤도회로 착 전 단	CTC구간		
	일 반	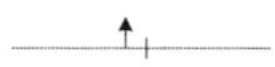	
잠 파	귀 선 용	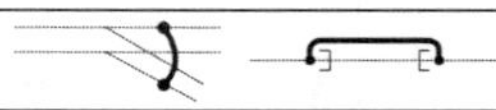	
	신 호 용		
크로스 본드		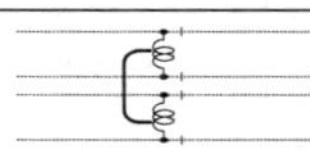	
궤도 회로명		(000T)	궤도회로 명칭
궤도회로경계		50KN	50KgN 레일절연
보 안 기		 Ar(t)	ST-2500
무 절 연	동조유니트	BA ( )	
	매칭트랜스	TAD	
	유 도 자	SVA	
	송 신 기	TM ( )	
	수 신 기	Rec ( )	
접착식 절연레일		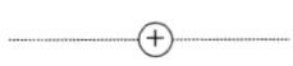	

9 신호기기

명	칭		도 식 기 호	비 고
색 등 식	단등형	3현시	Y,R,G	
		2현시	R,G　Y,G　R,Y	
	다등형	3현시 또는 4현시	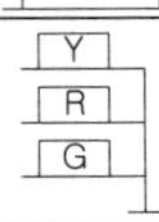	
		5현시	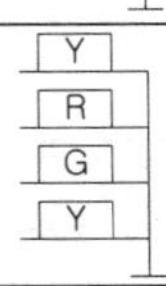	
등 열 식			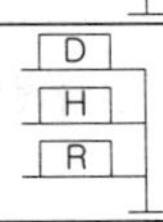	

10 계전기

명칭		결선도용	배선도용		비고
			직류	교류	
삽입형	단권 또는 1원	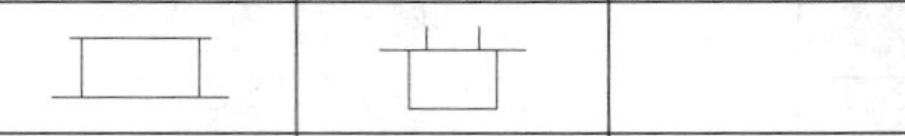			
	복권 또는 2원	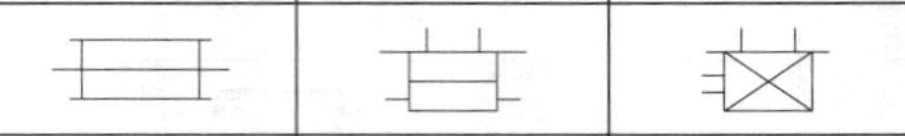			
	완 방	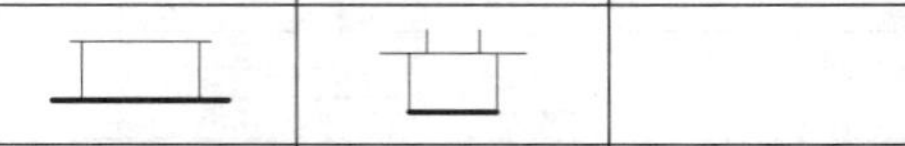			
	완 동	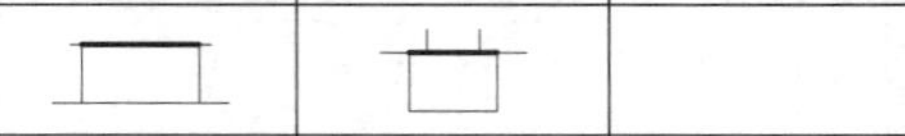			시소계전기는 다음과 같이 문자기호를 기입한다. UR
	완방완동	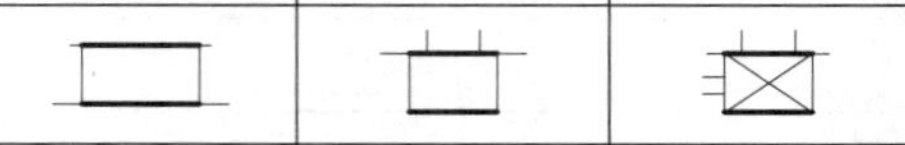			
	자기유지	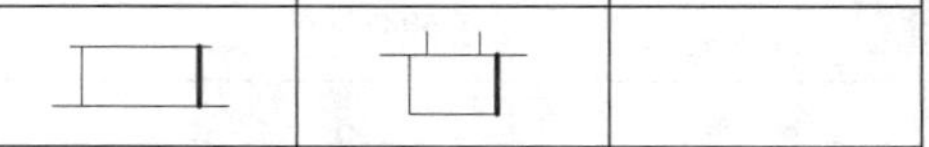			
	바이어스	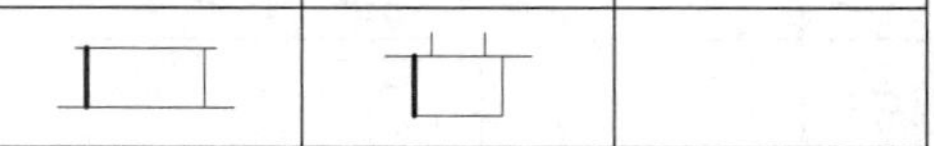			
	유극(3위)	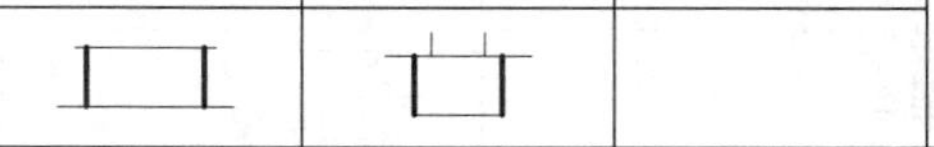			
거치형	단권 또는 1원	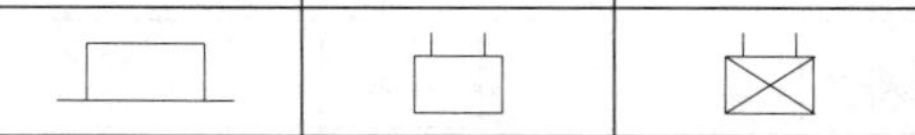			
	복권 또는 2원	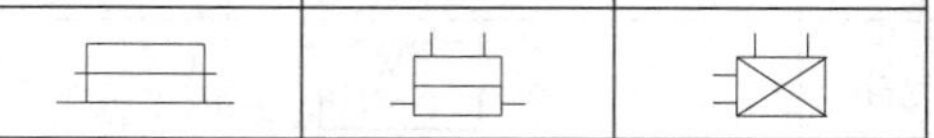			
	완 방	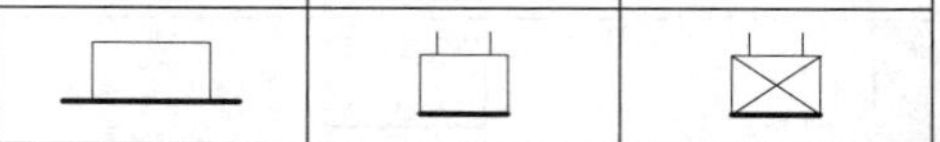			
	완 동	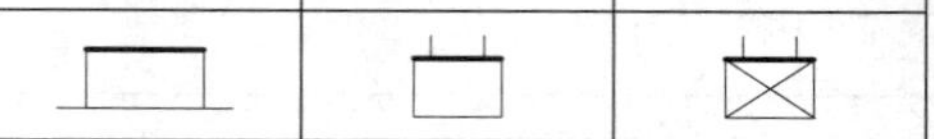			시소계전기는 다음과 같이 문자기호를 기입한다. UR
	완방완동	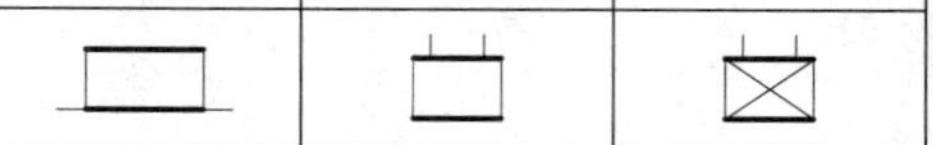			
	유극(3위)	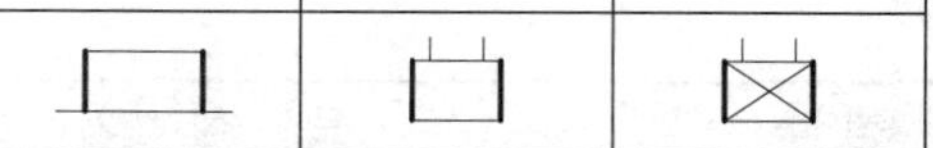			
	연 동	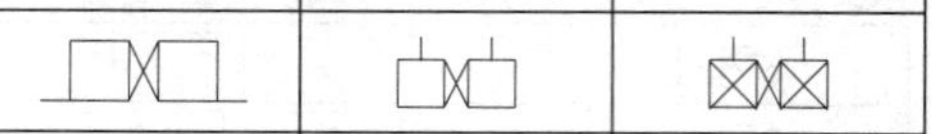			
	단 속	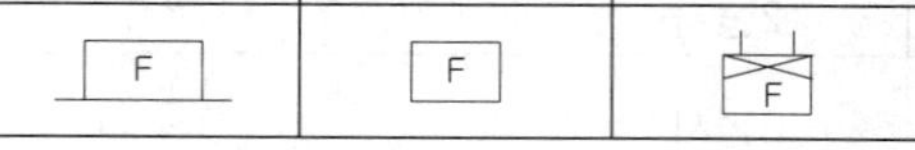			

11 표시기 및 기타

명칭	도식기호	비고
표시기, 섬광등, 반응기, 전기쇄정기, 전자편쇄정용전자석, 전령, 기타	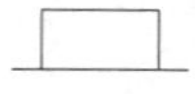	

12 변압기 및 기타

명 칭		도 식 기 호	비 고
변 압 기		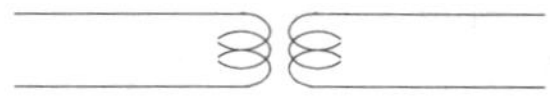	변압기의 종류에 따라 기호를 부가한다.
궤도 저항자			필요시 A,B,C 형식을 기입한다.
궤도 리액터			필요시 A,B 형식을 기입한다.
정 류 기			필요시 종별, 형식을 기입한다.
축 전 지			필요시 종별, 형식, 전압, 용량을 기입한다.
레 일 접촉기	전기식		
	기계식	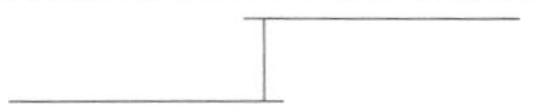	

13 접점

1) 접촉기류

명 칭		도 식 기 호		비 고
		결선도용	배선도용	
한시해정기	정 위		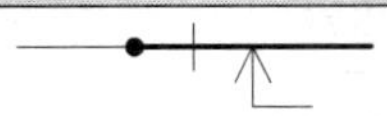	
	반 위		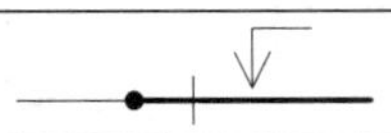	
스 탭 버 튼		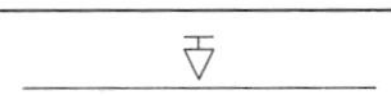	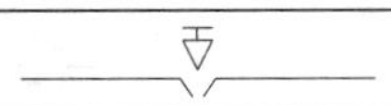	
랏 지		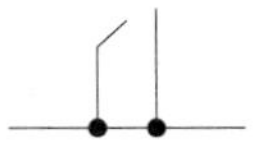	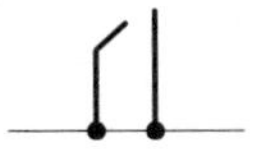	
푸쉬버튼 또는 키	폐접점		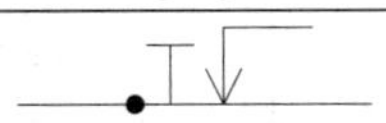	
	개접점	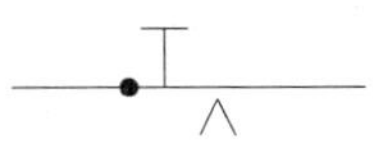	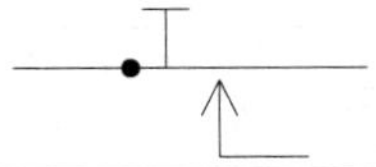	
당김 버튼	폐접점	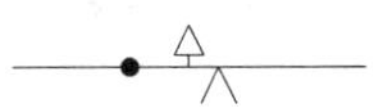	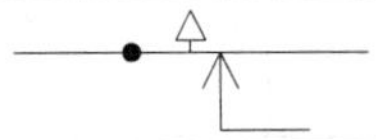	
	개접점	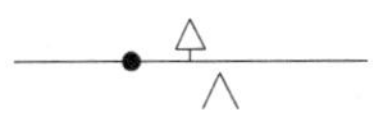	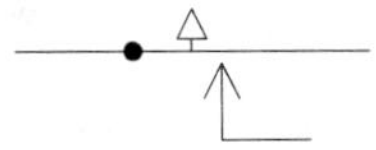	

명 칭		도식기호 결선도용	도식기호 배선도용	비 고
레일접촉기	개 방	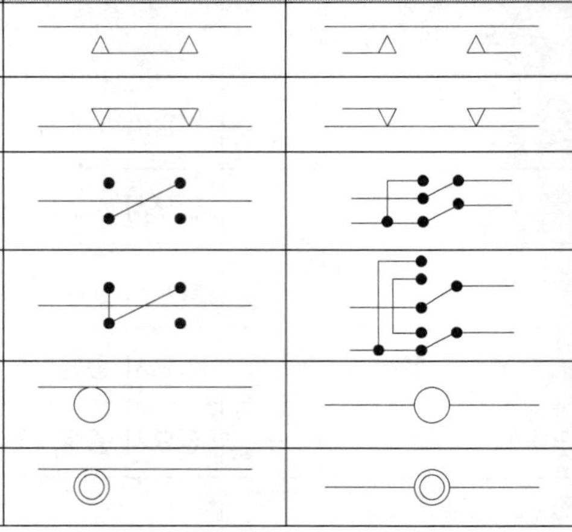		
	접 촉			
전극기	전극중 단락 하지 않는것			3위식 회로제어기 포함임
	전극중 단락 하는 것			
리 버 류 회로제어기	일 반 용			전기쇄정기를 포함한다.
	랏지스위치용			

2) 계전기

명 칭	접 점	계 전 기		도식기호 결선도용	도식기호 배선도용	비 고
유극 또는 3위	정 위	여자	정방향	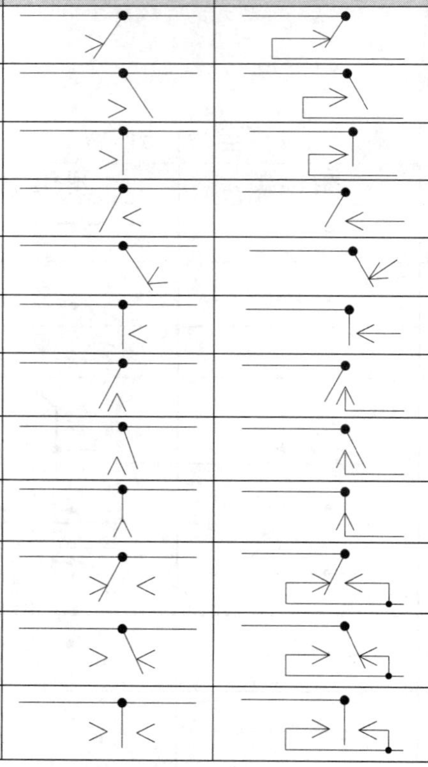		필요시에는 결선도용에서 유극계전기의 무극접점 및 2위계전기의 접점을 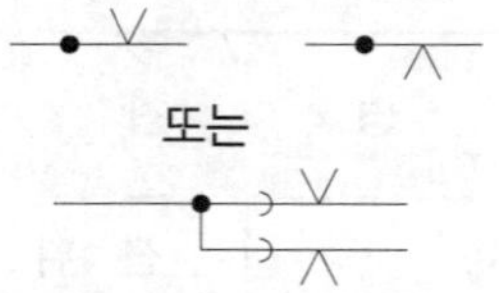 로 표시하여도 좋다.
			역방향			
		무 여 자				
	반 위	여자	정방향			
			역방향			
		무 여 자				
	무전류	여자	정방향			
			역방향			
		무 여 자				
	정 위 및 반 위	여자	정방향			
			역방향			
		무 여 자				

명칭			도식기호		비고
	접점	계전기	결선도용	배선도용	
유극 또는 3위	무극 여자	여자	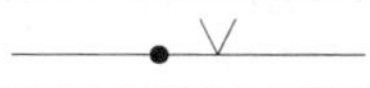		
		무여자			
	무극 무여자	여자		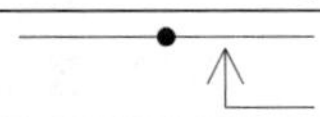	
		무여자			
2위	정위	여자			
		무여자		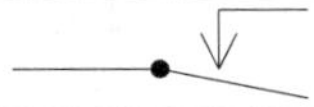	
	반위	여자			
		무여자			
	정반위	여자	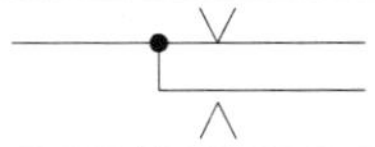	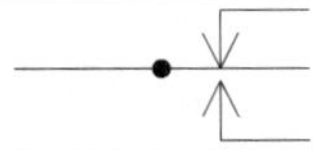	
		무여자	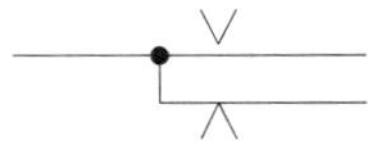	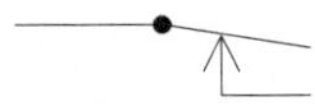	

3) 유니트 연동 장치

명칭			도식기호	비고
평상시	무극선조	무여자		
		여자		
		2코일형 첫째 코일		
		2코일형 둘째 코일		
	유극선조	좌우 동작전		
	연동상단	낙하		
	연동하단	동작		

명	칭	도식기호	비 고
무 극 선 조	낙 하 접 점		 계전기
	동 작 접 점		
	동 작 접 점		 계전기
	낙 하 접 점		
이 동 상 단	낙 하 접 점	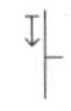	 계전기
	동 작 접 점	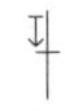	
이 동 하 단	동 작 접 점	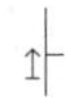	 계전기
	낙 하 접 점		
유 극 선 조	좌 측 접 점		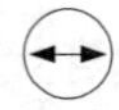 계전기
	우 측 접 점		

4) 기타

명		칭	도 식 기 호	비 고
무 극 계전기	독 립 접 점	여 자	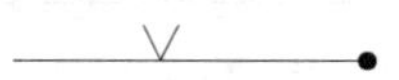	
		무여자		
	종 속 접 점		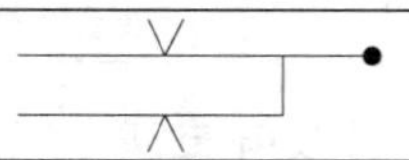	
유극3위계전기	표준(정위)접점		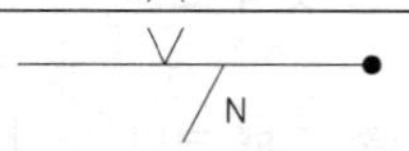	
	반 위 접 점		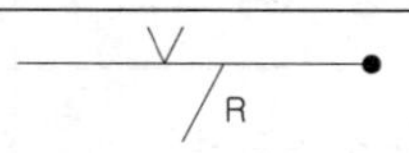	
	평 상 접 점		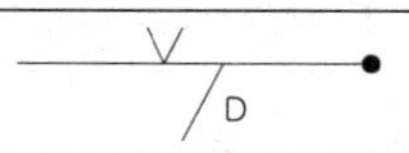	
단 속 계 전 기				

명	칭	도식기호	비 고
선로전환기	정 위	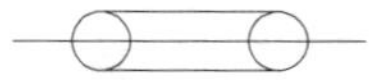	
	반 위		
	정 위	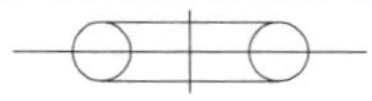	
	반 위		
버 튼	누름 비구성접점		
	누름 구성접점		
	당김 비구성접점		
계 전 기	표준회로제어기	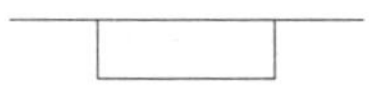	전구등, 자물쇠, 전동기, 표시기 등
	완 방 계 전 기	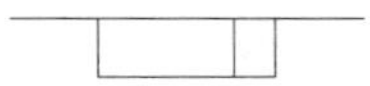	
	완 동 계 전 기	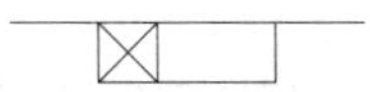	
	이중전극계전기	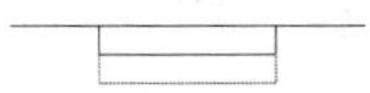	
정자스위치 접 점	정 위	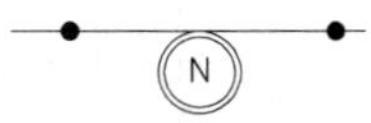	
	반 위	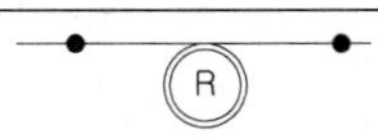	
	중 앙	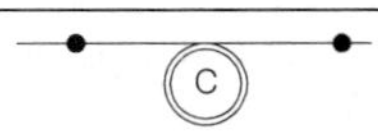	
	우 측	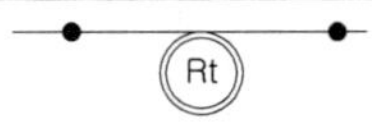	
	좌 측	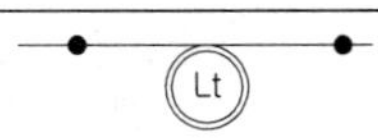	
저 항 자	고 정 저 항		
	가 변 저 항		
콘 덴 서	고 정 콘 덴 서	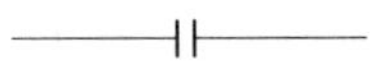	
	가 변 콘 덴 서		

명 칭	도식기호	비 고
정 류 기		
휴 즈		
링크단자 및 판접속기	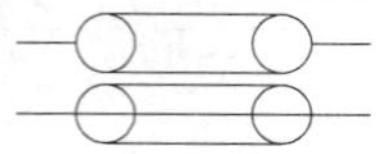	
출 력 단 자	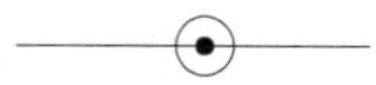	
고 압 피 뢰 기		

14 전선로

명 칭	도식기호	비 고
직매식 지하전선로		PVC케이블은 PVC, 국내케이블은 L, CVV케이블은 CVV, CV케이블은 CV로 표시한다.
가공식 전선로		어느 것이나 심선수를 영문자 앞에 표시하고 영문자 뒤에는 소선 종별을 표시한다.
보호식 방호전선로		소선이 단선일 경우에는 정수로 표시하고 연선인 경우에는 소선수를 분수로 표시한다. 예) CVV $2mm^2$ × 2C 4가닥은 CVV $2mm^2$ × 2C × 4로 표시 CVV $5.5mm^2$ × 2C 4가닥은 CVV $5.5mm^2$ × 2C × 4로 표시
트 러 프	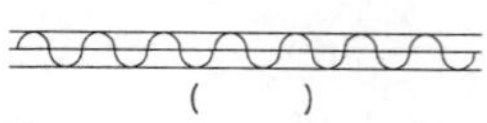	( ) : 트러프의 규격, 숫자를 표시하여야 한다.

2. 계전기 명칭 및 용도

1 계전기

기 호	명 칭	용 도
S_SYS 1	시스템(I 계) 감시계전기	프로그램 내부에서 I 계 시스템 감시용으로 사용하는계전기
S_SYS 2	시스템(II계) 감시계전기	프로그램 내부에서 II계 시스템 감시용으로 사용하는 계전기
SYSRUN	시스템 기동계전기	전자연동장치 시스템 I, II계가 기능이 정지되었다가 재기동될 때 현장 열차운전상태를 확인하고 안전을 고려하여 시스템을 기동시키는 기능
HRGOOD	시스템 정상 가동계전기	시스템이 정상 가동중일 때 여자하는 기능
SYSRUN 1	시스템 기동 보조계전기	시스템기동을 위해 보조역할을 하는 기능
CSSBR	주신호취소 공통압구 반응계전기	주신호 취소시 각 신호기와 공통으로 취급하는 계전기
CSSBSHR	입환신호취소 공통 압구 반응계전기	입환신호 취소시 각 신호기와 공통으로 취급하는 계전기
TRNSFR	CTC 사령제어 전환계전기	CTC 제어기능을 망우사령과 서울 통합사령측으로 전환하기 위한 기능 TRNSFR 낙하 (OFF)시는 망우사령, 여자(ON)시는 서울사령 기능
1ARPR	1A 신호 압구 반응계전기	1A 신호 진로를 취급할 때 동작시키는 취급버튼 반응 기능 1A R PR PR → 압구반응계전기 R → 진로설정 방향표시 (Right:오른쪽 Left:왼쪽) 1A → 신호기 명칭

기 호	명 칭	용 도
1A2HLD	1A-2번선 진로유지 계전기	1A-2DN 진로 취급시 해당 진로의 선로전환기(WR)가 제어된 방향을 검지하여 진로가 선별된 후 취급버튼 반응계전기를 자기유지할 때 HLD는 선로전환기 제어가 정당하지 못했을 때는 자기유지 회로를 해제시킴으로서, 장애시 선로전환기 수동취급으로 진로와 선로전환기 제어방향이 일치되지 않은 상태에서 수신호로 열차를 운전할 때 장애가 복구되어 설정되었던 진로가 개통되어 도중 전환되는 경우를 예방하는 작용을 말한다. 1A 2 HLD HLD → hold의 약자 2 → 2번선 1A → 1A 신호기
APR	A방향 착점 취급 버튼 반응계전기	진로의 도착점 취급버튼 반응계전기 A PR PR → 반응계전기 A → 연동도표상 착점 버튼 명칭
1ARCN	1A 신호취소 취급 버튼 반응계전기	CSSB와 해당 신호기 버튼를 취급할 때 동작하여 신호 취급버튼 반응계전기의 자기유지상태를 해제시켜 설정된 신호 진로를 취소하는 기능. 1A RCN RCN → 취소(Cencle) 1A → 신호기 명칭
CPBR	전철제어 공통 취급 버튼 반응계전기	선로전환기 전환시 정위 또는 반위 버튼과 동시에 취급
21PNR	21호선로전환기 정위 취급버튼반응계전기	21호 선로전환기를 정위로 전환 21 P NR NR → 정위전환계전기 P → 선로전환기(Point) 21 → 선로전환기 번호

기 호	명 칭	용 도
CPBR	전철제어 공통 취급 버튼 반응계전기	선로전환기 전환시 정위 또는 반위 버튼과 동시에 취급
21PNR	21호선로전환기 정위 취급버튼반응계전기	21호 선로전환기를 정위로 전환 21 P NR NR → 정위전환계전기 P → 선로전환기(Point) 21 → 선로전환기 번호
21PRR	21호선로전환기 반위 취급버튼반응계전기	21호 선로전환기를 반위로 전환 21 P RR RR → 반위전환계전기 P → 선로전환기(Point) 21 → 선로전환기 번호
1ARR	1A 신호 진로 선별 완료계전기	1A 신호기 시점버튼과 착점 버튼를 취급했을 때 설정진로 및 선로전환기 전환방향 선별 완료를 표시 1A R R R → 선별확인계전기 R → 진로설정 방향표시 (Right:오른쪽 Left:왼쪽) 1A → 신호기 명칭 (입환신호기는 반위진로선별계전기 21RR, 51RR 등과 혼동 우려가 있어 L21RR, L51RR로 표기함)
2RR	2번선 주진로 선별 조사계전기	2번선 오버랩 선로전환기를 조사하여 전환 및 쇄정(입환의 제외) 및 남,북 조사 기능 2 R R R → 계전기(Relay) R → 진로방향(R 또는 L) 2 → 본선 도착선명

기 호	명 칭	용 도
21ACR 21BCR 22CR	진로선별제어계전기(21A호) 진로선별제어계전기(21B호) 진로선별제어계전기(22호)	회로도 상 진로선별회로 시발점에서 현장선로 모양의 진로방향에 따라 순차적으로 선로전환기의 전환방향을 설정할 때 CR 계전기는 정위 배향에 설치하여 CR이 동작되면 그 이외의 방향은 회로를 차단하고 자기진로인 정위방향으로 회로가 동작되도록 한다. 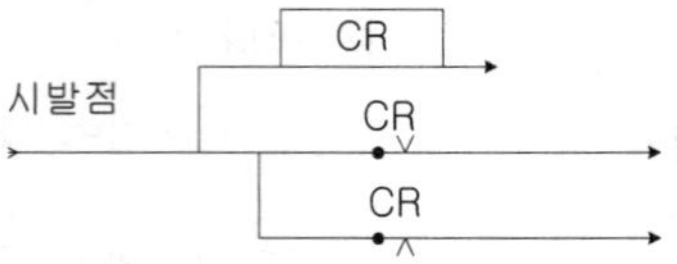 21A CR → 선별제어계전기 → 선로전환기 번호
1ARZR	진로조사계전기	진로 선별이 된 후에 개통된 진로를 조사 1A R ZR → 조사계전기 → 진로방향(R 또는 L) → 신호기 번호
1ARASR	진로쇄정계전기	진로조사가 끝난 후에 낙하 (평상시 여자상태)되어 진로를 쇄정 1A R ASR → 진로쇄정계전기 → 진로방향 (R 또는 L) → 신호기 명칭
21ATLSR	진로구분쇄정계전기	진로쇄정계전기의 여자조건으로 평상시 여자되어 있다가 진로쇄정이 이뤄지면 낙하되어 자기진로를 쇄정하고 열차가 통과하면 해당 궤도회로 여자조건으로 여자되어 자기유지 21AT L SR → 자기유지(Self Stick)계전기 → 진로방향 (R 또는 L) → 궤도회로명
21KR	전철표시계전기	선로전환기의 전환된 방향을 표시하는 계전기

기 호	명 칭	용 도
21WLP	전철쇄정반응계전기	선로전환기를 전환할 때 계전기랙에 설치되어 있는 자기유지계전기(WR)를 전환시키며 자기유지계전기가 전환 후에도 다른 전원 인가로 전환할 우려가 있어 전철쇄정계전기(WLR)을 설치하여 안전측으로 동작하도록 위한 회로를 구성하고 있으며 전기적으로 쇄정되었는지를 확인하기 위해 전철쇄정계전기의 동작상태를 조사하는데 그 계전기의 반응을 전철쇄정 반응계전기(WLP)로 칭함.
CTR	CTC전환요구계전기	제어 모드를 사령(CTC) 제어로 전환하고자 역조작판에서 CTC 제어요구를 할 때 여자되고, 이 계전기의 여자 상태에서 역조작판의 CTC 표시와 사령의 CTC 표시가 점멸하도록 되어 있다.
CTCR	CTC전환계전기	CTR이 여자되어 표시창이 점멸할 때 사령취급자가 CTC Mode 전환취급을 하게 되면 CTC Mode 전환한 수신 정보를 받아 KELOCR이 여자되며 이때 CTR이 낙하되고 CTC 전환 완료로 CTC 표시창이 점등되어 각 신호기 및 선로전환기 등 취급버튼 회로에 Local측은 차단하고 CTC 측은 연결하여 사령에서 모든 취급이 가능하도록 한다.
LOR	로칼제어계전기	
ELOR	비상로칼제어계전기	
KLLOR	로칼제어 취소 수신 계전기	
LOCR	로칼제어취소계전기	
LORREV	로칼제어 반환계전기	로칼시 낙하상태로 LOR을 동작시키는 회로를 구성하면서 CTC 모드때는 여자상태로 LOR을 낙하시킨다. CTC 제어시에도 시스템 고장으로 재기동시 Mode 설정이 불가능하며, 시스템이 다운되는 시기의 제어모드는 Local 우선원칙을 채택하므로 시스템이 재기동 될 때는LORREV가 낙하된 조건으로 LOR이 동작되므로 Local 취급이 우선적으로 가능하도록 하는 기능을 가짐.

기 호	명 칭	용 도
SFPR	신호기고장경보 정지계전기	
PFPR	선로전환기 고장경보정지 계전기	
SFR	신호기고장경보 제어계전기	
PFR	선로전환기 고장경보제어 계전기	
BACPWR	전원고장경보 정지 계전기	
BACPWR1	보조계전기	
1CNR	하장내 폐색(1A측) 취소 계전기	
2CNR	상장내 폐색 (2A측) 취소 계전기	
DNBLSTPR	하선방 장내 폐색벨 취소 계전기	폐색 경보 취소
DNBLSTPR1	하선방 장내폐색벨 취소 보조계전기1	건널목 고장검지 경보 취소
DNBLSTPR2	하선방 장내폐색벨 취소 보조계전기2	건널목 고장검지 경보 취소
UPBLSTPR	상선방 장내폐색 벨 취소 계전기	폐색 경보 취소
UPBLSTPR1	상선방 장내 폐색 벨 취소 보조계전기1	건널목 고장검지 경보 취소
UPABS	상 폐색계전기	상 출발폐색(HP, BR, 3DR) 및 궤도조사 등의 조건을 종합한 계전기
DNABS	하 폐색계전기	하 출발폐색(DNBR, 4DR) 및 궤도조사 등의 조건을 종합한 계전기
ASR	A방향 접근제어계전기	A방향에서 열차 진입시 접근제어(ASR 낙하조건으로 접근표시 점멸 및 경보)

기 호	명 칭	용 도
BSR	B방향 접근제어계전기	B방향에서 열차 진입시 접근제어(BSR 낙하조건으로 접근 표시 점멸 및 경보)
21SR	21T방 접근제어방호계전기	21T방에서 A방으로 열차 진출시 접근제어를 억제하는 역할
51SR	51T방 접근제어방호계전기	51T방에서 B방으로 열차 진출시 접근제어를 억제하는 역할
@TEMP1	로직 임시보조계전기	회로의 프로그램 구성상 복잡한 조건이 있을 때 프로세서의 경우 수가 12개 조건 이상일 때 회로를 단순화 하거나 같은 조건을 여러 번 사용해야 될 경우 조건들을 묶어서 사용할 때 쓴다.

2 입력 정보

기 호	명 칭	용 도
21ATR	궤도회로	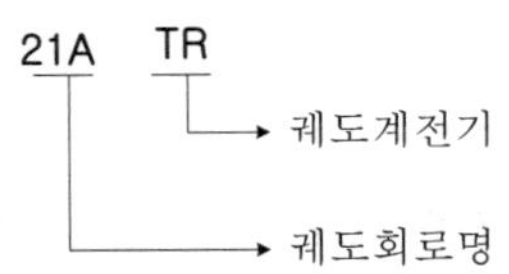
DNDIR/ABS	하장내 폐색	
3LR/ABS	상출발 폐색요구	
UPBR/ABS	상출발 폐색승인	
3DR/ABS	상출발 폐색진행제어	
UPDIR/ABS	상장내 폐색입력	
4RR/ABS	하출발 폐색요구	
DNBR/ABS	하출발 폐색승인	
4DR/ABS	하출발 폐색진행 제어	
LDPR/ABS	자동폐색고장(단심검지)	
OO/HCFL	건널목 고장검지	

기 호	명 칭	용 도
1ARHRD	신호제어 출력감시	1AHR이 여자되면 정보를 받아 이를 비교 검색하여 정상출력이 아닐 경우 HR 출력 차단 1AR HRD HRD → 신호제어감시계전기 1AR → 신호기명
1ALMR	신호전구 단심검지	1AR L LMR LMR → 검지표시계전기 L → 램프 1AR → 신호기명
21KR-N 21KR-R	전철표시 정위 감시 전철표시 반위 감시	
21WR-N 21WR-R	전철제어 정위 감시 전철제어 반위 감시	
21WL	전철 쇄정 감시	
IVT	UPS 인버터 감시	
ACR	UPS 입력전원 감시	
Fusfl	Fuse 용단 감시	
N1 N2	상용전원(N1) 감시 예비전원(N2) 감시	
C D	24VDC 밧데리 충전감시 24VDC 밧데리 충전감시	

3 출력 정보

기 호	명 칭	용 도
1AHR	신호제어	1A HR HR → 신호제어계전기 1A →

기 호	명 칭	용 도
21W(N+) 21W(N−) 21W(+R) 21W(−R)	선로전환기정위 출력 제어(+측) 선로전환기정위 출력 제어(−측) 선로전환기반위 출력 제어(+측) 선로전환기반위 출력 제어(−측)	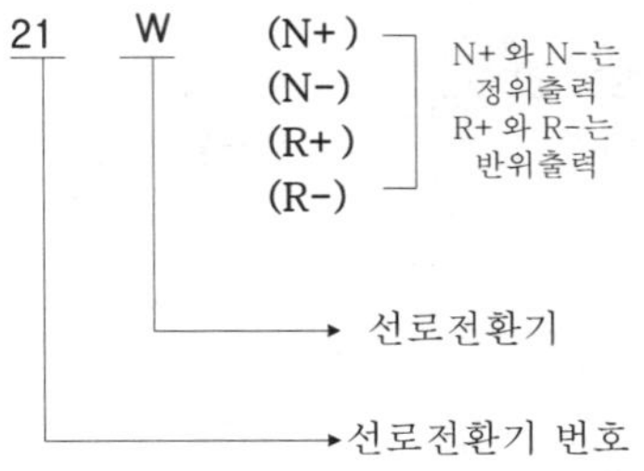
DNDIR/ABSO	하장내 폐색 자기유지	
3LR/ABSO	상출발 폐색요구	
1AGPR/ABSO	1A 장내 현시	
UPBLTR/ABSO	상선방 종합 폐색궤도반응	
UPDIR/ABSO	상장내 폐색 자기 유지	
4RR/ABSO	하출발 폐색 요구	
2AGPR/ABSO	21A 장내 현시	
DNBLTR/ABSO	하선방 종합 폐색 궤도반응	
OOAPR	○○ 건널목 APR	
OOBPR	○○ 건널목 BPR	
3DPR/ABSO	상출발 진행제어	
4DPR/ABSO	하출발 진행제어	
1AYR	하장내(1A) 진행제어	
2AYR	상장내(2A) 진행제어	
CALLR	계전기실 호출	
TESTOUT VRD	시험용 출력 시스템 안전검사용	시스템이 정상일 때 상시 동작하고 있으며 VRD의 여자접점으로 정보를 출력하다가 시스템이 비정상일 때 VRD가 낙하되어 출력정보의 공급전원을 차단하여 부정출력을 방지한다.

기 호	명 칭	용 도
TESTOUT VRD	시험용 출력 시스템 안전검사용	시스템이 정상일 때 상시 동작하고 있으며 VRD의 여자접점으로 정보를 출력하다가 시스템이 비정상일 때 VRD가 낙하되어 출력정보의 공급전원을 차단하여 부정출력을 방지한다.
1AURPR	진로 해정시소 반응	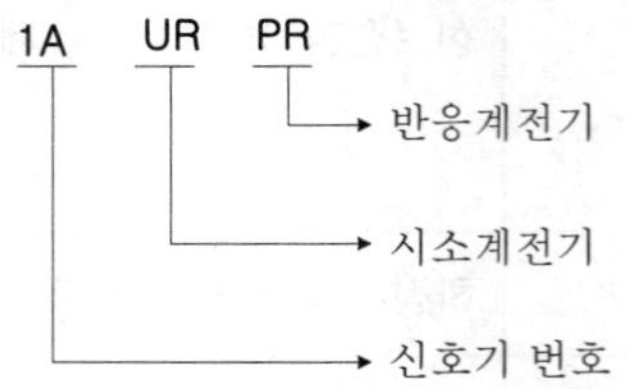
2TK/DTSO	궤도 점유표시	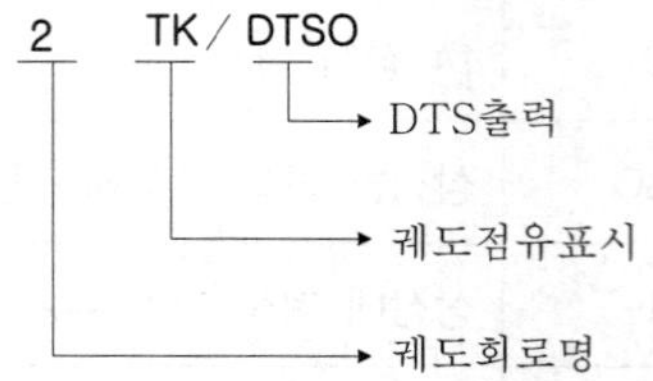
LORK/DTSO	LOCAL 표시	
CTCK/DTSO	CTC 표시	
1/3ASK/DTSO	1A/3A 진로쇄정표시	
2/4ASK/DTSO	2A/4A 진로쇄정표시	
3AGK/DTSO	3A(출발) 신호현시 반응표시	
3AGK/DTSO	3A(출발) 신호현시 반응표시	
UPBRK/DTSO (DNBRK)	상출 폐색표시 (하출)	
DNDIRK/DTSO (UPDIRK)	하장내 폐색표시 (상장)	
21NK/DTSO 21RK/DTSO	21호 선로전환기 정위표시 21호 선로전환기 반위표시	
SFL/DTSO	신호기 고장검지	
PWFL/DTSO	전원 공급 장애표시	

4 조작판 제어정보

기 호	명 칭	용 도
DIM/DN DIM/UP CALL	판넬 휘도조정 (DOWN) 판넬 휘도조정(UP) 호출 취급버튼	판넬 휘도조정은 모자이크 조작판용임
CSSB	주신호 취소 공통취급버튼	
CSSBSH	입환신호취소 공통취급버튼	
CPB	선로전환기 전환 공통취급버튼	
STNB	역 선택취급버튼	제어 모드 전환 공통 취급버튼
CTC	CTC 전환 취급버튼	
LOB	Local 전환 취급버튼	
ELOB	비상 Local 전환취급버튼	
1CN	하장내 폐색취소 취급버튼	
2CN	상장내 폐색 취소 취급버튼	
S	신호기고장 경보취소취급버튼	
P	선로전환기 고장경보 취소취급버튼	
UP/BELL(BLST) DN/BELL(BLST)	상폐색 벨취소 취급버튼 하폐색 벨취소 취급버튼	
BACPW	전원 고장경보 취소	
COMFAIL	통신 불량 입력계전기	
1AR	1A 신호기 취급버튼	
21PN 21PR	선로전환기 정위전환취급버튼 선로전환기 반위전환취급버튼	
A(B)P	A 착점 취급버튼	
DN(DU)2P	2번 하행(상행) 착점취급버튼	

5 조작판 표시정보

기 호	명 칭	용 도
1A2R/REQ	1A 2번 진로/요구표시	1A – 2번선 진로취급시 여자후 자기유지 하며 열차가 본선(2번선)에 도착하면 해제 (열번 이동, Fail safe 조건의 진로 상호 쇄정에 이용) 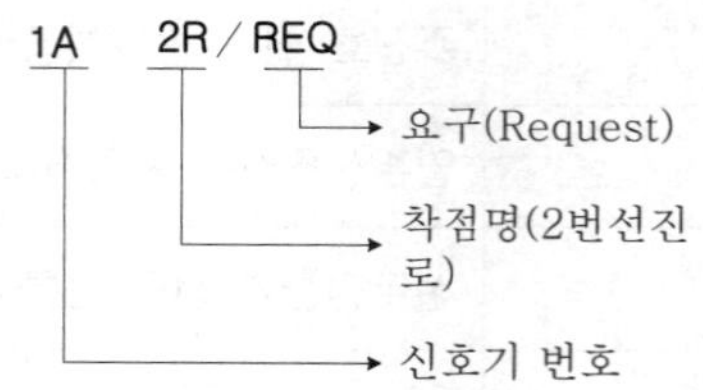
1ARPKE	1A 취급버튼 반응표시	PKE는 버튼 취급 표시 및 시소표시를 겸한다. 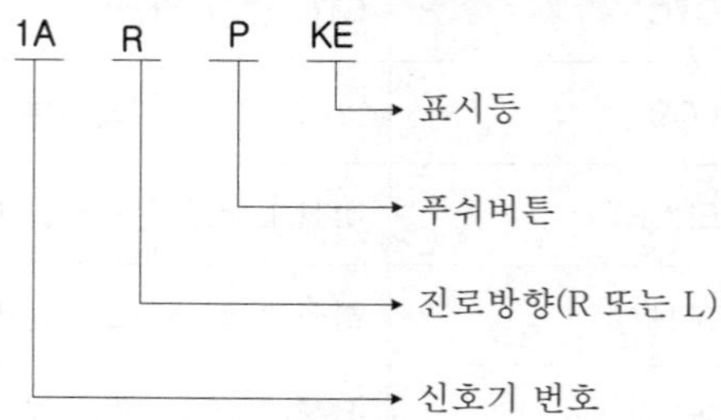
PWBELL BELL BUZZER BUZZER1	전원 고장경보 접근 경보 신호기, 선로전환기 고장 경보 폐색 경보	폐색 및 건널목 고장 경보를 함께 사용
ELO	비상로칼 취급 계수기	LDP 판넬 제어시 사용
1CNO 2CNO	하장내 폐색 취소계수기 상장내 폐색 취소계수기	LDP 판널 제어시 사용
SYS1 SYS2	시스템1 상태표시 시스템2 상태표시	
CTCKE	CTC 모드표시	
LOCALKE	Local 모드	
N1KE N2KE	전원 N1 표시 전원 N2 표시	
CKE DKE	Battery 충전 표시 Battery 방전 표시	

기 호	명 칭	용 도
SFKE	신호기고장표시	
PFKE	선로전환기 고장표시	
UPSKE	UPS 고장표시	
COMFAIL-KE	통신 장애표시	
FUSFLKE	Fuse 용단표시	
1BLCKE(W)	하장내 폐색등(백색)표시	
1BLCKE(R)	하장내 폐색등(적색)표시	
2BLCKE(W)	상장내 폐색등(백색)표시	
2BLCKE(R)	상장내 폐색등(적색)표시	
3BLCKE(W)	상출발 폐색등(백색)표시	
3BLCKE(R)	상출발 폐색등(적색)표시	
4BLCKE(W)	하출발 폐색등(백색)표시	
4BLCKE(R)	하출발 폐색등(적색)표시	
OOCKE	진로구성등 표시 (녹색)	LDP 판넬에서는(백색) ○○ CKE CKE → 진로구성등 표시 ○○ → 진로(궤도)명
OOTKE	진로구성 궤도 점유표시 (적색)	○○ TKE TKE → 궤도 점유 표시 ○○ → 궤도명
1AGKE	신호기 진행표시	1A G KE KE → 표시등 G → 진행신호 현시 1A → 신호기 번호

기 호	명 칭	용 도
1ARKE	신호기 정지 표시	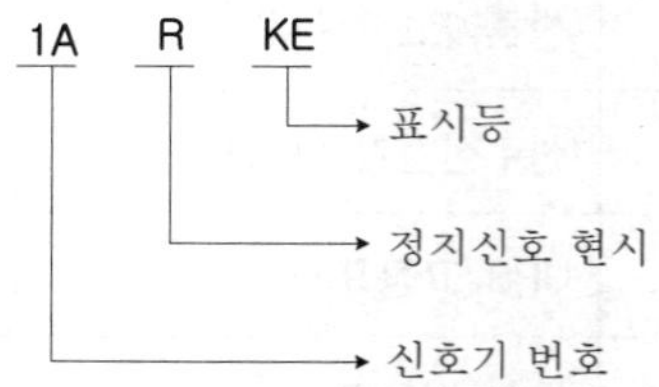
21RHKE	입환신호기 진행표시	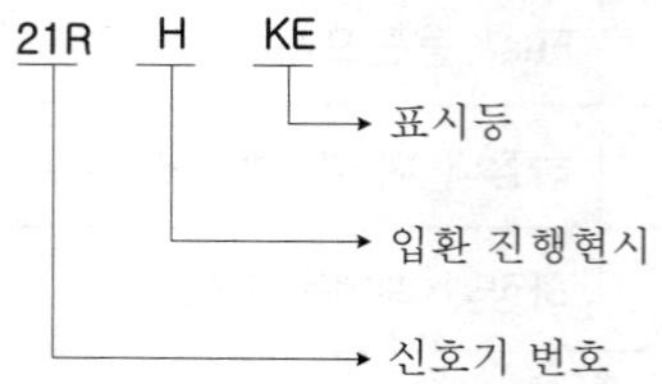
21RRKE	입환 신호기 정지표시	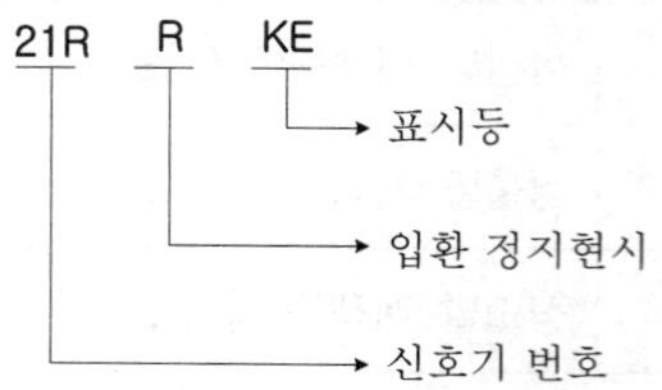
21ANKE 21ANTKE 21ARKE 21ARTEK	21A 정위표시 21A 정위 궤도점유표시 21A 반위 표시 21A 반위 궤도점유표시	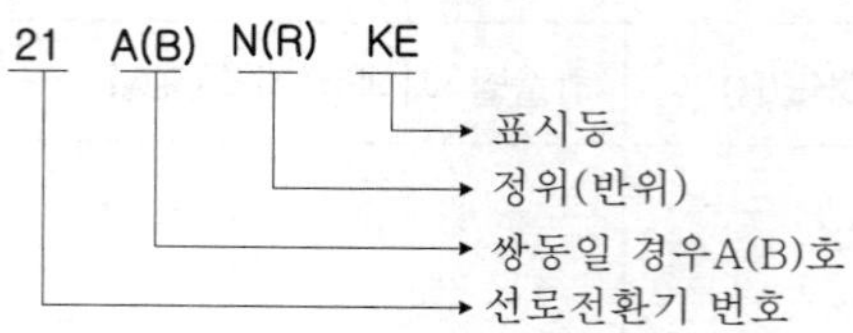 (TKE는 궤도점유시 표시)
21PKE	선로전환기 쇄정표시	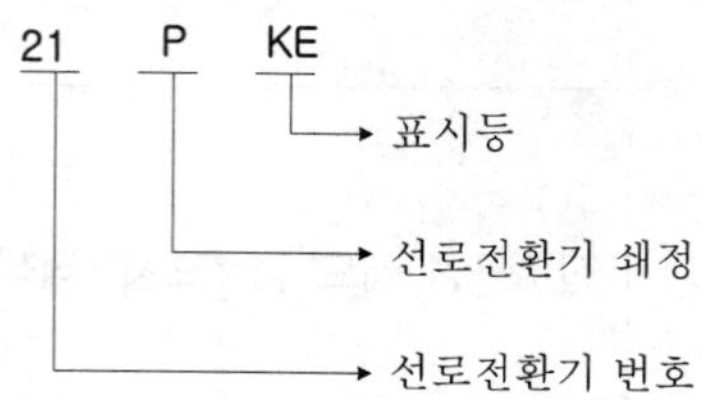
21ACKE 21ACTKE	선로전환기 진로구성등 표시 선로전환기 진로구성등 궤도 점유표시	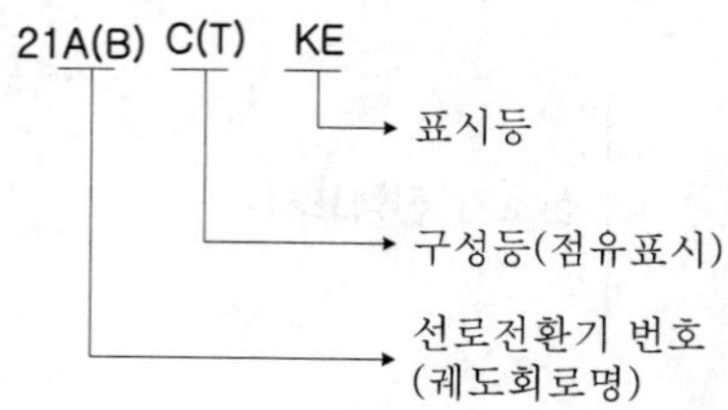

6 시소계전기

기 호	명 칭	용 도
1AUR	1A 시소 계전기	접근구간에 열차점유시 신호를 취소하면 접근 쇄정 시소가 동작한다. 1A UP UP → 시소계전기 1A → 신호기 번호
1ARDL	1AR 취급버튼 지연계전기	조작판에서 취급버튼 취급시 반응계전기가 순간 적으로 동작 낙하되는 경우 진로 취급이 정상 동 작하지 않을 경우가 있어 (LDP 취급시) 수신한 정보를 잠시 홀딩하기 위한 것임. (홀딩 타임 1초) 1A R DL DL → 지연(Delayed) R → 진로방향(R 또는 L) 1A → 신호기 번호
FLASH	단속 계전기	단속시간을 약600ms 주기로 하여 점멸 표시를 함
FLASH 2	단속 계전기2	단속시간을 느리게 하여(약 800ms) 특별한 표시 조건(UPS 및 INVERTER 표시)을 구분
21A(B)NR 21A(B)RR	선로전환기 정위 선별 선로전환기 반위 선별	선로전환기를 정위 또는 반위로 선별하여 NR 또는 RR이 여자되면 선로전환기가 정위 또는 반위로 동작을 하는데 해당 진로에 여러 대의 선로전환기가 동시에 기동을 하면 순간 피크전압이 높아져서 전원장치에 무리가 있으므로 100ms 간격으로 순차적으로 계전기가 동작되도록 함. 21 A(B) N(R)R N(R)R → 정위(반위) 선별계전기 A(B) → A호 (B호) 21 → 선로전환기 번호
OO TDL	궤도 복구지연 계전기	단기 또는 모터카 운행시 순간적으로 궤도 회로가 단락되지 않아 구분 진로해정 불량, 폐색 개통 불량 등의 문제가 발생됨으로 궤도계전기 낙하후 여자되는 시간을 2초 지연(Delay)시킴.

<table>
<tr><th>기 호</th><th>명 칭</th><th>용 도</th></tr>
<tr><td>UP(DN)BRDL</td><td>출발 폐색 지연
계전기</td><td>폐색회로에서 승인을 받아 BR이 여자되었다 가 DR로 바뀌는 시간이 약 0.5~2초 정도로 신호가 순간 정지되므로 약 3초 지연시킴.</td></tr>
<tr><td>SYSUR</td><td>시스템 시소
계전기</td><td>본선(측선)에 무궤도구간은 입환표지가 보류 쇄정 시소구간으로 시스템이 다운(DOWN) 되었다가 재 기동할 때 무조건 시소로 조작 판 취급 대기상태에 시간이 걸리므로 시소에 의해 해정되도록 함.</td></tr>
<tr><td>21NKR
21RKR</td><td>선로전환기 정위 표시
계전기
선로전환기 반위 표시
계전기</td><td>선로전환기 전환 표시가 전환을 개시할 때 순간적으로 자기유지에서 점멸하는 것을 방지하기 위해 1초간 지연시킴
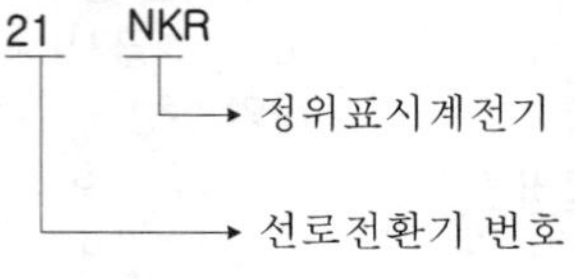

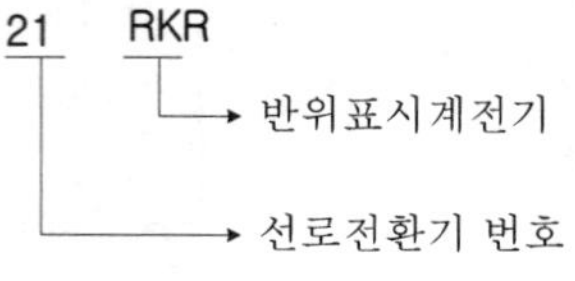
</td></tr>
<tr><td>21PFDL</td><td>선로전환기불일치 경보
지연 계전기</td><td>선로전환기 불일치표시는 약 8초 후에 경보 를 한다. 선로전환기 정상 전환하는 시간은 6초이내 인데 경보회로에 여러대가 결선되어 동작시간으로 오경보가 발생하므로 선로전 환기마다 개별 로 약 8초 지연시켜 정상동작 시는 경보가 발생하지 않도록 한 것임.
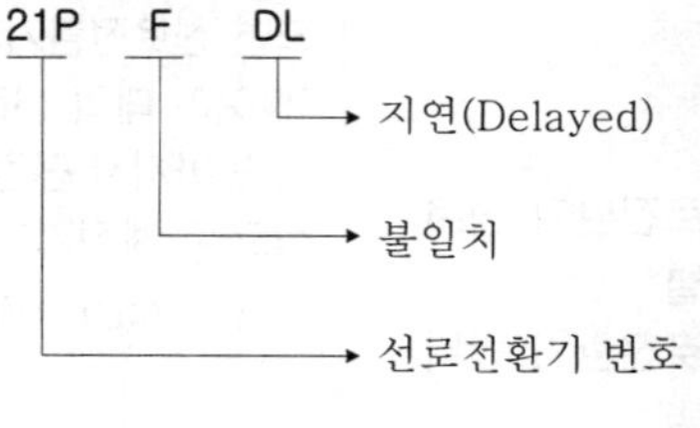
</td></tr>
</table>

찾 / 아 / 보 / 기

(D)

(E)

(F)

(G)

(H)

(I)

(J)

(L)

(M)

(N)

(O)

(P)

(R)

(S)

(T)

(U)

(V)

(W)

(Y)

(Z)

(ㄱ)

(ㄴ)

(ㄷ)

(ㄹ)

(ㅁ)

(ㅂ)

(ㅅ)

(ㅇ)

(ㅈ)

(ㅊ)

(ㅋ)

(ㅌ)

(ㅍ)

(ㅎ)

참 / 고 / 문 / 헌

1. 철도청, "鐵道信號工學 (上), (下)"
2. 철도청, "철도신호규정", 1999
3. 철도청, "신호설비시공표준", 2001
4. 철도청, "철도신호설비 보수매뉴얼(Ⅰ~Ⅴ)", 2001
5. 철도청, "철도신호용품 취급설명서", 2000
6. 철도청, "철도신호용어편람", 2004
7. 철도청, "차상신호방식 해외기술동향", 2001
8. 철도청, "접지설비", 1999
9. 서울地方鐵道廳, "信號設備實務", 1995
10. 철도공무원교육원, "信號聯動(挿入式)" 1997
11. 철도경영연수원, "고속철도 신호기술(Ⅰ), (Ⅱ)", 2001
12. 한국철도공사, "신호업무자료", 2006
13. 한국철도공사, "운전관계규정", 2005
14. 한국철도시설공단, "철도설계편람(신호편) 상,하권" 2004
15. 한국철도기술연구원, "운전설비 고장검지장치에 관한 연구", 1995
16. 한국철도기술연구원, "양방향 신호설비에 관한 연구", 1997
17. 한국철도기술연구원, "ATP 시스템 도입을 위한 기술조사", 1998
18. 한국철도기술연구원, "ATS장치의 기능 향상에 관한 연구", 1998
19. 한국철도기술연구원, "철도청 CTC 사령실 통합을 위한 타당성조사", 1999
20. 한국철도기술연구원, "철도신호 안전성 기술 세미나", 2001
21. 한국철도기술연구원, "철도신호제품에 대한 신뢰성과 안전성 검증기준제정 연구", 2001
22. 한국철도기술연구원, "지능형 열차제어시스템 타당성 조사 및 기본계획수립", 2002
23. 한국철도기술연구원, "철도신호설비 RAMS적용 지침서", 2008
24. 한국철도신호기술협회, "信號 Vol. 1, No.1~Vol. 46, No.46", 1989~2001
25. 철도전문대학, "신호 보안", 문교부, 1984
26. 행정자치부, "컴퓨터통신망" 1999
27. 한국개발연구원, "차상신호(ATP) 시스템 도입사업" 2002

28. 吉村寬, 吉越三郎, “信號”, 交友社, 昭和 52
29. 李鍾得, “鐵道工學概論”, 노해출판사, 1997
30. 서사범, “선로공학”, 얼과알, 2002
31. 김선호, “철도시스템의 이해”, 자작 아카데미, 1998
32. 김영태, “신호제어시스템”, 테크 미디어, 2003
33. 유광균, “진로제어시스템(연동)”, 技多利, 2005
34. 국토해양부 한국철도시설공단 ‘철도건설규칙 해설서’, 2010
35. 국토해양부 국토교통과학기술진흥원 “도시철도용 무선통신기반 열차제어 시스템 표준체계 구축 및 성능평가 최종보고서, 2014

저 / 자 / 약 / 력

■ 박재영(朴在燁)

- 현재 우송대학교 철도전기시스템학과 교수, 공학박사, 철도신호기술사
- 전, 철도청 전기국 신호과 및 교통공무원교육원(교수) 근무
- 서울, 부산지방철도청 및 철도건설본부 전기국 신호과장(전기사무관)
- 철도청 전기국 신호과 신호담당(전기사무관)
- 철도청 서울신호제어사무소장 및 오송고속철도전기사무소장(공업서기관)
- 서울산업대학교 겸임교수 및 철도전문대학, 철도공무원교육원, 교통안전공단, 한국기술사회, 한국전기기술인협회, 한국철도신호기술협회 강사
- 대구광역시 지하철건설 및 서울메트로 신호분야 자문위원
- 한국철도학회 및 한국도시철도학회 부회장
- 현, 국토교통부 철도기술 전문위원
- 한국철도공사, 한국철도시설공단, 서울메트로, 대전도시철도공사, 부산교통공사 및 한국도시철도협회 자문위원
- 교통안전공단 전문위원 및 한국철도기술연구원, 네오트랜스(주) 기술위원
- 한국철도공사 인재개발원 및 한국전기철도기술협력회 강사

■ 홍원식(洪元植)

- 연세대학교 전자공학과 졸업(공학석사), 철도신호기술사, 대한민국 품질명장
- 철도청 서울신호제어사무소 기술과 제어계장
- 현, 한국철도공사 철도교통관제센터

■ 전병록(田炳綠)

- 한양대학교 전기공학과 졸업(공학석사), PMP, AVS
- 철도청 서울신호제어사무소
- 한국철도공사 수도권남부지사, 전기기술단 신호제어팀, 글로벌비즈니스 센터, 신호제어처
- 현, 국토교통부 철도국
- 한국철도신호기술협회 표준품셈 실무위원

철도신호공학

발　　행 / 2025년 5월 16일
•
저　　자 / 박재영, 홍원식, 전병록
펴 낸 이 / 정창희
펴 낸 곳 / 동일출판사
주　　소 / 서울시 강서구 곰달래로31길7 (2층)
전　　화 / 02) 2608-8250
팩　　스 / 02) 2608-8265
등록번호 / 제109-90-92166호

ISBN 978-89-381-1659-8 93560
값 / 30,000원